Lectures on Brain Hemispheres Function.

我说的只有科学真理，无论你愿不愿意，你都得听！

——巴甫洛夫墓志铭

巴甫洛夫用直觉抓住了一个实验中所有的关系。当有新事实被观察到时，它会被重复；然后开始怀疑、批判和检验，许许多多的理论被审视和拒绝。

——萨维茨(V. V. Savitch)，巴甫洛夫最早和最可敬的合作者和学生之一

巴甫洛夫不仅仅是一名成功的实验室研究者，而且他是一位伟大的科学家，一位预言家，他的声音超越了世界的嘈杂和混乱，引领我们去寻找和面对事实，在事实面前放下我们的傲慢和偏见，到达事实指向的地方。这是他的能量所流向的目标。如果巴甫洛夫的兴趣不在事实而在政治或财富上，他又有什么目标达不到呢！

——W. 霍斯利·甘特，传记作家

本书列入“十三五”国家重点图书出版规划

科学元典丛书

The Series of the Great Classics in Science

主　　编　任定成

执行主编　周雁翎

策　　划　周雁翎

丛书主持　陈　静

科学元典是科学史和人类文明史上划时代的丰碑，是人类文化的优秀遗产，是历经时间考验的不朽之作。它们不仅是伟大的科学创造的结晶，而且是科学精神、科学思想和科学方法的载体，具有永恒的意义和价值。

科学元典丛书

大脑两半球机能讲义

Lectures on Brain Hemispheres Function

[俄] 巴甫洛夫 著　戈绍龙 译

北京大学出版社
PEKING UNIVERSITY PRESS

图书在版编目(CIP)数据

大脑两半球机能讲义/［俄］巴甫洛夫著；戈绍龙译. —北京：北京大学出版社，2014.1
（科学元典丛书）
ISBN 978-7-301-23440-2

Ⅰ.①大… Ⅱ.①巴…②戈… Ⅲ.①科学普及-高级神经活动学说 Ⅳ.①Q427

中国版本图书馆 CIP 数据核字（2013）第 266234 号

（本书根据苏联科学院 1949 年版本翻译）

书　　名	大脑两半球机能讲义 DANAO LIANGBANQIU JINENG JIANGYI
著作责任者	［俄］巴甫洛夫　著　戈绍龙　译
丛书策划	周雁翎　陈　静
丛书主持	陈　静
责任编辑	陈　静
标准书号	ISBN 978-7-301-23440-2
出版发行	北京大学出版社
地　　址	北京市海淀区成府路 205 号　100871
网　　址	http://www.pup.cn　　新浪微博：@北京大学出版社
微信公众号	科学艺术之声（微信号：sartspku）
电子信箱	zyl@pup.pku.edu.cn
电　　话	邮购部 010-62752015　发行部 010-62750672　编辑部 010-62707542
印 刷 者	北京中科印刷有限公司
经 销 者	新华书店
	787 毫米 × 1092 毫米　16 开本　25.25 印张　插页 16 页　580 千字
	2014 年 1 月第 1 版　　2020 年 5 月第 3 次印刷
定　　价	88.00 元

СВЯТОЙ ПАМЯТИ НАШЕГО СЫНА ВИКТОРА

посвящается этот труд—

плод неотступного двадцатипятилетнего думания

25 年间不断思索的这个果实

为了我儿维克托尔圣洁的追忆

弁　言

· Preface to the Series of the Great Classics in Science ·

这套丛书中收入的著作，是自文艺复兴时期现代科学诞生以来，经过足够长的历史检验的科学经典。为了区别于时下被广泛使用的"经典"一词，我们称之为"科学元典"。

我们这里所说的"经典"，不同于歌迷们所说的"经典"，也不同于表演艺术家们朗诵的"科学经典名篇"。受歌迷欢迎的流行歌曲属于"当代经典"，实际上是时尚的东西，其含义与我们所说的代表传统的经典恰恰相反。表演艺术家们朗诵的"科学经典名篇"多是表现科学家们的情感和生活态度的散文，甚至反映科学家生活的话剧台词，它们可能脍炙人口，是否属于人文领域里的经典姑且不论，但基本上没有科学内容。并非著名科学大师的一切言论或者是广为流传的作品都是科学经典。

这里所谓的科学元典，是指科学经典中最基本、最重要的著作，是在人类智识史和人类文明史上划时代的丰碑，是理性精神的载体，具有永恒的价值。

一

科学元典或者是一场深刻的科学革命的丰碑，或者是一个严密的科学体系的构架，或者是一个生机勃勃的科学领域的基石，或者是一座传播科学文明的灯塔。它们既是昔日科学成就的创造性总结，又是未来科学探索的理性依托。

哥白尼的《天体运行论》是人类历史上最具革命性的震撼心灵的著作，它向统治西方思想千余年的地心说发出了挑战，动摇了"正统宗教"学说的天文学基础。伽利略《关于托勒密与哥白尼两大世界体系的对话》以确凿的证据进一步论证了哥白尼学说，更直接地动摇了教会所庇护的托勒密学说。哈维的《心血运动论》以对人类躯体和心灵的双重关怀，满怀真挚的宗教情感，阐述了血液循环理论，推翻了同样统治西方思想千余年、被“正统宗教”所庇护的盖伦学说。笛卡儿的《几何》不仅创立了为后来诞生的微积分提供了工具的解析几何，而且折射出影响万世的思想方法论。牛顿的《自然哲学之数学原理》标志着17世纪科学革命的顶点，为后来的工业革命奠定了科学基础。分别以惠更斯的《光论》与牛顿的《光学》为代表的波动说与微粒说之间展开了长达200余年的论战。拉瓦锡在《化学基础论》中详尽论述了氧化理论，推翻了统治化学百余年之久的燃素理论，这一智识壮举被公认为历史上最自觉的科学革命。道尔顿的《化学哲学新体系》奠定了物质结构理论的基础，开创了科学中的新时代，使19世纪的化学家们有计划地向未知领域前进。傅立叶的《热的解析理论》以其对热传导问题的精湛处理，突破了牛顿《原理》所规定的理论力学范围，开创了数学物理学的崭新领域。达尔文《物种起源》中的进化论思想不仅在生物学发展到分子水平的今天仍然是科学家们阐释的对象，而且100多年来几乎在科学、社会和人文的所有领域都在施展它有形和无形的影响。《基因论》揭示了孟德尔式遗传性状传递机理的物质基础，把生命科学推进到基因水平。爱因斯坦的《狭义与广义相对论浅说》和薛定谔的《关于波动力学的四次演讲》分别阐述了物质世界在高速和微观领域的运动规律，完全改变了自牛顿以来的世界观。魏格纳的《海陆的起源》提出了大陆漂移的猜想，为当代地球科学提供了新的发展基点。维纳的《控制论》揭示了控制系统的反馈过程，普里戈金的《从存在到演化》发现了系统可能从原来无序向新的有序态转化的机制，二者的思想在今天的影响已经远远超越了自然科学领域，影响到经济学、社会学、政治学等领域。

科学元典的永恒魅力令后人特别是后来的思想家为之倾倒。欧几里得的《几何原本》以手抄本形式流传了1800余年，又以印刷本用各种文字出了1000版以上。阿基米德写了大量的科学著作，达·芬奇把他当做偶像崇拜，热切搜求他的手稿。伽利略以他的继承人自居。莱布尼兹则说，了解他的人对后代杰出人物的成就就不会那么赞赏了。为捍卫《天体运行论》中的学说，布鲁诺被教会处以火刑。伽利略因为其《关于托勒密与哥白尼两大世界体系的对话》一书，遭教会的终身监禁，备受折磨。伽利略说吉尔伯特的《论磁》一书伟大得令人嫉妒。拉普拉斯说，牛顿的《自然哲学之数学原理》揭示了宇宙的最伟大定律，它将永远成为深邃智慧的纪念碑。拉瓦锡在他的《化学基础论》出版后5年被法国革命法庭处死，传说拉格朗日悲愤地说，砍掉这颗头颅只要一瞬间，再长出这样的头颅一百年也不够。《化学哲学新体系》的作者道尔顿应邀访法，当他走进法国科学院会议厅时，院长和全体院士起立致敬，得到拿破仑未曾享有的殊荣。傅立叶在《热的解析理论》中阐述的强有力的数学工具深深影响了整个现代物理学，推动数学分析的发展达一个多世纪，麦克斯韦称赞该书是“一首美妙的诗”。当人们咒骂《物种起源》是“魔鬼的经典”、“禽兽的哲学”的时候，赫胥黎甘做“达尔文的斗犬”，挺身捍卫进化论，撰写了《进化论与伦理学》和《人类在自然界的位置》，阐发达尔文的学说。经过严复的译述，赫胥黎的著作成为维新领袖、辛亥精英、五四斗士改造中国的思想武器。爱因斯坦说法拉第在《电学实验研究》中论证的磁场和电场的思想是自牛顿以来物理学基础所经历的最深刻变化。

在科学元典里，有讲述不完的传奇故事，有颠覆思想的心智波涛，有激动人心的理性思考，有万世不竭的精神甘泉。

二

按照科学计量学先驱普赖斯等人的研究，现代科学文献在多数时间里呈指数增长趋势。现代科学界，相当多的科学文献发表之后，并没有任何人引用。就是一时被引用过的科学文献，很多没过多久就被新的文献所淹没了。科学注重的是创造出新的实在知识。从这个意义上说，科学是向前看的。但是，我们也可以看到，这么多文献被淹没，也表明划时代的科学文献数量是很少的。大多数科学元典不被现代科学文献所引用，那是因为其中的知识早已成为科学中无须证明的常识了。即使这样，科学经典也会因为其中思想的恒久意义，而像人文领域里的经典一样，具有永恒的阅读价值。于是，科学经典就被一编再编、一印再印。

早期诺贝尔奖得主奥斯特瓦尔德编的物理学和化学经典丛书《精密自然科学经典》从 1889 年开始出版，后来以《奥斯特瓦尔德经典著作》为名一直在编辑出版，有资料说目前已经出版了 250 余卷。祖德霍夫编辑的《医学经典》丛书从 1910 年就开始陆续出版了。也是这一年，蒸馏器俱乐部编辑出版了 20 卷《蒸馏器俱乐部再版本》丛书，丛书中全是化学经典，这个版本甚至被化学家在 20 世纪的科学刊物上发表的论文所引用。一般把 1789 年拉瓦锡的化学革命当做现代化学诞生的标志，把 1914 年爆发的第一次世界大战称为化学家之战。奈特把反映这个时期化学的重大进展的文章编成一卷，把这个时期的其他 9 部总结性化学著作各编为一卷，辑为 10 卷《1789—1914 年的化学发展》丛书，于 1998 年出版。像这样的某一科学领域的经典丛书还有很多很多。

科学领域里的经典，与人文领域里的经典一样，是经得起反复咀嚼的。两个领域里的经典一起，就可以勾勒出人类智识的发展轨迹。正因为如此，在发达国家出版的很多经典丛书中，就包含了这两个领域的重要著作。1924 年起，沃尔科特开始主编一套包括人文与科学两个领域的原始文献丛书。这个计划先后得到了美国哲学协会、美国科学促进会、科学史学会、美国人类学协会、美国数学协会、美国数学学会以及美国天文学学会的支持。1925 年，这套丛书中的《天文学原始文献》和《数学原始文献》出版，这两本书出版后的 25 年内市场情况一直很好。1950 年，他把这套丛书中的科学经典部分发展成为《科学史原始文献》丛书出版。其中有《希腊科学原始文献》《中世纪科学原始文献》和《20 世纪(1900—1950 年)科学原始文献》，文艺复兴至 19 世纪则按科学学科(天文学、数学、物理学、地质学、动物生物学以及化学诸卷)编辑出版。约翰逊、米利肯和威瑟斯庞三人主编的《大师杰作丛书》中，包括了小尼德勒编的 3 卷《科学大师杰作》，后者于 1947 年初版，后来多次重印。

在综合性的经典丛书中，影响最为广泛的当推哈钦斯和艾德勒 1943 年开始主持编译的《西方世界伟大著作丛书》。这套书耗资 200 万美元，于 1952 年完成。丛书根据独创性、文献价值、历史地位和现存意义等标准，选择出 74 位西方历史文化巨人的 443 部作品，加上丛书导言和综合索引，辑为 54 卷，篇幅 2500 万单词，共 32000 页。丛书中收入不少科学著作。购买丛书的不仅有“大款”和学者，而且还有屠夫、面包师和烛台匠。迄 1965 年，丛书已重印 30 次左右，此后还多次重印，任何国家稍微像样的大学图书馆都将其列入必藏图书之列。这套丛书是 20 世纪上半叶在美国大学兴起而后扩展到全社会的经典著作研读运动的产物。这个时期，美国一些大学的寓所、校园和酒吧里都能听到学生讨论古典佳作的声音。有的大学要求学生必须深研 100 多部名著，甚至在教学中不得使用最新的实验设备而是借助历史上的科学大师所使用的方法和仪器复制品去再现划时代的著名实验。至 20 世纪 40 年代末，美国举办古典名著学习班的城市达 300 个，学员约 50000 余众。

相比之下，国人眼中的经典，往往多指人文而少有科学。一部公元前 300 年左右古希腊人写就的《几何原本》，从 1592 年到 1605 年的 13 年间先后 3 次汉译而未果，经 17 世纪初和 19 世纪 50 年代的两次努力才分别译刊出全书来。近几百年来移译的西学典籍中，成系统者甚多，但皆系人文领域。汉译科学著作，多为应景之需，所见典籍寥若晨星。借 20 世纪 70 年代末举国欢庆“科学春天”到来之良机，有好尚者发出组译出版《自然科学世界名著丛书》的呼声，但最终结果却是好尚者抱憾而终。20 世纪 90 年代初出版的《科学名著文库》，虽使科学元典的汉译初见系统，但以 10 卷之小的容量投放于偌大的中国读书界，与具有悠久文化传统的泱泱大国实不相称。

我们不得不问：一个民族只重视人文经典而忽视科学经典，何以自立于当代世界民族之林呢？

三

科学元典是科学进一步发展的灯塔和坐标。它们标识的重大突破，往往导致的是常规科学的快速发展。在常规科学时期，人们发现的多数现象和提出的多数理论，都要用科学元典中的思想来解释。而在常规科学中发现的旧范型中看似不能得到解释的现象，其重要性往往也要通过与科学元典中的思想的比较显示出来。

在常规科学时期，不仅有专注于狭窄领域常规研究的科学家，也有一些从事着常规研究但又关注着科学基础、科学思想以及科学划时代变化的科学家。随着科学发展中发现的新现象，这些科学家的头脑里自然而然地就会浮现历史上相应的划时代成就。他们会对科学元典中的相应思想，重新加以诠释，以期从中得出对新现象的说明，并有可能产生新的理念。百余年来，达尔文在《物种起源》中提出的思想，被不同的人解读出不同的信息。古脊椎动物学、古人类学、进化生物学、遗传学、动物行为学、社会生物学等领域的几乎所有重大发现，都要拿出来与《物种起源》中的思想进行比较和说明。玻尔在揭示氢光谱的结构时，提出的原子结构就类似于哥白尼等人的太阳系模型。现代量子力学揭示的微观物质的波粒二象性，就是对光的波粒二象性的拓展，而爱因斯坦揭示的光的波粒二象性就是在光的波动说和粒子说的基础上，针对光电效应，提出的全新理论。而正是与光的波动说和粒子说二者的困难的比较，我们才可以看出光的波粒二象性说的意义。可以说，科学元典是时读时新的。

除了具体的科学思想之外，科学元典还以其方法学上的创造性而彪炳史册。这些方法学思想，永远值得后人学习和研究。当代研究人的创造性的诸多前沿领域，如认知心理学、科学哲学、人工智能、认知科学等等，都涉及了对科学大师的研究方法的研究。一些科学史学家以科学元典为基点，把触角延伸到科学家的信件、实验室记录、所属机构的档案等原始材料中去，揭示出许多新的历史现象。近二十多年兴起的机器发现，首先就是对科学史学家提供的材料，编制程序，在机器中重新作出历史上的伟大发现。借助于人工智能手段，人们已经在机器上重新发现了波义耳定律、开普勒行星运动第三定律，提出了燃素理论。萨伽德甚至用机器研究科学理论的竞争与接收，系统研究了拉瓦锡氧化理论、达尔文进化学说、魏格纳大陆漂移说、哥白尼日心说、牛顿力学、爱因斯坦相对论、量子论以及心理学中的行为主义和认知主义形成的革命过程和接收过程。

除了这些对于科学元典标识的重大科学成就中的创造力的研究之外，人们还曾经大规模地把这些成就的创造过程运用于基础教育之中。美国兴起的发现法教学，就是几十年前在这方面的尝试。近二十多年来，兴起了基础教育改革的全球浪潮，其目标就是提高学生的科学素养，改变片面灌输科学知识的状况。其中的一个重要举措，就是在教学中加强科学探究过程的理解和训练。因为，单就科学本身而言，它不仅外化为工艺、流程、技术及其产物等器物形态、直接表现为概念、定律和理论等知识形态，更深蕴于其特有的思想、观念和方法等精神形态之中。没有人怀疑，我们通过阅读今天的教科书就可以方便地学到科学元典著作中的科学知识，而且由于科学的进步，我们从现代教科书上所学的知识甚至比经典著作中的更完善。但是，教科书所提供的只是结晶状态的凝固知识，而科学本是历史的、创造的、流动的，在这历史、创造和流动过程之中，一些东西蒸发了，另一些东西积淀了，只有科学思想、科学观念和科学方法保持着永恒的活力。

然而，遗憾的是，我们的基础教育课本和不少科普读物中讲的许多科学史故事都是误讹相传的东西。比如，把血液循环的发现归于哈维，指责道尔顿提出二元化合物的元素原子数最简比是当时的错误，讲伽利略在比萨斜塔上做过落体实验，宣称牛顿提出了牛顿定律的诸数学表达式，等等。好像科学史就像网络上传播的八卦那样简单和耸人听闻。为避免这样的误讹，我们不妨读一读科学元典，看看历史上的伟人当时到底是如何思考的。

现在，我们的大学正处在席卷全球的通识教育浪潮之中。就我的理解，通识教育固然要对理工农医专业的学生开设一些人文社会科学的导论性课程，要对人文社会科学专业的学生开设一些理工农医的导论性课程，但是，我们也可以考虑适当跳出专与博、文与理的关系的思考路数，对所有专业的学生开设一些真正通而识之的综合性课程，或者倡导这样的阅读活动、讨论活动、交流活动甚至跨学科的研究活动，发掘文化遗产、分享古典智慧、继承高雅传统，把经典与前沿、传统与现代、创造与继承、现实与永恒等事关全民素质、民族命运和世界使命的问题联合起来进行思索。

我们面对不朽的理性群碑，也就是面对永恒的科学灵魂。在这些灵魂面前，我们不是要顶礼膜拜，而是要认真研习解读，读出历史的价值，读出时代的精神，把握科学的灵魂。我们要不断吸取深蕴其中的科学精神、科学思想和科学方法，并使之成为推动我们前进的伟大精神力量。

任定成
2005 年 8 月 6 日
北京大学承泽园迪吉轩

巴甫洛夫（Ivan Petrovich Pavlov，1849—1936）

1949年梁赞州政府将巴甫洛夫的故居作为纪念馆向公众开放。该纪念馆共包括4个主要部分：（1）巴甫洛夫父母的房子；（2）姐姐继承的房子；（3）庭院；（4）凉亭。

（1）1849—1870年巴甫洛夫就住在这所房子里

（2）1888年巴甫洛夫的父亲建造了这所房子，1900年由巴甫洛夫的姐姐继承

（3）庭院，巴甫洛夫和父亲、弟弟经常在这里劳动

（4）花园里的凉亭，巴甫洛夫一家把这里当成别墅

纪念馆里展示着巴甫洛夫和家人的生活场景，也有他的一些私人物品。巴甫洛夫的父亲是位乡村牧师，祖父则是乡村教堂的一名司事，他的母亲也出身于牧师家庭。很自然的，巴甫洛夫从教会学校毕业后就进入了当地的神学院。

巴甫洛夫的房间

巴甫洛夫的衣物展示

家用音乐盒

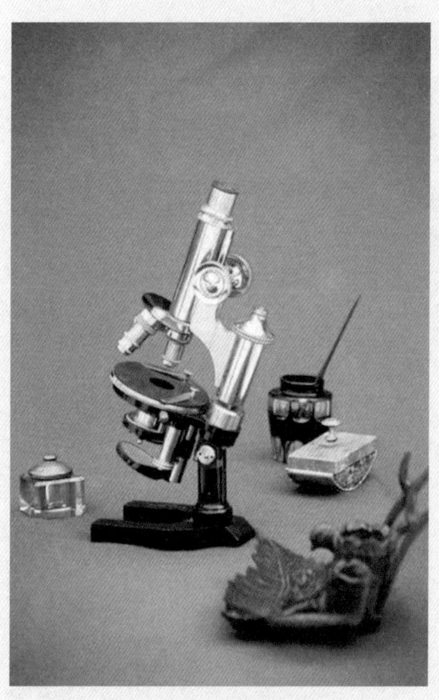

巴甫洛夫用过的显微镜

阳台小屋

在亚历山大二世的统治下，启蒙运动的浪潮横扫俄国，也波及了神学院。巴甫洛夫从皮萨列夫的文章《动植物世界的进步》中，知道了达尔文（C. R. Darwin，1809—1882）的进化论，并受到著名生理学家谢切诺夫在1863年出版的《脑的反射》(*Reflexes of the Brain*)一书的影响，对自然科学产生了兴趣。巴甫洛夫曾经说过："我把我们研究的起源归之于1863年年末，即当谢切诺夫的著名的《脑的反射》问世的时候。"

皮萨列夫(Dmitri Ivanovich Pisarev，1840—1868)

谢切诺夫(Ivan Mikhailovich Sechenov，1829—1905)

谢切诺夫工作的地方

1870年，21岁的巴甫洛夫断绝了当牧师的念头，从神学院退学，和弟弟一起考入圣彼得堡大学。他先入法律系，后转到物理数学系自然科学专业。谢切诺夫当时正是这里的生理学教授，而年轻的门捷列夫则是化学教授。巴甫洛夫聆听到了门捷列夫和布特列洛夫的课程。

门捷列夫 (Drmitri Ivanvich Mendeleev, 1834—1907)，俄国化学家，发现了元素周期律

布特列洛夫 (A.M.Buttlerov，1828—1886)，俄国化学家，提出了化学结构理论

圣彼得堡大学

1874年，巴甫洛夫在大学三年级时，读了齐昂教授的生理学课。齐昂教授才华横溢，深深影响了巴甫洛夫，他开始对生理学和实验产生了浓厚兴趣。巴甫洛夫是左撇子，他不断练习用双手操作实验，渐渐地，即使相当精细的手术他也能迅速完成。齐昂非常欣赏他的才学，常常叫他做助手。在齐昂的指导下，他和同学阿法纳西耶夫完成了第一篇科学论文《论支配胰腺的神经》。1875年，巴甫洛夫进入圣彼得堡军事医学院，1879年成为有执照的医师；1883年，完成医学博士论文。

▲ 齐昂（Elias von Cyon，1843—1912）（在巴甫洛夫的印象中，齐昂的工作干净利落，他常常穿着工作服、戴着白手套做手术，这样不用回家换衣服就能去参加教员会议。）

▲ 阿法纳西耶夫（Alexander Afanasyev，1826—1871）

▲ 圣彼得堡军事医学院

1884—1886年，巴甫洛夫在与两位当时最伟大的生理学家——莱比锡大学的路德维希和布雷斯劳大学的海登海因一起工作。早在1866年时，齐昂也曾是路德维希的助手。对于这段经历，巴甫洛夫曾写道：“这一段国外的生活对于我的可贵之处，主要是使我认识了像海登海因和路德维希这样的科学家，他们把一生的欢乐和痛苦都寄托在科学研究上，没有任何别的希求。”

路德维希（Carl Friedrich Wilhelm Ludwig，1816—1895）

19世纪末的莱比锡大学主楼

海登海因（Rudolf Peter Heidenhain，1834—1897）

19世纪的布雷斯劳大学（The University of Breslau）

从国外求学归来后，巴甫洛夫给知名的临床医生波特金当助手。在这里，巴甫洛夫完成了心脏神经的实验和对消化腺进行的第一个伟大研究。1889年，他与西马诺夫斯基(Simanovsky)一起发表了关于“假饲”的著名实验。

位于圣彼得堡大学的波特金（Sergey Petrovich Botkin，1832—1889）雕像

巴甫洛夫本想申请母校圣彼得堡大学的教职，不幸被拒；而托姆斯克国立大学（Tomsk University）和波兰的华沙大学（University of Warsaw）向他递出了橄榄枝，但巴甫洛夫拒绝了。1890年，巴甫洛夫成为圣彼得堡军事医学院（The Military Medical Academy）的药理学教授。

托姆斯克国立大学图书馆

华沙大学主校门

巴甫洛夫在圣彼得堡军事医学院给学生上课

目　录

导　读

巴甫洛夫——生理学研究方法的革新者

王续琨
（大连理工大学　教授）

· Introduction to Chinese Version ·

有一点是必须肯定的，巴甫洛夫是生理学研究方法的大革新家。他以新的研究方法极大地丰富了生理学理论体系，在生理学发展史上建树了一座里程碑。他的创新精神，他在科学研究中所遵循的方法论原则，对今天的科学工作者仍有一定的启迪作用。

中年时期的巴甫洛夫

巴甫洛夫(И. В. П. влов,1849—1936)是19世纪末和20世纪初成就最为卓著的一位生理学家。

在60多年的科学生涯中,他先后在血液循环生理、消化生理和高级神经活动生理三个领域作出了重大贡献。1904年,他因消化腺功能方面的研究成果而获得诺贝尔生理学和医学奖,成为世界上获得这项奖金的第一位生理学家。[①] 从1902年开始,他以30余年的不懈努力,创立了颇具特色的高级神经活动学说,对医学、心理学甚至哲学都产生了深刻的影响。科学上的杰出成就,使他赢得了世界性的声誉。在他逝世的时候,美国著名科学家坎农(W. B. Cannon, 1871—1945)尊称他是"生理学的无冕之王"。

在科学史上占有重要地位的伟大科学家之所以能够取得突破性的科学成就,与他们的独特科学方法有直接关系。巴甫洛夫的方法论思想包含着丰富的内容,本文拟从科学方法革新的角度做些粗浅的分析。

血液循环和消化生理研究中的巧妙实验设计:慢性生理学实验法

生理学的任务,在于揭示动物和人体的各种组织、器官及其系统的机能。在生理学研究中,仅仅应用观察法是难以进行的。巴甫洛夫十分了解实验方法的意义。他说:"实验方法仿佛把现象掌握在自己的手内一样,时而推动这一种现象,时而推动另一种现象,因此就在人工的、简单的组合当中确定了现象之间的真正联系。换言之,观察是搜集自然现象所提供的东西,而实验则是从自然现象中提取它所愿望的东西。"[②]

在巴甫洛夫刚刚踏上科学旅途的时候,急性实验法,即活体解剖法在生理学研究中占据着统治地位。这种实验由于粗暴地破坏了机体的完整性,破坏了机体各部分之间的天然联系和交互作用,因而不可能获得对于各个生理过程的真实认识。实验常常因动物的猝然死亡而告终,无法进行长时间的细致观察和研究。

巴甫洛夫清醒地认识到急性实验法的弊端。他说:"这种方法隐藏着一个严重的危险,特别重要的是生理学家对这个危险认识不足;在这种情况下,许多的生理现象完全会使观察者看不出来,或者以极度歪曲的形态出现。"[③]他认为,为了改变这种局面,"生理学已面临一个寻找新实验方法的时期。这种新的实验方法,要尽可能使实验动物(当然,不包括被研究的现象)少反常。"[④]他寄希望于"生理现象的综合研究法",看到了在分析性研究所积累起来的大量资料的基础上运用综合性研究方法的光明前景。他指出:"作为一个新方法而被广泛应用于整个机体的综合法一定会大大有助于未来的生理学研究……综合法的目的在于从真实的有生命的方面来衡量每一器官的作用,指出它的地位及其应

① 诺贝尔奖金从1901年开始颁发,生理学和医学奖的头三位得奖者冯·贝林[德]、罗斯[英]、芬森[丹麦]皆为医学家。

② 巴甫洛夫选集[M].北京:科学出版社,1955,308—309.

③ 巴甫洛夫全集[M].(第2卷上册),北京:人民卫生出版社,1958,191—192.

④ 巴甫洛夫全集[M].(第2卷上册),北京:人民卫生出版社,1958,191—192.

负担的工作。"①

从保证机体整体性的前提出发,巴甫洛夫通过巧妙的实验设计,系统地发展了综合研究方法,即慢性生理学实验法。所谓慢性实验法,就是利用没有损伤的动物或施行过外科手术并完全恢复健康、对生存条件具有正常关系的动物进行实验。这种实验,可以使实验者在最接近动物的自然生存状态下,研究机体内未被歪曲的各个生理过程。比之急性实验法,这种方法不仅能够有效地对完整机体的各个器官进行细致的分析性研究,而且更为重要的是能够对完整机体的复杂机能进行完善的动态性综合研究,从而揭示某一器官和系统与其他器官及系统的有机联系和相互作用。

进行综合研究的慢性实验法,在巴甫洛夫研究血液循环生理时就已具雏形。1879年,巴甫洛夫曾耐心地训练供实验用的狗,使它能够安静地躺在实验台上,不使用任何麻醉剂,将腿部的皮肤和皮下组织切开,分出动脉血管,接上血压记录器。在这种实验条件下,排除了麻醉的影响,动物的整个中枢神经系统对内脏器官的影响处于正常状态,因而实验结果完全可以表现机体内保持着复杂的相互联系时血液循环的真实过程。在研究心脏的加强神经时,巴甫洛夫抛弃了通常对神经做机械切断的做法,用降温的方式对神经做"生理的、机能的切断"。这种"切断"比机械切断有着明显的优越性,可以在"切断"之后再恢复加强神经的机能,进行反复的实验。

为了进行科学上的新探索,巴甫洛夫于19世纪90年代在世界上建立了第一个隶属于生理学实验室的完备的手术室,他用巧妙而高超的生理外科手术实现了各种新颖的消化生理实验设计,从而使慢性实验法更加精细完善。1889年,巴甫洛夫和他的学生完成了闻名于世的"假饲"实验。在"假饲"实验的准备阶段,需要在狗身上做两个手术:一是将胃切开一个小口,插上一只小管,小管通向体外,做成胃瘘管;一是割断食道,将食道断面两端的管壁与颈部创口的四周皮肤缝合,做成食道瘘管。伤口愈合后,即可进行实验:狗不断吃进食物,食物不断通过食道瘘管掉进盘子里,胃瘘管不断流出纯净的胃液。在这个实验中,巴甫洛夫确证了迷走神经对胃液分泌具有调节作用,纠正了生理学家在以往的急性实验中所得出的错误结论。

此后,巴甫洛夫和他的助手又在狗身上做了唾液腺瘘管和难度很大的胰腺瘘管、"小胃"等手术。被称为"巴甫洛夫小胃"的经典性实验,充分表现了巴甫洛夫缜密的科学思维和精湛的手术技巧。巴甫洛夫认为,在假饲实验中,由于食物没有进入胃部,因而食物对胃壁的影响没有反映出来,尚不能了解真实的消化过程。要解决这个问题,必须做胃的分离手术。手术时将整个胃分隔成一大一小两个互不相通的胃,两胃之间用黏膜构成的间壁隔开,小胃由腹壁开口与体外相通;进入大胃的食物、唾液不能进入小胃,但消化过程的一切活动皆在小胃中真实地反映出来。1893—1894年,巴甫洛夫经过几十次失败,以百折不回的毅力,突破了技术上的重重难关,终于取得了手术的成功。

巴甫洛夫在狗身上施行的各种手术,为整个消化道设置了一个个"窗口",既可以在

① 转引自艾·阿,阿斯拉强,巴甫洛夫的生平和科学创作[M].北京:科学普及出版社,1958,40—41.

不破坏复杂机体完整性的条件下精确地观察各种消化腺的分泌活动，又可以从动物体外收集腺体的分泌物进行多方面的分析研究。

进行慢性生理学实验所依据的思维方法，用科学方法论的现代语言来叙述，就是系统方法。生命有机体同自然界存在的任何系统一样，各个组成部分（子系统）的机械叠加，不足于揭示整个系统的基本特性。巴甫洛夫在慢性实验中所获得的对于血液循环系统、消化系统等生理过程的认识，无疑比较正确地反映了这些生理系统的机能，但是由于实验是在保持生命有机体完整性的前提下进行的，在研究血液循环、消化生理时，有其他生理系统（尤其是神经系统）参与活动，因此，这些规律性的认识反映着生命有机体这个大系统的基本特性。慢性实验法的出现，不仅标志着生理学实验技术的改进，而且表征着科学思维方法的巨大进步。它开创了综合生理学的新时代。

大脑生理学——高级神经活动的客观研究：条件反射法

巴甫洛夫在血液循环生理和消化生理的研究中，已经初步地探讨了神经系统对其他生理系统的作用，在实验技术和思维方法上为大脑生理学的研究作了充分的准备。进入20世纪，他满怀信心地选定自然界物质的最高级存在方式——大脑作为自己后半生的研究对象，坚定而执著地开始了在高级神经活动领域里的顽强探索。

在巴甫洛夫之前，关于大脑机能的研究，曾经吸引了许许多多的生理学家。这个领域与生理学其他领域的研究一样，长期以来一直沿袭在粗暴的活体解剖实验条件下进行的割除法或刺激法。这只能粗浅地说明大脑在动物机体内的一般作用，推测大脑两半球的机能定位。巴甫洛夫师承“俄国生理学之父”谢切诺夫（I. M. Sechenov，1829—1905）的脑反射论，以唯物主义的可知论同泛灵论、目的论、活力论、二元论等唯心主义观点作不调和的斗争，突破形而上学思维方法的樊篱，力主运用客观的生理学方法研究动物和人的高级神经活动。他说：“心理活动乃是一定脑质的生理活动的结果，从生理学方面说，它也应当像现在有成效地研究有机体一切其他活动部分一样来加以研究。”①他坚信，动物的行为可以通过“严格的客观方法”进行研究，心理活动的生理机制是可以认识的。

巴甫洛夫所主张的“严格的客观方法”，就是通过动物与其生存环境的关系来把握神经活动的规律性，从而对动物的行为作出生理方面的解释。他指出：“严格自然科学的任务，仅在于确定一定自然现象与机体对这些现象的应答性活动——反应——之间精确的依赖关系；换句话说，就是研究某种生物与周围自然界所保持的平衡。”②生命有机体与外部世界保持平衡，是通过神经系统的活动来调节的。早在17世纪，法国数学家、哲学家笛卡儿（Descartes）就把动物对周围世界的应答性神经活动定义为“反射”。谢切诺夫和巴甫洛夫改造并发展了笛卡儿的反射论，认为动物和人的大脑活动过程在本质上都是反射。对于人们无法直接探视的大脑高级部位的活动，巴甫洛夫借助于反射过程找到了对

① 巴甫洛夫选集［M］.北京：科学出版社，1955，151.

② 巴甫洛夫全集［M］.（第3卷上册），北京：人民卫生出版社，1962，52.

其进行客观研究的途径。这一客观研究途径的实现，为大脑生理学领域注进了新的科学思想的水流。

1892年，还在进行消化生理研究的时候，巴甫洛夫就在实验中观察到一种有趣的现象：狗不仅在“假饲”时分泌胃液，而且在看到食物、闻到食物的气味甚至听到器皿的声响时也会引起胃液分泌。经过几年的精心研究和深思熟虑之后，巴甫洛夫认为这种所谓的“精神兴奋”、“心理性分泌”是动物在外界环境影响下形成的一种神经活动。他把这种在后天的个体生活中形成的神经活动定义为“条件反射”，以区别于与生俱来的本能性神经活动——无条件反射。条件反射概念的确立，为高级神经活动的研究奠定了坚实的基础。巴甫洛夫通过实验还确认，条件反射是大脑两半球正常机能的中心生理现象，并据此把条件反射作为大脑生理学研究的基本手段。他在总结后半生对于高级神经活动的研究时说：“最近三十年来，我和我的许多同事们集中精力从事研究脑的高级部分，主要是研究大脑半球的高级部分，而且无论过去和现在都是根据严格的客观方法，根据条件反射法来进行这种研究工作。”①

选取哪一方面的反射活动作为应用条件反射法的突破口呢？巴甫洛夫认为，“在性质本来很复杂的问题中，为了研究的成功，必须至少在某一方面使问题简化。”②这就是自然科学家通常所遵循的简单化原则。在初期的研究中，巴甫洛夫一直利用做过唾液腺瘘管手术的狗进行条件反射实验。唾液腺瘘管成为测定条件反射的质与量的客观“指示器”，成为窥探大脑生理活动的“潜望镜”。1909年，巴甫洛夫在介绍这一时期工作时说：“到目前为止，我们的整个研究工作是完全用一个微小的、生理意义不大的器官——唾液腺——来做的。这个选择虽然最初是偶然的，但在实际上很成功，简直是幸运的。第一，它符合于科学思维的基本要求：要在复杂现象的领域内先从尽量简单的事例开始；第二，在我们这个器官上，可以明显地分辨出神经活动的简单形式和复杂形式，因而这些形式易于互相对比。这样就把事情弄清楚了。”③这里所说的“神经活动的简单形式和复杂形式”，就是指无条件反射和条件反射。对于两者的比较研究，使巴甫洛夫对条件反射的基本特征以及条件反射的形成、强化、消失、恢复的规律有了全面的了解。

为了做到实验的精确化，减少外界环境的干扰，巴甫洛夫经过多方努力，建设了“静塔”。狗被安置在一个个厚墙、无窗的条件反射室中，实验能够在完全可控的条件下进行。运用条件反射法，巴甫洛夫及其助手研究了中枢神经系统的视觉、听觉、触觉和运动等分析器，研究了大脑皮层的基本活动——分析与综合，研究了分析与综合活动的基本神经过程——兴奋与抑制，研究了睡眠、催眠的本质，研究了高级神经活动的类型，研究了动物的神经性疾病，研究了类人猿的行为。巴甫洛夫在谢世的前几年，主要致力于人类意识的研究，提出了第一信号系统和第二信号系统学说，找到了动物与人的高级神经

---

① 巴甫洛夫选集[M].北京：科学出版社，1955，49.

② 巴甫洛夫全集[M].（第3卷上册），北京：人民卫生出版社，1962，23—24.

③ 巴甫洛夫全集[M].（第3卷上册），北京：人民卫生出版社，1962，103.

活动的本质区别。巴甫洛夫和以他为代表的心理-生理学派，应用条件反射法掀开了遮盖着动物及人类大脑的神秘帷幕，在脑生理学的研究中取得了举世瞩目的累累硕果，创立了自己的高级神经活动学说——条件反射学说。

科学方法的创新与科学研究的方法论原则

从以上的粗略分析可以清楚地看到，巴甫洛夫在科学活动中一向重视科学方法的创新。他曾经意味深长地说："对自然科学家来说，一切在于方法，在于有求得坚定不移的真理的机会。"①在他看来，良好的方法是成功的钥匙，可以为获得可靠的真理提供可能性。在谈到消化生理的研究时，他还说过："初期研究工作的障碍，乃在于缺乏研究法。无怪乎人们常说，科学是随着研究法获得的成就而前进的。研究法每前进一步，我们就更提高一步，随之在我们面前也就开拓了一个充满着种种新鲜事物的、更辽阔的远景。因此，我们头等重要的任务乃是制定研究法。"②

然而，要真正实现科学方法的创新，还必须以正确的世界观作为出发点。据苏联学者的考证，巴甫洛夫在青年时代读过马克思的巨著《资本论》。在晚年，他还读过恩格斯的《自然辩证法》和马克思列宁主义的其他经典著作。③ 19 世纪俄国民主主义进步思想家的唯物主义启蒙宣传，对巴甫洛夫世界观的形成产生了更为直接的影响。青年时代的巴甫洛夫，对世界观问题和尖锐的哲学论争有着浓厚的兴趣，他阅读了别林斯基、赫尔岑、杜勃罗留波夫、车尔尼雪夫斯基、皮萨列夫等唯物主义思想家的大量著作。正是在唯物主义思想的熏陶下，出身于神父家庭的巴甫洛夫才挣脱了宗教神学的羁绊，立志从事自然科学方面的研究。尤其应当提到的是，著名的俄国生理学先驱者谢切诺夫于 1863 年出版的《脑的反射》，以其新奇的自然科学唯物主义思想，强烈地吸引了巴甫洛夫，对他后半生的科学探索产生了举足轻重的影响。

巴甫洛夫发扬了自然科学唯物主义传统，在自己的研究领域内逐渐接近了辩证思维，在科学研究中形成了自己所遵循的方法论原则。这些原则，大体可概括为以下几点：

1. 客观性原则。自然科学的研究对象是客观自然界，自然科学的任何理论都必须建立在客观事实的基础之上。巴甫洛夫说："要研究事实，对比事实，积聚事实。""鸟的翅膀无论多么完善，如果不依靠空气支持，就绝不能使鸟体上升。事实就是科学家的空气。没有事实，你们就永远不能飞腾起来。没有事实，你们的'理论'就是枉费心机。"④科学研究不能向壁虚构，不能用主观的猜测来代替客观的事实。但是，在研究动物行为时，许多生理学家喜欢采取拟人化的方式，把人的主观状态机械地搬用到动物身上。在确立"条件反射"这一概念之前，巴甫洛大也使用过"精神兴奋"、"心理性分

① 巴甫洛夫全集［M］.（第 3 卷上册），北京：人民卫生出版社，1962，26.

② 巴甫洛夫选集［M］. 北京：科学出版社，1955，320.

③ 阿·尤果夫. 巴甫洛夫［M］. 北京：中国青年出版社，1957，214.

④ 巴甫洛夫全集［M］.（第 1 卷），北京：人民卫生出版社，1959，16.

泌"一类术语。但他很快就发现这种拟人化倾向对于研究工作毫无裨益,因而下决心"仍然保持纯生理学家的身份,即作为客观的外部观察者和实验者"[1]。在他的实验室里,他与助手们甚至订立了使用"猜想"、"愿望"、"喜欢"之类语言解释动物的行为就要被罚款的约定。

2. 决定论原则。自然科学的目的在于探寻客观事物的内在规律性,找出事物发生、发展、变化的根本原因。因此,作为一个自然科学家,应当始终如一地坚持决定论原则。巴甫洛夫在谈到反射理论所依据的基本原理时说:"第一是决定论原理,即任何特定的动作和反应都有其推动力、理由和原因。"[2]对于动物高级神经活动的研究,巴甫洛夫极力摈弃"不顾真正原因的反决定论的思考方式"[3],坚持从动物的行为与其内部条件、外部世界的相互关系中找寻规律性、必然性和因果制约性。他还特别注意选择和确立能够体现决定论原则的科学概念。例如,"反射"和"本能"这两个词通常为生理学家作为同义词使用,巴甫洛夫主张采用"反射"一词,"因为其中决定论的思想更为清楚。"[4]

3. 整体性(或系统性)原则。巴甫洛夫认为,生命有机体是复杂的统一整体,是有着有机联系的系统。在生理学的研究中,他强调动物机体的整体性,反对把机体当做各个器官、各个生理系统的机械组合,而且特别注意神经系统对整个机体各种生理活动的调节作用。他承袭了著名的俄国临床医学家泡特金的"神经论"思想,"竭力要把神经系统的影响尽量扩大到机体活动上"[5],始终把生命有机体看做是由神经系统联系起来的整体。不但如此,在高级神经活动研究中,巴甫洛夫站在"从空间来思考的生理学家"的立场上,更进一步地把动物与生存环境作为一个有整体性联系的系统来研究,并注意改造和完善实验环境。

4. 渐进性原则。利学研究是一个不断逼近科学真理的渐进过程。坚持渐进性原则,包含两方面的含义。第一,研究课题应当由易到难,由简单到复杂,循序渐进,步步为营。巴甫洛夫由研究血液循环生理开始,经过消化生理研究,最后过渡到高级神经活动生理研究,就体现了这一要求。第二,要认识到科学研究的过程是曲折的,难免犯错误,任何科学理论都不会终止科学的发展。巴甫洛夫从不认为生理学的某一方面理论,包括自己所创立的学说已经完美无缺;相反,总是包含有不正确的成分,需要进一步加以改造和发展。他说:"显而易见,在今后的长久时期内,未知事实的大山仍然要无可比拟地高于既知事实的断片。"[6]只有认识到这一点,科学方法的创新才会有持久不懈的驱动力。

如今,在生理学领域内,尤其在大脑生理学方面,由于其他学科的渗透与影响,由于

---

① 巴甫洛夫全集[M].(第3卷上册),北京:人民卫生出版社,1962,2.

② 转引自C.A.彼特鲁舍夫斯基.巴甫洛夫学说的哲学基础[M].北京:科学出版社,1955,13、59.

③ 巴甫洛夫全集[M].(第3卷上册),北京:人民卫生出版社,1962,245.

④ 巴甫洛夫全集[M].(第3卷上册),北京:人民卫生出版社,1962,276.

⑤ 巴甫洛夫全集[M].(第1卷),北京:人民卫生出版社,1959,195.

⑥ 巴甫洛夫全集[M].(第4卷),北京:人民卫生出版社,1958,392—393.

实验技术手段的更新，已有了许许多多的重大进展。巴甫洛夫学说同其他一切科学理论一样，理所当然地要留有时代的印记和局限性。科学的进步是没有止境的，对前人理论的全盘否定和全盘肯定都不是科学的态度。对巴甫洛夫学说本身的评价和剖析，已不属本文的讨论范围。有一点是必须肯定的，巴甫洛夫是生理学研究方法的大革新家。他以新的研究方法极大地丰富了生理学理论体系，在生理学发展史上建树了一座里程碑。他的创新精神，他在科学研究中所遵循的方法论原则，对今天的科学工作者仍有一定的启迪作用。

巴甫洛夫的一组图片

第三版原序

我的《大脑两半球机能讲义》的第三版，就是第一版和第二版的重印(1926 及 1927 年)，没有更改和补充。这样，本版与初版以来我们实验室增多的大量材料未免很有距离了。尽管如此，本书的出版还是有正当的权利的。这是关于我们实验事实最初基本的有系统的说明，从我们有关高级神经活动的研究方面来看，这本书包括了我们至今工作的四分之三。最近八年以来所汇集的其他全部材料，只有根据本书的系统，我们才可能透彻地理解、牢固地记忆。关于最新的事实及其说明，必须在我的另一本书《动物高级神经活动(行动)客观性研究实验 20 年》(简称《实验 20 年》, Двадцатилетний Опыт Объективного Изучения Высшей Нервной Деятельности Животных)内去探求。这样，在这两本书彼此之间存在着密切的关系。即将出版的新的《实验 20 年》会使读者认识我们研究室的成绩，可以说，直到最近的成绩。不过这仅是用很简单的形式说明的，也就是没有记录性的说明，并且是片断性的说明。若要对这两本书进行综合，就是说，用一本书的形式，对我们全部的材料进行新的、有系统的说明，是一件很庞大的工作。实现这个工作，我以为这是本人最后一项科学任务。对我而言，这工作所需要花费的时间，将不仅是一年。如果健康条件许可，使我在高龄时还能保持充沛的精力，允许我完成今生的重要义务，那就好了！

1935 年 11 月　圣彼得堡

伊万·巴甫洛夫院士

第二版原序

本书第一版出乎意外地很快地销售完了。根据我们研究所持续进行着的活动，在新版内，我可能会增加若干的补充和更改。可惜，侵袭我的疾病现在妨碍着这件事。只有一个希望，如果会出版第三版，我可能会在该版内把本书的内容完全与我们研究室的材料相配合。在本版内，只作了若干技术上的改善，改正了不多的错字与误印之处，并且补充了我的同仁们已经发表的各论文的一个目录。

1927 年 5 月

第一版原序

1924年春季在军事医学院内，为了医师和其他自然科学领域的听众，我用一系列的讲义，努力地将当时几乎25年间的关于狗的大脑两半球机能研究，给予了完全的、系统的说明。这些讲义都速记了，并且我打算以后将之印行发表。但速记稿经过检阅以后，我发现我的说明是不能令人满意的，于是开始对文稿进行实质上的改作。这个工作占了我一年有半的时间。在这一年半的期间内，我在所指导的研究所内继续着对本研究对象活泼的研究。在这期间，前此已完成的讲义内的事实材料有了一些显著的变动和改正。可是在现在出版的这本书里，我故意保持了原来写作的一切，因为我要在迟一些时候写成的讲义内记载较新的材料，以便更鲜明地昭示我们研究的特色。

在这些讲义内，我只以我们事实材料的说明为限，而关于研究对象的文献几乎完全不曾提及。与本主题有关的文献的完全整理也许极大地增加了我的工作量，并且即使不这样做，这工作也是不容易的。此外，我希望更完全地按照这个研究对象向我所显现那样，把它表现出来。否则我们也许不能不遭遇到其他的观点、其他方式的问题、互相对立的各事实的比较、为这一解释而辩护、为另一解释而批评等情形。当然，在我们的材料之中，对其他著者所记载的事实的重复是不少的，然而优先权的问题并不引起我们的兴趣，因为我们确信着，在这个研究范围以内，研究者对于这个范围内有关的主动性，都是有充足的可能性和自由的。同时我们热烈地相信，如果这个研究由于其他参与者的工作而使研究计划扩大，如果有其他的各种观点，如果有其他方式的问题提出，如果在实验方式上有其他的发明，这个研究就会获得胜利。

我不能不表示谢忱。对于在我们共同的事业上与我勤劳地联合、诚恳地工作的全部同仁，我表示衷心的谢意。虽然我鼓励、指导并集中了我们的共同工作，可是我本身却是不断地在同仁们的观察力和思想的影响之下的。在这种精神不断地互相交流的思想范围以内，几乎不可能分出界限，哪一部分是属于谁的。然而同时，每个人都因为认识到其本身分享共同的成果而感到满意和快乐。

1926年7月12日

第 一 讲

· *Lecture First* ·

大脑两半球机能研究的原则性方法的基础与历史——“反射的概念”——种种的反射——当做大脑两半球一般生理学特质的信号活动

诸位！我们如果将如下的事实互相对比，就不能不感到惊异吧！大脑两半球，这中枢神经系统的最高部分，是使我们相当惊异的大量物质。其次，这块东西具有极复杂的构造，是在整亿的（特别在人类，在许多亿的）细胞基础上建立的。就是说，是从神经活动的各中枢而成立的。大小、形态、配置都各不相同的这些细胞，更由于其突起部的无数分枝而互相结合。大脑两半球构造既然如此复杂，自然我们会想象，首先中枢神经系统的这个部分也具有壮丽的、复杂的机能。所以这似乎对于生理学者开拓着一个广大无限的研究范围，这是第一件事。其次，譬如关于狗，自古以来，狗就是人类的朋友和旅伴。狗在人类的生活中扮演了种种复杂的角色，或者做猎犬，或者做守卫犬。我们知道，狗这样复杂的行为（поведение）是与神经系统最高级的机能（因为谁也不能否认，这是高级的神经机能），主要是与大脑两半球有关的。如果除去狗的大脑[高尔兹（F. L. Goltz）及其他学者的实验]，狗就不但不适于我刚才所说的这些角色，并且也不适于它本身的生存，就会成为严重的残废者，并且如果不受到别人的照应，就必定会死亡。这样，一方面从构造而言，另一方面从机能而言，我们可以想象，大脑两半球具有重大的生理学机能的意义。

在人类，情形是怎样的呢？他的全部高级的活动不也是关系于大脑两半球的正常构造与机能么？人的大脑两半球的复杂构造中的这样或那样一受损伤或遇到障碍，人也就成为一个残废者，不能在他的亲友之中自由地、权利平等地生活着，而要和他人隔离开来。

大脑两半球机能是这样地广大无限，而大脑两半球现在在生理学中的内容，却与此相反非常地贫弱。直到 1870 年以前，关于大脑两半球的生理学是完全没有的；大脑两半球不曾是生理学者所能够了解的东西。在 1870 年，弗立契（G. T. Fritsch）与席澈希（J. E. Hitzig）两人才能够最早顺利地应用生理学的通常实验方法——即刺激法与伤害法——于大脑两半球的研究。如果刺激大脑两半球某一定部位的皮质，骨骼肌肉的某一组就会规律地发生收缩（皮质运动区域），并且如果除去大脑这一定的部位，该组肌肉的正常机能就会发生一定的障碍。

以后不久，蒙克（H. Munk）与费瑞爱（D. Ferrier）等人证明了，大脑的其他一些虽然受了人工刺激而似乎并不发生兴奋的部位，却在机能上也是一定的区域。如果除去这些区域，就会在某些感受器（рецепторные органы），譬如在眼、耳、鼻、皮肤等的感受器的机能上，引起一定的缺陷。

这些事实，曾经受到，并且直到现在也受到多数研究者极热心的研究，这个研究对象是由于详细知识而精微化、丰富化了。尤其有关大脑运动区域的情形是如此，并且在临床医学方面，重要的实际应用也居然有了——然而这种研究对象，直到现在，主要地还停顿在初期所拟定的各点的附近。而最重要的是，动物的一切高级复杂行动——如最新的高尔兹除去狗大脑两半球的实验事实所昭示的——虽然都与大脑两半球有关系，可是上述各研究几乎不曾涉及这种高级行动，也并不把它放在当前必要的生理研究计划里去。这样，在说明高级动物行动的关系上，生理学者现在有关大脑机能的已知事实材料，究竟能对我们做什么解释？说明高级神经活动的一般性草案在于何处？这些高级神经活动的一般规律在于何处？对于这些最合理的质问，现代的生理学者是真正地束手茫然的。因为什么缘故，这研究对象的构造如此复杂，机能如此丰富，而同时在生理学者方面，有关的这些研究却好像陷在一个死角之中，不能如我们所期待地成为几乎无限的研究呢？

究竟原因是什么？原因很明了，就是因为对于大脑两半球所有的活动，我们不曾像对于有机体的其他器官的活动，甚至于不曾像对于中枢神经系统其他部分的活动，以同样的观点，做过什么研究。大脑两半球的活动接受了一个特别所谓“精神”活动的名称，而这精神活动，是我们自己所感觉的，所领会的，至于动物这类活动，是根据类推法，照我们自己这类活动而推定的。因此生理学者的地位就成为非常特殊而困难。从一面说，关于大脑两半球活动的研究，与关于生物其他部分的活动相同地，好像是生理学者的事情，可是从另一面说，这又是一种特别科学的心理学的研究对象。生理学者应该怎样办呢？也许问题是要这样解决的，就是，生理学者必须先汇集心理学的方法和知识，以后才着手于大脑两半球机能的研究。可是这也有本质上的纠纷。本来，在分析生命现象之际，生理学必须经常不断地用比较精密而完全的科学，譬如力学、物理学、化学等等当做根据，这是很显然的。可是在这一场合，事情完全不同了。因为生理学在此地似乎必须将心理学当做基础，可是从精密完全性而言，如果与生理学比较，心理学是没有可骄之点的。甚至在不久以前，还有了一个争论：一般地说，心理学果然可以当做自然科学看待吗？甚至一般地说，心理学可以当做科学看待吗？在此处不必深入问题的本质，我只引用一些粗陋的、外显的事实，据我看起来，这些事实却是很可靠的。心理学者本身并不把心理学当做精密科学看待。卓越的美国心理学者威廉·詹姆斯（William James）在不久以前，并不把心理学叫做一种科学，而只把它叫做“一个成为科学的希望”。还有更富于兴趣的声明，就是冯特（W. M. Wundt）的话。冯特原来是生理学家，以后成为有名的心理学家和哲学家，而且他甚至于是所谓实验心理学的创立者。在第一次世界大战以前的1913年，在德国发生了一个问题，就是大学内哲学与心理学是否应该分为两个不同的讲座，以代替原有的一个讲座。冯特是对这个分离办法主张的反对者，而且他所主张的根据是这样的，就是，关于心理学，要确定一个共通强制的试验大纲是不可能的，因为每位教授都各有他自己特殊的心理学。心理学还不曾能够达到精密科学的程度，这不就很显然吗？

既然如此，生理学者向心理学的依赖，是无益的。如果考虑自然科学的发展，当然就应该期望着，不是心理学必须帮助大脑两半球的生理学，而是相反地，动物这个器官生理学的研究，应该是精确地、科学地分析人类主观界的基础。所以，生理学者应该走他自己的道路。并且这条道路，已经长久以前就标出了。迪卡儿以为动物的活动是机械式的，是与人类的活动相反的，他在300年前，就树立了反射的概念，认为这是神经系统基本的活动概念。一个有机体的某个活动，必定是对于一定的外在动因（внешний агент）而发生的一个规律性的应答（закономерный ответ），并且把这个一定动因与某活动器官的联系，认为是由于一定的神经道路而树立的原因与结果（причина и следствие）的关系。这样，动物神经系统活动的研究，就被安置于自然科学的坚固的基础之上了。在18世纪、19世纪以及20世纪，生理学者事实上详细地利用了反射的概念，不过仅仅利用于中枢神经系统低位部分的研究，但是研究的范围愈益向中枢神经系统高位部分进行，于是在谢灵顿（C. S. Sherrington）完成关于脊髓反射的古典的研究以后，他的后学者马格努斯（R. Magnus）更证明了，运动性活动的一切基本动作也是带着反射的特质。这样，这个"反射"的观念有充足的实验方面的理由而被应用于中枢神经系统，几乎直达到大脑两半球。我们可能希望着，在有机体许多更复杂的活动上——其要素也是这类基本的运动性反射——譬如现在以心理学的术语而表现的所谓愤怒、恐怖、游戏等等的更复杂的这类行为，不久也就可以归结到大脑两半球直接的下位部分的单纯反射性活动之内。

俄罗斯的生理学者谢切诺夫（H. M. Сеченов）立足于当时的生理学知识的基础之上，大胆进一步地将这反射观念，不仅应用于动物的大脑两半球，而也应用于人类的大脑两半球。1863年，他在用俄文所著的小册子书名《脑的反射》（Рефлексы Головного Мозга）里，尝试地做了一个说明，把大脑两半球的活动当做一种单纯的反射活动看待，就是说，他尝试确定了大脑活动的因果关系（детерминизировать）。按照他的意见，思考（мысль）是一种效验受了抑制而不向外发露的反射，激情（аффекты）是一种由于兴奋过程广泛的扩展而增强的反射。现在理谢（Gh. Richet）也做了同样的尝试而树立了精神反射的观念。按照这个观念，对于某刺激物而发生的反应，是由该刺激物与大脑两半球内从前刺激痕迹的互相复合而决定的。然而一般地说，把属于大脑两半球的高级神经活动当做现存的新兴奋与旧兴奋的残痕互相结合的表现，以为这是一个特征，这也就是最近生理学者的见解[乐爱勃（J. Loeb）的联想性记忆，其他生理学者所谓教育性、经验的利用等等]。然而这些一切都不过是一种理论化（теоризирование）而已。于是这个研究对象转进到实验分析的需要，就逐渐成熟了，并且也与自然科学其他一切学科一样，这也必须是一种纯粹客观的、从外方着手的分析。在不久以前，作为进化论影响的一个结果而产生的比较生理学，决定了这个研究动向转进的条件。生理学既然面向着全动物界而从事于下级动物的研究，就不能不放弃拟人观（比拟人类的）（антропоморфический）的见解，而只集中科学性注意于如下关系的证实，即证实对动物发生作用的外来影响和动物的应答性外现的活动（动物的运动）（ответная внешняя деятельностъ）两者间的关系。因此就有了乐爱勃的动物趋向性（тропизм）的学说；而倍尔（K. E. von Beer）、倍泰（A. Bethe）、虞克斯库尔（J. V. Uexküll）诸人，因此提出了客观的语汇，以记载动物反应；最后，动物学者对于动物界中下级生物的研究，因此也以纯粹客观的态度施行，譬如杰宁斯（H. S. Jennings）等人的古典的研究，就只是利用了外界对动物的影响，和动物外现性应答性活动两者的互相对比。

在生物学里这个新倾向的影响下，并且与美国人的特别重视业务的性格相符合地，美国也从事于比较心理学研究的心理学者们产生了一个倾向，就是，将动物放置于他们所故意安排的各种条件之下，对动物的外现活动加以实验的分析。可以公平地当做这一类具有系统性研究的出发点看待的，应该是桑代克（E. L. Thorndike）的论文“动物的智能”（Animal Intelligence）（1898 年）。在这些研究的场合，动物被放在箱子里，在箱子的外面有动物能看见的食物。动物当然就努力向食物突进，但是为了这个目的，动物必须先开箱子的小门，而这小门在各种不同的实验里是各式各样闭锁着的。数字和由数字而成的曲线就昭示，动物是怎样快地，用什么方法解决这个课题。这个全过程就当做视觉性刺激、触觉性刺激和运动动作间的联想形成的关系看待。利用这个方法及其各种变式的方法，许多学者就关于各种不同动物的联想能力的各种问题进行了研究。与桑代克从事于这类研究差不多同时，我对于他的研究毫无所闻，在本研究室的一次对话的影响下，我对于这同一的研究对象也采取了同样的研究态度。

因为我当时关于消化腺的活动做精细的研究，我也不能不研究所谓腺的精神性兴奋（психическое возбуждение желез）。当时我和一位研究同人想更深刻地分析这个事实，起先姑且按照公认的方式，就是说，采取了心理学的态度进行研究，因为我们想象，动物是能思想和有感觉的，其时我遇到了实验室内不常见的一个事件。我和我的这位研究同人意见不能一致；我们两人都固执自己的意见，而不能用任何一定的实验，使对方心服。这就完全地使我对于心理学地讨论研究对象的办法，发生了反感。于是我想用纯粹客观的态度从外方研究这个对象，就是说，要精确地观察，什么刺激在某一瞬间对动物发挥作用，并且我要观察，动物对于该刺激用什么表现作为应答，其表现是运动，还是分泌（在我们的实验场合）。

这是我们研究的开始。这个研究已经在 25 年间继续不断地进行着，我的多数宝贵的研究同仁们都参加了这研究工作，他们的头脑和手都与我的头脑和手联合在一起做研究。当然，我们体验了不同的阶段；不过我们的研究对象很是逐渐扩大而加深的。我们最初不过获得一些个别的事实，可是到了今天，资料已经收集得这样多，可以当做最初的尝试而把这些资料相当有系统地加以整理。现在我可以对诸位说明大脑两半球机能的一个这样的学说，就是，现代大脑生理学的学说直到现在是从若干虽然重要的、但完全断片的事实而成立的，而我的学说，却是无论如何比较地更接近于大脑实际的、构造的和机能的复杂性。

这样，在高级神经活动这个新的、严格客观的研究道路上进行研究的，主要是我们的研究所（约百位的研究同仁），其次是美国的心理学者们。从其他的生理学研究所而言，从事于同一对象的研究所，不过是很少数的，并且是较迟地开始的，其大部分还不超过这个问题对象最初研究动向判定的程度。而在美国学派与我们学派之间，存在着如下的显著的差异。既然在美国，心理学者做着客观的实验，那么，他们虽然研究着纯粹外显的事实，但是关于课题的提出、业绩的分析和整理等等的思想方式，大部分是心理学的。所以除掉“行动论者，即行为主义者”（бихевиористы）的一组研究者以外，他们一切的研究并不具有纯粹生理学的性质。而我们是从生理学出发的，不断地、严格地坚持着生理学的观点，并且只用生理学的方法，研究全部的问题对象，而加以系统化。

现在我转而说明我们的材料，可是我预先说明反射的概念，就是要说明在一般见解上反射的、生理学内反射的和所谓本能的概念。

我们出发点的概念是笛卡儿的概念，就是反射的概念。当然，这个概念是完全科学的，因为这个概念所表现的现象是严格地因果决定的。这意味着，外在世界或生物内在世界（внутренний мир）的一定动因，冲击某一个神经性的感受器。这个动因的冲击即变换而成为一个神经过程，即是成为神经兴奋的现象。这兴奋沿着神经纤维进行，像沿着电线一样，直达中枢神经系统，并且由于此部已成立的联系，这兴奋再沿着另一条线路，传导到某一个活动中的器官，于是这兴奋又变换而成为该器官细胞的特殊过程。这样，某一定动因是规律地与生物个体某一定活动相结合的，正是原因和结果互相结合的关系。

完全显然，有机体的一切机能必定是规律性的（зкономерно）。用生物学的名词说，如果动物不能确当地适应于外界，它也许迟早就不能生存。如果动物不向食物突进，反而要离开食物，或者如果动物不从火逃避，反而投入火中，动物就会这样地或那样地毁灭。所以动物对于外界的任何现象，不能不有反应，以便用它全部的应答性活动而保证它的生存。如果用力学、物理学或者化学的术语去考虑生命的问题，就会达到同样的结果。每个物质系统内部的引力、黏着力等等如果能与冲击该物质系统的外力影响保持平衡，那么，该物质系统才可以在各外力影响之中成为个别的单位而存在。这种关系，对于简单的一块石头，或对于最复杂的化学物质都是完全相同的。关于有机体，我们也不能不抱完全相同的见解。当做一定的、独立的、特殊的物质性系统的一个有机体，对于每个瞬间一切的周围条件，如果不能保持平衡，就不能存在。这个平衡一有严重的紊乱，有机体就不能当做一个一定体系而继续存在。这样，反射就是这不断地保持平衡、不断地适应环境的要素（适应或保持平衡，приспособление или уравновешивание）。生理学者研究了，并且现在不断地研究着有机体的多数反射。这些反射是有机体规律地机械式地发生的反应，同时这是在动物出世后就成立的，就是说，是由其神经系统构造而决定的反射。与人手所作成的机械传动装置（приволы машин）相同地，反射有两种，即阳性反射（положительные рефлекс）和阴性反射（отрицательные рефлекс）的两种，而阴性反射就是抑制性、制止性反射（задерживаюшие тормозные рефлекс）。换句话说，阳性反射是唤起一定活动的，而阴性反射是制止（прекращающие）一定活动的。当然，这些反射的问题，不管在生理学者手中多么早，依然还与完美的程度相隔很远。新的反射是愈益被发现的；而在多数的场合，接受外来动因，尤其接受内在动因冲击的感受器（рецепторные аппараты）的特征如何，都依然是完全不曾被研究的；并且中枢神经系统里的神经性兴奋传导的道路，往往是不很明了的，或者还是完全不曾确定的；中枢神经系统里抑制性反射的机制也是完全不明了的，我们不过知道远心性（传出性）神经（эфферентные нервы）的抑制性反射而已；关于各种不同反射的联系及相互作用的关系，我们所了解的事情也是很少。然而生理学者关于有机体这类机械性活动的机制的研究是越来越深入的，并且有充足理由地希望着，迟早可以绝对完全无遗漏地研究这类机能，以便加以掌握。

这些通常的反射，是生理学者在实验室里老早研究的对象，主要是关于个别器官活动的反射。有些可以属于这一类反射的也是由于神经系统的媒介而规律地发生的生来的反应（прирожденная реакция），就是说，这也是严格地由于一定条件而成立的反射。这就是各种动物有关其全身活动的反应，其表现的形式是动物的一般行为（общее поведение），而其特有的名称就是叫做本能（инстинкт）。因为从这类反应说，这在本质上是否与反射相同的问题，还不曾有完全一致的意见，所以我不能不多少详细地讨论这一点。

在生理学方面，这些反应（本能）也是反射的主张，最初是英国的哲学者斯宾塞（H. Spencer）所发表的。以后，动物学者、生理学者、比较心理学学者等等关于此点举出不少精确的、肯定的证明。我在此处举出一个理论的根据，证明严格地区别反射于本能的任何一个特征是没有的。首先，在所谓反射与本能之间，完全不能察觉的移行阶段是非常多的。譬如将鸡的雏儿做例子。它一从蛋壳出来以后，即刻对于它的小眼所接触的一切刺激物，都用嘴做啄触的动作，这对于它行走的地面上一个极小的东西乃至一个斑点，都是一样的。这个行动，与眼前有某物的闪动而迅速闭眼或将头部避开的行动，有什么区别吗？我们会把后者叫做防御反射（оборонительный рефлекс），而把前者叫做食物本能（пищевой инстинкт）。可是的确，在由斑点而引起的啄触动作的场合，这也不过限于头部下倾和嘴的运动而已。

其次，引起了我们注意的是本能比反射具有更大复杂性的一点。可是也有些非常复杂的反射，却不叫做本能。譬如将简单的呕吐动作做例子。它是非常复杂的：极多的肌肉，如横纹肌与平滑肌，都临时地一致地参与呕吐的活动，而这些占着很大范围的各肌肉，平常是在有机体其他器官活动的场合发挥作用的，并且，参与呕吐活动的各种分泌也是在其他时期参与有机体其他活动的。

我们又看见了如下的一个区别点，就是，如果和反射过程的一个阶层性（одноэтажность）相比较，本能却是一个很长系列的、连续地进行的、本能性的动作。譬如我们把动物做窠，或者一般地把动物栖住物的建立做例子。当然，这是由许多动作而成的一个很长的链索：即是材料的寻觅和向栖住处所的搬送、材料的安排和结构等等的动作。如果把这类活动当做一种反射而解释，那么，就不能不假定，一个反射的终结是其次反射的刺激物，就是说，这些是链索样的反射（цепный рефлекс）。然而动作的这个链索性完全并不是本能的唯一特征。在我们所知道的反射之中，也有很多的反射是链索样地互相结合的。我们试举如下的一个事例。我们现在刺激一种传入性神经，譬如刺激坐骨神经（N. ischiadicus），就会发生反射性的血压亢进。这是第一反射。心脏左心室的及大动脉起始部的任何反射性血压的增高就成为第二个反射的刺激物：即是刺激心脏减压神经（N. depressoris cordis）的末端而唤起减压性反射，以减低第一反射的效力。我们再举出最近马格努斯所确定的链索反射做例子。从高处将大脑已经除去的猫放下去，这样，在大多数的场合，猫的脚部大都会先达到地上而站住。因什么会这样呢？如果内耳的耳石器官的位置，在空间地位的关系上发生变动，就会引起颈部肌肉一定的反射性收缩，而这些肌肉是使动物头部在水平的关系上保持正常位置的。这是第一个反射。这第一反射的终结——即颈部一定肌肉的收缩和一般地颈部的位置，会成为引起躯干与四肢一定肌肉发生第二反射的刺激物，最后的结果是，使动物具有正确的、站立的位置。

其次，本能与反射间的如下似有的区别是受了注意的。本能和有机体内部的状态条件往往互有关系。譬如动物只在产子的时期才做窠。或者再举一个更简单的例子。动物在吃饱以后绝不再向食物的方向突进，不再摄取食物而停止进食。所谓性的本能也是如此，这是与有机体的年龄和性腺有关的。一般地说，与内分泌有关的产物、荷尔蒙在性的本能的关系上，具有重大的意义。可是这也不是本能独有的特征。反射的强度，出现或不出现，是直接于反射中枢兴奋性的状态有关的，而中枢的兴奋性的状态是不断地与血液的物理性和化学性特征有关的（中枢的自动性兴奋），同时也与各种不同反射间的相互作用有关。

往往有人重视了如下的一点，就是反射是限于个别器官的活动，而本能却是涉及有机体全部的一种活动，就是说，这本来是包括全体骨骼肌肉系统的活动。然而的确，按照马格努斯与德·克拉哀恩（de Kleyn）两人的研究，我们知道，直立、步行，以及一般地说，身体在空间的平衡等等，也都是反射。

这样，本能和反射同样地都是有机体对于一定动因而规律地发生的反应，所以没有使用不同名词而称呼这两者的必要。“反射”的这个名词反而是更优越的，因为从最初起，这名词就被赋予了严格科学的意义。

这些反射的总体（совокупность），从人类而言，又从动物而言，是神经活动的基本资源。所以完全彻底地研究有机体这类基本的神经反应，这当然是极重要的事情。然而像已经提及过的，很可惜，直到现在，这类的研究很是没有的，尤其关于所谓本能性反射的研究也是没有，这是不能不强调的。我们关于本能的知识是很有限的，是很片断的。关于本能，现在不过只有粗陋的研究动向的认识而已，譬如食物本能（пищевой）、自己保存本能（самоохранительный）、性本能（половой）、父母的本能（родительский）以及社会本能（социальный）等等就是。可是几乎在这些本能的每一组里，极屡屡地还有多数成分的存在，而其存在是我们不曾想象过的，或者是与其他反射相混同的，或者其生命上重要意义至少是不曾充分地加以估计的。我用本人的事例，可以说明，这研究对象是多么不完全的，是有多少缺陷的。

在某一个研究工作场合（将来我会说明），我们有一个时期完全不懂，究竟一只实验动物发生了什么变化，我们就会陷于进退维谷。来了一只显然很聪明的实验狗，很快地就和我们相亲热起来。对于这只狗，给了一个似乎不困难的任务。用轻软的带索把狗的腿部缚住，以限制它的运动，使它站在实验架台的桌子的上面（这只狗起初对于这种处置是很泰然的），其次对于在这架台上的这只狗并不做任何其他的处置，不过每隔几分钟给它一点食物。起初狗是静静地站着的，高兴地吃着食物，可是站的时间越长，狗就越加兴奋。起初先与周围的东西相冲突，拼命想从实验台逃开，用脚爪挠地面，咬架台的柱子，并且由于肌肉不断地乱动，它就喘气，不断地分泌唾液。这样地，它就完全不能适用于我们的实验，因为这样的情形继续许多周，越来越厉害。我们在长时期里都很诧异，这可能是什么呢？对于其上述行为的可能原因，我们斟酌了许多的假定。虽然我们已经有了关于狗的性质充足的知识，但是一切都是无结果的，最后我们终于达到一个想法：就是，这是很单纯的事情，这就是一种为自由的反射（以下略称为自由反射）（рефлекс свободы），就是说，这只狗不能忍受运动的限制了。于是我们利用其他一个反射，即食物反射，克服了这个自由反射。我们开始只在实验架台上把一天全部的食物给狗吃。起初这只狗吃得很少，相当地瘦下去，但以后它的食量逐渐增加，最后就吃完了全部的食物，同时在实验的时候，它也渐渐地安静下来。自由反射就这样地被制止了。显然的，自由反射是种种非常重要反射中的一个反射，或者更一般地说，这是一切生物的一个非常重要的反应。然而这个反射虽然有人提及，却不是经常提及的，好像它还不曾获得最后的承认。甚至于在詹姆斯所写的所谓人类特殊的一些反射（本能）之中，没有这个反射。可是如果动物对于它的运动限制没有任何反射性的斗争反抗，那么，一经过某些极琐小的妨碍，他的比较重要的活动也许就不能实现了。我们知道，若干动物的自由反射是非常强烈的。它们如果丧失了自由，就会拒绝一切的食物，渐渐瘦弱而至于死亡。

再举一个例子。有一种非常值得注意的反射。那就是不妨叫做“探索反射”（исследовательский рефпекс）的一种反射，这就是我所谓“‘这是什么’的反射（рефлекс ‘что такой?’）”，这也是基本反射中的一个。在周围环境发生极小动摇的场合，我们人类或动物就使有关的感受器向这动摇的动因所在的方向转动。这个反射的生理学意义是很巨大的。如果动物没有这种反应，那么可以说，动物的生命也许就与悬在一发之上的危险相等了。人类的这类反射发达很强。最后，它的最高等形式的表现就是知识欲（любознательность），创造我们的科学，对于我们给予着和预约着周围世界中的一个最高的、无穷的指南。还有不曾充足分析和重视的一部分反射，是所谓阴性抑制性反射（本能），这是在任何强有力刺激的场合，或在异常的、纵然微弱的刺激的场合发生的。当然，所谓动物催眠（животный гипнотизм）也是应该归纳于这一类的反射。

这样，人类及动物的神经系统的基本反应，是以反射的形式而生成的。所以我重复一次说，作成这些一切的反射的完全的清单，并加以适当的系统化，这是最重要的事情，因为如以后会看见的，有机体其他的一切神经活动，也都是基于这些反射而树立的。

虽然上述各反射是有机体在周围世界里保持完整生存的一个基本条件，可是仅有这些反射，还不能充足地适合于长远的、确实的、完美的生存。用大脑两半球被摘除的狗做实验，就可以证明这个事实。关于这类实验狗的内在反射，我们姑且不提，它的各基本性外显的反射都是依然存在的。它会向食物突进。对于破坏性的刺激，它也会逃避。它的探索反射也还存在：譬如有了声音，它就会把头和耳朵抬起来。它也有为自由的反射：一捉拿它，它就会作强力的反抗。可是虽然如此，它依然是一个残废者，如果单独地被放置而不管，它就不能继续生存。这就意味着，这只狗现在的神经活动方面缺乏了某种很重要的东西。究竟缺乏了什么？不能不发现一点，就是，对于这只狗引起反射的动因非常减少了，它不过只有在空间上最靠近的、极单纯的、尚未分化的动因，所以从它生活的广大范围而言，仅仅利用这少数的动因，而实现这高等动物与周围环境的平衡，这个平衡是极单纯化的、太受限制的、显然不够充足的。

试举我们开始研究的初期的一个最简单的例子。如果把食物或动物所厌恶的任何物质放入正常的实验动物的口里，就会引起唾液的分泌。唾液湿润食物而使之溶化，改变食物的化学的性质，并且能把厌恶的物质排出而洗净口腔。在这些物质与口腔黏膜相接触的场合，这类反射是由于这些一切物质的物理的和化学的特性而引起的。可是除此以外，如果这些物质远远地被放在狗的前方，只经过狗的眼和鼻而发挥作用，这些物质也会同样地引起唾液分泌的反应。不仅如此，只把以前装食物的食器放在狗的面前，其时这同样的反应也会发生。而且不仅如此，平常把这些食物带给狗吃的人在狗面前出现，甚至他在邻室的足音，也会同样地引起唾液分泌。如果狗的大脑两半球一被除去，这些多数的、远隔的、复杂的、微妙分化的刺激物，就会永远地丧失其作用；以后依然有残存作用的只是直接与口腔黏膜相接触的物质的物理或化学的特性。上述已丧失的刺激物所具有的机械性利益，在正常的场合是很显著的。干的食物即刻会遭遇所需要的大量液体；可厌恶的、对口腔黏膜有害的物质，就会由现存的唾液层而被排出，并且很快地还会变成稀薄。这些刺激物还有更重要的意义，因为食物反射的运动成分的作用也是由于这些刺激物而引起的，就是说，获取食物的动作也是这样实现的。

再举出一个重要的防御反射的事例吧。强有力的动物会利用弱小的动物而当做食物。假定弱小的动物只在与强敌的齿爪相接触的时候才开始防御，弱小动物就一定不能生存。然而如果弱小动物从远方一旦看见了强敌的出现，或一旦听见强敌的声音等等，就启动防御反射，事情就会完全不同。于是弱小动物才会有隐藏自己或逃走等等的可能性，就是说，才可以苟全性命。

正常狗与除去大脑的狗对于外界关系的差异，一般地有什么特征呢？这些差异关系的一般机制是什么？这种差异的原则是什么？

不难理解，在正常状态之下，有机体的反应，并不是仅仅由本质上很重要的外在动因而引起的，就是说，并非仅仅由直接对该有机体有利的或使该有机体毁灭的动因而引起的，而是也由简直无数的、仅能对前述直接刺激物加以信号化的其他动因而引起的，这由上述的各例就可以了然。的确，强有力的动物的外观和声音，并不毁灭弱小动物，而具有毁灭力的却是爪和牙。然而这些信号性刺激物［或者应用谢灵顿的术语说，这些是所谓**远隔性刺激物**（дистантные раздражители）］，即在直到现在所谈及的各反射的场合虽然是比较不多，却也是存在的。在高等动物的场合，今后我们将要研究的最重要的高级神经的活动，很像是只隶属于大脑两半球的机能，而这类高级神经活动本质上的特征，不仅是无数信号性刺激物的作用，并且主要的却也是在一定条件之下，这些信号刺激物会变动其本身的生理学作用。

从上述唾液分泌反应的例子看起来，发挥作用的，有时是这个食器，有时是那一个食器，有时是这个人，有时是另一个人。在此处具有严密关系的，就是在狗眼前，哪一个食器的食物或其厌恶的物质曾经被放进于狗的口里，谁曾经将食物拿来给狗吃，谁把食物或可厌物质放进狗的口内。很显然地把动物的机械性活动更精确化了，并且对这机能赋予了更高度完美的性质。动物周围的世界是这样无限地复杂，并且是不断地运动着的，所以一个复杂的、独立的有机体系统的本身，也必须有相当的变动，才可以有与外界保持平衡的机会。

这样，大脑两半球的根本的、最一般的活动，即是一种信号性活动，而信号的数量是多得不可胜数的，信号作用（сигнализация）是永远变动的。

第二讲

·*Lecture Second*·

大脑两半球机能的客观性研究的技术方法——信号作用即是反射——无条件反射与条件反射——形成条件反射的诸条件

诸位！我上次叙述了论据和理由，因此决心只用绝对客观的方法，去研究高等动物的全部神经活动。换句话说，只纯粹地从外在的事实资料方面着手于神经活动的研究，这正与任何自然科学的研究相同，绝对不求助于狂热的见解而推测，狗在它自己本身的里边会和我们人类相同地，可能有什么体验。同时，我告知了你们，从这个观点而言，动物的全部神经活动对于我们的表现是如下的。第一种是用生来反射的形式而表现的。这就是，对于有机体发挥作用的外来的一定的动因，与有机体的一定的应答性活动，会作成规律性的结合，并且已经阐明了，这一类的动因，是一般地比较不很多的，是近在的、一般性的。这对于有机体的生存，当然具有相当保障的力量，但是还很嫌不够（尤其对于比较地高等的动物是如此）。所以如果我们除去动物一定的部分的神经活动，那么，动物只靠生来的反射以维持生活。这样的动物，如果没有人去照应它，就不能不过残废者的生活，一定会死亡。所以动物每日完美的生活，要与外界环境保持更精细的、特殊的关系。这第二种的关系，是由中枢神经系统最高级部分，即是由大脑两半球而形成的。再详细地说，事情是这样的，自然界的非常多数动因的本身能够一时地、交替地，对引起生来反射的、比较少数的、基本的动因发挥信号化的作用。只是这样，有机体才可以与外界维持精细而正确的平衡。我把这种大脑两半球的活动，叫做**信号性活动**（сигнальная деятельность）。

首先，关于我们的技术方面，我有说明的必要。究竟我们应该怎样研究大脑两半球的信号活动呢，应该对于什么器官呢，用什么处理方法呢？很显然，大脑两半球的研究也许随便用什么反射，都是可能的，因为一切的反射都是与信号刺激物能够结合的。但是，像以前说过，根据我们研究工作的历史条件，我们集中于**两种反射的研究**。**一个是食物性反射，另一个是极普通的防御反射**。并且我们所用的防御反射就是对于我们实验对象的狗，将其厌恶的物质放进它嘴里时所引起的反射。这两种反射的研究是在许多关系上很有益的。譬如用电流刺激动物皮肤所引起的强有力的防御反射，会使动物非常兴奋、继续不断地不安。如果应用性的反射，就需要特殊的环境（姑且假定很长的周期性，动物年龄关系等不在考虑之中)。可是食物性反射和因厌恶的物质进入口腔而发生的轻度防御反射却是每日发生的、正常的、单纯的动作。

我们的方法的第二个最重要的特色是如下的。食物性反射与由可厌物质进入口内而引起的反射都是由两个成分而成立的。从一方面说,在食物性反射的时候,动物向食物前进,引进食物于口内,咀嚼,吞下去,而把可厌物质排出于口外。从另一方面说,在这肌肉活动以外,同时还有分泌性活动。对于食物和对于可厌物质,唾液即刻分泌出来,以完成机械的于化学的食物消化的作用,同时有将无益的物质向口外排出的作用。在我们的实验里,我们特别地利用反射的分泌性成分。只在若干必要的时候,我们才注意运动性的反应。分泌性反射是很有利的。在分泌的场合,很正确的数量测定是可能的;我们可以用滴数或测管及漏斗管的划度测定唾液反射的强度。反射的运动成分强度的测定是非常困难的。因为运动反射是种种不同的、很复杂的成分。为了这个成分的测定,也许需要很精微的器械,然而即使有了这种器械,关于反射程度的测定,依然不可能与唾液测定相同地获得精确的结果。并且这个对分泌的观察,不至需要像对运动的观察所采取的拟人观的解释(антропоморфические истолкования),这在研究初期也是很重要的。

我们所用的全部实验狗,都预先接受准备的小手术,即将唾液腺导管的正常开口部,移植到表面皮肤部位去。先把口腔内唾液腺导管开口部周围的黏膜切开,其次稍向深部剥离唾液腺导管,以后把导管开口部终端经过切孔移植于口腔壁的表面皮肤,加以缝合。结果是,唾液不在口里流出,而在颊部流出。这样,就可以非常容易观察唾液腺的活动。在测定的时候,只要把华龙卡(воронка,即接受唾液的漏斗状管)用某种的黏着物质[我们用门捷列夫的遮莫斯卡(замазка)][①],贴在皮肤上唾液腺开口部的部位,我们就可以正确地,用种种方式观察唾液腺的机能。或者我们用具有一向上一向下的两个小管的半球形玻璃器械,密切不漏气地紧紧与该皮肤部位相粘贴起来。在每次刺激以后,唾液从下方的管子被吸出来。上方管子与一个水平的、装满有色液体的玻璃管相通,但这两个管子之间的联系是经过空气的。所以如果半球状玻璃器械一为唾液所充满,就引起测管内有色液体的移动,于是你们根据这测定管上的划度[②]而知道唾液的多少。精密的自动性电气器械记录也容易测定容积完全相等的唾液滴数。

其次,是实验的一般环境条件。因为这是与大脑两半球机能有关的研究,而大脑两半球却是一个锐敏壮丽的信号机器,所以无数的、各种不同的刺激都经过这个信号机而不断地对动物发挥作用,这是自明的。这些刺激任何一个都对于动物发挥一定作用,同时这些刺激在一起,彼此间会互相冲突,互相地发挥作用。所以如果对于往往混乱纠纷的这些影响不采取任何预防的步骤,那么,诸位就什么也莫明其妙,一切都是纠纷紊乱的。所以我们必须使观察环境简单化。起先,在开始实验的时候,我们通常地先把动物放在实验架台的上面。从前我们的办法是这样的,就是在个别的实验室里只准实验者一个人在狗的旁边进行实验。但是以后知道,这个办法还是不完全的。实验者的本身就具

① 门捷列夫氏遮莫斯卡是一种黏着用的混合物,其处方如下:黄鼠 Cera flava 1.0+氧化铁 1.6+可洛伏纽姆 Colophonium 4.0。

② 5 划度=0.1 毫升。

有无数的刺激。实验者每个极小的运动——呼吸、呼吸杂音、眼的运动等等，这些一切都会对于动物发生影响而使我们所研究的现象变成复杂。所以不能不使实验者也在实验室门荫处，以除去他对于动物所发生的影响，当然这还是不完全的。然而如果是普通的研究室，这个办法还是不够完美的。实际上，实验室内狗周围的环境依然是不断地摇动着的：新的声响会发生，有人会在实验室外走过，敲门，说话，从街上会有杂音传过来，实验室壁会因马车经过而震动，影子会映进室内等等。这样，各种偶然的新异刺激(посторонние раздражения)会向大脑两半球突进，这是必须加以注意的。所以在我们的实验医学研究所内，利用了一个开明的莫斯科商人的资金，建筑了一个特殊的实验室。这个实验室的任务，首先是要可能地保障它不受外方的影响。为了这个目的，在这实验室的周围建筑了一条壕沟，并且应用了若干的其他建筑方法。其次，这个建筑物内部的全部各研究室(研究室每层 4 个)都是由十字形的走廊而互相隔离的；研究室所在的上层和下层却由于中层而被隔离。末了，每个研究室里有实验用的狗室。这狗室与室内实验者做实验的部分特别小心地由于若干不传导声音的材料所做的壁而被隔断。为了要对动物加以种种的刺激和记录种种的反应，采用具有电气或空气的传导管装置。这样，实验环境尽可能的单纯化和恒常不变的目的就被保证了，实验动物在实验的时候就是在这样的环境之内的。

最后，还要提及一个目前过分的奢望(pium desiderium)。既然所研究的是外界各种刺激对动物所发生的复杂影响，那么，这个复杂性必须在实验者的掌握之中，这是自明的道理。实验者必须有运用得心应手的许多器械，才可以任意地应用某一个刺激物的作用，才可以由许多不同的刺激物作成种种不同的复合刺激物，这才是与生活本身的复杂性相同的。我们以前和现在往往不能不感觉，一般地说，现代研究的器械是很缺乏的，尤其是我们生理学的研究器械更缺乏。大脑两半球的机能总是比我们器械所允许的研究程度更远远在前的。

也许有人听知了我们的实验条件以后会反对地说，这是一个非常人工的环境。我们对于这疑问的答复是这样的。第一，因为生活条件是复杂无穷的，所以不管应用什么人工条件，这几乎不可能是在动物的生涯里完全不会遭遇的绝对崭新的条件。第二，在研究如此混沌复杂的现象的场合，故意地将现象分解而成组，这是绝对必要的办法。在动物生理学的方面，直到现在，我们不是不断地应用了和应用着活体解剖，或者用器官与组织的个别处置方法吗？我们把实验动物，放在数目有限的、一定的条件之下，于是才有陆续研究各条件影响的可能。诸位以后会多次地看见，与我们研究环境相关的动物生活状态的方式改变使我们掌握了很重要的事实。

这些就大抵是我们的原则性的和技术性的方法。

其次，我们着手于大脑两半球信号活动本身的研究，现在从一个实验而开始罢。

实验　此处有一只狗。　它按照以前我对诸位所说明的程序，做了适当的准备。像诸位现在目击的，在没有特别的动因对它作用以前，它的唾液腺保持静止的状态，唾液一滴也没有。现在我们开始使狗的耳朵受拍节机(метроном)响声的作用。你们看，在 9 秒钟以后，开始有唾液的分泌，并且在 45 秒钟内，唾液共 11 滴。所以，在你们的眼前，在与食物无关系的一个新异刺激的影响下(拍节机)，唾液腺的活动发生了。我们必须把这个唾液腺的活动当做食物性反射的一个成分看待。你们还看见了这食物性反射的另一个成分,即是运动性成分。狗对着以前通常地接受食物的方向转过去,并且开始舐着口部。

这就是特别地由于大脑两半球所引起的中心现象,以后我们不断地对它会从事研究。如果用除去大脑两半球的狗做实验,就无论用什么刺激物,诸位也不会看见唾液的分泌。同时你们明白地看见,这个活动是信号性活动。拍节机的响声成为食物的信号,因为动物对于这个信号,也与对食物相同地显出同样的反应。如果将食物让动物看见,完全同样的反应也会发生。

实验 我们把食物给动物看。 诸位看见,在 5 秒钟以后唾液就开始分泌,在 15 秒间分泌了 6 滴。这是与拍节机的场合完全相同的。

这也是一种信号作用,就是说,这是大脑两半球的活动。这个信号作用,是在动物个体生存期间以内形成的,而不是生来的反应。这是在逝世的华儿他诺夫教授(В. И. Вартанов)的研究室里由奇托维契(И. С. Цитович)曾经确证过的。奇托维契把乳犬从母犬隔离起来,在相当长的时期以内,只用牛奶喂养。当这些小狗发育了几个月以后,奇托维契把它们的唾液腺导管移植到皮肤表面上来,以便于唾液分泌的测定。当他把牛奶以外的食物,譬如把面包和肉片给这些乳犬看的时候,并没有任何唾液分泌的发生。所以,看见食物的这件事情的本身,并不是引起唾液反应的刺激物,也不是先天地与食物相结合的,只是在这些小狗吃了面包和肉片几次以后,才会因为一看见面包或者肉片,而开始有唾液的分泌。

现在,诸位会看见,所谓反射是什么。

实验 现在我们即刻把食物给狗吃。 在一两秒钟以后,其唾液就流出。这已经是食物本身的物理化学特性对于口腔黏膜发生了作用,这就是反射。大脑两半球被除去的狗,即使它在大量的食物之中,也会因为饥饿而死亡,原因即是在此。它只在用口与这些食物相接触的时候才开始吃。

现在可以明了,生来的反射是怎样不完全的,是怎样粗陋而受着限制的,信号的意义是多么重大的。

其次,我们不能不答复一个极严肃的问题,就是,信号作用的本身究竟是什么?从纯粹生理学的观点,应该如何解释它?

我们知道,反射就是生物个体对于外来动因而发生的、必然的、规律性的反应,而这反应是由于神经系统一定部分而显现的。完全显然,在信号作用的里面,所谓"反射"的神经动作的一切成分都是存在的。对于反射的发生,外来的刺激是必需的。在第一个实验,诸位看见了外来刺激的存在,这就是拍节机的响声。这个刺激使狗的听器发生作用,其次,听器里面的兴奋沿着听神经而进入于中枢神经系,由此地,这兴奋再转而传导于向唾液腺进行的引起唾液活动的神经。在拍节机实验里有一个情形,可以引起你们的注意,就是从拍节机开始发出响声起直到唾液分泌的开始之间,有相当多的几秒钟的经过,而在真正反射的场合,这个间隔时程(промежуток времени)是不足 1 秒钟的。这个潜在刺激时间的增长,是由我们所采取的特别处置而成立的。一般地说,信号刺激的效果也与普通的反射同样地迅速地发生,这是以后会再说明的。在完全一定的条件之下,应答的规律性是反射的特征。在信号作用的场合,情形也是同样的。当然,在信号的场合,与效力有关的条件的数目是更多的。可是这当然并不构成任何本质上的差异。在严格的一定的条件之下,反射不也是屡屡被消去或被制止吗?在信号作用的场合,情形也是完全相同的。如果我们研究这个对象很完美,那么,此处也不会有任何偶然情形的发生。此地的实验也正是按照我们的预定进行着。在前述的特殊的研究所里,往往情形是这样的,就是如果实验者坐等一两点钟,动物也不至于和你所给与的刺激无关地会分泌一滴唾液;当然在普通的研究室里,偶然的刺激物往往会歪曲实验的进行。

在上述一切说明以后,就没有任何根据,可以把我直到现在用专门名词所表现的信号作用不当做反射看待,或者不把它叫做反射。然而现在还有此事的另一面,起初似可能指明在旧有反射与这些新现象间,有一个本质上的区别,而这些新现象就是我们现在也称为反射的,食物以其机械性的和化学的特性,从任何一只狗生下来这一天起,就可以引起反射。然而诸位看见过的新反射,是动物个体生存中渐渐地形成的。这一点不正是两种反射的本质上的差异吗?这不是使我们丧失了以反射的名词称呼新反射的根据么?的确,无疑地这是一个根据,可以区别和标明这个反应,然而从称呼这反应为反射的科学权利而言,这权利并不因此而受任何的妨碍。与此有关的完全是另一个问题:不是反射机制的问题,而是与反射机制形成有关的问题。譬如将电话通信当做例子看。电话联系的实现,有两种方法。我也许可以在我的住宅与我的研究所之间,有特殊的直接电话线的联系,我随时可以向研究所打电话。然而我现在经过电话局的中央接线站才与研究所通电话,这也是完全相同的电话联系。唯一的区别,一个是随时使用的直通电话线,而另一个却需要每次经过电话局中央部分的接通。前者的通话线是完全准备好的,而后者则在每次使用的时候先要多少有补充的准备工作。关于我们的问题,事情也是同样的。一种的反射是本来已经准备好的,而另一种的反射却必须预先有若干的准备手续。

这样,我们当前的问题是这个新反射机制怎样成立的问题。因为在一定的生理学条件之下,这新反射的形成是必定容易发生的,这是今天稍迟一刻我们会看见的情形,所以同时我们没有任何感觉不安的理由,以为我们不曾考虑实验狗的内部状态。如果我们关于这个问题具有充分的知识,这现象就完全在我们掌握之中,并且完全具有规律性。没有任何根据,不承认它是生理学的现象,正与生理学者有关的其他各现象相同。

我们把这一类新的反射叫做条件反射(условный рефлекс),而对立地把生来的反射叫做无条件反射(безусловный рефлекс)。这个“条件的”形容词开始普遍地被使用了。从我们的研究的观点,这个名称是完全可以认为正当的。与生来的反射比较起来,这条件反射的确是极受条件限制的反射。即是,第一,这些条件反射的发生,须要先有一定条件的存在,第二,条件反射的活动也系于极多数条件的如何。所以研究者在研究条件反射的场合,必须考虑非常多的条件。当然,这个形容词“条件的”也可以有理由地为其他形容词所代替。我们可以把旧的反射叫做生来的反射(прирожденный рефлекс),而把新的反射叫做获得反射(приобретенный рефлекс),或者又可以把旧的反射叫做种族反射(видовой рефлекс),新的叫做个体反射(индивидуальный рефлекс),因为前者成为动物同一种族所共有的特性,而后者则即在同类动物的场合,也是个别地各不相同的;并且在不同时期和不同条件之下,某一个动物的条件反射也是会发生差异的。我们也可以有理由地把前者叫做直通性反射(проводниковый рефлекс),后者叫做中继性反射(замыкательный рефлекс)。

关于大脑两半球里神经性中继道路即新联系形成的认识,这不可能从理论方面有任何异议的发生。在技术方面,同样地在我们日常生活的方面,这个中继的原则(принцип замыкания)常常是如此应用着的。本来高级神经系统是确定最复杂、最精微关系的,所以如果以为神经系统内这中继原则的存在是出乎意料的,那么,这个怀疑的见解也许是很奇怪的。完全当然,除直通的装置以外,在大脑两半球内还有中继装置的存在。生理学者更不应该反对这个原则。因为几十年以来,在神经生理学内,德文的名词"道路拓通"(Bahnung)已经被公认了。而这个名词就是道路拓通的概念,新联系形成的概念。条件反射的事实是每日发生的最普遍存在的事实。很显然,我们对本身或对动物以不同名词所表现的活动,也可以认为是条件反射,譬如训练(дрессировка)、训育(дисциплина)、培育(воспитание)、习惯(привычка)等等皆是。的确,这些行动都是个体在生活中所形成的行动的结合,也就是一定外来动因与生物一定的应答性活动两者间的结合。这样,根据条件反射的事实,高级神经活动的绝大部分,甚至可能地高级神经活动的全部,都为生理学者所掌握住了。

我们现在讨论另一个问题:在什么条件之下,条件反射才被形成呢,新神经道路的中继过程才会成立呢?一个基本的条件是外来一切的动因的出现必须在时间上与无条件刺激物的作用互相一致(совпадение во времени)。从我们的例子说,食物是食物性反应的无条件刺激物。这样,如果和给予食物同时,直到当时与食物无关的一个新的作用也互相一致,那么,这动因也与食物相同地成为引起同一反应的刺激物。从诸位已看见的实验例而言,事情也是这样经过的。我们开始使狗听拍节机的响声若干次,并且每次拍节机一响以后就把食物给狗吃,换句话说,这就是引起生来的食物性反射。这样地反复应用几次以后,就只用拍节机的响声也开始引起唾液分泌和相当的运动。在同样的条件之下,如果把狗所厌恶的东西放进狗的嘴里,同样地防御反射也会发生。如果我们把酸的稀薄溶液注入于狗的口里,无条件的酸性反射(безусловный кислотный рефлекс)就会发生:动物做种种不同的运动,强烈地摇着头,口部张开,用舌头将酸液吐出,并且同时有多量唾液的分泌。如果在用酸液注入于狗的口内的时候,同时再应用任何一种外来动因,几次以后,该外来动因的单独应用也会引起与无条件酸反射完全相同的反应。所以,某一条件反射形成的第一个基本条件,就是,本来无关的动因的作用必须与引起一定无条件反射的无条件动因的作用在时间上是互相一致的。

第二个重要条件是如下的。在条件反射形成的场合,在无条件刺激物发生作用以前,无关性动因(индифферентный агент)必须多少早一点先被应用。如果我们采取相反的步骤,开始使无条件刺激物发生作用,以后再结合无关动因,那么,条件反射就不能形成。

克列斯托夫尼可夫(А. Н. Крестовников)在我们的研究所里用各种不同的方法做了与此有关的实验,可是结果依然不变。他的若干实验的结果如下。对于一只狗,华尼林(香荚兰素,ванилин)的香味与酸液的注入相复合的应用共继续了 427 次;并且每次都先把酸液注入,过 5~10 秒钟以后,再用华尼林香味的结合。这样地做,华尼林并不曾成为酸条件反射的刺激物,而在其次的实验的场合,他应用乙酸戊酯(уксусный амил)的香味，每次都先用乙酸戊酯，后用酸液，只在 20 次结合的应用以后，乙酸戊酯就成为良好的条件刺激物。对于另一只狗，每次在给予食物以后过 5～10 秒，才给予强电铃声，但这样的结合虽然重复了 374 次，电铃声也不曾成为食物性反应的条件刺激物。然而对于同一只狗，在给予食物以前先把回转物体放在狗的眼前给它看，不过 5 次结合以后，该回转物就成为条件刺激物。并且在这实验以后，把同一的电铃声在食物之前先给予，这样不过结合了一次，该电铃声就成为条件刺激物了。这样的实验是对 5 只狗做过的。不论新动因在无条件刺激物以前是 5～10 秒或是一两秒而结合，所得的结果都是相同的。为了保证更大的确实性起见，对于这些条件反射形成事例的场合，我们很小心仔细地观察了动物的分泌反应和运动反应。结果是，第一组的重要条件就是无条件刺激物与形成条件刺激物的动因两者间的时间关系。

从大脑两半球本身的状态说，在新条件反射形成的场合，第一个需要是大脑两半球的活动着的状态。如果实验狗或多或少地瞌睡着，那么，条件反射的形成或者很缓慢而困难，甚至完全不可能，就是说，新联系的形成，新神经道路中继的过程是动物大脑两半球觉醒状态的机能。第二个条件，就是在形成新条件反射的时候，大脑两半球必须没有其他的活动。

当我们作成新条件反射的时候，必须避免其他外来的对动物的刺激，以免引起个体任何其他活动。否则很会妨碍条件反射的成立，而在许多场合，就完全不允许条件反射的成立。譬如在我们努力形成条件反射的时候，如果使站在架台上的狗受架台任何部分的破坏性作用(压迫或挟压)，那么，即使我们应用新刺激物与无条件刺激物的结合回数很多，至少可以说，即使新刺激物与某些无条件刺激物的结合回数很多，条件反射并不能形成。或者请诸位想起我以前曾经提及过的一只狗。它在架台上不能忍受运动自由的限制。所以有一个几乎无例外的法则：如果我们用一只新的狗，就是说，如果我们用从来没有受过这类实验的狗做这实验，那么，第一个条件反射的形成很困难，往往需要很多的时间。这是自然明白的，因为我们一切的实验环境对于各式各样的动物可能引起许多特殊的反应，就是说，可以成为决定动物大脑两半球某些新异活动的条件。需要补充地说，如果我们还不一定能确实认明，究竟什么新异反射妨碍了条件反射的形成，并且如果我们不能除去这新异反射，那么，在这个场合，神经活动本身的特性会帮助我们了解。如果实验中动物不断地存在的环境不含有任何引起特殊破坏性作用的东西，那么，几乎一切妨碍性的新异反射都会与时俱进地渐渐丧失其强度。

当然也应该归纳于这一组条件的是动物的健康，这是保证大脑两半球正常状态，并且排除向大脑两半球进行的内部病理刺激的影响的。

最后一组的必要条件是与形成条件刺激物的动因的特性有关的，同时也与无条件刺激物的特性有关。

条件反射是由于或多或少地无关的动因而容易形成的，如果严格地说，绝对无关的动因是没有的。如果你有一只正常的动物，那么，环境极微细的变化——甚至于如极弱的音响、微弱的气味、实验室内光度的变化等等，这些一切都即刻会引起一种所谓“这是什么”的反射，以前述探索反射的形式而引起相当的运动反应。但是如果这些比较无关的动因反复地被应用若干次，那么，这对于大脑两半球的影响就会自动地迅速地消失，于是对条件反射形成的障碍也被排除。然而如果无关的动因属于一般地强有力刺激物的一组，或者属于比较特殊刺激物的一组，那么，条件反射的形成当然就很困难，或者在例外的场合，会成为完全不可能。我们也需要注意，在绝大多数的场合，狗的既往经历是完全不明的；一只狗在它的生活里不是已经遭遇过种种的刺激吗？它以前不曾有过条件反射的形成吗？可是从另一面说，很明显，我们甚至可以当做新的动因而利用有力的无条件刺激物，并且居然能够使它变成条件刺激物。譬如我们用破坏性刺激物做例子：强力的电流对皮肤的应用乃至皮肤的损伤或烧灼伤。这当然是防御反射的无条件刺激物：动物对于电流刺激的应答必定是极强的运动反应，其目的就是要排除或避开这刺激物。然而这样的刺激也可以形成其他的条件反射。

破坏性的刺激物化为食物反射的条件刺激物了。当强力电流刺激皮肤的时候，并没有任何防御反应的痕迹，相反地，食物反应出现了：动物将身体伸长向给予食物的方向转过去，舐着嘴唇，唾液分泌很多。

叶洛菲耶娃（M. H. Ерофеева）与此有关的实验记录如下。

表 1

时　间	总圈距离（电流的强度）	刺激部位	唾液滴数（30 秒内）	运动反应
4 点 23 分	4.0 厘米	通常部位	6	全部都只有食物反应，没有防御反应
45 分	4.0 厘米	同上	5	
5 点 07 分	2.0 厘米	新部位	7	
17 分	0.0 厘米	同上	9	
45 分	0.0 厘米	同上	6	

在每次电流刺激以后，这只狗被喂食几秒钟。

烧灼狗的皮肤或刺伤皮肤到流血程度的刺激，也可以获得相同的结果。如果敏感的人因为这个实验而愤激，那么，我们可以证明，这些人的愤激是由于误解而起的。当然，我们即在此时也不想深入狗的主观世界，同时我们也不想了解，究竟狗感觉着什么。然而我们有了完全精确的证明，就是在这样实验的场合，这些动物虽然受了强有力的破坏性刺激物的作用，但在动物全身状况上，并没有任何微妙的客观现象。我们的实验狗的反射虽然由上述方式的实验而改造了，但在受这些刺激的时候，并没有任何呼吸与脉搏的显著异常。如果破坏性刺激不曾预先与食物性反应互相结合，这脉搏与呼吸的变化也行必定会强烈地发生。神经兴奋从一个传导路而移动到其他一个传导路的结果就是这样的。然而反射的这样改造是与一定的条件有关的。就是，在两种无条件反射之间，必须有一定关系的存在。这样，一个反射的无条件刺激物变为其他一种反射的条件刺激物的可能性是限于一定的场合的，就是，前者必须在生理学上是比较弱的，或者在生物学上是比较不重要的。应该根据叶洛菲耶娃实验以后的结果，我们采取这个结论。我们毁损了一只狗的皮肤，并且由此作成了食物性条件刺激物。可以想象，这个情形之所以成立是由于食物反射比皮肤损害时的防御反射更强有力的缘故。我们从日常的观察可知，狗在争取食物而相斗争的时候，皮肤往往都会受伤，这就是说，食物反射比防御反射更占优势。但是，这也有一定的限度。也还有比食物反射更强的反射，这就是"生与死的反射"（рефлекс жизни и смерти），就是生存与否的反射。从这一观点也许可以了解如下事实的意义。即是，如果对皮肤应用强力电流，而该皮肤下方并无厚肌肉层，因而皮肤直接与骨相接触，那么，这电流刺激就绝对不能成为食物反应的条件刺激物取代替防御反射，就是说，在骨部受破坏性刺激的场合，兴奋了的传入性神经发出威胁有机体生存的最严重的信号，这传入性神经与脑内引起食物反射的部分很难建立一时性的联系，或者完全不能建立。因此，从上述的事实而明了，在我们实验中经常应用无条件食物反射，这是有利的，因为食物反射在反射强度次序上是最强的。

虽然从一面说，强有力的、甚至有特别作用的动因，在一定条件之下，可以成为条件刺激物，这是我们刚才看见过的。可是从另一面说，当然，也有动因的极小强度的限制，如果在限度以下，该动因就不能以条件刺激物的性质而发挥作用。譬如 38～39 摄氏度以下的温度刺激被应用于皮肤，这绝不能成为温热性条件刺激物［叔洛蒙诺夫（O. C. Соломонов）的实验］。

同样地，虽然我们利用强有力的无条件刺激物，譬如在我们应用食物的事例的场合，属于另一种反射的极不利的动因，甚至另一种无条件反射的动因，也可能成为条件刺激物；相反地，在利用弱力的无条件刺激物的场合，从最无害的动因，就是说，从几乎完全无关的动因，条件刺激物的形成却是完全不可能的，或者只勉强地成为薄弱的条件刺激物。而且是，此时所指的无条件刺激物，或者是经常地薄弱的无条件刺激物，或者不过是一时地薄弱的、而在动物其他状态下却是强有力的无条件刺激物，譬如食物就是。如果对于饥饿的动物，我们应用食物，那么，食物当然引起强有力的食物性无条件反射，并且其时条件反射的形成是迅速的，是很显著的。对于不断地饱食的实验动物，食物不过引起极微弱的无条件反射，其时条件反射或者完全不能形成，或者很缓慢地形成。

如果注意于上述的各条件——这并非是困难的——新的条件反射是必定可以获得的。于是这个条件反射的形成为什么不当做纯粹的生理学现象看待呢？我们对于狗的神经系统从外方发挥一定的刺激作用，结果就规律地（закономерно）形成新的神经联系，产生一定的神经传导路的中继。于是获得一个完全典型的反射活动，这是上文已经阐述过的。那么，这类反射活动还有什么非生理学关系的理由呢？为什么，条件反射和它的成立过程必须被假定为生理学以外的什么现象呢？我对于这现象不能发现采取另一个观点的任何理由。我敢于推定地说，人类的先入之见通常对于这些问题的解决具有很大的有害影响，因为现在在大多数的场合，我们极复杂的主观性的体验，活动与各种刺激的关系还不曾分析到决定的程度，所以关于神经系的活动，我们就一般地不情愿得出因果关系性的结论。

第 三 讲

·*Lecture Third*·

用条件刺激物及自动刺激物形成条件反射——形成条件刺激物的各动因——条件反射的制止过程:(一) 外制止过程

诸位！我们在前讲的终末已经举出可以形成条件反射的各种条件，并且条件反射是用无条件反射而形成的，这就是说，新的动因会与无条件刺激物同时所引起的反应互相结合。可是这最后的条件，即无条件刺激物的参与，并不是绝对必要的。我们也可以利用已形成的条件反射而形成新的条件反射，不过所利用的条件反射必须是确实可靠的。诸位已经看见了拍节机的作用。拍节机能够成为非常确实的、强有力的食物性刺激物。动物虽在不习惯的环境(多数听众存在的讲堂)，拍节机也很正确地、显著地发挥出它的作用。这情形是这样的，就是如此强有力的条件刺激物可以更形成另一个条件反射。如果我们现在应用任何多少无关的新动因，只与拍节机共同应用，就是说，其时并不把食物给动物吃，那么，这个新动因也可以成为食物性刺激物[泽廖尼(Г. П. Зеленый)、弗尔西柯夫(Д. С. Фурсиков)、弗洛洛夫(Ю. П. Фролов)三人的实验]。我们把这样成立的条件反射叫做第二次条件反射(вторичный условный рефлекс)或第二级条件反射(рефлекс второго порядка)。然而在这第二级条件反射形成详情上，也有些根本的特质，就是新动因，不仅在与已形成的条件刺激物结合以后不可继续作用，并且在条件刺激物的作用开始以前，该新动因的作用必须停止若干时间。于是新的动因，才可以成为显著的、恒常的阳性条件刺激物。在新动因是中等的生理强度的场合，这个间隔时程不能少于 10 秒以下。在使用强有力的新动因的场合，间隔时程就可能显著地加长。如果我们把间隔时程缩短而使新动因与条件刺激物的作用互相融合，我们就会遭遇一个完全别种的现象。这在大脑两半球的生理学上是最微妙而最有兴味的一点，并且这是现在已经相当详细地分析过的一点。这个对象的完全说明，只能以后在本讲义内的另一部分再记载。现在从非弗洛洛夫的研究里举出一个与此有关的记录(1924 年 11 月 15 日的实验)。

对于一只狗，先用拍节机的响声与电铃，各形成第一级条件食物性刺激物；对于这只狗，只用黑四角形与拍节机的结合而形成了第二级条件刺激物，而两刺激物的间隔时程是 15 秒。黑四角形停留在狗眼前的时间是 10 秒。拍节机与电铃的响声每次都继续 30 秒。在该实验内，黑四角形被应用到第十次。

表 2

时　　间	条件刺激物	唾液滴数(60 秒内)
1 点 49 分	拍节机	13.5
57 分	电铃	16.5
2 点 07 分	黑四角形	2.5
07 分 10 秒	休息	3.0
07 分 25 秒	拍节机	12.0
20 分	电铃	13.5
27 分	拍节机	9.5

我们利用第二级条件食物性刺激物的帮助,却不会能够形成第三级的条件反射。在应用这手续做实验的场合,总是有完全别种现象会出现。如果用无条件性防御反射所形成的第二级条件反射做基础,即是如果用强力电流的皮肤刺激所形成的第二级条件反射做基础而结合一个新动因,第三级条件反射能够成立。可是即使这样地做,第三级条件反射以上的条件反射却不能形成,其时总是另一种类的现象曾发生。

关于第三级条件反射,我举出弗尔西柯夫的实验如下。

这只狗的无条件刺激物是应用于前腿皮肤而引起了防御反应的电流。照通常的手续使狗的后腿皮肤的机械性刺激成为防御反射的第一级条件刺激物,而这机械性刺激本来是对狗无关的刺激。按照刚才上述的处理方法再用水泡音(бульканье,即是在水中通过空气时所发生的水泡音)也形成了第二级条件刺激物。以后更利用这种水泡音的结合,而使直到当时是无关的、每秒 760 次的振动音成为第三级条件刺激物。新作成的条件反射的级数愈高(由第一级至第三级),潜在刺激时间也就渐渐增长,同时防御反应渐渐减弱。然而这一切已经形成的条件反射,在适当地受着强化手续的场合,能够维持了一年。但是我们再尝试这第三级条件刺激物与新动因(在这场合是在狗眼前使物体回转)的互相结合,结果是,引起了后述的完全不同的现象。从全体而言,我们把这样获得的一些反射(第一级至第三级)叫做链索反射(цепные рефлекс),这样,我们有两种条件反射形成的场合:第一是利用无条件反射,第二是利用已经确实形成的条件反射。

可是还有显然更特殊的条件反射形成的场合。

我们已经老早就根据若干的考虑而做了如下的一些实验[柏德可琶叶夫(Н. А. Подкопаев)的研究]。用小量的阿卜吗啡(апоморфин)注射于狗的皮下。一两分钟后,使狗在实验室内听取一定高度的音若干时间。在这音响继续之中,狗对阿卜吗啡的呕吐反应开始:狗显出多少不安的状态,开始用舌舐口部,唾液分泌也开始,有时还现出若干微弱的呕吐动作。这实验重复几次以后,音响的开始就引起相同的反应,不过反应程度较轻。但可惜因为勤务的关系,柏德可琶叶夫不曾能够彻底做这实验,也不曾能够用种种变式的方法做实验。在不久以前,他吉坎特研究所细菌学专家克雷洛夫(В. А. Крылов),做了血清学的研究,观察了如下的现象:他慢慢长期地用吗啡注射于狗的皮下。在注射吗啡的场合,先会引起狗的恶心,其次是分泌多量的唾液,呕吐,以后才会睡眠,这是周知的。克雷洛夫发现了如下的事实,如果每天注射吗啡,那么很快地即在 5 天或 6 天以后,只要做注射的准备和环境一存在,狗就会显出与吗啡注射时相同的反应:很强烈的唾液分泌，恶心和呕吐，其次也是睡眠。这样，这呕吐的发生，并非因为吗啡进入血液而直接对呕吐中枢发生作用的缘故，而是由于与吗啡注射同时一致的外来刺激的缘故。在这场合的条件反射性联系是很复杂而远隔的。在极端的场合，实验者一在狗的面前出现，狗就显出这些一切的症候群。如果这还不够，那么，只要实验者拿出注射器的盒子，而把盒子开放，剃去预定的皮肤注射部位的毛，用酒精揩一揩，末了，注射无关的液体，反应现象也就会发生。吗啡已经注射的次数愈多，所需要的这些处置就越少，而会引起吗啡中毒的症候。克雷洛夫在我们研究室里，非常容易地表演了这个事实，并且用若干方式的实验而确定，这事实是与我们条件反射完全相同的。

上述实验也能够很容易地在诸位面前做。这只狗是已经受过吗啡注射几次的。一个生人把狗放在桌上，捉住它，它是很安静的。现在常常对它施行注射的实验者在它面前出现，它即刻就不安，开始舐自己的口唇。实验者现在着手揩擦它的皮肤，它就有多量的唾液分泌，并且呕吐也出现。

这个实验使我们了解一个久已知道的事实，就是，摘除副甲状腺的（паратиреоидные железы）狗，或者门静脉（vena portae）被结扎而作成了爱克（Экк）瘘管的狗，只要吃过一次肉，以后就不肯再与肉相接触。很显然，肉的外观与气味会多少引起某些病理的刺激，而这些病理刺激是与上述条件下肉中毒时的刺激相同的，所以这就引起拒绝肉的反应。

在考虑上述一切实验以后，就发生一个疑问：这新的神经性联系、新的神经道路的中继性联系是怎样地，由什么过程而发生呢？从纯粹事实的一侧而言，解答绝不困难。无条件刺激物或确实形成的条件刺激物当然能引起大脑一定部位的活动状态（деятельное состояние）。姑且依照公认的术语，我们把大脑的这个部位叫做中枢（центр）吧，然而我们并不把这个名词与解剖学上正确特殊化的概念相结合。很显然，在大脑两半球皮质细胞内同时由外来动因所引起的兴奋会向这中枢进行。兴奋向这中枢进行的道路是特别容易的，而在同时作用若干次以后，这条道路就拓通（протоленный）了。这些事实很显然的意义就是这样的。根据事实的这样解释，我们做了前述的阿卜吗啡的实验，其次又由吗啡实验而非常证实。如果大脑两半球皮质细胞所受的刺激是向反射地兴奋的中枢进行的，那么，在由内在动因（внутренние агенты），即在由于血液成分和特性的关系而自动地（автоматически）兴奋的脑内中枢方面，当然与上述相同的情形也必定发生，这是已经证实的。在上文所说的事实材料里，还有一个与此有关的很重要的详情。外来的刺激，甚至在动物出世以后即向某一定中枢传导的刺激，也可能离开该中枢而传入其他的中枢，并且可能与后者（指其他的中枢）相结合，如果后者在生理学的强度上强于前者。

这样，脑的种种部位所发生的种种兴奋的融合（слияние），即联合（соединение），就是一种神经中继性联系（нервное замыкание），这正是在研究大脑两半球皮质机能的场合我们最初所遭遇的神经机制。当然还剩有一个问题：这个中继性联系究竟是在何处发生呢，单是在大脑皮质里面发生呢？或者大脑的下位部分也与此有关系呢？这两个可能性都是可以想象的。一个可能性是，由大脑皮质细胞出发的兴奋直接向位于大脑皮质以外部位的中枢进行。然而还有另一个可能性。从生物个体的一切活动中的器官，从个体一切部位出发的刺激，都由传入性神经纤维而达到大脑皮质的细胞，而这些皮质细胞就是全生物个体的感受器中枢（рецепторные центры），在器官活动的时候就进入于活动状态，于是在无条件刺激物、条件刺激物及自动性刺激物等等的影响之下，也可能把其他的皮质细胞由外界动因而引起的刺激都集中到它们本身(指感受器中枢)上来。以外更可能的是，在大脑未受损伤而保持完整的场合，一切在动物觉醒状态时引起无条件反射的刺激，起先进入大脑两半球的某些一定的细胞里，于是这些细胞的部位就是形成条件反射的、种种不同刺激所趋向集中的部位。

在次序上，以后我们可以移行于另一个问题：究竟什么东西可能成为条件刺激物？这个问题不是像最初一见时所想象的、简单的问题。当然在一般的形式上，这是容易答复的。就是说，存在于自然界的一切动因都可以成为条件刺激物，不过只需要该生物个体对动因有感受的装置。然而从一方面说，这一般性的命题以后还需要分析和补充，而从另一方面说，却需要限制。外界刺激物的第一个分类，可以从刺激物构成的关系着手。可能成为个别刺激物的是外界一个动因的极微细的成分。譬如同一个音的一个微细的部分、光的极微小地差异的一定的强度等等都是。这样，只单是这样看，刺激物可能的数量就差不多可以扩大无限。当然，这也是有限度的，而这个限度是由感受器装置的完全度及精确度而决定的。从另一方面说，自然界对于动物所发挥的作用也以若干因数的，并且往往以很多因数的、总体的方式，即是以复合刺激物的方式而成立的。譬如在我们区别两个人面貌的时候，我们就要同时考虑形状、色彩、阴影、大小等等。或者在决定某一地点的情形的时候，我们也需要这样的考虑。这类复合刺激物的数量可以说是无限的。如上指明，从一个巨大系列的各基本性刺激物可能成立极多的复合物，然而这也有一个限度，这就是由大脑皮质的构造而决定的限度。在此地，我不过想关于个别条件刺激物可能的数量，给予一个近似的概念。在以后的讲义里，这个很重要的对象会被详细说明。

这就意味着，在生物个体面前的自然界的现象，都可以成为条件刺激物。可是一个现象的终止也可以成为条件刺激物。譬如在实验室里拍节机正在响着；其时把狗带进实验室里来，但拍节机的响声依然继续着。如果在这样环境之下，把这个响声停止，在间歇以后，即刻把食物或酸放进狗的口里，以引起无条件反射的发生，那么，在这样的同时应用反复几次以后，拍节机响声的停息就会成为这些无条件反应的条件刺激物[泽廖尼(Г. П. Зеленый)和马可夫斯基(И. С. Маковский)两人的实验]。

不仅自然界现象的终绝，而自然界现象以一定速度进行的减弱，也可以成为条件刺激物。这样，如果由某个现象的突然停止而形成条件反射，但以后该现象如果渐渐地迟缓地减弱，那么，它就不能并有条件反射的作用。泽廖尼的一个实验如下。他用一定强度的调音管 re_2 音刺激动物，即刻又使这声音终绝，于是引起了条件性的唾液分泌，每分钟 32 滴。如果这同一的音慢慢地减弱而经过 12 分钟以后才完全消失，那么，就完全没有条件作用。

所以，不但同一动因的突然出现，而且它的消失、停止或相当迅速的减弱，都可以成为条件刺激物。我们当然可以获得无数的这一类的条件刺激物。

因此我们应该把以前有关可能形成条件刺激物的各动因的假定作如下的更改，就是，外界环境向积极方面的或消极方面的动摇，都可以成为条件刺激物。

下一组的条件刺激物，与前述一组的条件刺激物具有若干的差异。这一类条件刺激物不是对动物即刻发生作用的现存刺激物(наличный разлражитель),而是该刺激物停止以后存在于神经系统内的残余作用。实验的进行如下。对于动物,给予某一定的外来动因,譬如给予某一个响声30秒～1分钟,其次在音响停止以后经过1～3分钟,再应用食物或酸的结合。如果我们重复数次地应用这复合刺激,就有如下事实的发生。这动因本身并不引起任何反应,但在这动因停止以后,会发生食物反应或酸反应。在这场合的条件刺激物不是现存刺激物,不是我们所应用的响声,而是响声残存于中枢神经系统里的痕迹。因此我们区别现存刺激性反射和痕迹刺激性反射(наличные и следовые рефлексы)的两类。

关于这个痕迹性条件反射,现在举出格洛斯曼(Ф. С. Гроссман)的实验记录。条件痕迹性酸刺激物是皮肤机械性刺激。每次的皮肤刺激继续1分钟,停止以后休息1分钟,以后再把酸液注入口里去。

表3　1909年2月18日实验

时　间	条件刺激物	唾液滴数		备　考
		刺激时(1分钟)	休息时(1分钟)	
12点40分	皮肤机械性刺激	0	0.5	每回都用酸强化
50分	同上	0	10.0	
1点14分	同上	0	11.0	
27分	同上	0	14.0	

关于这痕迹反射的性质,我们更作如下的区别,即由新鲜残留痕迹所形成的反射,也就是在动因终止以后只过了一至数秒,而形成的反射——这是短时性痕迹反射(короткий сл. рефлекс)。如果在刺激动因终止以后,我们等候1分钟或1分钟以上的相当长的时间,才使之与无条件刺激物结合,我们就把它叫做长时性后发性痕迹条件反射(длинный поздний следовой рефлекс)。

我们所以必须区别这两样场合的原因是,在现存性条件反射和后发性痕迹反射之间存在着本质上的区别,这是在以后适当的地方会说明的。

末了,我移行于最后一个特殊动因的记载,这是与以前一切动因都不相同的。它本身恒常地似乎独立地会成为条件刺激物。关于痕迹性刺激的问题,并没有疑问的余地。因为从神经系统里的一切兴奋之中,我们都会遭逢所谓后作用(последействие)的现象。然而我们的这个新动因,虽然和以前所说的一切动因相同地是真实性的东西,可是在其性质的明了理解上却有若干的困难。我用这类一般性实验的记载而开始罢。我们带一只狗到实验室内,不断地经过每次一定的间隔时程以后都给狗吃食物;而对于另一只狗,却在同一的间隔时程内把酸液注入于其口内。如果我们这样地重复几次以后,就会得如下的结果,就是如果在某一次的中隔时程内应该给予食物或给酸的时候而不曾给予,那么第一只狗自动地会显出食物反应,而第二只狗自动地会显出酸反应。

我从费阿克里托娃(Ю. П. Феокритова)的实验举出一个例子。

在实验架台上的一只狗常规地每30分钟都被给予食物一次。在各个实验里,在一至三次给予食物以后就省掉一次。于是在某次食物给予后大约经过30分钟,唾液分泌会开始,同时食物运动性反应也开始出现。这个反应有时完全正确地在第30分钟出现,有时却迟一两分钟才出现。如果该实验进行的回数是足够的,那么,在间隔时程本身以内(注:即不在第 30 分钟),却没有一点反应的出现。

这样的实验结果应当怎样解释呢? 不能不说,在这场合,时间的本身是条件刺激物。

这个实验也可以用多少改变的形式做。我们可以对于动物每 30 分钟一次地给予食物,并且同时再应用某一动因作用的结合。就是说,在每次给予食物以前的数秒,先使动物受某一动因的刺激,于是就形成了复加性条件刺激物(суммарный условний раздражитель)。这复加性条件刺激物是由所使用的动因及一个 30 分钟时间的因素而成立的。如果在这动因经过 5～8 分钟就试验这一动因,那么,该动因不会显出任何作用。如果再迟一些时候试验该动因,它就会显出作用,但是不大的作用。在 20 分钟以后,这动因的作用就会增大,在 25 分钟以后,它会更增大;而在 30 分钟的时候,该动因的效果就会是完全的。如果在 30 分钟以外的时间都有系统地不给狗吃食物,那么,只在第 30 分钟,该动因会显现完全的效力,而甚至在第 29 分钟也不发挥效力。

实验 从费阿克里托娃的研究内试举一个实验例子。

对于一只狗,在每次给予食物以前的 30 秒钟先给听拍节机响声。各次食物的间隔时程是 30 分钟。

表 4 1911 年 12 月 20 日实验

时　间	条件刺激物(30 秒)	唾液滴数(30 秒内)
3 时 30 分	拍节机	10
4 时零分	同上	7
29 分	同上	0
30 分	同上	7

当然,利用任意的间隔时程都可以形成这条件反射。不过我们的实验,不曾利用过 30 分钟以上的间隔时程。

具有条件刺激物性质的时间,从生理学的立场应该怎样解释呢? 当然目前对于这个质问还不能有精确的一定的回答。但是关于这一点做一个相当的解释,这是可能的。一般地说,我们是怎样地标明时间呢? 我们是利用自然界的种种周期的现象,譬如太阳的升降、钟的分针在数字盘上的运动等而标明的。可是,在我们身体的内部也有不少的这一类的周期现象。大脑在白天接受许多刺激而疲劳,以后又能恢复。消化管周期地为食物所充满,以后又变成空虚。因为任何器官的每个状态,都能够反映于大脑两半球,所以我们有理由地相信,大脑是具有区别时间的能力的。我们试取很短的时间作为例子而想一想。当刺激刚刚发生的时候,我们对于刺激的感觉是很强烈的。当我们进入充满某种气味的房间的时候,我们起初很强烈地感觉这个气味,可是以后我们的感觉会慢慢地减弱。在刺激的影响之下,神经细胞的状态会蒙受一系列的变化。在相反的场合,情形也是如此。当刺激物消失的时候,它起初还是非常强烈地被感觉着的,但以后就会越过越淡,最后我们就完全不能察觉它。这就意味着,这又是神经细胞一系列各种不同状态的存在。从这一观点,我们就可以理解刺激物的终止所引起的反射和痕迹反射,同样地也可以理解时间的反射。在上述实验里,动物周期地被给予了食物,同时动物的许多器官也与此相关地有了一定的活动,就是说,这些器官也体验了一系列的一定的、连续性的许多变化。这些一切的变化都在于大脑两半球内显现出来，都被大脑两半球所感受，于是这些变化的某一定瞬间都能成为条件刺激物。

最后，关于可能成立的条件刺激物的命题是还可以如下地改变而扩大的：生活个体的内界与外界的无数动摇（бесчисленные колебания），各反映于大脑两半球皮质神经细胞的一定状态，都能够成为个别的条件刺激物。

其次，我着手说明如下材料丰富部分的事实。直到现在所讨论的都是阳性的反射，就是说，这些反射在最后的结果上都是具有阳性作用的：即运动和腺的活动，而在神经系统里这就是兴奋过程（процесс возбуждения）。然而我们知道神经活动的另一半部，这在生理学的生命重要性上是与兴奋过程有同等重要意义的制止过程（тормозной процесс）。所以我们在研究最复杂的大脑两半球机能的时候，不能不期待着，我们会与制止现象相遭遇，而这制止现象是与兴奋现象极复杂地互相交错的。然而在从事于这问题的研究以前，我认为需要先稍稍说明在无条件反射场合的中枢性制止的现象。

从现在的生理学的实验资料而言，在正常活动的场合，可以区别两种中枢性制止过程（центральное торможение）。我们也许可以把它们叫做直接性及间接性制止过程（прямое и косвенное торможение），或者把它们叫做内（内在的）和外（外在的）制止过程（внутреннее и внешнее торможение）。我们一方面知道，在各种为神经所支配的器官内，譬如在骨骼肌肉运动的器官内，血液循环、呼吸等的器官内，由于一定的传入性神经或由于血液里的某些动因对于相应中枢的刺激，会引起直接性制止作用。但从另一侧说，中枢性神经活动充满着极多的间接性制止过程。一个中枢的间接性制止过程是这样发生的，就是，与该中枢的现存的活动同时，由于其他传入性神经所传来的刺激，或由于其他自动性刺激的作用，另一个中枢会变成活动的状态。在复杂反射的所谓本能的场合，情形也是与此相同。例如多数的昆虫，特别在幼虫时期，一受什么接触，就即刻会变成不动的状态而落下。这明明是全运动神经系统的直接性制止过程。从另一面说，我们试举刚从鸡蛋出来的鸡雏当做一个例子看。它从地上极小物体一接受了视觉的刺激，就即刻能显现食物性啄抓反射（хватательный рефлекс）。但是如果该物体强烈地刺激雏鸡的口腔，那么，啄抓反射即刻就被制止而为防御性抛掷反射（выбрасывательный рефлекс）所代替。

这样，一种制止过程是由于传入某中枢的刺激而引起的直接效果，这就是内制止过程，而另一种制止过程是许多同时活动的各中枢相互作用的结果，这就是外制止过程。

在条件反射的场合，我们也与这两种中枢性制止过程相遭遇。因为条件反射的外制止与无条件反射的外制止是完全没有什么差异的，所以我先谈外制止。

最单纯的、常见的事例是这样的。你们和一只实验狗同在一个实验室里，而这个环境是暂时不变的，但以后环境忽然发生变化，或者有异常声响传进来，或者实验室的光线突然变化（太阳为云所掩蔽或从云里出现），或者从房门有气流吹进，并且气流甚至带着什么新的气味。这些一切都一定会或多或少地引起条件反射的减弱（由于新刺激的强度而不同），并且如果条件反射正是同时开始，新刺激就可能使该条件反射完全毁灭。对此现象的说明是简单而没有任何困难的。任何一个新的刺激物，即刻会引起探索反射的发生，就是说，有关的神经感受器会转到新刺激物的方向去，狗就向新刺激倾听着，注视着和嗅闻着，并且这探索反射就会制止条件反射。所以在研究条件反射的场合，很重要的是需要上述的、特别设计的建筑物。这样，偶然的刺激物与该研究室的接近关系就可以被除去，或者至少可以非常受限制。

在此处我们还需要注意如下的情形，这是不言自明的。本来一切动因，即使是迅速消失的动因，不仅在它存在的时期以内，而也在它停止以后的若干时间以内，它的作用都存在，这就是由于神经系统内的所谓后作用而起。所以如果我们在一个动因以后即刻应用条件刺激物，条件反射就或多或少地会被制止。此外必须要补充地说，各种不同的新异刺激物，不论是偶然的或故意应用的新异刺激物，可以说，在神经系统内消失的速度也是种种不同的：某个刺激物在两三分钟内会丧失效力，而另一刺激物可能在10分钟以后才消失，但也有些新异刺激物能在几整天里具有效力。最后这一类的是口味性的刺激物，特别是食物性刺激物，所以我们必须十分注意这一点。

新异反射（посторонний рефлекс）的作用当然由于条件反射的不同而是非常各不相同的。就是说，与这新异反射发生关系的条件反射是新近建立的呢，还是老早建立的、稳定的呢？当然，新成立的条件反射比坚定的旧反射容易被制止。因为这个缘故，以前当一个实验者和实验动物共在实验室内的时候，一件滑稽的事情曾经重复地发生过。一位工作同人，形成了动物的一个新条件反射，想做示例试验，邀我去看，但是他不能证明任何成绩。我一进实验室，新反射就消失。这事其实是很简单的。对于狗，我是一个新异的刺激物，狗注视我、嗅闻我等等，这就足够地使刚形成的新条件反射被制止了。还有这样一个事例。一位研究同人对他的狗形成了很好的、稳定的条件反射，并且用这反射做过很多次实验。可是一把这只狗交给另一位研究同志做研究工作，这条件反射暂时就不出现了。在动物从某一个房间移到别一个房间的时候，尤其在从某一实验室被移到别一个实验室的时候，上述的情形也是常常发生的。

当然，在外制止过程的场合，特殊的刺激物具有更强的制止作用。譬如猎犬看见鸟儿，大多数的狗看见猫，或者某些狗听见由地面传来的沙沙声（шорох）以及一般地非常强烈的、完全异于寻常的刺激物等等皆是。从最后一类的强烈的刺激物而言，事情是很复杂化的。在强烈的、异于寻常的刺激物的关系上狗可以分为两组。有些狗对于这些刺激是积极地攻击地反应的：激烈地吠吼，要向刺激物冲过去。另一些狗却显出被动的防御性反应：或者努力要从实验架台逃去，或者在架台上像木头一样地站着不动，或者在架台上发抖，伏在台上，或者甚至排尿，这在通常条件的场合是不会发生实验架台之上的。所以，对这一类的狗来说，制止过程是占着优势的，并且制止过程也影响于条件反射。因为这类制止过程是起源于脑内另一些部分的，以后才向条件反射的脑内部位传布，所以不妨把这一类制止过程也归纳于条件反射的外制止过程之中。

然而我刚才所列举的这些事例都有一时性的特色，所以我们把在这些场合发挥作用的动因都叫做消去性制止物或一时性制止物（гаснущие или временные тормоза）。如果这些动因重复地对动物发挥作用，而同时并不对于动物并有什么重要的结果，那么，这些动因就迟早会对于这个动物成为无关的动因，并且也会丧失其对于条件反射的制止性影响。

与此有关的实验，就是说，一时性制止物的实验也在诸位面前有过了。我给诸位看过的、用拍节机做实验的一只狗，在讲义开始以前就站在这个讲堂里，并且一个工作同人已经把这实验重复地做了几次，其时，我不曾使诸位注意于这个实验。事情是这样的，就是这实验起初不曾能够成功——条件反射被制止了。这只狗，慢慢地才解除了这特殊的、新环境的制止性影响。在几年前，我也做过有关条件反射的特别连续讲演，并且当时我是这样进行的。在讲义开始以前，我已经把实验供览所需要的狗放在这讲堂里，并且我的工作同人们与我的讲义进行无关地预先重复地做几次相当的实验，在需要实验说明的瞬间，我就利用这些狗的实验，并且这在全部讲演中不曾有过一次的失败。可惜，现在因为若干外方的关系，我丧失了这准备的可能。所以我只能间或做示例实验，主要的还是已经印刷的论文中的记录，或者是正在进行中的研究的记录。

然而在外制止过程的这一小组以外，还更有恒久性制止物的一小组。这一小组的制止物在重复应用的场合并不丧失其作用，而恒久地保持住。譬如用条件酸反射做例子。如果在这酸反射以前，先把食物给狗吃，就是说，这是使在动物吃东西的时候大脑一定中枢部位发生活动的，那么，在这以后，条件酸反射就在相当长时间以内会完全地或相当地被制止。不管怎样多次地重复做这个实验，情形都是相同。所以这是应该作为恒久性制止物看待的。这种恒久性制止物并不很少。例如我们在用酸液注入而形成条件反射的场合，因为不注意(注入过浓的酸液，或者酸液的注入量太多和回数太多)而引起狗口腔的炎症，那么，酸的条件反射就会被制止，直到口腔黏膜的病态完全治愈时为止。还有如下情形也是可能的，就是狗具有皮肤的伤口，在实验架台上受细绳的刺激，于是就会有防御反射的发生，而条件反射，尤其酸的条件反射，会被制止。当然其他这类的例子也是很多的，譬如下面所举的一例。一个实验，起初进行很顺利，可是忽然一切条件反射都减弱下去，最后会消失。这是什么缘故？然而只要把这只狗带到院子里去，让它一排尿，以后它在实验室里又会恢复一切的条件反射。很显然，排尿反应中枢的兴奋制止了各条件反射。还有一个例子，就是雄狗的交尾期。如果雄狗在实验以前曾在这雌狗的近旁，这只雄狗的条件反射就或多或少地会被制止。很显然，在这一场合，性中枢的兴奋具有制止的作用。

这样，诸位现在看见，制止我们反射的条件是很多的，所以“条件的”这个名称不是徒然的。可是这一类的条件是容易掌握的，也是容易除去而不许发生的。这就是一切外制止的场合，我再重复一次说，这些外制止过程的特色是如下的，就是，在中枢神经系统里，一有其他新异的神经活动的发生，该新神经活动即刻就使条件反射减弱或消失，不过这是一时性的，就是只在新神经活动的刺激物本身或其后作用存在的时期以内的。

第 四 讲

·*Lecture Fourth*·

（二）内制止过程——甲、条件反射的消去

诸位！在前一章讲义的最后，诸位知悉了所谓条件反射的外制止过程，就是说，使诸位知悉了条件反射与大脑其他新异刺激暂时冲突的许多事例，并且其时条件反射就或多或少地减弱，或者甚至于完全消失。

现在我们着手于我们所谓内制止过程（внутреннее торможение）的说明。这就是在某些一定条件之下，阳性条件刺激物的本身会变成阴性制止性刺激物。就是说，该阳性刺激物不在大脑两半球细胞的里面引起兴奋过程，反而会引起制止过程。所以与阳性条件反射并行地，我们还有一种阴性条件反射（отрицательные условные рефлекс）。

外制止与内制止两者的显然引起我们注意的区别是如下的。外制止在前述的条件之下，即刻就发生，而内制止必定是渐渐地发展的，并且有时它的发展是很慢的，甚至是很困难的。

现在我将开始说明内制止的事例，是我们在条件反射研究的场合最先遇到的事例。我将多少从历史的观点记载我们关于内制止的解释，因为这个解释当然可以说，是慢慢地构成的。

在诸位面前的一只狗是诸位以前看见过的狗。现在使用的条件刺激物依然是拍节机的响声。在拍节机作用的 30 秒内里，我的助手会高声地计算唾液分泌的滴数，并且他会标明从拍节机刺激开始时间到唾液分泌开始时间的间隔时程。我们习惯地把这个间隔时程叫做潜在（潜伏）时期（латентный период）。然而像在后面我们会看见的，也许我们应该发现另一个术语以表示这个中隔时程，那就会是更合理的。在今天的实验里，在给予拍节机的刺激以后，我们并不和寻常一样地给予食物。就是说，我们不强化（подкрепить）条件刺激（用食物以强化条件反射，这是我们常用的专门表现）。拍节机的刺激，每隔 2 分钟被给予一次，这样地重复若干次。

我们获得如下的结果。

表 5

潜在期	唾液滴数
3 秒	10
7 秒	7
5 秒	8
4 秒	5
5 秒	7
9 秒	4
13 秒	3

实验姑且在此处暂停，以便在今天的讲义内补充地证明这个现象的重要的详情。很显然，如果在上述条件下重复地给予条件刺激物，条件反射就会慢慢地减弱。如果我们把这个实验再继续下去，最后唾液分泌也许会完全停止。

如果条件刺激物不同时并用有关的无条件刺激物，该条件刺激物就会迅速地或者慢慢地丧失条件作用的现象，这就是我们称为条件反射的消去（угасание），这个现象的本质如何，我们姑且不预先作决定。关于这个现象我们汇集了很大量的资料，我现在就对诸位说明这些资料。

关于术语的问题，我想预先再说几句话。以前我们屡屡用不同的形容词把条件反射区别开来，就是自然的（натуральный）和人工的（искусственный）两种反射。前者就是由于在相当距离的食物本身而引起的条件反射，或者由于注入酸液的手续而自动地引起的条件反射。人工的条件反射通常是利用与食物或酸注入等没有任何关系的外来动因而形成的。可是在这两种反射之间并没有任何极小的差异。我们利用过的并且不断地利用着的形成条件刺激物的、无数的新异动因之重要，不但因为我们在实验的时候可以使它们在强度上是完全同一的、精确的、便于调整的刺激物，而也因为这些无限的动因为我们开拓了巨大的研究范围，这是我们以后会看见的。这样，最初我们应用这些人工的条件反射的目的，不过要检验，我们对于自然的条件反射形成机制有关的解释是否正确，可是以后这人工的条件却成为我们研究的主要的材料了。我现在所以提及这些事，这是因为在研究初期我们做了很多的自然条件反射的实验，所以现在我将引用这些实验不少的记录。

从条件反射的消去过程渐次发展性和正确性而言，往往可以发现许多动摇。这些动摇是与两种条件有关的。第一是外方条件。如果条件反射不受食物强化手续而重复应用下去，以求该反射正确地减弱，那么，该条件刺激物必须是同一方式的恒常续继的，并且动物环境不可有任何微小的变化。在自然的条件反射的场合，食物在动物面前的地位有时靠近，有时稍远，有时是不动的，有时略为变动——这些变动都会引起消去反射很强的动摇（增强或减弱）。当然，在人工性动因的场合，刺激的绝对恒常性是很容易获得的，所以反射动摇的原因可以完全除去。强烈的环境变化，当然会以外制止过程的性质，迅速地引起条件反射的减弱，可是在这样环境变化过去以后，条件反射会再多少增强。特别有趣味的，是极微弱的环境变化的影响。这样的环境变化有时会一时地使消去性反射减弱或消失。在今天的条件反射实验第五次应用的时候，这样的情形就发生了。本来反射量是五滴，但又上升到七滴，这是显然与诸位该瞬间的若干运动同时发生的。在大脑两半球的生理学上，这是极重要的一点，我们以后在今天的讲义里，会再谈一次。然而即在刺激物和环境都是恒常的场合，这消去性反射还有时会动摇，而且这动摇是有节奏性的。并且很显然，这样动摇是由于第二类条件，即由神经过程消去时的各内在条件而发生的。我们以后会常常遭遇这个现象。

条件反射消去的速度，就是说，不并用强化手续而重复应用的条件刺激物的反射效果成为零的速度，也是由多数的条件而决定的。

首先，必须提及实验动物的个性。在同一的条件之下：某些动物的条件反射会极迅速地消去，另一些动物的条件反射却很慢慢地消去。这明明是与动物神经系统一般的性质有关的。容易兴奋而活泼的狗的条件反射的消去，大都是缓慢的；而宁静的、即所谓稳定的狗的条件反射的消去是迅速的。

其次，反射确实地形成与否，即条件反射的坚定度，这是很重要的。如果条件反射的形成的时期越短，所受的强化程度越小，条件反射就越快地消去，相反地，长久地受了强化处置的条件反射很不容易消去。

对于反射消去的速度具有最大影响的是形成条件反射的无条件反射强度的如何。

我现在举出巴勃金(В. П. Вабкин)对于同一只狗所做实验的例子。

当做无条件刺激物，利用了1%苦木浸膏(extr. quassiae)溶液的一定量，注入于狗的口内。10次实验无条件反射唾液量的平均值为1.71毫升；而与此有关的条件反射1分钟，引起了0.3毫升的唾液分泌。在当做无条件刺激物而应用了0.1%盐酸溶液一定量的场合，5次实验的平均值是5.2毫升的唾液；而与此有关的条件反射1分钟，引起了0.9毫升的唾液分泌。在这两种实验的场合，所应用的条件刺激，都是自然的条件刺激，就是说，苦木浸膏或盐酸溶液，都被放在与动物相隔的一定距离时的作用。实验的其他各条件都是相同的。数字显示反射消去的过程。

表 6

盐酸溶液	苦木浸膏
1.0毫升	0.35毫升
0.6毫升	0.1毫升
0.4毫升	0.0毫升
0.3毫升	
0.15毫升	
0.2毫升	
0.1毫升	
0.0毫升	

条件反射消去的一般速度显然与预定被消去条件反射各次重复应用的间隔时程有关。间隔时程愈短，条件反射的决定性消去就愈快，同时在大多数的场合所需要的实验回数也不很多。相反地，间隔时程越长，条件反射的消去就越慢。

现在我举出巴勃金的实验，说明这样的关系。

利用肉粉当做条件刺激物，把肉粉放在一定距离给狗看1分钟，而间隔时程是相等的。下表5个系列的反射消去的实验，都是在同一天里完成的。在各系列实验之间，狗都获得了休息的时间，并且其时被喂了肉粉。

表 7

时　　间	唾液分泌/毫升
每2分钟刺激一次	
11点46分	0.6
49分	0.3
52分	0.1
55分	0.2
58分	0.15
12点01分	0.0
每4分钟刺激一次	
12点10分	0.7
15分	0.4
20分	0.3
25分	0.1
30分	0.0
每8分钟刺激一次	
1点47分	0.4
56分	0.3
2点05分	0.2
14分	0.15
23分	0.1
32分	0.2
41分	0.0
每16分钟刺激一次	
3点23分	0.6
40分	0.6
57分	0.5
4点14分	0.3
31分	0.1
48分	0.2
5点05分	0.1
22分	0.1
每2分钟刺激一次	
5点27分	0.6
30分	0.3
33分	0.3
36分	0.2
39分	0.1
42分	0.05
45分	0.0

这样，由于间隔时程不同，条件反射消去的速度也不同。

表 8

间隔时程	条件反射消去所需要的时间
2分	15分
4分	20分
8分	54分
16分	过2小时还没有完全消去
2分	18分

最后的一个条件，就简单地是同一只动物所受条件反射消去实验回数的多少。在其他一切相同的条件之下，而条件反射消去实验的回数越多，条件反射完全消去所需要的刺激回数就越少，并且最后至少在一部分狗的场合，仅仅只受一次的不强化的手续，条件反射就会完全消去。

与条件反射消去实验有关的最有兴趣的事实是如下的情形。就是不但直接地受了消去性实验手续的某一个条件反射[这是第一级消去性反射(первично угашенный рефлекс)]会有反射的减弱，而不曾直接受过消去性实验手续的条件反射也会减弱[第二级消去性条件反射(вторично угашенный рефлекс)]，而且不仅是与同一无条件刺激物有关的条件反射[这是我们所谓同族性条件反射(однородный)]，并且是与其他无条件刺激物有关的条件反射[这是异族性条件反射(разнородный)]也会消去，尤其在条件反射消去最强的场合，甚至无条件反射的本身也会减弱。这样，对于一只狗，应用盐酸溶液的一定量注入于它的口里，平均的反射量是6毫升的唾液。可是在有关的皮肤机械性条件反射相当消去以后，同上相同量的盐酸就只分泌了唾液3.8毫升[彼累里茨凡格(И. Я. Перельцвейг)实验]。这是同族性条件反射的第二级多少消去的一个最显著的事实。这个事实也是我们比较详细研究过的。

从第二级消去的一切事例说，第一级消去的深度具有最重要的意义。如果第一级的消去很强，就使各二级反射相等而抹杀微小的差异。然而在反射是中等度消去的场合，许多微小的差异就显然出现。如果假定其他条件都是相等，就可以说，一个条件反射的消去对于同族其他条件反射的后继性影响是由该同族各条件反射相对的生理学的强度而决定的。而这一生理学强度的本身是与下列各条件有关的，就是条件反射形成时期的长短，强化工作是否恒常的、稀少的或已中止的情形，过去消去性实验回数的多少，该消去性反射实验当天预先强化手续的如何等等的条件。受第二级消去性实验的某反射的生理学强度比消去中的和已消去的反射的强度越大，那么，该受第二级消去性实验的某反射就越不容易受实验的影响。相反地，如果第一级消去的反射是比较很强的，较弱的一切反射就会完全第二级地消去。

巴勃金实验如下：

一只狗的三种酸条件反射刺激物分别是电铃、拍节机响声及皮肤机械性刺激。条件刺激继续30秒。

做消去性实验以前先做了如下的实验，昭示了各条件刺激物的相对强度。

表 9

时　　间	条件刺激物	唾液分泌(滴数)	备　　考
3 点 24 分	拍节机响声	5	每回用无条件酸反射施行强化工作
41 分	电铃	8	
4 点 05 分	皮肤机械性刺激	4	
41 分	拍节机响声	12	
51 分	电铃	13	
反射消去的实验(间隔时程 3 分钟)			
12 点 07 分	拍节机响声	13	每回都不用无条件酸刺激施行强化工作
10 分	同上	7	
13 分	同上	5	
16 分	同上	6	
19 分	同上	3	
22 分	同上	2.5	
25 分	同上	0	
28 分	同上	0	
31 分	皮肤机械性刺激	0	
34 分	拍节机响声	0	
37 分	电铃	2.3	

在中等强度的条件刺激物拍节机反射消去的场合，较弱的皮肤机械性条件反射也就完全消去，而比拍节机反射更强的电铃反射还显出若干作用。

在应用复合条件刺激物(комплексные условные раздражители，由若干不同的动因而成立的刺激物)和其各成分的刺激物消去的场合，情形也是相同的。在复合刺激物消去以后，它的各成分也就消去。在两个由同等强度的成分所构成的复合刺激物中一个成分消去的场合，其他一个成分也就必定消去，但该复合刺激物依然具有若干的作用。在较强的刺激物消去的场合，单独被检验的、较弱的刺激物就完全失去作用，相反地，在较弱的刺激物消去的场合，较强的刺激物还保持微弱的作用。如果在个别试验时候，较强刺激物能够完全掩蔽(маскировать)较弱刺激物，则在该较强刺激物消去的场合，复合刺激物也会完全消去(复合条件刺激物的各个别动因彼此间的相互关系，在以后的讲义里会有说明)。

从理解消去过程而言，很重要的是如下的特殊关系。我们有一种完全为较强成分所掩蔽的较弱刺激物，就是说，在个别检查的场合，这较弱刺激物并不发生任何作用。然而如果这较弱的刺激物，单独地被应用若干次而不并用无条件刺激物，那么，较强的刺激物及复合刺激物都会是消去的。彼累里茨凡格的一个这样的实验如下：

应用酸的复合条件刺激物(它的两个成分是同时应用的皮肤机械性刺激及零摄氏度的刺激)，并个别地应用了两个成分的刺激。刺激时间 1 分钟。

表 10

时　间	条件刺激物	唾液分泌/毫升	备　考
12点00分	复合刺激物	1.0	无条件酸反射强化
25分	同上	1.0	
55分	同上	1.4	
2点07分	温度刺激物	0.0	无强化工作
30分	同上	0.0	
55分	同上	0.0	
3点25分	皮肤机械性刺激物	0.0	用无条件酸反射的强化手续
40分	复合刺激物	0.05	
4点05分	同上	1.0	
25分	皮肤机械性刺激物	1.0	

直到现在，我的说明是和弱度的或显著的消去乃至和反射消去程度有关的，然而这一点还需要特别的补充解释。消去过程的强弱不仅由我们所说明的条件反射减弱的程度而决定，也不能以消去度的最后零值而决定；消去度可能更加增强；可以说，我们还有表面看不见的消去过程。如果我们对消去度已达于零，不复具有作用的条件刺激物重复地应用消去性实验的手续，我们就可以使消去过程增强而加深。

在这事实被证实以后，上述实验结果的奇异性就不存在了。在这实验里已经成为无效的条件刺激物在单独地重复应用地若干次以后，就对于其次的各刺激物发生了影响。这样，在反射消去的实验的场合，我们必须注意于消去度的深浅。消去度在零值以后应该如何决定，这是在下一点有关的说明里会指出的。我现在就说明这一点。

条件反射在被消去以后是怎样？它怎样地才可以获得原有的作用呢？

条件反射消去以后，如果被放置下去，而不受实验者的任何极小的处理，它迟早会恢复原有的作用。

当然，这对于刚刚形成的还很薄弱而不稳定的条件反射是不适用的。这些薄弱的条件反射在消去以后，在若干场合，为了恢复作用的目的，必须再受强化手续的处理，就是说、必须与无条件反射并用。然而确实地形成的条件反射在消去以后必定自然地又会恢复以前的作用。而测定消去度深浅的一个指标就是在相等的其他条件之下，测定消去以后恢复原有反射效果所需要的时间。一旦消去后的条件反射自然地归还的速度是颇有差异的，可能是几分钟乃至几小时。举出几个事例如下。

应用肉粉的刺激，从一定的距离使狗每隔3分钟看一次，但并不施行强化手续（巴勃金的研究）。

表 11

时　　间	唾液分泌/毫升
11点33分	0.6
36分	0.3
39分	0.1
42分	0.0
45分	0.0
48分	0.0
2小时休息以后	
1点50分	0.15

另一个实验[爱里亚松(М. И. Эльяссон)的研究]用肉粉当做刺激物,每隔10分钟给狗看一次,不并用强化手续。

表 12

时　　间	唾液滴数
1点42分	8
52分	3
2点02分	0
20分钟休息后	
2点22分	7

我们今天的反射消去的实验是在23分钟以前中止的。我们再用拍节机的响声检查它的效力。我们获得如下的成绩。

潜在刺激时间/秒	唾液滴数
现在的实验	
5	6
当时的成绩	
13	3

这意味着,已消去的条件反射自动地相当地恢复了。

已消去的条件反射恢复原有条件作用的速度的种种不同,是与若干条件有关的。首先,最常见的决定性关系是消去度的深浅;其次,动物的个性,即动物神经系统的类型,具有巨大的意义,条件反射的强度也具有显著的作用;最后,消去性实验已经重复的次数也有显著影响。

已消去的条件反射恢复其通常作用的速度是可以加速的。为了这目的,必须应用形成该条件反射的无条件反射,或者单独地应用无条件刺激物,或者与已消去的条件刺激物同时应用无条件刺激物,就是说,使已消去的条件反射受强化手续的处置。条件反射消去的深度越小，本处置达到目的越快。在条件反射消去度很弱的场合，这个方法的一次实行就够了，在消去度很深的场合，这个强化处置需要重复若干次。这就是测定消去度的第二方法。

另一个问题：在单独地应用无条件反射的场合和同时应用条件反射及无条件反射的场合，已消去的条件反射作用的恢复速度是相等呢，还是快慢不同呢？直到现在，这依然是不曾经过精细研究的问题。我们现在才认真地研究这个问题。

有关条件反射消去所举出的全部事实资料，可能对于诸位注意力多少是一个负担；因为这是与一般观点不相同的，然而这些资料会替我们解决一个重要的疑问。我们所谓消去过程的本质究竟是什么？我们不能不把它当做一种特别的制止过程看待，因为其他的解释是由于我们的事实资料而可以断定为不可能的。

消去性过程并不是条件反射的破坏，即不是已结合的神经道路的断裂，这由于已消去的条件反射在一定的时期以内自然地恢复的事实而可以证明的。

以后还有一个可能性，就是想象参与这反射的神经分泌装置的某一部分发生了疲劳。然而这与条件反射破坏的假定相同地，根据我们的事实，任何主张由疲劳而发生条件反射消失的假定都是必须抛弃的。分泌成分本身疲劳的绝不可能，这是由于我们的全部事实资料而显然的。因为不论条件反射反复地被应用的回数怎样多，不断地被强化的条件反射都有大量唾液的分泌；而且在应用无条件刺激物的场合，已消去的条件反射会再恢复唾液机能的很大活动，尽管消去中的条件反射的唾液分泌机能往往本来是极小的。然而条件反射的消去也不可能是神经成分的疲劳。请诸位再回想前述的一个实验看看。在该实验里，皮肤条件刺激物中较弱成分的温度刺激本身单独地已经完全不具有任何阳性作用，可是它在不并用无条件刺激物而重复多次地被应用以后，即是在受了反射消去性实验的处理以后，它会使较强成分的皮肤机械刺激也被消去；甚至使复合刺激物的本身也被消去。既然温度反射已经没有任何阳性活动，那么，什么东西会由于重复的应用而疲劳呢？不仅如此，纵然假定有疲劳的可能，也不过是皮肤温度神经及其有关成分多次受了刺激，因此为什么完全不曾活动的皮质机械性刺激有关的神经装置会发生疲劳呢（如果承认疲劳是可能的）？

由于上述分别地驳倒种种可能性的办法，我们就达到一个结论，**所谓条件反射的消去过程是一种制止过程**。从这个观点看，差不多前述的条件反射消去有关的一切事实都可能了解。

在条件反射消去的场合，有时可以观察到自动发生的、节奏性的动摇，如果把这个当做一种斗争的现象看待，即当做兴奋过程与制止过程间平衡化的现象看待，这就容易解释了。同样明了的是动物个性的影响，因为我们从本身的生活经验就很可以知道，各人的神经系统的制止能力是很不相同的，并且在以后的说明内，我们也可以在动物方面发现极多的例子。很显然，条件反射越强，就是说，兴奋过程的强度越大，制止过程的紧张度也就越大，克服阳性条件反射所需要的时间也就越多。因为在条件刺激物不受强化处理而重复地应用的场合，制止过程的效力必定会**累积**起来（суммироваться），所以，当然地，各次应用的间隔时程越小，最大值的制止过程成立的时间也就越短。又，在重复地做条件反射消去性实验的场合，重复的次数越多，条件反射的消去也就越快。这是不难于解释的，因为实验的重复施行，会加强制止过程，这也是从我们本身日常的观察而能认知的，并且这也是以后在条件反射研究的场合所屡屡遭遇的。一个条件反射的消去，不仅影响于同族的其他反射，而也影响于异族的其他反射，甚至可能影响于无条件反射——这些事实的说明不能不在于一个假定事实的承认，就是制止过程是从大脑的某一个起源点会向着全脑扩展的。在以后的讲义内，这一点会彻底受我们的重视。

然而在条件反射消去有关的前述事实之中，还有一个需要我们即刻详细说明的事实，因为它直到现在是我们完全不能理解的。这是条件反射消去的正规直线上突然的增高，这往往是与周围环境所发生的偶然刺激相联系的变化。只要一有新的异常声响，或有房间光度的增强和减弱，那么，发展中的条件消去过程就会强烈地紊乱，条件反射会忽然增强。当然，我们如果故意地应用新异的刺激，以检查其对于条件反射消去的影响，也就可以获得与上述相同的成绩。这一类实验的事例会引证于下方。一个与此有关的事实在很长的时期内是对于我们实验室的一个谜。我们应用肉粉的自然的条件反射做了反射消去的实验。在消去以后过 30 分钟乃至 1 小时，该消去的反射会自动地恢复了，这是曾经由对照试验而证明的。然而在消去度一到零的时候，我们即刻就将酸溶液注入于狗的嘴里；其次，在酸溶液所引起的唾液分泌终止以后（消去度成为零以后一共过 5 分钟），我们再应用肉粉的远隔性刺激当做条件食物性刺激物。这样，自然的条件反射几乎是完全的。这件事怎样会发生呢？此时的各条件反射都明明是有特异性的，就是说，一定的刺激物才决定一定反应的发生。可是在这场合，由于完全另一种类酸条件反射的动因的应用，已消去的条件食物性反射恢复了它原有的效力。酸反射在唾液的构成上和运动反应上都是与食物反射很不相同的。那么，上述的情形究竟是什么？事实上，这是制止过程的解除。在刚才所述的全部的事例，这制止过程的解除都具有如下的共同性质。就是，这制止过程的消失都不过是一时性的，就是说，只在引起这解除制止的刺激物还存在以前，或者该刺激物的可见的或不可见的后作用继续有效以前，这制止过程解除的现象才能存在。现在举出我们实验室生活与此有关的一个有趣的故事。研究这问题的各成员，关于已经消去的条件食物性反射，由酸液的注入而能恢复作用的问题，都发表了完全不一致的意见。有些人坚决地保证这事实的可能性，另一些人却决定地否认这事实的可能。什么是正确的呢？与日常生活里和科学研究里往往发生的事情相同地，两方面的主张都是对的。惹华德斯基（И. З. Завадский）的实验阐明了这件事情。不同的实验者所获得的不同结果是由于他们忽视了实验条件的差异而产生的。有些人在酸液注入反应的唾液分泌一终止以后，即刻，或在其最近的几分钟以内，检查了已消去的条件反射的效力；而另一些人的检查却在酸液注入的唾液反应终止以后，经过了很长的时间才开始。惹华德斯基注意了这两种情形，于是在同一系列的实验内证明了两方事实的存在。

实验如下。

表 13

时间	刺激物	唾液滴数	
		颌下腺	腮腺
2点28分	给动物看肉粉(1分钟)	16	12
40分	同上	9	6
52分	同上	7	4
3点05分	同上	5	2
18分	同上	0	0
20分	把酸溶液注入于狗的口内 (在3点23分50秒唾液分泌终止)		
3点31分	给动物看肉粉(1分钟)	1	0
34分	给动物吃肉粉(1分钟)		
46分	给动物看肉粉(1分钟)	10	8
47分	给动物吃肉粉(1分钟)		
4点05分	给动物看肉粉(1分钟)	9	7
15分	同上	7	7
25分	同上	4	3
35分	同上	1	0
45分	同上	0	0
51分	把酸溶液注入狗的口中 (在4点54分20秒唾液分泌终止)		
4点55分	给动物看肉粉	7	5

如你们看见的，在酸反射唾液分泌终止以后过了7分钟，已消去的条件反射效力的恢复是极小量的，并且不过发生于一方的唾液腺，但在酸反射唾液分泌终止后过40秒，两个唾液腺的作用都很显著地恢复了。

条件反射恢复的一时性，像在正将说明的其他刺激物的场合，也是同样地可以发现。这些其他刺激物对于条件反射消去过程通常正规地下降的图线会引起不规则的增高，并且在条件反射完全消去的场合，也可能如此。

惹华德斯基对于另一只狗的实验如下。

表 14

时间	刺激物	唾液滴数	
		颌下腺	腮腺
1点53分	给动物看肉粉(1分钟)	7	11
58分	同上	2	4
2点03分	同上	0	0
08分	给动物看肉粉＋机械性皮肤刺激(1分钟)	1	3
13分	给动物看肉粉＋桌下的敲声(1分钟)	0	2
18分	给动物看肉粉(1分钟)	0	0
20分	我走进这个房间，与实验者谈话，2分钟后走出房间		
23分	给动物看肉粉(1分钟)	2	5
28分	同上	0	0

在这表里很显然，现存的两个刺激物（起初两个刺激物），及刺激物的潜在的后作用（最后的刺激物），都能够使已消去的条件反射恢复。

在上面刚才所引用的实验里，已消去的条件反射的恢复作用，只继续数分钟，这是与现存刺激物短时间作用，或现存刺激物后作用的短时间作用相当的。可是如以前在外制止过程部分所说过的，若干特殊的新异反射的作用却具有继续很长时间的性质。在这些新异反射的场合，已消去的反射恢复作用，会在全实验的经过里出现，这样，就不可能获得消去过程的正常图线，而且一般地说，完全的、坚固的消去过程也就是不可能的。

其次，需要讨论与此有关的一个如下的重要情形。在做条件反射研究的全部经过中，我们多次观察了若干不同种类反射的同时存在；在这种场合，当然这些反射之间，相互作用会发生，或者会使其中的一个反射占优势，或者有时会互相中和而使反射消失。譬如现在用皮肤机械性刺激形成条件反射刺激物，那么，屡屡在同一的皮肤部分，发现皮肤无条件反射所引起的相反作用，其表现就是动物的搔痒或拂去动作及与此类似的等等动作，因此在少数动物的场合，皮肤机械刺激性条件反射就不可能是恒常而均匀的。若干非常的高音也是这样，引起狗的非常强烈的阴性运动反应。这就意味着，无条件刺激物，当做外制止一组的动因，会不断地、或多或少地制止着无条件反射。这样，就不能不期待着，这些顽固地发生的无条件反射越多，消去过程规则性的进程就越受妨碍，因为消去过程是比兴奋过程很不安定的。这一类的事例和详细的实验分析会在以后的讲义内说明。

上述的全部资料使我们可以把这研究中的现象，即正在消去中的或已被消去的条件反射一时性恢复作用的现象——即制止过程一时解除的现象——叫做解除制止（растормаживание），这是以后我们不断地使用的一个术语。

然而现在发生一个严重的问题：已消去的条件反射，由于它的无条件反射的帮助而恢复作用的场合与现在所说的解除制止的场合之间有什么区别呢？事实上的区别是容易看出的。第一，前者的恢复是恒常的，而后者的恢复是暂时的。第二，前者的恢复只由该条件反射早经结合的特别动因的帮助而成立，而后者的恢复是由完全新异刺激的影响而发生。但从这个区别在本质上的根据而言，如果仅仅用我们现在所获得的事实资料而想有一个明了的概念，这是困难的，并且甚至是不可能的。然而即在前者的场合，这也不过是一种解除制止的现象，因为我们决不能想象，条件反射的消去是由于条件反射的破坏，这由于已消去的条件反射迟早必定会自然地恢复作用的事实而能证明的。这样，我们不能不承认，某种区别是在于这两个场合制止过程的解除机制本身之内的。

这解除制止过程的内在机制，究竟应该怎样想象呢？

当然，如果我们不知道，制止过程是什么，兴奋过程是什么，两者的关系是怎样，那么，解除制止的根本说明也是不可能的。我们只以为，如下事实的比较，在此场合是值得注意的。引起新异反射的各动因能制止阳性条件反射，但如果这些新异反射从最初起就是微弱的，或者如果在重复应用的场合而逐渐弱化的，那么，该动因就能对已消去的条件反射，引起解除制止的现象（与此有关的各事实会在下一讲内引证）。这样，就有一个理由可以方案式地，也可以说，口头上地把这解除制止的现象看做并叫做制止过程的制止过程，这是我们以前常用的表现。当然，这并不是一个说明。

这样，今天讲义所说明的全部实验资料的最重要的结果是这样的，就是阳性条件刺激物可以相当迅速地、明显地、不过还是渐渐地，成为阴性制止性条件刺激物。所以我们以后不断地处理的问题，不仅是阳性的条件反射，而且也是阴性条件反射。

第五讲

·Lecture Fifth·

（二）内制止过程——乙、条件性制止

诸位！上次讲义的全部都是讨论内制止过程中第一种过程的即消去性过程的研究。这就是阳性条件刺激物一时地变成阴性制止性刺激物的现象（在阳性刺激物不并用无条件刺激物而以短短的、几分钟的间隔时程重复地被应用的场合）。现在我转而说明第二种内制止过程，这也是我们已经详细研究过的。

一个基本的实验如下。假定我们现在有了一个坚定地形成的阳性条件刺激物。其次，我们对于这刺激物再附加某一个新的动因，我们重复地应用这复合刺激物（комбинация），而各次实验间的间隔时程是很大的，即使是相隔几点钟乃至几天，但不并用无条件刺激物。于是这新的复合刺激物，渐渐地变成无效，就是说，与新动因相复合的，我们的条件刺激物，渐渐会失去它原有的阳性作用，可是如果同时该原有条件刺激物不断地受了食物强化的手续，那么，在单独被应用的场合，该条件刺激物就依然保持完全的作用。直到现在，在我们的研究方面，这个现象被叫做条件性制止（условное торможение）。这个名称不能说是十分恰当的，因为消去性过程（угасание）也是一种条件性制止过程，也是在一定的条件之下，才会被形成而发生的。不过这种制止过程的事实的研究的历史，证明这名词是正当的。因为这是附加动因（прибавочный агент）所引起的事情，所以在研究的初期，我们把这现象与外制止过程相混淆了。只在以后，才明了这现象的性质是一种内制止的过程，于是为了与外制止过程区别起见，就用了这形容词“条件的”。我们以后会知道，比较对它更适当的名称也许是分化性制止。

条件性制止的形成在一个关系上具有特殊的兴趣，就是和说明我们有关的这现象所具有多方面的复杂性同时，这条件性制止的形成也可以证明，利用实验以满足地理解这复杂性，是可能的。所以我以为，关于这一点做比较详细的说明，是很有益的。

在条件性制止形成的场合，第一，阳性条件刺激物与附加动因两者相遇的瞬间的如何，显出很特殊的关系。如果附加动因在条件刺激物的作用开始以前（3～5 秒）就活动起来（这是我们通常实验的场合），或者同时开始，或者附加动因稍迟地开始作用，而在这三种场合，附加动因以后总是继续与条件刺激物共同地被应用着，那么，条件性制止就比较地容易发展。如果条件刺激物一开始作用，附加动因即刻中止，那么，在若干场合，这条件性制止的形成，对于动物的神经系统，是具有显著困难的，这由于动物的不安状态和种种防御反应而显然。如果在附加动因的终止与条件刺激物的开始之间，安置两三秒的间隔时程，就不能发现任何效力。可是这个间隔时程如果达到 10 秒钟左右(最常有的事例)，附加动因的本身就会成为条件刺激物，这是在上述条件反射形成手续的场合(第二级条件反射)曾经记载过的事情。只是如果利用极强烈的附加动因，譬如汽车的警笛音，那么，这个间隔时程即增长到 20 秒左右，条件性制止也是可能发生的。

在此地，从弗洛洛夫(Фролов)的研究举出一个有关的实验如下。

对于动物，先给予汽车的警笛音 10 秒钟，其次相隔 10 秒钟，再给予条件食物性刺激物，即给予拍节机的响声。警笛第一次被使用的时候，对于拍节机条件反射量并没有影响。可是以后，即使笛音与拍节机响声的间隔时程是 20 秒，重复地应用这复合刺激物，同时条件刺激物并不受强化手续，那么，条件刺激物拍节机的反射量就渐渐减小。

实验　1924 年 12 月 28 日。汽车警笛音的应用是第二次。

表　15

时　间	刺激物	刺激时间	唾液滴数
1 点 41 分	拍节机	30 秒	9
48 分	警笛(汽车)	10 秒	0
48 分 10 秒	休息	20 秒	0
48 分 30 秒	拍节机	30 秒	6
1925 年 1 月 21 日实验(警笛第 13 次的应用)			
1 点 58 分	拍节机	30 秒	8.5
2 点 09 分	警笛(汽车)	10 秒	0
09 分 10 秒	休息	20 秒	0
09 分 30 秒	拍节机	30 秒	1

一般地说，上述的间隔时程是因附加动因强度的如何而有若干动摇的。

这样，在上述的场合，我们看见兴奋过程与制止过程很有趣的互相遭遇。在实验条件方面，区别是不显著的，而这现象的进程却如此不同，这应该怎样解释呢？

我们谈到了上述事实如下的解释，这是根据着该解释和我们已知的其他各事实的相符合。如果附加动因与条件刺激物在时间上互相一致(完全同时地或几乎同时地，就是说，附加动因的作用是以新鲜痕迹的形式发挥地)，那么，两者就共同地形成一个仿佛特殊的新刺激物，其一部分的性质与该原有条件刺激物相似，而另一部分的性质却不相同。我们以后在第七讲里会知道，相近似的各刺激物，譬如相近似的声音，或皮肤相接近的各部位的刺激物，如果其中的一个刺激物受了相当的处理而成为条件刺激物，那么，相接近的各刺激物起初也自然会有条件刺激的作用，但以后如不受强化处置而系统地被重复地应用着，这些近似的刺激物就会丧失兴奋作用，而都变成制止性刺激物。在我们现在所说明的事例，这也许就是条件性制止形成的一个时相(фаза)。可是如果附加动因在时间上多少与条件刺激物互相隔离，就是说，如果两个刺激难于融合为一个刺激，或完全不互相融合，那么，就会由于这个新附加动因而有形成条件刺激物的通常过程，并且其时旧条件刺激物所具有的意义，与通常形成多数条件反射时的无条件刺激物相同。根据这个见解，在条件性制止发展的场合，附加动因愈强，附加动因与条件刺激物两者的间隔时程会愈长的缘故就可以了然。强的动因残留着更长的后作用，所以即使它与条件刺激物的间隔时程很长，它也会与条件刺激物相融合而共同地形成一个特殊的神经动作。不论我们这个解释是否正确，这个现象的本身是一个鼓舞实验者的例子，就是中枢神经的活动虽然是如此复杂，可是我们居然能够发现一定的规律。

然而与这几乎恒常的情形并行地，我们不能不提及一些很稀有的事例，这是在未受手术伤害的正常动物和受了手术的动物两者的大脑两半球范围以内都能发生的，就是，在这两类狗的神经系统兴奋性显然增强的场合，并且在附加动因与条件刺激物同时给予的场合，长时间地强烈出现的不是条件性制止，而是第二级条件反射的形成，而且以后条件性制止和第二级条件反射都可能同时存在。

实验 卡谢里尼诺娃(Н. А. Кашерининова)的研究。条件酸刺激物是皮肤机械性刺激，拍节机响声是复合制止物的(тормозная комбинация)附加动因。在这复合制止物重复地应用到第 25 次的场合，1 分钟内的刺激只分泌了 3 滴唾液，而其时单独被使用的条件刺激物，却在 1 分钟内分泌了 29 滴。在这个复合制止物应用到第 34 次以后，个别地被试验的拍节机响声引起 8 滴的唾液分泌，而拍节机在应用于这个制止性复合物以前却完全不具有唾液分泌的作用。

可能的是，这样的情形是以极微弱的、很迅速经过的形式而常常发生的。

这样，条件性制止过程发展进度的本身也是很多种多样的。或者在新的附加动因第一次与阳性条件刺激物相结合的时候，条件反射的作用，就即刻减弱或完全消失，而在这复合物重复地被应用以后，该条件反射作用会恢复起来，但以后又会渐渐地减弱到零。或者在另一个附加动因的场合，如果与条件刺激物的通常作用相比，该复合物开始作用时的阳性效果却是更显著的，但以后才又会开始渐渐地薄弱下去，一直到零。在其次实验方式变异的场合，与该条件刺激物的正常作用相比，复合制止物的最初效果虽然较小，但以后却大于条件刺激物的作用，再次才又会渐渐减弱到稳定不变的零值。这种种的差异具有什么意义？并且它与什么东西有关系呢？这是与附加动因所引起的新异反射的强度有关的。复合刺激物初期即刻发生的效果减弱，无疑地是一种外制止的过程。假定某个附加动因引起非常强烈的探索反射，这探索反射就会即刻制止阳性反射。如果另一个附加动因只伴发微弱的探索反射，那么，复合制止物最初的效力会增大，这无疑是解除制止的过程，因为即在条件反射的通常场合，在条件刺激物作用开始以前，有一个内制止过程的时相，这也就是由于微弱的探索反射而能除去的。在下次讲义里研究内制止第三场合的场合，我们会知道内制止过程的该时相。复合制止物的最初效果减弱，而其次为效果增强所代替，这是由于附加动因的重复应用，该动因所引起的新异反射会渐渐减弱的缘故；这新异反射起初制止着条件反射，其次在这新异反射作用减弱的场合，它就解除制止化了(растормаживать)条件反射的效力，这是在今天讲义的最后可以看见的。

自然界的一切可能的动因都能以附加动因的性质，而有助于条件性制止的形成。当然，对于该动因，实验动物如果没有适当的感受器存在的表层组织，条件性制止的形成就不可能。在我们下述的实验记录里就会看见不少这些动因的实例。

如以前曾经提及，附加动因之有助于条件性制止的形成，不仅以与条件刺激物同时应用的形式，而也以该动因残遗痕迹的形式，并且通常是以早期痕迹的形式，就是说，以附加动因终止后即刻直接移行于条件刺激物的形式；只在极强有力的动因的场合，该动因比较很迟的痕迹也可能形成条件性制止，这是我刚才所指明过的。

然而当复合制止物已经完全形成的时候，那么，以后附加动因与条件刺激物的间隔时程的增大是可能的，甚至间隔 1 分钟，该复合制止物的作用仍然可以保存。

并且也有以时间本身当做内制止的动因的实验例。克尔瑞序可夫斯基（К. Н. Кржышковский）的与此有关的实验如下。对于一只狗，形成了酸反射的条件性制止（某音是条件酸反射的刺激物，皮肤机械性刺激是附加动因）。经常地某一个目的，总是在最后一次酸液注入以后过 19～20 分钟，这酸反射的条件性制止被应用一次。于是发生了如下的情形：在酸液注入后第 19～20 分钟的时候，即使只使用条件刺激物的音而不并用皮肤机械性刺激，该条件刺激物也只引起极小量的唾液分泌，或者完全不引起分泌。

表 16

受强化处理的条件刺激物各次应用的间隔时程/分钟	唾液滴数
13	9
12	14
19	0
33	11
19	3
33	8

条件性制止形成的速度及条件性制止的完全度（绝对性制止或者相对性制止，абсолютное или относительное торможение）都是与若干条件有关的。

首先是该动物的个性，即该动物神经系统的类型：或者是兴奋型的（раздражительный），或者是平衡型的（уравновешенный），或者是容易制止型的（тормозимый）。有些狗需要长时间，才能够有制止过程的形成，并且不能形成完全的制止过程。相反地，对于有些狗，复合刺激物不过重复地被应用几次以后，坚稳的、完全的制止过程就会形成。

其次，附加动因的强度具有显著的意义。对于一只狗[密序托夫特（Г. В. Миштовт）的实验]，拍节机是酸条件刺激物，皮肤的温度刺激（4～5 摄氏度）是附加的刺激。在皮肤温度刺激第 30 次被使用以后，制止过程才开始出现，但在这复合制止性刺激试行 145 次以后，也不曾能够形成完全的条件性制止。这只实验狗 4 个月内不受实验处置以后，以同一目的而对它再试用 1 摄氏度的温度刺激，应用了 12 次，就形成了完全的制止。可是结果的如何，也由于条件刺激物和附加动因两者间强度的关系而决定。这样，在与条件刺激物的拍节机互相结合而对皮肤应用 45 摄氏度做附加刺激的场合，并不曾能够形成完全的条件性制止复合物，然而对于这同一只的狗，在以光的刺激当做条件刺激物而并用相同的附加动因的场合，完全的条件性制止就容易形成[弗尔西柯夫（Фурсиков）的实验]。

最后，还有一件不能不注意的事实。如果对于同一只狗所使用的一切其他条件都是相等的，那么，条件性制止第一次的形成，比以后条件性制止的形成，通常需要远远更长的时期。

直到现在，我只谈及条件性制止，但不曾证明这实在是一种制止过程，而不是因为有计划地不并用无条件刺激物强化手续所引起的、复合物效果的消失。我们会陆续地说明所搜集的、与这个问题有关的资料，同时也就进行上述的证明。第一是如下的证明。

与条件性制止过程发生有关的附加动因究竟是什么？这附加动因的决定性的机能是什么？当然需要种种其他方式的实验以检查这附加动因，这问题才可以解决。在条件性制止充分形成以后，如果单独地应用该附加动因，它完全不发生任何外显的效果。可是如果把这个附加动因，与以前不曾共同应用过的条件刺激物互相复合而进行实验，该动因的意义就完全明了地出现。在与这复合制止物的附加动因互相结合的场合，这些其他的条件刺激物的效果，比平时即刻非常减弱。这样的作用不仅对同族反射的条件刺激物能够发生，就是说，不仅对于同一的无条件反射所形成的同族条件反射能够发生，而且也对于异族条件反射，并且甚至对于无条件反射也能发生。

与此有关的实验如下。

一只狗已经形成了三种的条件食物性反射。条件刺激物是在狗眼前电灯的开亮、回转物、调音管的 cis 音。对于这个回转物的条件反射，个别地应用了皮肤机械性刺激和拍节机的响声，各形成了完全的条件性制止[来柏尔斯基(Н. И. Лепорский)的实验]。

表 17

时　　间	刺激物(1 分钟)	唾液滴数(1 分钟)
	Ⅰ	
1 点 38 分	回转物	16
50 分	电灯开亮	17
2 点 14 分	电灯＋皮肤机械性刺激	2
25 分	对于回转物即刻施行强化手续	
43 分	回转物＋皮肤机械性刺激	0
	Ⅱ	
1 点 30 分	cis 音＋拍节机	3
40 分	cis 音	20
54 分	回转物	18
2 点 03 分	对于回转物即刻施行强化手续	
23 分	回转物＋拍节机	0

在第一实验，皮肤机械性刺激第一次与电灯复合的结果，就有很强的制止过程的发生，不过不是完全的制止。在第二实验，把 cis 音与拍节机第一次互相复合，所得的结果也是相同。

由于这些结果可以知道，对于某一个条件反射已经形成条件性制止的动因，对于第一次被复合应用的同一无条件反射有关的其他各条件反射也会发挥制止性效力。

可是不仅如此，这动因，对于用完全相异的无条件反射有关的各条件反射，即对于异族条件反射，也同样地具有制止性作用。

对于一只狗，拍节机的响声是条件食物性刺激物。哨笛音是与拍节机相结合而形成的制止复合物的附加动因。皮肤机械性刺激是酸的条件刺激物[巴勃金(Бабкин)的研究]。

表 18

时　间	刺激物(1分钟)	唾液滴数(1分钟)
3点08分	皮肤机械性刺激	3
15分	同上	8
25分	皮肤机械性刺激+笛音	不足1滴
30分	皮肤机械性刺激	11

从条件性制止对于反射的复合物所发生的作用大小而言,这是与接受这条件性制止作用的反射性复合物的强度相关的。

现在从来柏尔斯基的研究之中,举出一个有关的实验。一只狗有三种条件食物性反射:回转物,电灯,音。用皮肤机械性刺激,分别对于这3个条件反射形成了条件制止物,并且每个制止性复合物的效力都不引起一滴唾液的分泌。但是如果同时应用3个条件刺激物,就比个别地应用最强刺激物的场合,显出远远更大的效力。

表 19

时　间	刺激物(1分钟)	唾液滴数(1分钟)
1点40分	音	21
2点00分	音+回转物+电灯	32
10分	回转物	23
27分	复合刺激(音+回转物+电灯)+皮肤机械性刺激	9
51分	回转物+皮肤机械性刺激	0

如上表所指示,在个别地使用场合能对各条件刺激物发挥完全制止的(即制止到零)条件制止物,对于由三个刺激物而建立的比较更强有力的复合刺激物,不过只部分地发挥了制止作用。

由于上述的这些实验而引申如下的结论,这是极正当的。就是附加动因在条件性制止过程完全发展的场合,该动因本身是引起制止性作用的条件,成为真正的条件性制止物(условный тормоз),因此我们现在也使用这名称,以表示这类动因。

自然明白,制止复合物的本身也能显现这同样的制止作用。并且这样的制止作用,即使在刺激本身停止以后,在一定的长时间以内还是残存的。这就是后继性制止(последовательное торможение),可以继续作用几分钟乃至几十分钟。这后继性制止的作用,不但个别地对于复合制止物中的条件刺激物,而也对于其他各条件刺激物,甚至对于异族条件刺激物,也是会发生的。

与此有关的实验如下。

Ⅰ. 对于一只狗,回转物是条件食物性刺激物,加尔顿笛(гальтоновский свисток)3万的振动音是条件制止物[尼可拉耶夫(П. Н. Николаев)的实验]。

表 20

时　间	刺激物(1分钟)	唾液滴数(1分钟)
3点05分	回转物	7
26分	同上	6
38分	回转物＋音	0
58分	回转物	1
4点10分	同上	2

在复合制止物作用停止以后，该复合物的条件刺激物减弱了几十分钟。

Ⅱ. 对于一只狗，回转物是酸条件刺激物，音是食物性条件刺激物。皮肤机械性刺激是食物性条件刺激物的条件制止物[伯尼惹夫斯基(Н. П. Понизовский)的实验]。

表 21

时　间	刺激物(30秒)	唾液滴数(30秒)
12点23分	回转物	5
32分	同上	12
46分	皮肤机械性刺激＋音	0
48分	回转物	1

在上例，异族条件反射也受了后继性制止的影响。

条件制止物在单独地被给予的时候，也与应用制止复合物相同地，引起后继性制止。

现在还有要注意的两件事情。后继性制止是能累积化(суммироваться)的。如果我们应用制止性复合物不只是一次，而是继续若干次，那么，重复地应用的次数越多，该制止性复合物的后继性制止的作用就越强、越显著。

实验　拍节机是食物性条件刺激物。回转物是这条件刺激物的条件制止物[彻伯他来娃(О. М. Чеботарева)的实验]。

表 22

时　间	刺激物(30秒)	唾液滴数(30秒)
3点32分	拍节机	5
40分	同上	6
50分	拍节机＋回转物	0
52分	拍节机	3
4点04分	同上	5
	同一只狗翌日的实验	
12点59分	拍节机	7
1点06分	同上	8
15分	拍节机＋回转物	1
19分	同上	0
25分	拍节机	2
32分	同上	6

第一天实验的条件反射量，起初是比较小量的。给予制止性复合物后，经过了1分30秒钟，条件反射量就减少了一半(不是6滴，而是3滴)。在第二天的实验，即在应用制

止性复合物两次以后，经过了 5 分 30 秒的间隔时程，条件反射量不过是原有反射量的四分之一(由 8 滴而成为 2 滴)。

第二件与后继性制止过程有关的非常重要的事实，就是在重复地应用制止性复合物的场合，在许多实验内，该后继性制止的继续时间慢慢地会缩短。最初期的制止作用有几十分钟之久，可是以后渐渐地过几分钟，甚至于过数秒钟就消失。

实验 回转物是食物性条件刺激物，音是对于该条件刺激物的条件制止物(尼可拉耶夫 1909 年 6 月 2 日的实验)。

表 23

时　间	刺激物(持续 30 秒)	唾液滴数(30 秒)
3 点 05 分	回转物	7
26 分	同上	6
38 分	回转物＋音	0
58 分	回转物	1
4 点 10 分	同上	2
1910 年 1 月 10 日实验		
2 点 16 分	回转物	8
37 分	回转物＋音	0
41 分	回转物	12

从使制止性复合物及条件制止物的作用故意地破坏的问题而言，这在全体上是一个相当复杂的现象，并且直到今天，事实上我们还不曾知道这现象有关的全部详情。我现在只提及最确定的一些情形。如果要使制止性复合物的制止作用完全消灭，当然最自然地迅速地奏效的方法，就是采取与形成条件性制止的手续相反的办法，就是说，在应用制止性复合物的时候，须要并用该条件反射的无条件刺激物。

实验 调音笛的音是酸反射的条件刺激物，皮肤机械性刺激是有关的条件制止物(克尔瑞序可夫斯基的实验)。

表 24

时　间	刺激物(1 分钟)	唾液滴数	备　考
10 点 43 分	音	10	
57 分	音＋皮肤机械性刺激	0	
11 点 09 分	同上	0	
23 分	同上	1	应用酸液注入的强化工作
35 分	同上	3	
49 分	同上	5	
12 点 03 分	同上	10	
25 分	同上	14	

非常富于兴趣的是，上述的破坏条件性制止的手续，如果与该制止性复合物中受通常强化处置的条件刺激物的应用正确地互相交替，就会使破坏的进程非常缓慢。在以后，这个事实会有详细的研究和分析(参看第十一讲——译者)。

此外，在制止性复合物是逐渐弱化的一切场合，也有制止性复合物的迅速破坏，而其破坏作用是即刻发生并迅速地又消失的。如果在制止性复合物对动物发挥作用的时候，我们所谓中等强度的外来性消去性制止物一组中的某些刺激物恰巧与动物相接触，那么，制止性复合物就多少显出阳性作用，而这阳性作用是该制止性复合物中的某条件刺激物单独应用时候所特有的。所以消去性制止物（гаснущий тормоз），会解除制止性复合物的制止作用，就是说，我们现在所遭遇的现象正是我们在研究消去性反射的场合所谓解除制止的现象。

尼可拉耶夫说明这些关系的实验如下。

食物性条件刺激物是回转物，音是这条件刺激物的条件制止物，皮肤机械性刺激和温度刺激、拍节机响声等，是新异动因。

表 25

时　间	刺激物（1分钟）	唾液滴数（1分钟）
1909年12月16日实验		
2点12分	回转物	10
30分	回转物＋音＋拍节机	5
37分	回转物＋音	0
53分	回转物	7
3点05分	回转物＋音	0
25分	回转物	8
1909年12月21日实验		
2点25分	回转物	12
47分	回转物＋音＋皮肤机械性刺激	3
57分	回转物＋音	0
3点12分	回转物	8
21分	回转物＋音	0
36分	回转物	8
1909年12月22日实验		
2点37分	回转物	9
55分	回转物＋音＋50摄氏度刺激（皮肤）	7
3点04分	回转物＋音	0
16分	回转物	11
31分	回转物＋音	0

这样，在拍节机的响声、皮肤的机械性刺激、温度刺激等，新异动因被应用的场合，其时制止性复合物的制止作用就暂时消失，于是这制止性复合物多少显出初期的阳性作用。

对于同一狗的如下实验很有兴味。为了应用一个新解除制止物（растормаживатель）——即气味——的目的，狗被带到另一个新房间里去。在这房间里有发出气味的器械。这器械在狗的眼前不仅当做一个新东西而具有作用，并且电气马达的不断地吹动及其发出的声响也对于动物发生作用，就是说，这等于是一些新异刺激物的复合物。

实验 这是上述实验后的翌日(1909 年 12 月 23 日),对该狗所做的实验。

表 26

时　间	刺激物(1 分钟)	唾液滴数(1 分钟)
1 点 02 分	回转物	14
18 分	回转物＋音	9
25 分	同上	6
31 分	回转物	11
40 分	回转物＋音	4
48 分	同上	2
58 分	回转物	7
2 点 06 分	回转物＋音	1
20 分	回转物	7
28 分	回转物＋音	1 滴以下
35 分	回转物	6
53 分	回转物＋音＋樟脑气味	6
3 点 07 分	同上	1 滴以下

各新异刺激物的新复合物对于原有的制止性复合物显出解除制止的作用,可是这些新异刺激物对动物的作用与时俱进地渐渐衰弱,而在实验开始以后大约经过了一点半钟,该作用就完全消失了,这正是新异刺激物当做外制止物所常有的现象。不能不说明,在上例的场合,狗是长久在研究所饲养的,受过了各种环境变化的影响,所以对于这只狗,一切新的变化几乎不发生作用,或者所发生的作用是迅速消失的;这只狗对于新的变化不久就成为毫无关系的。因此这只狗在新的环境里即刻有解除制止现象的发生。同样的情形也在应用樟脑气味刺激的场合可以发现。从第一次应用起,樟脑气味就解除了制止性复合物的制止作用,而在第二次使用的时候已经成为对动物无关的刺激了。

尼可拉耶夫的刚刚进入研究所的另一只新狗的实验结果是完全相异的。这只狗可能具有另一种神经系统的类型,是容易制止型的。

实验 1910 年 2 月 15 日。 回转物是食物性条件刺激物,音是这个条件刺激物的条件制止物。拍节机是新异的动因。

表 27

时　间	刺激物(30 秒)	唾液滴数(30 秒内)
11 点 25 分	回转物	4
41 分	回转物＋音＋拍节机	0
52 分	回转物	4
12 点 04 分	同上	5
14 分	回转物＋拍节机	0
26 分	回转物	5

第二天的实验也获得完全相同的结果。在第三天(2 月 17 日)着手实验的开始,先把

拍节机发出响声 1 分钟。该实验以后的经过如下。

表 28　1910 年 2 月 17 日实验

时　　间	刺激物	唾液滴数
11 点 15 分	回转物	9
32 分	回转物＋音＋拍节机	5
39 分	回转物	4
54 分	同上	3
12 点 09 分	回转物＋音＋拍节机	2
14 分	回转物	5
27 分	回转物＋拍节机	3
34 分	回转物	4
40 分	回转物＋音	0

在 2 月 15 日的实验，开始当做新异刺激物的拍节机，在第一次被应用的时候，对于制止性复合物完全不发生解除制止的作用，可是事情是这样的，就是这拍节机只和条件刺激物相结合的时候，它本身就对该条件刺激物显出完全的制止作用。这样，在三种刺激——回转物＋音＋拍节机——相结合的场合反射成为零的事实，可以说不是内制止依然不受影响的零，而是一种外制止的零，这是由于拍节机以新异反射刺激物的性质，在第一次被应用的场合，发生了很强作用的缘故。可是拍节机在 2 月 16 日几次重复被应用后，并应用于 2 月 17 日的实验开始，于是它当做新异反射的刺激物的意义就减弱了，同时它对阳性条件刺激物制止作用也几乎地或者完全地消失了，而对于制止性复合物，它的解除制止作用也非常明了地显出，这是在 2 月 17 日的实验里了然可见的。

当然在说明这些实验的场合，我们的表现方法，是似乎人工的、随意的，然而这个现象是很复杂的，它的内在机制的分析，现在依然是不可能的，所以在把这复杂现象最初系统化的时候，这种方式的说明是不能避免的。实际上的情形和这些现象的连续状态，不能不用这种形式的表现而加以证实。

制止性复合物的解除制止过程，在单纯性、恒常性制止物一组中的刺激物的场合也是可以实现的。尼可拉耶夫的与此有关的实验如下。回转物是食物性条件刺激物，音是这条件刺激物的条件制止物。

表　29

时　　间	刺激物(1 分钟)	唾液滴数(1 分钟)
1 点 47 分	回转物	10
2 点 00 分	回转物＋音	0
23 分	回转物	10
39 分	把 5%的苏打水 1 分钟内二次(每次 10 毫升)注入狗的口内	
44 分	回转物＋音	2.5
55 分	同上	0
3 点 02 分	回转物	6

在苏打液与制止性复合物互相结合以后，苏打液的潜在性后作用就解除了这复合物的制止作用。

强有力的动因的潜在后作用，如果与制止性复合物互相结合，譬如把奎宁的浓厚溶液注入于动物的口内，那么，起初，解除制止过程是不能发现的。这与在刚才所说的实验里面，当做解除制止物而应用拍节机的情形是相同的。然而在给予奎宁以后，经过了相当长的时间，而奎宁的潜在后作用已经若干减弱的时候，再检查制止性复合物的作用，那么，奎宁的解除制止的作用就很显然，这是与拍节机的实验完全相同的。

上述关于条件性制止的所有资料使我们完全明白，在条件性制止的场合所发生的过程是与在反射消去场合的过程完全相同的。这两种过程发生的基本条件是相同的，就是不并用无条件刺激物。在这两种过程进展上，过程的发展都是渐次的，都是由于重复的应用而渐次增强的，并且其后继性制止作用，不仅限于受了消去性实验处置或条件性制止形成处置的条件刺激物，而也及于其他的各条件刺激物，甚至还影响于异族的条件刺激物。并且，最后这两种场合的制止过程在新异动因的影响之下，迅速地、一时地会被破坏。唯一的区别，就是在反射消去的场合，阳性条件刺激物单独地会失去作用，而在条件性制止的场合，却与新异动因相结合以后，阳性刺激物才似乎是另一种刺激物。

第 六 讲

· Lecture Sixth ·

（二）内制止过程——丙、延缓性过程

诸位！今天我改谈内制止过程的第三个场合，这就是我们所谓条件反射的延缓化(запаздывание，以下译为延缓过程)。

在条件反射形成的场合，条件刺激物与无条件刺激物的互相联合(комбинирование，以下简称复合)，在条件刺激物的开始直到无条件刺激物开始的瞬间两者的间隔时程上，可以很有种种不同的间隔时程，这是自明的。这间隔时程有时可能是很短的，不过1～5秒钟，甚至可能是几分之一秒(可是如已经指示过的，必须先给予条件刺激物)，但也可能是很长的，达到数分钟之久。这样就发生各种不同的条件反射，于是我们用不同的名称加以区别：或者是同时性条件反射(совпадающие)，更正确地说，这就是几乎同时性的条件反射；或者是延时性反射(отставленные)，也就是延缓性反射(запаздывающие)。间隔时程具有很重要的意义，因为第一，我们现在将从事讨论的一种制止过程是由间隔时程的条件如何而决定的；第二，像我们以后会明了的，间隔时程能决定每个条件反射的最后命运。

如果所采取的间隔时程总是微小的，譬如是1～5秒，那么，在条件反射形成的场合，唾液分泌也开始得很快，就是在条件刺激物开始的即刻以后。在间隔时程增大的场合，唾液分泌反应的出现就越加延缓，就越与条件刺激物的开始时间相隔离。这个延缓可能与条件相当地达到数分钟之久。延缓性过程是可以用各种不同的处置而形成的。有时我们应用几乎同时性条件反射而开始实验，条件反应就发生得很快，不过需要2～3秒钟。其次，我们逐渐增大间隔时程，假定每天增大5秒钟。如果我们不曾在某一定的间隔时程上停止，就是说，如果不曾在某一定时间的延缓性过程上停止，那么，与此相当地，条件性效力(即条件反应)也就渐渐延缓。在另一方式的实验里，我们从几乎同时性条件反射即刻就移到间隔时程很大的条件反射的实验。于是在起初，应该形成的反应却完全消失，在很久的试验期间内只有很长的零时相的出现(длинный период нулей)，而这零时相是我若干同人在论文里所用的表现。最后的结果是，在靠近与无条件刺激物相结合的瞬间才有唾液分泌的出现。如果这样安排的实验多次重复下去，这唾液分泌就越来越明显，渐渐地向后方退行，就是说，与条件刺激物开始的瞬间相接近，并且在最后，唾液分泌

出现的时间在与条件刺激物开始瞬间有一定距离的部位固定着。如果从最初起就用很大的间隔时程做实验，最少在大多数实验狗的场合，这是几乎不可能的，因为在这样的场合，实验狗就会迅速地陷入于瞌睡的状态，于是就不能获得条件反射。由于上述的这种困难，对于最后的这实验办法，我们还不曾充分地加以研究。

现在从惹华德斯基的研究里举出一个延缓性反射的例子。惹氏关于这一类内制止过程做了特别仔细的研究，这是他的功绩。

对于实验狗，哨笛音是酸的条件刺激物。条件刺激物的开始和无条件刺激物的开始之间有 3 分钟的间隔时程。

表 30

时　间	刺激物	唾液滴数(每 0.5 分钟)					
3 点 12 分	哨笛音	0	0	2	2	4	4
25 分	同上	0	0	4	3	6	6
40 分	同上	0	0	2	2	3	6

延缓性反射发展的速度是非常多种多样的。第一，该速度与动物的个性即动物神经系统的特性有非常显著的关系。有些狗的延缓性过程发生得很快，相反地，其他一些狗的延缓性反射却发生得很慢，就是说，唾液分泌的出现时间顽固地不与条件刺激物开始时间相隔离。对于一些狗，只要在一个实验里将间隔时程较长的反射重复应用几次，延缓性过程就会发生，而对于另一些狗，却需要经过一个月左右或一个月以上。在前者的场合，延缓性过程屡屡很快地移行于睡眠状态，因此对这一组内的若干实验狗，如果要做系统的研究，就只能限于短时性延缓性反射的实验，就是说，只要获得比较小量的唾液分泌，就不能不满意。其次，条件刺激物的种类有显著的影响。皮肤的机械性或温度性刺激和光线的刺激比音响的刺激更容易引起延缓性反射的发展。一般地说，在其他条件都是相同的场合，前一组的刺激所引起的条件反射效力比后者是更小的。现在举出耶科夫来娃(В. В. Яковлева)一些实验，以表示这些关系。

狗的三种条件食物性刺激物是：拍节机的响声，皮肤的机械性刺激，电灯在眼前的开亮。

1924 年 4 月 9 日的实验。无条件刺激物与条件刺激物的间隔时程 30 秒。

表 31

时　间	刺激物作用(2 分钟)	潜在期/秒	唾液分泌量(划度，每 30 秒)
10 点 15 分	电灯开亮	3	30
25 分	皮肤机械性刺激	2	30
35 分	拍节机响声	2	53

1925 年 4 月 24 日实验。几种刺激物的反射，在前一个实验与这个实验间的一年内，为了其他的实验目的而被应用了多次；以后这几种的反射都各有更大的间隔时程。就是说，起初是间隔 1 分钟，以后间隔 2 分钟。各延缓化的反射重复地被应用的次数都是相同的。

表 32

时　间	刺激物作用(2分钟)	潜在期/秒	唾液分泌量(划度,每30秒)			
9点40分	拍节机响声	1	40	32	30	26
48分	皮肤机械性刺激	35	0	10	20	18
10点10分	电灯开亮	75	0	0	13	20

具有巨大影响的是短时间延缓性反射长时期的重复应用。在这场合,如果使条件反射开始与无条件反射间有巨大地延缓的间隔时程,更显著的延缓反射就有时顽固地不发生。

末了,在仅应用一种刺激的场合,譬如专用声音的刺激,看起来,延缓性反射发展的或快或慢,就决定于该刺激是连续性的或间断性的。在连续性刺激的场合,延缓性反射发生更快。

这样,在无条件刺激物与条件刺激物的间隔时程很大的场合,条件刺激物的效力是由两个时相而成立的,而这两时相的时间却是屡屡相同的:就是初期的不活动性时相和第二期的活动性时相(недеятельная н деятельная)。不活动性时相究竟是什么呢?刺激过程逐渐增长,慢慢地累积起来,经过很长的时期以后,才显现可以目击的效力呢?抑或是刺激过程虽然有充足的力量,老早地已经存在,可是在一定的时期以内,却为什么东西所隐蔽住呢?从我们采取通常的处置所获得的延缓性反射的事实而言,这已经是意味着第一个假定的不可能。因为在最初间隔时程很短的场合,我们已经获得完全表现的条件刺激效力。那么,究竟为什么在同一条件刺激物作用时间较长的场合,这刺激物却需要更多的累积时间呢?如果这是一种疲劳的表现,那么,疲劳也许必定引起效力的逐渐减弱。可是效力并不减弱。在利用第一个处置以获得延缓性反射的场合(处置法在本讲的开始已经举出了),条件反射的效力虽然是延缓的,可是越过越会增大,而在应用第二个处置方法的场合,效力起初消失(即零时相),但以后重新出现,并且会长久地增大起来,最后才变成恒常的最大数值。因此,就剩下第二个假定,即是刺激(兴奋过程)被掩蔽的、暂时地被抑制的假定。这可以由如下的事实而说明,即是第一时相的兴奋过程可能利用某种处理方法而迅速地出现。

如果我们在延缓性反射的不活动时相,对于该动物应用任何其他的一种动因,而该新动因直到当时对于该动物的唾液腺机能并无任何关系,那么,我们现在会即刻获得该动物唾液的分泌,并且这唾液分泌屡屡是大量的,同时还有相当于该条件刺激物的运动性反应,这就是说,条件反射的表现是完全的。

现在举出惹华德斯基的一些实验。

皮肤的机械性刺激是条件酸性刺激物。从连续地发挥作用的条件刺激物的开始到无条件刺激物的开始之间,有3分钟的间隔时程。直到试验的当时,拍节机的响声对于酸性反射不曾有任何关系。

表 33

时间	刺激物	唾液滴数(每 0.5 分钟)					
9 点 50 分	皮肤机械性刺激	0	0	3	7	11	19
10 点 03 分	同上	0	0	0	5	11	13
15 分	皮肤机械性刺激＋拍节机	4	7	7	3	5	9
30 分	皮肤机械刺激	0	0	0	3	12	14
50 分	同上	0	0	5	10	17	19

另一个实验是用另外一个新异刺激物对该同一动物施行的；另一新异刺激物是无杂音的回转物体。

表 34

时间	刺激物	唾液滴数(每 0.5 分钟)					
11 点 46 分	皮肤机械性刺激	3	0	0	2	4	5
12 点 02 分	同上	0	0	0	2	6	9
17 分	同上	0	0	0	2	7	9
30 分	皮肤机械性刺激＋无杂音的回转物*	6	4	6	3	7	15
52 分	皮肤机械性刺激	0	0	0	3	7	15

在给予皮肤机械性刺激以后，过 10 秒钟，狗的一双腿动了，敲响一个金属的盆子。

此处发生了一个很有兴趣的、出乎意外的现象：已构成的条件刺激物(指皮肤机械性刺激)单独地在 1～1.5 分钟的时间以内，并不发生作用，而其时与这条件刺激物第一次相结合的一个无关系的动因却即刻成为一个引起该条件刺激物规律性反应的决定性条件。

很显然，此处与我们有关系的一个现象，就是我们从前曾经认识过的所谓**解除制止**(растормаживание)。因为在我们的研究室里，最初这解除制止由惹华德斯基做了最有系统的研究，所以我以后会更详细地说明他的实验。

像你们已经会注意到的，在三次讲义里我接连地谈及解除制止，并且关于它，引用了许多记录的材料。我以为，这是有正当理由的，因为这个现象在生理学方面具有一种相对的特色；当然，即在现在的神经生理学范围内，也还有与这现象相同的情形，然而关于解除制止的内在机制的解释依然是完全不明的。我们可以抱着一个希望，就是丰富的事实详情会在将来的某一个时期有助于对这一现象机制的理解。

现在我请诸位注意刚才引用的两个实验中的第一个。在这第一实验里我们明了地看见，与皮肤机械性刺激相结合的拍节机响声不仅引起了不活动时相的唾液分泌，并且同时在第二个活动时相也强烈地减弱了唾液分泌的效力。在专用皮肤机械性刺激的一切场合，都在 1.5 分钟以内，所分泌的唾液是 29～46 滴；可是在皮肤机械性刺激和拍节机并用的场合，却只分泌了 17 滴。这样，我们发现了这新异动因的双重的作用，就是在不活动性时相具有解除制止的作用，而在活动性时相却具有制止性作用。

如果使外制止动因一组中的各种不同的动因与延缓性反射的条件刺激物互相结合，那么，就会在延缓性反射的经过之中发生各式各样的变动，可是在这些变动的方式里却容易发现一定的规律性。在我们这些实验里所应用的一切新异动因，按照对延缓性反射所发生的影响如何，可以排列成如下的系列。

Ⅰ．应用于皮肤的 5 摄氏度及 44 摄氏度，樟脑的弱度气味。

Ⅱ．0.5 摄氏度及 50 摄氏度。

Ⅲ．在狗的眼前（无杂音的）回转着的物体，拍节机的响声，皮肤另一些部分的机械性刺激（如果皮肤某一定部位的机械性刺激是已经形成的条件刺激），中等强度的哨笛音，乙酸戊酯（уксусный амил）的气味。

Ⅳ．樟脑的强烈气味，强烈的哨笛音和电铃音。

第一系列的刺激物对于延缓性反射的进程不发生任何影响。

第二系列的刺激物只对于延缓性反射的第一时相显出作用，引起该时相的唾液分泌。

策三系列的刺激物对两个时相都发生障碍；在第一时相，引起唾液的分泌，在第二时相却使唾液分泌量少于正常。

最后，第四系列的刺激物对于第一时相，几乎地或完全地不引起任何变化，但几乎或完全地抑制第二时相的唾液分泌量。

必须补充地说，如果采取一定的谨慎步骤做实验，这些实验的进行情形，屡屡是具有非常精确性的。

现在举出一些实验，说明上述的关系。

皮肤的机械性刺激是条件酸性刺激物。条件刺激物的开始与无条件刺激物的开始间隔 3 分钟。新异动因是对皮肤应用的 44 摄氏度、0.5 摄氏度、乙酸戊酯的气味及电铃等。

表 35

时　间	刺激物	唾液滴数（每 0.5 分钟）					
1907 年 10 月 13 日实验							
10 点 17 分	皮肤机械性刺激	0	0	0	0	1	5
32 分	同上	0	0	0	0	2	9
10 点 45 分	皮肤机械性刺激＋44 摄氏度	0	0	0	1	2	10
11 点 00 分	皮肤机械性刺激	0	0	0	0	1	10
12 分	同上	0	0	0	1	5	9
1907 年 9 月 15 日实验							
2 点 28 分	皮肤机械性刺激	0	0	0	0	2	8
40 分	同上	0	0	0	5	20	17
55 分	皮肤机械性刺激＋0.5 摄氏度	2	2	3	4	20	24
3 点 10 分	皮肤机械性刺激	1	0	0	0	10	17
1907 年 9 月 18 日实验							
10 点 12 分	皮肤机械性刺激	0	0	2	7	9	11
25 分	同上	0	0	1	7	11	17
43 分	同上	0	0	0	5	8	11
11 点 2 分	皮肤机械性刺激＋乙酸戊酯	3	3	0	5	5	7
16 分	皮肤机械性刺激	0	0	2	4	8	11
1907 年 9 月 13 日实验							
3 点 30 分	皮肤机械性刺激	1	0	0	8	10	12
48 分	皮肤机械性刺激＋电铃	0	0	0	0	0	0
4 点 15 分	皮肤机械性刺激	0	0	0	0	2	8
35 分	同上	0	0	0	3	5	10

如果新异动因与条件刺激物互相结合的时间，并不是在条件刺激物开始直到无条件

刺激物开始的全时程上，而是个别地或者在不活动性时相（最初的 1.5 分钟）上，或者在活动性时相（第二个 1.5 分钟）上，那么，所发生的结果在实质上是与上述的结果相同的。

举例如下。

实验狗是上述实验所使用的一只，刺激物的种类也与上相同。

表 36

时间	刺激物	唾液滴数（每 0.5 分钟）					
1907 年 7 月 23 日实验							
9 点 33 分	皮肤机械性刺激	0	0	0	3	12	12
47 分	同上	0	0	0	1	9	10
10 点 02 分	皮肤机械性刺激＋中等强度的哨笛音在最初的 1.5 分钟	3	2	6	6	8	6
10 点 15 分	皮肤机械性刺激	0	0	1	4	7	11
1907 年 8 月 18 日实验							
9 点 35 分	皮肤机械性刺激	0	0	0	3	10	1
50 分	同上	0	0	1	3	8	14
10 点 05 分	皮肤机械性刺激＋中等强度的哨笛音在其次的 1.5 分钟	0	0	1	3	0	2
20 分	皮肤机械性刺激	0	0	1	2	7	9

上述第三组的新异刺激物分别引起第一时相的唾液分泌，但反而使第二时相的唾液分泌减少；在上述的第一个实验里，不过只有唾液分泌的若干减少，这当然是由于刺激的残存效果而发生的。

现在发生一个问题：这些新异刺激物的系列有什么意义？这系列成立的原因是什么？按照许多实验资料而明显，这是各种新异刺激物的相对的生理学强度的问题，也是动物对这些刺激物所发生的反应程度的问题。上述的系列是按照各刺激物作用强度的逐渐增大而构成的系列。在同一种类的动因以各种不同的强度而被应用于实验的时候，并且在实验动物的反应与此相当地发生差异的时候，在若干场合，上述系列成立的关系就会如表里的说明而非常明显。其次，在全部各实验里，动物的运动性反应的表现关系也是与此相同地可以发现。在上述系列中最初的一些刺激物的场合，并不现出任何微小的反应；在其次系列中以后的一些刺激物的场合，反应却按着系列中的地位而越过越强、越过越延长了；最后，我们此处所应用的各新异刺激物就是我们所谓外制止的各种动因，而这些动因的制止作用和正在研究分析中的各反射的活动性时相上是显著的，按照上表中的顺序越向下方进行，该制止作用就更逐渐强烈，最后就达到完全制止的程度。所以，上表中的各新异刺激物的系列，事实上是按照这些刺激物对有机体所发生的作用的强度的逐渐增加而配置的一个系列，而这类作用却从轻微的探索反射开始。

由于下述变式的实验，也可以完全证实我们上述事实的解释是正确的。如果新异刺激物与延缓性反射重复地互相结合，那么，该刺激物的制止作用对于延缓性反射第二时相是逐次减弱的。当做消去性制止物（гаснущие тормоза）看待的各新异刺激物的这个特性是完全自然明了的。

下述实验是对上述实验的同一动物施行的。

表　37

时　间	刺激物	唾液滴数(每30秒)					
1907年11月13日实验							
10点20分	皮肤机械性刺激	0	0	0	2	8	9
35分	皮肤机械性刺激＋哨笛音	0	0	1	1	1	4
47分	同上	1	1	1	0	1	2
11点00分	同上	2	2	3	2	2	3
15分	同上	1	2	3	10	10	11
27分	同上	2	2	2	5	2	12
1907年11月20日实验							
10点35分	皮肤机械性刺激	0	0	0	8	10	11
47分	皮肤机械性刺激＋拍节机	3	2	1	5	6	5
11点00分	同上	1	1	2	3	8	9
15分	同上	0	0	1	2	8	14
30分	同上	0	0	2	3	12	12

由于这些实验，我们看见，新异刺激物的制止作用对于活动性时相是与实验的重复回数相当地渐渐减弱的，这在上方的第二实验里是特别正确的。

在对一只动物的上述一切实验里显然出现的关系，在其他各动物的场合也重复地获得了证实。可能的区别，不过是存在于新异刺激物系列构成方面的若干变动，各刺激物的排列顺序一部分与上述系列的排列不同，这是当然的。对于各种不同的新异刺激物，动物所表现的反应强度很有差异，甚至是往往非常差异的，而决定这强度差异的是动物神经系统的个性，动物的过去生活，动物在生活中所遭遇的刺激物的如何。我们每个人在自己本身上，这种关系也是很可以知道的。

这样，我们不能不承认，在新异刺激物的影响之下，上述延缓性反射效力差异的顺序，在实际上是由这些刺激物的生理学的力量而决定的。在生理学力量微小的场合，在反射上没任何显然可见的变动，在这力量若干加强的场合，只是不活动性时相会有若干变动，就是变成活动性时相。在这力量更显著地加强的场合，活动性时相也同时变动，就是其反应度会减退，屡屡与现在已经变成活动性时相的第一时相的反应度相等，有时甚至会弱于第一时相。末了，在若干新异刺激物的力量得到最大加强的场合，延缓性反射在第一第二两时相的全时程上都变成零。

在上面记载的新异刺激物影响下，延缓性反射所发生的各种变动，有两个特别需要注意的重要事实，与中枢神经系的机能相关。第一个事实是，对于阳性条件刺激物发挥作用的新异刺激物，会制止条件刺激物，而该新异刺激物对于阴性制止性条件刺激物，却具有解除制止的性质；换句话说，在这两个场合，新异刺激物将中枢神经系统的现有过程变成相反的过程。第二个重要的事实是，制止过程如果与兴奋过程比较，是比较不稳定的，因为制止过程在比较弱的新异刺激物的影响之下，更容易发生变动。

关于这两点，我有如下偶然的富于参考兴趣的实验。在一个远隔的新的地方（要把实验狗运去的地方），我做了有关条件反射的公开演讲，而环境对于我们的实验动物大体上是异常的。在第一次演讲的时候，示例的阳性反射五、六个实验是完全顺利地进行的。在第二次演讲时，利用相同动物所做的阴性条件反射的全部实验（也是五、六个）都是不成功的，就是说，在这些全部实验方面，都出现了解除制止的现象。这样，同一的该环境对于阳性条件反射不曾发生任何障碍，可是甚至于重复地被应用的该同一环境，却对制止性条件反射有明显影响。

在更后些的讲义里，我们会再讨论这些事实，该许多事实是有关于兴奋过程和制止过程两者间的相互关系的。

因为在延缓性反射的第一时相我们所见的制止过程是与消去性反射及条件性制止的制止过程完全相同的，所以我们不能不期待在这三种场合制止过程的详情上有类似的关系。

在消去性反射和条件性制止的场合，我们曾经看见，从某一定的一个条件刺激物所获得的制止过程是自然传布于其他条件刺激物的，并且传布的程度却由这些刺激物相对的生理学的力量而决定。如果其他的各条件刺激物弱于发展了和形成了制止过程的某一个条件刺激物，那么，这些其他各刺激物的第二级的后继性制止也是完全的；如果其他各刺激物是比较更强的，那么，第二级的制止就只是一部分的，就是说，这新形成的制止过程的强度仿佛是可以由该制止过程原有条件刺激物的强度而能正确测定的。同样的情形也可以被发现于延缓性反射的制止过程。与延缓性反射条件刺激物强度的变化相并行地，不活动性时相与活动性时相两者间所确立的关系会非常紊乱，即与刺激物强度的变动相当地紊乱，或偏于一侧，或偏于另一侧。

用同一只动物所做的有关实验如下。

表 38

时　间	刺激物	唾液滴数(每 30 秒)					
1907 年 10 月 22 日实验							
10 点 06 分	皮肤节奏性机械性刺激(每分钟 18～22 次)	0	0	0	0	0	3
10 点 19 分	同上	0	0	0	0	2	11
38 分	同样刺激(每分钟 38～40 次)	0	0	0	6	13	14
51 分	同样刺激(每分钟 18～22 次)	0	0	0	0	0	7
11 点 07 分	同上	0	0	0	0	1	10
1907 年 10 月 25 日实验							
10 点 04 分	皮肤节奏性机械性刺激(每分钟 18～22 次)	0	0	0	5	8	8
17 分	同上	1	0	3	6	10	11
30 分	同样刺激(每分钟 10 次)	0	0	0	0	3	10
45 分	同样刺激(每分钟 18～22 次)	0	0	0	2	9	17
11 点 00 分	同上	0	0	0	0	5	16

在这些实验里，如果不是活动性时相与条件刺激物的增强相并行地显然地增强，就是与条件刺激物的减弱相并行地，活动性时相非常减弱。

正是完全与此相同地，无条件刺激物的强度对于延缓性过程会发生影响。在条件食物性刺激物上，这是很方便地可以证实的。只要用普通喂养的动物和受过若干饥饿处置的动物做实验，比较延缓性反射两个时相的分配情形就行了。

实验 另一只狗,中等强度的哨笛音是条件食物性刺激物。间隔时程 3 分钟。

表 39

时间	刺激物	唾液滴数(每 0.5 分钟)					
1907 年 12 月 13 日实验(动物受到平常的喂养)							
2 点 40 分	哨笛音	0	0	0	0	2	6
54 分	同上	0	0	0	2	3	6
3 点 30 分	同上	0	0	0	0	2	5
1907 年 12 月 15 日实验(同一只动物,但饥饿了 2 天)							
3 点 05 分	哨笛音	0	2	2	4	4	6
20 分	同上	2	5	3	3	4	6
40 分	同上	1	6	4	3	5	5

在饥饿的场合,不活动性时相的制止性过程几乎消失了。

在消去性过程和条件性制止的场合,我们所看见的累积作用(суммация),是在延缓性反射的场合也能观察的。这在如下的实验里显然地表现出来。

皮肤机械性刺激是条件酸性刺激物,间隔时程 3 分钟。

表 40

时间	刺激物	唾液滴数(每 0.5 分钟)						
10 点 21 分	皮肤机械性刺激(4 分钟)	0	0	0	0	3	10	条件刺激物作用 3 分钟以后,将酸液注入动物口中
35 分	同上	0	0	0	10	18	21	
50 分	同上	0	0	0	8	17	23	
11 点 05 分	皮肤机械性刺激(1.5 分钟)	0	0	2	2	0	0	
10 分	同上	0	0	1	0	0	0	不曾将酸液注入
15 分	同上	0	0	0	0	0	0	
21 分	皮肤机械性刺激(4 分钟)	0	0	0	1	3	5	3 分钟以后,将酸液注入
33 分	同上	0	0	1	5	9	17	
45 分	皮肤机械性刺激(1.5 分钟)	0	0	0	0	0	0	
50 分	同上	0	0	0	0	0	0	不曾将酸液注入
55 分	同上	0	0	0	0	0	0	
12 点 00 分	皮肤机械性刺激(4 分钟)	0	0	0	0	0	0	

如果重复地只在起初 1.5 分钟内给予引起制止过程发生的皮肤机械性刺激若干次,而在随后的 1.5 分钟却不给予这刺激,就会引起制止过程的如此加强,于是在这实验进行以后,所应用的皮肤刺激在第一场合随后的 1.5 分钟非常减弱了阳性效果,而在这手续再重复一次的场合,就完全丧失了阳性作用。

在延缓性反射的场合,同一刺激物起初发挥制止性的作用,以后发挥兴奋性的作用,这个事实应该怎样解释呢?看起来,条件是完全相同的,同一刺激物却具有互相对立的作用,这是怎样成立的呢?能不能使这个现象与我们已知的一些事实互相符合呢?我想,这是可能的。在第三讲和第五讲里,我们所知道的一些动因,是可能形成阳性的和制止性的两种条件刺激物的。我们已经提及过,时间是这些动因中的一个实在的动因(реальный агент)。在这两讲内已经说明,从生理的立场应该怎样解释这实在动因,并且引用了一些实验，说明时间当做刺激物的意义。特别请你们想起那变式的实验，其时应用了复加性刺激物(суммарный раздражитель)，而该复加性刺激物是由一个外来动因和一个一定时间因素而成立的。当时，一个外来动因，如果没有一个必要的时间因素互相平行，就不发生作用，只与必要的时间因素逐渐地接近相平行地，外来动因的作用才会出现，并且不断地会增大。在延缓性反射的场合，情形也是完全与此相同的。在上述的这些实验内，无条件刺激物与外来动因的结合，只在第三分钟经过以后，这就是说，只是第三分钟的终末与外来动因才共同地构成一个真正的复加性动因。无条件刺激物是直接地跟在这复加性动因之后的，而这复加性动因正是特殊地并且必然地成为一个条件刺激物。一个外来动因，如果与第三分钟终末相隔离的其他一些时间因素相结合，就成为另一些复加性动因，并不与无条件反射有系统的结合，因此这是必然地形成制止性反射的。由一切具有若干差异的动因而形成这种制止性反射，这是我们在条件性制止的场合曾经看见过的，并且我们在下一讲内所谓分化性制止的场合的一些更明显的实例内会认识这种制止性反射。在延缓性反射的场合，时间因素当做刺激物所具有的意义是可能更具体地更简单地加以理解的。我们在一定的时间上继续地使用某条件反射形成上所需要的外来动因，但在该动因继续作用中的每个瞬间里，该动因对于该动物是变成另一个动因的。我们知道，多么快地我们会习惯于气味、声响和光亮，就是说，我们对于这些一切东西的感觉是不断地变化着的。这当然就意味着，受刺激作用的神经细胞体验着种种不同的互相连续的状况。只是与无条件反射相一致的某个一定的状况才会成为条件刺激物。在下一讲内我们会看见，同一个动因的各种强度的分化过程会广布到什么程度，并且其时的一个动因强度会成为阳性作用的刺激物，而另一个强度却成为阴性作用的刺激物。这样，我们有若干无疑的事实，会使我们了解延缓性反射的事实。

在研究方法的关系上，延缓性反射发展的事实具有很重大的意义，并且在做条件反射各式各样研究的场合，必须不断地重视这延缓性反射。当然，为了要在各种不同条件之下能够获得关于条件反射强度的资料和条件反射许多精微差异的资料，我们必须以或大或小的时程把无条件刺激物结合的瞬间与条件刺激物开始的瞬间互相隔开。然而这个办法的结果即刻会多少引起延缓性反射的发展，就是说，其时与兴奋性过程并行地会发生制止性过程。当然，这就使研究变成复杂，因为虽然有关的问题仅是一个兴奋性过程，可是同时必然地与两个过程都有关系。上述的情形，譬如在我们通常方式的条件反射实验的场合，就使这些反射真正潜在时间的决定成为不可能了。在我们做研究的时候，通常所谓潜在刺激时间，和我们在第一个实验里所目击的事情(请记起，在该实验里的拍节机第一次响声和最初唾液一滴出现之间相隔了 8 秒钟)，就是延缓性反射，也就是制止期的干涉关系，也许值得一个精确的专门名称：预先的制止时期(предварителный тормозной период)。所以为了决定条件反射真正潜在刺激时间的目的，必须利用些同时性反射，就是说无条件刺激物尽可能迅速地跟在条件刺激物开始之后，或者是 1 秒钟之后，或者是 1 秒钟以内。并且只在这类反射的场合，主要地利用这些反射的运动性成分，才能确信，条件反射的潜在期的数值是实在属于通常反射时间数值之内的。现在我们才从事于这种决定。在决定条件反射的反射性质的场合，我们不曾基本地重视这条件反射的其正潜在期的决定，以为在一定既知条件之下条件反射的必然性和规律性就是有关的重要证明，因为即在通常各反射的场合，各反射的潜在期的性质是显著地摇动着的，是由于中枢性联系，即中枢性道路的如何，而有差异的。可以不致妨碍条件反射的反射性质而有理由地承认，在大脑两半球里的这些联系是更复杂的。

关于条件反射许多其他问题的解决，譬如有关条件反射兴奋过程从最初开始以后的、真正不受妨碍的经过是如何的问题，这也会因为延缓性反射的妨碍而多少难于解决。在这关系上，各只不同动物神经系统的特性是有助于这问题的解决的。如上方已经指明过的，有些动物的延缓性反射是难于发展的，于是这类动物的兴奋过程就或者完全不受妨碍，或者所受的妨碍是极小的。然而即在实验者的掌握之中，也有若干的方法，可以减弱延缓性过程的影响。如果条件反射量大体上是巨大的，那么，从条件反射物开始到无条件反射物的间隔时程，应该限于尽可能地最短的时间，就是说，如果在这很短的时期以内，该条件反射量在各种变式实验的场合是足够地适于比较效果如何之用的。但从另一方面说，也有一些场合，预先的制止过程是具有若干利益的，使若干问题的解决成为可能，这是在下一次的讲义内我们会遭遇的。这样，我们必须适应这些情形，适当地利用当时的这些关系。

在上面最后的三章讲义内，我们认识了有关条件反射内制止过程的基本事实的材料，这样就不难看出内制止过程生物学的巨大的价值。由于这制止过程，大脑两半球的信号性活动不断地受着矫正而成为完美。如果在某一定的时间以内，信号性条件刺激物不曾重复地与无条件刺激物相并用，该信号性条件刺激物就对于生物个体是有害无益的东西，徒然引起能量（энергия）的浪费，所以通常在很短的时间以内就丧失它的生理学的作用。如果条件地发挥着作用的动因，不断地与某一个新异动因相遭遇，并且在遭遇的场合并没有无条件反射物的随伴，那么，该条件刺激物也会丧失它的条件性的意义，不过其丧失是限于该条件刺激物和新异动因相复合的场合，因为此时的该复合物也仿佛是构成另一个动因的。最后，如果条件性动因总是只在它出现以后的某个一定瞬间才与无条件刺激物的作用相一致，那么，它在与这无条件刺激物多少相距离的以前的一些瞬间内是不具有作用的，不过它越与无条件刺激物结合的瞬间相接近，它的表现也就越加明显。这样，我们生物个体对周围的条件具有最高度适应性的事实是不断明显地表现的，或者换句话说，生物个体对于外方环境，具有比较微妙的精确的平衡。

由上面最后三章讲义内的记载而明确了，在消去性反射、条件性制止和延缓性反射的场合，我们了解了制止性条件反射的形成。然而这些制止性反射也可以在完全另一种手续下而能够获得。如果与条件性制止性刺激物同时，短时间地应用无关性的动因，重复若干次，那么，这些无关性动因也会获得制止性的机能，就是说，它们自己独立地也会在大脑皮质里引起制止过程的发生。这个问题曾经由弗尔保尔特（Ю. В. Фольборт）特别地加以深刻的研究。他先把一些新异动因变成无关性的动因，就是重复地把这些新异动因给实验动物，直到这些新异动因对于阳性条件反射不具有制止性作用，而对于制止性条件反射不具有解除制止性作用的时候为止。以后弗氏将这些无关性的新异动因或者与一些消去性条件反射，或者与制止性复合物互相结合，其结合时间是短的，但是重复应用多次的。这样做了以后，再将这些新异动因与阳性条件刺激物相结合，检查其作用的如何，于是发现其作用是与条件制止物（условный тормоз）相等的。当然，为了获得正确成绩的目的，不能不把这些检验重复多次，所以福氏将这受检验的复合物与无条件反射并用一次后，下一次却不并用无条件反射，严格地这样交替地做下去。这样做的目的就是在这些重复试验的场合，该复合物不致因为试验的多次重复而获得一定的性质，也就是不致是恒常的阳性或恒常的阴性。当然，另一方式的试验，就是他在做试验的时候，总是将无条件反射和受试验的复合物两者并用的方法，这是更确实的，更可信的。可是试验虽然这样地重复做下去，制止过程却依然强烈地显现。

实验如下。对于一只狗，应用了天然条件食物性反射。当这条件反射消去而达于零的时候，就用已经变成无关性的拍节机响声与这已消去的天然条件食物反射相结合，重复应用许多次，以后在这个实验办法继续进行之中，间或试使这拍节机的响声与一个阳性条件食物性反射相复合而检查其作用，并且这复合物每次都受了无条件反射即食物的强化处置。

实验在 1911 年 9 月 5 日施行，其时拍节机响声与已消去的条件反射的并用已经是 10 次以后。

表 41

时　间	刺激物	唾液滴数(每 30 秒)
12 点 54 分	把肉粉给狗看	6
1 点 08 分	同上＋拍节机响声	2

1911 年 12 月 1 日的实验。在这实验以前，拍节机响声已经与已消去的条件反射并用过 19 次。

时　间	刺激物	唾液滴数(每 30 秒)
11 点 30 分	把肉粉给狗看	7
47 分	同上＋拍节机响声	1
57 分	把肉粉给狗看	3
12 点 07 分	同上	8

1911 年 12 月 18 日的实验。在这实验以前，拍节机响声已经与已消去的条件反射并用过 26 次。

时　间	刺激物	唾液滴数(每 30 秒)
10 点 35 分	把肉粉给狗看	9
47 分	同上＋拍节机响声	1
11 点 00 分	把肉粉给狗看	12

完全了然，本来是无关性的拍节机响声，在多次与已消去的条件反射并用以后，就变成制止性的动因了。这些新的、以另一种方法所获得的条件制止性刺激物，在它的特性上，是与我们所研究的消去性反射、条件性制止和延缓性反射三种的制止过程完全相同的。

只利用已消去的反射而成立的这新条件制止物，对于其他的一些条件反射，也发挥制止作用。

1911 年 3 月 15 日，另一只实验狗。对于它，拍节机的响声与已消去的自然条件食物性反射已经同时并用过多次，以后再对它，与这拍节机响声并用人工的条件食物性刺激物，即樟脑气味。

表 42

时　　间	刺激物作用(30 秒)	唾液滴数(每 30 秒)
3 点 08 分	樟脑气味	5
21 分	同上	4
40 分	樟脑气味+拍节机响声	1
55 分	樟脑气味	1
4 点 18 分	同上	5

新的条件制止物不仅在和阳性条件刺激物同时应用的时候显出它的作用，并且还具有后继性作用。

在重复地应用这新的条件制止物的场合，它的作用也会累积起来。以外，它的作用也能够被解除制止化。

这样就显然：如果无关性刺激进入于大脑两半球的皮质之内，而其时在皮质内制止性过程正占着优势，那么，该无关性刺激也渐渐地获得制止性的机能，就是说，如果以后它们(无关性刺激)对大脑皮质的活动中的部分发挥作用，它们就在这些部分引起制止过程。

然而有决不可忽视的事情。正如以后会知道的，对于动物重复应用而没有后作用的新异刺激物，也自然地单独地会在大脑皮质内引起制止状态的发展。因此，在上文记载的实验的场合，必须有特别的对照检查，就是在新的无关性刺激物与制止性条件反射互相结合而重复地被应用的时候，该制止性条件反射对于新条件制止物的形成究竟是否具有重要的意义。

第七讲

·*Lecture Seventh*·

大脑两半球分析性机能及综合性机能：甲、条件刺激物的初期一般化（泛化）的特性；乙、分化性制止过程

诸位！把周围环境中对于有机体直接有益或有害的各影响不断地加以信号化的条件反射的各动因，与这环境无限的非同样性和动摇性相符合地，是环境里最微细的要素，或者是这些要素所组成的较大或较小的复合物。这样作用之所以成为可能，只因为神经系统具有两种机制：一个机制是，为了有机体从复杂环境中把个别的要素区别开来，这就是分析性机制（анализаторный механизм），而另一个机制是为有机体把这些要素联合起来、融合起来，成为某种复合物，这就是合成性（综合性）机制（синтезирующий механизм）。所以在研究高级神经机能，即大脑两半球皮质机能的场合，我们必定会遭遇神经性分析的和神经性合成的现象。我们现在也就讨论这个现象。

神经系统总是由一些分析性装置而成立的或大或小的复合物，也就是分析器（анализаторы）而构成。光的区域是为有机体分析光波震动的，声音区域是分析声波——即空气——震动的。每个区域又把外界各有关部分碎分开来，形成各个别要素所构成的极长系列。一切可能的各求心性（传入性）神经所构成的周围性（或终末性）装置[这些装置都是与变压器（трансформаторы）相等的，每个变压器只能将一定的能量（энергия）变成神经过程]、各神经的本身和脑细胞性终末部等都必须被归结于其中从而加深。

怎样才能够客观地利用目击的反应，研究动物分析器的机能呢？像我在以前简单地指示过的，动物环境的任何动摇，如果不引起特殊的——先天的或后天获得的——反应，就一般地会引起方位判定反应，即探索反射。这个反射的第一个用处是确定动物的神经系统能够把环境内一个事物与另一事物区别到什么程度。如果假定在普通的环境里有一个一定的响声，那么，该响声高度极微小的变化，也必定引起并且事实上就引起方位判定的反应，就是说，在听器对响声的关系上，该动物会采取一定的位置。在对于其他一切刺激的场合，不论是简单的或复杂的刺激，如果该刺激一有极小的变化，上述探索反射也是同样会发生的。当然这是只在一个场合才可能的，就是在动物的分析器由于其精微度而能发现已发生的任何差异的场合。在这样的场合，探索反射或者可能单独地被应用于研究，或者可能以其对于条件反射的影响，作为有机体最敏锐反应而被应用，其形式有时

是制止性动因的形式，有时是解除制止性动因的形式。然而当做研究神经系统分析性机能的、经常应用的办法，这探索反射虽然屡屡具有巨大的敏锐性，却也提供许多的不便。最重要的不便，就是在若干微弱刺激的场合，探索反射是极迅速易变的（летучий），是不能够重复被发现的，所以利用它做精确研究的可能性在实质上是不成立的。相反地，条件反射本身是一个非常适合于这研究目的的现象。我们以通常的程序，把严格地确定的某一个动因变成特殊的条件刺激物，并且由于该手续的重复应用，经常地可以确认它所具有的条件刺激物的意义，而在强度、地位、性质等等关系上与该条件刺激物相接近的动因，在一定既知条件之下，依然保持原有的状态，并不显现该条件刺激物的特殊反应，因此就容易正确地与该条件刺激物相区别。

因为实际上神经系统的分析性机能与综合性机能是经常不断地交互一定信息的分析器。因此明确了，这些一切成分都参与着分析器的机能。较为低级的分析当然是属于神经系统低位部分的性能（在动物无神经系统场合，这是该动物分化程度不高物质的性能），因为摘除大脑的有机体也对于其身体表面不同部位、不同强度和不同性质的刺激而有种种不同的反应。然而某一个动物所能达到的、最高级的、最精微的分析只由大脑两半球的帮助而成立。显然，动物个体与外界的复杂联系，动物对外方状况所具有的越来越复杂的、精确的适应力，动物与外界间的较为完善的平衡，这些都是与神经系统越来越进步的分析性机能互相平行的、不可分离的。在现代生理学里，分析性机能的研究是所谓感觉器官生理学的一个极重要的部门。这一部门提供巨大的兴趣，并且是内容丰富的，这也许一部分是因为它特别引起了以天才的亥姆霍兹（Гельмгольц）为首的许多大生理学家的注意的缘故。分析器末梢性机能有关的和分析器脑中枢终末部机能有关的学说的坚固基础，就是存在于这一部门的。分析性机能（人的）的许多极限已经被指明了，这机能的若干复杂的情形也被说明了，与这机能有关的许多特殊规则也被确定了。然而这丰富的资料的极大部分是主观的，是建立于我们感觉之上的，而我们的感觉却是有机体在外界客观关系上最单纯的主观的一些信号。这就是这门科学的显著的缺点。由于这个缺点，动物界的分析性机能的复杂性和发展两者有关的研究就不能对生理学有什么贡献；因此，自然科学者丧失了利用动物实验以做研究的无穷的可能性。条件反射，就把神经系统最重要机能即分析机能的研究交给于纯粹生理学的掌握之中，也就是交给于严格地客观的自然科学研究的掌握之中。我们利用条件反射的帮助，各种动物的分析性机能的范围和限度就能便利地精确地测定，并且这类机能的规律才能阐明。纵使动物分析器的生理学现在还是很贫弱的，可是它的内容越来越发展，并且会越来越快地发展起来，使我们有关有机体与外界的联系的知识会扩大相遇的，是互相交替的，并且因为在利用条件反射分析各外来动因的场合，先有一个特殊的神经现象，即是一种综合性的机能，所以必须先着手研究这个现象。

我们利用于形成条件刺激物的任何动因必定具有一般化（泛化）的性质。譬如我们用每秒钟振动 1000 次的声音作为条件刺激物，那么，同时其他的许多声音也会自然地获得相同的条件性作用，不过这些声音与该每秒 1000 次振动的条件刺激物如果间隔越远，不论是向该条件刺激物的上方或下方隔开的，所引起的条件性作用也就越小。与此正确相同的，就是如果皮肤某一定部位的机械性刺激成为条件刺激物，那么，靠近该部位的其他皮肤部位的机械性刺激也具有同样的作用，不过与该条件反射形成的部位相隔越远，条件作用也就越薄弱。在其他感受性表面(рецепторные поверхности)受着刺激的场合，也有相同情形的发生。

从生物学的观点，对上述的现象不妨能够做这样一个解释，就是，大部分的自然性动因并非严格一定的，而毋宁是不断地容易摇动的、变化的，是由于相近似一组而移行于另一组的。我们试举敌对动物的叫声做例子罢。这对于受威胁的动物是一个条件刺激物。由于发音器官的紧张度、距离和共鸣的如何，这叫声可能在高度、强度和性质等等方面有很大的动摇。

其次，在条件反射的场合，我们也遭遇过一种泛化的现象，其生命上重要的意义不是直接明了的。直到现在，我们所接触的条件刺激物泛化的现象是在于一个分析器的界限以内的。在条件痕迹刺激物的场合，如果这是由远隔的痕迹所形成的(外方动因作用终止以后经过 1～3 分钟)，就必定会看见另一种完全不同的现象。此时就发生**普遍性泛化**(универсальное обобІцение)。譬如用皮肤机械性刺激形成条件刺激物，而属于其他一些分析器的动因，虽然与皮肤机械性刺激的条件反射没有丝毫关系，也会开始以条件刺激物的性质而发生作用。我请诸位以后注意这个事实，因为这事实在它本身成立的关系上是具有兴味的。

现在从格洛斯曼(Гроссман)的研究举出这一类实验的例子。皮肤机械性刺激是痕迹性条件酸性刺激物(在该现存刺激停止以后过 1 分钟)。寒冷和声音是初次被应用的。

表 43

时　　间	刺激物作用(1 分钟)	唾液滴数 (从刺激开始每一分钟)	备　　考
1909 年 2 月 6 日实验			
11 点 39 分	皮肤机械性刺激	0　3	在第二分钟的终末，将酸液注入，加以强化
55 分	同上	0　7	
12 点 06 分	用 0 摄氏度刺激皮肤	1　4　7　7　1	不用酸强化
22 分	皮肤机械性刺激	0　4	在第二分钟的终末用酸液强化
1909 年 2 月 7 日实验			
2 点 36 分	皮肤机械性刺激	0　9	在第二分钟的终末用酸液强化
45 分	同上	0　15	
54 分	音	0　3　4　6　2　0　1	不强化
3 点 02 分	皮肤机械性刺激	0　0	在第二分钟终末用酸液强化
10 分	同上	0　1	
22 分	同上	0　6	

我们看见，本来与酸作用毫无关系的动因(指寒冷和声音)也成为酸反应的刺激物了。并且我们同时看见，初次试用的这些动因的作用也是与痕迹刺激物作用的进行顺序相符合的，就是说，这些动因不是在被应用的时间以内，而是主要地或绝对地，只在应用时间停止以后，才发生作用。当然，这从最初起就使我们倾向于一个结论，这是泛化的反射，其发生与已形成的痕迹反射的方式相似。但是，这样的说明还是不够的。因为这事实的特异性的缘故，我们就用它做了重复多次的研究。在考虑有关条件反射所已经知道的一切以后，我们就关于这个受审查的事实的机制，再做了两个可能的假定。

因为在远隔的痕迹上，痕迹反射的形成是不容易的、不迅速的，所以在这样场合不能不注意，在痕迹反射形成以前，可能有由实验者本身出发的新异刺激，偶然地与无条件刺激物的应用同时发生作用，因此就迅速地形成条件反射。在上述问题的场合，这危险的可能性是特别巨大的。所以在我们重复做这些实验的时候，使实验者离开狗所在的实验室而在一个特殊设备的建筑物内，这样，由实验者对实验动物所发生的不自觉的影响就会完全除去了。可是这样做以后，痕迹反射的非常泛化的情形依然不变。

第二个假定似乎也是一个很严肃的假定，就是如下的一个假定。在实验室的狗第一次形成条件反射的场合，该条件反射起先是在全实验室的环境上被形成的，就是从狗被带进实验室内的时候起开始发生的环境作用。这类反射也许可以叫做条件性环境反射(условный обстановочный рефлекс)。以后在对于我们所应用的特殊动因开始有反射发生的时候，环境的各因素方渐渐地失去其条件性作用，显然地，这是因为对于环境的各因素渐渐有内制止过程发展的缘故。可是这制止过程，特别在起初的时期，也是很容易由于任何临时的新异动因而解除制止的。现在举出一个显明的例子。按照旧式的方法做实验，实验者和狗都是在一个房间里，下述的情形就是常有的。环境反射在它所引起的唾液分泌继续若干时间以后，就过去了，于是在唾液腺作用静止期的背景上开始有特殊的条件反射。可是如果我因为要知道实验的情形而进入该实验室内，狗的唾液分泌就连续地发生。而在我停留于该室的时期以内，这分泌是不停的。这就是，与临时的新异动因相等的我，把已经被制止的环境反射，解除制止化了。这样，我们做了如下的一个假定，我们所谓泛化的痕迹反射不就是环境反射的解除制止的过程吗？可是经过检验以后，这个假定也是一定没有意义的。第一，因为是若干狗的环境反射已经在长时期内很坚固地被制止了，于是环境反射的解除制止化是几乎不可能的，而这样狗的痕迹刺激物的极端泛化，却是非常容易地、不断地发生的。第二，因为是我们特别严格地控制了如下的情形。请诸位想起，在延缓性反射的场合，新异刺激物一开始作用，延缓性反射不活动性时相的解除制止过程就即刻发生。但是在痕迹反射的场合，这新异刺激物所引起的效力，几乎总是只在该刺激物停止以后才发生的。如果坚持上述的假定，以为在该场合的一切新异刺激物，不知怎样地，总是具有非常强烈的作用，因而在这些刺激物尚未停止应用以前，不仅不发生解除制止的过程，反而更深深地制止该环境反射(在延缓性反射的场合，也是这样的)，直到这些刺激物的刺激作用减弱的时候，才以痕迹反射的形式发挥解除制止的作用，如果坚持这个假定，那么，如下的事实是反对这个精美的假定的。在重复地应用新异强刺激物的场合，其制止作用必定渐渐减弱，以后就达到一个时相，其时各新异刺激物即刻只具有解除制止的作用，这是我们在延缓性反射的场合曾经看见过的情形。但是在此处痕迹反射的场合，这是从来不曾观察过的；多次被重复应用的新异刺激物所引起的唾液分泌，只发生于刺激物停止使用以后。最后的第三点，是在痕迹反射的场合，在新异刺激物被应用以后(当然，这些新异刺激物并不曾与无条件刺激物并用)，特殊条件刺激物的作用会暂时弱化，甚至有时达于零，这是也许完全不能解释的，如果原因是在于环境反射的解除制止化。在泛化的痕迹反射的场合，这样的弱化就不过是未受强化处置以后所发生的一种消去现象的一个简单情形而已。

这样，在形成条件反射的场合，起先是一个一定的无条件刺激物与大量的外方动因相结合的。所以如此，一方面因为对于生物个体发挥作用的是环境内的一切要素的总体（совокупность）（综合性条件环境反射，условный синтетический обстановочный рефлекс）；另一方面是因为神经系统本身具有一种特性，能对外方的某一个具有条件刺激物身份的基本性动因，同时却赋予着或多或少泛化的性质。这个事实一部分是直接明了的，一部分是在上方已经指明过的。这个事实是由于动物对环境现实关系而能够肯定的。然而同时也显然，这个事实所具有的意义必定是有限制的和一时性的。在一定已知条件下，可能的近似的一般性的结合就会为现实的精确的特殊性的结合所代替。

条件刺激物特殊化即外来动因的分化（дифференцирование）是怎样成立的呢？起初我们以为有两种办法。一个是以条件刺激物的性质只重复地应用某个一定的动因，并且始终都同时不断地用无条件反射加以强化。另一个办法是，对某个一定的条件刺激物，不断地用无条件反射加以强化，同时对于这条件刺激物最靠近的另一个动因却不应用无条件刺激物的强化，这是交替地对立的办法。这第二个办法，就是我们现在认为实际可用的办法。因为在一方面，有些条件刺激物虽然应用无条件反射强化千次以上，可是只这样做，并不能成为严格特殊化的东西。而在另一方面，我们察觉了，甚至于每个靠近条件刺激物的近似动因不过一次不受强化手续的试验，和这些近似动因的一个系列（每次一个新的动因）同样地（就是说，不受强化）间或应用（相隔几天，甚至几周），而基本的条件刺激物在重复应用时，每次都被强化，那么，该条件刺激物就会特殊化。所以我们不断地只应用第二个办法，无论如何，这可以非常容易地达到各动因分化的目的。

我们先讨论利用条件反射以实现外来动因分化过程的详细情形罢。在第一步，我们必须提出一个事实，这在当时很长久地似乎是一个谜样的事实。在利用某个一定的外来动因形成条件刺激物以后，我们试验极靠近该条件刺激物的其他一些近似的动因的反应，譬如用某个一定的音形成条件刺激物以后，我们再试验与该条件刺激音相邻接的其他各音的作用，结果是，往往也可以获得与该条件刺激音相同的效力，不过很弱于该条件刺激音的效力而已。但是在以后重复这样地进行实验的场合，当然其时并不仅用强化处置，这邻接动因的效力非常迅速地增强，居然与条件刺激物的效力相等，再以后，这效力才慢慢开始减弱，一直减弱到零。这就意味着，条件刺激物和邻近动因两者间的区别，最初是即刻可以发现的；其次，这个区别不知何故地就消失了；以后，这一区别慢慢地又显现出来，最后就成为绝对的区别。这个事实应该怎样解释呢？为了解释的目的，我们利用了本事实与以前曾经分析过的同样事实的相似性。请诸位想起，在形成条件性制止的场合，我们也观察过与此相同的关系。譬如以形成条件制止物的目的，开始用一个新的动因与一个条件刺激物相结合，那么，这个复合刺激物所引起的效力，或者是与条件刺激物所特有的效力相同而略为较弱的，或者是完全无作用的。但是以后，虽然我们并不曾并用无条件反射的强化处置，该复合刺激物却迅速地再显现与该条件刺激物单独使用时相等的完全作用，只在经过重复若干次的应用以后，该复合刺激物的效力才慢慢地减弱，以达于零。在这样条件性制止的场合，我们是这样地——完全正当地——说明了这现象的，就是附加动因起先引起了方位判定反应，即刻制止了与该附加动因相复合的条件刺激物的作用。在重复应用的场合，方位判定反应迅速地减弱，条件刺激物的作用一时地恢复起来，以后在继续地重复应用的场合，该条件刺激物的作用又为不断发展的制止过程所抑制而减弱。在上述分化的场合，我们可以这样地想象，就是与条件反射动因相近似的各动因，仿佛都是由两个部分而成立的（与制止性复合物相同的）——一个是与该条件刺激物相同的部分，另一个是特殊的。第一部分就是邻近各动因与条件刺激物相同地发挥作用的原因。第二特殊的部分起初是一时性方位判定反射发生的原因，会即刻地暂时地制止着第一部分的条件性效力，其次就成为该邻接动因恒常的最后分化相发展的基础。

关于分化现象形成的初期，成为我们上述解释的确当合理的有力的证明是，即在条件性制止发展的场合和分化相形成的场合，这两种现象进行的类似性是在两过程的详情上都存在的。在这两种场合，都可以遭遇相同的变迁。邻近动因的初期薄弱作用，往往在短时间就移行于强烈的作用，比特殊条件刺激物的作用还更强烈，以后又恢复到特殊条件刺激物的强度，此后就再渐渐减弱，最后就成为零。最常有的情形却是，在初期作用减弱以后，作用又再渐渐增强，几乎达到条件刺激物的强度，此后就有分化相（дифференцировка）的发展。少见的是，并无进行过程的上述参差而分化相就慢慢地直接地发展起来。最后，同样稀有的是，从最初的微弱作用，直接地就向分化过程移行，一直进行下去。

因为在说明条件性制止形成的场合，我不过谈及有种种差异的发生，而不曾引证过实验的记录，所以我现在能够充分地补充这个缺点。在这些事例内［古拜尔格立兹（M. M. Губергриц）的研究］，这些差异是特别有系统地研究过的。

一系列的实验是用一只狗做的。与时钟指针运动相同方向的回转物是条件食物性刺激物，与时钟指针运动相反方向的该回转物是被分化的动因。

表 44

时　间	刺激物（30 秒）	唾液分泌量（划度，每 30 秒）	备　考
1917 年 2 月 15 日实验			
3 点 13 分	与时钟指针运动相同的方向	27	强化
25 分	与时钟指针运动相反的方向	7	不曾强化
1917 年 2 月 16 日实验			
1 点 04 分	与时钟指针运动相同的方向	24	强化
14 分	同上	26	同上
25 分	同上	27	同上
34 分	与时钟指针运动相反的方向	10	不曾强化
1917 年 2 月 17 日实验			
2 点 45 分	与时钟指针运动相反的方向	12	不曾强化
1917 年 2 月 18 日实验			
2 点 48 分	与时钟指针运动相同的方向	19	强化
3 点 33 分	与时钟指针运动相反的方向	34	不曾强化
1917 年 2 月 20 日实验			
3 点 07 分	与时钟指针运动相反的方向	26	不曾强化
28 分	与时钟指针运动相同的方向	26	强化
1917 年 2 月 21 日实验			
3 点 00 分	与时钟指针运动相反的方向	12	不曾强化

以后这被分化的动因的作用，虽然有些动摇，结果是成为零的。

再用另一只狗做实验，音是条件食物性刺激物，与该音相近的半音是被分化的动因。

表 45

时　间	刺激物作用(30 秒)	唾液分泌量 (划度，每 30 秒)	备　考
1917 年 10 月 12 日实验			
12 点 28 分	音	30	强化
1 点 10 分	音	35	同上
19 分	半音	9	不曾强化
1917 年 10 月 13 日实验			
12 点 54 分	音	36	强化
1 点 05 分	音	36	同上
12 分	半音	32	不曾强化
2 点 01 分	同上	16	同上
18 分	音	29	强化

以后这半音的作用虽然有若干的动摇，但在第 30 次重复应用的时候，就变成零。

下表实验所用的一只狗是上述最初实验所使用的。在狗的眼前出现的圆形是条件性食物刺激物，在同一平面上，同一光度下出现的四角形是被分化的动因。

表 46

时　间	刺激物作用(30 秒)	唾液分泌量 (划度，每 30 秒)	备　考
1916 年 11 月 28 日实验			
1 点 20 分	圆形	14	强化
53 分	四角形	3	不曾强化
1916 年 11 月 29 日实验			
2 点 44 分	圆形	16	强化
3 点 00 分	四角形	7	不曾强化
1916 年 11 月 30 日实验			
1 点 24 分	圆形	15	强化
32 分	四角形	10	不曾强化

以后，四角形的效果带着若干的动摇，在 11 次重复实验的时候变成完全无效。

在利用条件刺激物的帮助以分化一些外方动因的场合，上述的分化初期的现象是与方位制定反应的干涉作用有关的。除此以外，这个神经现象还有其他许多方面的情形，也引起了我们的注意。

当然，可以利用与条件反射动因很相接近的动因，即刻形成分化相，可是也可以利用远隔的一些动因而着手于实验，慢慢地达到分化的目的。在这两个办法之间，存在着巨大的区别。如果我们用与一定条件刺激物相接近的一个动因开始分化相形成的实验，那么，虽然在很长的时期内把这两个近接动因(即条件刺激物及其邻近动因)互相对立地进行实验，两者间的区别也不会出现。我们换用另一个办法，就是先用较为远隔的一些动因开始实验，以后再渐渐地着手于某一个近接动因的分化，于是在许多较远隔的动因达到分化相的阶段以后，某个靠近的动因的分化大体上在很短的时期以内就会成立。

现在举出证实这种实验情形的古拜尔格立兹的研究。

在一只狗的眼前，现出用白纸做成的圆形，这就是条件性食物性刺激物。以后开始用陈迈尔曼10号纸的圆形（Циммермановская коллекция）（陈氏分类式的暗纸有从白色至黑色的50种的浓淡）做与条件刺激物相分化的实验。这10号纸（灰色）虽然不曾强化地被应用了75次，并且是与每次强化的白色圆形轮流地被应用的，可是并不曾显出分化现象任何极微小征兆。于是就改取另一个办法，起先着手于35号更暗色纸圆形的分化，其次是25号圆形及15号圆形的分化，最后是10号纸圆形的分化。现在一起计算起来，这些圆形共总应用20次，就达到完全分化相的目的了。

与上述实验相同地，对于另一只狗应用了光的刺激物做实验，不过采取了另一个方式。对于这只狗，也用圆形形成了条件性食物性刺激物，而与它分化的新动因却是椭圆形，其半径是8∶9的比例，其平面的大小及纸张是与条件刺激物相同的。可是将这圆形与椭圆形轮流地对立地使用70次以后，不会有任何分化相的出现。于是照如下的顺序开始若干椭圆形的分化，就是先用半径5∶4的比例的椭圆形做分化的实验，以后陆续地进行半径5∶6，6∶7，7∶8的各椭圆形的分化。这样，对于这些椭圆形的分化过程形成所需要的实验应用回数不过一共是18次，连半径8∶9的椭圆形也被分化了。

如果我们所做分化的实验是从远隔的动因开始而渐渐地向近接的动因进行，那么，如下的常见的事实会引起我们的注意。在形成分化相的场合，即使最初所使用的动因是远隔的动因，该动因的分化也是进行得很慢的，尤其在坚持达到绝对分化的场合，就是说，在坚持该动因效果达到零的场合。可是如果实验的第一个阶段已经达到绝对的分化相或近于绝对的分化相，那么，以后各个近接动因的分化手续，就进行得越过越快，不过在最后动因分化的场合，分化的进行又会是多少缓慢的。

现在举出一个例子。

对于一只实验狗，用一定直径的白色圆形做成条件性食物性刺激物，用同样平面大小的半径不同的若干椭圆形做被分化的一些动因。第一个半径4∶5的椭圆形需要了24次的应用（条件刺激物的圆形在30秒钟内的作用量，是34个划度，而这椭圆形只引起4个划度的唾液分泌）。在其次的半径5∶6的椭圆形分化的场合，不过需要了3次的应用，就达到该椭圆形效果成为零的程度。其次的半径6∶7的椭圆形的分化也同样地进行得很快。

分化过程的进行，除方位判定反应出现的初期以外，既可能是直线形的，也可能是波浪形的。波浪形的过程不一定可以归结为某一些外来障碍的影响，而可能有关系的却是在分化过程进行时神经内部过程的动摇。

分化相的耐久性（强度）（прочность）是由条件刺激物和被分化动因两者间的间隔时程，即分化相能被保存的间隔时程的大小而决定的。在实验的初期，这些有效的间隔时程是很短的，以后却越过越长。如果经过一昼夜以后，在最初一次分化实验的时候，就是说，如果被分化的动因比其他各刺激先受检验而效果是零，那么，我们就认为该动因的分化相是完全的。

我们再三做过的实验证明了，在做分化实验的场合各个不同的动因，或者以阳性条件刺激物的性质而被应用，或者以阴性制止性刺激物的性质而被应用，所获得的分化的程度是几乎同等的。

在各动因以痕迹条件刺激物的性质，做分化实验的场合，不论该动因是当做阳性的或制止性的刺激物而被应用，其分化的程度也与上项相同，会是同等的。

现在从弗洛洛夫(Фролов)研究里举出痕迹制止物分化相的例子。

对于一只实验狗，拍节机的响声(每分钟 104 次响声)是条件性食物性刺激物。风琴管的某一定音(第 16 号)是条件制止物，其使用时间是 15 秒钟，在拍节机开始发出响声以前的 1 分钟，这风琴管音停止。与此相同地，把拍节机响声与该风琴管音的邻接音(15 号)互相复合，并且并用无条件反射，使这个复合刺激成为阳性刺激物。痕迹制止物分化相的表现是如下的。

表 47

时　间	刺激物	刺激时间	唾液分泌量（划度，每 15 秒）			
1922 年 4 月 25 日实验						
1 点 34 分	16 号风琴管音	15 秒	0			
	同风琴管音的痕迹	60 秒	0	0	0	0
	拍节机响声	30 秒	15	40		
1 点 40 分	16 号风琴管音	15 秒	0			
	同风琴管音的痕迹	60 秒	0	0	0	0
	拍节机响声	30 秒	0	15		
48 分	15 号风琴管音	15 秒	0			
	同上风琴管音痕迹	60 秒	0	0	0	0
	拍节机响声	30 秒	25	65	强化	

必须再补充地说明，就是上述分化相的形成只是由于非常逐渐的实验才能达到的。在这实验的初期，我们不能不应用几秒间隔的痕迹，并且从远隔的音开始。

现在是一定要提出一个问题的时候：泛化的条件刺激物由于什么神经过程的条件才移行于该条件刺激物的特殊化呢？换句话说，经过什么神经过程才移行于该条件刺激物的邻接动因的分化呢？在我们已经知悉了内制止的以后，又在本讲内上方事实的说明以后，本问题的了解不是困难的。并且我们以后的多数的实验使我们无疑地承认，制止性过程就是分化的基础，这就是说，分析器的脑内终末部起初是广泛地兴奋的，但是渐渐被制止的，仅有该终末器的极小部分的兴奋不被制止，这就是与条件刺激物相当的部分。现在举出肯定上述结论的第一个事实。我们用上述的手续，把一个动因即一个条件刺激物与其一个邻近的动因分化开来：该条件刺激物发生恒常的完全的效果，而被分化的该邻近动因，看起来，却是完全无作用的。现在，在应用条件刺激物以后，我们应用被分化的邻近动因；其次，即刻地或经过若干时间地再应用该条件刺激物——这样，该条件刺激物暂时地只会显出微小的作用，或者完全不显出任何作用。

现在从贝略可夫(B. B. Веляков)的研究里举出一个例子。

对于一只狗，用一定的风琴管音形成了条件性食物性刺激物，用比该音高 1/8 的音形成了坚定的分化刺激物。

表 48

时　间	刺激物作用(30 秒)	唾液滴数(30 秒内)	备　考
	1911 年 2 月 14 日实验		
12 点 10 分	风琴管音(条件刺激物)	5	强化
25 分	1/8 的音(分化音)	0	
26 分	风琴管音(条件刺激物)	0.5	强化
56 分	同上	4	同上

所以在应用分化音以后,神经系统里的制止性过程依然是暂时存在的。这暂时存在的制止性过程的表现,就是对随后试用的条件刺激物,或者减少其效果,或者完全消灭其效果,换句话说,这就是一种所谓后继性制止的现象,这也是在我们以前的讲义内所熟知的一种现象。

这样,我们就有了第四种的内制止的事例,这是我们可以适当地把它叫做分化性制止的(дифференцировочное торможение)。可能的是,也许无妨地把它和条件性制止同样地看待,并且可以用一个共通的形容词(即"分化性的"这个形容词)将这两种制止联合起来,因为在这两种场合,成为问题的事情是相同的,就是两者都利用制止过程以除去新异动因(或者是单纯的,或者是复合的)的作用,而这两种场合的新异动因的作用,本来并不曾经过特殊的形成手续,不过是与已经形成的条件刺激物互相联系的关系所产生的结果而已。

我们在分化过程的场合开始提出的后继性制止是在如下的关系上与条件性制止的后作用相同的,就是实验重复的次数越多,分化性制止的后继性制止作用的时间也就越受限制,譬如起初的作用时间是数十分钟,但在最后却缩短到几秒钟。

在此地还有一个事实是值得特别谈及的:分化相的程度越高,就是说,被分化的若干动因越是彼此相近,如果其他的各条件都是同等而不变的,后继性制止就越显著。

现在再用贝略可夫的研究说明上述的事实。

一定的音是条件性食物性刺激物,两个分化音中的一个是条件刺激物的半音,另一个是条件刺激物的 1/8 的音。

表 49

时　间	刺激物作用(30 秒)	唾液滴数(30 秒内)	备　考
	1911 年 3 月 19 日实验		
12 点 17 分	半音	0	
37 分	全音	4	强化
1 点 07 分	同上	4	同上
	1911 年 3 月 29 日实验		
3 点 55 分	1/8 音	0	
4 点 15 分	全音	1.5	强化
30 分	同上	5	同上

可是除这后作用以外,分化性制止与前述的各种制止过程也都是完全一致的。

分化性制止也与其他制止相一致地,在实验重复多次以后,它的作用会累积起来。

现在又举出贝略可夫有关本问题的实验。

另一只实验狗。音是条件性食物性刺激物，比这条件刺激音低的半音是被分化的动因。

表 50

时　间	刺激物作用(30秒)	唾液滴数(30秒内)	备　考
1916年6月8日实验			
2点05分	音	10	强化
35分	半音	0	
38分	同上	0	
39分	音	7	强化
50分	同上	12	同上
1911年6月14日实验			
1点45分	音	12	强化
2点00分	半音	0	
02分	同上	0	
04分	同上	0	
06分	同上	0	
07分	音	1.5	强化
30分	同上	13	同上

分化性制止的强度的测定是与它本身成立时候的兴奋过程的强弱有关的，所以在该分化性动因强度增大的场合，和在中枢神经系统一般的及局部的兴奋性有变化的场合，分化性制止的强度就会紊乱。

如果我们利用食物性条件反射，那么，只要把食物兴奋性提高，或者在一天内较迟的时间做实验，譬如在接近实验狗平常吃东西的时间做实验，或者使狗多受一天的饥饿，这样，原来完全形成的分化相就会变成不完全了。

完全与此相同地，如果利用咖啡因(кофеин)的注射以提高中枢神经系统的一般兴奋性，原来已成立的完全分化相会紊乱。现在，让我们从尼吉弗洛夫斯基(П. М. Никифоровский)的研究举出与此有关的实验例子。狗前腿的皮肤机械性刺激是食物性条件刺激物，背部的皮肤机械性刺激是被分化了的动因。

表 51

时　间	刺激物作用(1分钟)	唾液滴数(1分钟)	备　考
12点52分	背部刺激	0	
1点05分	前腿部刺激	5	强化
用1%咖啡因溶液5毫升施行皮下注射			
18分	前腿部刺激	4	强化
33分	背部刺激	3	
45分	前腿部刺激	7	强化

末了，与其他一切的内制止过程相同地，这分化性制止也会解除制止化，这就是说，在新异刺激的影响之下，这分化性制止就在很短的时间内会消失，而让阳性刺激效果出现。

现在举出贝略可夫的两个实验。这是对于一只狗用各种不同的新异刺激物所做的实验。

每秒钟振动800次的音是条件性食物性刺激物，每秒钟812次的振动音（即条件刺激物的1/8音）是完全地被分化了的动因。所用的两种新异刺激物是乙酸戊酯的气味和水泡音。这两种新异刺激物，在个别地使用的时候，都不会引起唾液分泌。

表 52

时　　间	刺激物作用(30秒)	唾液滴数(30秒内)	备　　考
1911年6月18日实验			
10点30分	音(条件刺激物)	3.5	强化
1点00分	1/8音	0	
20分	音	3	强化
35分	1/8音＋乙酸戊酯	2	
1911年6月23日实验			
11点55分	音(条件刺激物)	4	强化
12点10分	1/8音＋水泡音	2	
30分	音	3	强化
40分	同上	3	同上

富有兴趣的是，在分化性制止的后作用的时相也可以证实解除制止化的产生。

贝略可夫的实验所用的上述实验狗，从来不会有过偶然的唾液分泌。

表 53

时　　间	刺激物	唾液滴数(30秒内)	备　　考
1911年5月17日的实验			
11点10分	音(条件刺激物)	4.5	强化
30分	同上	4	
40分	1/8音	0	
44分	同上	0	
45分30秒	拍节机响声(1分钟)	1.5	

在我们所应用的各新异刺激物之中也有一些刺激物，所引起的反应不是方位判定反应，而是特殊的比较复杂的强烈的反射。在这样场合，解除制止性作用在刺激物本身停止以后很长的时间以内还是显然。

贝略可夫用上述的实验狗做了一个如下的实验。所用的新异刺激物是一个玩具用的喇叭。这喇叭发出强烈的各种非常不同的高低不平均的声音。在使用这只喇叭的时候，实验狗就吠叫发抖，要从实验台逃走。

表 54

时　间	刺激物	唾液滴数(30 秒内)
1911 年 5 月 9 日实验		
10 点 58 分	喇叭	0
58 分 30 秒	1/8 音	6+3+2
11 点 03 分	同上	3+1+1
07 分	同上	1+1+1
11 分	同上	1.5+1.5
15 分	同上	痕迹

上面一切记载的实验使如下的事实成为毫无疑问的，就是分化相的形成是基于在被分化的各动因上所发展的内制止过程。

根据上面几篇讲义内所叙述的各种不同的事实，我们不能不达到一个结论，就是在由神经系统一般地确定各外来动因的差异，及利用条件反射以获得各外来动因的分化的两种机能之间，有一个实质上的区别。第一，是以兴奋的过程，显出方位判定反应——探索反射，这种兴奋过程的第二阶段是对条件反射发生制止性的或解除制止性的影响。第二个表现是制止过程的发展，也许可以说，这制止过程是兴奋与制止两者斗争的结果。如在以后讲义内会看见的，这个斗争往往是很困难的。可以想象，这个斗争有时不是有机体所能胜任的，于是在这斗争的场合，这现象并不能在该有机体全身活动的关系上一定达到各外来动因实际分析的结果的完全利用。如果情形是这样的，那么，利用条件反射以做神经系统分析性活动的研究，也会有它的缺点。总而言之，这是一个令人感兴趣的问题。

第 八 讲

·Lecture Eighth·

大脑两半球分析性机能及综合性机能：丙、分析性机能的事例；丁、同时性复合刺激物的综合与分析；戊、后继性复合刺激物的综合与分析

诸位！在上一次的讲义里，我们看见，外界的个别动因，如果以条件刺激物的性质而被应用，起初是或多或少地驯化的，以后却因为在相当实验手续下所发生的制止过程，该个别的外界动因就逐渐特殊化而独立。这样，实验最后的结果，就是创造一个很好的实验的可能性，以研究动物各种分析器机能的范围和限界。在这个关系上，我们掌握着很多的资料，都是与狗的许多分析器有关的。关于这些一切的实验，我们必须说，做这些实验时候的许多巨大的困难不发生于生理学的方面，而发生于物理学的器械的方面。在许多实验的场合，很难于获得制造完美的器械，以完全适合于生理学实验所要求的目的。我们的任务的所在，就是须要利用器械把某一个基本性外来动因绝对地孤立起来，或者要使该动因某强度绝对地孤立起来，然而事实上这是几乎不可能的。譬如我们希望有一种机械地刺激皮肤的器械，只有机械的刺激作用而不带着任何声响，或者我们希望有一种器械，只使某音的高度有变化而无该音强度的变化，这都是几乎不可能的。所以我在自己的某一个演讲里甚至表示过，在物理学的器械和当做器械看待的动物各分析器两者之间，一定会有富于兴趣的斗争。

现在举出我们事实的资料。

我们试取狗的光的分析器做例子吧。从一方面说，这个分析器是非常发达的，远远超过人类的视觉。这就是指这分析器区别光的强度的能力而言。对于一只狗，用黑色影幕在狗眼前的出现形成了条件反射，该黑色影幕的染色是完全均匀的，没有任何一条线，也没有任何一个点。从这个条件刺激物又分化了同样形态的同等大小的白色影幕，并且这影幕也是染色均匀的。以外，实验者还掌握着一套的陈迈尔曼影纸（Циммермановская коллекция，每套陈氏影纸有 50 个号码），各号的纸是由白色经过灰色直到黑色而浓淡不同的。在白色纸分化以后，渐渐将各灰色纸逐渐分化。最后的结果是，狗的光分析器可以明了地区别 49 与 50 号的影纸，可是人类的眼睛不但在一定的间隔时程内陆续注视的场合不能区别这两种纸的浓淡，并且在同时注视和比较的场合也不能发现两者的任何区

别。对于浓淡相差较多的影纸，实验的结果也是相同的[弗洛洛夫(Фролов)实验]。

表 55

时 间	条件刺激物	唾液滴数(30秒内)	备 考
3点13分	影纸50号	10	强化
4点01分	同上	12	
09分	影纸49号	6	不曾强化

这样，在分析光的强度的关系上，狗的光分析器具有极精微的能力。我们不曾能够测定狗的这样分析机能的极限。

在狗的这个分析器其他机能上，就是在分析颜色和形态方面，情形是完全不同的。

奥尔倍利(Л. А. Орбели)所做的最初的研究不曾能够确证狗有区别颜色的分析力。在他第二次的研究里，终于发现一只狗有区别颜色的能力，可是这些实验并不是十分完美无瑕的。如果斟酌我们研究者和外国的各研究者的实验结果，就不能不达到一个结论，就是狗的色觉一般地不过是以萌芽的形式而存在的，并且大多数的狗完全缺乏色觉。

关于形态的分化，我们具有如下的一些实验[仕格尔·克列斯托夫尼可娃(Н. Р. Шенгер-Крестовникова)的实验]。使狗站在一块影幕的前面，影幕上光亮的圆形对狗反射，形成了条件性食物性反射。其次，在同样的平面上和同样的光度下陆续地由这条件刺激物分化了许多椭圆形。最初所应用的椭圆形的半径是2∶1。这椭圆形的分化相是成功的。以后所用的各椭圆形逐渐与圆形相接近，于是这样地所达到的形态的区别，越过越精微了。但在半径9∶8的椭圆形的场合，区别力的最大限度出现了，其表现是如下的。就是这半径9∶8的椭圆形已形成的分化相，由于实验的反复地继续进行的结果，该分化相本身渐渐紊乱，并且因此也引起初期形成的比较粗的各个分化相的消失。我们就不能不重新从头做起，谨慎地着手于各个分化相的形成。现在应用到9∶8半径的椭圆形所做的实验才第一次达到条件效果等于零的成绩，可是在以后继续应用这椭圆形做试验的场合，与前相同的故事又发生了：不但这个分化相不能重复出现(如果这是真的分化相)，并且初期的各粗陋的分化相也都消失了。这个事实使我们想起在前回讲义终末所提及的一个情形，就是在这个阶段上，分析的本身还是可能的，可是如果要生物个体继续不断地利用这种分析，就会遭遇一个不可克服的障碍，而这障碍是基于兴奋过程和制止过程两者的斗争的。

我们关于许多形态的和点的运动方向，也做了分化相的实验，但不曾研究这些分化相的限度。

狗的听神经装置的分析器性机能，在种种不同的动向里，由我们做了特别详细的研究，占第一地位的也是一个音的各种强度的分析。结果是，一个声音的每个强度都能够容易形成特殊的恒常的条件刺激物，也能够由该音较高的强度或较低的强度而被分化。可惜这些实验[替霍密洛夫(Н. П. Тихомиров)的实验]是由很简单的形式而施行的。所用的音(每秒钟1740次的震动)是由气罐(газометр)向风琴管排出的一定的压力(3.6～3.88厘米的水柱压力)而吹成的。风琴管被固定于一块木板的中央部，而木板是用一层棉絮包住的，木板的上方悬挂了一个木箱。这个木箱的里面也用棉絮铺好，只是箱的下方开孔的。由于这个箱子在风琴管上方的正确地举上或放下，风琴管的声音就会达到一定程度的减弱。这个实验的目的是决定狗区别声音强度能力的限度,以与人类的同一区别能力相比较。关于已经成为条件刺激物的某个一定声音的强度和最接近这条件刺激物的另一个强度两者之间的区别,在应用了这实验以后经过 17 小时,狗依然具有绝对鉴别的能力,而做这实验的人,如果不将这两个强度不同的声音陆续交替地重复应用,就不能感觉任何区别。

表 56

时间	条件刺激物	唾液滴数(30 秒内)	备考
4 点 28 分	普通音(即条件刺激物)	6	强化
43 分	最近的分化音	0	不曾强化
49 分	普通音	3	强化

可是对于狗,这种分化音能够更与条件刺激音相接近,并且经过 3 小时以后,分化相依然存在。然而在我们的环境条件之下(普通的实验室的房间),这个分化相是很容易破坏的。当然,这些实验必须利用更完全的方法继续下去,以求获得绝对量的数字。

其次,关于声音高度的分化相,做了许多实验。所用的实验器械,主要的是各种不同的吹奏性的器械,并且受了我们考验的狗的声音器官所能完全正确区别的限度是八分之一的音,这是在前讲里已经说明过的。我们不曾做比这个更进一步的研究,因为我们对于我们这个方法的精确程度没有把握。我们用纯粹音重复地做了这种实验,但与使用通常复合音的实验比较,并不曾发现任何特异的区别[安烈勃(Г. В. Анрел)与马努伊洛夫(Т. М. Мануйлов)两人的实验]。

以后我们更利用高音研究了听觉器官的兴奋性的限度。用加尔通氏笛(Гальтон)[布尔马金(В. А. Вурмакин)的实验]或用纯音装置做实验[安德列耶夫(Л. А. Андреев)实验]的结果都是,对于人类所不能听取的高音,狗却能继续地感受刺激。而且这个差异是相当巨大的。很有兴趣的是,我们看见狗能对于一些很高的声音,正确地强烈地发生反应,而该声音却是我们不能听见的。

以后关于音色、声响的地位,我们也做了实验,但是关于这些分化相的精微程度我们还不曾能够确定。

在这一系列的实验里可以做一些声音的实验,其目的不是声音的本身,而是这些声音彼此间的间隔时程,也正是研究拍节机响声各种频度的分化。拍节机响声各种频度的分化相是很容易形成的。可是这种分化相的限度是很有趣的。狗的这种限度是非常精微的,是人类所不能达到的,就是狗可以很精确地区别每分钟 100 次响声与每分钟 96 次响声的差异。

关于皮肤的机械性分析器和温度性分析器,我们所做的实验是比较不多的。起初,我们关于刺激的地位即局限性(локализация)做了分化的实验。这个分化相是的确证实的,但关于它的精微度和限度,我们不曾做过实验。其次关于各种形式的机械性刺激,我们也做成了分化的实验:搔抓,平滑面与粗糙面对皮肤的压迫,各种钝钉头对皮肤的刺触,各种方向的搔抓等等。关于各种温度的区别,我们也测定了分化相。

虽然狗的化学性鼻分析器是它的各种分析器中发达最完全的东西,可是直到现在我们关于这一部分的研究依然是很贫弱的,当然这是由于方法上的缘故。至少现在,气味的测定是困难的，或者是不可能的，还不能像处理其他各种刺激物时的精微和确实。我们不能精微地确定气味在时间方面的关系，并且关于气味痕迹的存在与消失，我们也没有主观的和客观的标准。所以我们所做的实验是限于少数的，各种不同气味的差异是能够区别的：譬如樟脑、香荚兰素（ванилин）及其他等等。我们用了一些气味做成了食物性条件刺激物，用另一些气味做成了酸的条件刺激物；我们用了一些气味做成了阳性条件刺激物，用另一些气味做成了制止性条件刺激物。我们也做了若干气味混合物的分析实验，其时将一种新的气味与气味混合物互相结合。

最后关于口腔化学性的分析器，我们聚集了若干的资料。关于这个问题的研究，我们的工作采取了若干不同的方式，因为我们通常用的两种无条件反射正是与口味分析器有关系的。如果要与其他分析器的研究有同一的情形，也许必须从这其他分析器之中采用一个无条件刺激物，同时必须以条件刺激物的性质而应用口腔的化学刺激。我们不曾做这样的实验，而用多少与此不同的一些实验代替了；就是用各种不同的食物和嫌恶的物质形成了条件反射（肉粉、面包粉、糖、干酪、酸、苏打及其他），再检验这些条件反射的相互作用，即试验相互的抑制作用。现在从叶果洛夫（Я. Е. Егоров）的实验之中举出一个例子。皮肤机械性刺激是用面包粉和肉粉两者有关的条件刺激物；回转物是与荷兰干酪有关的条件刺激物。

表 57

时间	条件刺激物	唾液滴数（30 秒内）	备考
3 点 12 分	皮肤机械性刺激	5	每次都适当地强化
29 分	同上	5	
50 分	回转物	8	
57 分	皮肤机械性刺激	0.5	
4 点 04 分	同上	2.5	
11 分	同上	5	

如果只用一些条件刺激物而不用无条件刺激物，也发生同样的情形。

下文的实验是上述实验的一部分。在做这个实验以前，皮肤机械性刺激普通引起 30 秒仅 5～6 滴的唾液分泌。

表 58

时间	条件刺激物	唾液滴数（30 秒内）	备考
3 点 12 分	回转物	8	不曾强化
20 分	皮肤机械性刺激	2	强化
35 分	同上	1	同上
45 分	同上	—	当做同时性反射
4 点 00 分	同上	—	加以强化
17 分	同上	2.5	强化
38 分	同上	2	同上

在这一系列的实验里，化学分析器的终末部的分析机能很明显地表现出来了。一只狗的常用食物是燕麦粉和肉粉及面包的混合物，并且对于这只狗，用肉粉和砂糖各个别

地形成了条件反射。以后从常用食物里除去了肉粉和面包，而在粥里添加了大量的糖。在使用这样食物方式经过若干时期以后，肉粉的条件反射显著地增强起来，而糖的条件反射差不多消失了[沙维契(A. A. Савич)实验]。

在另一些实验里[哈仁(C. B. Хазен)实验]，关于狗所厌恶的物质，更详细地做了与此相同的实验。从我们以前的实验已经明了，在酸的条件反射的场合，在每一期实验之中，条件反射强度与无条件反射强度都在实验的末期通常会增大起来。完全相同地，在一系列的实验里，这个反射量会逐日地增大到某一个最大数值。在哈仁的研究里，先对实验手续做了如下的一个变动，就是在第一次应用条件刺激物和强化手续以后，就把酸液注入若干次，但都不并用条件刺激物，而在该实验的末期又重新试验条件刺激物的作用。于是这条件刺激物的作用量总是比第一次试验时更大。以后，把本来每日做的实验用三个间隔时程加以隔断，在一系列的实验方面是 5 天的间隔时程；在另一个系列的实验方面是 3 天的间隔时程。在一个间隔时程里，对于一只狗，把大量的酸溶液注入直肠，对于另一只狗，则用探条管把大量酸溶液注入胃内，在另一个间隔时程里注入苏打水，在第三个间隔时程内不曾注入任何物质。在每次间隔时程的以后都检查了条件反射和无条件反射的作用。在注入酸液的间隔时程以后，反射量或者依然如旧，或者比间隔时程以前的实验时稍为减少，在未注入酸液的间隔时程以后，反射量显著地减少，而在注入苏打水的间隔时程以后，反射量更加减弱。一只狗的实验数字如下。在每天用一定量的酸液注入于口内的实验的场合，颌下腺的分泌量平均是 5.1 毫升，而对于条件刺激物的分泌量是 4 滴。在没有酸液的注入期间以后，无条件反射量是 3.8 毫升，条件反射量是 2 滴。在注入苏打水以后，无条件反射量是 3.7 毫升，条件反射量是零滴。在注入酸液的间隔时程以后，无条件反射量 4.5 毫升，条件反射量 3 滴。这样看来，血液的化学构成上的差异是能为化学性分析器的脑终末部所区别的，其表现就是该分析器的脑终末部兴奋性的增强或减弱。如果有过量的酸进入血内，化学性分析器内有关酸的部分就有兴奋性的增高——动物在与外界的酸相遭遇的场合，就用强有力的拒绝性运动反射和分泌反射或多或少地防制酸的陆续侵入。当然，对于食物也是发生同样情形的，其表现就是对于某一种食物或对于某种食物的某一定分量，有时是阳性反应的增强或减弱，有时是阴性反应的增强或减弱。这样，化学性口腔分析器能够利用它的终末装置以结合两个环境：就是将动物的内在和外在环境互相结合起来，以调整两者的关系，因此就保证生物的正常构造。

刚才所记载的最后的若干实验（可惜这些实验以后不曾重复地做下去）是在我们研究初期做的，其时这件工作是如此新奇而复杂的，研究方面许多错误的根源是不能免的。

综合性神经活动的机制及局部限定，与分析性机能相反地，直到现在，依然不很明了。最简单地可以这样想象，综合性机能是神经细胞间的一种联系的方式，或者是隔离性细胞膜的作用。或者简单地是细胞精微地分枝所具有的特性。当然，当前的第一个任务是在于有关综合性机能的材料的汇集。

关于大脑两半球综合性活动的详情，在我们的各研究里，还不过只占了较小的地位。条件反射的形成本来是一种综合性的动作，是我们经常地利用于我们研究的出发点。除此以外，我们多少研究了复杂的复合条件刺激物。

我们当做条件刺激物所应用的种种不同的复合刺激物，既有同时性的，也有后继性的复合刺激物(одновременные и последовательные комплексы)。

在同时性复合刺激物的场合,我们发现了如下的重要关系。

如果采取两个刺激的复合物,并且如果刺激物只是与个别的分析器有关的,那么,在个别地试验每一个刺激物的时候,一个刺激会差不多地或完全地掩蔽另一个刺激物的条件作用,不管该复合刺激物的反射所受的强化处置是多么长久的。皮肤机械性刺激掩蔽皮肤的温度刺激,而声音刺激掩蔽光的刺激。

琶拉定(А. В. Палладин)实验 他用皮肤寒冷刺激(冰溶解时的温度)和皮肤机械性刺激形成了同时性的酸反射。现在既试验这复合刺激物,也个别地试验每个刺激物。

表 59

时 间	条件刺激物	唾液量(1分钟内)/毫升
11点15分	机械性刺激	0.8
12点45分	寒冷刺激	0.0
1点10分	机械性刺激+寒冷刺激	0.7

泽廖尼(Зеленый)实验 他用调音管 A_1 音(这调音管被放在填满棉花的木箱里,因此所发的音很受着限制)和放在稍稍黑暗的室内狗嘴前方3个小电灯(每灯16支光),两者的同时性作用形成了条件食物性反射。

表 60

时 间	条件刺激物	唾液滴数(30秒内)
3点37分	音+电灯	8
49分	电灯	0

当然,此地被掩蔽的刺激物,如果个别地被应用于条件反射的形成,也可能具有充分的效果。

怎样解释刚才所记载的这个事实呢?从属于一个分析器的各种不同的动因之中,采取若干的动因而做复合刺激物的实验,可以有理由地提出一个可能的假定。譬如现在使用强度几乎同等的两个声响做成一个复合刺激物。当这一复合刺激物的条件反射已经成立的时候,我们个别地试验这两个声响的作用。这两个声响的效果是同等的。如果用强度很有差异的两个声响作为一个复合刺激物而形成条件反射,那么,弱的声响的单独作用或者非常小,或者完全缺乏。

泽廖尼实验 对于一只狗形成了复合性食物反射。刺激物是哨笛的强音和调音管 dis_1 音两个声音,而这两音的强度,听起来是几乎同等的。在个别地检查这两个刺激音反射效果的场合,每分钟的唾液量都是19滴。对于这只狗又形成了另一个复合刺激物,其一个成分是同样的哨笛音,而另一个成分是调音管较弱的 a_1 音。在个别地试验这两音效果的时候,在30秒钟里,哨笛音引起唾液7滴的分泌,而 a_1 音只引起1滴的分泌。

在这些实验里很显然的事实是,一个刺激物所受另一个刺激物掩蔽的程度,是决定于两个刺激物强度的差异的。在使用属于不同的分析器的一些刺激物所构成的复合刺激物的场合,上述的假定当然也是适用的。按照这个假定,在我们所做的实验里,皮肤机械性刺激总是应该强于皮肤温度性刺激、声音刺激强于光线刺激的。这个重要的假定必须应用复合刺激物而加以检验，该检验用的复合刺激物是由各种不同分析器的刺激物的互相复合而成立的，而各刺激物的强度也彼此非常不同，譬如须要把一个最弱的声音刺激物与一个最强的光线刺激物互相结合。

在一个同时性复合刺激物的场合，一个刺激物为另一个刺激物所掩蔽的事实，具有若干有趣的详情。

往往一个复合刺激物的作用量与该复合刺激物内较强成分的一个刺激物的作用量相等，就是说，弱刺激好像是完全为强刺激所掩蔽而消灭。并且如果较强的刺激物虽然间或地、单独地被重复应用而不受无条件刺激物的强化，但只对复合刺激物不断地加以强化，那么，该较强的刺激物就单独地完全失去作用，而复合刺激物却保存它通常的作用量。所以，在复合刺激物的场合，较弱成分的一个刺激物总是具有意义的，不过其意义是潜在的而已（琶拉定实验）。

别的一个事实［彼累里茨凡格（Перельцвейг）研究］是在第四篇讲义内已经举出的。如果复合刺激物中一个成分的刺激物是作用薄弱的或是完全不具有作用的，如果该刺激物重复地以短的间隔时程（数分钟）被应用多次而不并用无条件刺激物加以强化，就是说，使该刺激物的作用消去，那么，强成分的刺激物的作用会多少第二次地消去，同时甚至于复合刺激物的作用又会第二次地多少消去。所以也在这个实验里，似乎本来无作用的成分，由于反射消去处置的结果，变成一个引起显著制止性作用的动因。

在直到现在我们所做的唯一的毫无非难余地的一个实验里，还可以发现如下的一个情形。如果属于不同分析器的几个动因，起先都受一定的处理而各成为条件反射刺激物，其次各动因又被共同地应用，就是说，使各该动因成为一个复合刺激物，那么，纵然尽量地重复地应用这复合刺激物，也几乎不致发生一刺激物掩蔽另一刺激物情形。因此可以得到一个结论，就是在一个复合刺激物之内，如果该复合刺激物起先是由几个无关动因而形成的，那么，强有力的一个动因即刻不让较弱的动因与无条件反射中枢适当地构成强有力的联系。

掩蔽作用的机制当然应该当做一个制止过程看待。关于这掩蔽作用，在以后讲义中的一篇内会特别加以分析，而该篇主要着重于我们资料的一般检讨的。

由上文所引证的掩蔽作用的各事例显示，在大脑皮质各种不同细胞彼此之间存在着相互作用，而这个相互作用就是在各皮质细胞同时受刺激时所产生的各过程的融合现象（слитие），即综合的作用。如果一个同时性复合刺激物内的各个刺激物是属于一个分析器，并且如果其时各刺激物的强度相等，那么，这样所产生的综合作用似乎是不显明的。然而在这样的一些场合，为什么也没有累积作用（суммация）的表现呢，为什么一个较强成分的单独作用却等于该复合刺激物的效果呢？可是在一个新的实验条件下做如下的变式实验的场合，一个分析器所属的各刺激物的综合作用就非常明了。最初在泽廖尼的一些实验里有如下情形出现，以后在马努伊洛夫（Мануйлов）和克雷洛夫（Крылов）两人的一些实验里，又再证明了如下的情形是常见的现象。这是与刚才所谈及的复合物有关的。我们可以不十分费力地达到一个结果，就是复合刺激物的作用会继续存在，而其各成分的个别作用却会消失，并且这些原来的阳性刺激物会变成阴性制止性刺激物。当然，复合刺激物须要不断地受着强化，而该复合刺激物的各成分却无强化地个别地重复被应用着。于是就会达到上述的情形。实验也可以在相反的方向上进行。可能使用这个方法而使复合刺激物成为制止性,同时使该复合刺激物的各成分成为阳性。

我们姑且不作上述事实的讨论而先着手于在时间上是后继性的各复合刺激物的说明。在这类复合刺激物的场合,上述的同一现象会发生,可以说,其发生的形式是比较更精微的。我们实验过的这一类复合刺激物是非常多种多样的。或者某一个复合刺激物的成分只是一种刺激物(一定的音)。该刺激物的应用时间是 1 秒钟,反复地应用三次,并且在第一次与第二次应用之间,有 2 秒钟的休息,在第二次与第三次应用之间有 1 秒钟的休息,以后这三个刺激的一组刺激每隔 5 秒钟再重复应用一次,并且并用无条件反射。而在另外的一些实验里,复合刺激物是由 3～4 个刺激物而成立的,而这些个别刺激物虽然彼此并不相同,但却都属于同一个的分析器,各刺激物以一定的顺序互相衔接,并且各刺激物的作用时间是一定的,休息时间也是一定的。譬如,使用 4 个音——до,ре,ми,фа 做实验,或者应用杂音,两个不同的音及电铃。最后所用的复合刺激物是由于 3～4 个刺激物而成立的,但这些刺激物各属于不同的分析器,而各刺激物的作用时间与休息时间却都是相同。从这些一切的复合刺激物,反射都容易形成,并且在反射相当地被应用以后,该复合刺激物的一切成分都各与其强度及种类相符合地显出阳性的条件作用。

其次,我们着手检验这些复合刺激物的变动。在第一个场合,把复合刺激物内的休息时间的位置更动了,就是把较长的休息时间插进于第二音和第三音之间。在其他各实验的场合,变动了各个别刺激物彼此间的顺序,或者是全部的变动,使顺序完全相反,或者在 4 个刺激物的场合,只将中间两个刺激物的位置变动。有了这样变动的各复合刺激物,在再三重复进行实验的时候都不并用无条件反射,但只不断地强化原有初期排列的复合刺激物。在最后的结果里,原有排列的各复合刺激物都对其次各具有变动的刺激物发生了分化现象,有变动的各复合刺激物都失去了阳性的条件作用,成为阴性制止性的东西[巴勃金(В. П. Вабкин)、斯特洛冈诺夫(В. В. Строганов)、格立戈洛维契(Л. С. Григорович)、伊凡诺夫·斯莫连斯基(А. Г. ИвановСмоленский)、尤尔曼(М. Н. Юрман)诸人的实验]。

尤尔曼实验 阳性食物性条件刺激物是由于电灯的开亮、电皮肤机械性刺激(皮)及水泡音(水)等三个刺激物而成立的;制止性复合刺激物是从水泡音、皮肤机械性刺激物及电灯的开亮等而成立的。

表 61

时间	条件刺激物	唾液滴数(30 秒内)	备考
11 点 38 分	电、皮、水	10	强化
45 分	同上	11	
57 分	水、皮、电	0	不曾强化
12 点 13 分	电、皮、水	7	强化
22 分	水、皮、电	0	不曾强化
32 分	电、皮、水	5	强化
45 分	同上	7	

伊凡诺夫·斯莫连斯基实验 阳性食物性条件刺激物是由嘘音(嘘,шипение)、高音

(高)、低音(低)及电铃音(电)等而成立的。制止性复合刺激物是由嘘音、低音、高音、电铃音等而成立的。

表 62

时　　间	条件刺激物	唾液滴数(30 秒内)	备　　考
3 点 10 分	嘘、高、低、电	4	强化
17 分	嘘、低、高、电	0	不曾强化
27 分	嘘、高、低、电	3	强化
32 分	同上	4	
38 分	嘘、低、高、电	0	不曾强化
46 分	嘘、高、低、电	2	强化

在这些场合,尤其在其中的若干场合,制止性反射的形成是非常迟缓的。虽然相对性的分化过程有时出现很早,但在极端的场合,要在应用几百次以后,才能达到完全的绝对的分化相。甚至于为了要达到课题最后的解决,有时必须先经过比较单纯性复合刺激物分化的阶段。特别困难的是如下复合刺激物的分化,就是如果该复合物由噪音、高音、低音、电铃音而成立的复合刺激物,其中间部位两音的位置有了变动。一切这些分化相都是很不安定的,尤其很困难地形成的分化相更不安定。从一方面说,这些分化相很受多次重复应用的影响;从另一方面说,在做研究期间,如果有很长时间的间歇,这些分化相就或者会减弱,或者会消失。在达到完全分化过程以后,复合刺激物中个别地受试验的各成分丧失了阳性条件作用。

这些事实应该怎样解释呢?由若干同样的刺激物而成立的一个复合刺激物,对于大脑皮质相同的一些细胞所发生的作用,经常在相同的时期以内,可以成为性质不同的刺激物,在这些皮质细胞内或者引起兴奋性过程,或者引起制止性过程,这是怎样发生的?一个复合刺激物具有两种不同的作用,这是由于什么原因而产生的?如事实所证明的,受着刺激的皮质细胞活动的综合作用,可能是唯一的原因。在被给予的条件之下,各神经细胞必须互相结合而形成一个复杂的单位,这是我们由于各条件反射形成时必然的事实而能了然的。此时必然发生的是各兴奋着的细胞彼此间的影响,也就是它们彼此间的相互作用,这是在同时性复合刺激物的场合很明了地显现的事情。在后继性复合刺激物的场合,这种相互作用必定是更复杂的。每个细胞对于其次被刺激的细胞所发生的影响,是由于前者本身更前位的细胞对于该前者本身的影响而有差异的。所以,一个复合刺激物中各个刺激物排列的次序及各刺激物间的间歇必定是些因素,具有决定某一个复合物最后结果的能力,并决定复合物作用的总和(可能也具有质变的能力)。而且我们已经知道,一个刺激的各种不同的强度可能非常精微地分化,就是说,该刺激的某些强度是与兴奋过程有关,而另一些强度却与制止过程有关。

从上文所述的所有资料可以得一个结论,就是必须把初级的分析及综合与高级的分析及综合互相区别。初级的两种过程(特别是分析的过程)的第一基础是在于分析器末梢部的特性及活动力两者的如何,而高级的综合及分析过程却是主要地由于分析器中枢性终末部的特性及活动而成立的。

利用条件反射的帮助,不但可能,并且必须对于动物的分析器末梢性终末部和中枢性末梢部进行极详细的实验研究。为了证明这样动物实验的广大性,我们可以引证一些如下的事例。

一个课题是如下的,就是要利用条件反射以获得有关亥姆霍兹共鸣学说(резонаторная теория)的实验资料:能不能利用考尔铁氏器官及基底膜(membranae basilaris)一部分的破坏手续以引起一定音的消失?以这个目的,安德列耶夫(Андреев)做了一个实验,并且该研究还是继续着的。实验如下。他应用了两个器械所发出的一些纯音做实验:一个器械的纯音是每秒钟振动 100~3000 次,另一个器械的纯音是每秒钟振动 3000~26000 次。对于一只狗,形成了各种不同的食物性条件反射:如皮肤机械性刺激,光线刺激,以及各种不同的声音刺激(电铃、拍节机响声、杂音及许多纯音)。起初先把一侧的耳蜗完全破坏。在手术后的第六天做第一次试验的场合,所有一切的声音条件反射都是存在的。其次,在另一侧再做第二个手术(1923 年 3 月 10 日),打算只除去低音阶的部分。对于耳蜗的骨部,在其中部与下部的境界上,用钻子加以破坏,并且用细针破坏了基底膜与考尔铁氏器官。已经在这手术后的第十天,全部的各声音刺激物依然是具有作用的,只是每秒钟 600 次振动以下的低音刺激却不发生作用。但在手术后 3 个月以内,每秒钟振动 600 次以下乃至振动 300 次若干以上的低音也渐渐恢复作用。在手术后一年以内,做了许多实验的结果,已消失的上部音的限度是每秒钟振动 309~317 次。因为我们没有每秒钟振动 100 次以下的纯音,所以不曾能够确定已消失的下部限界。

这些试验最后时期的两个记录如下。

表 63

时　间	条件刺激物	唾液滴数(30 秒内)	备　考
1924 年 3 月 17 日实验			
6 点 08 分	拍节机响声	13	
19 分	振动音(每秒 330 次)	8	有食物性运动反应
25 分	同上	8	
1924 年 3 月 19 日实验			
5 点 35 分	拍节机响声	7	有食物性运动反应
39 分	同上	9	
45 分	振动音(每秒 315 次)	0	无运动反应
6 点 17 分	拍节机响声	5	有食物性运动反应
24 分	振动音(每秒 315 次)	0	无运动反应
32 分	拍节机响声	8	食物性运动反应

不曾做组织学的研究,狗还活着。

显然,我们这个肯定性的实验与卡里谢尔(Kalischer)的否定性结果的实验是相反的。

另外一个课题是与如下问题有关的:对于声声位置的分化,大脑两半球的协同作用是必需的吗?贝可夫(K. M. Быков)的一些实验解决了这个问题。切断了狗的胼胝体(corpus callosum)。在动物恢复健康以后,着手于食物性条件反射的形成。这条件反射的形成并不曾有任何异常,并且与正常动物的场合相同地成立得很快。这只狗的反射是每秒钟 1500 次的振动哨笛音的反射。装在厚纸盒里的哨笛,固定于壁上,其高度是动物左耳的高度，左耳与壁的距离是一定的。在第 8 次应用的时候，反射发生了；在第 70 次应用的时候；反射达到最大的数值，并且成为恒常的反射。以后该哨笛完全同样地被放在狗的右侧。在此位置之下，哨笛音的应用并不并用无条件反射。于是有时在右方、有时在左方应用该笛音，努力于分化相的完成。可是在右侧这样声音的实验重复到 115 次，依然不会获得任何分化的征兆，所以没有再继续做这个实验的理由。所以必定要达到一个结论，就是大脑两侧半球的联合工作对于声音位置的分化是不可缺的。

现在举出上述实验中的一个。

表 64

时　间	条件刺激物	唾液滴数(30 秒内)	备　考
3 点 40 分	左侧笛音	9	强化
4 点 00 分	同上	14	
20 分	右侧笛音(第 112 次实验)	14	不曾强化
35 分	左侧笛音	12	强化
46 分	同上	13	

对于这只狗，其他各种分化的形成是容易而迅速的。在其他一些正常狗的场合，音响位置的分化相形成与其他分化相形成一样，没有任何困难，在反复数次实验以后就会成立。

在知悉本讲里及以前各讲里所引证的一切事实以后，可以达到一个不容怀疑的结论，就是直到现在构成所谓感觉生理学范围以内的一切问题，事实上都可用动物条件反射的实验而获得解决。亥姆霍兹的有名的“无意识的结论”(参看他的生理学的光学)不就是些真的条件反射吗？现在我们采取优美地表现的浮雕图的简单事例吧。从浮雕出发的皮肤机械性刺激与运动性刺激是最初的基本的刺激，而光刺激是由浮雕的或多或少地照明的地位，乃至或多或少暗化的地位所发生的刺激，也就是一种信号性的刺激。这种信号性的刺激如果与皮肤机械性刺激及运动刺激同时发生，以后才有重要的意义。其他在狗的身上所做的客观性的一些实验都可以完全说明感觉生理学的许多事实，这是在今后的讲义内会再谈及的。

第九讲

· *Lecture Ninth* ·

在大脑两半球皮质内神经过程的扩展与集中：甲、在个别的分析器（皮肤分析器与声音分析器）内的制止过程的扩展与集中

诸位！直到现在，可以说，我们主要地研究了大脑两半球的外在活动，而这种活动是树立生物个体与外界两者间最复杂的、最微妙的关系的。第一，大脑两半球从自然界的无数动因里，只把自然界里比较不多的一些动因对生物个体变成信号，而这些信号化了的少数动因，有些是对个体直接有益的，有些是有害的，都使该个体发生相当的反应。以后如果这些具有条件性作用的各动因不能适应于现实的关系，就不断地受着大脑两半球的矫正，在一定条件之下，永远地或者一时地丧失它们的作用。最后，与不断地、复杂地动摇着的自然界相调和着，成为条件刺激物的这些动因受了大脑两半球的作用，或者被分解而对于生物个体成为极微细的成分（被分析），或者互相融合而成为种种的复合刺激物（被结合）。

现在我们注意于大脑两半球机能的内在机制吧。在大脑两半球发挥上述机能的场合，基本的两种神经过程，即兴奋与制止的两种过程，是怎样进展呢？

第一，此处最先引起我们注意的，就是这些过程如何进行（即运动）的问题，这也就是我们将要研究的问题。

在生理学方面，往往需要研究一组互相近似的许多现象中的各不相同的成员，而其时某一个成员的研究却是对于研究者，较之其他一个成员比较地更便利，这是常有的情形。在我们的研究的场合，内制止过程的研究是占着优势的。同时这制止过程运动的研究也鲜明地说明皮肤分析器对于生理学者所提供的极大利益，因为皮肤分析器具有巨大的、完全可以接近的感受性表面。

现在举出一个基本的出发性的实验。由于这个实验，开辟了大脑两半球生理学的一个重要的新篇章。这个实验和其次的若干实验都是克拉斯诺高尔斯基（Н. И. Красногорский）所做的。

实验 在实验狗一侧后腿上装上一系列的刺激器（5 个），以给予皮肤机械性刺激。各刺激器是从最下者起算，以 3、9、15、22 厘米的距离从足部向上排列，最下的刺激器是应用于制止性作用的，而其他 4 个上方的刺激器引起阳性效力。这些各部位的反射是这

样形成的，就是与通常情形相同地，起初在一个部位形成了阳性食物性条件反射。因为初期驯化的缘故，其余的 4 个部位也多少具有阳性作用。以后这 4 个上方的部位的刺激，都不断地并用食物而强化，直到这 4 个部位具有几乎同等的或完全同等的效果时为止；最低部位的刺激，相反地，虽然重复地被应用下去，却不并用食物的强化手续，直到该部位失去一切阳性作用而为制止作用所代替时为止。在下述的记录表里，条件刺激继续作用 30 秒以后，再并用无条件刺激。5 个部位各用数字号码加以表示。由下向上地，最低的部位是 0，其余的 4 个部位是 1、2、3、4，同时上方 4 个部位与最下方相隔的距离，用括弧内数字加以表示。当然，阳性刺激都并用了食物，而制止性刺激却不并用食物。

我们在这个记录里看见了什么？3 个不同的阳性刺激物的试验都显出相等的垂涎分泌的效力，就是 30 秒钟的分泌量都是 5 滴。其次，在完全相等的时间条件之下，就是说，在制止性刺激物三次被应用以后过 1 分钟，再个别地试验各阳性刺激物。于是这些阳性刺激物的效力就完全不同。与制止性刺激物最接近的部位的效力，一次是完全不发生，另一次也几乎没有作用（不到一滴）。其次的上方部位几乎失去了效力的一半，而最上的两个部位，或者保持原有的效力，或者作用反而增大若干。这个实验的意义是很明了的：因为皮肤的各点当然就是大脑两半球皮质内与此相当各点的射影（проекция），所以根据上述实验和与此相同的实验而不能不达到一个结论，就是№0[①] 部位由于刺激所引起的制止过程，在大脑皮质内由与此相当的一点向该点的邻接各点扩布，而各点与制止过程发生点距离越远，所受的影响也就越微弱。对于距离最远的各点，几乎完全没有什么影响。这就意味着，在我们面前的现象是制止过程由出发点向大脑两半球实质的扩展。

表 65

各个别刺激的间隔时程/分钟	条件刺激	唾液滴数(30 秒内)
—	№4(22 厘米)	5
10	№3(15 厘米)	5
10	№1(3 厘米)	5
10	№0	0
1	№0	0
1	№0	0
1	№1(3 厘米)	0
10	№0	0
1	№0	0
1	№0	0
1	№2(9 厘米)	0
10	№0	0
1	№0	0
1	№0	0

① 见附录六，戈绍龙学习笔记的第九讲（本书 p. 313）。

（续表）

各个别刺激的间隔时程/分钟	条件刺激	唾液滴数(30 秒内)
1	№3(15 厘米)	6
10	№0	痕迹
1	№0	0
1	№0	0
1	№4(22 厘米)	7
10	№0	0
1	№0	0
1	№0	0
1	№1(3 厘米)	痕迹
10	№0	0
1	№0	0
1	№0	0
1	№2(9 厘米)	3
10	№0	0
1	№0	0
1	№0	0
1	№4(22 厘米)	5

如果我们应用制止过程的另一个强度，该制止刺激物作用的累积化(суммировать)不是三次而是或多或少的次数，并且所采取的制止过程发展终了瞬间与阳性刺激物开始瞬间两者的间隔时程是与上述实验相异的，那么，当然我们所获得的唾液分泌量的数字是别样的，然而意义却完全相同。与此有关的另一个实验的记录如下。

表 66

各个别刺激的间隔时程/分钟	条件刺激	唾液滴数(30 秒内)
—	№1(3 厘米)	7
10	№4(22 厘米)	6
10	№2(9 厘米)	6
10	№0	1
0.25	№0	0
0.25	№0	1
0.25	№0	0
0.25	№4(22 厘米)	3

这样看来，在间隔时程较小的场合，较强的制止过程，也对于最远隔一点发生显著的影响。

如果在一个实验里，试验各个不同阳性刺激物的作用，而制止性刺激物作用终了后至其次位刺激物的间隔时程是各不相同的，那么，可以完全明了地看见，制止过程起初扩布很远，其次渐渐地离开稍远的各点，最后也离开与出发点最接近的各点。

现在举出与此有关的一个实验。

表 67

各个别刺激的间隔时程/分钟	条件刺激	唾液滴数(30秒内)
—	№1(3厘米)	7
10	№0	0
1	№0	0
0.25	№4(22厘米)	4
10	№0	0
1	№0	0
0.5	№4(22厘米)	8
10	№0	0
1	№0	0
1	№1(3厘米)	2
10	№0	0
1	№0	0
5	№1(3厘米)	3
10	№0	0
1	№0	0
10	№1(3厘米)	8
10	№0	0
1	№0	0
1	№2(9厘米)	3
10	№0	0
1	№0	0
5	№2(9厘米)	8

这样,№4在0.5分钟以后,№2在5分钟以后,№1在10分钟以后,都解除了制止过程。

在几天或几周以内,分化相的实验越频繁,远隔各点制止过程的解除就越快,并且在一个实验里,如果阳性刺激与阴性刺激多次重复地被应用,上述的结果就会有时发生。

值得提及,这些实验多次在许多生人的面前,都有过供览的证明,并且在多人参加的一个医学协会的开会时期也完全顺利地成功。

这种制止过程逐渐从其所暂时保持的各点离开的事实,应该怎样解释呢?这是各点上制止过程的毁灭或消失吗?或者这是遭遇着另外的某一种过程的影响,因而该制止过程仿佛是回到原有的出发点去而集中起来吗?我们注意于一个反复发生的正确而恒常的事实罢。在分化相的应用回数越多及越坚立的场合,完全与此并行地,该分化相的后继性制止就在时间和空间两方面都会减小。由于这个事实的存在,我们自然会倾向于第二个假定,就是说,我们可以假定,这些事实是意味着扩展过程的对立过程——即是过程的浓集(концентрирование),而不是意味着扩展过程的消散或减弱(рассеяние или ослабление),所以这是向某一点的集中或增强(сосоедоточение или усиление)。以后我们将举出有利于这个结论的一些重要事实。

像我们刚才看见的,在克拉斯诺高尔斯基的一些实验里,浓集过程进行是缓慢的,是需要几分钟的。可是在这些相同的实验里，扩展过程的进展却是极快的，因此克拉斯诺高尔斯基不曾能够捉摸住这一扩展的进程，也不曾发现它。

当然，制止过程具有向两方面进行的性质，这是很重要的，所以我们对于这个主题必须利用各种变式的实验而进行研究。第一，引起我们注意的是在条件反射消去的场合所发生的一种制止过程[高冈(B. A. Коган)的实验]，并且我们也利用了相同的皮肤分析器和皮肤机械刺激，而实验的开始手续却是与克拉斯诺高尔斯基的实验相同的。准备先在某一个部位形成酸的阳性皮肤机械刺激性条件反射。其次，该条件反射以驯化的性质，在身体一侧的全皮肤表面都尽可能地形成了同等强度的反射，于是才着手做预定的试验。在预定的某一天，使皮肤的某一个点蒙受刺激的作用，记载其1分钟内的唾液分泌效力，但这条件性刺激并不与无条件反射并用，这样，条件反射就消去了。在每个很短的间隔时程(2分钟)以后，上述的处理手续重复被应用下去，直到刺激效果变成零的时候为止。于是在零相刺激成立后的各种不同时期以内，或者刺激皮肤的这一点，或者刺激另一点，并将1分钟的刺激效力记载下来。这些其他部位的各点，在一定的时间条件之下，也或多或少地成为被制止的状态。引起反射消去的皮肤第一个点，我们把它叫做**第一级的消去**(在第四讲曾经提及这个问题)，而其他各点的消去被叫做**第二级消去**。所以，消去性制止并不是停留于受一定外来刺激影响的大脑内的某一点，而是向大脑实质的各部扩散、扩展的，就是说，此时所发生的过程是与我们在分化性制止过程的场合所见相同的。

很显然，在每个个别的实验里，我们必须更主动地使用皮肤的各部位，以做条件消去的实验，否则我们也许又有分化性制止的形成，会坚固地在该形成的部位保持长时期的效力(几个月)，而不能获得消去性制止。消去性制止的效力在几分钟内，最多在1～2小时以内，在第一级消去的部位会消失。

现在举出说明这种情形的实验。

表 68

年,月,日	条件刺激的部位	零度消去与新部位刺激间的间隔时程	唾液滴数(第一、第二及第三分钟)			制止过程的百分率
		一号狗				
10 XI 1913	左肩		9	2	1	
	同上		2	0	1	
	同上		5	1	0	
	同上		1	0	0	
	同上		0			
	胸左侧	1分钟	1			89
11 XI 1913	左肩		9	1	0	
	同上		3	0	1	
	同上		2	0	0	
	同上		1	0	0	
	同上		0			
	左后上腿	1分钟	8			12

（续表）

年,月,日	条件刺激的部位	零度消去与新部位刺激间的间隔时程	唾液滴数（第一、第二及第三分钟）			制止过程的百分率
			二号狗			
17 Ⅺ 1913	颈左侧		10	2	0	
	同上		3	0	0	
	同上		2	0	0	
	同上		1	0	0	
	同上		0			
	左肩	3 分钟	0			100
18 Ⅺ 1913	颈左侧		9	3	1	
	同上		4	1	0	
	同上		1	0	0	
	同上		0			
	左后上腿	3 分钟	5			45

显然，如果与第一级被消去的地位相隔越远，第二级被消去的部位的制止过程也就越加微弱。

现在，如果在零相消去过程以后经过种种不同的间隔时程而刺激第二级消去的部位，那么，我们会看见，该间隔时程越大，该第二级消去部位的制止过程就会越小。如果条件相反，结果就相反。

现在举出说明这样情形的一些实验。

表 69

年,月,日	条件刺激的部位	零度消去与新受刺激部位间的间隔时程	唾液滴数（第一、第二及第三分钟）			制止过程的百分率
			一号狗			
18 Ⅺ 1913	左前腿		9	2	0	
	同上		3	0	1	
	同上		1	0	0	
	同上		0			
	腹部左侧	60 秒	8			12
21 Ⅺ 1913	左前腿		9	2	1	
	同上		3	0	1	
	同上		3	0	0	
	同上		1	0	0	
	同上		0			
	腹部左侧	30 秒	4			65(见 p. 487)
22 Ⅺ 1913	左前腿		10	2	1	
	同上		4	0	1	
	同上		3	0	1	
	同上		0			
	腹部左侧	15 秒	2			80

（续表）

年，月，日	条件刺激的部位	零度消去与新受刺激部位间的间隔时程	唾液滴数（第一、第二及第三分钟）			制止过程的百分率
		二号狗				
28 XI 1913	左后上腿		10	4	1	
	同上		4	1	0	
	同上		1	0	0	
	同上		0			
	左肩	15 分	9			10
29 XI 1913	左后上腿		9	2	0	
	同上		2	0	0	
	同上		1	1	0	
	同上		0			
	左肩	7 分	4			56
30 XI 1913	左后上腿		8	1	0	
	同上		2	0	0	
	同上		2	0	0	
	同上		0			
	左肩	2 分	0			100

显然，上述的现象就是我们在分化性制止场合叫做制止过程集中的一种现象，因为制止过程与时并进地逐渐离开远隔的各点，而逐渐向出发点接近。

同时在上述实验里还有引起注意的一个详情。对于各只不同的动物，第二级消去各点制止过程消去的速度也大不相同。对于一号狗需要 1 分钟的事情，对于二号狗却需要 15 分钟。当然，这是事情很重要的一面，也就是用数字表现高级神经活动的特色。并且可证明这不是由任何偶然性而产生的影响，因为对于这三只狗做这些实验的时间有几个月之久，可是上述的区别是依然不变的。

在这一系列的实验里（高冈实验），我们能够看见了制止过程扩展的进程，就是说，从出发点开始，制止过程会渐渐地扩散开来。现在举出一些实验。在这些实验里，我们试验了与第一级消去点有种种距离的皮肤各部位的制止过程的状况，并且在第一级消去点完全消去以后，就即刻试验。

现在举出与此有关的实验。

表 70

年，月，日	条件刺激的部位	唾液滴数（第一、第二及第三分钟）			制止过程的百分率
		二号狗			
25 I 1914	胸右侧	12	1	0.5	
	同上	2	0	0	
	同上	0			
	右前趾	11.5			4

（续表）

年，月，日	条件刺激的部位	唾液滴数（第一、第二及第三分钟）			制止过程的百分率
	胸右侧	13.5	1.5	0.5	
	同上	0			
	同上部位的近旁	0			100
26 Ⅰ 1914	胸右侧	12	1.5	0.5	
	同上	0			
	在1厘米距离的部分	0			100
27 Ⅰ 1914	胸右侧	14	2	2.5	
	同上	6	2	0.5	
	同上	0			
	右前趾	13			7
4 Ⅱ 1914	胸左侧	12	2	0	
	同上	0			
	左腕关节	11.5			4
5 Ⅱ 1914	胸左侧	9.5	1	0	
	同上	0			
	左肩	3.5			64

将这些实验的结果与对这同一只狗所做的以前实验的结果比较起来，就显然地证明着，直接地在第一级消去部位的制止过程完全发展以后，只在与此点最接近的各部位也有同样的完全的制止过程，而在较远的部位却几乎没有制止过程的发生，即几乎不能察觉。令人感兴趣的是，应用于这些实验的三只狗，由于所选定的条件的关系，其远隔各点的状况也是很不相同的。一号狗的远隔点不但不被制止，反而表现很增强的阳性效力，而三号狗的远隔点已经有明显的制止状态。

举例如下。

表 71

年，月，日	条件刺激的部位	唾液滴数（第一、第二及第三分钟）			制止过程的百分率
		一号狗			
28 Ⅰ 1914	胸左侧	8.5	1.5	0.5	
	同上	0			
	在3厘米距离的部位	0.75			92
6 Ⅱ 1914	右后小腿	9	0.5	1	
	同上	3.5	1	0	
	同上	0			
	右肩	14.5			条件性兴奋增强60%
		三号狗			
5 Ⅱ 1914	左腕关节	10.5	2	0.5	
	同上	0			
	左后上腿	6			43
11 Ⅱ 1914	左后小腿	10.5	2	0	
	同上	0			
	左后上腿	0			100

以后高冈聚集了很多的数字材料，这当然更详细地说明这三只狗的制止过程的一切进行状况。按照这些资料，情形大致是如下的。一号狗的扩展过程大约需要了20秒钟，而集中过程的时间继续到75秒钟。二号狗的扩展过程在3分钟的时候完结，而集中过程的进行需要了15分钟。三号狗的扩展是4～5分钟，而集中是20分钟。这样看来，这三只狗的制止过程进行的继续时程很互有差异，但扩展与浓集两过程时间的对比却是几乎恒常的，就是浓集比扩展多4～5倍。然而与此有关的这些材料，不能认为是完全不可非难的，因为各条件反射出发点的反射量往往是很不相同的，而且在一些场合，并不曾能够确定这些数字差异的原因。

关于克拉斯诺高尔斯基及高冈两人的实验，请诸位注意于如下的情形。在克拉斯诺高尔斯基若干实验的场合，特别在高冈一号狗的实验的场合(参看1914年2月6日的实验)，很屡屡地在第一级消去部位消去过程完全成立以后，检查远隔部位的场合，该远隔部位的阳性效力不但不曾消去，反而或多或少地，并且有时很显著地增大起来。在再下一讲内，我们会详细地认识这个特殊的现象。

关于我们所谓条件性制止的进行[安烈勃(Анреп)实验]，我们也在皮肤分析器上做过实验。当机械性刺激以条件刺激的性质在皮肤的不同部位形成了条件反射，并且各条件反射量相等的时候，如果只在一个部位使这阳性刺激与其他一个分析器有关(电铃)的刺激互相复合，重复地应用下去，并且不并用无条件反射的强化处理，于是这一个部位的阳性刺激就会变成阴性制止性的刺激。在颈部与胸部左侧境界的一个部位构成了这个制止点(№0)，而在肩部(№1)、前腿趾部(№2)、胸与腹的交界部(№3)、腰部(№4)、后肢小腿(№5)及后肢趾部(№6)的各部位，依然都是阳性作用的各点。实验的进行情形是如下的。在一个预定的实验里预先检查了一个一定部位的完全阳性条件反射量。其次就应用制止性复合物，以后以各种的间隔时程，重复地应用这阳性刺激物。在个别的各实验里，对于其他的各阳性部位，也用同样的手续加以处理。阳性刺激和制止性刺激的继续时间都是30秒钟。结果列于下表。

表 72

部位	0秒	15秒	30秒	45秒	60秒	120秒	180秒
№2	30		54		29	19	10
№1	45		66		39	22	13
№0	91		75		50	37	17
№3	52	58	69	57	45	34	13
№4	37		65		39	22	13
№5	27		57		23	17	11
№6	19	26	31	22	20	10	7

第一个直行是皮肤受刺激的各部位的号码。其他的各直行表示各部位的制止作用量，但这些数字是制止量对于阳性刺激量的百分率。最上的一个横列表示制止性刺激终了后的间隔时程。

如我们在上表里所看见的，在某一个一定点上形成了条件性制止的场合，制止过程起先扩布到一个分析器的全部，而在距离出发点越远的部位，制止过程也就越弱，并且各点的最大制止过程都只在30秒钟以后才能达到，以后各部位的制止过程同时渐渐地开始减弱。只有№0点却是例外地即刻达到最大的数值，而不是逐渐增强的。当然，即在这些实验里，偶然的一些新异刺激也发挥紊乱性的作用，或多或少地，有时制止了阳性的反射，有时使制止性反射解除制止化了。

上述的关于制止过程进行所做的三个系列实验，是与分化性制止、消去性制止以及所谓条件性制止的三种过程进行的问题有关的。由于这些实验而确定了一个事实，第一是，在某一点上以适当的处理而形成的制止过程，会扩展于一个分析器的全部，第二是，这扩展的制止过程又会慢慢地消失。可是在这个事实的详情方面，还有些显著的区别，有时这些区别甚至是本质性的。在克拉斯诺高尔斯基分化性制止的场合，制止过程的扩展是发生于瞬间的，是实验者所不能捉摸的，不过集中过程的进行却需要一定的时期。在高冈实验的场合，制止过程也是慢慢地散布于整个分析器的，不过比集中过程的发生却是远远更快。这个区别也许可以认为是与发展中的制止过程的强度有关的。克拉斯诺高尔斯基通常地在制止性刺激物虽然即刻发挥完全作用以后(零相)，还把制止性刺激物重复地应用了若干次。高冈在消去过程一达到零的时候就不再应用制止性刺激物了。可是在条件性制止场合的区别，是远远更复杂的、更本质性的。在安烈勃所做的条件性制止实验和克拉斯诺高尔斯基的分化性制止实验两个场合，制止过程都向一个分析器的全部扩展，不过扩布的程度却有不同，可是以后，安氏的实验的制止过程却与克拉斯诺高尔斯基的场合不相同地，在一定的时期以内，又同时在各点上逐渐加强，以达到某一个极大的数值。在极大数值以后，全部各点上的制止过程，又同样地同时渐渐开始减弱。这样看来，在条件性制止的场合，与分化性制止及消去性制止相异地，不曾能够发现从一点向另一点的移行，既不从一个方向移行到另一个方向，也不对出发点前进或后退。

因为在我们面前的这个新范围是越过越广大而越深入的，并且特别有关大脑两半球皮质内神经过程进行的问题是越过越复杂化的——这是我们以后会看见的——，所以我认为，我们材料的说明必须按照历史的顺序(即我们25年间的实验)，因为现在即刻把研究的全部各点都归结于具有联系性的最后的结论，这还是不可能的。

在刚才所记载的安烈勃研究里，已经详细地引证了一个事实，其一部分是其他学者早已发现的。这个事实就是，如果在身体一侧的各个不同的部位形成了阳性或阴性条件反射，并且如果这些反射在制止过程进展的时候发生动摇(特别在安烈勃实验里制止过程的进展上)，那么，在身体另一侧各个相对的部位(симметричные места)并不需要任何条件反射形成的手续，自然会非常正确地有同样的条件反射的出现。关于这个有趣的事实及其一部分的分析是以后会有记载的。

与皮肤分析器的制止过程进行有关的实验相同地，我们试做了耳(即声音)分析器的实验，因为我们假定着，在大脑两半球皮质里也有与耳分析器末梢部相当的射影。以这个目的，我们(马努伊洛夫及伊凡诺夫·斯莫连斯基)采用了各种不同的声音(各种的音、拍节机响声及嘘声)当做一些条件刺激物，先用其中的一个刺激物做反射消去的实验，以后再研究这已消去的刺激物对其他各刺激物的影响。

此地举出伊凡诺夫·斯莫连斯基有关本问题的实验。对于一只狗，用4个音形成了个别的食物性条件反射。4个音都是利用马克斯·考尔(Max Kohl)的变音器

(тонвариатор)而获得的。4 个音是各由两对邻接音而成立的,而这些音的相隔的距离是 3 个八度音程(октава),就是大八度音程的 si(H 123 次振动),小八度音程的 do(C 130 次振动),第三个八度音程的 do 与 re(D 1161 次振动,C 1036 次)。并且也用嘘音及拍节机响声(每分钟 100 次)形成条件刺激物。这实验是这样做的,就是把某一个条件反射消去而达到零相以后,或者即刻地,或者各经过 1、3、5、7、10、12 及 15 分钟,在各个不同的实验里,检查全部其余的各反射。全部的各条件反射都成为制止状态,不过被制止的程度却有不同。一部分的结果如下表。

表 73

		0 分	1 分	3 分	5 分	7 分	10 分	12 分	15 分	
		试验的时间在……分以后								
123 H 音的条件反射消去	130 C 音条件反射	71	95	100	100	—	100	—	65	制止过程的百分率
	1161 D 音条件反射	57	60	86	94	—	53	—	45	
	嘘音条件反射	10	—	50	73	47	—	8	—	
1161 D 音的条件反射消去	1036 C 音条件反射	75	100	95	100	—	91	—	80	
	123 H 音条件反射	67	80	100	90	—	80	—	46	
	拍节机条件反射	5	—	45	73	42	—	0	—	
123 H 音的条件反射消去	拍节机的条件反射	5	—	93	67	42	—	4	—	
拍节机的条件反射消去	123 H 音的条件反射	73	—	100	100	76	—	65	—	

这个表指示着,在一对低音中的一个音被消去的场合,另一个低音的反射就比每个高音的条件反射,更迅速地达到最大的制止过程,更长久地保持这最大量,更慢慢地解除这制止过程。在一对高音中的一个高音被消去的场合,另一个高音的反射也比每个低音的反射,更迅速地达到最大的制止过程,更长久地保持这最大量,更慢慢地解除这制止过程。在任何一个音被消去的场合,嘘音反射的与拍节机反射的第二级制止在各种关系上的表现,都比各音反射的表现更远远地微弱,并且相反地,在嘘音反射及拍节机反射被消去的场合,其他各音反射的第二级制止的表现在一切关系上都是很强烈的。

当然,只从各音消去及消去后检查各音反射的实验说,我们可以多少有根据地主张,制止过程是在声音分析器的脑皮质终末部,即在考尔铁氏器官射影的脑皮质终末部内进行着的。消去了的各反射,一方面对于各个纯音发生影响,另一方面对于嘘音及拍节机响声发生影响——这种互相影响的结果如何,很像是由于这些不同的各种刺激的不同强度而决定的。

我们必须承认,在皮肤分析器方面明了地显现的情形,也在声音分析器的方面足够明了地显现出来,就是说,在一个分析器脑终末部内的制止过程由一点向其他一点的运动,也发生于其他各分析器之内。然而与此有关的证明,受着显然的技术条件的限制,是很困难的,或者甚至在目前是不可能的。如果把这个事实的详细情形能够确定,也许就有一个基础,以说明这些分析器基本性的构成。

第 十 讲

· *Lecture Tenth* ·

在大脑两半球皮质内神经过程的扩展与集中：乙、制止过程向大脑两半球的扩展与集中；丙、兴奋过程的扩展与集中

诸位！在前一讲里，我们着手于大脑两半球内神经过程进行有关的研究了。先从内制止开始，我们做了许多研究，因此我们确信，由于适当的刺激，在一定的点上所引起的内制止起初向该分析器的全体迅速地扩展开来，以后又慢慢地向出发点的方向集中，并且对于这扩展与集中两个方向的进行，甚至也是可能逐步加以观察的。在这篇讲义内，我们将继续研究这种神经过程向大脑两半球全部进行的状况，就是说，我们将研究制止过程由一个分析器向另一个分析器的移动。与此有关的各实验，是及于内制止过程的一切场合的。

在记载分化性制止的时候已经说明，在一个分析器里被引起的制止过程，也会在其他各分析器里显现出来。在有关这种制止过程的各实验里（贝略可夫实验）很明显，在制止过程微弱的场合，该制止过程不会在其他分析器内显现出来，而在制止过程强烈紧张的场合，制止过程就会在其他的分析器内发生，但是其表现的强度比发端的分析器内该过程的强度是大大减弱的。

现在举出这个系列实验中的若干实验。

对于一只狗，形成了各种个别的食物性条件反射，即是用加尔顿笛每秒钟 4000 次的振动音及在狗眼前一个回转物无杂音的运动当做条件刺激物。在 30 秒钟里声音性反射通常引起 11～12 滴的唾液分泌，光性反射引起 7～8 滴的分泌。较低的半音是分化相。

这些实验的意义是显然的。接连两次应用分化音以后过 1 分钟，原来的阳性音（每秒钟 4000 次的振动音）丧失其作用量的一半以上，而光性反射却不受什么损失。在制止过程很累积以后，譬如使用分化音 4 次以后（并且间隔时程更加缩短），经过 1 分钟，光性反射也就被制止了，不过被制止的量比通常量的一半稍强。而在使用分化音 4 次以后，音反射却几乎完全被制止了。

表 74

时 间	刺激物作用(30秒)	唾液滴数(30秒内)
	1911年6月8日实验	
2点05分	振动音(每秒4000次)	12
35分	低半音	0
2点38分	同上	0
39分	振动音(每秒4000次)	5
50分	同上	11
3点05分	低半音	0
08分	同上	0
09分	回转物	7
20分	同上	7
	1911年6月11日实验	
1点35分	振动音(每秒4000次)	12
45分	同上	11
2点00分	低半音	0
02分	同上	0
04分	同上	0
06分	同上	0
07分	回转物	3
25分	同上	7
	1911年6月14日实验	
1点45分	振动音(每秒4000次)	11
2点00分	低半音	0
02分	同上	0
04分	同上	0
06分	同上	0
07分	振动音(每秒4000次)	1
30分	同上	11

完全同样的情形也发生于消去性制止的场合，这是高尔恩(Э. Л. Горн)一些实验所揭示的。在高氏的场合，由于实验上的若干变式，制止过程进行事实的表现是更确实可见的，尤其特别关于制止过程比较早早离开另一个分析器的事实为然。若干的这类实验如下。

对于一只狗，形成了个别的食物性条件反射，有些条件刺激物是调音笛的 cis 音及在狗眼前三个16支光电灯的开亮。

电灯光的条件反射被消去以后，检查对于声音反射的第二级作用。光反射被消去达到两次零以后被放置24分钟，才开始恢复作用。在光反射这样程度的消去以后，即刻就应用声音反射，于是声音反射的效果不过失去原有效果的一半左右。而在另一个实验里，在光反射效果完全消去以后经过3分钟，声音反射已经完全由制止过程解除了。所以，光分析器的制止过程向声音分析器扩展的程度是微弱的，并且很快地完全脱离声音分析器。这制止过程从声音分析器的迅速脱离，并不是因为该制止过程较为薄弱，这是

表 75

时　　间	刺激物作用(30 秒)	唾液滴数(30 秒内)	备　　考
1911 年 12 月 15 日实验			
1 点 55 分	光	9	不曾强化
58 分	光	4.5	
2 点 01 分	光	痕迹	
04 分	光	0	
07 分	光	0	
31 分	光	痕迹	
1912 年 1 月 26 日实验			
2 点 17 分	音	10	强化
32 分	光	8	不曾强化
35 分	光	3.5	
43 分	光	4	
46 分	光	1	
49 分	光	0	
52 分	光	0	
52 分30 秒	音	4	强化
1911 年 10 月 27 日实验			
1 点 25 分	音	12	强化
1 点 37 分	光	11	不曾强化
40 分	光	10	
43 分	光	0.5	
46 分	光	0	
49 分	光	0	
52 分	音	12	强化

由于以后各实验的详细情形而能证明的。在光分析器的方面，各次应用间的一定的间隔时程(3 分钟)，对于反射消去过程的各个阶段，都只引起反射的减弱，而在声音分析器的方面，同样的间隔时程却引起声音反射的完全恢复。此外，在上述的第二个实验里光反射消去的场合，当光反射量已经很小的时候，甚至虽然特别增大了 3 倍的间隔时程，也只能中止了反射量的减弱，而并不曾使反射有任何显著的恢复。最后，第一级反射消去与第二级反射消去两者恢复作用上的区别，并非系于光细胞与声音细胞特性的如何，这是由于我们其他的实验可以证实的，就是在声音反射第一级地消去之后，我们也观察了光反射的第二级消去，然而各种关系是完全与上相同的。因为这些实验与上述实验完全相似，所以我不再加以引证。这样地，我们可以有理由地假定，在第二级被消去场合的分析器里，我们所见的是扩展过程周围部的关系，而该过程从周围部开始倒退地进行，这就是该过程的浓集，这正是与皮肤分析器内的浓集现象完全相同的。

消去性制止向全大脑半球进行的实验，一般地说，我们曾经用种种方法施行过。对于第一级的消去中的分析器，我们采用了两种不同的刺激物(譬如电灯的开亮与在动物眼前的回转物)，先用其中的一个刺激物形成了消去性反射，以后研究同一分析器内及另一分析器内两种刺激物的制止过程。扩展性制止过程被解除的次序如下：另一分析器的反射被解除的时期最早；其次，不久而稍慢慢地被解除的是同一分析器的消去中的第二级反射；最后地很迟地被解除的是第一级已消去的反射。这最后的区别，就是说，属于同一分析器的两种反射（第一级及第二级消去性反射）恢复时间快慢的区别证明着，各种不同的反射在一个分析器内各有区域上的限制，这是我们在前一章的讲义内已经知道的事情。

与条件性制止过程进行有关的一些实验也获得了同样的结果。使用一个外来动因形成了若干条件刺激物的条件制止物，而这些条件刺激物却是属于各种不同的分析器的。就是说，使该一个外来动因与每个条件刺激物都分别地复合起来，重复地应用多次，但每次都不并用无条件刺激物的强化手续，于是每个复合刺激物都变成制止性复合物了。这实验是这样做的。先对这些条件刺激物中的一个进行试验，并记载了它的唾液分泌的效力。其次，把制止性复合物与这个条件刺激物或者与另一个分析器的一个条件刺激物重复应用若干次。在制止性复合物最后一次应用以后，过了不同的间隔时程，再检查第一个条件刺激物的效力，这样，一个实验就完结了。如果制止性复合物里包含着第一个刺激物，那么，该第一个刺激物是后继地非常被制止的，慢慢才恢复原有刺激量。如果属于另一个分析器的刺激物是构成制止性复合物的一个成分，那么，起初受试验的一个刺激物被制止的程度只是很弱的，很快地就恢复原有的刺激量。这个事实意味着，在条件制止性刺激物的分新器内，后继性制止的过程是很显著的，并且继续很久的，但在另一个分析器内，后继性制止的作用很小，并且会迅速地消失。

现在举出德格查来娃（В. А. Дегтярева）实验如下。对于一只狗，用拍节机响声（拍）和几个电灯的开亮（灯）分别形成了食物性条件反射。对于这两种条件反射，用在狗眼前的无声回转物（回）分别形成了条件制止物。这两个条件刺激物和制止性复合物每次作用时间各持续1分钟，而唾液分泌量也以每分钟的滴数记载下来。

表 76

时　间	刺激物	唾液分泌量(1分钟)
1913年5月13日实验		
4点20分	拍	11
26分	回＋拍	3
29分	同上	0
32分	同上	0
35分	同上	0
38分	同上	0
46分	拍	12
1913年5月16日实验		
4点16分	拍	12
22分	回＋灯	4
25分	同上	0
28分	同上	0
31分	同上	0
34分	同上	0
35分15秒	拍	11

在应用了制止性复合物五次以后，该复合物中一个成分的拍节机反射在经过 7 分钟以后才完全恢复了作用；但是在拍节机不参与制止性复合物的场合，只经过 15 秒钟，拍节机反射的作用就几乎完全恢复了。

最后，我们关于延缓性反射所发展的制止过程的进行也做了研究，这是在高度延缓性条件反射的阳性效果延缓的场合，发展于活动时相以前的制止过程。在这个场合，由于制止过程的特殊性，即由于这是一种时相性现象的缘故，我们不能不期待，这制止过程进行有关的各实验会具有若干特色，而事实上也是如此。在各实验狗之间，我们从实验结果看，发现了一个巨大区别。在若干只狗的场合，我们很容易成功地证实这制止过程向其他分析器内的扩展。这是这样成立的。延缓性反射的刺激物的应用，在不活动性时相的时期内就中止，其次，即刻地或者稍迟地，开始应用另一个分析器的一个条件刺激物，其刺激量是预经测定的。这类实验的记录如下（高尔恩）。

一只实验狗有如下的酸性条件反射。延缓 30 秒钟：一个是电灯开亮，另一个是皮肤机械性刺激。延缓 3 分钟的是拍节机的响声。

表 77

时　　间	刺激物	唾液滴数
	1912 年 1 月 26 日实验	
3 点 24 分	皮肤机械性刺激	30 秒钟—9
41 分	拍节机响声	最初 30 秒钟—0 其次的 30 秒钟—1
42 分	皮肤机械性刺激	30 秒钟—4
	1912 年 1 月 28 日实验	
3 点 20 分	电灯开亮	30 秒钟—7
36 分	拍节机响声	最初 30 秒钟—0 其次的 30 秒钟—1
37 分	电灯开亮	30 秒钟—2

结果是完全显明的。拍节机所引起的制止过程，在其作用的初期，由声音分析器而进入于光分析器和皮肤分析器之内了，其影响是，这两种分析器的反射量减少了两三倍。

然而这是一只狗实验的结果。在另一只狗的场合，结果毋宁是与此相反的。在延缓性反射不活动性时相以后直接被应用的条件刺激物，甚至于在反射量方面反而有若干的增大。这个乖异的原因是明显的。在上述第一只狗的场合，在孤立化的不活动性时相与另一个受试验的反射之间，插入了 2 分钟的间隔时程，于是在这 2 分钟以内，活动性时相不曾出现，就是说，制止过程的时相实在是正确地独立存在的，所以制止过程对于另一个反射发挥了后继性制止的作用。在第二只实验狗的场合，条件虽然相同，但在间隔时程内已经出现了活动性时相，于是另一个反射当然不是减弱反而增强了。所以，这只狗的兴奋过程的出现是较早而更强的，就是说，不活动性时相是不曾完全孤立的。并且与这情形相符合的是，一般地说，第一只狗的制止过程比兴奋过程显然地更占着优势。

在前一次和这一次的讲义内，我引用了多数的实验，以说明制止过程在大脑两半球实质内进行的状况。你们也许以为这是多余的。但是我故意这样做了，其目的是要使你们明白了解，我们常常是以多少简单的纯粹的形式，观察了这类现象的。虽然如此，也许可以说,这不过是因为特殊的实验条件或因为动物的特性而在我们面前出现的一种现象的基本性骨干,可是在绝大多数的场合,这个骨干是为许多其他附加成分所掩蔽的,因此全部的实际现象就很复杂化了。

在这些实验时,我们老早遭遇的第一个意外的事情是如下的。

在上次讲义所叙述的有关皮肤分析器制止过程的扩展及集中的各实验里(克拉斯诺高尔斯基),我们遭遇了这样一个意外的事实。在一个实验的准备性试验的场合,与制止点相隔 22 厘米的一个皮肤点受了条件机械性刺激以后,在 30 秒内有 6 滴唾液的分泌,而光性分析器的刺激却引起 5 滴的唾液。其次,制止点再受了 3 次刺激。在这刺激以后,过 1 分钟,再检查视觉刺激的结果,唾液分泌是零,就是说,完全的后继性制止发生了。10 分钟后,再刺激制止点 4 次。再过 1 分钟,与制止点相隔 22 厘米的皮肤部位的刺激却发生了完全的效力,即唾液 8 滴。

同样的事实在我们其他的一些实验里也曾被观察过[彻伯他来娃(Чеботарева)实验]。一只狗具有各种不同分析器的各刺激物的若干条件反射。条件刺激物(拍节机)在与条件制止物(光分析器的)共同被应用的场合不曾引起一滴唾液的分泌。过了一两分钟以后,拍节机单独地完全恢复了它本身寻常的唾液分泌的效力,并且受了强化的处理。以后即刻再检查了皮肤机械性刺激的条件反射和樟脑气味的条件反射,可是这两种反射还是显著地被制止住的。

这样地,可以得一个结论,就是制止过程在某一个分析器内已经形成以后,经过若干时间,该制止过程在该原有的分析器内已经消失,而在其他的各分析器内,经过很长的时间,却依然存在。

可是同时也注意到,上述情形的发生,只限于其他分析器的条件反射是很新的场合,就是说,其他分析器的条件反射或者是刚刚形成的,或者是虽然成立已久但老早不曾应用的,或者一般地说,是弱的反射,即本来是由微弱强度的动因所形成的。因此我们可能想象,原来已被制止的某一点,即使似乎现在从制止过程被解除了,这也并不意味着,该点的区域内已经不再有制止过程的存在。由于一定的一些条件,该点内的兴奋过程可以超过制止过程,于是,可以这样说,该兴奋过程是不为它周围的、已经弱化的制止过程所侵犯的。并且在实际上有一个常见的事实,就是在反射还没有充分集中的场合,或者一般地说,在反射过程薄弱的场合,该反射非常容易地受外制止或内制止的影响,同时,很强的反射却不会受外制止或内制止的影响。关于这样说的、强有力的、充分形成的兴奋点与制止点两者的坚固性和不可侵犯性,我们以后会再讨论。

在起初观察了这些似乎与制止过程扩展和浓集的规律相矛盾的事例的时候,当时做了如下的特殊实验[巴夫洛娃(A. M. Павлова)]。

对于几只实验狗,用各种不同分析器的一些刺激物形成了一些条件反射,同时很小心地注意,使这些条件反射都以相等的回数重复地被应用过。当全部各反射都获得最大效力的时候,使这些条件反射中的一个反射与一个新外来动因互相结合,并且以通常的方法使这复合刺激物变成一个制止性复合物。该制止性复合物,及其条件刺激物,都重复地被应用下去,直到阳性刺激物所受该复合物后继性制止过程的作用限于 2 分钟为止,就是说,在 2 分钟以后,后继性制止对于该阳性条件刺激物不发生作用。当然,在这时期以内，全部各条件反射所受的实际处理都是以同等强度为目标的。以后，全部这些其他的各条件反射才第一次与条件制止物分别地并用而进行试验。结果是，除一个反射以外，这些条件反射都在制止复合物应用以后过了两分钟的瞬间，已经从制止过程被解除了。例外的是一个从弱度光线刺激而成立的条件反射，而这个光条件反射的唾液分泌效力平常就是弱于其他各反射的。因此可以得一个结论，就是同一程度的制止过程对强有力的各刺激物不发生影响，而对于弱刺激物却发挥显著的影响。

然而这只是使制止过程扩展和浓集的事实成为复杂的一个因素。以后慢慢地我们会知道另外一个因素。它具有更大的意义，并且更能搅乱制止过程扩展和浓集两者单纯的进行。关于这个因素，我们会在下一次讲义里报告我们的材料。

现在我转而说明我们关于兴奋过程进行的各实验。我们有关这个问题的研究是非常少的。

我们的第一个关于兴奋过程扩展的实验[彼特洛娃(M. K. Петрова)]是与我们开始制止过程扩展和浓集的研究方式完全相同的。沿着几只实验狗的后腿，从足部开始直达腰部，安置了 5 个皮肤机械性刺激的刺激器，各部位间的距离大约相等。对于一只狗，以最下方的刺激器(一号)的作用形成了条件性酸反射，对于另一只狗，形成了条件性食物反射。因为驯化过程的结果，上部各刺激器(二、三、四、五各号)当然也引起了相当的反射，但是都利用通常的处置而被分化，并且达到作用等于零的效力。于是才着手于主要的实验。起先我们检查了最下方刺激器的作用，就是说，检查 30 秒钟阳性刺激物的作用，其时把每 15 秒钟的唾液分泌量都个别地记载下来，以后再用寻常的办法，使无条件刺激物与该阳性刺激物相结合。经过若干时间，最下方的刺激器又再被应用，不过只是 15 秒钟。在这以后，上部的各刺激器即刻也开始作用 15 秒钟，不过在各实验里，这样地开始作用的刺激器只是一个，或者是较近的，或者是较远的一个。所得的结果如下：在由一号刺激器移行于最近的第二号刺激器的场合，在二号刺激器作用的期间，唾液分泌量普遍减少，但有时却与一号刺激器作用期间的唾液分泌量相等。在由一号移行于第五号的场合，就是说，在移行于最远部位的场合，唾液分泌就非常减少。在同样条件下应用三号及四号刺激器的场合，唾液量是中等度的，就是三号接近于二号，四号接近于五号。在另一个系列的实验里，不仅记载制止刺激物作用期间的唾液分泌量，而且也测定直到分泌期最后的分量。于是远近各刺激器的作用所引起的区别差不多没有例外地更显然可见了。较近刺激器所引起的唾液分泌时间，也比在远隔刺激器的场合，更长而且更显著。

几天实验的资料如下。这只实验狗具有酸条件反射。

表 78

时间	刺激物	唾液滴数(每 15 秒)						备考
		第一	第二	第三	第四	第五	第六	
1913 年 11 月 14 日实验								
2 点 00 分	一号	8	7	—	—	—	—	强化
10 分	一号	7	11	—	—	—	—	
23 分	一号后二号	7	5	5	3	1	1	不曾强化
40 分	一号	4	9	—	—	—	—	强化

（续表）

时　间	刺激物	唾液滴数（每15秒）						备　考
		第一	第二	第三	第四	第五	第六	
1913年11月16日实验								
1点45分	一号	5	9	—	—	—	—	强化
2点00分	一号	3	7	—	—	—	—	
10分	一号后五号	6	2	1	0	0	0	不曾强化
26分	一号	2	8	—	—	—	—	强化
1913年11月19日实验								
1点45分	一号	4	8	—	—	—	—	强化
2点45分	一号	6	7	—	—	—	—	
3点10分	一号后二号	7	5	3	2	1	0	不曾强化
25分	一号	2	8	—	—	—	—	强化
37分	五号	0	0	0	0	0	0	不曾强化
1913年11月21日实验								
1点32分	一号	6	12	—	—	—	—	强化
2点32分	一号	9	15	—	—	—	—	
3点10分	一号	10	13	—	—	—	—	
22分	一号后五号	8	4	2	0	0	0	不曾强化
35分	一号	7	11	—	—	—	—	强化
1913年11月23日实验								
12点40分	一号	7	11	—	—	—	—	强化
1点00分	一号	9	13	—	—	—	—	
10分	一号	10	12	—	—	—	—	
22分	一号后二号	12	8	4	3	1	0	不曾强化
36分	一号	3	9	—	—	—	—	强化
1913年11月28日实验								
1点30分	一号	7	8	—	—	—	—	强化
43分	一号	6	10	—	—	—	—	
59分	一号后五号	8	5	1	0	0	0	不曾强化
2点05分	二号	0	0	0	0	0	0	
18分	一号	2	10	—	—	—	—	强化

这些实验的结果是很显然的。在从第一刺激器移行于第二刺激器的场合，在第一刺激器作用的时期（15秒），按照各实验的顺序，唾液分泌量是7滴、7滴与12滴，可是在二号刺激器作用的期间，分泌量兼后作用量一共是15滴、11滴及16滴；在一号刺激器移行于五号刺激器的场合，在一号刺激器作用的期间，唾液分泌量是6滴、8滴与8滴，而在五号刺激器的作用期间，唾液分泌量及后作用量是3滴、6滴及6滴。在上文的三个实验，这个总量都是很多的，在这三个实验里，这个总量却都是非常微小。在二号刺激器作用以后，后作用继续45～60秒，在五号刺激器作用以后，后作用只继续15秒。但二号刺激器的恒常的制止作用必须是，并且实在是大于五号刺激器，因为如我们已经知道的，**分化相越精细，于是在完全分化的场合必定越有更强的制止过程的发展**。关于二号刺激器的制止作用实在更强于五号刺激器的事实，在本研究里，有过另一些特别有关两个刺激器

后作用制止的实验而加以证实，并且其时也检查了一号刺激器与其他一些分析器的条件刺激物。此地举出一个例子，证明对于同一只狗，在各制止性器械作用后过了 5 分钟，后继性制止对于一号刺激器的影响是如何的。

表 79

时　间	条件刺激物(30 秒)	唾液滴数(30 秒内)
3 点 45 分	一号	12
55 分	一号	18
4 点 10 分	二号	0
15 分	一号	4
20 分	一号	15
35 分	五号	0
40 分	一号	12
45 分	一号	15
50 分	一号	12

二号刺激器的制止过程，经过 5 分钟以后，依然是很强烈的。而五号刺激器的作用在 5 分钟以后，差不多地或完全地消失了。

在这以后，关于上述各实验一系列的结果只可以作如下的说明。一号刺激器所引起的兴奋过程对于最靠近的二号部位比对于较远的五号部位显出更大的作用；换句话说，兴奋过程从它本身发生的部位起，向最接近的各点扩展。

这些实验最近由柏德可莒叶夫(Подкопаев)重复地施行过一次。在狗的身体的一侧，从前腿经过躯干直到后腿的终末部，安置了皮肤机械性刺激的若干刺激器。利用寻常的手续，使刺激器在前腿上的作用变成阳性食物性条件刺激，而使其他各刺激器的作用都变成制止性条件性食物刺激。唾液分泌量每 5 秒钟记录一次。一次是阳性刺激物作用 30 秒钟以后受强化处置；另一次是阳性刺激物作用，不过是 15 秒钟，其后休息 15 秒钟，只在这以后才施行强化处置。这样，既在连续刺激的场合，也在休息 15 秒钟的场合，唾液分泌都是发生的。在连续性刺激的场合，起初 15 秒钟的唾液分泌量对于其次 15 秒钟的分泌量之比是 1∶2.4；在终止 15 秒的场合，这个对比是 1∶1.25。在以后的各实验里，阳性刺激物在作用 15 秒钟以后，利用最近部位的或最远部位刺激器的帮助，交替地施行制止性刺激物作用 15 秒钟的试验。于是在应用最近部位制止性刺激物的场合，起初 15 秒钟唾液分泌量对其次 15 秒钟分泌量之比是 1∶1.35；而在应用最远部位制止性刺激的场合，这个对比是 1∶0.53。

很明显，在此地，正如在前述一个同人的实验里，在阳性刺激终止以后的瞬间(实际上是 0.5～1 秒钟以后)，兴奋过程对于最近的制止点发生了影响，毁灭了该制止点的作用，但对于远隔的部位却没有刺激的作用。

关于这一系列的实验，正和关于其他系列的这些实验相同地，我们不能断定地说，这刺激物的这个进行时相究竟是什么——这是扩展时相呢，还是浓集时相呢？现在正计划着一些实验，使制止性刺激物不在阳性刺激物停止以后即刻就被应用，而是在经过若干秒以后才被应用。

可惜关于这个问题,我们目前所做的特殊实验资料已限于上述的材料了,可是我们还有偶然观察过的材料,显然地,或者很像可能地,对于这个问题具有很相近的关系。

这些个别的场合如下。

我们有一只具有极强烈的警戒反射(сторожевой рефлекс)的狗。经常地研究这只狗的实验者[贝日波卡耶(М. Я. Везбокая)]和这只狗在一个房间里,完全顺利地做狗实验的准备,把狗安置在实验架台上,把各种器械装在狗的身上。条件反射的形成是进行得完全顺利的。但是当一个生人在房间里出现的时候,动物就发生极强烈的攻击性反应。如果生人代替实验者的地位(我就是这样的),攻击反应就更厉害。当我在这样情形之下应用已经形成的食物性条件刺激物的时候,该条件刺激物所引起的唾液分泌量,比在原负责者从事实验的场合的寻常分泌量是显著地增多的,而且狗用极度的肌肉紧张吃给它的食物。但是当我故意态度安静地不做任何动作的时候,动物对我的攻击反应就完全消失了。在狗对我的一切反射之中,只剩下对我不断地注视。并且其时同一个条件刺激物的应用只引起较正常时更少的唾液分泌,或者简直完全不引起唾液分泌。可是只要我的态度稍为自由或者特别地,如我站起来,攻击反应和增强的唾液分泌即刻就会恢复起来。如下的情形是有趣的。如果生人静坐不动,狗也安心地不兴奋着,那么,在条件刺激物以后给予食物,就会在食后的若干时间以内,狗对于该生人显出攻击反应,纵然该生人继续地坐着不动。除了以下的解释以外,这些事实是难于解释的。由于目击生人动作而引起的强烈兴奋,扩展到脑的全部,特别增强了进食有关的脑领域的兴奋性。当外方刺激物减弱而这兴奋过程也减弱和集中的时候,那么,相反地,其余各部分的兴奋性,与安静状态时相较,就是减弱的(外制止的现象)。食物性刺激也具有同样的影响,增高了攻击反应中枢的兴奋性,不过兴奋时间是很短的。

在另一只完全特殊的狗的场合[泊洛洛可夫(И. Р. Пророков)研究],我们也观察了完全相同的现象。对于这只狗,皮肤机械性刺激引起了特殊的非常强烈的运动反应(可能是性的反应,或者是与酥痒感觉相似的反应)。虽然如此,同时却由于机械性刺激形成了条件性食物反射。与寻常的情形显然相反地,从唾液分泌而言,这个食物反射是比其余的各条件反射更强大的。在这个场合,通常在皮肤刺激开始的时候,特殊的运动反应就出现,而经过10～15秒钟以后,这运动反应为一种极强烈的食物性运动反应所代替,这是在其他各条件刺激时所未有的。当我们用了若干的处置(该处置的有趣的说明在以后)以除去这种奇异的反应以后,皮肤机械性条件反射的反应量就与普通时相同,而让各声音刺激物占着优势。这也是兴奋过程扩展的一个明显的事例。

正是这样地,我们想解释如下的一个事实。在由各种不同的食物所形成的若干条件反射彼此互相作用的场合,某些条件反射为其他条件反射所制止的过程不是即刻地而是经过几分钟以后才发生的。可能这样想,起初化学性分析器内直接由某种物质而成立的兴奋点,向邻近各点扩展兴奋过程,于是各该点的兴奋性会暂时地增强,只在以后,兴奋集中于最初一点的时候,制止过程才会发生[沙维契(Савич)实验]。

从同一观点也许可能说明一个意外的事实,就是在华西里耶夫(П. Н. Васильев)的研究中形成各种不同温度性条件反射的场合所遭遇的事实。用零摄氏度的寒冷对于皮肤的刺激形成了条件性酸反射,用47摄氏度左右的温度刺激形成了条件性食物反射。

需要很多的时间，才形成了这些反射。当这些条件反射终于成立的时候，各反射在如下的关系上很不安定。只要几次继续地反复应用条件酸性寒冷反射而同时加以强化以后，应用充分形成的食物性温暖性反射，该食物性温暖性反射就仿佛变成寒冷反射。与此相反的条件也引起相反的结果。这个变化的事实是很显明的、无疑的。反射性质的测定，第一是根据运动反应，当然运动反应在这两种反射的场合是彼此完全不同的：在食物性反射的场合，狗面向着实验者，有时向实验者注视，有时向食物出现的方向的注视，用舌舐动；在酸反射的场合，狗对实验者采取回避的方向，吠叫着或悲鸣着，头部振摇，用舌做吐出的运动。其次，颌下腺唾液的化学性质也是不同：在食物性反射的场合，唾液是非常黏长而浓厚的；在酸性反射的场合，唾液稀薄而像水。我们非常小心地注意于这种差异。这样长远而顽固的两个反射的互相变迁的事实似乎是奇怪的。这个事实也许可以解释如下的。如众所周知的，分配于皮肤表面的寒冷和温暖的各分析器的终末部都是点状而互相交错的。也许可能假定，这些分析器中枢终末部也是密切地互相交错的，并且从我们一些实验[仕序洛(A. A. Шишло)]而实在地知道，寒冷与温暖两种神经性脑皮质终末部，从其所在部位而言，是互相一致的。如果注意于这一点，那么很显然，为什么寒冷分析器的刺激会这样容易地扩展于温暖分析器之内，为什么温暖分析器的刺激也容易向寒冷分析器扩展，并且为什么两个分析器的活动在我们的实验里是如此难于分离的。

在与大脑分析性活动有关的第一章讲义内我们谈及了一个事实。该事实从其机制而言是应该现在说明的，因此我必须再加以说明。这就是一切刚刚被形成的条件反射具有初期泛化作用的事实。也就是说，现在有一个动因经过一定的手续的处理而成为条件反射。其时还有另一些动因，虽然从来不会被应用过，可是因为与上述已形成条件反射的某动因具有同一组属的关系，此时也仿佛具有条件刺激物的性质而自动地发挥条件反射的作用。

我现在举出皮肤分析器的一些实验做例子[安烈勃(Анреп)实验]。

在动物身体的一侧装上了皮肤机械刺激的各个刺激器。零号刺激器被安置在后腿的上部，成为条件性食物刺激物。其他各刺激器安置如下：一号在后腿的终末部，二号在腰部，三号在躯干的中部，四号在肩部，五号在前肢下部，六号在前肢的最下部。这全部各刺激器的作用是自动地，就是说，不预先受任何处理手续地，也带着条件性唾液分泌的性质，并且其时的唾液分泌量，在与零号刺激器相隔越远的部位，逐渐地越加减少。在下方的小表里所举出的平均数字是应用于这种实验的三只狗中一只的唾液量。唾液量是用划度表示的，每一划度与0.02毫升相当。分泌量是各刺激物作用30秒钟的记录。

表 80

部　位	1	0	2	3	4	5	6
唾液分泌	33	53	45	39	23	21	19

各狗的这种泛化作用的坚强度是很各不相同的，并且在实验进行的时候，不一定容易维持这种泛化作用于一定的程度。如果我们试用新的部位，并且每次的刺激都被强化，各反射就都会变成同等的。如果各试验性的刺激都不受强化的处理手续，就会制止过程发展的机会，即有分化相的形成，所以，如果要在这些实验里获得多少正确的结果，就需要重复的应用，才能保证其结果，但在重复应用的时候，必须轮流地使刺激受强化处

理一次，和无强化处理一次才行，或者必须在各次重复应用手续之间安置很长的间隔时程。

泛化现象的机制应该怎样解释呢？最与我们现在的知识相当地，这个现象是可以解释如下的。与感受器的每个要素（成分）相当地，各有其求心性（传入性）神经纤维和大脑皮质里的有关细胞，并且对于感受器内或大或小的一组要素，各有其一组的神经纤维组和皮质细胞组。外方的一个刺激，如果从感受器的一定点或一定部分进入大脑皮质，这并不是停留于脑皮质内有关的一点或一个部分，而是向皮质全部扩展的，并且在与兴奋中枢相隔越远的部位，扩展程度也就越薄弱，这是我们在另一个神经过程，即在制止过程的时候所明了看见过的。这样地，与兴奋的最初一点并行地，因为扩展的缘故，受刺激的各点必定与无条件反射的中心互相结合，因此引起附加性反射（прибавочный рефлекс）的形成。并且如果各兴奋点与外来刺激最初结合点相隔越远，这些附加性反射也就越弱，因为条件效果的强度是与刺激强度有一定关系的。从这个观点而言，库帕洛夫（П. С. Купалов）所观察的事实也与此一致，就是泛化现象的发生和进展都是需要若干时间的，因为较远的反射是比较地微弱的，并且较迟地发生。

我们关于一个分析器内各条件反射初期泛化的事实所做的说明，也许可能适用于痕迹反射时普遍性泛化过程（универсальная генерализация）的事实，即是适用于第七讲内已经记载过的、由刺激物的很迟的痕迹所形成的痕迹反射。在一个无条件刺激物与一定外来动因互相结合很迟的场合，该动因的刺激会向全大脑两半球扩展，所以大脑两半球的任何一点都可以与无条件刺激物的中心相结合。在无条件刺激物很早被结合的场合，兴奋过程的中心就把兴奋向它的本身集中，因此就限制了兴奋过程过广的扩展。

第十一讲

·*Lecture Eleventh*·

兴奋过程与制止过程的互相诱导：甲、诱导相的正性或阳性时相；乙、诱导相的负性或阴性时相

诸位！当我们着手研究大脑两半球机能的内在机制的时候，遭遇的事情就是兴奋和制止向大脑实质的进行。首先，远在以后我们的观察范围，其次进入我们实验范围的事情，就是这两种过程彼此互相刺激的影响。在直接引起兴奋或制止过程的刺激终止以后两过程互相刺激的影响，即发生于该过程开始点的周围部位，也发生受了刺激的原来地位。与盖林格[Геринг(Hering)]及谢灵顿相同地，我们把这种影响叫做诱导相(感应)(индукция)。这个过程是彼此相对的，是互相扬抑的(互相更迭的)(реципрокное)：兴奋过程引起制止过程的增强，并且相反地，制止过程引起兴奋过程的增强我们把前者叫做“诱导相的负性或阴性时相”(отрицательная фаиндукции)，把后者叫做“诱导相的正性或阳性时相”(положительна фаза индукции)，或者简单地叫做负性诱导相与正性诱导相。

诱导相的事实老早就是在我们眼前很明了的，可是像在我们研究时候常有的一种情形，这个事实为另一个观念所掩蔽住，就是，以为神经过程的进行是规则地严格地向前进行的现象，因此我们把诱导相的事实当做偶然的紊乱影响看待，我们以为这是在研究有机体最复杂的这部分机能时候常常发生的影响。起初在高冈(Коган)一些实验里，这一现象才不断地引起我们的注意。如在第九讲内已提及的，在某一只实验狗的场合，在一定部位的皮肤机械性刺激作用完全消去以后，直接地检查了一个远隔部位的结果，该部位几乎每次都是显出兴奋性的增强。然而在弗尔西柯夫(Фурсиков)有计划地热心地开始研究这个现象以前，这诱导相的事实依然是不曾阐明的。

现在举出弗尔西柯夫的一个发端性的实验。对于一只狗的前肢，除其他条件反射以外，还形成了皮肤机械性刺激的条件性食物反射。

对于这只狗的后肢，应用了相同的刺激，形成了分化相，就是说，该刺激变成制止性刺激，并且分化相是完全的，就是说，在给予刺激的时候，没有一滴唾液的分泌。

表 81

时　　间	条件刺激物(30秒)	唾液滴数(30秒内)	唾液反应潜在期
4点20分	在前肢	8	3秒
36分	同上	7.5	3秒
45分	在后肢	0	—
45分30秒	在前肢	12	2秒
58分	同上	5	8秒
5点10分	同上	6.5	5秒

我们看见,在阳性条件刺激物直接地被应用于制止性条件刺激物以后的场合,唾液分泌效果很显著地增大了(几乎增加50%),并且唾液反应的潜在期也缩短了。此外,必须补充地说,动物食物性运动反应非常高度地增强了。

在上述的事例,这事实内在机制的如何是不难于想象的。与后肢皮肤一个部位相当的大脑皮质内的某一个点,因为该刺激的影响的结果,陷于制止性的状态。在该刺激终止以后和在该刺激重复被应用的场合,该点的制止状态依然是不变的,而同时与前肢某一部位相当的大脑皮质内的一点,在制止性刺激停止以后,反而暂时成为兴奋性增强的状态。在此地,明了可见的空间关系使我们能够做了这样简单的说明。可是事情与此不同的是,阳性刺激物与阴性刺激物必须位于脑内同一个点的场合,譬如在一个刺激物,由于该刺激物强度、连续的或断续的特性、应用间歇回数的多少等等而分化的场合。然而即在这样场合,诱导相的事实也同样明了地显现。

此地又举出弗尔西柯夫的实验。对于一只狗,形成了拍节机食物性条件反射,拍节机响声每分钟76次。从这个拍节机响声分化了拍节机每分钟186次的响声,就是说,在这每分钟186次响声的场合,分泌作用和运动作用都是零。

表 82

时　　间	条件刺激物(30秒)	唾液滴数(30秒内)	唾液反应潜在期
5点05分	拍节机响声(每分钟76次)	5.5	5秒
15分	同上	6	5秒
24分	拍节机响声(每分钟186次)	0	—
24分30秒	拍节机响声(每分钟76次)	8	2秒
43分	同上	5.5	5秒
51分	同上	6	5秒

在分化相之后阳性刺激物的作用即刻增大30%,潜在期非常缩短,而运动反应也很增大。

再举阳性诱导的一个例子[卡尔米可夫(Калмыков)实验]。对于一只狗,用强烈光线形成了条件性食物反射,以后再用弱光线形成了分化反射。

表 83

时　　间	条件刺激物(30 秒)	唾液滴数(30 秒内)	唾液反应潜在期
1 点 46 分	强光	14	15 秒
55 分	同上	14	13 秒
2 点 05 分	弱光	0	—
05 分 30 秒	强光	20	4 秒
14 分	同上	11	13 秒
24 分	同上	8	11 分

在这个实验里,直接在制止性刺激物以后的阳性刺激物的作用几乎增强了 50%,潜在期非常缩短,食物性运动反应也非常增强。

我们把这些实验放在眼前,也许就可以提出一个附带的问题:正性诱导的事实不就是我们在有关内制止的讲义里所常常遭遇的解除制止的现象吗?我们应该做这个假定,因为我们考虑着,在阳性诱导的场合有了新的关系,即是有了阴性条件刺激物与阳性条件刺激物的一种新的交替关系(从速度而言),而外界的新奇事物可能引起方位判定反应,就是可能引起解除制止的现象。可是除了正性诱导与解除制止两者在事实的详细情形上具有许多区别以外,上述假定,从动物运动反应的特性而言,就是绝对不能成立的,因为这种运动反应,从最初的一瞬间起,就不是通常方位判定反应,而是该阳性刺激物特有的、明显的运动反应。

诱导性的作用继续多少时间呢?时间是很参差不同的,从几秒钟乃至 1 分钟。这些参差的原因是什么,在我们的实验里,这是不曾十分阐明的。

在证实了正性诱导作用事实的存在以后,现实即在我们面前提供了一个问题,究竟这个事实的详情是怎样,因为诱导现象很不是一个恒常不变的现象。直到现在,我们虽然还不曾完全掌握这个对象,可是有关诱导相出现与否的若干条件是已经多少被发现了。

第一个条件是偶然引起我们注意的。卡尔米可夫在他用条件性食物刺激物——拍节机响声(每分钟 100 次)——做实验的时候,直接在应用了分化的拍节机响声频度(每分钟 160 次)以后,获得了恒常的正性诱导。当他必须在我和两三个陌生人面前做这演示实验的时候,发生了完全另外一种情形:在分化相以后的阳性刺激不是增强而是非常减弱。关于这意外的差异,可以最自然地给出如下解释。我和几个生人的谈话(在声音的关系上,狗与实验者以及我们几个人不会被充分地隔离),对于实验动物是一个外制止的动因,因此减弱了分化相,并且起初显然地把分化过程的制止作用解除了。于是在全实验之中,诱导现象一回也不曾出现。实验如下:

表 84

时　　间	条件刺激物(30 秒)	唾液滴数(30 秒内)	唾液反应潜在期
1 点 27 分	拍节机响声(每分钟 100 次)	15	9 秒
40 分	同上	14	16 秒
47 分	拍节机响声(每分钟 160 次)	8	12 秒
55 分	拍节机响声(每分钟 100 次)	6	21 秒

（续表）

时　间	条件刺激物(30秒)	唾液滴数(30秒内)	唾液反应潜在期
2点05分	同上	23	7秒
15分	拍节机响声(每分钟160次)	0	—
15分30秒	拍节机响声(每分钟100次)	0	—
21分	同上	22	6秒
33分	拍节机响声(每分钟160次)	0	—
33分30秒	拍节机响声(每分钟100次)	4	27秒
42分	拍节机响声(每分钟160次)	0	—
42分30秒	拍节机响声(每分钟100次)	4	26秒
50分	同上	21	7秒

如我们从上表可见的，在这次实验开始以前，分化相本来是完全的，可当我们在场的时候，第一次分化刺激物的应用结果是紊乱的，唾液4滴(应为8滴，见p.496)。以后，分化相的效果又重新成为零，但是在本实验里每次直接在分化相以后的阳性反射都是不曾强化而是减弱，就是说，都是后继性制止的现象。

因此可能达到一个结论，就是制止过程的减弱引起诱导相的消失。为了检验这结论是否正确，就使用另一种办法，即是预先用把狗所厌恶的物质放进狗的嘴里的办法，使以分化相为基础的制止过程因此而弱化了。在实施这种办法以后，就在一个实验的全部经过以内，诱导相一次也不曾被发现过(也是卡尔米可夫实验)。所以正性诱导的发现与否是与制止过程的一定强度有关系的。

与诱导相出现与否有关的第二个条件也存在于卡尔米可夫同一实验之内。因为这特殊的目的，用每分钟160次的拍节机响声形成了分化相，并且在几个月之间，把这分化相重复地应用多次，可是不曾检查分化相的诱导性作用；以后再着手于更精微地每分钟120次响声的分化相的形成，这就是说，这个分化相是更接近于阳性刺激物的(每分钟100次响声)。当其更接近的分化相成为完全的时候，诱导相的检验，获得很明了的结果。

这个实验的结果如下。

表　85

时　间	条件刺激物(30秒)	唾液滴数(30秒内)	唾液反应潜在期
1点17分	拍节机响声(每分钟100次)	12	19秒
26分	拍节机响声(每分钟112次)	0	—
26分30秒	拍节机响声(每分钟100次)	21	6秒
36分	同上	7	22秒

更精微的新分化相的诱导作用达到了77％，并且潜在期也非常缩短。

可是当我们试验较粗的旧分化相的时候，我们相当惊异地一次也不曾发现过诱导的痕迹。于是我们想象，在形成新的比较精微的分化相的期间，较粗的分化相的应用，暂时停止了，这可能有什么意义。因此以后我们确定了10～15天的交替时期，在一个交替时期只应用一个分化相，而在另一个交替时期却只应用另一个分化相。然而这样应用的手续并不曾使事实有任何的变动。下文中的各实验证明着这样情形。

表 86

时 间	条件刺激物(30 秒)	唾液滴数(30 秒内)	唾液反应潜在期
4 月 17 日实验			
11 点 11 分	拍节机响声(每分钟 100 次)	16	8 秒
19 分	拍节机响声(每分钟 112 次)	0	—
19 分 30 秒	拍节机响声(每分钟 100 次)	20	2 秒
30 分	同上	0	—
37 分	同上	4	26 秒
4 月 29 日实验			
11 点 37 分	拍节机响声(每分钟 100 次)	13	9 秒
45 分	拍节机响声(每分钟 160 次)	0	—
45 分 30 秒	拍节机响声(每分钟 100 次)	5	23 秒
55 分	同上	6	23 秒
12 点 02 分	同上	6	17 秒

新的分化相显然地发挥了阳性诱导的效果,旧的分化相却引起显然的后继制止过程。但是如果将新的分化相重复地应用下去,它对诱导作用就会显然地开始减弱下去。

弗洛洛夫(Фролов)用另一个刺激物再做了一次这样的实验。同时还注意于一点,就是除应用另一个刺激物以外,所采取的被分化的制止性动因比阳性刺激物更强有力,这又成为一个区别。他利用了马克斯·考尔变音器的 D 音,并且对该音加以种种的控制使该音发生强弱的差异。在实验的场合,利用了三种强度,即最弱音、中等强度音及强音,用弱音形成了条件性食物刺激物;其次,由这条件刺激音分化了强音。当强音完全成为阴性的时候,再检查了它的诱导作用。

诱导相的第一个实验如下。

表 87

时 间	条件刺激物(30 秒)	唾液滴数(30 秒内)
1 点 28 分	弱音	12
33 分	强音	3
42 分	弱音	11
56 分	同上	11
2 点 08 分	强音	0
08 分 30 秒	弱音	17
18 分	同上	7

在由分化音直接移行于阳性条件刺激物的场合,后者的增大量是 50%。在一个多月内,分化相不断地被应用着。以后再检查的结果,分化相已经不再具有诱导作用了。

实验如下。

表 88

时　间	条件刺激物(30 秒)	唾液滴数(30 秒内)
1 点 41 分	弱音	8
57 分	同上	6
2 点 03 分	同上	9
11 分	强音	0
11 分 30 秒	弱音	6
24 分	同上	6.5

以后着手于由低音向更精微的中音分化相的形成。在第 19 次应用的时候,该分化相已经成立,于是它的诱导作用即刻被检查了。

实验如下。

表 89

时　间	条件刺激物(30 秒)	唾液滴数(30 秒内)
1 点 15 分	弱音	12.5
19 分	同上	11
28 分	中音	0
28 分 30 秒	弱音	17
45 分	同上	9

完全与以前的卡尔米可夫一些实验相同地,旧的较粗的分化相,在重复地多次被应用以后,就丧失了它的诱导作用,而新的较精微的分化相,如果完全形成了,就开始具有显著的诱导作用。

根据以上所述的一些实验不能不达到一个结论。正性诱导是一个一时性的时相现象(временное фазовое явление),就是在神经活动方面有新关系成立的场合,在制止过程完全发展以后,这个正性诱导就会发生,可是在制止过程根本地确立以后,它就会消失。这是一定不变的情形吗?在若干场合,诱导相能保持很久,并且我们不会看见它的消失。从我们现有的材料而判断,这个区别是可以归纳于如下各条件的:制止过程为兴奋过程所迅速代替的情形,是否与刚才所引证的一些实验相同地,发生于脑内的某一个点呢,抑或这两种过程发生于脑内部位与有关皮肤分析器的一些实验相同地是空间地互相隔开的呢?这个问题,必须由一些新实验才能解决,而这类实验也是正在进行之中。

必须补充地说,我们做了一些实验——不止一次地——要在皮肤的一个部位,用皮肤机械性刺激节奏的差异形成分化过程。在这些实验的场合,直到现在,我们不曾发现过任何一次的正性诱导。虽然我们曾经在制止过程有关的皮肤刺激某种频度以后,迅速地无间歇地即刻应用了具有阳性刺激物作用的另一种频度。结果总是一样的,就是后继性制止过程会即刻产生。

诱导阴性时相的事实,就是说,在前位的兴奋过程影响下制止过程会增强的事实,老早我们就遭遇过了,可是这对于我们仿佛是完全不可解的,并且很长久地不曾重新加以检查。只是在比较地不久的以前,我们终于对它发生兴趣,在各只不同的狗的身上,做了多次的实验,才加以适当的分析和估价[斯特洛冈诺夫(Строганов)实验]。

在研究内制止的场合,我们特别研究了一个问题:已经形成的制止过程的除去和破坏是怎样发生呢？我们特别做了有关条件性制止的实验［克尔瑞序可夫斯基(Кржышковский)实验］。用音形成了阳性酸性刺激物，更用通常的手续使该音与皮肤机械性刺激的复合物变成制止性复合物，就是说，只在音单独应用的场合并用酸的注入，而与这阳性刺激物交替地重复被应用的复合刺激物，每次都不并用酸的注入。当决心要破坏这一复合刺激物的制止作用的时候，所采取的破坏手续，从最初起，就与形成手续相同地进行，就是说，与每次受强化处理的阳性刺激物交替地被应用的复合物，现在也是并用酸液的注入。这样就获得了相当地出乎意料的结果。虽然在三天以内，复合物受了10次的酸液注入，该复合物并不曾获得阳性作用而依然是零。

实验如下。

表　90

时　　间	条件刺激物(30秒)	唾液滴数(30秒内)	备　　考
1907年10月15日实验			
10点24分	音	11	每次试验时都用酸液注入
38分	复合物	0	
59分	音	13	
11点11分	复合物	0	
27分	音	10	
40分	复合物	0	
58分	音	11	
12点13分	复合物	0	
25分	音	10	
39分	复合物	0	
55分	音	12	
1907年10月16日实验			
1点34分	音	8	每次试验时都用酸液注入
52分	复合物	0	
2点41分	音	9	
55分	复合物	0	
3点10分	音	7	
1907年10月17日实验			
10点55分	音	7	每次试验时都用酸液注入
11点05分	复合物	0	
25分	音	6	
35分	复合物	0	
53分	音	8	
12点06分	复合物	0	
19分	音	9	

因为这样地我们不曾能够破坏制止复合物，于是在第二天我们改用了另一个方法，就是开始重复地继续应用该复合物，每次并用酸液注入，并且不曾交替地应用条件阳性刺激物。于是制止复合物开始被破坏了，并且破坏得很快。

表 91

时 间	条件刺激物(30秒)	唾液滴数(30秒内)	备 考
1907年10月18日实验			
10点42分	音	10	
52分	复合物	0	
11点04分	同上	3	每次试验时都用酸液注入
17分	同上	4	
30分	同上	6	
41分	同上	6	
54分	同上	8	

似乎是,这两种破坏方法间的区别是显然的,然而即刻产生了一个假定:在应用第二方法的场合,如此迅速开始的和迅速进行的破坏作用不是本来由于第一法的已经应用而有了准备吗?为了检验这个假定的正确与否,制止性复合物再被形成起来,并且在一年之间应用下去,以后就直接再用第二个方法检查了它的破坏。所得的结果如下。

表 92

时 间	条件刺激物(30秒)	唾液滴数(30秒内)	备 考
1908年11月22日实验			
10点43分	音	8	
57分	复合物	0	
11点09分	同上	0	每次试验时都用酸液注入
23分	同上	1	
35分	同上	3	
49分	同上	5	
12点03分	同上	10	
25分	音	14	

现在明确了,这两个破坏方法在本质上是有区别的,可是如上所述,经过了多年以后,这个事实才又成为我们研究的对象。在不久以前,有4只狗被应用于这个实验[斯特洛冈诺夫(Строганов)实验]。这一回的条件反射是食物性的。分化相是由拍节机响声不同的频度或音的种种高度而形成的,以后进行这分化性制止的破坏。应用两种方法所引起的制止过程破坏在速度上的强烈区别,都是经过对于4只狗的全体,多次的试验而无例外地获得证明的。如果连续地应用分化性刺激物,并且每次都并用无条件刺激物,那么,在实行这样手续的一次以后或一般地在几次以后制止过程的破坏就开始显现。如果把条件刺激物与受强化处理的分化相正规地交替应用,破坏作用的发生就很缓慢,有时发生于多次处理以后,甚至有时发生于几十次处理以后。对于各只的狗,起先应用这两个破坏方法中的任何一个。往往对于一只动物,多次交替地应用了这两种方法。当然,在这些实验的场合,破坏后的分化相都是会彻底地恢复的。末了,还做了方式稍稍不同的一些实验。实验如下。

在应用连续的破坏法而分化性制止过程几乎消失的时候,只要再一次使用恒常性阳性刺激物,原有的制止性刺激物就或多或少地,甚至有时完全地恢复制止作用。

对于一只狗，拍节机每分钟120次的响声是阳性条件性食物刺激物，每分钟60次的响声是分化相。在40天以内，这分化刺激物被试验了41次，不曾有一滴唾液的分泌。

表 93

时　间	条件刺激物(30秒)	唾液滴数(30秒内)	备　考
11点25分	拍节机响声(每分钟60次)	0	每次刺激都并用了食物的强化手续
30分	同上	0	
42分	同上	3	
49分	同上	4	
56分	拍节机响声(每分钟120次)	8.5	
12点06分	拍节机响声(每分钟60次)	0	

另一个方式的实验是这样的，就是在实验里开始应用连续性破坏法于分化相以前，阳性刺激物预先重复地被应用三次。这样做，就成为破坏过程进行很慢的条件(在第五次或第六次应用无条件刺激物以后)。

对于另一只狗，应用了与上相同的阳性和阴性条件刺激物，而阴性条件刺激物(分化相)是比较不安的，容易受解除制止的影响。

表 94

时　间	条件刺激物(30秒)	唾液滴数(30秒内)	备　考
12点01分	拍节机响声(每分钟120次)	6	每次刺激都并用了食物强化手续
10分	同上	11	
21分	同上	5	
31分	拍节机响声(每分钟60次)	0	
43分	同上	0	
52分	同上	0	
56分	同上	0	
1点02分	同上	2.5	
09分	同上	2.5	

第三个方式不同的实验是这样的，分化相的破坏是利用交替法的。当破坏作用开始而分化性刺激物的阳性作用成为恒常的时候，虽然也许该阳性作用依然是不很显著，只要接连地应用恒常性阳性刺激物4次，就即刻会毁灭分化刺激物的阳性作用。

除了上述方式的实验以外，我们也应用了其他的实验法[泊洛洛可夫(Пророков)实验]，以达到诱导负性时相的显现。在许多狗具有食物性条件反射的场合，一个实验里的第二个反射在唾液分泌效力的关系上往往是最大的。显然，这是因为在该实验里由于口腔第一个反射性的兴奋而引起了食物兴奋性增强的结果。所以虽然已经形成而尚未坚定的分化相，如果在实验里被放在第二位上，就是说，如果被应用于第一次食物强化手续以后，该分化相就往往会紊乱，成为不完全的分化相，相当地成为解除制止的状态。如果一只狗有若干阳性条件性食物反射，并且如果其中的一个有分化相，那么，可以观察如下的关系。如果在该实验里第一个被应用的是不具分化相的条件刺激物，那么，另一个刺激物的分化相如果被应用于第二位，它就往往显著地解除制止化。在实验里第一个被应用的阳性刺激物具有分化相的场合，那么，该条件刺激物的分化相如果被应用于第二位，该分化相的紊乱是稀有的，并且即使发生紊乱，其程度也是不显著的。现在举出有关的实在的实验：拍节机每分钟 144 次的响声是阳性条件刺激物，72 次响声是分化相；另一个食物性条件刺激物是电铃。如果实验用电铃开始，其次被应用的拍节机的分化相，在 12 例中的 8 例是解除制止化的，并且解除制止的最高值达到 72%。可是如果起先使用阳性的拍节机响声，其次应用分化相的拍节机响声，那么，只是 12 例中两例的分化相是被破坏的，并且破坏的强度不会超过 20%。当然，这两系列的各实验是彼此交替地做的，所以上述的结果并不是因为与分化刺激物多次的应用相当地，它的坚定度越过越强而状态有种种不同的缘故。这个结果同时指示着，至少在某个阳性条件物与其有关的分化相之间，有时特别有诱导过程的存在，而同一个分析器的另一个条件刺激物如果是与分化相无关的，就对于该分化相不显出任何诱导作用。

两种上述方式的实验使我们明了，在一定条件之下，兴奋过程具有促进和增强制止过程的作用，这就是说，诱导负性时相是存在着的。

我们知道了这个负性诱导时相以后，当然要发生一个预想，就是我们以前所谓条件反射的外制止也是一种负性诱导时相。脑内一个点的兴奋过程或多或少地是诱导其他各部位的制止状态的。但在外制止的场合，这问题就复杂化了。需要特别阐明，外制止的现象是发生于大脑皮质里的皮质现象（корковое явление）呢，抑或这类制止过程只发生于脑的下位部分呢，因为在外制止的场合，有两个无条件反射的中枢是参与活动的。在条件反射外制止的场合，两个无条件反射中枢的相互作用必定以制止过程的形式显现出来，这是根据中枢神经系脑下位部有关的各实验而应该加以推定的。并且这类制止过程，当然也许可以当做一种负性诱导看待。可是此地需要我们证明，在外制止的场合，相同的情形也可以归纳于大脑皮质内各个不同点的相互作用。这个证明是很难的。我们做过如下的一些实验（弗尔西柯夫）：用两个无条件刺激形成了两种条件反射，一个是食物性的，另一个是毁灭性的（利用电流于皮肤）。在利用毁灭性条件刺激物而动物一开始防御反应的时候，即刻就使条件性食物刺激物与毁灭性刺激物相结合。这样，在绝大多数的场合，食物条件反射或多或少地被制止着，有时完全被制止着。可是防御反应一经出现，这就意味着，这反应的无条件性中枢也是已经兴奋的，所以，在这些实验的场合，两个无条件反射的中枢的相互作用必定是参与着的。然而在这些实验里，还有一项详情，使我们有理由做如下的结论，就是在各条件反射的各点之间，就是说，在大脑皮质本身里，存在着具有阴性诱导意义的相互作用。如果食物性反射的与防御反射的条件刺激物都属于一个分析器，譬如都是属于声音分析器的，那么，防御反射的形成往往引起条件性食物反射量的减弱；在相反的场合，如果两个反射的条件刺激物隶属于两个不同的分析器，那么，在条件性防御反射成立以后，条件性食物反射的效果量丝毫也不减弱。不仅如此，如果食物性刺激物与毁灭性刺激物在一个分析器内——譬如在皮肤分析器内——的两个不同点上各相结合，那么，就可以观察如下的情形。因为在实验里，有两个或几个食物反应点各以不同的距离与防御反应条件点相隔开，所以结果是，在条件防御反射形成以后，只是与防御反射点最接近的一点的食物性反射恒常地减弱，而相隔较远一点的食物性反射是依然不变的。并且需要注意，较近的食物性条件点也不曾显出防御反射的任何特性，也就是没有任何防御性的运动与食物性反射的混淆。如果外制止只是存在于两个无条件反射中枢之间，那么，分析器内的这样关系是不可能的。

所以，所谓外制止过程也是存在于大脑两半球皮质内各点之间的。既然如此，那么，这种制止过程也许可能是属于负性诱导的定则的，并且应当做与内制止过程相同的东西看待。现在我们正做着一些实验。这些实验可能比较直接地证明一个假定，就是从过程的本质而言，就是说，从物理化学的基本关系而言，内制止与外制止是一个相同的现象。甚至可能在我们最后一次讲义的时候，这些实验会达到一个完全确实的结果。

显然，上述相互诱导的各现象是与现在感觉器官生理学内研究中的一大组的对比现象(контрастные явления)完全相符合的。并且，相互诱导的各现象还证明着一个事实，就是从前以为非用主观方法不能研究的东西，现在利用动物的客观性研究却能够很成功地把它掌握住了。

第十二讲

· Lecture Twelfth ·

神经过程进行现象与其相互诱导相的复合

诸位！在上述最后的三讲里，我们先认识了大脑两半球皮质内神经过程扩展和集中的两个现象，其次，认识了这两种过程互相诱导的现象。这些现象的记载，仿佛彼此之间没有联系，实际上，从这问题的意义而显然，这些现象必定是同时遭遇、互相复合而互相作用的。在我们以前的说明里所记载的这些现象是零碎的，在大脑两半球机能上毋宁是些较为稀有的场合，或者与神经过程的发展和状态的一定时相有关，或者与我们的实验动物的神经系统的特殊类型有关。大概，有时我们本身把神经过程的扩展和集中两现象人工地太简单化了，因为起初不曾想到这两种过程是互相诱导的，这是在前一讲的最初已经提及过的。在我们研究工作开始的时候，我们面临着非常混乱而复杂的各种现象，然而我们决心加以研究，因此对于许多事情不能不故意地掩蔽着自己眼睛，甚至于故意地简直避开最困难的状况，而用一些实验狗代替另一些实验狗。现在已经不是如此。多年的实验结了果实，显出它的力量。现在，动物所表现的一切特性和意外情形都引起我们特别的注意，成为对于我们有兴趣的问题和新的任务。

神经过程的扩展及集中现象，与相互诱导现象的互相结合，成为一个很复杂的问题。这问题的完全了解还是不能不需要很长久的时日的。现在关于这个主题，我们所累积的材料，大部分是断片的，几乎完全无系统的。现在我就转而讨论这些材料。

先开始讨论最简单的场合[克列勃斯(E. M. Крепс)实验]。

一只狗的条件刺激物是皮肤机械性刺激。皮肤的刺激部位是：两个在后上腿(第一及第二点)；腹部(第三点)胸部(第四点)及肩部(第五点)各有一个点，这些都是阳性条件刺激物(无条件反射是食物性的)；后下腿的刺激是制止性刺激，是分化相。分化相是完全的，各阳性刺激的效力也经过一定的处理手续而是相等的。在每个实验的最初，先确定各阳性刺激的唾液分泌反应量；其次应用制止性刺激；在制止性刺激终止以后，即刻地，或在安置各种的间歇以后，检查各阳性刺激的效力。这些研究继续了 5 个月。实验结果记载于下面的两个表内。表内的数字表示各阳性刺激的效力。这些数字是以应用于本分化相实验以前各阳性刺激原有效力做标准而成的百分率。

表 95

	0 秒	5 秒	15 秒	30 秒	1 分	2 分	3 分	5 分
甲表								
第一点	130	—	—	57	68	70	71	100
第二点	125	—	—	48	70	64	73	98
第三点	125	—	—	59	73	84	77	100
第四点	131	—	—	58	60	75	73	100
第五点	126	—	—	56	64	89	86	100
平均数	127	—	—	56	67	76	76	100
乙表								
第一点	133	123	92	53	71	100	85	10
第二点	141	117	92	64	67	110	—	—
第三点	127	—	97	65	98	112	105	98
第四点	145	123	100	77	88	95	81	—
第五点	127	—	90	80	100	105	106	110
平均数	136	121	94	68	85	104	94	103

第一个直行的各数字指示阳性刺激的地位，最上的横行指示制止性刺激终结与阳性刺激开始两者间的间隔时程。甲表表示全部研究期间各实验的平均数字，乙表表示最后1个月间研究所得的平均数字。

甲表内缺乏5秒和15秒间隔时程的数字，因为这两个时程的应用不过是最后一个月研究时期以内的事情。

如你们从上表所看见的，这些实验最重要的结果是这样的，就是直接在制止性刺激停止以后，各阳性刺激的效力是增大的，但在15秒时已经减弱而小于正常值，在30秒时减弱率最大，最后只在第五分钟时才恢复正常的数字。这样地，制止性刺激的后作用的表现，起初是正性诱导，其次是制止过程的扩展，最后是阳性刺激正常效力的恢复。这正性诱导为后继性制止所交替的事实，是你们在前次讲义中实验记录里也可以发现的。该实验记录也确定了诱导正相的事实。以外，在现在的研究实验里，还有如下的详情引起我们的注意。在研究的后期，正性诱导量若干增加了。相反地，与实验的经过并行地，在时间上，后继性制止过程与时俱进地逐渐减弱，但以2分钟为限，而在空间方面后继性制止以最靠近制止点的两点为限。这个有着限界的事实，就是在我们以前讲义内研究各内制止过程的场合所屡屡遭遇的事实的重演。

另一个也很简单的事例是消去性制止过程的实验[柏德可琶叶夫(Подкопаев)实验]。

在有关制止过程扩展的讲义里，我们谈及了高冈的观察，就是在他的各实验狗之中，当一只狗的皮肤某一点的机械性条件刺激完全消去以后，在与此相隔最远的一点上，不断地发现兴奋性的增高，这就是正性诱导。现在对于一只狗，再重复地更详细地研究了这个事实。对于这只狗，研究了条件性皮肤机械性刺激食物反射一次性消去过程(不曾强化过)的结果。它的条件性皮肤机械性食物反射是在身体一侧的若干皮肤部位(8个部位)之上的。在从前肢下部经过躯干直达后肢下部的一条线上，这8个部位排列着。这各部位的刺激效果量都是同等的。其中4个部位的间隔距离个别地是1厘米、43厘米及89厘米。这4个部位都受了条件反射消去的处置。在实验的开始，先确定这些部位中某一部位的正常反射量。其次消去了其中某一个部位的反射，以后以45秒、1分、3分、4分、8分钟的间隔时程，再检查实验开始时最先受刺激的部位。在这以后，再刺激这8个部位中的任何一个，以重新决定当天阳性效果的正常值。这消去过程的实验每隔4～5天做一次，其时我们的预想，以为制止过程是多少安定的。但是这个想法并不曾被证实。然而在实验进行中，制止过程越来越集中，于是其结果的总计不能不用有次序的三个系列，即用三个表加以说明。应用于这些实验的一只狗具有一个特色，就是它的阳性条件效果量是恒常的，所以我们可以利用个别实验的条件效果量而不必利用若干实验的平均值。在各表中所记载的效果量是对每天条件反射标准量的百分率。在戊表里，还添了45秒、1分钟、3分钟的三个间隔时程，因为与实验的重复次数并行地，唾液分泌停止得越快，所以我们就能够更早地检查消去过程的后作用。

表 96

间歇时间	0厘米(消去点)	1厘米	43厘米	89厘米
		丙表		
4分	67%	54.5%	53.5%	61%
8分	85%	80%	65%	52.5%
12分	77.5%	82.5%	93%	83%
		丁表		
4分	87%	88.5%	94%	100%
8分	100%	90.5%	111%	89%
12分	96.5%	100%	100%	118%
		戊表		
45秒	51.5%	112%	100%	85%
1分	100%	117%	112%	71%
3分	91.5%	115%	100%	113.5%
4分	100%	100%	100%	100%
8分	74%	100%	100%	100%
12分	100%	100%	100%	100%

在这些表里我们可以看见，在实验的开始(丙表)，制止过程扩展到最远的一点，并且在消去过程以后过了12分钟，这制止过程的扩展还是很明显的。其次，(丁表)制止过程的扩展已经限于43厘米的距离，并且在经过4分钟以后的该制止量小于前一个实验里经过12分钟同一时相的制止量。现在在最远的一点，在较迟的时候，其效果量与正常值相较，不是减弱而是增大，不过这是稀有的事情而已。末了，最后时相(戊表)的结果是，制止过程后作用只限于第一次消去中的部位，其效果量在时间上有些动摇。除最远一点以外，在其他的各点，甚至在1厘米距离的一点，都在反射消去1分钟以内直到1分钟的最后，效果量或者大于正常值，或者恢复正常值。

在我们面前的现象是正性诱导，起初发生于与制止过程出发点相距较远的部位，其发生的时期也较迟。其次，正性诱导渐渐由远隔部位向制止过程出发点进行，并且在制止过程之后越过越快地出现，就是说，仿佛该诱导在时间和空间两方面都有渐渐克服和压迫制止过程的趋势。

刚刚引用的各实验在其详情方面也是饶有兴趣的。第一，引起我们注意的是皮肤成分极高度的敏感性。仅仅一次停止强化处理，已经对于皮质的巨大区域发生影响，并且其影响是维持得很长久的(12 分钟以上)。第二，在我们面前再一次证明着大脑两半球机能中的各现象的流动性(текучесть)、易变性(нзменяемость явлений)。就是不很显著的影响，在 4～5 天后再重复地发生的场合，会强烈地改动全部的情形(时相的急速变化)。第三，不能不注意，大脑两半球不同各点的状态在时间和空间两方面都显出鲜明的波状性(волнообразность)。譬如在戊表里，第一次消去点在 12 分钟以内有时是被制止的，有时是从制止过程被解除的，同样的情形也可以在同一时间内发现于大脑各点的空间关系上。这是一个重要的事实，是我们以后会常常遭遇的。这个事实是两个对立的神经过程，即兴奋与制止互相接触时保持平衡状态的完全当然的结果。这正与血压第三类曲线的波形完全相等的，而该曲线却是加压神经(прессорные)与减压神经(депрессорные иннервации)两种支配势力互相作用的结果。

对于同一只狗(也是柏氏实验)，在消去达到零的时候，在与消去点最接近的一点上，同样的波状性也会出现。但在最远的一点上，波状性却不能发现。在与最近点相同时期的 7 分钟以内，该远点保持不变的水平，这也许应该认为是波状性表现的薄弱。

实验如下。

表 97

距消去点最近的一点(1 厘米)的情形													
间隔时程	0 秒	10 秒	30 秒	1 分	3 分	5 分	8 分	12 分	15 分	20 分	25 分	30 分	40 分
制止过程	44	12	—	8	41	57	60	16	59	75	88	75	100
离消去点最远的一点(89 厘米)的表现													
间隔时程	0 秒	10 秒	30 秒	1 分	3 分	5 分	8 分	12 分	15 分	20 分			
制止过程	66.5	29	32	40	50	—	73	70	71	100			

制止过程的计算是以残存的正常阳性效力作为标准的百分率。

在制止性刺激被应用以后间隔时程有种种差异的场合，皮肤分析器各点上的波状性，一般地说，兴奋与制止两者间的更复杂的关系，在下述的动物身上被发现了[安德列耶夫(Андреев)实验]。沿着后肢的全长，从大腿上方三分之一的部位直到小腿的下部，安置了 4 个皮肤机械性刺激的刺激器，从上计算起来，是零号、一号、二号及三号。各个器械间的距离是相等的，大约 15 厘米。下方三个刺激器个别的刺激，都是阳性条件性食物反射，而最上位的刺激却是制止性反射，也即是分化相。分化相并不是特别耐久的。这实验的一般经过是如下的。各次刺激的间隔时程总是 7 分钟。实验的开始是条件刺激的电铃声或拍节机响声。其次，随便应用两个刺激器的阳性刺激，再次，才应用一个特别在该实验中受试验的阳性皮肤机械性刺激。于是现在又发动最上部的引起制止过程的刺激器，刺激零号部位。以后以零秒至 12 分钟乃至 16 分钟的间隔时程，再应用在分化相之前的、最后的皮肤机械性刺激，并且由此而检查分化相的影响。影响强度的计算，是用阳性皮肤机械性刺激效果的正常值作为100而成的百分率。所谓正常值就是在分化相以前三次皮肤机械性刺激效果量的平均值。

实验的数字结果如下。

表 98

间隔时程 / 制止过程	0秒	15秒	30秒	60秒	2分	3分	5分	6分	7分	8分	9分	10分
一号点	110	77	90	58	82	62	40	105	93	95	95	100
二号点	83	62	86	40	—	75	27	89	60	—	—	70
三号点	68	24	20	0	25	65	40	50	—	55	—	100

为了更容易地、迅速地了解这些实验里的复杂关系，上述结果用曲线表现如后。

正如诸位所见，由零号部位的刺激所引起的制止性过程对各阳性部位的影响不是相同的，而是大有差异的。最共通的类似性是这样的，就是制止过程迟早会达到一个最大值，而其次却都会消失。并且还有一个类似性，就是同时在各部位都可以发现制止过程的两个最大值：第一个最大值在制止性刺激后的第一分钟的终结时，第二个最大值在第五分钟的终结时。类似性不过如此，以外就也有许多显著的区别。在与制止点最近的第一点的部位，在制止性刺激以后即刻有兴奋性的若干增强，这就是正性诱导。在其他两个点上，没有这正性诱导现象，而即刻制止过程就开始。在第一点及第二点上，制止过程的第二个最大值大于第一个最大值。在第三点上的第一个最大值是完全的制止过程，其时阳性作用完全消失，而第二个最大值是很较弱的。其次，在第一点及第二点上有许多摇动，并且是很强烈的摇动。在第三点上，只是在第三分钟的时期，有了制止过程相当显著的减弱。如果没有这制止过程的减弱，后继性制止过程的进行也许是正规的，正如我们以前在第五讲及第十讲内所知的相同情形。在这第三点上，正如我们以前看见过的，达到最大值的时期比制止过程完全消失的时期短几倍。而在第一点及第二点上达到实

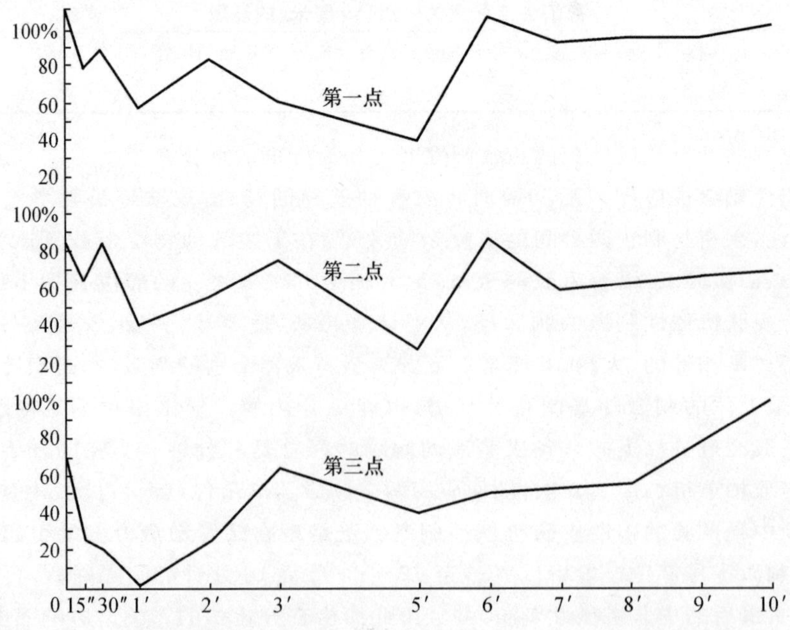

际上最大值所需要的时期，或者与正常兴奋性恢复时期相等，或者稍为小一些。最后，如果计算后继性制止过程的总量，即是如果把表中全部的百分比都加算起来，那么是这样的，就是制止过程的表现在第三点上最强，在第二点上较弱，而在第一点上最弱。

在制止过程影响下，皮肤分析器各点兴奋性的分配是如此复杂的。这也许解释如下，最为适当。就是兴奋性的诱导性增强最显著的部位是与外来刺激引起制止过程的部位最相近的，因为这是互相斗争的波浪最强出现的部位，这就是两个对立过程保持平衡而进行斗争的部位。实际上，在这个部位的诱导性兴奋过程最为显著的情形是由于一个事实而能证明的，即是在制止性刺激终止后，即刻只在这个部位发生明了的正性诱导。在最远的一点上，制止过程的出现是完全不受障碍地，与平常一样地渐渐增强而达到最大值，以后就比较长时间继续地渐渐减弱，直到恢复正常效果量为止。

从这个事例的方法的一面而言，不能不指明，上表所述的平均数值是从个别的各数字所获得的，而在最近点的这些个别数字之间存在着很大的差异，其差异程度远远超过中间一点的个别数字间的差异，特别更超过最远点各数字间的差异。所以，在各点所构成的各曲线之间，虽然有些区别，可是并不十分显著，其原因的一部分可能就因为上述平均值的关系。然而也可能的是，个别数字如此变动的巨大，是由于最近点的兴奋性比较远点的兴奋性更容易动摇的缘故。

最后，我再引用另一只狗的一些实验（柏德可琶叶夫），这些实验显示出我们所研究的关系的巨大复杂性。

在狗体的一侧，沿着一条线上安置了 5 个皮肤机械性刺激的刺激器。5 个部位是前肢下端（零号）、肩部（一号）、胸部（二号）、腹部（三号）、后肢大腿部（四号）。在前肢下端形成了阳性条件性食物反射，在其他 4 个部位形成了同等的制止性反射。在每个制止性刺激器作用以后，即刻地检查阳性刺激器的作用。而在实验的最初，阳性刺激器效力的正常值是已经测定的。用各个制止性刺激器的作用以检查阳性刺激器效力的各实验是完全不按次序施行的，就是有时在这部位、有时在另一部位施行，因此，没有理由认为所得的结果，与实验进行时期中所发生的时相性变动有关。

在表 99 内举出了各个实验和各实验的平均数字。阳性作用的刺激器的效力的计算是以它的正常值做标准的百分率。

表 99

在一号刺激器作用以后	113% 128% 125%	平均值 129%
在二号刺激器作用以后	127% 58% 100%	平均值 95%
在三号刺激器作用以后	100% 100% 100%	平均值 100%
在四号刺激器作用以后	140% 158% 127%	平均值 142%

从上表显而易见，阳性作用部位的状态是种种不同的，其差异是系于在该阳性刺激以前的那一个制止性刺激器的作用。在最近点和最远点受刺激的场合，发生强烈的正性诱导：唾液分泌比正常值显著地增大，潜在刺激期非常缩短，食物性运动反应往往增强，并且最远点的诱导作用多少大于最近点。在第三点上，不会发现任何作用。而在第二点上，可以发现非常混合的情形，就是制止性的作用、正性诱导及无变化的三种情形。在重复施行同一试验的场合，三系列内各个别的数字是大大地互相类似的，因此没有理由可以怀疑其正确性。可以认为同样地信实可靠的是第二点有关的数字，因为第二点是一个移行地带。

应该怎样解释上述结果呢？如果我们认为皮肤各点的线状排列是与大脑皮质内各射影点的位置相当的，那么，上述结果应该是当做如下假定的一个很鲜明的证明，就是大脑皮质的兴奋状态在空间上也是波状性的。我们必须承认，在某个神经过程进行的途中，兴奋性增强的部位与降低的部位是互相交替的，有时是兴奋过程占优势，有时是制止过程占优势。因为这个结论是重要的，所以我们必须还有一些特殊的证明，使我们有关皮肤各点的位置与脑内各一定点位置相当的假定成为一个正确的事实。

在本讲内被引用的全部材料都是多少一致地证明着，在外来刺激的影响之下，尤其在制止性刺激的影响之下，大脑皮质各点兴奋性的变动是波状形地发生的，在不同时期一个点的状态是如此，在同一时间上各点在空间上的状态是如此。这并非一个意外的事情，因为我们有两个无疑的事实是与此有关的，一方面是神经过程进行的事实，另一面是神经过程相互诱导的事实。剩下的一个巨大问题就是有无关于这种情形发生的一个正确的通则：就是为什么有时有波状性的发现，有时却没有，为什么在若干场合扩展着的制止过程发生于正性诱导以前，而在另一些场合却没有该诱导的发生等等的问题。现在我们面临着无秩序地相互交错的、复杂的许多事实。然而现在我们所掌握的材料允许我们做一个结论，就是这个多种多样性是由三个因素的关系而成立的：这就是第一，实验动物神经系的特殊类型；第二，在外来刺激影响下脑皮质内新关系结构的各种时相；第三，结构（установка）的种类，譬如内制止过程的各个事例，由于当时强度（напряженность）及耐久性（стойкгсть）的程度而大有差异。将来完全分析这些关系的严肃的课题是这样的，就是须要在大脑皮质机能的某一定瞬间，正确地决定上述三种因素中每个因素的作用，总计各神经过程动力强度的关系（силовые отношения）。即使在现在，渐渐接近于这问题的解决，这当然也是可能的。在上述各实验里，已经可能指明若干特殊地解决这个课题的手续。而在我们做过的及最近做的一些实验里，这个可能性是更明了的。在上面最后四讲里，我们不断地看见了，在一定点上由相当的刺激而引起的制止过程，只在制止性刺激停止以后，即刻地，或在预先短时间的阳性诱导发生以后，才开始向一个分析器扩展。为什么是这样？这样情形是怎样成立的？为了解答这个问题，显然直到现在，我们所做的各实验在计划方面还是不充足的。

我们检查了一个分析器的其他各点，也检查了其他的一些分析器，可是不像以前所做地，在制止性刺激停止以后，而是在制止性刺激继续进行的背景上检查的，“背景”是第一个研究这问题的柏德可琶叶夫的表现。实验是用 4 只狗做的。我现在先说明有关消去性制止的实验（柏德可琶叶夫）。

在本讲内已经援引了一只狗的有关制止过程扩展的一些实验，而其制止过程的扩展是在条件反射一次不强化以后及反射消去达到零以后所发生的。现在的这个实验也是用这只狗做的。在这个实验里，皮肤某一定地位上机械性刺激的消去过程是完全的。其他点的刺激或者是在与消去点最近的一点上（距离 1 厘米）、或者是在远的一点上（距离 89 厘米）施行的。在制止性刺激继续进行中的第 30 秒，开始近点或远点的刺激，并且这个同时性的刺激也继续 30 秒。在最近点上，这样刺激的效力是正常量的 84.5%，在远点上是 88%，就是说，这是两点相同的。但是如我们以前看见过的，在制止性刺激停止以后即刻刺激最近点与最远点的效力，与此相当地是 44.5%与 66.5%。

为了完全估计这结果的价值，还须要补充地说，在消去点与其他各点同时受刺激的场合，反射的潜在期是比正常时大大缩短的，而运动性食物反应也比平时更激烈。这些情形都是无疑地指明着，除特殊的消去点以外，分析器其他各点都有兴奋性的增强和正性诱导的存在。其他各点唾液分泌效力虽然若干地减少，可是这显然地是应该当做这些点的效力与消去点效力的代数性总和的结果看待。

在这些实验里还有如下的事情引起我们特殊的兴趣。过 2 分钟重复地应用条件刺激而不并用强化手续，这样地形成了皮肤某一定部位的零相消去。在改变方式的这些新实验里，在消去过程第一次达到零以后，还继续施行消去的手续。到第三次零相消去的时候，其他点的刺激也就与消去刺激复合地施行。现在所得的复合刺激的反射效力，大部分是与孤立的阳性刺激效力的正常值完全相同的。这就意味着，制止过程的深化，即制止过程的强化，引起了较为更显著的正性诱导。与此并行地在这些实验里，如下事实的比较也是值得注意的。如我们看见的，在这只狗的场合，在零相消去以后过两分钟，皮肤分析器的扩展性制止过程还维持着不少于完全制止过程的 50%的反应水平，而在消去点第三次零相时候（在前一次消去经过 2 分钟以后），对消去点及其他点应用同时刺激的场合，其他各点就毫无制止的征兆。所以，在重复地应用制止性刺激的期间以内，制止过程又再集中于这刺激点之内了。

在柏德可琶叶夫同一个研究里，在另一只狗试验的场合获得了同样的成绩。对于这只狗，除其他反射以外，形成了阳性一定音的食物条件反射及阳性拍节机食物条件反射（每分钟 120 次响声），并且形成了制止性条件反射（拍节机每分钟 60 次响声的分化相）。在这分化性制止的背景上，9 次试验音的效果，只有一次是微微被制止的，4 次是正常值，而 4 次甚至于很显著地超过了正常值。

在与这主题有关的如下实验里，使用了两只狗。对于一只狗［高洛文那（В. П. Головина）实验］，形成了如下的许多食物性条件反射：其中，阳性反射的条件刺激物是拍节机、一定音、哨笛、一定地点上电灯的开亮、皮肤机械性刺激等等。3 个制止性的分化相是拍节机响声次数的改动、另一皮肤部位的机械性刺激及另一点上电灯的开亮。当这些全部的反射都完全形成的时候，把任何一个阳性刺激与 3 个制止性刺激中的任何一个同时应用起来。全部的这些试验都产生了完全同样的结果。这些复合刺激物中各肠性刺激物的效力都与正常值相等或较为若干增大，并且往往潜在期也缩短。

在另一只实验狗的场合［巴夫洛娃（Павлова）实验］，也在许多条件反射之中，有如下的阳性反射，即哨笛、水泡音、皮肤机械性刺激。制止性条件反射是拍节机响声的分化相。在这只动物的各实验里，上述阳性刺激中每个刺激与同一制止性刺激的并用都重复若干次。此地所得的结果与上述结果多少不同。虽然在大多数的场合，潜在期也缩短，但是如果与孤立的阳性刺激效力数值相比较，复合刺激物的效力是几乎恒常地较小的，往往是很减少的。这就意味着，这只狗神经过程的集中是比较不完全的。

需要补充地说，这最后的两只狗显然属于神经系统两个相异的类型。虽然前一只狗的分化相是一般地很稳定的，不受复合刺激物的影响；而第二只狗的分化相本身往往是不完全的，并且在与阳性刺激复合以后，往往会紊乱。

这最后系列的各实验显然地一方面揭示着，在一定点的制止性刺激的影响之下所发生的正性诱导会限制制止过程的扩展；在另一方面证明着，兴奋过程与制止过程之间的相互作用，有时决定于大脑皮质内新关系构成时的时相（柏德可琶叶夫实验），有时决定于各只不同动物神经系统的类型（高洛文那及巴夫洛娃实验）。

第十三讲

·Lecture Thirteenth·

镶嵌细工式的脑皮质①：甲、大脑皮质机能镶嵌细工性的事例及其最简单的成立方式；乙、大脑皮质各点生理学作用的易变性；丙、若干点的安定性——大脑皮质当做联合的、复杂的力学系统

诸位！如根据直到现在的一切记载而显然，自然界无穷尽的现象不断地利用大脑两半球装置的作用，有时形成阳性条件反射，有时形成阴性条件反射，因此就决定一个动物一切活动的条件，也就是决定动物每天行动的条件。对于这些反射中的每个反射，在大脑两半球皮质内必定有一个作用点，就是说，必定存在着有关的一个细胞或一组的细胞。皮质的这样一个单位与生物个体的某一个活动互相联系，而另一个这样单位却与另一个活动有关。一个这样的单位点引起一个活动，而另一个单位点却对该活动加以阻止或压迫。这样，大脑两半球必定是壮丽的镶嵌细工式的东西，也是一个壮丽的信号用的板。并且在这块板上保持着大量准备用的各点，以形成新的信号性条件刺激物；此外，原来已在活动中的各点，往往在与生物个体的各种活动的联系上，在各种活动生理的意义上，或多或少地蒙受一些变化。

从解剖学的方面和生理学的方面说，即使在现在，这种构造上镶嵌细工式的机能，也是一部分可以发现的。感受器（рецепторы）在构成上有极多的要素，而大脑皮质细胞不仅极多，并且其大小、形态和位置也是非常多种多样的。这都是与这镶嵌细工性的需要很相适合的。现代大脑皮质生理学所确定的中枢局域地位，虽然是比较粗陋的指定部位，却与上述的镶嵌细工式的需要相一致。然而从全体而言，有关皮质机能性境界限制的问题，当然是一个复杂无比的问题。现在不过才能开始第一步的实验办法，以研究这问题最简单的各方面。然而即使在这个阶段，问题的对象还是复杂的，在研究方面是具有巨大困难的。姑且假定，至少在若干场合，把根据纯粹解剖学的皮质机能性的分界作为是可能的，就是说，假定与个别的感受器各要素相配合着，而有个别的皮质细胞的存在。可是我们从条件刺激物初期泛化的事实而知道，刺激起初必定从出发点扩展开来，侵袭其

① 本人译为"镶嵌细工式"（мозаика）的是一种美术细工，用各色各样的细石或木片镶嵌而成；但如果采取音译，也许更为适当。——译者注

他各感受器要素的皮质细胞。究竟怎样地,这兴奋过程再集中于出发点呢? 在此地我们必须区别两个不同的场合。在两个阳性刺激物与两个不同的无条件反射相结合的时候,两个阳性点彼此间怎样地划分界线呢? 其次,如果阳性点与阴性点都与同一个的无条件反射互相结合,一个阳性点与一个阴性点(阴性点就是发生制止性作用的)彼此间怎样分界呢。我们现存的材料直到现在几乎只是有关第二场合的,就是只与比较简单的场合有关的。不过现在,我们才开始研究第一问题的解决方法,所以我以后的说明只与第二问题有关。在此地,我所汇集的资料都是与皮质镶嵌细工性有关的,并且是不曾在以前讲义内讨论过的。现在从最明显的事例开始说明吧。

对于一只狗,除其他各条件性食物反射以外,形成了皮肤机械性的一些反射:阳性的反射在右肩部,阴性反射在右后上肢上。在这些反射完全形成以后,头一次试验如下各新部位从这两反射所受的影响:在肩点下方 17 厘米的前肢上的一点,在肩点后 12 厘米的体侧部的一点,在后上肢点上方 15 厘米距离的体侧部的一点,最后是在后上肢点下方 18 厘米距离的一点。唾液分泌量是条件刺激孤立作用 30 秒内的记录。

表 100

皮肤的条件刺激	唾液滴数(30 秒)
前肢点	6
肩部点	8
与肩部点相近的体侧部的一点	7
与后上肢点相近的体侧部的一点	3
后上肢	0
后下肢	0

同样的结果也在另两只狗的实验的场合获得了(弗尔西柯夫实验)。

我们现在看见,由于不同条件下(一个是并用无条件反射的强化位置,另一个不并用无条件反射)外来刺激的影响,在每个分析器内发两个在空间上互相隔离的点,即是兴奋点与制止点,并且在两点的周围都各形成了一个相当的区域。这两个区域向相对的方向扩展开来,在空间上都各有界限。接近后上肢的体侧一点的阳性效力非常减弱及后肢效果之等于零,这都是应该当做制止过程的优势看待的,因为如我们在第十讲已经看见的,阳性条件性皮肤机械性刺激的泛化,通常及于一分析器的全体,而其效果的减弱是与已形成的条件反射的部位距离相当地,很渐渐地发生,而不是突然发生。

这样看来,引起两个互相对立的过程的一些外来刺激给予着第一个根据,以说明脑皮质机能的镶嵌细工式的构造,这是如我们在有关皮质分析性活动的讲义内曾经看见过的。

其次,对于另三只的狗,我们做了比较更复杂的一些实验。对于两只狗用不同的音[西略特斯基(B. B. Сирятский)实验],对于一只狗在不同的皮肤部位上[库帕洛夫(Купалов)实验],我们形成了正确地互相交替的若干阳性点及阴性点。这个实验计划的若干目的,就是要知道:镶嵌细工式是怎样构成的,它的扩展程度是多么远,它的正确度是多少,不同各点的相互作用是怎样,中间各点所发生的关系是怎样,这镶嵌细工式的机能对于动物全身状况的影响是怎样答复?

我现在就举出这些实验的若干结果，其他的一些结果会被利用于我的其他说明的部分。一般地说，这些动物的研究还是不曾完结的。

对于一只狗，用风琴(фисгармония)从大第八度音程至第三个八度音程(从每秒钟振动 64～1440 次)的全部首音(即 do 音)形成了阳性条件食物性刺激物，又用全部的 fa 音形成了阴性条件性食物性刺激物。在下文纪录里，按照次序地，用数字个别地表示 do 和 fa，从低音开始。

这只狗最后的情形如下。

表 101

时间	条件刺激物(30 秒)	唾液滴数(30 秒内)
11 点 32 分	do_3	9
44 分	do_5	9.5
53 分	fa_1	0
12 点 01 分	do_1	10
13 分	do_5	10.5
22 分	fa_4	0
34 分	do_1	9.5
47 分	fa_3	0
59 分	do_1	9

对于另一只狗，在一个八度音程以内(从小八度音程的 fa 到第一个八度音程的 fa dièse 音)也轮流交替地形成了一些阳性的与阴性的条件刺激物，可是具有作用的各音间的相隔距离是很不规则的，是比较不大的：fa dièse 是阳性，mi 阴性，do 阳性，la 阴性，sol 阳性，fa 阴性。

这只狗实验的最后情形如下。

表 102

时间	条件刺激物(30 秒)	唾液滴数(30 秒内)
2 点 02 分	sol	10
09 分	fa dièse	8
16 分 30 秒	mi	0
24 分	do	7.5
34 分	la	0
43 分	sol	7
51 分	fa	0
56 分 30 秒	sol	6

对于第三只狗，形成了一些条件性皮肤机械刺激的食物反射。各刺激器的位置都是严格地在一条线的一定部位之上，而该线是从左后下腿起经过躯干直到左侧前下腿的，并且各刺激点彼此间的距离都是相等的，就是都间隔 12 厘米，而计算距离，却从刺激器的中央点开始。各刺激器顺序的计算是从后下腿向前下腿的，刺激器共 9 个。各奇数刺激器的刺激都是阳性，各偶数刺激器的刺激都是阴性。

比较很显著的实验如下。

表 103

时　间	条件刺激物(30 秒)	唾液滴数(30 秒内)
12 点 10 分	№7	8.5
18 分	№5	10
30 分	№4	0.5
34 分	№5	4
43 分	№7	6
49 分	№3	6.5
59 分	№6	0
1 点 03 分	№7	6
08 分	№7	5.5
16 分	№2	0.5

皮质机能性镶嵌细工式的实验性形成是很困难的，不过仅在实验的初期是这样。工作越进行，形成也就越容易。特别富于兴趣的是，在实验完成的末期，对于第一只狗及第三只狗，若干新的反射即刻自己就成立了。我们需要注意，这些场合的这些新的条件刺激都是在相反的神经过程的区域以内发生的。

第一只狗老早就形成了 do_4 音的阳性条件反射。在该实验内，这个 do_4 音的效力在 30 秒内是 8 滴。当开始第一次应用 fa_4 音刺激的时候，这个刺激依然是没有阳性效力，就是说，不能不想象这已经是制止性的效果。翌日的实验证明了这个见解的正确。在这一天用 fa_4 音的试验开始实验，结果依然是不显出阳性效果，其次的阳性刺激 do_4 音的试验也是获得很被制止的结果。所以，fa_4 音实在是不会经过形成手续而自己成为制止性的刺激，可是 fa_4 音是在于 do_4 音的区域以内的。用 do_5 音做试验的结果也是相同的，就是第一次应用 do_5 音的结果也是阳性，而 do_5 音是存在于制止性 fa_4 音的区域以内的。

第三只狗有些皮肤机械性刺激的条件反射。两端的阳性刺激一号及九号都是不经过形成手续而即刻成立的，并且其效力都是完全的，这两个点都是各在制止点二号及八号的区域以内的。

上述最后的这些事实有关的最自然的说明是不能不从本来正确地互相交替的各固定点的相互诱导的现象寻觅的。因此也可以自然明了，为什么一般地节奏性的活动是特别容易而有益的缘故。在上述各狗的全部实验里，有一个事实不断地重复地发生，就是在阳性刺激与阴性刺激正确地轮流交替地被应用的场合，所形成的各反射的特色是各反射的特别的精确性。现在举出一个例子。在一个实验时，两种刺激这样交替的应用会渐渐地强烈地显出阳性点与阴性点的区别，而在本实验开始的时期，这些点的效力是很相融合的。

第三只狗具有条件性皮质机械性刺激的反射。

表 104

时 间	条件刺激物(30 秒)	唾液滴数(30 秒内)
1 点 03 分	№1	17
12 分	№2	8
19 分	№3	14
26 分	№4	3.5
34 分	№5	9.5
44 分	№6	0.5
53 分	№7	7
2 点 07 分	№8	0
23 分	№9	6

现在再举出一些例子。这是有关第一只狗的研究,一般地说,这些反射还是在于不曾成为正规的时期。

表 105

时 间	条件刺激物(30 秒)	唾液滴数(30 秒内)
10 点 50 分	do$_2$	5
59 分	do$_2$	7
11 点 16 分	do$_3$	3
26 分	do$_3$	7
38 分	do$_4$	5
50 分	do$_4$	2
12 点 01 分	do$_2$	4
	同一只狗在 3 天以后	
11 分 50 分	do$_2$	7
59 分	fa$_1$	0
12 点 12 分	do$_3$	6
20 分	fa$_2$	0
31 分	do$_4$	6
42 分	fa$_3$	0
58 分	do$_2$	6

这样地,皮质机能的镶嵌细工式(见 p. 133)有关的更进一步的根据,不能不从神经过程的相互诱导而说明。

以后在这些实验里,我们所做的测定工作是有关兴奋过程与制止过程的区域(领域)的,并且也测定在各活动区域之间的可能的、无关性的中间区域。

关于实验狗的声音性镶嵌细工式的问题,我们试验了阳性刺激物与阴性刺激物两者中间其他的各音,观察了这些音的效力。当然,以唾液分泌出现的阳性效力是即刻明了的。关于零相的效力,就不能不利用另一方式的实验,以求了解该零相是无关性的抑或是制止性的。为了这个目的,我们检查了零相的后继性制止过程和正性诱导的如何。

表 106

时　间	条件刺激物(30 秒)	唾液滴数(30 秒内)
1925 年 10 月 9 日实验		
1 点 22 分	do	10
30 分	mi	0
40 分	do	7
50 分	re	0
50 分 30 秒	皮肤机械性刺激	4
1925 年 10 月 14 日实验		
12 点 50 分	sol	10
56 分	fa	9
1 点 07 分	mi	0
15 分	do	10
25 分	do dièse(do 高半音)	3
1925 年 10 月 20 日实验		
2 点 14 分	皮肤机械性刺激	4
20 分	fa dièse	13
33 分	mi	0
40 分	do	10
48 分	mi bémol(mi 低半音)	0
50 分 30 秒	皮肤机械性刺激	2

我们现在看见，在阳性刺激音 do 与阴性刺激音 mi 之间的中间音 re 及两个半音 do dièse 与 mi bémol 是具有各种不同意义的。半音 do dièse 具有微微的阳性效力，就是说，它是属于阳性 do 的区域的。re 音与半音 mi bémol 看起来都有相同的作用，其效力都是零。但是检查这两半音的后继作用的结果，发现了这两个半音的区别。在应用半音 mi bémol 以后经过 2 分钟，条件机械性刺激失去了平常效力的 50%，这就是说，它是被制止的。而在同一时间条件之下，在 re 音后的条件性机械刺激依然没有变化。所以，半音 mi bémol 无疑是位置于阴性刺激音 mi 的区域以内的，re 音或者是完全无关的，或者是极微弱地被制止的。re 音的性质的解决，不能不利用比较更精确的实验，所以真正的无关点的问题正在继续研究之中。

在这些实验里，我们也研究了各点间的相互作用，譬如由阳性点向其他阳性点、由阴性点向其他阴性点、由阳性点向阴性点等等的直接移行时的相互作用，以及与这些移行方向相反时的相互作用。然而所得的结果大部分是这样复杂的，于是我们不能不利用更简单的实验条件以解决这个课题。

如在第一讲已经指明过的，和在本讲开始时又提及过的，皮质机能的镶嵌细工式不仅是不断地充实化的，而且是时时刻刻蒙受改造作用的，就是说，皮质的某些点有时与生物个体的这类生理学活动、有时与另一类生理学活动互相联系。关于这最后的问题，我们只有一个研究[弗立德曼(С. С. Фридеман)实验]。

相同的一些动因起先被作成为条件性食物刺激物，以后又改造为条件性酸刺激物，并且相反地，原有的条件性酸刺激物又改造为条件性食物刺激物。在两只实验狗的场合，初期的条件性食物性刺激物被改造为条件性酸刺激物，第三只狗的条件性酸刺激物改变为条件性食物性刺激物。当然这是这样施行的，就是条件刺激物其时与其他一个无条件刺激物并用。这类事情的一般经过是如下的。条件刺激物迅速地，甚至于可能在一个实验内，丧失它原有的唾液分泌的效力，而在或长或短的时期以内成为零，以后再获得唾液分泌的作用——而这已经是另一种的反射，这是由于颌下腺唾液成分的强烈变动而能证明的。这全部的处理手续大约需要条件刺激物与新的无条件刺激物互相结合30次左右。在上述最初两只狗的场合，在条件酸反射相当长的时期以后，该条件刺激物再受一次的处理手续而变成食物性刺激物了，可是这一次的处理手续是很快的，不过经过了该条件刺激物与无条件刺激物的食物互相结合数次而已。这就意味着，虽然有着第二次的联系，可是第一次的联系依然是多少存在的。

然而现在的研究对于我们的主要兴趣是与另一点有关的。我们希望知道，由某一类（无条件）反射的条件刺激物所形成的分化相，在该条件刺激物变成另一类（无条件）反射的条件刺激物的场合，是否还继续存在。三只实验狗所得的结果都是相同的。我只关于其中一只做比较详细的记载。条件性食物性刺激物是 mi 音（每秒钟振动2600次）。从这音形成了在邻接低音（每秒钟振动2324次）上的分化相，并且这分化音是完全集中的。其次，该条件性食物刺激物经过通常手续的处理而变为条件性酸刺激物。这分化音在第一次受酸反射的试验的时候，效力是完全的，并且也是同一程度地集中的。现在再用较高的半音（每秒钟振动2760次）形成比较更精致的分化相。当 mi 音再被改为食物条件刺激物的时候，这新分化相也是继续完全保存着。

在以前各讲内，我们充分地知悉了一个事实，就是脑皮质的同一点，由于条件的不同，有时是兴奋过程的部位，有时是制止过程的部位，时而引起生物个体的这类机能，时而引起另一类的机能。皮质点的生理学作用的这类变动是相当容易发生的，就是说，皮质各点都能或快或慢地改变其本身的状态（请诸位想起负性诱导的实验）及各点间的联系（刚才所说明的实验）。

然而我们还有一些这样的事实，就是大脑皮质的某些点及某些部位的一定作用，或者甚至于这些点与部位的各过程一时性的情形，变成非常坚强，不容易地或完全地不接受变动。我们在有关痕迹性阳性或阴性条件反射的研究里［弗洛洛夫（Фролов）实验］，曾经遭遇过这样情形。与此有关的若干现象是具有如此特异性的，我认为有加以详细说明的必要。

对于一只狗，用每秒钟振动1740次的风琴管音形成了条件性痕迹反射，并且该音继续15秒钟以后，过30秒将酸液注入于狗的口里。在21个月（一年零九个月）以内，这个痕迹反射重复地被应用过994次。从音开始时算起，潜在刺激期大约是25秒钟，或者采取另一种算法而从声音痕迹的时候算起，潜在刺激期是10秒钟。当这个反射的一些实验完成以后，我们决定用这音的条件刺激物的痕迹反射，改做现存的（наличный）条件反射的实验，就是说，所要求的效果，不是在该条件刺激物作用以后的，而是还在它发挥作用时间以内的。

为了这个目的，在该音继续作用的第15秒的瞬间，并用酸的注入。在这处理手续重复施行20次以后，不但在15秒钟以内，条件反射不曾出现，而且在酸液注入以后经过10

秒才开始唾液的分泌，就是说，这也是从该音开始以后经过了 25 秒钟。不用这音而应用其他一些声音刺激物做了实验，情形依然不变。在这音或其他的声音刺激物各被应用了 45 秒钟而不并用酸液注入的各场合，那么，也是从刺激物开始的时间起经过大约 25 秒，唾液分泌才开始，很迅速地达到相当的分泌量(20 秒内 10 滴)。在这实验以后，改在音振动开始以后经过 2 秒钟，即施行酸的注入。可是这样的结合方式施行几十次以后，不论是否并用音与酸液的注入或只用音的刺激，唾液分泌的开始总是在声音开始后的第 20～25 秒。

与此有关的最后实验如下。

表 107

时　间	条件刺激物孤立作用的时间	唾液分泌潜在刺激期
1 点 12 分	30 秒	26 秒
24 分	2 秒	29 秒
31 分	45 秒	23 秒
40 分	2 秒	32 秒
54 分	15 秒＋30 秒休息	25 秒

在这实验里，条件刺激每次都是用酸液加以强化的。

最后用变音器的 fis 音形成了食物性反射，可是该音潜在刺激期也顽固地保持着 24～28秒的时间。

以后把皮肤机械性刺激当做条件性酸刺激而使用，这刺激开始后过 2 秒钟即受强化处理。只在这样试验的第 24 次的时候，条件性唾液分泌量才是 30 秒内 12 滴，潜在刺激期 2 秒。

已形成的制止过程的这个顽固性，在另一只狗的实验场合，也曾经观察过。对于这只狗，用每秒钟振动 1740 次的风琴管音的痕迹刺激形成了对阳性条件刺激物拍节机响声(每分钟 104 次响声)的条件制止物。甚至该音的痕迹，在该音终止后经过 60 秒，还是有效的条件制止物。这样的制止过程当然是很慢慢形成的，起初应用较近的痕迹，以后很慢慢地应用较远的痕迹。这样的条件制止过程的完全形成，需要 2 年以上的工作。还需要补充说明，这个条件制止物的分化相也是与条件制止物相结合的。所以，这个制止过程是很紧张的。以后这只狗不能不应用于另一个问题的研究，因此我们就着手用受话器的声响以形成阳性条件刺激物，该电话受话器是由交流电流而引起振动的，其振动数与上述制止音几乎相同。阳性条件反射在非常长久的时期以内不曾出现。于是在拍节机响声以前应用了这个新的动因，这样它的强烈的条件性制止作用才暴露出来。因为有了第一只狗制止过程顽固性的例子，所以我们把以后的处理手续更改如下，就是对于受话器与拍节机响声两者的制止性复合物开始并用无条件刺激物，就是说，现在所采取的办法是与从前利用声音痕迹刺激和拍节机响声以形成制止性复合物的场合恰恰相反的。于是现在真正地相当迅速地，制止性复合物变成了阳性刺激物，而且再经过若干时期以后，电话受话器的响声也获得了阳性条件性作用。然而风琴管音的本身却不曾因此而成为阳性刺激物，并且为了夺除它的制止性作用的缘故，也不能不特别地采取了与处理受话器音办法相同的步骤。可是在这一次，目的不是这样快的达到的。

上述制止过程的稳定性的一些事例是应该当做非常的例子看待的。大概在此场合，除过程的紧张性以外，在这些实验的条件方面还有些特殊原因，是与此有关的。可能的是，我们有关催眠术及睡眠的各实验，适用于上述情形的解释。关于这些实验，以后会有说明。

与皮质个别点的制止过程稳定性的这些事例相并行地，我们可能举出皮质个别点内兴奋过程稳定性的事例。对于一只狗[贝尔曼（B. H. Вирман）实验]，用风琴每秒钟256次振动的音形成了条件性食物反应。从这音分化了22个音，在高音部达到每秒钟振动768次的音，在低音部达到每秒钟85次的音。这就是说，与通常相同地，每秒钟256次振动的音并用了食物，而其他各音都不并用食物。在每天一个实验里，阳性音被应用若干次，而制止音，却时而是这一个，时而是那一个。这样地，阳性点仿佛是为制止点所包围的，然而这并不曾引起阳性音效力的减弱，反而引起阳性音效力的非常增强。其次，对于这只狗引起了很深的生理学的睡眠。在睡眠之中，强烈的哨笛音，或对狗所在的实验室门（狗在门边站立着）用拳头强敲，不曾使狗觉醒，可是阳性条件音却即刻使狗醒转，并且获得完全的条件性唾液分泌的效果。因为在以后的几讲里曾证明睡眠是一种制止过程，所以上述的实验是大脑皮质在制止过程紧迫的时候个别点兴奋过程稳定性的一个实例。

从一个观点看，我们可以把大脑两半球皮质当做一种镶嵌细工式的组织看待，就是在一定瞬间内，这皮质仿佛是由各具有一定生理学作用的无数点而成立的镶嵌细工样的组织，而从另一个观点看，大脑两半球皮质是一个极复杂的动力系统，不断地努力于整体化（完整化，интеграция）及联合性活动常同性的成立（стереотипность объединенной деятельности）。任何局部性的新作用，对于这个力学系统，或多或少地都影响于其全部。我们形成了一定数的条件反射，以后如果再附加新的阳性反射，尤其如果附加新的制止性反射，在大多数的场合，这就会即刻对原有的各条件反射发生影响（安烈勃及其他诸同人的实验）。不仅如此，如果各反射是依然如旧的，我们只将各反射已确立的、长久维持住的次序更动，那么，各条件反射的效力就会强烈地变动而倾向于减弱的方面，就是说，制止过程会占优势。

现在举出一个有关的例子。这是从沙洛维易契克（Д. И. Соловейьик）的研究所采取的例子。对于一只狗，每隔10分钟，应用如下的各条件性食物刺激物：拍节机响声，电灯开亮，哨笛，皮肤机械性刺激，应用时的顺序就是这样。在每个实验里，都重复地应用这个系列。

表　108

时　间	条件刺激物（15秒）	唾液滴数（15秒内）
3点09分	拍节机	4
19分	电灯	4
29分	哨笛	4
39分	皮肤机械性刺激	4
49分	拍节机	5
59分	电灯	3
4点09分	哨笛	1.5
19分	皮肤机械性刺激	2

在第二天的实验里，各刺激物的应用次序有了若干的变动。

表 109

时　间	条件刺激物(15 秒)	唾液滴数(15 秒内)
2 点 24 分	电灯	2.5
34 分	哨笛	痕迹
44 分	皮肤机械性刺激	2
54 分	拍节机	1
3 点 04 分	电灯	2
14 分	哨笛	0.5
24 分	皮肤机械性刺激	0
34 分	拍节机	痕迹

在条件反射排列次序变动的场合，如上方实验，各条件反射量的减少。有时即刻发生，有时在第二天恢复旧次序的场合，反射量的减少更强烈地暴露出来，于是或者继续好几天，或者迅速地为正常反射量所代替。

在第一个实验里，一个系列以内被重复应用的各反射会减弱，这是个相当常见的现象，在下一讲里会有说明。

第十四讲

·*Lecture Fourteenth*·

在条件刺激物影响下大脑皮质细胞向制止状态的移行

诸位！条件刺激物显然是向大脑皮质细胞作用的，因此条件刺激物当然必定先使我们知道皮质细胞的特性。这皮质细胞最特有的性质，就是在条件刺激物影响之下，或快地或慢地会移行于制止状态。在以前的讲义里我们已经看见，阳性条件刺激物如果一不受强化的处理手续，即不并用无条件反射刺激物，该条件刺激物就会成为制止性的，就是说，皮质细胞在这条件刺激物作用的影响之下会移行于制止状态。这个事实应该怎样解释呢？这个事实最直接的根据是什么？只是在上述这个条件的场合，才有这个移行现象的存在吗？并且其时无条件反射有什么意义呢？本讲就是对于这些问题的解答。

大脑皮质细胞移行于制止状态的事实比根据直到现在已说明的制止过程而假定的范围是更常有的。即在施行强化处理的场合，大脑皮质细胞也会移行于制止状态。无强化处理而有皮质细胞制止状态的发展，这是比较常有关系中一个特殊的场合。在刺激的影响之下，皮质细胞不断地、纵然有时很迟缓地，会向着移行于制止状态的方向前进。无条件刺激物不过能够抑制这个移行过程。

现在有一个极普通的常见的事实。假定我们现在有一个孤立 30 秒的条件反射，就是说，在无条件刺激物结合以前，条件刺激物继续作用的时间是 30 秒；在条件反射完全成立的时候，假定我们所谓潜在刺激时间，即由条件刺激开始到唾液分泌开始的时间，是 5 秒；这个潜在期在若干时间以内（各只狗的这时间很不相同）是依然几乎不变的。但以后，这个潜在时间开始逐渐加甚地迟缓。末了，情形会变成这样，就是在孤立地应用条件刺激的 30 秒内，唾液分泌丝毫也不发生。可是只要临时特别地把无条件刺激物的结合时间推迟（отодвинуть）5～10 秒，于是我们就会再看见唾液的分泌。如果将实验如原来地继续下去，就是说，再应用孤立 30 秒的反射，我们再一次把无条件刺激物结合的时间推迟 5～10 秒，可是在此期间已经没有条件性的唾液分泌。需要把推迟时间更加延长。而最后的结果是，我们用这样的方法，已经完全不能发现条件刺激的效力。在应用同一个延缓处理手续的场合，这条件性唾液分泌渐渐消失的时期是因为实验狗的不同而大有差异的。这个现象的发生，对于一些狗，需要几周，甚至仅仅需要几天；而对于另一些狗，却需要几年。如果我们利用通常条件刺激的，那么，条件唾液效果的消失，在皮肤温度刺激（温暖的或寒冷的刺激）的场合特别迅速地发生。其次是在皮肤机械性刺激物及大多数光性刺激物的场合。这个现象显现最迟的场合是在利用声音刺激物的场合，尤其在非连续性而多少继续性的声音性刺激物的场合为然。

现在举出一个例子，说明在具有条件刺激物性质的各个不同的动因作用之下，皮质细胞的移行于制止状态的速度是很有区别的。对于一只狗[仕序洛（Шишло）实验]，用皮肤机械性刺激形成了最初的条件反射。从刺激开始，经过 10 秒钟，用食物加以结合，并且只是间或地将这结合时间推迟到 30 秒。在第 27 次试验时，反射出现了。在经 179 次试验（经过了 5 周）的时候，反射量是每分钟 8 滴。以后着手于第二个条件性食物反射的形成，条件刺激物是 45 摄氏度对皮肤的应用。这反射的形成是比较迅速的。在第 12 次试验应用 30 秒延缓刺激的时候，条件刺激量是 4 滴。虽然在温度刺激开始后经过 10 秒钟，每次也都施行强化手续，条件反射很快地开始减弱，并且在第 33 次试验应用延缓时间 1 分钟的实验时，这条件反射量只是一滴。

虽然施行强化手续，而条件反射依然会消失这事实，是在重复被应用的条件刺激物影响下皮质细胞真正制止状态的表现，这是由如下的情形而能证明的。在因为刚才所指明的各刺激物间的不同而刺激物中的一个已经没有条件性分泌效果的时候，即使我们即刻应用其他仍然有效的刺激物（деятельные раздражители），可是效力也会一时地减弱。完全同样的，从一个系列内各刺激物之中，如果除去已经失去阳性效力的一个刺激物，就会引起该系列内其他刺激物作用的增强。这就意味着，被除去了的这个刺激物的确获得了制止性的作用。**决不可将上述的现象与内制止一类中的所谓延缓性反射互相混淆**。在延缓性反射的场合，所谓潜在刺激时间是在每个条件反射形成以后就确立了的时间，而在或长或短的时期以内这潜在时间是保持不变的。但上述现象的特色正是潜在刺激时不断进行的变化。

在条件刺激物影响之下，皮质细胞制止状态的发生就会越快，如果该反射的延缓时间越多，就是说，如果孤立性条件刺激的（изолированное условное раздражение）时间越长。

在上述实验狗的反射是延缓了 10 秒钟的场合，该反射在很久的时期以内不变地维持着它的作用量，适用于很多的实验；但是在该条件反射延缓 30 秒钟的场合，就因为变成制止性反射而很快地不能适用于实验了。

一只狗[彼特洛娃（Петрова）实验]的许多条件性食物反射之中，有条件性拍节机食物反射。在这条件刺激物孤立地应用 10 秒钟的场合，就是说，在给予这条件刺激物 10 秒钟以后才用无条件反射加以复合的场合，这条件刺激物的效果是不变的。

例子如下。

表 110

时　间	条件刺激物（10 秒）	唾液滴数（10 秒内）
3 点 00 分	拍节机响声	0
35 分	同上	1
47 分	同上	2
4 点 02 分	同上	2
09 分	同上	3
20 分	同上	2

但是孤立的条件刺激时间一开始继续 30 秒钟，反射量就变成不恒常的，并且在这实

验进行中，由于重复的应用，反射量变成零。

表 111

时　间	拍节机响声(30 秒)	唾液滴数(30 秒内)
2 点 55 分	拍节机响声	6
3 点 05 分	同上	17
20 分	同上	4
30 分	同上	4
35 分	同上	2
45 分	同上	0

上述的两个实验之间相隔了一天。

因为这个区别是与个别的动物有关系的，所以对于各只不同的动物应用各种不同的延缓时间，这是有益的，并且往往是必要的。延缓时间很长的反射，即延缓性反射，是难于形成的，并且在我们研究的初期，这延缓性反射并不曾在每只狗的场合都成功，这也是自明的事实。

还有一个常有的事实，就是在个别实验进行的期间以内，多次应用刺激物的场合，各条件刺激物的阳性效力，会迅速地减弱，往往由于一次的重复应用，就会如此。在上一讲最后的实验内，这一情形显现了，在这个场合，正是重复的应用而不是任何其他的情形具有决定性的意义，譬如在食物条件反射的场合，动物在该实验期内的慢慢的饱食状态并无关系，这是可以用如下方法证明的，就是在一个实验里只把一个条件刺激物重复地应用一次而其他各条件刺激物却不受这样重复应用的手续，这样，不过该一个条件刺激物的效力会强烈地减弱，而其他各刺激物的通常效力却可以维持到实验的最后。以后曾举出与此有关的事例。

因为在许多实验的场合，实验者的最重要的兴味是在于条件反射量的一定值的维持，所以往往不能不与条件刺激物偏于制止过程的这倾向相斗争。起初是经验地，以后是意识地，我们不能不作成很多的办法，以与我们研究有关的这个妨碍相斗争。很显然，最容易达到这目的的办法，就是所应用的实验条件应该与引起条件刺激物弱化的各条件相反。

首先，在这关系上必须把孤立的条件刺激非常缩短。如果与我们最常有的情形相同地，我们的条件刺激物已经延缓了 30 秒钟，那么，我们在条件刺激物开始作用最初起，过 3～5 秒钟就开始应用无条件刺激物强化的手续。当然在此期间以内，可以说，条件刺激物大都是对于研究无益的，因为在这样短的期间内，更没有任何唾液的分泌。然而的确这是条件反射恢复的显著期间，可以说，这就是条件刺激物的治疗期间。以后我们再应用通常的延缓时间，即 15～30 秒钟，我们就会与在研究初期相同地，获得巨大而恒常的反射。并且有一个特殊的规则，就是在上述应用短时间延缓性反射以后，不是即刻地，而是阶段样地，渐渐增大延缓的时间，这是有利的。这个处理的有效率，就是说，这处置能够帮助的时间是多少，这既与条件刺激物减弱状态的程度和时间有关，而也与所应用的短时间刺激的时期的长短有关。恢复处置的期间如果是小，条件反射的恢复也就是微弱的、暂时的，并且这些条件如果相反，结果也就相反。与此完全相同的是，如果条件刺激物的弱化是太显著的、长久的,那么,甚至一般地有效的上述的恢复法此时也曾不能有所帮助,这是我们即刻会看见的。

其次,在每一个个别的实验里所应用的条件刺激物只被应用一次,或者尽可能地限制其重复应用的回数,这也是其次的、显然很有益的办法。

完全同样的是,在许多条件反射实验的场合,暂时简单地把实验中辍一下,甚至仅仅中辍几天,这就是很有益的办法。

最后,还有一系列比较间接的方法,譬如把比较强有力的新动因增入于原有的各条件刺激物之中,或者一般地把条件刺激物的数目增多,或者利用正性诱导的影响,最后的是或者增强无条件刺激物。然而在本场合,可以说,特别引起我们兴趣的,是上述的直接处理的办法。

可是也有一些场合,上述的任何办法已经都不能有所帮助。

动物的一切阳性条件反射都会慢慢消失。在实验架台上,动物在实验的时候萎靡不振,并且不肯吃条件刺激物应用后的食物。在若干年间,供许多有趣的实验用的狗也会发生这种现象。

这是意味着什么?对于这样的狗怎么办?在我们从前的研究时期,也许我们就把它扔在旁边,当做一只无用的狗。可是现在它成为一个需要解决的问题。解决是很简单的。只要把旧的条件刺激物抛弃而不应用,而用一些新的动因代替,于是似乎不可克服的困难就会消失了。各新条件反射的形成是非常迅速的,这是自然明了的,因为通常在我们实验初期妨碍很强的一切新异反射都老早消失了。重新形成的各反射很快地达到最大的条件量,并且成为恒常的反射;简单地说,狗完全恢复了从前适于我们研究的状态。因为这样的事实具有特别重要的意义,我详细地引用这些实验狗(柏德可琶叶夫实验)中的一只的历史吧。

这只狗的实验是在1921年6月开始的。对于它,渐渐地形成了种种不同的阳性和阴性的食物性条件反射。其中有几个皮肤机械性刺激的反射(皮肤刺激的部位各不相同),用号码加以表示。各反射所具有的特色是效力数值的恒常性和潜在刺激时期的单调式(однообразие)。这只狗在几年之间都被应用于许多主题的研究。

下述的实验是1922年(8月30日)有关阳性反射的实验。

表 112

时　间	条件刺激物(30秒)	唾液滴数(30秒内)	潜在时
12点03分	皮肤机械性刺激一号	14	2秒
10分	皮肤机械性刺激二号	14.5	3秒
20分	皮肤机械性刺激三号	14	3秒
25分	拍节机响声	14.5	3秒
33分	皮肤机械性刺激四号	13.5	6秒
39分	同上	13	3秒

1923年(8月6日)实验:阳性反射和阴性反射(条件性制止)。

表 113

时　间	条件刺激物(30秒)	唾液滴数(30秒内)	潜在时
10点20分	皮肤机械性刺激(四号)	11	2秒
28分	同上,八号+音	0	
33分	皮肤机械性刺激(五号)	11.5	5秒
40分	同上	10	5秒

1924年(6月12日)实验:阳性反射和阴性反射(另一个动因的条件性制止)。

表 114

时　间	条件刺激物(30秒)	唾液滴数(30秒内)	潜在时
10点33分	皮肤机械性刺激一号	3.5	7秒
42分	皮肤机械性刺激八号+电灯	0	—
43分30秒	皮肤机械性刺激一号	3	10秒
49分	拍节机响声	5.5	7秒
56分	皮肤机械性刺激八号	2	12秒
11点08分	同上	1	23秒

在这一年的最后,反射往往变成零,并且在条件刺激以后这只狗不肯即刻吃给它的食物。为了排除逐渐增强的制止过程,我们应用了各种的处理方法,譬如主要地用声音性刺激代替皮肤机械性刺激,用几乎同时性的反射代替延缓性反射,长时期实验的中止(休息1.5个月),无条件刺激物的加强,不在实验架台上而在地面上施行实验等等的方法。可是这些一切的处理方法都只有短时期的作用。在实验架台上,这只狗越来越不活泼,屡屡在给予条件刺激物以后不肯吃食物。整整的1925年度就这样过去了。在这一年的最后,取消了全部旧的条件反射,开始用新的一些动因而形成了条件反射,这就迅速而强烈地把情形改变了。狗在实验架台上又变成活泼,它即刻把在新条件刺激物以后给它的食物吃掉。对于条件刺激恒常的显著的反射量出现了。潜在刺激时期也恢复了实验初期原有的时间。

下文所举的1926年1月21日的早期实验,是这只狗实验的一个新的时相。反射的延缓时间暂时是15秒钟,并且尝试地把旧条件物之一的拍节机响声安排于各新刺激物之间。

表 115

时　间	条件刺激物(15秒)	唾液滴数(15秒内)	潜在时
9点43分	电灯断续地开亮	3	3秒
55分	水泡音	6	2秒
10点04分	破裂声	2.5	6秒
10分	拍节机响声	4	2秒
15分	水泡音	3	4秒
22分	电灯断续地开亮	3	3秒

各条件刺激物作用量方面的区别，一部分是与新条件反射形成的各个不同时期有关的。已获得的结果，以后是坚定的。

上述的一些事实的一般意义是很明了的。很显然，孤立的条件刺激，即使以后并用无条件刺激物，也对于皮质细胞会发挥作用，使皮质细胞陷于制止状态，并且该条件刺激对于皮质细胞每次作用的时间越长，在比较很长的时期以内对皮质细胞如此作用的重复回数越多，皮质细胞制止状态的发生也就越快。

这样看来，在刚才所记载的条件之下的制止过程与以前有关内制止的讲义内所研究的制止过程之间，在发展方面并没有本质上的区别。显然地，这个区别不过是数量上的区别，可是在大多数的场合这数量上的区别是相当大的。在条件刺激物继续被应用而不并用强化手续的场合，制止过程的发生是很快的；而在应用强化手续的场合，制止过程的出现通常需要很长时期，并且有时非常缓慢，于是对于这制止过程的发生也许猜想不着。不过只在若干的场合，这两个实验系列制止过程发展的速度几乎是或者完全是相等的。如果某个阳性条件刺激物已经显出变成制止刺激物的倾向，那么，在暂时的实验中辍以后，或者甚至在每一个实验的开始，虽然在初次应用的时候，具有显著的阳性效力，而在重复地被应用的场合，会迅速地失去阳性效力，即使每次受了强化手续，它的效力，也会几乎地或完全地变成零。

现在在我们面前有一个有趣的问题：与条件刺激物相结合的无条件刺激物通常是怎样地使制止过程的发展会延缓呢？在条件反射形成有关的讲义里我们已经看见，如果在我们预定的形成条件刺激物的某个无关动因以前，先应用无条件刺激物，条件反射就不会形成。这个事实最自然的解释就是外制止过程的结果，这就是说，大脑皮质内强有力的无条件刺激物的一点会引起较弱的无关刺激物一点的制止过程。于是理所当然地发生一个疑问：如果无条件刺激物与已经形成的条件刺激物相结合，大脑皮质内该条件刺激物的一点会怎样？现在不会也发生同样的情形吗？因为这样考虑过，我们就用无条件刺激物遮蔽条件刺激物，遮蔽（покрывать）是我们所使用的一个表现，就是说，我们先给予无条件刺激物，并且在它的作用显现的时候，我们再用条件刺激物与它结合。这样的程序，我们继续施行几周，有时几个月。对于许多的动物，实施了这样的实验，很明了的结果被获得了。在受了这样处理以后，条件刺激物就会不保存本来的强度，相当多数地，作用会减弱或完全消失。如果条件刺激物过去形成的次数越多而越强，它的作用的丧失就进行得越慢；弱的或形成不久的反射很快地会丧失作用。

下文举出这类实验中的一个。

一只狗［沙洛维易契克（Соловейчик）实验］有许多的、一般地很强的条件性食物反射，30 秒钟分泌唾液达 20 滴。用嘘音形成了新的条件反射，此反射形成是迅速的。与无条件反射的结合回数一共是 11 次。从第六次结合起，反射成为恒常性的，显出如下次序的作用量：30 秒内各有 10、8、13、9、9 及 10. 5 滴。以后这个反射被无条件反射遮蔽 54 次，共 32 天。

在这以后第一次用嘘音做试验所得的条件反射作用如下。

表 116

时　　间	条件刺激物(30 秒)	唾液滴数(30 秒内)	运动反应
2 点 28 分	电铃	20	食物性
35 分	电灯开亮	9	同上
44 分	嘘音(给食物以后)	—	
53 分	嘘音(给食物以前)	0.5	只有方位判定反应
3 点 02 分	拍节机响声	16	食物性
10 分	哨笛音	11	同上

这样地，在已经形成的条件刺激物的场合，如果把无条件刺激物复合地应用，其意义就是该刺激会使皮质细胞的活动状态(即兴奋状态)停止，使皮质细胞暂时不能接受条件刺激。可是这还不能说明问题的种种精微的部分。问题就是，在重复应用条件刺激物的并用强化手续的场合与不并用强化手续的场合之间，制止过程发展在数量上的区别究竟是怎样发生的。如果计算在并用强化手续的场合，孤立的阳性条件刺激物重复被应用的全部时间，直到变成制止性刺激物时为止，并且如果计算不用强化手续处理的同一阳性条件刺激物作用的全部时间，直到制止过程完全发展为止，譬如在形成分化过程的场合就是如此，那么，在绝大多数的场合，后者所需要的时间比前者的时间是非常少的。所以，对于这问题具有决定性意义的不是皮质细胞兴奋状态全部时程简单的缩短，而是什么另外的原因。可能的原因是，皮质细胞在每次不应用强化手续而兴奋的场合，该皮质细胞兴奋状态继续的时间是比较更长的，因为在这个场合，皮质细胞内的兴奋过程在刺激终息以后依然是继续着的，而在用无条件刺激物施行强化手续的场合，强化一开始，该兴奋过程就会终止。也许另一个可能性是特别重要的，就是在一个场合兴奋过程是突然终止的；而在另一个场合，兴奋过程是慢慢地消失的。可能还有其他的一些假定。所以，还需要补充的研究。

在我们面前有一个经常不断地再三出现的事实——这就是皮质细胞在条件刺激物影响之下迟早会移行于制止状态的事实。根据上述所有的说明，当然，最自然的看法是，这个移行现象是皮质细胞因刺激而工作之时的机能性损坏。一般地说，这个机能性损坏显然是与工作持续时间的长短有关的。可是在另一方面，很显然，制止过程并不是皮质细胞本身的损坏，因为从工作中的细胞所发生的制止过程也向不工作的、不曾损坏的皮质细胞扩展。皮质细胞不受强化手续处理而移行于制止过程的速度，在一方面，与皮质细胞所具有的高度反应性有关，在另一方面，与皮质细胞营养的需要有关。脑皮质内血液循环的停止，比任何其他身体部位循环的障碍，更快地引起机能上不可恢复的决定性的障碍，这是老早知道的事实。这个事实是与具有信号性装置性质的大脑皮质生理学的作用相一致的。信号化的无条件刺激物在其作用的期间使脑皮质细胞成为不能兴奋的状态，这是刚才所确定的一个事实，而这个事实是与一个机械的艺术性的完美度相仿佛的。让我再重复地讲我以前用过的一句话吧。最警惕的模范信号员尽了他责任上的义务，于是他的休息和机能的恢复必须即刻获得保证，这对于他将来工作的正确性是必需的。

还有一个问题：有没有一种孤立的条件刺激物作用的最短时程，可以不致在皮质细胞内引起制止状态逐渐增强的倾向呢？我们现在正从事于这个问题的研究。我们已经做的有些实验是可能与这问题有关的。有些实验狗在很长时期以内受着条件刺激物延缓 30 秒的处理，还好好地保存着条件反射。我们把这些反射变成几乎同时性反射，就是说，在条件刺激物开始以后过 1～2 秒，就应用无条件刺激物。对于已形成的条件反射，这似乎是在应用手续上一个很小的变动，但已经即刻开始对于它本身作用的分泌性成分和运动性成分都反映出来，并且对于阳性和阴性条件刺激物之间已经成立的平衡也发生影响。各阳性条件反射非常增强，而阴性条件反射却显著地受了障碍，这就是说，兴奋过程占着优势[彼特洛娃(Петрова)和克列勃斯(Крепс)两人的实验]。

对于一只狗的实验如下(克列勃斯实验)。因为这只狗的特性的缘故(强度的制止型)，它的实验是在室中地面上自由地而不是在架台上施行的。在许多其他条件反射之中，它具有拍节机每分钟响声 132 次的阳性食物反射和拍节机响声每分钟 144 次的分化相。分化相是完全的、坚强的。对于阳性拍节机的刺激，以前用电灯的开亮形成了条件制止物，可是它在长时期以内不曾被应用过。条件性制止也是完全的。各条件反射经常是延缓 30 秒钟的。现在这些条件反射都开始改为同时性的，就是说，在条件刺激物作用开始以后过 1 秒钟，就把食物给动物吃。这个处置的结果是，虽然在 13 天的实验期间，制止复合物重复地被应用 100 次，可是不曾能够使条件制止物恢复效力。完全同样的是对于分化相的试验。在移行于同时反射以前，分化相是完全的。在受上述处理以后，分化相就解除制止化了，并且在 13 天内重复 33 次的试验，结果都是继续地不能满意的(在阳性刺激 6 滴的场合，分化刺激 3 滴)。于是决定再使反射延缓 30 秒，可是在这样做的第一天，分化相又成为完全了。同时现在被应用的条件制止物也迅速地开始形成，在第四天就变成完全了。现在举出条件制止物的实验例。

表 117

时间	条件刺激物(30 秒)	唾液滴数(30 秒内)
1 点 06 分	拍节机响声(每分钟 120 次)	7
10 分	同上	5
20 分	同上	6
26 分	电灯开亮＋拍节机(每分钟 120 次)	0
33 分	拍节机响声(每分钟 120 次)	6
38 分	同上	6
45 分	电灯开亮＋拍节机(每分钟 120 次)	0

在再移行于同时性反射的场合，只在三次应用该手续以后，条件制止物又几乎完全被解除了制止化。

在上述的事实里，有无发现如下说明的可能呢？就是在条件刺激物之后即刻应用无条件刺激物的交替，并且如此重复地应用下去，就完全不曾有逐渐增长的制止过程的发生吗？或者这不过是一时的现象，以后还是会为制止过程所代替吗？这依然对于我们是一个问题。

然而与皮质细胞的机能性损坏并行地，当然也进行着皮质细胞的恢复过程，于是在若干场合，由于皮质细胞消耗是与制止逻程有关系的缘故，与恢复过程并行地，制止过程也就必定会消失。在反射消去的场合，条件反射经过一定的时期以后自然地会恢复原有阳性作用的正常量，这个事实就是可以这样解释的。从这个观点就很容易想象，条件反射虽然每次都并用强化处理手续，可是重复地多次被应用以后，制止过程就会逐渐增强，但以后如果将无条件刺激物的结合时间提早，或者如果在相当的时期以内将实验中辍，那么，正在制止过程发展中的条件反射就又会恢复正常值。在一方面，把孤立的条件刺激单独应用时间缩短，在另一方面，在某一个时期以内，完全不使兴奋过程发生，这样地我们就限制着皮质细胞内的损坏过程，于是就使恢复过程能占优势。

我们现在着手于特殊的研究，要恢复消去后的条件反射，并恢复在受着强化场合制止过程也逐渐增强的条件反射。

现在举出与此有关的实验中的一个实验[斯皮朗斯基(А. Д. Сперанский)]。一只狗的许多阳性的和阴性的条件性食物反射之中，有拍节机响声、室内光亮加强、哨笛音及在动物眼前正圆形出现等阳性反射。声音性各反射恒常地强于(30 秒内 10～12 滴)光性各反射(30 秒内 6～8 滴)。按照上述条件刺激物的顺序，以同一的间隔时程(10 分钟)；应用各种刺激。在每一个实验里，这系列的各刺激物重复地被应用一次至两次。按照上述的方式，做了通常的实验以后第二天，就只用各刺激中的一个拍节机响声做实验。这个刺激每次都受强化手续的处理，以 10 分钟的间歇，重复地被应用 12 次。这样地，最初两次这刺激的应用，都引起 11～12 滴的唾液分泌，而最后两次的应用却只各引起 9 滴的分泌。这样看来，刺激的重复应用使刺激效力减少了 25%。在这实验后的翌日，又专用拍节机响声做实验，但只有一个差异，就是各刺激间的间隔时程非常缩短，每次只是 1.5 分钟。这只狗在吃东西以后的唾液分泌非常迅速地停止，所以实验才能这样做。这只狗的唾液分泌突然完全终止的事实是证实无疑的，因为经常的多数观察的结果都是如此的。这实验的进行情形是完全不同的。最初的条件反射量是 11 滴，第三次刺激的反射量只 4.5 滴(减弱 60%)，而第八次刺激的反射量降低到 2 滴(减弱了 88%)。以后的反射量是相当正确的波形的，其动摇度是从 2 滴至 5 滴或 7 滴，而在第 22 次刺激时是 1 滴，最后是 0，并且在最后三次刺激的时候，狗已经不肯吃它面前的食物。现在以同一的间隔时程应用室内光亮出加强，条件反射量是 2.5 滴，并且狗开始吃食物，但在同一实验架台上，不应用条件刺激物的场合，狗很贪馋地吃面包(大量)。在翌日恢复各条件刺激物的初期顺序，并且以 10 分钟的间隔时程应用各刺激物的场合，第一位拍节机的反射量是 6.5 滴，其次在其他三个刺激物应用以后再重复应用拍节机于第五位的时候，反射量不过是 1.5 滴，最后也在其他各刺激物以后第九位的时候，反射量是零，同时其他各刺激物的反射量，在这一个实验里，虽然也比平时很减弱，但在重复地被应用的场合并不曾显出如此强烈地减弱。最后，再过一天又做实验的时候，拍节机达到反射作用的正常量，并且重复地被应用几次，不再有前一天非常减弱的倾向。

这个实验是内容充实的。我们看见，一个条件刺激物不断受着强化手续，在以很长的间隔时程重复多次被应用的场合，其效力的丧失不过很少。首先，在间隔时程很短的场合，条件刺激物反射量起初很快地减弱；其次，效力非常动摇，而带着波状形；最后，分泌性和运动性反应都变成零(狗在条件刺激物以后不再吃食物)。如果此时给予其他一个通常比较弱的刺激物,即刻又引起这两种反应,而在这结果的发生上,动物的饱腹并无意义,因为如上述事实所证明的,在不给与条件刺激物的场合,狗在架台上也贪食大量的同一食物。如果把拍节机响声的效力,归纳于大脑皮质细胞状态的关系,就不能不做如下一个结论。在大脑皮质细胞屡受刺激的场合,就会在机能方面非常消耗,不能恢复,于是皮质细胞移行于完全制止的状态,可是起初有些动摇,这就是一种兴奋过程与制止过程的斗争。在本讲的开始已经指明,这是与通常的制止过程有关的,在这个实验里,这是完全被证实的。在强力刺激物完全不显出作用以后,比较弱的另一个刺激物虽然还发生作用,但是作用量会减少。第二天的实验情形也与此相同。接受拍节机响声刺激的皮质细胞依然是消耗的,并且在拍节机刺激若干次重复被应用以后,皮质细胞就迅速移行于完全的制止过程。如在制止过程的场合常常观察的,此时的制止过程向着其他的各皮质细胞扩展,即是向其他条件刺激物的有关各点扩展,其表现就是这些条件刺激物效力的减弱。为什么这是制止过程的扩展,可以说,这是借来的过程,而不是由于皮质细胞本身的工作即本身的消耗呢?这可以证明如下。这些其他的刺激物,纵然重复地被应用多次,也不致与拍节机的场合相同而效果会迅速地减弱许多。再过一天,与拍节机有关的皮质细胞已经几乎完全恢复了作用。

关于皮质细胞机能的恢复,有些如下的问题:在各种不同刺激物的场合,是要多少时期;在什么时候才恢复呢,在细胞完全休息的时期还是在细胞工作中的时期恢复呢,并且在利用无条件反射施行强化手续的场合恢复的程度是怎样。除了这些问题以外,在我们前面还有比较更深刻、更困难的一些问题。只是制止过程发生与消失的事例的一部分,是由皮质细胞消耗及恢复的关系而可以理解的。而在其他一个范畴的制止过程的场合,大脑皮质机能所充满的制止过程是恒常的或长期的,这应该怎样解释呢?为什么已形成的阴性条件刺激物对于皮质细胞即刻引起制止过程而不预先引起兴奋过程呢?为什么这种阴性刺激物有关的最初作用点的皮质细胞,虽然在几周乃至有时几个月之间不受刺激,可是依然不自动地再恢复阳性的兴奋性呢?

第十五讲

· *Lecture Fifteenth* ·

内制止与睡眠在物理化学基础上是同一的过程

诸位！在前一讲里，我们达成了一个极为重要的假定，就是在条件刺激影响之下，皮质细胞迟早必定会移行于制止状态，而且在频繁地反复给予刺激的场合，皮质细胞会很迅速地移行于制止状态。最合理的解释一定是这样的，就是可以说，这种皮质细胞是生物个体的警卫点，具有高度的反应性，所以也具有高速的机能损坏性（функциональная разрушаемость），极迅速的疲劳性。所以制止过程的发生，并不是皮质细胞本身的疲劳，而是具有皮质细胞保护者的作用，以预防这类特殊细胞继续的、过度危险的消耗。在制止过程的期间，皮质细胞不做任何工作，因此它就恢复正常的成分。全部皮质细胞都是这样的，所以在大多数皮质细胞已经工作的条件下，全部皮质都必须移行于制止状态，这正与条件刺激物对皮质个别细胞发挥作用因而引起个别细胞制止状态是相同的。这就是每天发生的事实，也就是人类和动物的睡眠。与大脑两半球有关的我们 25 年间的全部研究，继续地、不断地证明了这个结论。现在在大脑两半球生理学的方面，如我们用我们方法所研究的结果，这是一个最确实可靠的命题（положение）。从我们开始研究起，动物的瞌睡和睡眠都是与研究相伴随的，并且直到现在，我们都是不断地与这现象有关系的。这样，在我们研究的各个不同的期间，我们汇集了巨大的事实材料，使我们有理由地做成许多彼此多少不同的若干假定。可是在几年以前，全部的这些假定都互相融合而成为一个与我们全部材料确实地相调和的最后的假定，这是，睡眠与我们所谓内制止过程正是一个同样的过程。

睡眠与这制止过程两者的出现和发展的基本条件是完全相同的。这就是多少时间较长的孤立的条件刺激，或者是多次反复作用的孤立的条件刺激，也就是说，这就是皮质细胞的刺激。在第四、第五、第六和第七各讲里，我们知悉了各种制止过程的一切事例，我们不断地遭遇着动物瞌睡与睡眠的现象。如果我们引起反射的消去，那么，甚至在第一次实验的场合，有些动物，除条件唾液分泌及与此相关的运动反射停止以外，与消去过程发生以前的状态相比较，就显出更高度的疲倦。在几天内重复地进行反射消去实验的场合，即使交替地应用着受过强化手续的刺激物，最后几乎总是动物在实验架台上发生明显的瞌睡和睡眠，而这是该动物以前从来不会有过的现象。在分化相形成的场合，同样的情形更强烈地发生。譬如一只动物具有许多条件刺激物，并且同时其中的一个条件刺激物是一定的音。动物在实验架台上总是保持活泼状态。其次，我们用与该音相近的一个音形成分化相。于是与分化性制止的开始发展同时，瞌睡会出现，并且瞌睡越过越深，最后就陷于深深的睡眠，骨骼肌肉完全弛缓，发出鼾声，结果就是在应用其次各阳性条件刺激物和给予食物的场合，不能不推动该动物，或者甚至于不能不把食物放进于动物的口内，使它开始摄取食物的动作。同样的情形在形成很强的延缓性条件反射的场合(延缓 3 分钟)也会发生。所以当我们以前关于有些动物发生这样睡眠还很少了解的时候，我们不能够获得我们所需要的条件反射。末了，在形成条件性制止的场合，同样的情形也会发生。需要注意，在内制止各种不同的场合，睡眠的障碍程度是多少不同的。在条件性制止的场合，睡眠显现的程度是最弱的。

这就是一切可能的场合，其时由于条件刺激物不并用无条件刺激物的结果，内制止就会迅速地发展。而且同样的事情也会发生在条件刺激物受着强化手续并多次重复地被应用着，以致具有慢慢地逐渐增强的制止过程的场合。这是在前一讲里特别说明过的一种制止现象。在几个月或几年实验的经过之中，这种情形最后的结果就产生各种不同移行状态，如觉醒状态与睡眠状态间(次篇讨论这个问题)及与完全睡眠间等等的移行状态，这是因动物而有差异的。动物在这一关系上是彼此互不相同的，正如制止过程发生的速度的各有差异。

我们有关条件反射的研究充满着极多的由制止过程移行于睡眠的事例，所以不需要举出多余的个别的实例。这样看来，实际上制止过程是与睡眠有密切关系的。如果不应用适当的办法，制止过程就移行于睡眠。

在一定条件之下，差不多没有一种刺激物不受内制止和睡眠的影响，这是富于兴趣的。在叶洛菲耶娃实验里，应用了强有力的电流于皮肤当做条件性食物刺激物。虽然对这条件反射施行了强化手续，但在实验经过几个月之后，终于显现了逐渐增强的制止过程，而在彼特洛娃所做的同一实验里，同样的电流刺激却显然地引起了睡眠。从另一面说，当做条件刺激物的各种不同的外来动因，在内制止发展速度的关系上与在睡眠发展速度上次序完全相同。在前章讲义内已经说明过，制止过程在温度刺激的场合最容易发展，在声音性刺激的场合最困难。严格地与此相并行地，睡眠在温度性条件反射的场合发生最快，而在声音性条件反射的场合却是又慢又较少。在温度性条件刺激的场合，睡眠所引起的障碍非常顽固，妨碍了我们的研究，所以在我们研究的初期，很难获得应用这些温度条件刺激物做实验的工作同人的赞成。

末了，如以前指出过的，条件刺激时间的长短对于制止过程和睡眠的发生，具有决定性的意义。在条件刺激物延缓时间是 10～15 秒的场合，在长期的研究期间，有些实验狗保持完全觉醒的状态。只要将狗的条件刺激延缓到 30 秒以上，瞌睡和睡眠即刻就会出现。这样方式的实验往往是实在令人惊异的。在实验条件不过具有似乎意义很小的这类变动的场合，实验动物由完全觉醒状态这样迅速地移行于真正的睡眠，这是完全出乎意料的。在我们的研究里有多数这样的事例，不过由于条件刺激物延缓时间的不同，表现的程度也各有不同。

在长时期内条件反射被应用着并不断地受强化处理的场合，会有逐渐增强的制止过程的发生。在前讲里引用了许多处理方法，既可以阻止这类制止过程的发生，也可以把制止过程除去。没有例外地，这些一切的方法同样地也能克服睡眠。

在刚才所引用的一切材料之后，会发生一个极当然的问题。既然睡眠的出现与消失都与内制止互相一致，那么，内制止怎样才可能是觉醒状态最重要的因素呢，怎样地才可能是生物个体保持与环境的平衡的基础呢？初看起来，这些问题的答复是似乎困难的。据我的意见，以前在各篇所说明的事实必定能够完全排除在答复方面的这个困难。在觉醒状态的内制止过程是一种微细地碎分的睡眠（раздробленный сон），是皮质细胞个别群的睡眠，而睡眠却是一种扩展性的内制止，散布于全部的脑实质与大脑下位的各部分。所以事情是这样的，就是制止过程在空间上受着限制的，是封闭于一定的范围里的。而引起这样情形的，当然是互相对立的神经过程，正如我们在有关大脑皮质镶嵌细工式及有关皮质分析性机能的讲义内所看见的事实一般。

在反射消去的实验场合，只是在反射消去过程成立以后，我们系统的应用依旧受强化处理的各条件刺激物，并且重复应用消去性反射的回数不太多，那么，睡眠才不会发生。在分化相的场合，已展开的制止过程，起初并有睡眠，可是只在如下的情形下才能保持所需要的制止过程而不致有不适当的睡眠，就是与使用未受强化处理的动因同时，需要交替地、并且比通常更多次地应用条件刺激物，即是应用具有阳性作用的动因，这就是说，兴奋过程不断地抵抗制止过程的扩展。在条件性制止和延缓性反射的场合，情形也是相同。在一切场合，如果实验的执行是合理的，瞌睡与睡眠只是一种时相性现象（фазовое явление），其时在兴奋过程与制止过程两区域之间还不曾有精确界限的成立。如果实验条件使制止占优势，睡眠就发生。鲜明的例子如下。在关于镶嵌式的讲义内我提及了一只狗的实验。对于这只狗，用一定音形成了阳性条件反射，并且与该音上方及下方相近的 20 个音是分化的，就是说，这 20 个音是阴性条件刺激物。在阳性和阴性刺激物的应用上有一定关系的场合，一般地说，这只狗并不倾向于睡眠，并且总是对于一切阳性刺激物都显出完全的效力。但是只要接连几次地发动分化音的作用，这只狗就陷于很深的睡眠，虽然应用其他强有力的新异动因，也不能使它觉醒。相反地，如果把阴性条件刺激交替地与阳性条件刺激共用，那么，即使频繁地应用阴性条件刺激，睡眠也并不发生。在这一关系上，前述有关镶嵌式的实验，尤其有关条件皮肤机械性镶嵌式的实验是值得重视的。虽然条件性皮肤机械性刺激很有引起睡眠和瞌睡的倾向，可是库帕洛夫对于一只实验狗，2 年以上，只应用了皮肤机械性刺激，这只狗丝毫不会显出睡眠的倾向。这明明是因为制止过程对于兴奋过程不断地保持一定的界限，因而制止过程由兴奋过程而限制于狭隘范围以内的缘故。对于广泛地扩展的制止过程，我们还有对抗的方法，就是把阳性条件刺激物增多，以限制制止过程从发端点向近旁部的广泛扩展。从彼特洛娃的研究，举出一个更复杂的一部分与此有关的例子吧。对于一只狗，即刻着手于很强延缓的（延缓 3 分钟）拍节机食物反射的形成。这只狗很快地开始陷入于瞌睡状态，最后就完全睡眠。很显然，在拍节机作用的第一期，因为拍节机刺激与无条件刺激物相结合的瞬间相隔过远，其时必然发展的制止过程占了优势，这是因为正在无条件刺激物作用直接以前的时期，即在拍节机作用的第二期，并不曾有兴奋过程的适当的发展，所以发展中的制止过程不受任何的抵抗作用而占着优势。于是再应用了五个新的动因而形成了条件刺激物，并且在给予这些刺激物以后都经过 5 秒钟就给予食物。瞌睡状态就很快地消失了，并且 5 个反射全部都是很容易形成的。在这以后，又渐渐地把给予无条件刺激物与条件刺激物的间隔时程加长，每日延缓 5 秒。与此相当地，各条件反射的潜在时间也逐渐加长，并且在最后，没有任何睡眠的妨碍，形成了 6 个条件反射，其潜在时间是 1～1.5 分钟，这就是一种初期的制止过程的表现。这样地，兴奋过程先在大脑皮质 6 个点内发生，只渐渐地把地位让给制止过程，使制止过程在时间上与空间上都受着限制，睡眠就不能发生。

在实验架台上限制动物的运动，这对于若干的狗，尤其对于具有瞌睡倾向和制止过程倾向的少数狗，必有影响。在这样场合，有时把狗放在地面上，至少暂时地使它获得自由以进行实验，这是很适当的。我们需要这样想，就是在运动的时候，由运动器和皮肤两方面出发的刺激，必定会在大脑两半球皮质内陆续地形成兴奋的中心，这也对于制止过程的扩展是相当对抗的。不过此时还有另一个因素，似乎具有巨大的意义，关于此点以后当有说明。

我们已经看见，在重复地应用条件刺激的场合，在大脑皮质细胞内就会有制止过程的发生。与此相同地，如果重复地应用一切并无特殊条件性生理学意义的各动因，以刺激脑皮质细胞，制止过程也会发生。像以前曾经提及过的，在各种反射之中，有一种探索反射。这个反射的作用点是在大脑两半球和下位脑部的细胞之内都有的。在大脑两半球现存的场合，探索反射显然是由大脑两半球细胞的参与而成立的。无疑地，这是由于本反射的精确性而能证明的，因为在环境有任何极微小摇动的场合，探索反射也会发生，这只是在大脑两半球最高的分析机能存在的场合才是可能的，而绝不是脑下位部的关系。像我们都知道的，在重复地被应用的场合，探索反射必定会减弱，并且纵然唤起探索反射的动因仍然继续存在着，最后探索反射会完全消失。在我们研究室里柏柏夫(Н. А. Попов)的特殊实验证明了，探索反射的消失是由于制止过程的发展，并且在详细的经过上，这与条件反射的消去完全相同。

如果在一个实验的期间以内，以一定短的间隔时程反复应用某一个动因，起初会引起探索反射，以后却不能再引起与此相当的运动反应，那么，在同一个实验内安排较大的间隔时程以后，该运动反应又会恢复，这正是与消去性条件反射的场合相同的。在一个实验之中，因为重复应用的结果，某个一定的探索反射会消失，但是如果在它消失以后，即刻应用另一个新异刺激物，探索反射就暂时会出现，这就是说，另一个探索反射被引起了。所以，探索反射与被抑制的条件反射相同地，也是会解除制止化的。如果在几天以内重复地应用某一定动因的探索反射，那么，这探索反射就会慢慢地消失，这是与系统地不受强化手续处理的条件反射相同的。末了，已经消失的探索反射在兴奋剂影响之下(咖啡因)，会暂时又再恢复，这与在条件性分化性动因的场合所观察的情形相同。探索反射的这个制止过程必定地，并且比条件反射的制止过程甚至更易引起瞌睡与睡眠。现在从契求林(С. И. Чечулин)的实验举出例子，说明在探索反射的场合，制止过程和睡眠的发生是与条件刺激物的应用相结合的。

对于一只狗，用哨笛音形成了食物性条件反射。当做探索反射的刺激物而开始被使用的动因是：嘘音，水泡音，皮肤机械性刺激及其他等等。

表 118

时　间	条件刺激物(30 秒)	唾液滴数(30 秒内)	潜在期	备　考
4 点 7 分	哨笛音	3	3 秒	强化
15 分	同上	4	3 秒	同上

以后,从第 21 分钟开始,应用水泡音 30 秒钟,每隔 2 分钟应用一次。在起初三次应用的时候,动物向着发声的方向运动,不过运动是渐渐减弱的。从第四次应用的时候起,瞌睡出现。直到第八次应用的期间以前,睡眠因为各种不同的刺激因素而时时中断。在第八次和第九次应用的时候,狗的睡眠是连续的,不因为刺激物而有任何运动。在 43 分钟的时候,起初只应用水泡音 10 秒钟,其次再应用哨笛音 30 秒钟。没有任何反应——运动的和分泌的反应都没有,睡眠继续着。食物的给与会使狗觉醒,狗开始吃,可是吃了以后依然瞌睡。用条件刺激物所做的实验继续进行如下。

表 119

时　间	条件刺激物(30 秒)	唾液滴数(30 秒内)	潜在期	备　考
4 点 53 分	哨笛音	2.5	8 秒	强化
5 点 02 分	同上	3	7 秒	

在这实验以前,狗在实验架台上从来不曾睡眠过。在以下的实验里,引起探索反射的一些新的动因重复地被应用着,直到睡眠出现的时候为止,或者直到运动消失而瞌睡尚未出现的以前的时候为止。在上述实验以后过 21 天,用皮肤机械性刺激做实验。实验的进行如下。

表 120

时　间	条件刺激物(作用时间各不相同)	唾液滴数	潜在期	备　考
2 点 05 分	哨笛音(5 秒)	—	—	
12 分	同上(30 秒)	6	5 秒	强化
21 分	同上(5 秒)	—	—	

从第 25 分钟开始皮肤机械性刺激,每次继续 30 秒钟,每隔 1 分钟,重复地应用一次。在起初三次应用的时候,狗头运动是倾向于受刺激部位的一侧的。在第四次和第五次应用的时候,不再有运动。在第 32.5 分钟的时候,只应用皮肤机械性刺激 10 秒,其次,哨笛音被结合而应用 10 秒,在哨笛音开始以后过 15 秒,唾液分泌开始,并且在哨笛音的 30 秒内有唾液 2 滴的分泌。以后实验的进行如下。

表 121

时　间	条件刺激物(30 秒)	唾液滴数(30 秒内)	潜在期	备　考
2 点 45 分	哨笛音	5	7 秒	强化

在实验开始的时候,条件刺激物或者在 5 秒钟以后被强化,或者在 30 秒以后被强化,目的是要保持条件刺激物的正常值,一直到实验终结的时候。

我们看见,如果把引起探索反射的动因重复地应用下去,它的运动效果就总会慢慢地减少下去,如果再继续重复地应用下去,那么,有时睡眠与瞌睡会即刻发生,越过越加深，或者在睡眠或瞌睡的出现以前，动因暂时似乎依然没有任何作用。然而与该动因相结合的条件刺激物（如刚才所引用的第二个实验）证明着，这其时似乎没有任何作用的该动因却是引起制止作用的。对于条件刺激物的这种制止作用并非由于我们所谓外制止作用的机制而成立的。这是可以这样证明的，就是（像在第六讲研究有关探索反射对延缓性条件反射所发生的作用的场合）探索反射如果是微弱的，它就只能使条件反射解除制止化，而不能制止条件反射。所以与现在所说的事例有关的是制止过程的作用，而这制止过程的发展是探索反射重复地被应用的结果，并且以后这制止过程会移行于睡眠，其时条件反射也会完全消失（刚才所引用的实验中的第一个）。

我们在用幼犬做实验的场合，同一的情形会特别显著地发生［洛仁他里（И. С. Розенталь）实验］。在任何刺激物单调重复地被应用的场合，在周围环境一般地没有任何动摇的场合，幼犬们往往非常正确地迅速地陷于睡眠。从另一面说，一切的人，尤其不具有坚强的内在生活的人，在受单调性刺激的场合，就不管什么地点和什么时候，不可克服地会陷于瞌睡和睡眠。这虽然直到现在不曾有过科学性的说明，但是谁都知道的一个事实。这就意味着，对于长时间继续作用的外方动因而发生反应的一定的、一些大脑皮质细胞，不断地消耗着，就移行于制止状态，如果其时从皮质其他各活动点不发生与这制止过程相反的作用，制止过程就更加扩展而成为引起睡眠的条件。大脑皮质细胞的非常迅速的消耗性（истощаемость），容易移行于制止状态，而与此强烈地相对照的是，大脑下位部的细胞在同一条件之下却具有很大的忍耐性。我们研究所的泽廖尼（Зеленый）的实验证明过，在正常狗的场合，对于一定声音的探索反射会迅速地消失，但是在狗的大脑两半球被除去的场合，在同一环境里用同一的声音做实验，这个探索反射会常同型地（стереотипно）发生极多次。

我们再回到条件反射的问题上去。

大脑皮质细胞的消耗和一般地大脑皮质细胞的疲弱，会成为制止过程发展的基础，并且会成为睡眠在制止过程以后出现的基础，这是由于如下的常见的事实而可以证明的。如果我们对大脑两半球施行外科的手术而损伤了某一个分析器，那么，与该分析器有关的各阳性条件刺激物的单独应用，或者甚至于在短的时间内也是不可能的，这些阳性刺激物会迅速地变成阴性刺激物——或者各阳性刺激物会完全失去阳性作用，而成为阴性制止性的刺激物。在皮肤分析器受伤的场合，这是特别容易常常观察的事情。

当一只狗的大脑皮质的冠状回转（guri coronarius）和外雪儿维氏回转（ectosylvius）摘除以后，在相当的时期以内（往往好几周），狗的四肢、肩、腰等部位的阳性条件性皮肤机械性反射都会消失而为阴性制止性反射所代替。这情形是可以这样证明的，就是在应用皮肤机械性刺激以前，其他分析器有关的一些阳性条件刺激物，具有显著的阳性作用，但在皮肤机械性刺激以后却丧失阳性作用。同时，这些皮肤机械性刺激非常容易地迅速地引起这些狗的睡眠，而这些狗在受上述手术以前，从来不曾在实验的时间以内睡眠过。事实是往往采取如下可惊异的形式的。如果对相当于脑部手术损伤的皮肤表面某一个部位应用条件性皮肤机械性刺激物，就会引起制止过程和瞌睡，而同一刺激物如果被应用于不因脑手术而受损伤的皮肤部位，就会显出阳性效力，并且使动物依然保持活泼觉醒的状态[克拉斯诺高尔斯基(Н. И. Красногорский)、拉仁可夫(И. П. Разенков)、阿尔汉格里斯基(В. М. Архангельский)等三人的实验]。

可以很正当地在此地引用的一个事实，是在几年前的我们饥馑时代实验室内所观察的事实。对于衰弱疲惫的动物，我们不曾能够做条件反射的研究，因为一切的各阳性条件刺激物对于动物都非常迅速地变成阴性刺激物，并且同时一应用条件刺激物，动物就开始睡眠。很显然，动物全身的疲惫对于大脑皮质细胞特别发生了影响(弗洛洛夫、洛仁他里等人的实验)。

在直到现在已列举的很多数的场合，我们不断地看见，制止过程会移行于睡眠，可是也可以观察相反的情形——就是睡眠会移行于制止过程。我们形成过延缓3分钟的条件反射。个别实验有时是进行如下的。我们把动物放在实验架台上。动物是很活泼的。但是条件刺激物一被应用，动物即刻就瞌睡，并且在3分钟里，唾液分泌效力完全缺乏着；而且在给予食物的场合，动物并不即刻就吃，而是懒慢地吃。我们在这个实验里，以通常的间隔时程再应用这条件刺激物若干次。与每一次的应用并行地，动物在受刺激的场合越加活泼，在3分钟刺激的末了，唾液分泌就出现了。与刺激物重复应用相并行地，唾液分泌越加增多。于是大约可以把3分钟的刺激分为两个时期：在前半期，动物虽然完全是活泼的，但无唾液分泌，而在后半期，唾液分泌极多，并且动物迅速地很贪馋地吃食物。这就是因为起初在条件刺激物作用前半期，制止过程占着优势，发生了扩展性的制止过程，就是说，睡眠发生了，而这扩展性的制止过程会渐渐地移行于局限性的集中性的制止过程，这是与该同一条件刺激物作用后半期的兴奋过程逐渐增强的压力有关的。在与此类似的一些场合，也不能不看见制止过程为纯粹的睡眠所代替的情形。既在较长的延缓3分钟的场合，也在刺激较短的30秒钟的场合，都有时可以观察如下的情形。在实验的时候，实验台上的动物虽然总是觉醒的，但在正确地重复地被应用的条件刺激物每次开始作用的时候，动物就睡着：眼睛闭着，头部下垂，全身弛缓地悬在粗绳上，有时甚至于可以听见鼾声。可是经过一定时间以后，就是在刺激延缓较长的场合过1.5～2分钟，在刺激延缓较短的场合过25秒钟以后，动物迅速地醒来，唾液分泌也出现。并且显出强烈的食物性运动反应。很显然，在这场合，集中化的制止过程是慢慢地为弥漫性睡眠所代替的。最后，有时可以看见，两个制止性刺激的同时作用会引起瞌睡。

一只狗(弗尔西柯夫实验)，具有良好形成的条件反射，孤立的刺激时间3分钟。在最初的2分钟，没有唾液的分泌，2分钟后，唾液分泌开始，在第三分钟的终末达到最大数值。在这实验里，与条件刺激物同时应用了另一个新异动因——微弱的嘘音(шипение)。这嘘音能消除条件反射前半期的制止过程，并且在应用嘘音的时候可以看出微弱的运动反应——探索反射。条件反射被强化了。在重复地应用这复合刺激物的场合，对于嘘音不再有方位判定反应的出现，而条件反射完全消失，动物非常瞌睡。反射再受强化处置。显然地，结果是应该解释以下的。对于嘘音的探索反射，在新刺激物嘘音第二次被应用时候已经消失了，就是说，现在对于嘘音发展着制止过程，这是在本讲的前部已经提及过的。这制止过程与延缓性反射第一时相的制止过程互相连接，就把制止过程更加增强，于是反射的活动性时相完全缺乏而让瞌睡占着优势。我们继续做这个实验，就证明与这实验有关的这解释是正确的。在条件刺激继续地反复地被应用着而不并用嘘音的时候，正确延缓性反射就显现出来，并且有两个时相。如果再用嘘音与拍节机配合起来做一次实验，就再引起瞌睡，条件反射会消失。

此实验的具体数据如下。

表 122

时间	条件刺激物(3 分钟)	唾液滴数(30 秒内)						备考
4 点 52 分	拍节机＋嘘音	0	3	3.5	1	0	3.5	对于嘘音发生轻度的运动
5 点 03 分	同上	0	0	0	0	0	0	没有运动，但瞌睡
15 分	拍节机	0	0	0	0	1	9	
28 分	拍节机＋嘘音	0	0	0	0	0	0	瞌睡

在这一场合，为了明了起见，请诸位注意于如下的情形，我认为这不是徒然的。显然，这个实验和上述契求林的实验，在新异动因对于条件反射所发生作用的关系上，增加了一个多余的新的时相。如果应用强有力的外来动因，那么，它的作用如何，请你们想起第六讲内延缓性反射有关的说明吧。就是强力的外来动因由于所引起的探索反射，起先抑制延缓性反射的全部，其次在重复地给予强力新动因而探索反射显著地减弱的时候，该新动因就仅能解除延缓性反射第一时相的制止过程，但是到了最后，就如诸位现在所看见的，该强有力的新动因又制止这延缓性反射，而此时的制止作用是另有一个根据的，就是这强有力的刺激本身此时在大脑皮质内成为制止过程的原发性刺激物了。而弱的外来动因，正如在弗尔西柯夫的实验里所表现的，从最初起就引起微弱的短时间继续的探索反射，在第一次被应用的场合就对于延缓性反射具有解除制止的作用，最后就以第二次的制止过程而完结。

制止过程与睡眠两者共有的特性，也说明这两种过程的相同性。在前述的讲义内，我们看见了极多的事实，毫无疑问地证明制止过程向大脑两半球实质的进行，并且此过程进行得很缓慢，计算起来有几分钟之久或者甚至于是较多的几分钟，而且此外，由于各只动物的不同和实验条件的不同，这过程进行的速度也很有差异。很显然，睡眠也是一种运动性的过程。我们都知道，瞌睡与睡眠对我们的侵袭是逐渐的，并且是慢慢地相当困难地才会消失散去的。我们也有科学的参考资料，说明在睡眠的场合，各种感觉器机能和其他更复杂的精神机能的消失都是逐渐进行的。从另一方面说，各人的睡眠与觉醒的速度具有很大的区别，而在不同的条件之下，这个速度也各有区别，这都是周知的事实。在实验狗的场合，我们也观察了同样的情形。

此外，在我们的研究方面，我们不断地看见，制止过程的发展是起初很困难的，但是由于实习，即由于制止过程各种形成方法多次的应用，就会逐渐成为很容易再演成的一种过程。完全与此相同地，各条件刺激物在相当的条件之下会引起睡眠，并且无关系的刺激物，如果重复地被应用的回数越多，就会越迅速地引起睡眠。

如下的事实是特别有趣的。像以前指明过的，制止过程能诱导兴奋过程。像在稍稍以前说明过的，在若干狗延缓性反射的场合，条件刺激物在刺激的初期不引起制止过程而引起睡眠，有时在睡眠以前，动物先有极短时间的若干一般性的兴奋。在无关性刺激物长时间被使用的影响下或重复多次地被应用的影响下动物睡眠的场合，上述现象是更鲜明而恒常的。在上述的洛仁他里的实验里，这是常常被观察过的。当无关性刺激物显然开始刺激而幼犬发生瞌睡状态的时候，在幼犬最后入睡之前，先有极短时间的兴奋状态，它开始不安地运动着，用爪挠动，无故地向空中吠叫。同样的情形，我们在小孩睡眠的时候，也常常可以看见。这是一种特异的出乎意料的情形。可以有理由地把这种情形当做一种诱导现象看待。可以同样解释的是，这是在麻醉药作用开始以前的周知的兴奋期。

我以为，上文所引证的各种事实的全体可以充足地完全地证明我们一个假定的正确性，就是睡眠与内制止过程是一个相同的过程。现在我本人不知道，也不能看出，我们的研究有任何一个事实是会与这个结论严重地相矛盾的。不能不以为遗憾的是，直到现在，我们还没有表现睡眠的好的描写方法。不过间或地我们为了这个目的利用了动物头部位置的记载方法。当然，我们有关睡眠各实验的报告，如果并用睡眠的某种表现，也许就会更增加我们理论根据的确实性。

显然，我们通常睡眠的一切详细的情形也与我们的这个结论完全调和。我们有些人的每日工作是非常单调的，有些人的工作，相反地，是极复杂的，可是最后都同样地成为睡眠发生的条件。皮质的同一部分的各点，如果受了长时期的刺激，就会在这些点部引起深深的制止过程，而这制止过程当然强烈地扩展而侵袭大脑两半球，下降到大脑下位的各部分。从另一侧说，在复杂活动的场合，虽然皮质的个别各点并不曾达到显著程度的制止状态，可是这些刺激点数量极多，即使没有大量的扩展过程，也会构成广泛的制止状态，也下降到脑下位的各部分。当然，非常大量的、迅速地轮流交替的许多刺激，往往可能长时间地反抗制止过程对大脑两半球的侵袭，因而使睡眠出现很迟。并且与此相反地，如果在觉醒与睡眠两过程之间有严格地轮流交替的生活顺序，有一个确定的节奏，就可以增大睡眠的坚强性，而并不必有大脑皮质细胞过度的疲劳。在我们的实验里，有足够的例子可以说明，兴奋过程与制止过程彼此间的关系也与上述情形相同。

第十六讲

· Lecture Sixteenth ·

动物的觉醒状态与完全睡眠之间的移行时相(催眠的时相)

诸位！去年我曾引用了大量的事实，证明睡眠是一种连续性的内制止过程(而不是零碎地、与兴奋不断交替地发生的内制止过程)向大脑两半球全部实质扩展，并且下降到若干下位的脑部分。不能不期望着，睡眠会有种种不同的强度，有时大脑皮质较大的部分，有时较小的部分会为睡眠所侵袭，因为制止过程扩展的发生是渐渐进行的。所以在达到完全睡眠以前，必定有种种不同的移行状态。事实也是如此，我们观察了，并且实验地引起了这些移行态。通常的睡眠，由于大脑两半球正常活动的缺乏，具有骨骼肌肉弛缓的特征(眼睛紧闭，头部下垂，半屈曲的四肢，在粗绳上或足部绳圈上被动地站立着的身体)，可是在我们实验场合的睡眠却不仅是这通常式的睡眠，而也有在骨骼肌肉状态上完全另一种状态的睡眠。在后者的场合，大脑两半球的活动也是缺乏的，一切的条件刺激物都不显出任何作用；如果任何新异刺激物不具有很巨大的强度，动物就对于这些刺激物也不显出任何反应，可是保持着完全能动性的姿势。动物站着，眼睛睁开而不动，头部高抬，四肢伸直，然而绝不倚靠脚部的绳索而能不动地站几分钟乃至几小时。在四肢位置有变化的场合，动物保持着被安排的位置。在接触动物足蹠面而足部上举的场合，足部采取挛缩性的位置。在给予食物的场合，动物不愿做出任何反应，依然不动，不接受食物。这样形式制止过程的遭遇是相当稀少的，并且目前我们还不知道，这样的制止过程与我们实验的什么特殊条件有关或与神经系统的什么特性有关。我们的工作同人洛长斯基(Н. А. Рожанский)小心翼翼地观察了狗由觉醒状态向睡眠状态的移行经过，得出了一个结论，就是上述的状态在实验时候恒常地存在着，不过通常是一种短时间的飘忽现象。我以为，这个现象生理学的解释并没有什么特别的困难。在我们面前的是仅仅大脑两半球活动被制止的状态，而这制止过程并不下降到支配身体在空间保持平衡立场的中枢[马格努斯及克伦(Магнус и Клейн)中枢]，就是说，这是一种强直状态(каталептическое состояние)，所以在这种形式的变动的场合，大脑受制止的部位与未受制止的部位两者的分界线是直接地在大脑之下的。但是这种分界线也可能把大脑两半球本身的巨大区域隔离开来，我们往往更多地遭遇这种新方式的制止过程，并且甚至可以故意地使它发生。在如下的条件的场合我们才第一次观察过这类现象[伏斯克列先斯基(Л. Н. Воскресенский)实验]。有一只狗,在以前实验的时候从来不会为睡眠所妨碍,可是因为这只狗屡次孤独地被放在实验室的架台上几小时而不受任何作用,它就开始陷于睡眠了。显然,这像上篇曾经指明过的,环境的单调的各刺激终于引起大脑强烈的连续性的制止过程了。环境的制止作用变成这样地强烈,就是只要把狗一带进到实验室里,狗就即刻变成另一个样子,尤其是如果把它放在实验架台上。为了要在准备实验工作完结的时候动物不致睡眠,不能不故意地对它应用种种的刺激。当实验者走到实验室门荫,一分钟也不耽搁地即刻开始应用条件食物刺激物做实验的时候,正常的条件反射是现存的:唾液流出,狗即刻就吃给它的食物。可是如果实验者走到实验室外以后,过了4～5分钟才开始实验,所得的结果就是完全特殊的:条件刺激物的唾液分泌是有的。在给予食物的场合,唾液反应增大,但动物不自取食物,而需要实验者勉强把食物送进它的口内去。此时还不曾有骨骼肌肉的弛缓。如果实验者在室外过了10分钟以后才应用条件刺激物,那么,条件刺激物并没有任何效力,而动物是完全睡着的,骨骼肌肉弛缓,发出鼾声。这一事实的说明只是如下的,就是在制止过程开始扩展的时期,制止过程只侵袭大脑皮质的运动领域,依然不触及皮质的一切其他部分,而各条件刺激就从这些其他的皮质部分出发,与运动领域无关的器官(唾液腺)相联系,只在稍迟的时候,连续性的制止过程才及于大脑两半球实质的全部,并且下降到脑的下位部分,于是同时就发生完全的睡眠。在这个场合,睡眠状态发展中的这个阶段是由于无关性动因对大脑两半球长时间作用的影响而发生的。在我们利用阴性条件刺激物反复多次做一个实验的场合,或者在利用阳性条件刺激物,尤其在利用弱阳性刺激物多次连续地做实验的场合,睡眠的这个阶段通常是会发生的。举出两个例子如下。

第一例的狗是在以前讲义里曾经提及的一只狗。它的条件性食物刺激物是每秒265次的振动音,其上下两方的各10个邻接音是分化音[贝尔曼(Вирман)实验]。

表 123

时　间	条件刺激物(30秒)	唾液滴数(30秒内)	备　考
3点50分	振动音(每秒256次)	13	吃进给它的食物
4点00分	振动音(每秒426次)	0	渐渐瞌睡
05分	振动音(每秒160次)	0	
10分	振动音(每秒640次)	0	
13分	振动音(每秒255次)	9	不吃食物

我举出另一个例子[洛仁他里(Розенталь)实验]。这只狗,起初会有许多恒常的条件食物反射。以后对它更形成了一个条件反射,条件刺激物是灰色影纸在狗眼前的出现。多次重复地应用了这刺激物,并且往往在一个实验里连续地应用它,于是如下的情形发展了:对于条件刺激物,唾液反应往往也是显著的,但狗并不接触食物。试举例如下。

表 124

时　间	条件刺激物(30 秒)	唾液滴数(30 秒内)	备　考
3 点 15 分	拍节机响声	5	
18 分	电灯开亮	7	不吃食物
21 分	水泡音	7	
24 分	电铃	7	

其时动物只是不运动，可是还没有任何显然可见的睡眠。如果不应用条件刺激物，动物就在实验架台上贪食相同的食物。

与此有关的是如下的一个偶然观察的事实。实验狗中的一只狗老早就被应用于条件反射的实验。在条件性食物反射实验的场合，它从来不曾显出运动性反应和分泌性反应的互相分离。它从来不曾在实验架台上睡眠过。这只狗现在第一次被安置在人数极多的听众的面前，做这些条件反射的供览实验。异于寻常的非常复杂的环境，显然对于动物发生了强有力的作用：动物呆住了，微微地发抖。在试验条件刺激物的场合，分泌性效力与平常相同，但狗不吃食物，可是经过很短的时间以后，它就在讲堂的实验架台上睡着了，骨骼肌肉完全弛缓。显然，这一次强有力的、异于寻常的刺激物直接地引起了大脑两半球的制止过程——起初是一部分的、不过限于运动领域的制止过程，以后就是完全的制止过程，并且移行于脑下位的部分。这样的事例不能不认为是与所谓动物催眠术实验的通常情形完全相同的。做动物催眠术实验的时候，突然捉住动物而使它不动，把它放在仰卧的位置，这样地也就引起制止过程种种不同程度的扩展，有时不过引起强直状态，甚至只引起一部分的强直状态(躯体不动而头部和眼却能动)，有时引起完全的睡眠。有一次在我们的实验室里，一只非常倔强的狗，对于实验的准备极力抵抗，我们不得已对它使用很强的手力而即刻限制了它的运动，其时它经受着显著的机械性刺激，即刻会在实验台上陷于完全的睡眠。

这样地，一部分的睡眠和完全睡眠都可以由于应用长时间继续作用的弱刺激而发生，也可以由于短时间的强刺激而发生——既可以由制止性条件刺激物，也可以由阳性条件刺激物的应用而发生。在下方的讲义内，我会不止一次地说明与此有关的若干详情。

可是与广泛地扩展的制止过程各不相同的强度并行地，我们实际的材料使我们知悉制止过程本身的种种差异和种种阶段，并且可能无妨地说，这实际材料使我们知悉弥漫性制止过程即睡眠的各种强度。

可是在着手于这问题的说明以前，我必须预先谈及一点，而该点对于弥漫性制止(разлитое торможение)各种差异有关的许多实验具有本质上重大的意义。在第八讲里我提出了一个问题：在应用同时性复合刺激物的场合，某一个分析器的一个刺激物会为另一个分析器的刺激物所掩蔽，这事实是怎样发生的。我当时提出了一个假定，可能是这掩蔽作用与所使用的各个不同分析器的各动因的强度如何有关的。当时所计划的实验被执行到现在，完全证实了这个假定。如果我们故意把通常使用的各刺激物的相对强度加以变动，使声音刺激物非常减弱，而使其他刺激物或者保持通常使用时的强度，或者使它们更加强化，那么，相反地，在复合刺激物效力的方面，声音性动因反而此其他一些动因的效力更小，就是说，在个别试验的场合，其他动因的条件作用比声音性刺激的作用更大得多。

我们的实验如下。一只狗的同时性复合刺激是由于通常的皮肤机械性刺激及非常弱化的声音性刺激而成立的[立克曼(B. B. Рикман)实验]。坚定地形成的这复合刺激物在孤立的刺激30秒内给予唾液4～4.5滴。在个别试验的场合，声音性刺激给予0.5～1.5滴，皮肤机械性刺激却给予2.5～5滴。对于另一只狗用400支光电灯节奏性开亮和极端弱化的音形成了同时性复合刺激物。这复合刺激物在30秒内给予了唾液7～8滴。而分别地被应用的光线刺激物给5滴，声音性刺激物给予2.5滴。同样地，在用零摄氏度对皮肤刺激和很弱的声音两者而形成复合刺激物的场合，个别的寒冷刺激的作用远远大于声音性刺激的作用[冈特(W. Horsly Gantt)及库帕洛夫(Купалов)两人实验]。

这样看来，我们通常所应用的各种不同分析器的各条件刺激的效力大小，是由于这些刺激物的强度而决定的，而与各个不同分析器的细胞性质并没有关系。

利用这个论题，我们可以着手于弥漫性制止过程各阶段有关的这当前问题的研究。成为这个研究的动机是一只狗的神经系病理学状态有关的事例，可是这病态是由于一种神经机能性的、非手术性的处理手续而引起的。在下一篇讲义内，我们用实验所引起的神经系病变的本身会引起我们的注意。在此处我只记载一个发端性的病理学的实验，今后对健康动物的研究就是由此实验而出发的。

对于一只狗[拉仁可夫(Разенков)实验]，应用哨笛音、拍节机响声、皮肤节奏性的机械性刺激(每分钟接触皮肤24次)、电灯的开亮等等的刺激形成了阳性条件食物反射，并且形成了若干分化相，而在各分化相之中，有一个分化相是对于同一皮肤部位的机械性刺激频度的变动(每分钟12次)。

对于这只狗，各阳性条件刺激物的正常作用如下。

表 125

时　间	条件刺激物(30秒)	唾液滴数(30秒内)
2点03分	皮肤机械性刺激(每分钟24次)	3
10分	哨笛音	5
21分	电灯开亮	2
32分	拍节机响声	3.5

所以，根据上述的事实，按照强度的差异，各刺激物从强到弱的次序如下：如哨笛音，拍节机响声，皮肤机械性刺激及电灯开亮。

以后做了这样一个实验，就是在应用其他各刺激之中，也应用了分化的机械性刺激(每分钟接触12次)30秒，并且以后直接交替地应用阳性机械性刺激(每分钟接触24次)30秒。

在这实验以后的第二天和其次的9天以内，全部的条件反射都消去了，不过极稀有地，这些反射有极小量的表现。在这时期以后，发生了完全特异的时期。情形如下。

表 126

时间	条件刺激物(30 秒)	唾液滴数(30 秒内)
11 点 10 分	哨笛音	0
19 分	同上	0.3
32 分	电灯开亮	3
48 分	拍节机响声	1
12 点 06 分	皮肤机械性刺激(每分钟 24 次)	5.5

像你们看见的,上表所得的结果是与正常值完全相反的:各强刺激物或者完全不发生作用,或者几乎没有作用,而弱刺激物却引起比正常的更大的效果。按照符魏得斯基(Н. Е. Введенский)的前例,我们把大脑两半球的这个状态叫做反常时相[反常期(парадоксальная фаза)]。正常时相继续了 14 天,以后移行于如下的时相。

表 127

时间	条件刺激物(30 秒)	唾液滴数(30 秒内)
10 点 40 分	皮肤机械性刺激(每分钟 24 次)	4
48 分	拍节机响声	4.5
58 分	哨笛音	4
11 点 10 分	电灯开亮	4

我们把这个时相叫做均等时相(уравнительная фаза),因为这时相的各刺激物的效力都是相等的。均等时相继续 7 天,以后又为一个新的时相所代替,其时中等强度各刺激物的效力非常增强,强刺激物的效力多少减弱,而弱刺激物却毫无作用。再过 7 天,正常值恢复了。在这个实验里,并且在以后与此有关的各实验里,为了对研究结果比较与更正的目的,我们所应用的各刺激物都是相同的,不过这些刺激物的强度却各不相同,这样地就会明了,还一切的情形都是由于大脑皮质细胞对于各刺激的不同强度而发生的。

这样,在我们的实验里,我们最初地证明了,大脑两半球皮质细胞在正常兴奋状态与完全制止状态之间经验着一系列特殊的移行状态,这是这些皮质细胞对于各种刺激不同的强度所表现的异常关系。

我们知悉了显然病态的这些移行状态以后,就再提出一个问题:在正常的时候,从觉醒到睡眠或者从睡眠到觉醒的场合,这些移行状态不也会存在吗?可以认为可能的是,在上述的场合,病态不过是这些状态长时期的固定形式而已,而在正常的时候,这些状态可能是非常迅速地过去,因而不致引起注意,像全身强直的情形就是这样的。我们的研究就采取了这条路线,达到了确实可靠的解答。我们一系列的实验如下。

此处有一只在本篇内已经提及过的狗。对于它,除一个具有阳性作用的音以外,还形成了 20 个分化性邻接音。这只狗除许多其他阳性条件反射以外,还用低的和高的破裂声(тихий и громкий треск)形成了补充的反射,其效果量是彼此间很有区别的。这些反射的正常关系如下。

表 128

时　　间	条件刺激物(30 秒)	唾液滴数(30 秒内)
2 点 10 分	高的破裂声	12.5
20 分	低的破裂声	4.5
30 分	高的破裂声	11

实验在以后进行如下。我们对这只狗重复地应用各分化音的结果,使狗确实睡眠;于是再发动弱破裂声的作用,没有唾液分泌。我们把食物给狗,使狗觉醒,它就开始吃。再过一些时候,又重复地应用弱破裂声。该声已经发生作用,不过还是很弱。对狗又再给予食物。在第三次应用的时候,弱破裂声引起了正常的效力,并且有时甚至于引起比正常值还更大的效力。再施行强化手续,其次应用高破裂声,该声的效力多少比前一次被应用的弱破裂声的作用量还小。并且只在经过若干时间以后完全恢复觉醒状态的场合,高破裂声才达到它完全正常的效力,于是这两个刺激物间的通常比例量才又出现。现在举出这些实验中一个实验的数字如下。

表 129

时　　间	条件刺激物(30 秒)	唾液滴数(30 秒内)
2 点 48 分	高的破裂声	13

以后应用分化的各音引起狗的睡眠。

时　　间	条件刺激物(30 秒)	唾液滴数(30 秒内)
3 点 17 分	低的破裂声	8
22 分	同上	3.5
26 分	同上	7
32 分	高的破裂声	6
40 分	低的破裂声	5.5
50 分	高的破裂声	10

有时在这一类实验的场合,如果重复地应用这些刺激,不发现低破声在初期占优势的效力,而发现两声相等的效果。很显然,在几次短时间地吃的动作的影响下,睡眠状态渐渐消去,大脑皮质在恢复觉醒状态的过程中也经过反常时相与均等时相。所以这是与病态事例的情形相同的。不过在病态时,这样情形继续几天,而在此地的变化却是几分钟(贝尔曼实验)。

还有另一只狗,因为长时期被应用于实验的结果,在实验架台上处于轻度的半睡状态(дремотное состояние)。这半睡状态反映于各条反射的情形是如下的,就是各条件刺激物原有的条件刺激效力大小差异现在都消失而变成相等了。因为应用咖啡因适当量的注射,狗恢复了初期的觉醒状态,同时各条件刺激物间的正常关系也就恢复[席姆金(Н. В. Зимкин)实验]。

表 130

时　间	条件刺激物(30 秒)	唾液滴数(30 秒内)
12 点 50 分	拍节机的强烈响声	8
57 分	电灯开亮	7.5
1 点 04 分	响声的电铃声	8
11 分	拍节机的低响声	8

在翌日实验的 18 分钟以前,在狗的皮下注射了 8 毫升 2%的纯咖啡因溶液,狗就完全觉醒。

表 131

时　间	条件刺激物(30 秒)	唾液滴数(30 秒内)
12 点 18 分	电灯开亮	7
25 分	拍节机的强烈响声	10
32 分	低电铃声	6
39 分	拍节机的低响声	7.5
49 分	响亮的电铃声	8.5

在这一篇里我们曾经提及过一只狗,它显出分泌反应与运动反应互相分离的阶段。我们往往在这阶段里发现,在全部各刺激物之中,只最弱刺激物(电灯开亮)有时具有较强的阳性作用,引起完全正常的反射:唾液流出,狗吃了给它的食物。这样地,在这些场合,反常时相是与弥漫性制止过程的一定扩展度(экстенсивность)相并存的(洛仁他里实验)。

在明显的瞌睡状态还不会达到完全睡眠的场合,还可以发现如下的完全特殊的现象。当阳性条件刺激物完全丧失或几乎丧失作用的时候,形成得很好的阴性刺激物反而会获得显著的阳性作用。例子如下(仕序洛实验)。

对于一只狗形成了一些食物性阳性条件反射,条件刺激物是肩部和后上腿部的皮肤机械性刺激,及 45 摄氏度温度对皮肤的刺激,并且也应用背部皮肤机械性刺激形成了恒常的阴性条件反射。阳性皮肤机械性刺激的正常效力是每分钟 15～18 滴。温度性条件刺激物相当迅速地开始引起睡眠和瞌睡。在该实验里,起先应用温度性刺激物。睡眠发展了。其次的实验情形如下。

表 132

时　间	条件刺激物(1 分钟)	唾液滴数(1 分钟内)	备　考
12 点 29 分	肩部机械性刺激	2	虽然应用强化手续,狗总是瞌睡
39 分	后上肢部机械性刺激	1.5	
50 分	背部机械性刺激	12	

在大脑两半球若干病态的场合不止一次地我们观察了同样的情形。我们把这个状态叫做超反常时相(ультрапарадоксальная фаза)。

我们在动物从觉醒状态移行于完全睡眠的场合,观察了大脑两半球皮质细胞如此不同的各种状态。我们还知道,睡眠是一种连续的弥漫性内制止过程。因此我们不能不期待，在所谓后继性制止的场合我们也会遭遇这些状态中的若干状态。在以前有关内制止的讲义里，我们已经彻底地了解后继性制止的现象。似乎是，这在唯一的事例的场合是这样的，这就是我们在条件性制止的场合所研究过的事例（贝可夫实验）。

一只狗有5个阳性条件刺激物：拍节机响声，响亮的音，该音的弱化音，硬纸做的圆形在狗眼前的出现及皮肤机械性刺激。条件性制止是用皮肤机械性刺激与水泡音的复合刺激物而形成的。按照许多实验所得的唾液分泌强度的平均值，各条件刺激物的顺序如下：拍节机22滴，响亮音18.5滴，弱化音16.5滴，圆形出现13.5滴，皮肤机械性刺激10滴，这些都是30秒钟的分泌量。当条件性制止最后刚刚被形成的时候，全部各条件刺激物的效果都被检查了。在应用条件性制止以后经过10分钟，拍节机响声的效力是唾液16.5滴，响亮音16滴，弱化音20滴，圆形18滴。如果考虑制止过程进行和诱导相两者都可能与这事实有关，那么，唯一的可能认为与这问题有关的，是弱化音比正常时具有更大的作用，而响亮音的效力反而趋于正常。因为这个现象是发生于大脑皮质的同一点内，所以这可以当做反常时相的表现看待。现在我们关于其他各种的内制止过程还继续着这个研究。

以后我们研究了如下的一点。在有关相互诱导的讲义内我们做了一个假定：我们所谓外制止不就是负性诱导的现象吗？就是说，这不是在发生兴奋状态部分的周围部所诱导的制止过程吗？换句话说，内制止与外制止在物理化学的基础上不是同一个过程吗？我们以为，可能由于如下问题的研究而多少证实这个假定：外制止不也引起我们刚才在内制止场合所知悉的皮质细胞的状态吗？因为这个研究需要多少比较长时期的外制止过程，所以我们利用动物所厌恶的各种物质注入于动物的口中而做了实验，这样，外制止过程显现的时间就很长了。

实验是对具有食物性反射的两只狗施行的。

对于一只狗[泊洛洛可夫（Пророков）实验]，用苏打水注入口内以后，唾液分泌就会被引起。在唾液分泌停止以后，即刻检查强烈的和微弱的各条件刺激物的作用，结果都是同等地强烈地被制止的。可是在15～20分钟以后，弱刺激物已经发挥与正常值相等的或比正常值更大的作用。并且如果强刺激物现在还是很弱化的，弱刺激物的作用就与强刺激物的作用相等，或者较之更大。实验如下。在9点41分时注入了苏打水。

表 133

时　间	条件刺激物(30秒)	唾液滴数(30秒内)
9点46分	电灯开亮	0.4
51分	皮肤机械性刺激	6.2
56分	强电铃声	3.0

电铃的通常效力在30秒内是8滴，皮肤机械性刺激大约4滴。

另一只狗[阿诺新（П. К. Анохин）实验]实验的结果一部分与第一只狗所得的结果相一致，一部分是特殊的。在苏打水被注入于狗的口内和因此而发生的唾液分泌停止以后，即刻就开始试验原来恒常地具有不同效力的（原来是电铃效力最强，电灯光最弱）各条件刺激物的作用。直到这实验终结为止，各条件刺激物的效果都彼此接近而相等了。不过与此同时，在一个实验进行之中，各条件反射都是阶段状地渐渐减弱了。实验的进行如下。

注入苏打水。唾液分泌继续10分钟。

表 134

时　间	条件刺激物(30 秒)	唾液滴数(30 秒内)
11 点 10 分	电灯开亮	12.5
15 分	同上	10.5
20 分	强电铃声	10.5
25 分	拍节机响声	6.3
30 分	弱电铃声	6.8

虽然两只狗所获得的实验结果一般有利于如下的假定,就是制止与外制止根本上是同一过程的假定,可是从这现象的复杂性而且还需要重复再做的实验,并且需要种种方式的实验,同时要严格地注意这些事实其他说明方法的有无。

最后,对于我们还有一个富于兴趣的研究:如果使用催眠剂,从催眠作用开始直到动物完全睡眠为止,或者相反地直到恢复觉醒状态为这些条件反射的情形是怎样?为了这个目的,我们使用了乌拉坦(тан)和水化三氯乙醛(chloratum hydratum)。在此处,几乎特殊地占优势的是采取另一种进行方式的现象,就正是一切反射都渐渐减弱,是各微弱的刺激物当然比强有力的刺激物更快地失去作用。我们称此细胞的这种状态为麻醉时相(наркотическая фаза)。现在举出这实验中的一个实验[列白丁斯卡亚(С. И. Лебединская)实验]。一只狗具有如下的阳性条件刺激物:强电铃声,拍节机响声,低电铃声,皮肤机械性刺激,在狗眼前电灯断续的开亮。从效力的强弱而言,各刺激物的位置就是与上述顺序相当的。在 10 点 9 分时注入 2 克的水化三氯乙醛(加水 150 毫升)于直肠内。狗站在实验架台上。实验进行如下。

表 135

时　间	条件刺激物(30 秒)	唾液滴数(30 秒内)	备　考
10 点 14 分	拍节机	11	吃食物
21 分	电灯开亮	3.5	打呵欠,身体动摇,吃
29 分	强电铃声	7	被动地系在粗绳上,吃
38 分	皮肤机械性刺激	0	吃
45 分	低电铃声	2	慢慢起来,吃
53 分	强电铃声	0	睡着,不吃
11 点 06 分	拍节机	0	同上
13 分	低电铃声	0	同上
19 分	强电铃声	5.5	醒过来,吃
26 分	皮肤机械性刺激	0	同上
35 分	电灯开亮	0	同上
45 分	拍节机	5	同上
53 分	低电铃声	9.5	同上
12 点 00 分	皮肤机械性刺激	4	同上
07 分	皮肤机械性刺激	8.5	同上
15 分	电灯开亮	6	同上
24 分	拍节机	9.5	同上
34 分	强电铃声	13	同上
42 分	低电铃声	10	同上
1 点 03 分	皮肤机械性刺激	5.5	同上

我们看见，在催眠剂作用发展的时候，各刺激物的效力都渐渐减弱，而在恢复到觉醒期的时候，各刺激物也渐渐地恢复正常值。20 次的刺激之中只有一个强烈的例外，就是低电铃声在 11 点 53 分显出不相称的巨大作用。

这样，在各个健康动物身上，在种种不同条件之下，在大脑两半球对各条件刺激物发生反应的关系上，我们获得了大脑两半球许多各不相同的状态。于是发生一个问题：即在生活的通常条件之下，皮质细胞这一切的状态，包括麻醉时相在内，是每一个动物都具有的状态吗？关于这问题的解决，我们的情形倒是很幸运的。在我们各只狗之中有一只狗(关于这只狗的实验已经在第十四讲的末尾引用过了)是属于强烈的神经型的。在下一讲里会有这神经型的说明。这只狗的特色就是在一定条件之下，往往以条件反射的形式显出高级神经活动的常同性(стереотипность)。这只狗值得我们所多次给它的一个称呼"活器械"。像以前所说明的，这只狗有 10 个条件反射：6 个阳性条件反射是用电铃、拍节机、哨笛、室内光亮的加强、在狗眼前有圆形的出现、玩具马等等而形成的；四个阴性条件反射是用拍节机的另一种拍度、室内光亮的减弱、四角形、玩具兔等等而形成的。玩具兔的大小、颜色与玩具马大约相等。在最后的期间因为若干理由电铃不曾被使用过，而从各阴性条件刺激之中我们几乎只用了拍节机的分化响声。声音性刺激物在现在的实验里通常地、而在以前的实验里恒常地，比光性刺激物引起远远更大的唾液分泌效率(30%～50%)。在这只狗长期地被应用于实验以后(2 年以上)，各阳性条件刺激物开始显出各个别作用量的减弱倾向及各刺激物作用数量对比关系变动的倾向。如果我们对实验狗所用的各条件刺激物在很长期间是不变的，上述的变化本来是屡屡会发生的。于是正是现在在这只狗的场合，我们可以看见，在本篇内以前曾经当做弥漫性制止过程的异式而记载过的大脑两半球的一切状态都会很明了地显现出来。大脑两半球的每个这种状态，或者在一个实验的全部经过之中强烈地显现出来，或者有时自动地，有时在我们处理办法的影响之下，移行于其他的状态[斯皮朗斯基(Сперанский)实验]。在这一只狗的场合唯一地不曾观察过的是超反常时相。可是也没有这样一个机会，因为这只狗从来不曾有过显然瞌睡的状态。在不同的日子和不同的时期内所做的实验如下。

表 136

时 间	条件刺激物(15 秒)	唾液滴数(30 秒内)
	正常态的实验	
10 点 30 分	拍节机	8
40 分	室内光亮加强	5
50 分	哨笛	8
11 点 00 分	圆形	5
10 分	拍节机	9
20 分	室内光亮加强	5
30 分	哨笛	8
40 分	圆形	6

（续表）

时　间	条件刺激物（15 秒）	唾液滴数（30 秒内）
均等时相的实验		
9 点 00 分	拍节机	7
10 分	室内光亮加强	5
20 分	哨笛	5
30 分	圆形	4.5
40 分	拍节机	5
50 分	室内光亮加强	5
10 点 00 分	哨笛	5
10 分	圆形	4
反常时相移行于正常时相的实验		
10 点 00 分	拍节机	4
11 分	室内光亮加强	6
22 分	哨笛	4
33 分	圆形	7
43 分	拍节机	4
54 分	室内光亮加强	2.5
11 点 03 分	哨笛	9
12 分	圆形	4.5
22 分	拍节机	9.5
33 分	室内光亮加强	5
完全制止移行于麻醉时相的实验		
10 点 00 分	拍节机	0
09 分	室内光亮加强	0
19 分	哨笛	3
31 分	圆形	0
42 分	拍节机	3
52 分	室内光亮加强	0
11 点 03 分	哨笛	3.5
12 分	圆形	0

当条件反射很减弱并且歪曲的时候，我们把各反射增强并且加以矫正，而所用的方法是如第十四讲所指明过的，条件刺激物的作用时间很短，以后就并用无条件刺激物。所以在该处所引用的各实验里，孤立的条件刺激时间是各不相同的。在上述的最后的两个实验时，我们必须相信，由一个时相向另一时相的移行是在重复地给予食物的影响下而发生的。可是我们还掌握着两种特殊的处理方法，可以即刻使各时相互相交替。一种方法是应用恒常地完全的分化相（拍节机拍数的更动），以当做使制止过程集中的动因或当做诱导兴奋过程的动因。另一种方法是应用社会性的刺激物，譬如狗的主人、实验者在实验室内的停留就是。举例如下。

表 137

时　　间	条件刺激物(30 秒)	唾液滴数(30 秒内)	备　　考
9 点 30 分	拍节机	0	不吃
37 分	玩具小马	0	同上
45 分	分化相	0	同上
52 分	拍节机	4	吃
59 分	室内光亮加强	9	同上
10 点 10 分	哨笛	6.5	同上
18 分	玩具小马	11	同上
30 分	拍节机	12.5	同上
38 分	圆形	8.5	同上

完全的制止时相(就是既没有分泌反应，也没有运动反应)在应用分化相以后，起先移行于反常时相，以后也移行于正常时相。

表 138

时　　间	条件刺激物(30 秒)	唾液滴数(30 秒内)	备　　考
10 点 00 分	拍节机	0	不吃
		实验者走进室内，与狗在一起	
09 分	拍节机	9	吃
18 分	室内光亮加强	3.5	同上

实验者与狗同在室内，即刻就使完全制止时相变成正常时相。

把上述大脑两半球状态中的各个时相能够安排而成为一个系列吗，如果这是可能，那么是怎样一个系列？这个问题目前是完全未解决的。如果考虑我们一切的事例，时相的排列次序是足够复杂的。这样看来，这些状态是严格地顺着次序呢，还是彼此互相平行呢？现在还不明了。我们也不能精确地指明，为什么某一个时相有时直接地移行于这时相，有时移行于另一时相。所以还需要继续研究。

可以不必怀疑，在这篇里所叙述的大脑两半球的各种状态就是所谓催眠术的种种阶段和特征。关于人类催眠现象和我们所获得的事实材料的联系，在最后一讲内会详细地说明。

第十七讲

·Lecture Seventeenth·

神经系统的各种类型——大脑两半球的病态，当做受机能性侵害（作用）的结果

诸位！直到现在，我们研究了大脑两半球的正常活动。可是，当然为起初我们关于动物大脑机能可能的限度，即是关于动物大脑的忍耐性，不曾有任何理解，我们使动物所受的各实验，换句话说，我们使动物所负的神经方面的任务，有时引起动物大脑两半球正常活动的慢性障碍。此处我所指的是一些纯粹的机能性障碍，而且只是机能地、并非手术地所引起的障碍。在某一些场合，动物在有关的实验停止而获得信息时间的影响下，这些障碍会自然地慢慢地消去，而在另一些场合，这些障碍非常顽固，需要我们采取特殊的治疗办法。这样，在我们的面前，大脑两半球的生理学移行于大脑的病理学和治疗了。在相同的有害条件之下，我们各只实验动物大脑两半球病态的表现是很不相同的。有些动物因此严重地、长时期地有病，另一些动物发病轻微而时期很短，而第三类的动物几乎可以毫无痕迹地忍受同样的作用。有些动物与正常状态的差异是倾向于这一侧，而另一些动物却偏向于另一侧。这种差异显然是与各动物的特性即各动物神经系类型的差异有关，所以在着手讨论大脑两半球病态以前，必须先要注意于实验狗神经系统的类型。现在我们在研究大脑两半球的场合已经相当地树立一些明确的标准。由于这些标准的利用，我们就可以严格科学地记载实验动物神经系统的特性，于是才会开拓严格地科学地做动物实验研究的一个重要的可能性，以研究与神经系活动遗传有关的问题。然而我将要叙述的神经类型是与日常所观察的类型相同的。我们不能不相信，有两个极端的类型，由于其明确性和强烈性，是特别可以区别的。

一个类型是我们老早所知道的。在我的以前的论文和报告里，我已经不止一次提及过它。在我们利用这个类型的动物做实验的场合，起初发生了一些误解。在我们工作初期的时候，不明了这种情形，我们经验过相当的困难，因为动物发生瞌睡状态，并且在应用若干条件刺激物的场合和若干处理方法的场合，我们就想选择一些在自由的时候活泼爱动的狗做实验，以避免这类困难。这些狗是非常忙乱不宁的，样样东西都用鼻子去嗅闻，都要去看看，对于任何极小的响声也很快地发生反应；在与生人相认识的场合（它们很容易与生人相亲近），使人因为这些狗的执拗而觉讨厌，即对它们叫唤或轻轻地打，也

不容易很快地使它们镇静。并且正是这类动物，如果被安置在实验架台上面，运动受着限制，特别如果是单独地被放在实验室内，那么，纵然对他们应用条件刺激物和并用食物或酸液注入的手续，它们很快地就瞌睡，它们的条件反射或者减弱，或者完全消失。我们所重复应用的一些动因，如果还是不曾能够形成坚强的条件刺激物，即刻就会眼前证实地，对于在实验起初时还活泼的狗，引起瞌睡。这种类型的若干狗，甚至不在实验架台上，而在地面上不受拘束地被利用于实验的场合，如果实验者对于它们不表示关心，就是说，如果不使它们感觉兴趣，它们也就迅速地开始闭住眼睛，不能站稳而身体摇摇欲坠，最后就躺在地面上。并且这样情形往往即刻发生于条件刺激物刚用食物加以强化处理以后。起初我们不能不放弃利用这类动物做研究的念头。可是以后我们慢慢地适应于这些动物了。如果应用许多不同的动因对于这样的动物形成了许多条件反射，在一个实验里不重复地应用同一刺激物，在各个别的刺激物之间不安置很长的间隔时程，不仅形成阳性反射，而也形成阴性反射，简单地说，使实验对于动物维持着一个合适的很复杂的状态，那么，这些实验动物就会成为完全可以满意的实验对象。现在剩下一个我们正在解决中的问题，就是这种类型的神经系统是强的呢，还是弱的呢。

在树立更有科学根据的系统分类以前，我预先以为，如我在实验室研究时候有过机会所看见的，狗的类型是与古代分类的所谓气质(темерамент)多少相一致的。刚才所记载的一些狗必须被认为是真正多血质者(подлинные сангвиники)。在各刺激迅速地交替的场合，这类狗是精力饱满而富于活动的，在环境是单调而极少变化的场合，它们就萎靡不振而瞌睡，于是也就不活动了。

另一类型的狗，也具有非常鲜明的特征，必须在古典的气质类型系列中被排列于与上型相反侧的终末端。在一切新的环境内，尤其在若干特殊的环境内，这类狗就非常小心翼翼地很少动作，不断地制止动作：轻轻地靠近室壁走动，腿不十分地伸直，往往因为别方面极小的运动或响声，就完全将躯干贴近地面。有人大声叫唤或发出威胁的动作，即刻就使这类狗完全不动而停留于被动的平躺姿势。谁一看见这一类的狗，就会认为这是很胆怯的狗。自然，这些狗只能很慢慢地习惯于我们实验的环境和种种处理的手续。可是当这些一切事情对于动物最后地成为通常无奇的时候，这些动物就会成为我们研究用的模范对象。在前讲末尾所称赞过的一只狗就是属于这一类型的。这一类的狗在实验架台上通常不会睡着。如果实验环境或多或少地保持单调的方式，这类狗的全部条件反射，尤其制止性反射，是非常稳定而有规则的。我们现在在实验室里正有着和研究着一只这个类型的极端代表者。这只母狗是在我们这里出世的，从来不曾接受过任何人的不愉快的态度。当这只狗大约一岁的时候，就开始把它带进实验室内，于是在一次实验的期间，不过只应用了食物强化处理几次，就形成了条件反射。它第一次到研究室的样子是怎样，现在5年之后的今天也依然是怎样。直到现在，它对于实验还是一点也不习惯的。它和它的主人及实验者一起走进研究室的时候，总是卷着尾巴，弯着腿，并且在遇见研究室内其他常见的工作人员(其中有几个人总是爱抚它的)时，它必定或者飞快地跑到旁边去，或者向后退走而坐在地面上。对于主人非故意的、极小的、比较活泼的举动或稍微高声的说话，它也是这样做出反应的。它对于我们全体工作人员的态度，仿佛我们都是它最危险的敌人，必须因为我们而永远地残酷地遭受痛苦。虽然如此，可是当它最后习惯于实验环境的时候，它形成了许多精确的阳性和阴性的条件反射。这对于我们是出乎意外的事情，因此它就获得了一个恭维的称呼“聪明的女人”。以后我还要提及这只动物。

也许不夸张地可以把这样的动物归纳于忧郁质者（меланхолик）一类之中。如果这一类的动物总是不必要地制止着生活中最重要的表现——运动，就不能不认为它们的生活是黑暗的。

上述的两种类型显然是两个极端的类型。在一方面是兴奋过程占着优势，而在另一方面是制止过程占着优势。所以这两种类型是受着限制的类型，也可以说，生活的范围界限是狭窄的。对于一种类型，需要不断地有各种刺激的交替和新奇，而这往往不是环境现实里可能有的事情。相反地，对于另一种类型所需要的却是一种很单调的环境生活，要没有任何的环境摇动和变化。

关于上述的类型，我以为不能不简单地说及如下的问题。可能有人因为有关这些类型的说明而认为有一个驳辩的根据，以反对内制止与睡眠的类似性，因为在我们的实验环境里，兴奋过程占优势的类型很有睡眠的倾向，而容易受制止性影响的类型反而在同一条件之下会保持觉醒的状态。然而如已经指明过的，这是两个极端的类型，具有神经系统的特异性质，因此也具有特殊的生存条件。如果我们——是有理由地——假定，皮质细胞机能的损坏性对于这些细胞内制止过程的发生也具有推动力的，那么，自然明了，非常容易兴奋的皮质细胞，就是说，具有高度机能损坏性的皮质细胞，会倾向于制止过程的发展和其广泛的扩展，如果这些皮质细胞迅速地蒙受了长时间的单调的刺激。只有对其他部分的皮质细胞的新刺激，能够迅速地交替地被应用着，才可以和皮质细胞该种特性所产生的自然的、即生物学上可能有害的结果。第二类型也正是这样的。如果第二类型的容易发生的皮质运动领域的制止过程，即一种被动性的防御反射，并有该制止过程向大脑全体实质扩展，而且下行到脑下位的部分，那么，这也许是在生物学上不可能，是没有安定生存的一切机会的。所以如果最初引起制止过程的原一迅速地过去，就必须保持着恢复生物主动性动作的可能性，而未被制止的大脑皮质细胞正是赋予这个可能性的。所以在该场合的制止过程的扩展是受着限制的，这是大体上具有缺陷的神经系统在生物学方面所形成的特殊的性质。这是一种特殊的适应作用，好像有人可以训练自己在行进中能够睡眠，就是说，把制止过程限制于大脑两半球，而且允许制止过程再向下降。（注：行进中的睡眠指半睡状态而言。）

我再讨论神经系统的一些差异。在上述两种极端的类型之间，有很多中间的类型。这些类型已经具有兴奋过程和制止过程两者间的或多或少的平衡。可是这些类型中的若干个是多少比较接近于一个极端类型的，而另一些类型却是接近于另一个极端类型的，所以从全体说，这样就比较更广泛地适应于生活，因此在生活方面是强有力的。这些动物之中，有些是活泼而好动的，并且大部分具有攻击性；另一些动物即是更安静的、稳定的、有节制的。从后者一组之内，我想起一只具有惊异态度的狗。当这只狗从饲狗室被带出而进入实验室内以后，从来不曾看见它会因为实验而躺在地上，而它对于周围所发生的事几乎丝毫也不关心，与我们中的任何人，包括实验者在内，既不建立友善关系，也不建立敌对的关系。在实验架台上，没有任何瞌睡的状态，阳性和阴性条件反射，尤其阴性反射，总是很正确的。无论如何，不能不把强烈的制止过程认为是它的性质。然而它也能够发生强烈的兴奋。有一次在这只狗的面前我用玩具喇叭发出异常的声音，并且我脸上还带着野兽的假面具，这样的我能使它平常的安静状态紊乱了。这样，它才失去了平常的自制性，开始大声吠叫，要向我的方面冲过来。这只狗是真正黏液质性格(флегматическая натура)，而且是很强烈的黏液质。

还有另外一组，显然是属于兴奋型的，可能相当于古代分类的胆液质(холерический темперамент)，这类动物的阴性条件反射往往会紊乱。

当然，有些动物的类型是不十分确定的。但是从全体说，在我们面前，我们的动物可以分为两个范围：一个是兴奋过程非常地或相当地占着优势，另一个是制止过程非常地或相当地占着优势。

现在我可以移行于大脑两半球病态的讨论，而这些病态或者是我们偶然观察的，或者是我们故意引起的。

这一类的第一个事例是在如下的情形下所观察的。像在第三讲里已经指明过的，我们可以对狗的皮肤应用极强的电流以形成条件性食物反射。动物显出食物反射以代替生来的防御反应：动物向给予食物的方面转过身体，用舌舐动着，唾液分泌很多(叶洛菲耶娃实验)。条件反射的形成是先用很弱的电流开始的，以后电流渐渐增强，最后增大到非常强度的电流。这种条件反射存在了好几个月，并且有时利用皮肤的烧灼或机械性损伤代替电流，也得了相同的结果。这只狗总是保持着完全正常的状态，可是经过几个月以后，这个特殊的刺激物和其他一切条件刺激物都开始变成制止性刺激物，就是唾液分泌效果的开始与刺激的最初瞬间渐渐隔离。我们也在以前，除了最初形成反射的一个部位以外，间或试验了其他的部位。但以后决意系统地把电极移到一些新的部位上去。在这样场合，在若干时期以内，食物反射依然如前地保存着，没有任何防御反应的障碍。可是在相当地较远的部位，一切情形都忽然非常变化了。食物反应的痕迹完全不存在，现存的只是极强烈的防御反应。甚至在条件反射形成以前所用的极弱的电流本来是没有任何作用的，现在该弱电流如果被应用于皮肤的第一个部位，同样强烈的防御反应却会出现。同样的情形还在另两只狗的身上也发生过。其中的一只狗，在第 9 部位有了这样兴奋的爆发，而另一只在第 13 部位，还不愿出这样的防御反应。可是如果在一个实验里，把电流刺激反复地应用于许多部位，而不像以前专应用于同一部位，所得的结果是完全相同的。在这样情形发生以后，对于这些动物，即刻就没有任何办法可以恢复电流的食物性条件反射。这些动物变成非常兴奋而不安静，这是它们从来不曾有过的样子。对于其中的一只狗，在中辍实验 3 个月以后，又重新能够开始形成该条件反射，不过形成的程序是比在第一次形成时更为谨慎的，在最后该条件反射恢复了。对于另一些狗，实验的中辍也没有效果。显然地，由于上述手续的应用，神经系统就陷于慢性的病态。可惜当时关于这些狗的神经系统类型的问题，不曾留下什么指示性的说明。

似乎因为上述的事实是发生于特殊条件之下的，所以不曾引起我们实际上的兴趣。可是经过若干时期以后，我们在比较通常的条件之下也曾观察过同样的情形。观察的事实如下。

我们研究了用眼区别事物形态能力的限度有关的分析性的活动[仕格尔·克列斯托夫尼可娃(Шенгер-Крестовникова)实验]。在狗的面前，把光亮的圆形反映在影幕上，以后再并用食物强化法。在条件反射形成以后，就着手于椭圆形分化的形成，而该椭圆形的光度和平面大小是与该圆形相等的，椭圆的半径之比是 2∶1；在圆形出现以后，把食物给动物吃，但在椭圆形出现的场合，却不给与食物。很快地，完全而恒常的分化就成功了。以后采取阶段式的办法（半径 3∶2，4∶3 及其他），开始使椭圆形与圆形逐渐地接近，按照这些椭圆形的顺序，继续不断地形成分化相。分化相形成的进行是有若干动摇的（起初总是很快地形成，以后又再迟缓），但是直到半径 9∶8 的椭圆的分化相以前都是顺利的。可是在 9∶8 半径椭圆形的场合，动物用眼区别的能力虽然是相当显著，但已经不是完全的。在应用这个分化相 3 周以后，情形不但不曾好转，反而非常恶化了：圆形与这椭圆形的区别完全消失了。与此同时，动物的行动也完全改变了。它以前是安静的，可是它现在在实验架台上大声地吠叫，走来走去，要摆脱装在它身上的刺激器，或者咬断与实验者相连接的橡皮管，这是以前从来不会发生过的事情。在被带进实验室的时候，它也与原来习惯相反而吠叫。在试验比较容易的分化相的时候，各分化相也很受了影响。甚至半径 2∶1 的椭圆的分化相也受了影响。为了要恢复这最后椭圆形的原有精确性，就比在第一次条件反射形成的场合，不能不需要更多的时间（要费两倍有余的时间）。在易于区别的分化相第二次形成的时候，动物渐渐安静起来，最后完全恢复了正常状态。在移行于比较更精密的分化相形成的时候，这比第一次的形成甚至于还更快一些。在第一次应用半径 9∶8 的椭圆形的时候，与圆形的区别是完全的；可是从第二次应用这一椭圆形的时候起，这个区别力的痕迹也不存在了，并且狗又陷于极端兴奋的状态，兼有与以前相同的一切后作用。这样，这个实验就不能继续再进行了。

上述研究的若干情况具体记录如下。

表 139

时　间	条件刺激物(30 秒)	唾液滴数(30 秒内)
1914 年 8 月 4 日实验		
4 点 10 分	圆形	4
22 分	同上	6
37 分	椭圆形(半径 4∶3)	0
55 分	圆形	4
1914 年 9 月 2 日实验		
1 点 10 分	圆形	2
27 分	同上	8
2 点 06 分	同上	10
16 分	椭圆形(半径 9∶8)	1
30 分	圆形	6
48 分	同上	8
1914 年 9 月 17 日实验		
3 点 20 分	圆形	4
31 分	同上	7
54 分	椭圆形(半径 9∶8)	8
4 点 09 分	圆形	9

（续表）

时　间	条件刺激物(30 秒)	唾液滴数(30 秒内)
1914 年 9 月 25 日实验		
2 点 17 分	圆形	9
47 分	椭圆形(半径 2∶1)	3
3 点 08 分	圆形	8
22 分	同上	8
46 分	椭圆形(半径 2∶1)	3
1914 年 11 月 13 日实验		
10 点 55 分	圆形	10
11 点 05 分	同上	7
30 分	椭圆形(半径 2∶1)	0
44 分	圆形	5

在第一个实验内，半径 4∶3 的椭圆形的效力是零。在第二个实验内，半径 9∶8 的椭圆形在它第一个形成分化相的时期只有一滴的唾液分泌，而在 2 周以后的第三个实验内，这椭圆形的效果就与圆形相等而成为阳性了。在这以后的第四个实验内，甚至半径 2∶1 的椭圆形的分化相也已经是不完全的了，只是以后在一个半月的期间以内，不断地加以应用。在第五个实验的时候，这半径 2∶1 的椭圆形才再成为零。

在这实验以后，上述的事实引起了我们注意力的集中，于是我们就故意地着手于这类实验的完成。已经很显然，在一定条件之下，兴奋过程与制止过程的互相遭遇，会使两者间通常的平衡发生障碍，并且在或长或短的时期以内，或多或少地构成神经系统的异常状态。在上述第一个实验的场合，用强电流形成了条件性食物刺激物，生来的防御反应就必定被制止，而在第二个事例分化过程的场合，正像我们已经从第七讲里已经知道的，也必定是制止过程发挥作用了。互相对立两过程间的正确的平衡，可以实现到某一定的程度，但是在两种过程间相对强度或两者空间上的境界的一定条件之下，两过程间的正常平衡就成为不可能了，结果是，两过程中的一个会占优势(参看以后的说明)，这就是病态的发生。

在以后的各实验里，我们故意地选择了神经系统类型各不相同的狗，因为要了解，在我们所使用的机能性实验作用之下(非手术的)，这些神经活动的病态，怎样地反映于各只狗的。最初的这样的实验(彼特洛娃)所用的两只狗，从动物的一般行动看起来，它们神经系统的特性是互相对立的。这正是在睡眠有关的讲义内所提及的两只狗。它们起初由于实验处置而引起了睡眠状态。以后这睡眠状态是这样被除去的，就是轮流交替地迅速地应用许多条件反射(6 个条件反射)，并且每个条件刺激物的开始作用与无条件刺激物互相结合的间隔时程是 5 秒钟。在这些实验的时候，除睡眠被排除以外，还获得了一个鲜明而正确的证明，就是在两只狗的神经系统特性上具有强大的区别，完全证实了根据日常观察所下最初诊断的特性。这个证明是这样成立的，就是在应用条件刺激物以后经过 3 分钟，才用无条件刺激物的结合，于是狗的几乎同时性的各条件反射都会变成强烈的延缓性反射。这样由同时性反射向延缓性反射的移行是渐渐的，就是由条件刺激物开始作用到无条件刺激物结合的相隔时间每日顺次地延长 5 秒。当然与此相当地，所谓潜在期，就是说，条件刺激开始以后直到唾液分泌量初出现的时间，会渐渐地延长起来。这类延缓过程的发展是对于各条件刺激物同时形成的。在这样实验的场合，虽然根据我们预先所下的诊断是制止过程占着优势的一只狗，即刻比较多少安然地能够克服延缓性过程的困难，而另一只兴奋过程占优势的狗，却对于这同一个任务，是态度完全不同的。在刺激延缓到 2 分钟的时候，这只狗开始陷于兴奋状态，但延缓时间再延长到最大值 3 分钟的场合，狗就简直完全陷于狂暴状态：全身各部分都不断地乱动，吼吠到不可忍耐的程度，唾液分泌连续不断，其分泌量在条件刺激物作用的时间以内非常增大，没有丝毫延缓性反射的痕迹。很显然，在这个实验条件之下所需要的各条件刺激物的初期制止过程不是这只狗的力量所能胜任的，而对于这只狗的易于兴奋的神经系统是一个过大的担负，其表现就是对于这种痛苦的天然的斗争。需要补充说明，我们已经观察过，许多狗的这两种对立过程平衡方面的困难是兴奋式的表现，可是兴奋从来不曾达到这样的程度。然而的确，这一次的保持平衡的任务是远远更严重的，因为需要同时性大脑许多部位上都使两种对立的过程互相平衡。我们除了停止这个实验以外，没有其他的办法。很有兴趣地，起初似乎是不可能的这个任务，居然以后在这样神经系统的情形下获得满意的解决。为了这个目的，起初必须限于一个条件刺激物的作用。这样地，狗就安静，并且不仅在实验架台上做实验的时候，而也在地面上不受拘束地做实验时候，也甚至开始睡眠。于是全部各条件刺激物都被应用了，不过每个条件刺激物作用 5 秒钟以后，就用无条件刺激物加以结合。以后再把孤立的条件刺激慢慢地延长到 3 分钟。这样地，就安稳地形成了耐久的延缓性反射，其形式就是我在睡眠有关的讲义内曾经提及过的。从条件刺激物开始作用超过 1.5～2 分钟，狗已经瞌睡，可是在第二分钟的末了或第三分钟的开始，狗已经迅速地脱离了睡眠的被动式的状态，并且食物运动性和分泌性反应都强烈地发生了。这样，由于休息而渐进地重复应用的手续，第一次实验所不能够实现的两个相反过程的平衡终于达到了。

因为狗的神经系统的区别已经精细地确定了，所以我们就对这些实验的主要目标进行研究，可是我们决意向这目的进行的方法，多少与上述各偶然的观察不同。就是说，在兼有初期长时间制止过程的强延缓反射以外，我们应用了另一些种类的制止过程：分化性制止，条件性制止及消去性制止。我们的见解是这样的：可能在如此复杂的制止过程系列的场合，也会与从前的观察相同地，有两过程间正常平衡障碍的发生。我们的预想不曾能够证实，这类障碍并不曾发生。可是在制止过程有关的这些补充实验的场合，两只狗的差异却不断地强调地显露出来。兴奋型的一只狗在每个新制止过程形成的场合并有暂时地显著的兴奋，而另一只狗却在这场合几乎不显出任何困难的征兆。因为情形是这样的，我们就利用可靠的方法。我们着手用电流对皮肤的刺激，以形成条件性食物反射。条件反射形成了，我们以相当长时间的中辍时期，反复地应用这个反射。于是并不必像在叶洛菲耶娃的实验里把电极不断地向许多新的部位移动，两只狗神经系统的慢性变化却也发生了。不能不相信，在此处，制止性活动的上述初期复杂化的手续是具有影响的。可是重要而新鲜的是，这两只狗神经系统正常机能紊乱的表现是完全对立的：一只狗的各阴性制止性反射慢慢地受了障碍；而另一只狗的阳性反射却受了障碍，只是在若干时间以后，各制止过程才发生障碍。

实验的详细进行情形如下。

一只兴奋型的狗具有由拍节机、电铃，水泡音、后肢大腿部皮肤机械性刺激的各条件刺激物。它的阴性刺激物是嘘音与拍节机响声的并用（嘘音在使用拍节机以前的5秒）、肩部的皮肤机械性刺激。各条件刺激物都是在继续作用3分钟以后，才受食物强化的手续。

表 140

时　　间	条件刺激物（3分钟）	唾液滴数（每分钟）		
1923年3月15日实验（在用电流形成条件反射以前）				
3点00分	拍节机	0	5	16
25分	嘘音＋拍节机	0	0	0
45分	水泡音	0	1	14
54分	电铃	3	0	17[①]
4点00分	大腿部皮肤机械性刺激	0	2	12
13分	肩部皮肤机械性刺激	0	0	0

从3月末尾起开始用电流形成条件反射。在4月里这反射形成了。在所用的电流不是非常强力的期间以内，各制止过程都或多或少地被保存着。在8月里电流非常加强。于是延缓过程才开始紊乱，并且条件性制止不再是完全的。为了改善这样情形的目的，除电铃以外，一切条件刺激物孤立的刺激时间都是30秒而不是3分钟以后，就给予食物。尽管如此，虽然停止了电流的应用，制止过程的弱化依然继续地进行。延缓过程完全消失。在拍节机使用前5秒钟被使用的复合制止物中的嘘音的本身现在具有恒常的阳性作用，就是说，嘘音变成第二级的条件刺激物，甚至机械性刺激的分化相也显著地解除制止化了。

表 141

时　　间	条件刺激物	唾液滴数（每分钟）		
这个时期最后的实验（1923年11月29日）				
3点15分	水泡音（30秒）		5	
26分	后肢大腿的皮肤机械性刺激（30秒）		8	
40分	肩部皮肤机械性刺激（30秒，分化相）		3	
4点00分	拍节机（30秒）		6	
12分	嘘音＋拍节机（30秒，条件制止物）		10	
4点35分	电铃（3分钟）	16	12	13
46分	后肢大腿的皮肤机械性刺激（30秒）		8	
5点00分	肩部皮肤机械性刺激（30秒，分化相）		3	

另一只性情安静的狗，其各条件刺激物与兴奋型的狗相同。

---

① 对于兴奋型的狗，特别在使用比较强烈刺激的场合，初期的兴奋几乎一定地引起短时间的探索反射（方位判定反应），因此在延缓性反射的场合，制止时相的初期有或多或少的短时间的解除制止现象。

表 142

时 间	条件刺激物(3分钟)	唾液滴数(每分钟)		
1923年3月21日实验(在用电流形成条件反射以前)				
3点18分	水泡音	0	2	6
54分	电铃	0	0	12
4点13分	拍节机	1	5	15
35分	嘘音+拍节机(条件制止物)	1	0	0
42分	电铃	0	6	14
55分	嘘音+拍节机(条件制止物)	0	0	0
5点03分	后肢大腿皮肤机械性刺激	0	3	9
15分	肩部皮肤机械性刺激	0	0	0

从3月的终末起,着手于电流条件反射的形成。这个反射容易迅速地达到30秒内7滴的唾液量。在电流继续加强的时候,防御应又恢复了,但以后它又消失,完全让食物反射占优势。但在重复地用已形成的电流条件反射的场合,唾液分泌效力就迅速地开始减弱且同时被检验的其他各条件反射都几乎消失了,不过在一个实验间的时候有很微弱的效力。

1923年5月30日的实验如下,它们是证明这样的情形的。

表 143

时 间	条件刺激物(3分钟)	唾液滴数(每分钟)		
3点25分	电铃	0	0	2
35分	拍节机	0	0	5
47分	电铃	0	0	0
4点03分	大腿皮肤机械性刺激	0	0	0
20分	肩部皮肤机械性刺激	0	0	0
25分	水泡音	0	0	0
37分	拍节机	0	0	0
48分	电铃	0	0	0

因为此时这只狗开始消瘦,变成无力,所以一切实验都中辍了相当长的时间,并且开始加强地喂养它,又给予肝油。狗就恢复了原有的体重和活泼性。在上述实验中辍以后,除电铃反射以外,现在将所有的各射都由原来的延缓3分钟改为延缓30秒钟,然而这在本质上并不曾改变实验的结果:各反射不过稍为恢复而已。此时被应用的电流具有显著的唾液分泌效力,可是在电流增强的场合,它的分泌效力又再减弱,并且最后完全消失,正与其他一切的反射相同。不仅如此,在这一次,各种的内制止过程也渐渐开始消失,就是说,原来效果是零的各阴性条件刺激物开始有时或多或少地并有唾液的分泌。

下面是1923年12月6日的实验,揭示了条件刺激物的阳性用只发生于延缓性反射的制止性时相。

表 144

时　间	条件刺激物	唾液滴数
12 点 48 分	后肢大腿皮肤机械性刺激(30 秒)	0
1 点 00 分	肩部皮肤机械性刺激(30 秒)	0
07 分	水泡音(30 秒)	1
20 分	拍节机(30 秒)	0
40 分	电铃(3 分钟)	3　2　0
51 分	后肢大腿皮肤机械性刺激(30 秒)	0
2 点 00 分	肩部皮肤机械性刺激(30 秒)	0
11 分	拍节机(30 秒)	0
42 分	嘘音+拍节机(30 秒,条件制止物)	0
53 分	拍节机(30 秒)	0

我们有理由地不能不假定,各条件制止性刺激物的阳性作用并不意味着制止过程的减弱,而是证明兴奋过程继续地发生的障碍,就是本来正常地兴奋的皮质细胞进入于超反常时相的状态。

此时这只狗的全身状况是完全可以满意的。

这样,神经系统类型不同的两只狗在完全相同的有害条件的作用之下,发生了与正常的神经活动相差异的慢性病态,而病态的动向是彼此不同的。在一只易于兴奋的狗的场合,大脑两半球皮质细胞内的制止过程非常减弱,几乎完全消失,而在另一只安静的、通常易于制止的狗的场合,皮质细胞内的兴奋过程非常减弱而几乎消失了。换句话说,我们看见了两种不同的神经症(невроз)。

我们所引起的神经症是非常顽固而长期继续的。即使将实验中辍,这神经症并不显出恢复的倾向。于是为了研究兴奋型的狗的目的,我们决意应用经过考验的治疗剂——溴素,尤其因为我们在初期的实验里[尼吉弗洛夫斯基(П. М. Никифоровский)和德略宾(В. С. Дерябин)两人实验]有时看见溴素的良好作用,这在制止过程不充足的场合具有使制止过程增强的效力。在神经症存在几个月以后,开始每天用 100 毫升的 2%溴化钾(KBr)溶液注入于动物的直肠内。各种内制止过程都就开始迅速地恢复,其次序是一定的:起初分化相成为完全而坚定的,其次是条件性制止,最后是延缓过程。在第十天,全部的条件都完全成为正常。

表 145

时　间	条件刺激物	唾液滴数
	1924 年 3 月 5 日实验	
3 点 00 分	拍节机(30 秒)	5
12 分	嘘音+拍节机(条件制止物,30 秒)	0
28 分	水泡音(30 秒)	8
37 分	电铃(3 分钟)	2　12　16
44 分	拍节机(30 秒)	8
55 分	拍节机(30 秒,分化相)	0
4 点 10 分	水泡音(30 秒)	7
16 分	电铃(3 分钟)	2　1　9
25 分	同上(3 分钟)	0　8　21

需要注意,在使用溴素剂的时候,我们不曾观察过阳性反射的任何减弱。最引起我们注意的就是这些反射的巨大的恒常性。这样,按照我们的实验,溴素不是降低神经兴奋的,而是调整神经兴奋性的药剂。

溴素的注入不过是 11 天。但是这一次由溴素而治愈的效果是根本的,因为各反射经过 2 个月以后依然是完全正常的。

性情安静的狗,其神经症不受溴素和我们所采取的其他办法的影响。它被放置了很久,不曾做什么实验,我们不曾对它加以注意。在这个实验中辍的期间以后,出乎我们意外地,它又变成正常了。我们在下一讲内会再说到它。

第十八讲

· *Lecture Eighteenth* ·

大脑两半球的病态，当做受机能性侵害（作用）的结果

诸位！在本讲内我继续叙述与大脑两半球皮质病态有关的实验和观察。在我们的手中和眼前，这个主题越来越广大而且深化了，这不仅是因为我们现在对这问题有意集中了我们注意力，而且也是因为若干偶然事情的缘故。我们不断地看见，在有害的破坏性影响之下，正常的东西会以不引起我们注意的移行方式而变成病态的东西，并且在生理学的正常状态的时候，有些事情是融合而复杂交错的，是被掩蔽而不能为我们所发现的，可是病态的事情却往往使这些复杂的事情分解而简单化了，因而就把这被掩蔽的事情能够阐明。在有关正常催眠状态的讲义内曾经说明，只在催眠状态以病态而显然表现以后，催眠状态中的非常富于兴趣的各状态（这是从应用于人类的观点而言的，在最后的一讲内会有说明）才成为我们研究的对象。诸位还记得，一只狗是具有若干阳性的和阴性的条件反射的，而在这些反射之中，有一个阳性皮肤机械性刺激的条件反射，其刺激是 30 秒内 24 次节奏性地接触，并有一个阴性皮肤机械性刺激的条件反射，其刺激是 30 秒内 12 次的接触。在动物正常状态的时候，各条件反射的唾液分泌效力数值，与各条件刺激物强度相当地而有明了的一定的次序。但在一个实验里，如果应用阴性皮肤机械性刺激物以后，不安置任何极小的间隔时程而即刻应用阳性皮肤机械性刺激物，就是说，某一个一定节奏性的刺激为另一个不同节奏的刺激所代替，于是大脑皮质的病态就发生了。在以后的最近几天以内，病态的表现是全部各阳性条件反射的消失，其次在很长时期以内，病态的表现就是唾液分泌效力具有与正常值相反的各样变动，但在唾液效力对各条件刺激物强度的关系上却依然有一定的交替关系。经过 5.5 周，这病态才过去了。显然，这个症例是应该与上一讲所记载的各例并置于一个系列之内的。在上一讲所述最后一只狗的场合，最强烈的症候表现是全部各阳性条件反射的消失，达几个月之久，而在本例的场合，病态经过种种接近正常的时相，终于在第 36 日就消失了。

同时显然，在直到现在已引用的全部各事例的场合，病态发生的基本性机制都是相同的。这就是兴奋过程与制止过程的冲突——一个很艰难的互相遭遇。

除上述大脑两半球皮质病态的各场合以外，我们还有一些其他的事例。这些事例不

仅在病态若干特性的关系上，而且在病态发生的若干其他机制的关系上，尽管不具有更大的兴趣，却也具有不少的兴趣。

第一，我先说明一个在几个月以内天天细心观察的事例[立克曼(Рикман)实验]。因为这事例具有无比的兴趣，所以我很详细地利用记录做一个说明。这是一只很制止型的狗，以前它被应用于许多的观察和实验。它有许多阳性条件食物反射和一个以每分钟60次响声的拍节机形成了的阴性反射，同时拍节机每分钟120次响声为阳性条件刺激物。各阳性条件反射的唾液分泌效力数值都是与所应用的各外来动因的条件作用强度相当地成为一个有次序的系列。阴性条件刺激物在重复地被应用266次以后才达到本实验开始施行的时期，其时它是一个完全精确的、恒常的、充分集中的阴性刺激物，就是说，这刺激物对于各阳性反射所发挥的后继性制止作用是限于短时期以内的。

正常时的实验案例，在1925年12月1日的成绩如下。

表 146

时　间	条件刺激物(20秒)	唾液滴数(20秒内)	运动反应与全身动作
10点37分	拍节机(每分钟120次)	8	活泼的食物反应
45分	电灯开亮	4	同上
49分	强音	6	同上
56分	拍节机(每分钟60次)	0	不动
11点00分	电铃	9	活泼的食物反应
05分	弱音	3.5	同上

因为这一类型的狗仿佛是制止过程的专家，并且一切种类的内制止过程都是对于它们容易发生而能坚强地维持的，所以我们决意对上述实验的这只狗特别地试验制止过程的坚强性。为了这个目的，决定将它的阴性刺激物改造而使成为阳性刺激物。这个改造手续是按照通常容易达到目的的办法而施行的，就是说，使用阴性刺激物与无条件刺激物连续地相结合的办法，同时并不并用阳性刺激物。请诸位想起在负性诱导有关的讲义内曾经说明过的、与此有关的事项。虽然采取了这样的手续，制止过程排除的进度是迟缓的。虽然在三天以内，这一旧的阴性刺激物每回实验都并用食物强化手续4～7次，直到这处理手续反复到第17次的时候，才有制止过程被排除的最初征兆，而这样征兆也不过是小量的唾液分泌，并没有食物性运动反应。在重复应用到第27次的时候，拍节机每分钟60次响声的唾液分泌反应达到相当大的数量。在这个时候，并不能发现其他各阳性反射的任何强烈的障碍，不过也许各强刺激物的和各弱刺激物的唾液分泌效力数值有互相接近的趋势了。

与这时期有关的实验(1925年12月14日)如下。

表 147

时 间	条件刺激物(20 秒)	唾液滴数(20 秒内)	运动反应及全身动作
10 点 56 分	拍节机(每分钟 60 次)	5.5	方位判定反应比食物反应鲜明
11 点 03 分	电灯开亮	5	食物反应
10 分	拍节机(每分钟 120 次)	5	同上
17 分	电铃	8	同上
24 分	弱音	5	同上
31 分	拍节机(每分钟 120 次)	5.5	同上
38 分	电铃	7	同上

可是刚才所达到的拍节机(每分钟 60 次响声)的唾液分泌效力数值并不是能保持恒常的。虽然并用着食物强化的手续,这效力数值却即刻开始减弱,在重复地被应用到第 30 次的时候,已经等于零了。与此并行地,在应用拍节机(每分钟 60 次)以后,即刻几乎全部其他条件反射都成为零。

说明这种情形的实验(1925 年 12 月 18 日)如下。

表 148

时 间	条件刺激物(20 秒)	唾液滴数(20 秒内)	运动反应及全身动作
12 点 04 分	电灯开亮	4.5	贪食,食物反应
09 分	拍节机(每分钟 60 次)	1	方位判定反应
14 分	强音	0	回避运动,但吃食物
23 分	电铃	0	回避运动,不吃食物
30 分	电灯开亮	0	不即刻就吃食物
38 分	弱音	0	食物反应,即刻吃

这只狗的外观是完全健康的,并且不在实验架台上的时候,它贪食该同一的食物。在这实验内拍节机每分钟 60 次响声以前应用第一条件刺激物的场合,它也在实验架台上贪食。

以后,虽然拍节机响声每分钟 60 次的阳性作用有了若干的恢复,但这拍节机对其他各条件反射所具有的制止作用还是继续存在的。然而一除去这实验内拍节机每分钟 60 次响声的应用,这些条件反射又成为完全正常的,不过也许是,各弱刺激物在这实验的最后,比通常时多少有所减弱。

证明这一情形的实验(1925 年 12 月 24 日)如下。

表 149

时 间	条件刺激物(20 秒)	唾液滴数(20 秒内)	运动反应及全身动作
11 点 02 分	电铃	9	活泼的食物反应
10 分	电灯开亮	5.5	同上
15 分	强音	7	同上
20 分	弱音	5	同上
28 分	电铃	6.5	同上
32 分	电灯开亮	3	同上
39 分	强音	6	同上
44 分	弱音	3.5	同上

我现在故意举出正常反射的若干实验，就是想要昭示，即使拍节机反射重复地发挥障碍性作用，正常值究竟能保存多少时候，是多么顽强。可是以后的情形依然是如旧的。两种节奏的拍节机响声的阳性效力数值具有不断的动摇，唾液量由 0.5～7.5 滴，然而在这实验里应用这两种拍节机节奏的时候，总是引起在其次被应用的全部条件刺激物的障碍，其障碍的形式或者是完全的制止，或者是移行于制止的各个时相。令人感兴趣的是，拍节机每分钟 120 次响声往往比其 60 次响声所引起的障碍更为深刻。

现在举出这实验时期的若干例子。

表 150

时间	条件刺激物(20 秒)	唾液滴数(20 秒内)	运动反应及全身动作
1925 年 12 月 28 日实验(均等时相)			
10 点 56 分	电铃	10	食物反应
11 点 07 分	电灯开亮	6	同上
13 分	拍节机(每分钟 60 次)	2	同上
20 分	弱音	5	同上
28 分	拍节机(每分钟 120 次)	4.5	弱食物反应
33 分	强音	5	食物反应
40 分	电铃	4.5	同上
47 分	电灯开亮	5.5	同上
1926 年 1 月 5 日实验(麻醉时相)			
12 点 53 分	拍节机(每分钟 60 次)	6	迟缓的食物反应
1 点 00 分	电灯开亮	3.5	食物反应
05 分	强音	6	同上
10 分	拍节机(每分钟 120 次)	3	同上
18 分	弱音	0	弱食物反应
25 分	电铃	4.5	食物反应
30 分	电灯开亮	0	回避运动，不吃
35 分	电铃	6	显明的运动反应，即刻吃
1926 年 1 月 20 日实验(反常时相)			
10 点 44 分	强音	8	食物反应
49 分	电灯开亮	3	同上
57 分	拍节机(每分钟 60 次)	0.5	方位判定反应
11 点 02 分	弱音	5	活泼的食物反应
07 分	电铃	4.5	弱食物反应
14 分	弱音	5	活泼的食物反应
21 分	电铃	2.5	弱食物反应
26 分	电灯开亮	3.5	活泼的食物反应
31 分	强音	1	食物反应

（续表）

时　　间	条件刺激物(20 秒)	唾液滴数(20 秒内)	运动反应及全身动作	
1926 年 1 月 21 日实验(完全制止的时相)				
11 点 09 分	强音	6	食物反应	
14 分	电灯开亮	4.5	同上	
22 分	拍节机(每分钟 120 次)	3.5	同上	
27 分	弱音	0	同上	在休息期间
32 分	电铃	3	同上	安静不动
39 分	弱音	0	同上	
47 分	电铃	0	同上	
52 分	电灯开亮	0	弱食物反应	
57 分	强音	0	同上	
1926 年 1 月 26 日实验(不用拍节机)				
11 点 18 分	电灯开亮	6	活泼的食物反应	
28 分	强音	6.5	同上	
33 分	电铃	7.5	同上	
40 分	弱音	4.5	同上	
48 分	电铃	6	同上	
53 分	电灯开亮	2	弱食物反应	
12 点 02 分	强音	3.5	同上	

因为上述最后的实验已经揭示了，在没有拍节机参与的实验里，虽然各条件刺激物还保持正常的比例，但各反射在实验终末的时候却开始减弱，于是在以后的几天内，各条件刺激物都以同时反射的方式被应用着，而拍节机却完全不用。在这以后每个反射的孤立的条件刺激(就是在无条件刺激物的结合以前)只继续 15 秒钟，而不是像以前的 20 秒钟。此外，在这个时期内，还附加一个新的条件刺激物即水泡音(空气通过水时的水泡音)，这是属于强刺激物的一组的。各反射就都增强，并且在实验终末时不减弱。于是在经过 11 天的间歇以后，再在实验内应用拍节机响声每分钟 120 次的刺激。

1926 年 3 月 2 日的实验如下。

表　151

时　　间	条件刺激物(15 秒)	唾液滴数(15 秒内)	运动反应及全身动作
10 点 44 分	水泡音	6.5	食物反应
54 分	弱音	5.5	同上
11 点 02 分	拍节机(每分钟 120 次)	6	起初方位判定反应，其次食物反应
07 分	电灯开亮	4.5	食物反应
15 分	电铃	4.5	同上
23 分	水泡音	3.5	同上
31 分	弱音	5.5	活泼的食物反应
38 分	电铃	4.5	食物反应

我们现在看见，在这实验里一应用拍节机(每分钟 120 次)(请记住，这是很久的阳性刺激物)，即刻又引起一切其他各条件反射的障碍。即刻发生的是均等时相，由这均等时

相,又移行于反常时相。可是不仅如此。在实验的第二天及以后相当长的期间内,大脑皮质细胞陷于一种状态,就是这些细胞如果一受强烈的刺激就会移行于完全制止的状态。还有一个事实,就是,神经活动的比较很深的障碍不是在受了有害影响之后即刻发生,而是经过一天或一天以上才会发生,这是我们在神经病态的实验里所极常观察的事实。

其次是另一天的实验,即 1926 年 3 月 3 日。

表 152

时　间	条件刺激物(15 秒)	唾液滴数(15 秒内)	运动反应及全身动作
3 点 41 分	电铃	5	弱食物反应
46 分	电灯开亮	0.5	延缓的食物反应
55 分	强音	0	不吃
4 点 02 分	弱音	0.5	食物反应,吃
07 分	电铃	0	不吃
10 分	给予食物,但不给予条件刺激物		即刻吃

这只狗在外观上是完全健康的。

这样的情形继续了 11 天。于是以后我们应用如下的办法:强音完全不用,而电铃音与水泡音很减弱。

1926 年 3 月 15 日的实验如下。

表 153

时　间	条件刺激物(15 秒)	唾液滴数(15 秒内)	运动反应及全身动作
10 点 20 分	电灯开亮	6.5	食物反应
27 分	弱音	5	同上
32 分	弱水泡音	3.5	同上
40 分	弱电铃音	6.5	同上
48 分	弱音	4.5	同上
56 分	弱水泡音	4.5	同上
11 点 04 分	弱电铃音	5	同上
12 分	电灯开亮	4	同上

完全这样的实验继续了 9 天。现在又应用各强刺激物,结果如下。

表 154

时　间	条件刺激物(15 秒)	唾液滴数(15 秒内)	运动反应及全身动作
1926 年 3 月 27 日实验			
4 点 02 分	强电铃音	4	食物反应
09 分	电灯开亮	0.5	同上
16 分	强水泡音	0	回避运动,不吃
23 分	弱音	0	慢吃
30 分	电铃音	0	吃得不活泼,不安
37 分	电灯开亮	1.5	不即刻吃

在离开实验架台而不受拘束的时候,这只狗的行动是完全正常的,并且贪食。隔一天再只应用各弱刺激物,于是各反射都是存在的。

表 155

时 间	条件刺激物(15 秒)	唾液滴数(15 秒内)	运动反应及全身动作
3 点 57 分	弱音	6.5	食物反应
4 点 05 分	弱水泡音	6	同上
10 分	电灯开亮	4.5	同上
10 分	弱电铃音	6	同上
26 分	弱水泡音	6.5	同上
31 分	电灯开亮	3	同上
40 分	弱电铃音	5	同上

这些实验卓越的内容性和重要性也许一定可以证明,记录材料如此过分的叙述是有理由的。

这样,简单地说,上述的材料的意义是什么?声音分析器内一个制止点变成兴奋点的经过是缓慢而不完全的,而最重要的是会使这一点变成非正常状态,以后适当条件刺激物对该点的作用即刻使全大脑皮质变成病态。这类病态的表现是,如果大脑皮质蒙受各强刺激物的作用,就不能不移行于制止状态的各种时相,甚至引起完全的制止。起初在除去皮质非正常点的刺激物的场合,大脑皮质这个病态能够相当迅速地恢复正常,但在继续地重复应用该刺激的场合,该非正常状态就成为固定的。因为其他各声音刺激物自己还发挥完全正常的作用,所以不能不假定,在该场合存在着声音分析器一部分的、狭窄范围的障碍,可以说,这就是声音分析器的慢性机能性的溃疡(хроническая функциональная язва)。这机能性溃疡的部分如果一受适当刺激物(адэкватный раздражитель)的接触,就会有害地影响于全部的大脑皮质,最后就引起长时间的病态。

在这个事实里,我们不能不看出一个鲜明显著的证明,就是像以前说明过的,大脑皮质的构造是镶嵌细工式的。

可以想象,上述的大脑皮质决定性的障碍,是由于两种机制而发生的。或者是,刺激物引起皮质非正常点内的兴奋过程,因此使该点内的制止过程增强,并且使制止过程在此地固定若干时,而这制止过程扩展开来,也使皮质的其他各细胞都成为同一状态。或者是,刺激物在该皮质点所发挥的作用是与一个破坏性动因相仿佛的,于是与一切被破坏的点相同的,这一个皮质的病点由于外制止的机制而引起大脑两半球其他各部分的制止过程。很显然,这非正常点的形成,又是兴奋过程与制止过程的互相冲突的结果。

现在除了本篇和上篇讲义内所引用的事例以外,我们还掌握着很多数的事例。在这些事例内,在相对立的两种过程困难地相遇的场合,皮质正常机能的乖离就会发生,而这样乖离是多少长时期性的,往往不是我们任何处置办法所能控制的,时而是兴奋过程占优势,时而是制止过程占优势。这样乖离的现象或者还在困难的分化相形成的时候就发生了,尤其在后继性复合刺激物的分化的时候会发生[伊凡诺夫·斯莫连斯基(А. Г. Иванов-Смоленский)、尤尔曼(М. Н. Юрман)、席姆金那耶(А. М. Зимкиная)等人的实验];这样乖离或者在皮肤分析器内制止性刺激物即刻地或很快地代替阳性刺激物的场合也会发生,尤其在皮肤一个部位上有两种节奏不同的机械性刺激互相交替应用的场合会发生(此时两个节奏不同的机械性刺激成为两个互相对立的过程的刺激物)。在这最后的场合，如果狗是兴奋型的或者甚至于是攻击型的[菲耀道洛夫(Л. Н. Фелоров)实验]，狗的兴奋会厉害到不能继续实验的程度。只是不断地应用溴化钙和甚至于废除实验内的阳性皮肤机械性刺激，才能使狗恢复对于其他各条件刺激物的正常关系。在制止型狗的场合(彼特洛娃的实验)，可以相信，此时也形成了皮肤分析器内狭窄地限局的非正常点，这与前述的实验(立克曼实验)相同。这皮肤非正常点在当天实验里所受的阳性刺激，每次引起全部皮质的弥漫性制止过程，并且有时甚至于在实验后最近几天内也是如此。可惜，这个事例的继续分析中辍了，因为这只狗患了沉重的疾病(肾炎)。

在上述病态的范围以内，我还不能不叙述若干因为其他机制而发生的事例。在这些场合，病态是非常不著明地与正常状态相融合的，或者更正确地说，这样病态是生来的弱神经系统本身恒常的性质。但是在叙述这样病态以前，为了事情更明了起见，也许不是多余的，简单地谈及一个问题，这就是外来刺激物直接对于大脑两半球皮质细胞发挥制止性作用的问题。这有三种刺激物的可能：即单调地重复地应用的弱刺激物，非常强有力的刺激物，或由新现象本身乃至由各旧现象的新联系新排列次序所构成的异常刺激物。

我们人类的生活及动物的生活有关的这些刺激物这样作用的事例是太多了，这是不需要举出例子做证明的。这个事实的生物学的意义是多少明了的。相当有力的刺激物——主要地不断地交替的相当有力刺激物，会引起，并且必定引起大脑皮质的活动状态，以维持生物个体与周围环境两者间的精确平衡，所以当然的，不需要生物个体任何活动的单调的弱刺激物，必定倾向于制止过程，倾向于安静，这样才使大脑皮质细胞在工作以后有恢复的时间。强力的刺激物的制止作用显然地是特殊的被动性防御反射，譬如在所谓动物催眠(真正的催眠)的场合就是，因为动物的不动姿态，一方面使它不容易为强有力的敌人所注意，另一方面是排除或缓和强敌的攻击反应。最后，一般地说，不习惯的环境必定限制动物原有的运动度，因为在新的情形之下，原有的动作方式也可能现在是不适当的，因而会使动物蒙受什么损害。这样，在周围环境有新动摇的场合，纵然动摇不很显著，通常会发生两种反射：一个是阳性探索反射，另一个可以说是制止性反射，即是抑制性反射(рефлекс сдержанности)、警惕反射(рефлекс осторожности)。剩下一个有趣的问题：这两种反射都是独立的反射吗，或者因为外制止机制的缘故，后者(制止反射)是探索反射的结果吗？初看起来，第二个可能性是更有可能的。三种刺激物制止作用的生理学机制会成为最后各讲义中一篇的讨论对象。

1924 年 9 月 23 日，在列宁格勒发生的非常的、自然力的异变，是一个极大的洪水。这个洪水给我们一个机会，以研究和观察我们实验狗神经系统的慢性病态，这病态是在于这异变影响下，即在一个非常强有力的外来刺激物的影响下发生的。地面上的动物室，与研究室的建筑物相隔大约 250 米(1/4 千米)，开始为水所淹没。可怖的暴风，逐渐增加着的洪水所具有的强有力的波动，大浪冲击建筑物的响声；被摧折而倒下的树木的断裂声和杂音，在这些情况之下，不能不着急地游泳着，把我们的动物分组地运送到我们研究室的二楼上，将它们安置在这不寻常的分组的生活之下。很显然，这些情形没有例外地制止了全部的动物，因为在这个时期，它们彼此间常有的打斗，都不会被发现过。在这异变过去而把这些动物都送还原处以后，一部分的狗依然保持从前的状态，但另一部分的狗，正是指制止型的狗而言，在很长的期间以内，都变成神经症的狗，这是由于我们对这些狗所做的条件反射的实验而确信的。我现在也就说明这些实验。

第一只狗[斯皮朗斯基(Сперанский)实验]是以前曾经提及过的一只康健的、强壮的狗,但它是很强制止型的狗。它的全部各条件反射都是非常显著的、特别地恒常的、正确的,不过只在一个条件之下,才是这样,就是实验的环境需要严格地保持平常状态。我提起诸位的注意,它有 10 个条件(食物性)反射,其中 6 个是阳性,4 个是阴性(分化相)。阳性反射之中,3 个是声音性的,3 个是光性的。在声音性反射之中,最强的是电铃,能引起最大量的唾液分泌。各光性的唾液分泌效力都是彼此相等的。阳性声音性反射的唾液分泌效力超过光性的唾液分泌量的 1/3 以上。在洪水退去后的 1 周,被放在实验架台上的这只狗显出很不安的态度,条件反射几乎完全消失,并且一般地说,本来是很贪食的这只狗,现在并不吃,甚至还回避食物。这样的情形继续了 3 天。以后 3 天也这样地不把食物给它吃,但是结果依然如旧。除去了其他各原因以后,根据对于这只狗的若干观察,我们达到如下的一个结论,就是洪水尚存的作用引起了这种情形,于是我们采取了一个办法。本来这只狗是单独地在实验室内,而实验者在门荫操纵实验;现在实验者就与这只狗都在室中,而我却在门荫进行实验。狗的各反射即刻就都出现,并且贪馋地吃食物。可是只要实验者一离开这只狗而使它孤独地在实验室中,它就像从前一样(注:狗的全部各反射就消失,它又不吃东西)。为了恢复各个反射,实验者不能不系统地反复地有时停留在实验室中,有时离开一会儿。在实验的第 11 天,才开始使用直到当时不曾应用过的刺激物,即电铃声,这在条件效力上是最有效的,并且同时是物理学上最强的刺激物。在应用这电铃以后,其他一切的反射都即刻减弱,狗也不再吃食物;并且其时狗变成非常兴奋而不安地向周围各方向看,特别顽固地由实验架台向下看地面。社会性刺激物的应用,就是说,实验者停留在狗的近旁,才渐渐使各反射恢复,但是 5 天后再应用电铃,结果依然与以前相同。于是只是在实验者与狗同在实验室内的时候,才开始应用电铃。各反射才慢慢地恢复正常的关系。各反射常常有均等时相的出现,并且在使用电铃时候,有时狗就不吃食物;在电铃以后,其他各反射往往减弱。最后在实验的第 47 天,就是大约在洪水退去 2 个月以后,完全正常的实验才能进行。在实验进行之中,我们试验过如下的处理方法:从门的下方,让水静静地流入狗所在在实验室中,于是动物所在的实验架台上的桌子附近形成了一个不大的水壑。这个实验(1924 年 11 月 17 日)的记录如下。做此实验的时候,与正常时相同地,实验者不在实验室内,只有狗在室内。

表 156

时　间	条件刺激物(30 秒)	唾液滴数(30 秒内)	备　考
10 点 15 分	拍节机(每分钟 120 次)	15.5	贪食
24 分	室内光线很增强	9	同上
36 分	电铃	17	同上
46 分	圆形出现在狗面前	9	同上
59 分	哨笛	15	同上
11 点 11 分	拍节机(每分钟 80 次,分化相)	0	同上
20 分	拍节机(每分钟 120 次)	12.5	同上
30 分	四角形出现在狗面前(分化相)	0	同上
41 分	圆形	9	同上
50 分	电铃	17	同上

于是在 11 点 59 分，把水流进狗的室内。

表 157

时　间	条件刺激物(30 秒)	唾液滴数(30 秒内)	备　考
12 点 02 分	室内光线很增强	0	狗即刻跳起来，很慌张地向地面看，在实验架台上走来走去，气喘；刺激物更增加这个反应，不吃食物。
07 分	拍节机(每分钟 120 次)	0	
15 分	哨笛	0	
25 分	电铃	0	
32 分	圆形在狗面前出现	0	

几个月以后，各反射出现了，但故意长时期地不曾应用电铃。现在起初应用电铃，产生了通常的效力，并且超过其他各反射。但是不过在几天以内，每天只应用电铃一次，电铃就渐渐失去作用，终于变成零，并且使其他各反射都非常减弱。令人感兴趣的是，在这时期内，不仅实验者本人对于各反射具有恢复作用的能力，甚至实验者的衣服被放在狗的近旁，而不为狗所看见，这也对于条件反射有恢复作用，所以这是衣服气味的作用。

这样看来，在非常的刺激物的影响之下，甚至于本来非常倾向于制止状态的大脑皮质细胞会长期地变成更制止型的。老早就成为无关系的各刺激物(实验的环境)，甚至于强力的动因，譬如本来具有强阳性作用的条件刺激物(电铃)，现在反而强烈地制止了这些已经弱化的大脑皮质细胞。该非常刺激物(洪水)的力量很薄弱的成分就足够引起初期的反应。

另一只狗(立克曼实验)有关的实验曾经在本讲的起初有过详细的说明。在此处所记载的有关这只狗的状态是属于比较更早的一个时期的。洪水对于这一只狗的影响是以多少与上例相异的形式而表现的。可是基本的机制是相同的，就是说，也是采取非常制止型的形式的。

在洪水涌进的前一天，即 1924 年 9 月 22 日实验如下。

表 158

时　间	条件刺激物(30 秒)	唾液滴数(30 秒内)
12 点 53 分	拍节机(每分钟 120 次)	6
58 分	皮肤机械性刺激	3.5
1 点 03 分	拍节机(每分钟 60 次，分化相)	0
13 分	电灯开亮	4
23 分	强音	7.5

在 1924 年 9 月 26 日，即洪水后第三日，实验进行的情形如下：

表 159

时　间	条件刺激物(30 秒)	唾液滴数(30 秒内)
2 点 42 分	拍节机(每分钟 120 次)	2.5
50 分	皮肤机械性刺激	2
55 分	拍节机(每分钟 60 次)	3.5
3 点 02 分	拍节机(每分钟 120 次)	1.5
06 分	皮肤机械性刺激	0
16 分	拍节机(每分钟 120 次)	2.5

这只狗吃食物,但各阳性条件反射非常减弱,并且特别发挥阳性作用的是阴性刺激物(超反常时相)。

以后在很长的期间内继续着如下的情形。在不应用阴性刺激物的场合(拍节机 60 次),各阳性刺激物的效力是能满意的,往往达到正常值。可是阴性刺激物一次的应用,就会使该一天实验的全部经过中的和其次几天的实验中的各条件反射都变成零或非常减弱。两例如下。

表 160

时　　间	条件刺激物(30 秒)	唾液滴数(30 秒内)
	1924 年 10 月 6 日实验	
12 点 03 分	拍节机(每分钟 120 次)	5
10 分	强音	5
20 分	皮肤机械性刺激	2
25 分	强音	4
33 分	拍节机(每分钟 60 次)	0
36 分	拍节机(每分钟 120 次)	0
43 分	皮肤机械性刺激	0
	1924 年 10 月 20 日实验	
11 点 41 分	强音	6
46 分	拍节机(每分钟 120 次)	7.5
51 分	拍节机(每分钟 60 次)	0
56 分	强音	0
12 点 01 分	电铃	3
06 分	电灯开亮	0
11 分	拍节机(每分钟 120 次)	1.5

在各反射恢复的时期以内,在不用阴性刺激物的场合,发现了完全制止与正常状态间的一切移行的时相。起初,我们最有效的如下处理手续能帮助各反射的恢复:即几天暂时中辍实验,或者缩短条件刺激物的孤立作用的方法。可是到了最后,这些条件刺激物的作用也是不充足的。不过一个实验中最初一两个反射具有微弱的作用,而以后的其他反射效果都是零。这只狗变成不动,顽固地不肯吃食物,于是不能不采取最后的办法。实验的执行,不是在实验架台上,而是在地面上,使狗不受拘束,这样,对于这样的狗,一部分是排除了实验架台本身所具有的若干制止性的作用,一部分是对于大脑两半球增加了由运动器官出发的若干兴奋性的冲动。这个方法是有帮助的,各反射开始恢复和增强。狗现在也吃食物,最后终于获得正常值。现在重新应用的阴性刺激物,不过在最初 7 天内,引起其次应用各条件反射的消失,直到当天实验的最后,但并不使制止作用延长到实验后的几天内。在此后的 2 周内,上述的这样影响也渐渐消失。再在这以后,才开始很小心地形成制止过程。分化性制止反复地被应用于同一个实验内,并且在每次制止过程应用以后就应用阳性刺激物,以达到制止过程的集中,于是分化性制止终于更加精确了。只在地面上这样地做实验,2 个月以后,即在洪水后 8 个月以后,才可能在实验架台上的通常条件下,照旧做实验。

这样看来,洪水引起了脑皮质细胞的这样强的制止性(тормозимость),就是只要我们以阴性刺激物的形式而应用一些很微弱的附加的制止过程，就会在长时期以内使我们通常环境内条件反射的实验成为不可能。

这样，按照我们的实验和观察，两个因素可能引起大脑两半球的病态：一个是兴奋过程与制止过程很困难的相逢，即两个相反过程的冲突，另一个是强有力的非常的刺激物。

可是我不能不再报告另一只狗的实验[魏绪聂夫斯基(A. C. Вишневский)实验]。可惜关于这只狗的情形，我不能做一定的解释：它的现在的状态，或者是生来的状态在一般的生活条件、年龄、产子及其他等等的影响下而变成现在的状态，或者它的现在的状态，也与前两例相同地，是洪水影响下所产生的特殊结果。这只狗就是在前篇内当做极端制止型的极端代表者而记载过的一只狗。在洪水以前很长的时期以内，它不曾受过实验的详细观察，并且只在洪水后经过了3～4个月以后，它才成为研究的对象。在洪水以前，老早就用这只狗做了不少有价值的条件反射的实验，这是已经说明过的。现在虽然应用了一切可能的方法，可是它不适用于通常条件反射的实验。现在只能分析它的状态。这状态的原因是什么：洪水呢或是其他的原因呢，这依然是我们不能解决的问题。对于其他狗是通常的生活正常状态，对于它，至少在实验室的条件之下，是非常狭窄化了。在研究室内，它只是特异地或者不断地显出被动的防御反射，就是说，对于环境极小的动摇，它的应答都是方位判定反应，以后即刻制止它自己的运动，甚至拒绝食物，或者它的表现是睡眠，这从它所属的类型而言是一个例外。只有两个处理方法能够把它恢复到其他狗的常有状态。一个方法，是在给予条件刺激物以后过1～2秒钟，迅速地就移行于给予食物的手续；另一个方法，是在室内地面上进行实验，其时实验者在室内步行不停，并且这只狗也跟在他后面走，可是即使如此，依然在条件刺激物以后需要迅速地给予食物。这两种方法使这只狗发生这样的变化，就是这只狗与从前不同，现在对于环境状况极小的动摇并不发生反应，并且能够吃食物，不过此时如有很显著的外来刺激，它才会不吃东西。这样地做，条件反射也才会开始出现。可是如果在条件刺激物作用开始以后延长5～10秒钟才给予食物，狗就很快地瞌睡，并且甚至于可能在吃的时候就在食皿上睡着。这是神经系统的，显然地也就是大脑两半球皮质细胞的完全特殊的状态。据我们的想象，这就是这些皮质细胞极端消耗的状态，可以当做皮质细胞一种所谓兴奋性薄弱(раздражительная слабость)的最高表现看待。我添了“显然地”这个词，因为神经系统的，即神经系统一切分析器的如此精确的反应力，只能认为是属于大脑两半球的。关于这个问题的详细研究，我们正在进行之中。

第十九讲

· *Lecture Nineteenth* ·

大脑两半球的病态，当做受手术作用的结果：甲、两半球皮质活动一般的变化；乙、声音性分析器活动的障碍

诸位！在我们获得了大脑两半球活动的完全客观的、充足的特征说明以后，当然就应该着手于大脑两半球构造的详细研究和大脑个别各部分活动的研究，这是在我们工作最初时期曾经计划过的(参看我的《动物高级神经活动(行动)客观性研究实验20年》一书中有关1903年马德里特国际医学会议上的报告)。目前与我们面前这个目的相当的，只有唯一的方法，即大脑两半球一部分损伤和切除的方法。这一方法显然具有许多重大的缺点，但是还有什么其他可能的办法呢？大脑两半球是大地自然界创造力所作成的最复杂的最精密的构造，而我们为了认识它的目的，对它所采取的态度却是一种粗暴的破坏办法，也就是大脑某一小片的粗暴地全切离的方法。请诸位想象，譬如我们现在要对于相对简单的人类手工器械的构造和机能要进行研究。于是我们茫然无知地不区别这器械的各部分，也不谨慎地审查这个器械，而也许就用锯子或任何其他破坏性的工具，切离这器械的1/4或1/8的部分等等，这样也许就能汇集一些材料，以判断这个器械的构造和机能。在本质上，我们对大脑两半球和大脑其他部分也是采取这样通常的态度的。用槌子和凿子或锯子，我们打开大脑的坚固的容器，开放大脑的若干包膜，切断血管，最后就运用各种不同的机械性作用(震荡、压迫、牵拉)，切下或大或小的脑小块。然而活物质的特殊性质和固有的力量是这样的，就是我们虽然施行了这些一切的操作以后，经过几点钟或甚至几昼夜，如果不施行特殊的、精密的检查，有时就不能发现该动物有任何与正常相乖离的征兆；然而从另一方面说，我们却可能利用这些处理方法而多少阐明大脑两半球的机能。但是这决不能使生理学者能够满意而泰然自若。生理学者不断地负着一个责任，就是须要根据自然科学现代的成绩和非常增多的现代技术方法，努力为了这个或那个研究的目的而探索某些处理方法，而所探索的处理方法是要与所研究的器械的精密性不相距过远的。当然，现在利用切除大脑一部分而进行大脑两半球的研究方法，其本身会引起复杂的病态，并且此时所获得的有关大脑构造的一些结论，纵然是很谨慎的、非常有限制的结论，却依然不能完全保证没有错误。本来，大脑两半球是互相关联和联系的一种特殊器官，并且具有最高度的反应力，所以在大脑一部位的损害必定会显现

出来，或者反映于这器械的全体，或者至少反映于它的许多远隔的一些点或一些部位。手术对于大脑直接地会发生影响，而我们也许有根据地希望着，这影响会因为活物质的可塑性(造型性，пластический)组织性机能的缘故而逐渐被排除掉。可是除这类影响以外，手术性处理方法依然有一个严重的损害、一个远期的后果，这就是在脑部手术后缺陷的部分会有疤痕组织的形成，这也就是以后的刺激和继续破坏的新原因。从一面说，疤痕对于其邻接的大脑部分是一种机械性刺激物，会引起大脑周期性的兴奋发作，而从另一面说，由于疤痕的压迫、牵拉和破坏的作用，疤痕会继续不断地破坏大脑的实质。与手术处理方法若干改善的同时，我不幸地当时犯了一个重大的错误，这是我现在所想到的。为了避免大手术时出血的目的，我预先老早地完全除去了掩蔽头盖颞颥部的肌肉。我的目的是达到了，就是屡屡能够凿开萎缩了的头盖而没有一滴的流血。可是同时硬脑膜也萎缩了，干燥而易碎，于是以后在大多数的场合不能将硬脑膜完全密闭地缝合。因为如此，脑的创口与异种组织创面发生联系，与其他组织的粗疤痕相结合，于是疤痕组织就容易向脑内生根，在脑组织内越过越增殖。差不多我所做手术的实验狗的全部都因为痉挛发作而死亡。往往在手术后的 5～6 周以后，这样痉挛就会发生。在最初几次痉挛发作的时候，死亡是比较少有的。往往地，这样的痉挛起初是微弱而不常发，但在几个月以内发作回数加多，痉挛也逐渐加强，结果或者引起动物的死亡，或者引起神经系活动更强的新的紊乱。我所采取的处置办法，有时是再施行麻醉，有时是切除疤痕，虽然间或有效，但其当然并不能成为可靠的办法。

除了大脑个别部分机能研究的该方法所引起的上述困难以外，实验者须要重视大脑两半球构造的特色，因为这特色是特别显著的。在生物个体的全身内，我们不断地遭遇着准备性的代偿机构，以抵抗身体内一部分的障碍，而神经系是树立个体内的一节联系和关系的构造，所以上述准备性代偿的原则必定有最高度的表现。这个情形，我们既可以在脊髓方面，发现于脊髓极复杂的、多种多样的通路，而在末梢神经系统内(注：即周围神经系统)，也可以发现于广泛存在的所谓回归性感觉(возвратная чувствительность)，这显然地可以中和这些部分所受机械性障碍的损害。当然，调整全身内在性与外在性活动的最高机关是大脑，所以上述原则的机构在大脑里面一定也是极高度地实现着的。

因为上述事情的缘故，我们掌握着各种分析器有关的各条件反射，努力在摘除大脑两半球某一部分以后，确定和研究大脑两半球的病态，并且也利用这类研究尽可能地了解大脑两半球的一般构造及大脑个别各部分的意义有关的问题。

在大脑两半球一部分摘除以后，所发现的第一现象就是条件反射的消失。可是在大多数场合，并不是一切条件反射都消失，而是我们所谓人工的条件反射的消失，就是说，这是我们在实验室里所形成的、比较新的不很实际应用的反射；其次，有一个恒常的规则，就是天然的条件反射，譬如对于食物的运动性和分泌性(唾液)的反射是比一切人工反射恢复更早的。有时甚至在手术的麻醉作用消散以后，几乎不能发现天然条件反射缺如的时间。与人工条件反射相比较，天然条件反射具有相对的稳定性，这是在我们摘除大脑一部分的每个实验里都会遭遇的事实，简直不需要举出任何例子。通常在手术以后，即使该手术仅仅是施行于一侧的脑半球的任何一个部分，一切的条件反射都会消失。条件反射消失的时间各有不同，从一天到几周，甚至到几个月。虽然通常的是损伤越大，反射消失的时期越长，然而如果计算全部的事例，我们也能观察不少的例外。甚至所做的两个手术，从部位、范围及手术方法而言，似乎是完全相同的手术，可是反射消失的时间可能有很大的参差。可能的是，手术最后的损坏和刺激的程度，除与手术者的敏捷和注意力有关以外，也与受手术的该动物解剖学的和机能的特性有关。各条件反射的恢复，并不是全部同时的，而是有一定次序的。除上述反射坚强性以外，条件反射恢复的快慢与手术的部位有关。与受手术损伤的区域相隔较远的分析器的各反射，恢复比较快。可是除此以外，似乎条件刺激物的强度和分析器的性质也具有若干意义。这样，在摘除出梨状回转(g. pyriformis)的场合[惹华德斯基(Завадский)实验]，口腔的条件反射(水反射，以后再说明)在手术后第 11 天就恢复，樟脑条件反射在第 18 天恢复，室内光亮加强的反射在第 25 天恢复，而皮肤机械性刺激的条件反射在第 35 天还不曾恢复。上述所有事实证明，从手术损害部位的一定影响向大脑实质扩展，而以后这种影响又慢慢地向原发点集中。一般地说，这是手术的刺激性影响。在以前的讲义里已经看见过，强有力的刺激物，或者互相对立的神经过程的冲突，都会引起制止作用的发生，并且制止作用是长时间继续的，所以在因手术处理而有大脑组织一部分受机械性破坏的场合，当然更应该期待着制止作用的发生了。

在各条件反射终于恢复的时候，反射不仅达到正常的强度，并且有时超过正常值，非常增强，并且更加稳定，而同时制止过程却是减弱的。在我们的实验材料方面，与此有关的例子又是很多。在除去蒙克氏(Мунк)听觉区域一部分以后[爱里亚松(Эльяссон)实验]，两只狗的条件性食物反射非常增强，在一个实验的全部经过里都是增强不变的，而在这手术以前，在一个实验的最后，该条件反射量会减弱。在一只狗的大脑两半球后半部被除去的实验场合[库得林(A. H. Кудрин)实验]，这个现象更为明显，就是在手术以前，食物性条件刺激物孤立作用给予一两滴，而在手术以后，条件刺激物在同一时间内给予了 13 滴左右。曾经观察过，许多狗在无条件刺激物作用停止以后，唾液分泌的时间远远更长地继续着。有时发现消去性过程的进行比较更延长，分化相及条件制止物两者的形成都更困难，并且在各刺激物的间隔时程以内也有唾液的分泌，这是手术以前所未有的。这最后的情形，可能是因为第七讲里所提及过的环境反射被解除制止的缘故。剩下一个问题：制止过程的减弱是兴奋过程增强的结果呢，还是制止过程本身的减弱呢？

在手术以后，还可以观察一种变化。这就是制止过程的惰性，也可以说是制止过程的不动性。如我们看见过的，在实际应用的场合，制止过程在时间上和空间上都是能集中的。但在手术后的时期，制止过程的集中，非常缓慢而无力。制止过程的这类惰性现象不仅发生于蒙受手术伤害的分析器，而也发生于不受直接伤害的分析器(克拉斯诺高尔斯基实验)。

这样看来，我们的目的是在除去大脑一部分以后，从大脑两半球全部正常活动之中，发现已被除去的皮质一部分的机能消失，可是这个目的却为手术的初期对于大脑全部实质的反响而掩蔽，这类反响往往是缓慢而渐渐地停歇的。当这反响终于不再显现的时候，如上所述地，很快地又会有疤痕形成的出现，这是对于大脑两半球具有一般性意义的一种情形。在各种不同的场合，疤痕的影响是各不相同的。有时在同样一个手术的场合，疤痕的影响或者频繁地、强有力地、很快地出现，或者与此相反。可惜，疤痕影响微弱的例子是比较少的。疤痕作用最常有的症候是全身的痉挛或局部的痉挛。大脑两半球的这些兴奋的爆发即在痉挛期以外也可能以两半球正常活动变异的形式而发生。我们必须区别，有些是与发作并行的、个别地发生的、不很显著的变化，有些是极强的兴奋发作的结果，或者是虽不很强但多次重复发生的痉挛发作的结果。我们先从第一类的变化谈起。如果每天检查各条件反射，就可能相当正确地预先断定痉挛发生的时期。如果没有任何显然可见的原因，各条件反射开始减弱而终于消失，这就是痉挛发作逐渐接近的征兆。有时可能窥见比较更早的时期——这就是分化相的消失，就是说，制止过程的障碍。在痉挛发作过去以后，各条件反射的恢复时期很有差异：或者在几小时以后，或者在几天以后。有时条件反射的恢复是复杂的。在痉挛以后的即刻，反射是存在的，但以后各反射又消失相当长久。可能的是，在起初若干时间内，有兴奋发作的扩展，而以后才开始并有负性诱导的兴奋过程的集中。从极强的兴奋发作（强痉挛）说，或从多次的、屡屡反复发生的发作说，这些发作的后继性作用很有差异。某一只狗在强烈的痉挛以后，可能即刻发生绝对的耳聋。另一只狗，本来对于人、其他各狗、食物等等的态度都是完全正常的，但在痉挛以后却对一切都回避，直到新的痉挛发作使它死亡为止。第三只狗在多次的、屡发的痉挛以后，显出一系列完全特异的症状。以后会详细地记载这只狗，现在不过只说明它的一个症候。全部反射在痉挛以后都恢复了，可是这些反射都必定是几乎完全同时性反射。如果延长孤立的条件刺激的时间是多少显著的（5 秒以上）或重复应用的，就会迅速地引起条件作用的消失、瞌睡状态的发展和食物的拒绝。显然，这只狗已经陷于兴奋性薄弱的慢性状态，这是在前一讲最后的部分关于一只狗曾经记载过的。在痉挛每次重复发生以后，这个状态会更增强。完全当然的解释是，应该把这个现象当做在强烈的兴奋发作以后发生的、大脑皮质细胞的消耗状态看待，也就是说，这些大脑皮质细胞在外来各刺激物的影响之下，极快地移行于制止状态。在此场合，由于大脑两半球的一般的兴奋，这个慢性状态是及于大脑两半球全部实质的；与受手术损伤的个别分析器有关的这样状态一部分的症候表现，是我们以后不止一次地会遭遇的。此状态与瞌睡及睡眠的关系，在有关睡眠一讲里已经提及过了。

可是有时疤痕影响的表现与此不同，就是并没有两半球运动区域的兴奋，而只有限于其他各分析器的兴奋。

对于一只狗，剔除了它的大脑的两额叶（巴勃金实验）。在手术以后，狗的健康迅速恢复了。可是大约在 2 个月以后，接连 10 天，这只狗的皮肤具有非常的感觉过敏性。这只狗一受极微弱的触摸就会叫唤起来，一运动也叫唤，并且倒下，全身团缩起来。很显然，这是因为皮肤分析器内的瘢痕刺激着大脑皮质内的损伤感受器细胞（主观地说，这就是感痛性细胞）的缘故，假定如果这类细胞是个别地存在的。

另一只狗的实验（叶洛菲耶娃实验）是更有兴趣而且更明了的。这只狗的皮肤分析器的一部分被摘除了。手术以后过一个半月，它突然有了极强烈的痉挛的发作。在发作的期间，它又接受了手术处置，原有疤痕所产生的增殖部分远远超过初期手术的部位。在手术的时候尽可能小心地把这疤痕除去了。在这以后，痉挛不再发作。可是其他的症候发作却开始了。这是屡屡发作的症候，每次发作会继续几天。当它的主人、实验者或食物偶然进入其左眼视野内的时候（该狗的右侧受了手术），它就迅速地回避而把身体转过去，并且如果它在此时不受束缚，就会显然特别兴奋地逃走。同时，在其右侧方面，它对于各种事物的反应，却依然是完全正常的。有时它在完全自由的时候，向左侧张望着，就会迅速地跳起来，随便乱跑。这是容易解释的，如果我们假定，疤痕的残余物在光分析器内，并且这是在一侧光分析器区域内，由于内在的刺激而发生作用，由眼部进入的外来的刺激就因此增加了某一个成分，于是对外在的事物就赋予一个异于寻常的古怪状态，这样，对于实际的任何事物，动物就发生对于一个仿佛异常的事物的反应。简单地说，疤痕成为错觉产生的条件了。显然与此相同的是，上述的一只狗，在痉挛发作以后就会从熟人逃开，从食物逃开，陷于非常的兴奋。我们需要想象，在此场合，由疤痕所引起的兴奋发作，在皮质运动区域内已经终止以后，还继续地在光分析器内暂时具有作用。我们可以有理由地说，在上述的各场合，我们所见的情形正是所谓癫痫的同等症状（эпилептические эквиваленты）。

上述事实引起了我们利用刺激以检查各分析器的一个想法。我们把电极放在动物大脑表面各不同的点上，打算对于具有各种条件刺激物的狗，利用电流以使各种条件刺激物的效果发生变化。方法已经完成，所需要的就是做实验。

不能不令人遗憾的是，在我们大多数摘除手术的时期（我们研究工作的初期），我们关于实验动物神经系统各种不同类型，关于在机能性作用的影响下大脑两半球的病态，都还不曾掌握任何参考资料。似乎是，如果有了这些资料，大脑摘除材料的利用，也许就是更广泛而更深刻的。

关于大脑两半球手术后一般的后作用，我们已经有了一个概观。在这以后，我要说明尽可能地利用摘除性实验的条件反射的方法，以达到决定大脑全部实质或其大小不同各部分的生理学意义的目的。

我们与高尔兹最初做的办法相同地完全摘除了实验动物的大脑两半球，可是带着一个特殊的目的，正如我们[泽廖尼（Зеленый）实验]研究过的，就是要确定大脑两半球对于动物条件反射性活动的关系。因为泽廖尼本人已经多次详细地记载了大脑两半球被摘除以后狗的一般行动，所以在此地我所谈及的问题只是条件反射与大脑两半球的联系。虽然我们努力把条件反射应该发生的一切条件都重演起来，可是显然，在狗大脑两半球被摘除的场合，各通常的条件反射都是完全缺如的。在我们其他许多实验里，有一个非常安定的、与其他各反射都有区别的反射，于是我们就对这个反射集中了我们的注意。这就是与口腔感觉黏膜性表面有关的所谓条件性水反射（водяной условный рефлекс）。如果利用安置于狗口内的小器械将酸液注入，那么，在注入若干次以后，再只将水注入于动物的口内，于是本来不能引起任何显著唾液分泌的水（最多不过一两滴），现在却使唾液分泌很多。所以，口腔感受器由水的刺激，在时间上与酸的作用一致地相结合，获得了条件性酸的作用，而这类条件性酸作用的表现就是大量唾液的分泌和特殊的运动反应。这种水反射具有其他各条件反射的一切特征，这是以后在其他场合我们也会看见的，所以它的条件性是不容置疑的。我们有一只摘除大脑的狗，是手术后生存最久的。这只狗在全部大脑两半球实质被摘除以前，就形成了条件水反射，其反射量是对于每 5 毫升的水有 8～10 滴的唾液。在大脑两半球完全摘除以后，从第六天起，几乎每天注入 0.25%

盐酸溶液 5 毫升若干次，一共注入 500 次以上，只经过了 7 个月以后才开始对于水有反射的出现，而这水反射以后渐渐增强，增加到对于 5 毫升的水有 13 滴唾液的分泌。可是这种反射究竟是什么？这种水反射在许多关系上都与条件性水反射大不相同。这水反射主要的区别，就是它不会消去，而在正常动物的其正条件性水反射的场合，如果只用水而不并用酸，几次以后，水就很快地丧失唾液分泌的作用。大脑两半球被摘除的狗，其水反射作用却是恒常的。观察水注入以后的狗的动作，就会阐明这事实的真正意义。在水被注入以后，狗就显出特有的运动，这正是通常狗在饥饿时的运动：狗开始到处跑走，头部向下垂，鼻孔不停开合地乱动着，仿佛在寻觅着什么东西。显然，水与口腔黏膜的接触，对于狗引起了强烈的无条件食物反射。这是与如下情形相一致的，就是脑的各无条件反射，譬如唾液分泌反射，在大脑两半球摘除手术以后，起初是很强烈地被抑制的，以后渐渐地恢复，最后非常增强而超过正常值。

这样，虽然不能僭越地主张我们论题的绝对精确性，可是不能不假定，大脑两半球是条件反射最主要的器官，它的综合性机能是范围很大而完全的，不是中枢神经系任何其他部分所具有的。

在各个个别的分析器之中，我们研究最多的是声音性分析器。我先开始说明它。三只狗在摘除大脑两半球一部分以后，我们观察了绝对的聋。其中两只的大脑两半球后半部的摘除手术（库得林实验）是从大脑两半球 S 状回转（g. sygmoidei）的上后方，向雪儿维氏回转（g. sylviatici）的顶部进行，以后沿着雪儿维氏裂（fissura fossae Sylvii）的这条线上施行的。在这手术以后就发生了全聋症。全聋症的发生是在第二次手术的即刻以后（摘除手术分两次做，先摘除一侧，以后摘除另一侧）。一只狗在第二次手术以后活了 9 个月，另一只狗活了 7 个月。对于第三只狗[马可夫斯基（Маковский）实验]，从两侧摘除了雪儿维氏后回转（gg. sylviatici poster.）、外雪儿维氏后回转（gg. ectosylv. poster.）和上雪儿维氏后回转（gg. suprasylv. poster.），并且在一侧摘除了这些回转的中部与前部的一部分。在手术后一个半月以后，这只狗突然发现了全聋症。在全聋症以前，制止过程减弱。不能不想象，在夜间是发生过痉挛的。在这全聋症出现以后，这只狗，看起来，依然健康，还活了一个月。在这一个月的期间，这只狗又形成了一些新的反射，而新反射的各动因是与皮肤机械性的、气味性的和光的各分析器有关的。这只狗以后在痉挛发作的时候死亡。许多其他的狗在受了完全相同的手术以后，对于声音还有反应，而这些狗在手术后生存的时期并不比上述三只狗短，并且还有几只狗的手术后生存时期更长。那么，声音反应的完全丧失应该怎样解释呢？既然在大脑两半球完全摘除以后，狗对于声音依然能强烈地反应的事实是正确的，那么，我们不能不承认，在我们这三个事例，或者有了皮质下核的什么损伤，或者制止过程扩展到皮质下的部位。后者的可能性是由于如下的理由而不能排除的，因为首先在检查的时候（可惜仅是肉眼的而不是显微镜的检查），不曾发现任何皮质下核的损伤；其次，在手术的时候，正与最初两只狗的手术相同，光性反应起初完全消失，但经过两月以后又恢复了，甚至光性条件反射达到了手术前的强度；最后是我们知道，从大脑两半球出发的兴奋会制止脑下位部的反射。如果承认第三只狗实验的制止作用的存在，就不能不注意，在此事例的制止过程只是在声音分析器的系统内极孤立地扩展，而完全不与其他各分析器相接触。

通常在除去大脑两半球的颞颥叶或全大脑皮质后半部以后，一般性的声音性机能（耳的高抬和头部的回转）至迟在几天以内，通常在几小时以内，就会恢复，甚至有时简直不能捉摸这机能消失的时间。显然，这是与大脑皮质各下位核有关的一种无条件的方位判定性的探索反射，因为这个反射在大脑两半球被除去的狗上是永远存在的。以外的其他声音性机能的一切活动都必定是应该归纳于大脑两半球的。声音分析器的、只隶属于大脑两半球的这些残存机能，起初在上述手术以后，会全部消失，可是以后会或快或慢地渐渐恢复，然而决不能完全恢复。

当两侧颞颥叶被除去以后、探索反射恢复而其他分析器各动因的条件反射已经出现的时候，依然没有任何声音性的反射。这样情形可能继续几周乃至几天，这是由于该手术的完全度的如何而然的。此外，极重要的是，两侧手术是否同时施行，抑或至少以短的间隔时程，先后施行。在与此相反的场合，就是说，如果两侧手术的间隔时程很长，就可能不发现这个时相。这些声音条件反射的欠缺意味着什么？许多的假定是可能的：可能的是，声音分析器内的残存细胞因为某种原因（可能是细胞因为手术而弱化，或者细胞数非常减少，或者残存着一些预备性的、以前不曾工作的细胞）现在不能适合于兴奋过程，而在外来刺激影响下直接地移行于制止状态。这是一个可能的假定。另一个可能性如下：也许是手术以后，在声音分析器脑皮质终末部方面，声音分析性的机能非常降低，于是动物所接受的一切声音（在通常的实验室里这种声音是很多的）都仿佛是相同的声音，所以现在我们的无条件刺激物大都不是与条件刺激的声音一致，而是与泛化的声音相一致的，所以声音的条件性意义也就必定消失。最后的可能性是，在手术的影响下，声音分析器的综合性机能的本身不知怎地衰弱了，暂时消失了。我们应用了两个特殊的实验，检查了第一和第二的两个假定[克雷柴诺夫斯基（И. И. Крыжановский）实验]。

起先，一个声音以制止性动因的形式而形成了条件制止物。对于一只狗，在樟脑气味的条件性食物反射上形成了两个条件制止物：就是皮肤机械性制止物及声音性制止物（调音笛的 re 音，每秒钟振动 288 次）。在大脑两半球颞颥叶除去以后，过 3 天，阳性樟脑反射是存在的。条件制止物依然在几天以内几乎没有作用。但在第 12 天，条件制止物完全显出良好的制止作用。同样地一切故意试用的其他各种声音也显出制止作用，此时没有阳性声音性条件反射。狗对于酸液注入口内时的响声和给它吃的干面包的咬碎音，都不曾形成条件反射，而在正常时这类条件反射的形成是很快的。声音的作用是由于条件制止物的性质而不是由于外制止动因的性质，这是可以证明的，就是对于复合制止物，并用食物的强化手续以后，条件制止性的作用就被破坏，而以后如果对于这复合制止物不并用食物的强化手续，条件制止性的作用就又会恢复。为了对照的目的，皮肤机械性条件制止物也是同样地能够破坏与恢复。所以，这声音是真正的条件制止性刺激物。在此实验以后再过几天，各阳性条件反射也开始出现。现在为了检查这个假定的正确性，我们也许还需要应用其他变式的实验。

为了检查第二个假定的目的，因为注意于非常泛化的声音，我们利用了痕迹条件反射。在利用延缓时间很长的痕迹反射的场合，阳性条件刺激物甚至于也具有更泛化的性质。一只狗，具有皮肤机械性刺激的痕迹反射。条件刺激物的最后瞬间与无条件刺激物最初开始瞬间两者的间隔时程是 2 分钟。唾液分泌通常在休息期的第二分钟开始。只在大脑两半球颞颥叶除去以后，经过 10 天，皮肤机械性刺激的痕迹反射才出现。在第 12 天试用的声音刺激，在 4 分钟内一共有了 8 滴唾液，而分泌开始是在刺激停止以后的第 3 分钟。可是再过 5 天以后，同一声音引起了 6 分钟内 38 滴的唾液分泌，并与通常相同地，分泌开始于刺激停止后的第二分钟。只是再过 18 天以后，对于各现存的声音的阳性条件反射才又出现。

在这些实验以后，第三假定的试验当然就不需要做了。

两个上述形式的实验例似乎与手术后声音分析器状态两个不同的时相有关，第一个例子与初期的时相有关，另一个例子与后期的时相有关。尤其说明这个关系的是，对于其他一些狗施行同一手术以后，我们也观察了声音性刺激泛化的特性，可是我们也观察了这些刺激对现存各条件反射的阳性效果（巴勃金实验）。巴氏各实验中的一个实验如下。对于一只狗形成了条件性食物反射，并且在各反射之中，以下行音列形成了阳性条件刺激物，而相同各音的上行音列却分化得很好。在除去大脑两侧颞颥叶以后的第八天，实验的进行如下。

表 161

时间	条件刺激物（30 秒）	唾液滴数（30 秒内）	备考
11 点 13 分	下行音列	7	强化
25 分	同上	6	同上
33 分	低音	2	未强化
36 分	玻璃瓶的敲音	6	同上
39 分	拍手音	1	同上
42 分	口笛音	3	同上
11 点 46 分	玻璃瓶的敲音	3	同上
49 分	下行音列	1	强化
55 分	玻璃瓶的敲音	2	未强化
58 分	同上	1	同上
12 点 01 分	搔桌子的音	0	同上
03 分	下行音列	2	强化
15 分	同上	6	同上
25 分	玻璃瓶的敲音	4	未强化

由上表看见，除已形成的条件性声音性刺激物以外，许多其他的新异声音也具有阳性的作用，并且其中的若干声音甚至于是与已形成的条件刺激物作用相同的。如果未受强化处理的各新异声音的作用减弱，那么，其次被应用的条件刺激物的作用也非常减弱。如果条件刺激物受了强化的处理，其他各新异的声音性刺激物的作用也就恢复，就是说，具有条件刺激物性质的声音非常泛化了，同时分析各声音的力量也非常低降而几乎消失了。如果分析力开始恢复正常，这屡屡是进行很慢的。先从各声音刺激物之中，其他种类的声响、杂音等等会减弱其强度，但分化音分析的本身却很长久地依然是不完全的。譬如在上述的各实验（巴勃金）里，在手术以前即存在的各音的分化相，在手术以后慢慢地经过许多阶段，直到 2 个月以后，才会恢复。

上述声音性神经器官分析机能消失或减弱的事实，显然与蒙克（H. Munk）最初所记载的精神性聋(психическая глухота)是相同的从心理学的观点与纯粹生理学的观点而解释这个事实,不能不发现一个本质上的区别。在蒙克"动物能听见,可是不能懂"的公式的场合,研究是以一个术语"懂"字为根据的,这是一条绝路。这样能更进一步吗?可是从生理学的观点,关于声音分析器机能障碍后恢复阶段的研究,开拓了一个广大的范围。在正常的时候,声音的分化,第一是根据一般的特征——强度,时间的长短,经过的连续或间歇,方位等等;第二,纯粹地根据声音的特征,譬如是杂音(击音)或纯音。我们不能不期待着(关于这一点,如我们刚才提及过的,我们已经有些肯定性的材料),在受了伤害的声音分析器机能恢复的场合,必定有声音分析器活动的各种不同的阶段在实验者的面前通过,而这些各阶段的研究,可以关于声音分析性机制的问题,获得比较更完全理解的根据。

然而颞颥叶除去以后声音分析器机能的障碍是不仅限于上述事项的。还有这机能的一个缺陷,显然最重要的缺陷,就是还有声音分析一个重要的阶段显现了。已经老早为许多研究者所看出而证实的,是在这个手术以后,狗不复对于自己的名字发生反响。我们也看见了同样的事情。这有什么意义?不能不想象,这是意味着复合性声音刺激有关的特殊分析力的消失。因为要阐明这一点,我们故意做了一些实验(巴勃金实验)。我们利用一系列的邻接的各音形成了一些条件刺激物,不过这些声音的排列是各不相同的,或者从音的高度而有各不相同的排列次序,或者在各音之间有各不相同的间歇。从一种排列的各音形成了阳性刺激物,而从另一排列的各音形成了阴性刺激物(分化相)。如在以前讲义里曾经说过的,这一类的分化相比个别音的分化相在声音分析器的方面是更难于形成的。这只狗除复合刺激物的分化相以外,还具有个别音的分化相。以后,大脑两半球的颞颥叶完全被除去。五只应用于这实验的狗所得的结果都是完全相同的。虽然在手术以前所试验的个别音的分化相(一个音的),在手术后迟早会恢复,但是复合刺激的分化相恢复的任何征兆都是不能发现的,而且大多数的狗都在手术后受了两三个月的实验,其中的一只甚至在手术以后活了 3 年。这只狗是库得林研究以后活着的狗,所受的摘除手术,是如上所述的,涉及大脑两半球的全后半部,切除线是从 S 状回转(g. sygmoidei)的后方直达雪儿维氏回转(g. sylviatici)的顶部,以后沿着雪儿维氏裂(fissura fossae Sylvii)直达脑底。在 1909 年 5 月 5 日做完这个手术。上述的研究是在 1911 年年底施行的。我将说明这个实验。对于这只狗,形成了上行音列的食物反射(调音管的每秒钟 290、325、370 及 413 次振动的各音),并且个别地用马克斯·考尔(Max Kohl)变音器每秒 1200 次振动也形成了食物反射。各反射的形成都是足够迅速的;其次,用每秒钟 1066 次振动音着手于分化相的形成(经过每秒 600 次及 900 次振动的阶段)。分化相被形成了。上述的各音的下行音列的分化相丝毫不曾出现,虽然重复地应用上行音列 400 次,下行音列 150 次,并且完全同样地在整整 3 年内,这只狗没有对于名字反应的存在。

1912 年 3 月 15 日的实验如下。

表 162

时 间	条件刺激物(30秒)	唾液滴数(30秒内)	备 考
2点10分	上行音列	7	强化
29分	同上	5	同上
44分	同上	5	同上
2点53分	下行音列	6	未强化
58分	同上	2	同上
3点02分	同上	2	同上
07分	同上	痕迹	同上
12分	上行音列	同上	强化
20分	同上	4	同上

我以为下述的我们唯一的实验也是可能归纳于此的(爱里亚松实验)。这只狗的条件反射的刺激物是风琴的复合音(注:即协音)fa_1(F)+do_3(c′)+sol_4(g″)(每秒振动数从85～768次)。当这条件反射达到最高值的时候,这复合音中各个别音的效果都被检查了。这些个别的各音都发生作用,不过比复合音的作用较为微弱,但各个别音的作用量是几乎都相同的。这些个别各音彼此间的各中间音的作用是更弱的。在大脑两侧颞颥叶前半部被除去以后,各反射间的关系在实质上变化如下:sol_4音及其各邻近音都失去了作用,而复合音的反射却在手术后的第五天就恢复了。复合音中的一个低音(即F音)甚至于开始具有特殊强烈的作用,其效力往往与复合音的效力相等。如此意外的、同时显著的事实意味着什么?第一个可能的想法是,各高音特别由手术而受了障碍。可是这个见解绝对不可靠。当sol_4音单独地与食物相结合的时候,它就迅速地变成良好的条件刺激物。我们想再做改变方式的实验,可是很可惜,这只狗不久死去了。这个事实应该怎样解释呢?我们决不能将这事实归纳于复合音中各音强度不同的影响,因为高音毋宁是比中音及低音更强有力的。最简单地,可以假定在声音分析器之中存在着一个特殊的部分,即蒙克氏听觉区(слуховая сфера Мунка),这对连续性的和同时性的各复合声音刺激能加以特殊的综合及分析。在大脑皮质的光性分析器内有所谓网膜射影的特殊部分,这是已经证明无疑的。蒙克氏听觉区也许是与这网膜射影部完全相同的。按照这个想象,也许可以假定,在大脑皮质内声音分析器这个特殊部分,存在着一些感受器的细胞,与末梢的声音器一切部分具有联系[注:具有传动装置(привод)],并且因为这部分特别有利的构造,在各细胞之间可能有各种不同的精微的结合,可能形成最复杂的复合性声音刺激,并且可能实现这些复合声音的分析。这一区域一部分的损害必定会引起复合刺激中某些个别刺激的脱落,而这区域的全部损害必定一般地丧失各刺激的最高的综合力与分析力。因为两侧大脑颞颥叶除去以后,各声音性条件反射还是继续存在着[卡立谢尔(Калишер)和我们的实验],并且甚至于还能够形成简单的分化相,而在大脑两半球全部皮质被除去的场合,这些声音性条件反射会永远消失,所以有必然的一个结论,就是在大脑皮质里,除声音分析器这个特殊部分以外,必定在大脑两半球的很巨大的范围内,甚至可能在大脑的全部实质之内,还有这声音分析器成分的散在。在构造上,这些成分已经不能具有复杂的综合力,而仅仅能够作比较简单的综合与分析。还有一个不能排除的可

能性，就是这些个别的成分与这分析器的皮质核心部相隔越远，其声音分析器机能的单纯化与限制性也就越大。

我以为，声音分析器脑终末部构造有关的这个解释，可能其他分析器也是与此相同地，一方面也许最容易总括现有的一切事实材料，另一方面也许可以开拓以后研究的一个极大的范围。

这个解释也许可以适当地说明每个分析器广大的分布，如我们以后会看见的，在其他各分析器之间，这分布远远超过我们从前所假定的限界。这个想法也许可以使我们容易理解各分析器特殊核心构造的存在，因为由于各该分析器成分的浓密无比的集中状态，最高度的综合性和分析性的机能也许才成为可能。这个解释也许无困难地既能首先说明分析器核心部手术后分析器残余部很受限制的机能由于练习的影响而逐渐改善的机制，而其次也能说明这种改善的最大限度。在上述最后一只狗的场合，似乎是，声音的基本性分析力的恢复达到了最高的程度，而最高的综合力与分析力虽然经过了三年间的练习，却也不曾能够恢复。

有关大脑两半球内各分析器的分配地位的上述的概念，为了需要事实方面检验的必要，当然引起极多的实验性的课题。如果我们讨论声音性分析器的问题，就在施行一部分的手术以前，必须应用多数基本的和复合的阳性刺激物，并且也要应用种种的分化相，与此同时，必须研究各基本性刺激物的一般性质：譬如兴奋性、阳性刺激物变成制止性刺激物的各条件、制止性过程的可动性等等，这样才可以在手术以后，或多或少地可能决定，在这一般的性质有关的变化中发生了什么，并且什么是若干构造部位损伤的特殊结果。在研究手术后声音性机能恢复的场合，与上文已经指明的情形相同地，需要尽可能谨慎地探求这机能恢复的各个阶段。当然，为了实现这些一切，起初先要保证大脑手术后动物长期的、完全健康的生存，然而，令人遗憾的是，即便是现在，大部分还是一个不能实现的希望。

第二十讲

·*Lecture Twentieth*·

大脑两半球的病态，当做受手术作用的结果：丙、光分析器活动的障碍；丁、皮肤机械性分析器活动的障碍；戊、大脑额叶摘除后的障碍；己、皮肤温度性分析器的障碍；庚、梨状回转摘除后的障碍；辛、运动分析器的障碍

诸位！现在讨论光分析器的活动。虽然我们有关这分析器活动的研究是比较不多的，但是生理学内现有的材料使我们可能在大脑两半球内各有关部分被摘除的场合，发现光分析器的活动与声音分析器的活动具有很类似的关系。

从高儿兹关于除去大脑两半球的狗的实验而又可得结论：光线所引起的、最一般的方位判定的运动反应也是属于皮肤下核的。说明不过就仅是如此。在大脑两半球被摘除的狗的场合，没有其他著者指明任何其他光性机能的存在。在我们的一只实验狗（泽廖尼实验）的场合，上述的这种初步性反应也不曾显然地发生过。这就意味着，我们有理由地把我们实验动物的全部其他视觉性活动，可以认为是只属于大脑两半球的东西，这是与口腔分析器和声音分析器的活动相类似的。而在口腔分析器和声音分析器的方面，这个结论是具有充足的实验基础的。口腔分析器在大脑两半球摘除以后虽然还保持着分析性的机能（我们除去大脑两半球的狗不肯吃进许多不能吃的东西），可是不能形成一时性的条件性联系，那么，由于皮质下核而形成对光线刺激的条件反射的可能性，当然是更不可想象的。我们和以前的其他大脑两半球的研究者[包括明可夫斯基（M. A. Минковский）]都看见了（这必须当做确定的事实看待），在大脑两半球后头叶（枕叶）的一侧或两侧受了一定损伤的场合，与此相当地，会在一侧或两侧视野内有一定的狭窄，或者是侧方的狭窄，或者是上方或下方的狭窄。这样，进入于视野残存部分的事物会对动物引起相当的作用，但是如果外方的事物稍与视野残存部分不相配合，该动物就依然不发生通常的反应。

从这个事实必须作如下的一个结论，就是在后头叶（枕叶）内有光分析器核心的存在，使最复杂的复合性光性刺激的存在成为可能，所以也使复合性光性刺激的分析成为可能。我们的相当多数的狗，在其两侧大脑后头叶被摘除以后，不管它们在手术后活着多么长久（其中的一只在手术后活了 3 年），可是从来不曾显出辨别物体（即对象性视觉）

的视力。人、其他的动物、食物都不是这些狗的光分析器所能辨别的。我们好几次把食物小片撒放在地面上，或者用线把食物小片以种种的高度挂起来，可是不管这些狗怎样饥饿，没有一只除去大脑后头叶的狗会因为光的刺激而做向食物方面的运动；只是利用气味刺激或皮肤机械性刺激，它们才能辨别食物所在的方位。在大脑后头叶所受损伤各不相同的场合，视野狭窄化的情形也各不相同。由于这个事实不能不结论地说，在对象视觉丧失的场合，事情的本质是在于光性刺激有关的最高综合力及分析力的缺乏，而不是在于视力辅助机能的调节作用及适应作用(аккомодация и адаптация)的障碍。我们除去大脑后头叶的各实验狗，都是同样地不能辨别事物，大的或小的，在远或近距离的，很强地、中等地、很弱地被照亮的事物都是同样地不能辨别的。这样看来，光性分析器的中枢、核心，即光性刺激最高综合的及分析的器官，是存在于大脑两半球的后头叶内的。然而这并不是光性分析器的全部。这分析器是远远广布的，可能广布到大脑全部的实质之中。在大脑两半球生理学的成绩辉煌的时代(19 世纪 70 年代)，若干的研究者已经树立了一个假定，就是大脑两半球前头部也与视力有关系，可是并没有积极性的事实能做充足的证明。当时只能将一切归纳于远方的制止性的作用。然而现在，我们却能举出积极性的事实而主张，甚至于具有显著的机能的光性分析器，实在是存在于大脑两半球的前半部之内的，其限界线是从 S 状回转(g. sygmoidei)直接的上后方开始，斜行向后地达到雪儿维氏回转(g. sylviaticius)的前角，以后沿着雪儿维氏裂(fissura fossae Sylvii)而直到大脑两半球的底部。我们摘除大脑后头叶的全部狗(卡立谢的实验也与此相同)都对于室内光线容易形成条件反射，并且对于室内光线相当精微的浓淡也能形成很明了的分化相。这个事实对于蒙克所谓精神性盲给予了一个简单而有自然科学根据的说明。在大脑两后头叶被摘除以后，已受显著损伤的光分析器，只能与这光的极基本的机能，即只能对于光刺激强度动摇的反应，形成条件性的联系。因为如此，在被照亮的空间里，狗能够回避在阴影中的物体而向开放的门、光亮的地方走去。因为这样，如果心理学地说，就也许应该说，狗是能懂的，可是懂得不多，不能充分地看见。可是，当然这样方式的说明是多余的。显然，事情的本质是在于分析性机能的受了限制。这些事实以后的继续研究，完全证实了，对于事物的这样纯粹的客观的观点是科学地有益的。我们的某一只狗，也只保存上述限界线内的大脑两半球前头部，可是它也能以光分析器比较高级的机能而形成条件反射。这就是上述的那一只手术后还活了 3 年的狗，并且在上一讲里，这只狗是当做复合声音刺激的分析力永远丧失的例子而被引用过的。我要详细地说明用它所做的光性刺激的各实验(库得林实验)。两侧大脑半球的手术是相隔一个月而施行的。第二次的手术在 1909 年 5 月 5 日施行。在手术以前，在黑暗无光的室内用一百支光的电灯开亮形成了食物反射，在第二次手术后的第五天，这个反射就明了地恢复了，而直到了第 11 天，反射量甚至于反而超过手术以前。在这以后，这个反射不再被应用，而声音性刺激的研究却继续下去。在同年的 9 月 7 日，开始用暗室内影幕上照亮的十字形的运动(用幻灯将十字反映)形成了条件反射。当然，反射的形成是迅速的，并且在 1 周后是显著的。从 9 月 28 日起，放映的这十字形是在影幕上不动的。反射继续存在，不过反射量却若干减少了。现在着手于同等大小的同样照亮的圆形与十字形的分化，就是说，十字形的出现并用食物强化手续，而圆形的出现却不并用食物。从圆形的第七次应用，开始发现它的分化相，可是这实验以后中辍了，只在半年以后才又开始做。十字形的反射依然是残存的。分化相的出现是迅速的，并且不久就成为完全的分化相。这些实验的最后结果如下。

表 163

时　间	条件刺激物(30 秒)	唾液滴数(30 秒内)	备　考
1910 年 4 月 1 日实验			
11 点 40 分	十字形	30 秒，8 滴	强化
50 分	圆形	60 秒，6 滴	未强化
12 点 00 分	十字形	30 秒，6 滴	强化
1910 年 4 月 5 日实验			
11 点 35 分	十字形	30 秒，6 滴	强化
45 分	圆形	60 秒，1 滴	未强化
50 分	十字形	30 秒，3 滴	强化

大脑手术后过了三年，施行这只狗的解剖，证实了手术的完全性，因为大脑两半球的后半部没有任何残留的踪迹。

不能怀疑的事实是，这只狗大脑两半球前半部内残存的光性分析器的一部分，不仅对于光亮强度的摇动，而也对于照亮的和遮暗的各种事物各不相同的形态，能够形成条件刺激物。并且同时如上所述地，在这只狗和其他的各狗后头叶被摘除的场合，直到它们生存的最后，都不能发现对于各个别事物有条件反射的形成。如果注意，只在这只狗手术后经过了 4 个月，才能最初检验了它对各种形态的条件反射的形成，这就意味着，这些条件反射的形成，可能是发生更早的，可是再过了两年半，辨别物体的视力还是不曾出现。因此就不能不结论地说，在手术后的第三年，光性分析器的状态是最后的、不可恢复的状态。同时也许还应该注意于如下的事实。究竟为什么，我们的这只实验狗既然在实验架台上能够辨别形态，却不能在不受拘束而自由的地区辨别事物的形态呢？但是在实验架台上的环境内，和在自由地位于各不相同的许多事物之中，这两种情形有很大的区别。在动物不受拘束而行走的时候，动物的前面有着极多事物的形态，并且这些形态对于动物的眼睛是不断地或多或少地变化着的，因为若干物体本来就是在运动着，而动物的本身对于一切物体也是运动着的。不仅如此，由于若干事物的移动和动物本身对各事物的相对性移动，光亮是动摇不定的，所以各种形态境界部的浓度也不是保持一定不变的。如果与通常的现实各条件相比较，在我们实验的架台上，一切情形就完全不同，是非常简单化了的。似乎是，也许需要很长时期的、渐渐的练习，辨别形态的残存机能才会对于动物具有生活上的实际意义。

根据上述的资料，光性分析器和声音性分析器已损害的机能各最重要的阶段，可以认为在一定的程度上是彼此相当的。光性分析器内的小障碍是正常视野的狭窄化，而声音性分析器内的最小障碍，如果根据我们唯一实验，是复合音中各个别音的消除。光性分析器比较更显著的障碍是物体辨别力的缺乏，就是说，形态、明暗、色彩(个别的狗往往具有色的兴奋性)等等复合物的辨别力的缺乏。换句话说，光性刺激物最高的综合力与分析力都消失了。声音性分析器同样的比较更显著的障碍，显然是各种声音复合物的辨别力的丧失，譬如言语辨别力的丧失，这又意味着声音性刺激最高综合力及分析力的丧失。姑且暂不论及两分析器的完全损坏，这两种分析器最大障碍的表现就是只有各别地有关于光性刺激和声音性刺激的强度的区别。在机能障碍的极大极小的各阶段之间还有一些场合是这样的，就是在光性分析器内光的各种强度上，还可以辨别由许多发亮点而成立的各种不同的组群，而在声音性分析器方面，却能辨别各种不同的音响，譬如击声、杂音及各种不同的音。

在我们的前面还有一个问题：在大脑实质内皮肤机械性分析器的分配是否与上述的光性及声音性分析器在大脑实质内的情形相同呢，就是说，除有关这类机能的高级特殊的区域以外，关于比较非高级的机能，有没有比较更广泛地散在的皮肤机械性感受器成分的存在呢？虽然还不能作最后的答复，可是根据我们的材料，我们倾向于肯定性意义的答复。现在我们举出与此有关的、已有的和现在的多数实验材料，这在上述问题以外也还是有兴趣的。老早[替霍密洛夫(Тихомиров)实验]我们已经看见，大脑两半球前部的摘除会引起条件性皮肤机械性反射的消失，而其他分析器有关的各动因的反射却是同时并不丧失。最近的实验确实资料证明了(克拉斯诺高尔斯基实验)，运动区域是与皮肤机械性分析器的特殊区域多少相隔离的，并且大脑内的这个领域的各一定部位是与皮肤各个别部位相一致的。举一个例子如下：一只狗，除其他分析器一些动因的条件反射以外，具有一个泛化及于全皮肤表面的条件性皮肤机械性的酸反射。现在摘除了这只狗左侧冠状回转(gg. coronarius)及外雪儿维氏回转(ectosylvius)。在手术后的第四天，其他各分析器的条件反射都已经出现。条件性皮肤机械性反射在第八天出现，不过只在左侧出现，并且迅速地达到正常量。在第十天，右侧的皮肤机械性反射也出现，但只出现于躯干的中部。在前腿、后腿、躯干的肩、腰各部，这反射是完全缺乏的，并且有这条件反射的部位与无这反射的部位两者间的境界是非常显然的。这反射出缺乏继续到手术后的第90天，以后由上向下顺次地开始恢复。在这实验的场合，除本分析器部位与明可夫斯基所指明的部位相一致以外，富于特殊兴趣的是如下的。上述皮肤部位的条件反射既然丧失了阳性作用，同时这些部位还显出强烈的制止性作用(在有关睡眠的一讲内这是已经指明过的)。制止性作用的表现是这样的，就是这些皮肤部位的机械性刺激似乎是不具有作用的，但如果与皮肤其他部位具有阳性效果的刺激相复合，或与其他分析器具有阳性效果的刺激相复合，就会使后者两种阳性效果减弱或消失。此外，上述部位的重复刺激，尤其如果是较长时间的刺激，每次都很快地引起动物的瞌睡或完全睡眠，而动物以前在实验架台上不仅从来不曾睡着过，而且也不会瞌睡过。睡眠只发生于这些刺激的时候。在同一的环境里，如果没有这一类的刺激，动物就保持活泼的状态。在比较不久以前，这样的实验也重复地做过，结果一般地也是相同的(拉仁可夫实验)。在对这只狗因大脑手术而受损害的皮肤部位(与克拉斯诺高尔斯基的实验相同，脑皮质的同一回转部位受了手术的损伤，不过是一部分的损伤)应用刺激以前，其他各分析器的反射部是存在的。但是在有障碍的皮肤部位一受了刺激以后，动物就在该实验的其余的全部时间以内会变成瞌睡，并且其他一切的条件反射都成为零。于是就发生值得研究的有趣的问题：没有任何方法可以发动这刺激的阳性作用的成分吗？阳性作用的成分出现了(也是拉仁可夫的实验)。直到当时，孤立的条件刺激的时间，就是说，在与无条件刺激物相结合以前的时间，是继续30秒钟的。在新的变式实验的开始，皮肤无作用部位的孤立的条件刺激，每次只应用5秒钟，而在应用数次以后，到了实验的最后，才又与寻常相同地继续30秒钟。在这些实验条件之下，也能够发现了这刺激的阳性作用。这样的阳性效果出现得很快，并且效果不很大，而最重要的是，这阳性效果在刺激的时间以内就会消失，可是在其他各刺激物的场合，这样阳性效果通常在孤立刺激的最后是会增强的。与此有关的实验如下。

这只狗的各阳性条件刺激物是：拍节机响声，哨笛音，电灯开亮及皮肤机械性刺激。在这实验里，对于手术后成为无作用的前腿一个皮肤点施行了刺激。唾液分泌量按照测量管的划度计算，5个划度与1滴量相当。这只狗的唾液分泌总是不多的。在手术以后，不曾发现这只狗的痉挛发作。

表 164

时间	条件刺激物	刺激时间/秒	唾液滴数(每10秒内)		
9点12分	拍节机响声	30	4	6	6
19分	皮肤机械性刺激	5		—	
27分	电灯开亮	30	0	1	3
36分	皮肤机械性刺激	5		—	
46分	哨笛音	30	2	4	5
53分	皮肤机械性刺激	5		—	
10点02分	拍节机响声	30	0	3	5
11分	皮肤机械性刺激	30	3	2	0

在对于通常不发生效力的皮肤部位给予刺激的场合，也可以利用若干其他的处理方法而获得同样小量的阳性作用，就是利用正性诱导、解除制止法及咖啡因溶液的注射等等。显然，与以前有关其他事例的说明相同的，这是最大的兴奋性薄弱的现象。

在我们全部的实验里，包括最近的实验(菲耀道洛夫实验)，通常不发生效力的皮肤部位，迟早与时间的经过并行地，会又恢复原有的正常机能，这是与以前各实验报告者的声明相同的。在我们面前发生一个问题，也就是其他各研究者所提出的问题：这样机能的恢复，是怎样地，与什么东西有关系地而发生呢？当然，除联系皮肤各部位与大脑的两侧交叉性通路以外，起先可以想及的是直接通路。因此，对于若干狗，完全除去了一侧的大脑半球，检查了相对侧皮肤机械性条件反射，直到实验动物死亡为止(若干的实验动物在手术后活了一年以上，并且没有痉挛的发作)。最近的实验是用4只狗做的。这四只狗的大部分具有食物条件反射，一部分具有对于酸注入的防御性反射，及与脑手术相对一侧皮肤应用弱电流的防御反射[弗尔西柯夫(Фурсиков)与贝可夫(Быков)的实验]。虽然做了各种变式的实验，所获得的结果在一切的场合都是否定的。为了兴奋性的提高，应用了番木鳖素和咖啡因的注射(弗尔西柯夫)，并且用种种的方式，检查受了损伤的身体一侧皮肤刺激的可能的制止性作用(贝可夫)。后者的试验方法坚持地被应用了多次，这是因为在大脑半球一部分障碍的场合有关于皮肤分析器的上述资料的缘故。制止性作用对于各种不同的阳性条件反射并不曾出现，并且在健康的体侧各皮肤部位，在后继地应用场合和同时应用的场合，情形也是如此。完全相同地，对于受损伤一侧的皮肤所给予的刺激，也没有任何催眠性作用的出现。当然受伤体侧的这样刺激，即使在应用上述若干处理方法的场合，却也不能变为阳性，而在皮肤分析器一部分被除去的场合，上述这些方法的应用，会使无效力的皮肤机械性刺激成为阳性。所以那些刺激(注：受损伤部位的刺激)在条件反射性活动的关系上，完全是无关性的刺激；换句话说，按照我们现在实验的资料判断，身体一侧的皮肤与同一侧大脑半球的直接联系是不存在的。

这样，在反射一时性消失以后的恢复方面，直接通路(即不交叉的通路)具有关系的可能性是被排除了。那么，只剩了一个可能性，就是受了手术损伤的部位的活动为该同侧大脑半球内的残存部分所代替的可能性，这是其他各研究者们所假定过的和试验过的事情。所以我们先尽可能地除去了一侧大脑半球前部的各脑回转。可是起初很长久地消失了的条件性皮肤机械性反射，终于与时共进地逐渐恢复了。但是现在，还可能想象与第一次手术部位相接近的各部位具有代偿性的能力。然而这些与第一次手术相接近的部位再补充地受了手术的处置而破坏(尤尔曼实验)，以后，分析器已经恢复的机能却不受任何影响。所以，代偿作用是由于远在的神经成分而发生的。在事情获得这种结果以后，第一个成为显著的问题，是我们皮肤机械性刺激应用方法的是否毫无缺点，该刺激的声音性的成分可能也使这情形变成复杂了。于是就作成了一种皮肤机械性的刺激器，其作用至少对于我们人类的耳器官是毫无声音的。可是没有对照试验，这也还是不够的。所以我们在刺激器与皮肤之间，插进了一种媒介物，这是必定能够除去刺激器的皮肤机械性刺激的，但是决不能除去刺激器的可能有的声音成分。在这样条件下检查该刺激器作用的场合，反射不发生。所以，在刺激器寻常被应用的场合，反射实在是由于刺激器对狗皮肤的刺激，而并非由于对狗耳的刺激所引起的。第二，我们按照与光性及声音性分析器的类似性而不能不假定，在第一次手术后所残存的皮肤分析器的部分与最初被除去的部分相较，不过只具有很有限的机能。我们打算应用复合性皮肤机械性刺激而加以检查，就是在对正常皮肤用向各种方位进行的皮肤机械性刺激形成了分化相以后，施行第一次手术，以后再检查一时地丧失反射性机能的各个皮肤部位。这样的实验不过是正在进行之中。但是在有关部位摘除后，皮肤反射恢复的各实验结果是与我们以前的这个同样实验不一致的，所以我们继续再做这些实验。

除有关皮肤机械性分析器的上述资料以外，我们还有一些实验，阐明这些分析器两侧彼此间的关系。如以前曾经提及过的，对于我们许多工作同人(克拉斯诺高尔斯基、安烈勃及其他诸人)，出现了一个很显著的事实，就是在身体一侧各皮肤部位所形成的条件性皮肤机械性刺激，即刻正确可惊异地、对称地在身体另一侧的相同各部位也会自动地照样地发生。关于阳性和阴性条件反射，情形都是这样的。根据这个事实，不能不期望着，身体两侧相对称皮肤部位的分化必定是一个比较困难的过程，而事实也是如此(贝可夫，柏德可琶叶夫及格里高洛维区的实验)。这个意外的事实是怎样发生的呢？当然可以想及大脑联合的联系(комиссуральная связь)。并且在实际上，胼胝体(corpus callosum)的切断使这个事实不能成立了。在胼胝体切断以后，两侧的条件性皮肤机械性反射就成为完全彼此无关的了(贝可夫实验)。所应用的条件性皮肤机械性反射是：食物性反射，对于口腔内酸的注入及对于皮肤弱电流的应用所形成的防御性反射。所用的电流强度是这样的，就是仅能引起动物腿部的急屈和探索反射，但不致引起动物的吠唤及与刺激器的斗争。所做的实验是采取很多不同方式的，但结果都是相同。已形成的各条件反射只存在于身体的一侧。在身体的另一侧，不能不重新特别地施行形成反射的手续。在身体两侧相对称的各部位，无困难地形成了相对立的反射。

举例如下。这只狗具有食物性反射。在右侧后上腿受刺激的场合，有阳性反射，而右侧肩部受刺激的场合，有阴性反射。左侧的反射正与此相反。

表 165

时　间	条件刺激物(30 秒)	唾液滴数(30 秒内)
4 点 25 分	右侧后上肢	4
37 分	右侧肩部	0
46 分	左侧肩部	4.5
58 分	左侧后上腿	0
5 点 12 分	右侧后上腿	3

全部的 4 个反射都是不能不个别地形成的。完全与此相同的是身体一侧一切新异的皮肤刺激(50 摄氏度，弱电流等在食物反射及酸反射的场合)，能引起探索反射，只制止身体同一侧的各条件性皮肤机械性反射，但不影响于身体另一侧的相同的各反射。这些实验是用 3 只动物做的。

与皮肤分析器的特殊实验并行地，可以提及只除去大脑两侧额叶的实验(巴勃金实验)。额叶的摘除是沿着两侧前十字沟(sulcus praecruciatus)及前雪儿维氏沟(sulcus praesylvius)直达脑底的线上施行的，所以嗅叶(lobi olfactorii)也同时损坏了。有时手术刀，并且几乎一定常有的手术后的病变，都涉及位于比较后方的各脑回转，这是在解剖以后所证明的。这样实验是对于 4 只狗施行的。在这全部的四个实验例，在手术以后，眼的与耳的各条件反射都或迟或早地恢复了或形成了。可是机能障碍，尤其显著的机能障碍，只发生于皮肤分析器及运动分析器。在动物的生前(手术后动物活着 1～6 个月，最后因痉挛而死亡)，大部分是阳性条件性皮肤机械性反射不能形成的，尤其躯干部的皮肤刺激是这样的。有时在四肢上却能形成阳性皮肤机械性反射。以条件制止物的形式，各阴性反射是可能在皮肤的任何部位形成的。同时，几乎必定存在的是皮肤表面兴奋性的普遍增强，于是若干狗在实验的时候不能忍受实验架台上的足绳，只在除去足绳以后，它们才会安静地站在实验架台上。我们也观察过动物的一时性运动紊乱症，其表现是异常的姿势(头部下垂，背部向上方弯曲)，四肢有麻痹现象及痉挛。特别强烈的是口部运动的障碍。在手术后不久的时期内，各狗摄取坚硬的食物特别地艰难，所以不能不用手喂给它们吃。除上述的这些情形以外，在动物的行动方面，并没有什么特殊的现象。

从皮肤温度性分析器的一些动因的条件反射的少数实验而言，似乎可以结论说，这个分析器与皮肤机械性分析器在大脑皮质内的部位并不完全互相一致。在摘除前十字脑回转(g. praecruciatius)的场合(仕序洛实验)，后肢的条件性皮层机械性反射恢复很快(大约 1 周)，而后肢的条件性温度反射(寒冷刺激及 45 摄氏度的刺激)的恢复是相对地很慢出现的，需要 4 周。

利用条件反射的方法，我们打算获得若干研究者所指示过的梨状回转(g. pyriformis)对于气味分析器有关的资料[惹华德斯基(Завадский)实验]。对于几只动物，预先确立了多数的运动性和分泌性的条件反射，而且这些反射是无条件性的和条件性的两方都有的，尤其条件性的反射却是人工的和天然的条件反射都有的。在两侧的梨状回转及海马角(cornus ammonis)完全被除去以后，恰恰最早出现的是气味性反射。在手术后的第二天至第三天，对于气味的鼻翼运动就出现了。在第三天和第四天，实验狗能够只利用鼻子而从包有肉和香肠的纸包无错误地取出内容物。从第六天起，出现了对于肉粉的唾液反射。对于樟脑气味的人工性食物反射在手术后的第14天起就比其余的皮肤、耳、眼各方面的条件反射更早地、显著地出现。人工性气味性反射在手术后第一次试验的时候就已经出现，就是说，这是反射的恢复，而不是新的形成。

最后，我们自己又提出一个有关大脑两半球皮质的所谓运动区域的性质的问题。这个运动区域是什么？大脑皮质的其他各区域都是从外方向有机体进行的各种刺激的分析器；与此相同地，在有机体做复杂精微工作的时候，大脑皮质运动区域是不是与有机体的骨骼运动性装置有关的各刺激的分析器呢？抑或这运动区域是与其他一切的效验性的脑皮质区域具有区别呢？换句话说，在生理学机能上，是不是这皮质运动区域与脊髓的前半部或后半部相当呢？如众所周知的，这个问题是这样古老的，就是与脑皮质运动区域被确定的事实本身同样古老的，并且直到现在，有不少的人主张，这问题的解决是应该依据上述第一个解释的。我们打算利用条件反射的方法获得更多有关这问题解决的资料。我们利用一定的运动作为条件刺激物，并且实验地确定脑皮质内与该运动有关的区域。我们的实验是如下进行的(克拉斯诺高尔斯基实验)。因为与这些实验有关的是与大脑两半球一般构造有关的一个重要问题，并且因为从实验的进行而言，这些实验与其他的一切条件反射的实验相较，是相当复杂的，所以我认为自己有理由尽可能地详细说明这些实验，并且需要充分地利用实验记录而加以说明。

条件性食物刺激物是胫跗关节和跖趾关节的屈曲运动。屈曲运动是如下形成的。一侧后肢的大腿及小腿都用装拆自由的石膏绷带加以固定，而这石膏装置是固定于一个金属的支柱之上的。该金属支柱用螺丝钉被拧紧在实验架台上。胫跗关节的运动就是利用这个设备的。如果要利用跖趾关节的运动，也可以固定跖趾于特殊的金属支柱上。这部分的屈曲运动可以用器械或用手施行。

在左后肢的胫跗关节的屈曲运动形成反射的时候，就试验右侧同关节反射的有无。在右侧，这反射也自然形成了，正如我们在皮肤条件性刺激的场合所见的情形一样。其次，我们着手于左后肢跖趾关节从胫跗关节屈曲运动的分化，其时只在跖趾关节屈曲的时候使动物摄取食物。在跖趾关节屈曲运动受过42次强化处理以后，分化就成功了，在胫附关节不受无条件刺激物的强化手续而屈曲74次以后就也形成了分化，并且分化自然地在右下腿也出现了。当然，这还不是我们所需要的事情。在屈曲运动的时候，皮肤机械性刺激必定也同时发生，这也是能单独地产生条件的效力的。必须将这可能的皮肤机械性刺激与屈曲运动互相分化。所以应用了一切可能方式的皮肤机械性刺激：皮肤的接触，压迫，提捏及关节一侧节奏性的牵伸和关节另一侧的皮肤叠皱等等刺激(因为这是大约与屈曲运动时发生的情形相等的)。最后的这个处理方法具有最强的作用。只重复地应用这种皮肤刺激的方法，同时却不并用食物强化的手续和屈曲运动，终于这些刺激方法都成为完全无效了。但屈曲运动单独的作用却是继续存在的。然而这还不能确证唯一屈曲运动的本身必定是条件刺激物的事实。因为可能的是，我们虽然应用了种种方式的机械性刺激，但还不能完全作成与屈曲运动时相同的皮肤刺激。必须还有另一个比较地无可非难的证据，证明屈曲运动的本身实在是条件刺激物。我们想这样地获得这个证明，就是除去皮层分析器某一部分，才可以完全除去皮肤性的成分，而我们已经知道，与后肢皮肤性刺激有关的分析器就是冠状回转（gg. coronarius）与外雪儿维氏回转（ectosylvius）。准备好先形成了后肢 5 个部位的皮肤机械性刺激的条件性食物反射，并且以每秒钟 500 次的振动音也形成了条件性食物反射。在左侧的大脑该部分手术后的第七天，音的条件反射第一次恢复了。在手术后的第八天，右侧屈曲的第一次试验，还是不显作用。但是在同一天的实验内，右侧屈曲的第二次试验已经在 30 秒内获得了 2 滴唾液，在第十天获得了 3 滴。但是在这第十天，同侧下肢 5 个皮肤机械性刺激器同时试验的结果，还不曾引起唾液的分泌。在第 12 天，屈曲的反射量是 5 滴，而 5 个皮肤机械性刺激器的刺激、关节皮肤的牵伸及叠皱，依然都是零的结果。在第 13 天，关节部皮肤的牵伸和叠皱制止了同时应用的音刺激；就是说，皮肤机械性刺激的作用不是阳性的，而是制止性的。在第 15 天及第 16 天，左侧后肢已经完全不受脑手术的制止性影响，而该后肢的单独的皮肤机械性刺激，引起了显著的唾液分泌效力，但是右侧跖趾关节皮肤的机械性刺激和同时该部皮肤的牵伸及叠皱处置却不引起唾液的分泌。所以在右肢的方面继续地受着手术的影响，右肢的皮肤机械性刺激是制止性的，而不是阳性的。然而屈曲运动却是必定并有唾液的分泌。举出这些实验中的若干记录如下。

表 166

各次刺激间的间隔时程/分钟	条件刺激(30 秒)	唾液滴数(30 秒内)
手术后第 8 天		
—	音	2
10	右趾关节屈曲	0
4	同上	2
7	左跖机械性刺激	0
4	右趾关节屈曲	2
7	同上	1
手术后第 12 天		
—	右趾关节屈曲	2
6	左下肢机械性刺激(5 个部位)	0
12	同上	0
8	音	7
7	右趾关节屈曲	5
6	右侧关节皮肤的牵伸与叠皱	0

（续表）

各次刺激间的间隔时程/分钟	条件刺激(30 秒)	唾液滴数(30 秒内)
	手术后第 15 天	
—	右趾关节屈曲	5
6	右侧关节皮肤的牵伸与叠皱	0
20	右趾关节屈曲	1
6	同上	3
6	左跖机械性刺激	4
6	右跖皮肤刺激	0
6	左跖机械性刺激＋右侧关节皮肤的牵伸与叠皱	0
6	左跖机械性刺激	2
	手术后第 16 天	
—	右趾关节屈曲	4.5
7	左跖机械性刺激	5
7	左跖机械性刺激＋右侧关节皮肤的牵伸与叠皱	0
6	左跖机械性刺激	4

这些实验使我们有理由做两个结论。第一，仅仅运动性的动作而无皮肤刺激成分的参与，就可能成为条件刺激物。第二，运动性动作的刺激与皮肤机械性刺激在大脑皮质内各有不同的作用部位。我们知道大脑皮质内皮肤机械性的区域，究竟大脑皮质内的运动性区域却在什么地方？另一只狗的实验给了答复。

我们的一只狗的右侧 S 状回转(g. sygmoideus dexter)在 2 个月有余以前被完全除去了。在这手术以后，这只狗左侧前后两肢总是有着强烈的运动紊乱。左侧 S 状回转的损伤是很微弱的，右侧的前后两肢没有任何运动机能障碍的表现。全身皮肤表面的机械性反射是正常的。对于右侧，着手于趾关节屈曲运动的条件性食物反射的形成，这个反射迅速地成立了。于是开始使这反射与皮肤刺激成分分化开来，所应用的方法就是如上述地对这关节使用各种变式的皮肤机械性刺激，当然此时不并用无条件反射。一个月以后分化相是形成了，不过不一定是完全的。该分化相的例子如下。

表 167

各次刺激间的间隔时程/分钟	条件刺激(30 秒)	唾液滴数(30 秒内)
—	右侧关节屈曲	6
11	右侧关节皮肤的牵伸与叠皱	3
3	同上	1
6	右侧关节屈曲	5
8	右侧关节皮肤的牵伸与叠皱	0
3	右侧关节屈曲	6

左侧趾关节皮肤的牵伸与叠皱刺激也是因为上述的关系而完全无效的。同时左侧对于屈曲的运动也没有反射的发生。在屈曲运动受了强化手续的时候，随后地，仅仅皮

肤机械性刺激也获得了分泌唾液的作用。不能不这样地解释这个实验，就是左侧的屈曲运动的本身并不具有条件性的作用，可是这屈曲运动的强化手续，使在屈曲时必然并存的皮肤机械性的成分解除制止化了。并且以后，虽然顽强地继续施行分化的手续，可是不曾能够与皮肤刺激无关而个别地获得屈曲运动的条件反射。只是皮肤刺激的效果一消失，屈曲运动的反射也就消失。在应用食物强化的场合，皮肤刺激的反射就会恢复。在右肢方面，关节屈曲运动与皮肤刺激之间，分化相总是完全明了地成立的。举例如下。

表 168

各次刺激间的间隔时程/分钟	条件刺激(30秒)	唾液滴数(30秒内)
—	右侧屈曲运动	8
7	右侧皮肤的牵伸及叠皱	2
1.5	同上	1
1.5	右侧屈曲运动	8
1.5	左侧皮肤的牵伸及叠皱	7
1.5	同上	6
1.5	同上	4
1.5	同上	3
1.5	同上	1.5
1.5	左侧屈曲运动	0.5
6	左侧皮肤的牵伸及叠皱	4
1.5	同上	1
1.5	同上	1
1.5	左侧屈曲运动	0

在这个实验内，每次各侧的屈曲运动都并用了食物强化手续，而皮肤刺激却不曾并用食物的强化。

这些实验昭示着，在骨骼运动性系统工作时，S状回转是来自这系统的刺激所趋向的皮质区域。可惜，以后我们不曾继续这些实验，也不曾进行种种方式的实验。当然，这些实验还需要重复地做，需要进一步证实。如果根据已做的这些实验说，就应该做如下的结论，即大脑皮质的运动性领域是生物个体骨骼肌肉活动能的分析器，这与大脑皮质其他某些领域是对于生物个体发生作用的各种外来能(внешняя энергия)的分析器相似的。在这个见解上，大脑两半球是生物个体与外界和内界有关的一个壮丽的分析器。当然，关于骨骼运动机能所不能不做的假定，有理由地，可以更广泛地适用于生物个体的其他更巨大的活动，纵然不适用于其全部的活动。只是在假定一个生物全体活动有关的大脑皮质分析器的存在的场合，纵然这部分通常还是不够解析说明的、不够确定的，可是这样才可以从生理学的立场，把暗示具有巨大作用的许多异常的事例加以解释，譬如假想性妊娠(мнимая беременность)就是。

第二十一讲

· *Lecture Twenty-First* ·

大脑两半球的病态，当做受手术作用的结果：壬、大脑两半球特殊障碍所引起的动物行动异常的试验

诸位！我们知道，狗的大脑两半球全部实质的摘除会使该狗变成一个比较简单的反射机器，于是这机器就仅仅具有比较少数的外在的无条件反射，而大脑在对于外界的关系上会丧失它的复杂性和精确性，因为大脑两半球在对外界基本关系上的最高机能是由无数的条件反射而构成的。从另一侧说，关于大脑两半球各个部分的、即关于各分析器的意义，我们具有若干的资料，而各分析器的总体性活动也就是决定生物个体与周围环境完全平衡的，换句话说，就是决定动物的行动。为了在大脑两半球生理学活动的全部完整的关系上，对于该活动多少可以接近于完全理解的目的，而采取尽量地利用动物实验的态度，这不是没有利益的。就是说，固然在大脑两半球实质的特别巨大部分摘除手术进行顺利而无并发症的场合，并且也在大脑手术后因疤痕组织的增殖以及其他副现象的缘故而大脑具有后发性的显著障碍的场合，需要对动物的状态加以观察和分析。换句话说，这就是应该在一切的场合尽可能努力地把动物全身行动的变化都归纳于大脑两半球机能某些部分一定的障碍。

这就是我做本讲的目的，我将从比较简单的事例而向比较复杂的事例展开说明。

一只狗的大脑两半球的上半部在雪儿维回转顶部的高度被摘除了［奥尔倍利(Орбели)实验］。每侧的摘除都是一举而下地施行的，所以每侧摘除的小块都正确地证明大脑实质缺陷部分的大小。在第二次手术后过了 2 周(两侧手术是分两次做的，间隔时程很长)，直到研究的最后，该狗所显现的全身状态都是不变的(4 个月)。它现在依然非常活泼的一只狗，对于它的名字会很快地反应；它向着叫它的名字的方向，轻快而迅速地转过身体而行进。从普通的观察而言，也许决不能把它和正常的狗互相区别。只是在仔细观察的场合，发现了这只狗四肢的若干运动失调症的症候(атактичность)，就是它在跑的时候，四肢常常举得过高，或者常常与地面冲突，而在平滑的或潮湿的地面上走动的时候往往滑倒。此外，这只狗向某个方向进行的时候，其头部做特殊的运动。只是间或地它会与它行走的道路上的物体相冲突。可是冲突的情形一旦发生以后，这只狗就表现

出令人吃惊的异常状态。甚至在与桌子一个细脚相冲突的场合，这只狗也就完全没有办法控制。在不因为偶然向侧方的偏移而能回避以前，它会很长时间地与这桌脚相冲突，并且只是这样以后它才能继续进行。如果狗的身体前半部被安置在椅上，它就在对它叫唤的场合或在杂乱动作的场合会从椅子跌倒地上，或者向前进地腹部贴在椅上，脚在空中乱蹬，不能再作任何其他的动作等等。在第二次手术以前已有的各条件反射在手术后迅速地恢复，并且对气味和光线很容易形成新的反射。但皮肤机械性条件反射不曾恢复，而对温度(对于寒冷)的条件反射也不能够形成。各种皮肤刺激的无条件反射都存在着(在应用机械性刺激和寒冷刺激的时候，动物会用腿作拂去的运动，或将腿屈缩，吠叫，头部向应用机械性和寒冷刺激器的方向转动)。如果从各分析器机能的观点而言，这只狗与正常相乖离的行动的机制，应该怎样解释呢？气味性与声音性分析器的机能是完全存在的。光性分析器的机能也是几乎如此，不过稍有限制而已。如果我们注意于这只狗用眼判定方位的完全度和它走动时头部的特殊运动，就不能不假定，在手术以后，这只狗的光性分析器特殊领域下方小小的一部分是残存的，而这残存的一小部分也就与头部的适当位置相当地使光性刺激的高级综合力和分析力都成为可能。彻底地受到手术影响的是运动性分析器。大脑两半球下位部分有关的一般性运动的机能显然是完全保存着的，而骨骼肌肉的详细精确的运动，至少与条件反射有关的这类运动的一部分，是消失了的。关于皮肤分析器的问题，这一点现在还不明了。这只狗在其行动道路上遭遇障碍的场合，丧失了运动性方位判定能力的事实，也许是与皮肤方面正确信号的缺乏相符合的。但是在本手术的场合，皮肤机械性反射的缺乏是与有关皮肤分析器部位的我们其他一些实验有若干矛盾的。关于这个问题，需要有特殊的研究检查，尤其是皮肤一切点的检查。

从全体而言，在上述手术以后，不但在一般的自然环境内，而且在特殊的社会环境内，这只狗的行动依然是正常的，不过例外的是，它对于机械性的障碍却有一部分的缺陷。经受这样手术的狗，丧失了大脑两半球实质相当大的、完全一定的部分。和我们初期研究的实验相较，从更详细和精确的分析而言，对这只狗的实验具有巨大的兴趣。

在上方已经提及过的一些其他狗的场合，它们的大脑两半球大部分的后半部被摘除了，其摘除是按照上述从S回转后上方开始，终于下行地达到雪儿维氏裂的一条线上施行的。我现在所以重新说明这些狗，因为需要注意，就是以前因为缺乏地位的缘故，不曾能够充分地说明这些狗的行动。请诸位想起，这些狗缺乏了光性和声音性刺激的高级综合力及分析力，但是它们保存了各种声音的分析力、光线强度和形态的分析力。在最后的手术以后，它们即刻几乎接连地睡着，以后在它们活着的期间以内(其中的一只活了3年)都是在睡眠中消磨了大部分的时光，并且因为充分喂养的关系，都肥胖起来。当它们饥饿的时候，它们就会如上述地只靠气味性和皮肤性分析器而寻获食物。特别值得注意的是皮肤机械性分析器和运动性分析器的联合工作。当动物位于地面上撒放的肉片之间或位于以不同高度被悬挂于线上各肉片之间的时候，其身体的某一部分一与肉片有极小的接触，就足够引起其身体向该肉片的位置做极精确的运动，并把肉片吃进口中。最后，特别应该注意的，是这些狗对其他狗和人所采取的无关心的态度，甚至对于主人、实验者也是如此。不难想象的,是这些狗在生活方面的巨大的被动性(高尔兹早已注意于这一点)和非常容易睡眠的倾向,因为它们最主要的远距离分析器,即光性和声音性分析器的机能是大部分丧失了。完全同样地可以理解的,是全体保存着的气味性、皮肤性及运动性分析器活动的非常精致的事实。可是上述最后的特色是值得注意的。这个特色意味着什么?是这些狗一般生活被动性的一部分现象吗,是它们全身能力衰退的一部分现象吗?或者更像可能的,这是光性和声音性各复合刺激脱落的特殊结果吗,即是主要的社会性各种刺激,并且也可能是最宝贵的各种条件反射脱落的特殊结果吗?从我们关于高级神经机能的知识而言,这个问题也许是需要认真研究的问题,并且这是值得研究的问题。

其次,我再转谈一个最复杂的并且最有参考价值的事例,就是按照上述切线而摘除大脑两半球前半部的事例。这些动物手术后的行动很与正常相乖离,而这种行动的分析是非常富于兴味的。所以我会特别详细地说明。我们有两只这样手术的狗,它们在手术后活了很长的时期(大约一年)。两只狗的手术都是分两次做的,先在一侧做手术,过了几个月以后,再做另一侧的手术。我先极详细地叙述第一只狗的实验[德米道夫(B. A. Демидов)实验],其次再对第二只的情形[沙图尔诺夫(H. M. Сатурнов)及库拉耶夫(С. П. Кураев)实验]作必要的补充。

在第二次手术以后,实验狗几乎连续地睡眠着,只在排尿和排粪的时候才觉醒。在第二次脑部手术以前,对这只狗作成了胃瘘管,现在就经过这瘘管把食物给予动物。只从手术后的第三周的最初起,动物开始觉醒而站起来,可是只站立一会儿,摇摆不定,又会倒下去。大约一个月以后,它开始步行,但是其时足趾往往滑动,两侧腿互相交叉。再过一个月,步行和跑都几乎正常了,但是在迅速而厉害的转弯的时候,这只狗几乎站不住。在遭遇障碍物的场合,这只狗就会有紊乱的运动。它时而前进,时而后退,时而向侧方动;有时它自己偶然地能克服障碍,但是在大多数的场合需要有人帮助它。此外,引起我们注意的,是动物一般地不能同时做复杂的运动,因此就丧失身体的平衡而跌倒。这个特色直到动物生存的最后依然不变。只在手术后 2 周以后,当我们使狗嘴与牛乳相接触的时候,狗就开始舐吃牛乳。以后在其生存期间以内,只在食物与它的口唇、颊部黏膜尤其与舌黏膜相接触的时候,它才开始进食。食物与动物口部周围皮肤的接触,并不引起进食的动作。在最后时期,当狗非常饥饿的时候,它就非常兴奋,把在近旁的任何东西都会抓进口内,甚至咬自己的脚爪而大叫。从进食动作的最初起,它就能够辨别能吃的与不能吃的东西,譬如混有砂子、奎宁、大量酸或盐的食物等等。因皮肤接触而发生的运动反应,也是在手术 2 周以后出现。以后,皮肤的兴奋性就越过越增强着。当两三个月以后,在把动物放在实验架台上的场合,或在从实验架台把它带下的场合,或在仅仅简单地抚摸它的时候,这些对动物皮肤的接触都会使其非常兴奋。它就要作避开的运动,吠叫,张口露牙。在动物运动而与各种不同的事物相接触的时候,当室外的风吹动它的毛或者雨滴在它身上的时候,也会同样地发生运动性的兴奋。在这样兴奋的时候,如果抚摸它的头部或颈部,反而会使动物安静,有时动物甚至于就陷于睡眠,这是有趣的事情。在用手搔动物某一定皮肤部位的时候，正确地会有搔痒反射（чесательный рефлекс）的出现。如果搔的程度是微弱的，同时因为有声响的刺激，就往往观察搔痒反射的出现或加强，这就是所谓疏通反射（bahnungsreflex）的现象。对于声音的运动性反应，譬如耳部的上竖和震动，只在手术后经过一个半月以后才会出现。以后对于声音的反应越过越强，有时非常强烈；甚至于一遇比较微弱的响声，狗会非常兴奋。在强光线作用的场合，它闭住眼睛，将头部转到另一个方向。它对于气味决不显出任何反应，因为这只狗的两侧嗅球（bulbus）和嗅径（tractus olfactorii）都是被摘除了的。虽然特别注意地检验过性反射（половой рефлекс），但是没有任何结果。对于其他的动物和人，这只狗不愿表现出任何特殊的一定的关系，既没有积极性的关系，也没有消极性的关系。往往似乎无原因地，狗有痉挛的发作：全身震颤，下颌的搐搦性痉挛，头部强迫地向一侧偏转，最后屎尿俱下，其时并没有躯干部和四肢的痉挛，动物不跌倒。发作继续时间是一两分钟。发作以后，动物很兴奋，乱跑乱跳，并且吠叫；以后安静下来，瞌睡，不久就会熟睡。

这样，从骨骼肌肉的活动而言，这只狗完全失去了高级的神经活动，成为一个很简单化的、非常不完全的反射机器。虽然这只狗与摘出大脑两半球的狗有许多相同的地方，但在运动方面却甚至还有逊色，因为大脑两半球已摘除的狗，在手术以后，会更早地开始能站立和步行，并且比较更好地保持着运动时身体的平衡。在我们这只狗的场合，似乎不剩有条件反射的任何痕迹。事情真是这样吗？我们利用骨骼肌肉以外的另一个目标做试验吧。我们现在用前述各实验里常见的高级神经活动的有关组织——即唾液腺——施行检查。

在手术以后，无条件唾液反射即刻也完全消失，但是不久就恢复。在恢复的初期，还多少与正常值相乖离，但是与时俱进地会完全恢复正常。虽然其时采取了强有力的处理方法，但是，眼、耳、皮肤有关刺激的阳性唾液反射不曾能够获得。这样，在很长时期以内，在给予水泡音以后才给予食物。可是虽然这种处理程序应用了 500 次，也并不曾能够获得确实可靠的条件性唾液反射。于是我们对于具有一种感受器的表面组织作刺激的试验，而该感受性表面就是，如上所述，在大脑两半球有各种障碍的时候，比其他各感受性表面更坚强的口腔表面。这类刺激的形式即是水条件反射。我会详细地记载这些实验。从以前的报告，我们知道，只在预先把狗所嫌恶的物质，譬如把酸的水溶液纳入于它口内的场合，才可以获得显著的水条件反射，因为仅仅用水纳入口中，就或者完全不能够引起唾液分泌，或者只引起极少量的唾液分泌。在把酸液多次引入于口内以后，大约在手术后经过一个月，水才开始显著地引起唾液分泌的作用。手术后过了 50 天，系统地开始了水反射的实验。当每天水的注入次数很多的时候，在实验的这一天，当做第一个刺激物而被应用的水，就是说，当天虽然不曾有酸液的预先注入，而起初就用水注入，这会引起大量的唾液分泌，每分钟至 16 滴以上。如果当天重复地只应用水的注入，这唾液分泌就会消失。举出一些例子如下。

表 169

时　　间	刺激物	唾液滴数(1分钟)
1908年12月29日实验(1908年9月23日第二次手术)		
3点20分	水	16
25分	水	16
30分	水	2
35分	水	4
38分	盐酸溶液(0.25%)	大量唾液分泌
41分	水	9
46分	水	6
54分	盐酸溶液	大量唾液分泌
4点00分	水	8
05分	水	9
10分	水	2
15分	水	2
20分	水	0
1909年1月1日实验		
12点22分	水	5
27分	水	2
32分	水	痕迹
37分	水	0
42分	盐酸溶液	大量唾液分泌
50分	水	3
55分	水	3
1点00分	水	2
05分	水	0
10分	盐酸溶液	大量唾液分泌
16分	同上	同上
24分	水	9

显然,这是条件水反射的消去。条件水反射,与一般地各条件反射相同,容易为一切新异反射所制止(外制止)。举例如下。

表 170

时　　间	条件刺激物	唾液滴数(1分钟)
1909年4月25日实验		
11点15分	水	13
23分	盐酸溶液	大量唾液分泌
32分	糖溶液(10%)	同上
36分	水	1
54分	水	10
1909年1月5日实验		
11点25分	水	12
30分	水+强音	3
35分	水	16

然而这(外)制止对于条件反射并不是特有的制止,因为一切的无条件反射也是同样被制止的。所以我们采取了形成条件制止物的步骤,就是说,要形成内制止形式的条件性阴性刺激物。可是用什么东西做制止性动因呢?我们的见解以为,可能其他分析器的一些动因,不成为阳性条件刺激物而会变为阴性条件刺激物,而在过去的一些讲义内,若干的处理方法已经获得这样的结果。我们的见解被证明是正确的。声音性与光性刺激物能够成为条件制止物了。用水注入口中,同时应用一定音的发响,在重复应用到64次的时候,这就成为恒常的制止性复合物。举例如下。

表 171

时　间	刺激物	唾液滴数(1分钟)
1909年2月2日实验		
10点25分	盐酸溶液	大量唾液分泌
34分	同上	同上
46分	水	9
55分	盐酸溶液	大量唾液分泌
11点04分	同上	同上
16分	水+音	2
26分	盐酸溶液	大量唾液分泌
35分	同上	同上
48分	水	10
1909年2月16日实验		
10点25分	盐酸溶液	大量唾液分泌
36分	同上	同上
47分	水+音	0
55分	盐酸溶液	大量唾液分泌
11点04分	同上	同上
16分	水	6
24分	盐酸溶液	大量唾液分泌
34分	同上	同上
45分	水+音	0

如果在水注入的时候,把室内光线加强,而在注入酸的时候,室光不亮,就会获得与上述实验相同的结果。于是条件性制止的发展更快。下述的实验是不过11次的水注入与强光线刺激共用的结果。

表 172

时　间	刺激物	唾液滴数(1分钟)
1909年3月13日实验		
11点32分	水	23
33分	盐酸溶液	大量唾液分泌
40分	水	26
41分	盐酸溶液	大量唾液分泌
48分	同上	同上
57分	水+强光	0
12点06分	盐酸溶液	大量唾液分泌
14分	水+强光	0.5

最后做了解除制止的实验。在相当的条件之下，解除制止的出现是很明了的。下文提到的实验是1909年3月19日在彼得堡举行的俄罗斯医师协会的人数很多的会议中进行的。

表 173

时　　间	刺激物	唾液滴数(1分钟)
8点09分(晚)	盐酸溶液	大量唾液分泌
20分	水	12
24分	水	3
28分	水	0.5
32分	生肉	分泌不多
36分	水	14
49分	水	0.5

肉粉刺激只能在很短时间内把消去的水反射的后作用解除制止化了，在一定期间内水反射的消去过程又会恢复，这也是常见的事情。

这样看来，在这一只狗的场合也发现了条件反射性活动的存在。

现在我将说明另一只同样狗的实验。这只狗的手术与上述实验有若干差异，就是在摘除大脑两半球前半部的时候，按照上述切线向后方，尽可能地不损伤嗅球与嗅径，为了更能确信的目的，我们感觉需要与残存的水反射同时，能够更有气味性条件反射的存在。

结果是与我们的期望相同的。这只实验狗除条件性水反射以外，它在手术以前对樟脑气味的条件性唾液性食物反射在手术后也恢复了。当然，食物的自然性唾液性条件反射也是存在的。因为如此，这只狗会向食物所在的方向倾动或前进，并且能够偶然地抓住与它相离不远的食物。然而这只狗的行动与第一只狗的行动的区别，也就不过限于上述的一点及其他若干次要性的行动上的特色。这只狗对于其他的动物及人也是完全漠然无关的。它一遇机械性障碍就毫无办法的情形及运动方面的缺陷，也都是很显著的。一般地说，与第一只狗相同地，这只狗如果不受人的帮助，就也会像一个残废者，不能生存。它没有其他分析器刺激有关的阳性反射。

还必须补充说明，在死后做了解剖检查，这两只狗所残存的大脑两半球的后半部都是非常萎缩的。

我以为，这两只狗的行动是多少显然可以理解的，就是说，从破坏了的具有障碍的各分析器的机能脱失的观点而言，这两只狗的行动是适于分析的，因为由于条件反射检查的结果及解剖后的资料，这是已阐明的事情。除了第一只狗的口腔分析器及第二只狗的口腔性与气味性分析器以外，一切的分析器脑终末部，或者完全不具有机能，或者所显现的机能是以制止过程的形式而受限制的。所以，通常决定动物复杂的正常活动的是外界的无数刺激，而这两只动物却丧失了这些刺激。第一只狗依然保存作用的只是一个分析器，而这分析器与环境的关系又是极受限制的。第二只狗除此以外，还有一个远隔性分析器的作用，这就是在狗的方面最发达的气味分析器。可是这只狗的气味分析器的工作是薄弱而不恒常的。可以这样想，就是事情之所以如此，或者是因为在手术的时候这气味分析器也多少受了损伤，或者是因为其他各已受损伤的分析器已经不能有阳性的作用，而对于各种外方的刺激只能作扩展性制止过程的反应，于是气味分析器不断地或多或少地受着这种制止性的影响。从另一侧说，生物个体的通常最重要的工具——骨骼、肌肉系统——丧失了与外方各条件正确地相配合地做工作的能力。骨骼肌肉系统在正常时的工作是由两个分析器互相密切联系的机能而决定的。一个是表面的皮肤性分析器，这是把动物对于周围环境的外方机械性关系向大脑皮质详细地信号化的分析器。另一个是内方的运动性分析器，这是对各种相当的运动加以详细地分析的和复杂地综合的分析器。在两分析器中的一个有深刻障碍的场合，任何精确而适当的运动反应，当然都是不可能的。我们有理由地想象，上述两个分析器的若干零碎的部分还是在大脑皮质内残存着的。可能可以这样地解释，就是在皮肤某些部位受了刺激的场合，显然因为中枢神经系的下方运动区域的活动而会引起无条件反射，譬如防御反射、搔痒反射等等就是，而在其他皮肤部位受了刺激的场合（譬如抚摸头部或颈部），好像就有条件制止性反射的发生（中和动物的兴奋）。这个解释也许可以很好地说明上述两只狗与大脑完全摘除的狗之间的区别：后者在手术以后比前者更早地开始站起、站住和行走，并且一般地显现较少的运动障碍。还有一点证明运动性分析器残余部分的存在，就是我们现在所研究的狗常有癫痫样的发作，其发作的方式是头部、颈部及有时躯干部肌肉的痉挛，但从来不曾有过四肢肌肉的痉挛。关于特殊地社会性反射缺乏的问题，我可以引证我以前曾经指明过的事项。似乎是，社会性反射所最需要的是复合性刺激，而这两只狗的阳性单纯的反射甚至都是缺乏的，所以复合性刺激当然更是不可能存在的。这样看来，第一只狗仅仅还保存着唾液腺与外界的关系，可是从生理学的作用而言，唾液腺不过是一个单纯的次要的器官而已。但是这只狗的唾液腺与作用很受限制，残存的口腔分析器的协同作用证明大脑两半球皮质的机能还是继续存在的，也就是证明动物高级神经的活动。

我还要做关于一只狗的说明。这只狗的实验的分析也消费了我们不少的时间。它所表现的与正常行动的强烈乖离，不是因为大脑两半球若干部分被摘除的结果而即刻发生于手术以后，而是在手术以后的疤痕组织增殖的影响下所发生的，并且并发了不很强烈的常有的痉挛发作。只是在大脑手术后经过了两年以上，痉挛发作非常强烈，终于使这只狗死亡了。这是一只年青的、很活泼的、神经系统强壮的狗。研究这只狗的工作开始是特殊的皮肤机械性和皮肤温度性反射的形成。如前述的，这些反射容易引起大脑皮质细胞向内制止状态的移行，所以动物在这些反射的影响之下，通常就会很快地瞌睡而熟眠。然而这只狗却在实验架台上始终保持着觉醒状态。手术是分两次做的——第一次是 1910 年 3 月 9 日，第二次是同年 4 月 28 日，起初是一侧、其次是另一侧的手术：就是摘除了后十字回转（gg. postcruciati）。只是在手术后的现在，如果对手术后发生若干障碍的皮肤部位加以刺激，很快地就发生瞌睡，但是如果再应用很强的刺激物——电铃，瞌睡就会很快地被克服。在手术以后即刻发生的微弱的机能缺陷不久就几乎完全平复了，并且一般地说，这只狗保持着正常的状态。1910 年 5 月 11 日，这只狗有了第一次的痉挛发生。在这时期，我们有关它的第一期实验工作完结了，于是以后在相当长的时期以内，它不曾经受什么实验的处理。在夏季，痉挛发作又有了多次，但在秋季和冬季，照顾动物的工作人员发现了动物的异常态度，就是在与狗相接触的时候，狗会陷于强烈的兴奋状态，吠叫而张牙，这是以前从来没有的情形。从 1911 年 1 月初，这只狗受到新的工作同人[沙图尔诺夫(Сатурнов)]的实验处理。其时这只狗一般的行动是如下的。它从狗笼里被带出来而到室中地面上的时候是很兴奋的,可是不久就会安静,继续在同一位置上站立几十分钟,有时站立1小时左右,只把头部和颈部向不同方向运动,嗅着空气。以后它或者向前进行,或者做圈形的走动,不久就会排尿或排粪。显然,这是使该狗移动的原因。可是以后,它又继续地站在同一的位置上。当通常吃东西的时候一到,它也开始走动,用鼻子到处嗅着。放在它面前的装食物的小盘也使它倾向于食物,并且如果把这食器移动,它就会跟着走。它的进食动作完全正常。狗站得很稳,并不摇动不定,但在运动的时候,两前腿往往多少举得过高,而在平滑的地面上或在转弯很急的时候,狗就微微地滑动。然而几乎从来不曾跌倒过。它有时与障碍物相冲突,有时却能回避。虽然多次重复了实验,却不能证实性反射的存在。它对于叫它的名字不发生反应,并且一般地说,它对于其他的狗和人并不显出任何寻常的关系。狗身体的一切皮肤部位尤其是头部和颈部(似乎特别是毛的触动)如果一受事物的接触,不管是怎样的接触,譬如人的手、动物所冲突的物体、其他的动物、风、雨滴等等的接触,都必定即刻引起动物的强烈兴奋,而兴奋的表现就是吠叫、张牙和全身运动的异常。通常在此时,动物头部向上高抬,并且头的方向几乎从来不是对着发生接触的位置的。同时,如果动物在实验架台上受到不断的接触或压迫,譬如狗的皮肤表面上刺激器的接触或脚绳的接触等等,并不引起动物的兴奋。如上所述的,在动物手术后活着的期间以内,它反复地有周期性的全身痉挛的发作,而在发作以后通常相当迅速地又恢复其常态了。

我们不能不研究这只奇怪动物的条件反射性活动,而努力这样地做,就可能解释与它的行动有关的最近似的神经机制。条件反射的活动是存在的。各条件反射都是食物性的。老早成立的电铃条件反射很快地容易恢复。以后用每秒钟振动300次的风琴管音形成了新的声音的反射,其次用樟脑气味形成了反射。与此同样地又用条件音的第三音阶(терцчя)形成了分化相,用附加于樟脑反射的拍节机响声形成了条件制止物。可是这只病狗的第一个研究者(沙图尔诺夫)不曾能够恢复其早期的(病前的)各皮肤机械性条件反射。在这个研究进行的时候发现了一个事实,就是各阳性条件刺激物很有移行于制止性刺激物的倾向,并且制止过程具有很强的惰性,在很长的时期内对于各阳性刺激物能发生影响。

其次是这只狗的研究者[库拉耶夫(Кураев)]考虑了刚才所述的这只狗的特异性以后,就主要地只应用短时间的、孤立的条件刺激做实验,于是毫无困难地获得了条件性皮肤机械性反射。可是与痉挛发作的反复出现及加强相并行地,神经系的制止性倾向越过越强,直到最后在1912年5月9日,强烈的痉挛发作几乎继续12小时,间歇的时间极短,直到动物终于死亡时为止。

狗脑的解剖昭示了如下的状态。在除去疤痕以后,大脑实质缺陷的范围涉及了如下的各回转:后十字回转的后部,上膨大回转的前部(g. suprasplenialis),内背(g. entolateralis)及外背回转(ectolateralis),上雪儿维中回转(g. suprasylviius mediius),冠状回转的上半部(g. coronariius)及外雪儿维中回转的一部分(g. ectosylviius mediius)。此外,后头叶及颞颥叶非常萎缩。此部位的脑容积大幅减小,各大脑回转都很平坦化了。看起来,大脑两半球前半部是完全没有什么变化的。

从这些解剖上损害的观点而言，怎样地解释这只狗的行动异常呢？这只狗解剖检查的结果昭示了，大脑两半球的损害和障碍主要是在于大脑的后半部，不过轻微地涉及了前半部。这样看来，这只狗应该是与大脑后半部被摘除的动物相似的，这在条件反射上也是表现出来了的。可惜关于复合性声音性及光性刺激物，我们不曾检查过。证明这些复合刺激物的反射之不存在的是，这只狗对于叫它的名字不会反应，并且对于其他狗和人都不显出特殊的关系。最后的事实也可能是由于这只狗缺乏链索状反射（цепные рефлекс）而发生的。其次，狗的行走多少不安定，这是显然与大脑运动领域的微小损伤有关的。难于获得满意解释的，是这只狗长久站立于同一地位及因皮肤接触而有特异反应的事实。关于前一问题的解释，这是否因为大脑皮质内制止过程无疑的优势吗（由于反复地兴奋发作的影响），或者可以把这个当做皮肤分析器若干一部分损伤的结果看待吗，尤其从头部和颈部还保存着通常的运动性而言，这是可能的。同时，依然不可解的是皮肤所受机械性接触的作用。这个反射是皮质的反射呢，还是脑下位部的反射呢？既然各条件性皮肤机械性反射是存在的，后者的可能性就是很少的。然而怎样才可以使皮肤分析器增强的兴奋性与大脑皮质内制止过程的优势的两个事实互相调和呢？为了这些问题的解决，需要许多变式的实验，可是当时不曾做这些实验。

我在这一讲内虽然引用了许多事例，可是决不僭越地主张，对于大脑手术后各狗一切行动的异常的神经机制都给予了满意的说明。我的目的不过是，要在大脑两半球生理学的面前当做合理的问题而提出有关这神经机制的问题，并且要昭示这些问题解决的若干可能性。

从全体而言，在上三讲内所引证的条件反射的各实验，主要是证实了与这问题有关的各研究者以前及最近的研究成绩，不过我们还增加了一些资料，并且提出了这个范围内的若干新任务。然而我们的各事实都决然地与主张有个别的联合性中枢存在的学说（учение об отдельных ассоциационных центрах）相反，或者即是与一般地主张大脑两半球内存在着一个最高神经机能特殊区域的见解相反，而这也是蒙克已经反对过的事实。

第二十二讲

· *Lecture Twenty-Second* ·

我们研究的一般性特色：研究的任务和困难——我们的错误

诸位！在科学地研究动物现象的场合，可以在若干水平之上做这种实验。可以考虑生命现象必有的物理化学的基础而利用物理的和化学的方法，以分析基本的生命现象。其次，重视着活物质进化的事实，我们可以努力把活物质复杂构造的机能归纳于活物质基本各形态的特性。最后地在全部现实的范围上掌握着复杂构造的活动，我们可以探求这类活动的严密的规律，或者是这样的，就是一个活动的过程，在该活动的一切瞬间和一切变动之中都是由条件而正确决定的，所以需要确定这些一切的条件。这最后的水平，显然也就是我们上述研究所采取的水平。在这水平上引起我们注意的不是如下的问题：究竟兴奋与制止两个过程在最深的根本上是什么东西？我们把这两个过程当做我们复杂构造物的两个事实性的资料看待，当做两个基本的特性看待，当做这复杂构造的活动的两个最主要的表现看待。我们并不是如神经纤维研究所确定地，把大脑两半球活动归纳于神经组织基本性特色的办法当做自己的任务，我们甚至于不详细谈及这神经活动两个根本现象——兴奋与制止——在组织构造成分上可能的分配情形，即是不谈及兴奋与制止这两个根本现象在神经细胞与结合点之间的分配情形或在神经组织间的道路上的分配情形，而是以一个暂时的假定为满足的，就是假定这两个过程都是神经细胞的机能。我们条件反射的研究也就是大脑两半球皮质细胞活动的研究，这当然是毫无疑问的。绝对地证明这个主张的是，大脑两半球从外界和内界所接受的无数个别刺激，与此相当地，是由数亿乃至数十亿的皮质细胞所构成的各孤立点而表现的，而大脑两半球一被摘除，则所有的刺激就消失。还有一个似乎很可能的事情，就是兴奋与制止两个过程，经常不断地密切地彼此互相综错交叉，始终不断地彼此互相交替，这就是神经细胞的机能，不过是物理化学过程的不同的时相而已，而皮质细胞内这些物理化学过程的发生，是由于外界和内界进入皮质内的、及由于全身体各部位乃至特殊地由大脑两半球其他各点的无数刺激影响而引起的。我们基本的任务是大脑皮质活动个别表现的记录和特征描写、这些表现发生时的正确条件的确定和这些表现的系统化，换句话说，就是要决定兴奋过程与制止过程数量动摇的条件和这两过程彼此间的关系。这样看来，从研究的特征而言，我们的研究是与谢灵顿及其学派有关脊髓的研究很相类似的。不能不认识，我们在研究大脑两半球时所获得的许多事实,在许多点上,是与脊髓生理学的事实相一致的,这就证明两方面在基本关系上是自然一致的。

然而我们即在自己所预定的界限中做大脑两半球机能的研究,这研究依然是困难无比的。因为大脑两半球皮质的非常的反应性和不断地向大脑皮质接触的无数刺激,有两个基本的特征成为大脑皮质的特性,一个是异于寻常的条件制约性(обусловленность),一个是与这条件制约性自然有关的、构成这皮质活动的、各现象的流动性(текучесть явлений)。几乎对于任何现象,我们都绝对不能确信自己有掌握该现象存在有关的一切条件的可能。外在环境的与内界极小的、往往几乎不能捉摸的、或者完全不能想象的动摇,能使现象的进程(ход явлений)强烈地变化。显然,在这样情形之下,特别痛苦地表现的是两个思想上的通常弱点:一个是常同性(стереотипность),另一个是偏见(предвзятость)。可以说,思想不能赶上各式各样的关系。所以在做这类研究的时候,往往不能不犯错误。我确信,在已经说明的资料内也有不少的缺点,甚至有些很大的缺点。然而,既然想领会这样的复杂性,也不必耻于错误。这就是为什么我很久地迟疑着不曾对我们如此长时期的研究做一个系统性说明的缘故。因为这研究对象的上述特性,新问题不断地发生着,而后方还残存着许多未解决的问题。往往有许多意外的事情,使我们不能照预定的任务进行,并且从我们已接受的观点往往还有许多不能解释的事情,使我们迷惑。正是在这结论性的一篇里,我想叙述大脑两半球研究的一般性特色,并且根据在以前各讲里为地位所限制而不曾被记载过的事实材料。

我想,我们最近研究内的下方两个观察资料可以特别鲜明地昭示,我们研究范围内的各现象是复杂到什么程度,这些现象怎样精微地、多种多样地受着条件的限制。

在以前的各讲义内不止一次提及过的一只狗,受了非常的洪水的强烈影响。它在受了我们一定的处理手续以后显出了声音性分析器孤立性机能性障碍。在解决若干任务的时候,即是在利用音的高度形成分化相的时候,这只狗在整整一个月之中保持着完全正常的态度。在孤立的条件刺激时间不过是 10 秒钟的场合,唾液分泌性效果是 5 滴。强刺激物与弱刺激物间的条件反射的效果也有显然的区别。在条件刺激物以后被给予的食物,这只狗就即刻抓住它而贪食。在实验架台上,它泰然地站着。现在这实验有了似乎很小的变动。孤立的条件刺激时间更加长了 5 秒,于是所有的条件反射性活动即刻都强烈地有了障碍。

这实验的实在数字如下。

表 174

1926 年 6 月 19 日实验(正常的)

时间	条件刺激(10 秒)	唾液滴数(10 秒)	备考
10 点 33 分	振动音(每秒 250 次)	4.5	
38 分	振动音(每秒 150 次,分化音)	0	泰然地站着,对于条件刺激物有食物性运动性反应,即刻吃食物。
48 分	水泡音	5	
52 分	电灯开亮	3.5	
59 分	水泡音	5	

（续表）

1926 年 6 月 24 日实验(实验方式稍变动)			
时　　间	条件刺激(15 秒)	唾液滴数(15 秒)	备　　考
10 点 28 分	振动音(每秒 250 次)	7	食物性反应,吃;无刺激时,很不安静
34 分	电灯开亮	2	弱食物性运动反应,吃
49 分	电铃	0	回避食物,在 15 秒后吃
54 分	电灯开亮	1.5	食物性反应,即刻吃
11 点 01 分	水泡音	0	回避食物,不吃

第二个实验里的第一个刺激物显出了比平常更强的效力,这是容易理解的,因为孤立的条件刺激时间加长了 5 秒。对于条件刺激物的食物反应是活泼的,食物即刻被吃完了。这是通常实验所应有的事情。并不曾显出这个实验的任何特别异常的征兆。然而在实验中的休息时间内,动物某些惶恐不安的状态已经引起注意。以后,显然的反常时相出现了。对于各强有力的刺激物,唾液分泌反应消失,并且这只狗对于第一次的强刺激,很迟缓地吃食物,对于第二次的强刺激却完全不吃食物。对于弱刺激物,分泌虽然减少而是存在的,狗即刻吃食物。在这实验的翌日,再应用寻常 10 秒钟的孤立条件刺激,情形就更恶化。对于全部的各刺激物,分泌效果都缺少,狗在强刺激物的场合不肯吃,而在弱刺激物的场合倒肯吃。在第三天,一切都恢复正常,不过当天第一次被应用的、时间加长的孤立条件刺激音比正常时有了减弱一半的分泌效力。此实验再重复了一次,结果与前相同。这是多么精确的反应,实验条件微不足道的变化有了多么显著的作用!

然而事情不仅是限于反感性的。在以前提及过的另一只狗的场合,即在一只非常制止型的叫做“聪明的女人”的那只狗的场合,实验条件的这样变动,引起了相反的结果。因为在安静的环境里,这只狗在实验架台上是容易瞌睡的,并且对于各条件刺激物以及对于食物的反射都是完全缺乏的,所以应用了已经考验过的一个引起兴奋的处理方法,就是在条件刺激物作用开始以后极短的时间(0.5～1 秒)内把食物给它吃。应用这样处理方法 3 周以后,狗的瞌睡状态消散了,并且它每次都接受食物而贪食。当以后把孤立的条件刺激加长到 5 秒钟的时候,条件性分泌效果也就出现了。可是这效力只维持了几天,以后就消失了,这只狗又容易瞌睡。然而只要把各条件刺激的时间延长到 10 秒钟,这只狗又变成更活泼,并且分泌性效力又出现,而在本质上值得注意的是,这分泌效力在条件刺激的起初 5 秒内已经出现了。以后的情形又是老一套故事的重复。在几天以后,这只狗又陷于以前的瞌睡状态,已经没有条件分泌的反射。条件刺激时间延长到 15 秒钟,这也与第一次延长到 10 秒钟的作用相同,就是这只狗又变成活泼,条件唾液分泌性的效力很显著,并且在刺激的最初 5 秒内已经开始。在条件刺激物延长到 20 秒乃至 25 秒的场合,情形也是如此。

我举出实验记录如下。

表 175

1925 年 2 月 28 日实验			
时间	条件刺激物(15 秒)	唾液分泌开始的时间	唾液滴数(15 秒)
8 点 53 分	拍节机响声	7 秒	1
9 点 03 分	皮肤机械性刺激	—	0
18 分	哨笛音	—	0

在下次的实验,各条件刺激的时间延长到 20 秒。

表 176

1925 年 3 月 3 日实验			
时间	条件刺激物(20 秒)	唾液分泌开始的时间	唾液滴数(20 秒)
9 点 02 分	拍节机响声	4 秒	5
12 分	哨笛音	2 秒	8
24 分	皮肤的机械性刺激	10 秒	3.5

这样,孤立的条件刺激时间每一回不很大的延长,都引起狗的一时性兴奋:瞌睡情形消散,并且唾液条件效果的出现时间与条件刺激开始时间很相接近,这是在条件刺激时延长以前所未有的。所以这是大脑皮质兴奋的结果,而不仅是由于以发现这效果的目的而把时间延长的结果。

在实验内的同样的一种完全微细的变动,对于两只狗却决定了完全对立的效力。对于一只狗,这类变动引起了兴奋;相反地,对于另一只狗,排除了兴奋。不能不这样想,效力相反的根据是在于第一只狗原有的活泼(兴奋的)状态和第二只狗原有的睡眠(被制止的)状态。

我再引用一个事例。显然,在此例中,现象根本关系的乖离是由于目前还不明了的次要性的条件而起的。如在以前各讲内多次指明过的,属于各个不同分析器的外来动因所构成的条件刺激物,在其他各条件都相同的场合,会产生各不相同的效力数值。我们很长久地只受了这样一个先入之见的影响,以为光线、声响等等感觉上的差异必定是基于各有关的皮质细胞物质基础上的区别,因为在现代生理学上,一切神经内的神经过程都是认为相同的,所以我们就抱了一个倾向,以为应该把条件刺激数值的差异归纳于各种不同分析器的细胞个性的缘故。但在这些讲义的进行期间,若干事实已经要求我们特别地做与此点有关的研究。并且同时明了了,正如已经说明过的,在各种不同分析器的动因构成条件刺激物的场合,各条件效果量的差异在本质上是与每个动因送进大脑皮质内的能量(количество энергни)大小有关的。像你们可以想到的,这个结果是这样获得的:我们老早知道,我们通常从两个不同分析器各采取一个动因而做成一个条件性复合刺激物,于是这复合条件性刺激物的作用,主要是,或者几乎完全是一个成分的作用,这是由于对两个成分的条件性作用分别地加以检查而能证明的。譬如我们通常的复合刺激物中的声音性动因总是掩蔽光性动因的、皮肤机械性的和皮肤温度性各动因的效力。可是,如果故意地把声音性动因非常弱化而把光性动因强化,我们就获得相反的关系,因此也可以证明,能量具有决定性的意义。然而条件反射量与能量有关的重要事实,在若干实验动物个别实验的场合，并不能证明，这虽然不是很常有的、但是有时有的事情。我们对于这一点虽然非常注意，可是直到现在，我们并不能确定地指明与这些乖离有关的特殊条件。个别的条件虽然或多或少地被确定了，可是这些条件的全体依然是不能捉摸的。这种乖离是显然与神经系统的一般特性相关的，就是与神经系统的兴奋型和制止型有关的。在制止型狗的场合，效果量与刺激强度的通常比例显现得特别明了，并且除了显著的病态以外，这是几乎无例外的。其次，孤立的条件刺激时间也具有一定的意义。如果这刺激时间不很大，差异就可能不发生。假定强刺激与弱刺激起初的效力相同，但在弱刺激的场合，效力在刺激继续的时期以内并不十分强烈地逐渐增强，而有时或者完全并不增强，相反地，强刺激的效力却几乎总是逐渐增强的。相反地，在非常兴奋型的、贪食的狗的场合，孤立的条件刺激时间的缩短，会促进条件效力数值与刺激强度间的通常关系的出现，而在比较长时间的条件刺激的场合，这样关系是不显著的。

构成大脑两半球活动的各现象是具有非常的条件制约性的。由于这异常的条件制约性，并在许多简单的、似乎已经经过相当研究的事实的场合，我们还是不能不感觉，现在生理学的分析是不能使人满意的。我们试举一个不久以前的事例[柏德可琶叶夫(Н. А. Подкопаев)和魏尔及可夫斯基(С. Н. Выржиковский)两人的实验]。这只狗在如下变式的各条件之下，用各种不同的动因形成了条件反射。第一个无关性动因的应用，一次是与无条件刺激物(食物)并用的，其次的一次却是单独地作用的——这样地重复应用若干次。条件反射相当迅速地形成了(在第 20 次)。其次动因的应用，是每 3 次之中，只有一次并用食物。反射也形成了，并且形成是更快的(在第七次)，但是其时这只狗变成非常兴奋。末了，一个动因的重复应用是每 4 次之内才并用食物一次，于是这个动因不曾成为条件刺激物，并且这只狗多少瞌睡了。这个动因一共被应用 240 次，其中只有 60 次并用了食物。我们试用其他一些基本的事实理解这事实的机制：为什么在这场合条件反射不曾形成呢，或者至少假定，在应用回数更多的场合这条件反射是可能形成的，那么，为什么条件反射的形成如此缓慢呢？条件反射形成的基本的机制是两个刺激的遭遇，就是大脑两半球皮质某一定点的兴奋与另一个点的(即似乎与大脑皮质另一个点的)更强的兴奋，在时间上的一致发生，因此在这两点之间就或快或慢地拓通一条比较轻便的道路，形成了联合的关系。相反地，如果长久地两个刺激不再相遭遇，拓通性(проторенность)就会消失，联系就会破裂。然而当拓通性达到最大限度的时候，它就不需要继续的练习而会保存几个月乃至几年之久。在适当的条件之下，就是说，在刺激互相遭遇的时候，拓通性必定在第一次的遭遇时就会形成，并且在以后各次遭遇的时候，拓通性会不断地增强，会有累积的效力。于是发生一个合理的问题：为什么在上述最后方式实验的时候，条件反射不曾成立呢？确实，在这个实验里，两种刺激物的遭遇回数有 60 次之多，条件反射并不曾成立，而在通常条件反射形成最顺利的场合，不过需 3～5 次的遭遇而已。但在上述第一个变式实验的场合，在两刺激物互相遭遇 20 次以后，条件反射才形成，这也是通常在我们实验环境里一只狗的条件反射的最初形成的时候所需要的刺激回数。当然，起先我们会想及两刺激物互相遭遇各次间间隔时程长短的影响。但在这个事例，这是没有意义的。如果各次遭遇的间隔时程是相等的，而所应用的无关性刺激物没有一次不并用食物，那么，条件反射无疑地也许会形成了。就是说，障碍不是在此。我们不能不假定，正是多次重复地只应用无关性动因而不并用无条件刺激物，这是对于条件形成发生了障碍。我们应该怎样地解释这个障碍呢？像我们已经知道的，任何一个新的刺激物起先引起探索反射，可是如果以后该刺激物不再对动物发生作用，就不再引起探索反射。这刺激物作用的停止，是由于在刺激所趋向的皮质细胞里有了制止过程展开的缘故。所以在上述第三变式的实验里一个动因反复应用3次而不并用食物的场合，有关的皮质细胞的制止过程是可能发生的，于是对于以后所使用的食物刺激，并不曾有兴奋过程的产生。这个假定似乎有充足的根据，可是在本事例，这并不能认为是圆满的。当第三方式实验的新动因被重复应用到240次的时候，我们检查了它的特性。在此动因作用以后很短的时间以内（30秒）应用了这只狗原有的条件反射中的任何一个，该条件反射决不曾显出被制止的状态。所以该动因不是制止性的，并且不曾引起后继性制止。可是因为长久应用的结果，它的制止性作用必定是非常集中的。但是这个假定也不曾被证实。当在240次应用以后开始把这动因与食物接连地并用的时候，该动因在第三次应用以后就显现了著明的条件性分泌的效力。需要再补充几句话，就是在此动因第一天与食物并用两次的时候，早期的各条件反射的效力很微弱，就是说，这只狗的兴奋性是不大的。这样看来，新条件反射形成的速度是极大的，于是以为皮质细胞由这无关性动因而具有制止状态的想法，也是没有根据的。我们把从我们一些既知事实所能做的假定都试验过了，也不曾发现这个现象的原因。我们将继续检查这个原因，并且不能不相信，我们是会发现它的。然而直到现在，我们所做的试验却昭示着我们关于决定条件反射形成机制的一切条件还不曾有完全的知识。在第二讲内所引用的实验条件，虽然对于我们直到现在所能掌握的一切条件反射的形成都是充足的，然而还是不完全的，所以即使我们对这些条件加以考虑，也还不能即刻理解本分析例的结果。必定还有被我们所忽视的某个条件的存在。就是说，这又是这一类现象的非常的条件制约性。

我们现在还谈不到，从生理化学的详细事项可以理解大脑两半球的一切活动，这是很显然的；我们从神经组织的基本性特色而理解这种活动的可靠机会很像是没有的；甚至于有关这种机能的根本现象的本身，我们也还不曾有完全的知识。既然如此，剩下的需要我们研究的是什么，我们的研究的要点是什么？显然，把无数的各种不同的个别现象都归纳于比较少数的共通的基本现象，这必定就是构成大脑两半球生理学研究现在阶段的最近而最实在的任务。我们也正在从事于这类工作，时而在个别的场合多少接近着这个目的，时而站在尚未解决的、正在研究中的问题的前面，时而犯着错误。

在我们这研究的初期，根据强烈的、外在的特征，我们区别了三种制止过程：外制止、内制止及睡眠性制止。如你们已经知道的，我们所汇集的事实材料允许我们把后方两类合并为一类，就是把这两者表面的区别当做次要的细情看待。两者是同一的内制止过程，不过一个是断片的、限于一个部位的，而另一个是融合的、广泛地扩展的。当我们继续研究条件反射的时候，我们认识了互相诱导的现象。当然，负性诱导的事实与外制止过程的事实，两者在基本的过程上彼此相似的情形，引起了我们的注意。现在，我们旧分类的各种制止过程，其根本类似性似乎是已经很可能了，所以我们也在这个研究方向上，着手于资料的汇集。这些资料的一部分，以前已经说明过，一部分是我将要引证的。在诱导相有关的一章讲义内记载了一个如下的实验，就是皮肤某一定部位的机械性刺激的条件性防御反射，在它的后作用的期间，制止了其他各皮肤部位的机械刺激性条件性食物反射。其实一个细节证明了，这个制止过程正是发生于大脑皮质内两点之间的（兴奋点与制止点）。在向完全的内制止过程进行的各移行时相有关的一章讲义内，在若干事例的场合曾经指明，即在外制止的时期以内，也可能观察各移行的时相。现在我能再补充一些新的见解和新事实，这是有利于内制止与外制止的相同性的结论的。在上述的复合条件刺激物中弱刺激物为强刺激物所掩蔽抑压的事实上，不能不发现外制止过程的显现。强刺激物的皮质细胞制止了弱刺激物的皮质细胞，所以后者的皮质细胞只能与无条件刺激物的皮质细胞成立薄弱的联系，因为我们有根据地可以认为，结合道路的拓通性是与条件刺激物的强度相当的。但是在阳性条件刺激物皮质点强化了或者甚至于恢复了条件制止性刺激物皮质点的制止状态的时候，负性诱导在该场合与外制止过程可能有什么区别呢？最后，也可以证明我们所树立的论题，是如下的事实。老早以前，我们的许多工作同人[密仕托夫特（Миштовт）、克尔瑞序可夫斯基（Кржышковский）、来柏尔斯基（Лепорский）诸人]已经指明过，在条件制止物形成的场合，在迅速地完全地实现制止过程的关系上具有重要意义的是，在物理学的强度上构成条件制止物的一个动因不可比复合制止物中另一个成分的动因即阳性条件刺激物更薄弱。不久以前的一些特殊实验（弗尔西柯夫）完全证实了这些说明，并且补充了一个事实，就是新动因的作用往往以外制止过程而开始，引起探索反射，其次就不触目地移行于复合刺激物的制止作用，这就与内制止过程相当。然而还剩下一个问题：这就充足地成为内制止与外制止相同的理由吗？

在第十九讲内举出的一个问题，这是与三种直接引起大脑两半球皮质制止状态的刺激物有关的。很弱的刺激物、很强的刺激物及不寻常的刺激物，同时假定地指明过这个事实在生物学方面的意义。有关这些各不相同的刺激物作用的生理学机制的问题，被搁置到本讲。然而即在此地，现在我也认为，从制止过程的全范围提出问题而加以讨论，这是不可能的。不管我们的实验材料如何多，但如果关于制止及其与兴奋的关系而要作成一个共通的、一定的观念，这些材料就显然是不充足的。对于一组事实很适当的说明，并不能包括一切的事实。许多的事实顽强地不能由理论的分析而加以说明，并且在我们研究进行之中，有关这些事实的概念并不是能满意的，所以我们不能不几次地更改了我们的概念。所以在这个问题上，正如在我们一般工作上，目前只能进行事实材料分类的工作。我们正面临着无数未解决的问题：就是有关解除制止的问题，制止性刺激物阳性作用的问题，在若干事例大脑两半球有障碍的场合阳性条件刺激物的直接制止性作用的问题，以及有关弱阳性刺激物及强阳性刺激物的制止性作用占优势的问题及其他等等的问题。在许多场合，我们不能说：许多事实之中，那些是彼此相近、彼此相同的，或者那些是彼此完全各别的、彻底互不相同的。为了说明这些场合的困难，我要仔细研究下方一个例子。为什么新的现象，或若干现象的新结合会对于动物发挥制止性的作用呢？这个抑制过程的生理学机制是什么？我们对于一只实验狗，本来是在条件刺激物应用以后，把装盛食物的小碗从影幕后向前方推出来的，但现在改用另一个方法，就是在狗的面前放一个小碗，从位于上方的食物储存器内经过一个小管子，把食物投入于小碗之内，这样做，实验狗中的多只就会顽固地不吃这食物，条件反射也都消失。当然，这是制止过程发生了。这个制止过程应该归纳于什么原因呢，应该与什么已知的其他事实可以相并列呢？也许这可能与第十三讲内所记载的一个事实相并列罢，就是在应用各种不同条件刺激物的时候，如果非常更动了各刺激物原有的次序，全部各条件反射性活动的制止过程就会或多或少地显著地发生，特别在若干狗的场合是这样的。并且纵然恢复各条件刺激物原有的排列次序，这制止过程还会继续存在几天。关于狗的周围现实环境的一切，我们也可以进行同样的想象。在动物的面前，外在的、以一定的连续关系而反复发生的各现象，可以说，在大脑两半球里构成一种常同性的活动。任何一个新的现象，或者一些旧有的现象所形成的一个新结合，都会损害这个常同性，因而就引起制止过程的发生，这正与我们若干实验里各条件刺激物排列次序的变动所引起的制止过程是相同的。于是就会发生如下的一个问题：这最后场合的制止过程是怎样地，以什么生理学的过程而发生呢？或者更正确地说，这个场合的制止过程是与什么其他的制止过程的场合相同呢？在外方环境有新动摇的场合，会有探索反射的发生，而上述制止过程不就是这类探索反射制止性作用的结果吗？或者这是些完全个别的、独立的现象吗？在非常制止型狗的场合，敏感的方位判定反射与强烈的后继性制止过程的联系，表现得非常显著（在前述狗"聪明的女人"的实验的场合，这个事实很明了地发生了），这对于第一个解释也许是有利的，所以在这样实验狗的场合，这样假定的机制是很像可能的。然而在一些其他的场合，并没有任何方位判定反射的征兆，而制止过程却是直接地发生的。

这个例子昭示着，我们还是与个别事实满意的分类法相距很远的。

这就是为什么，关于各制止过程的现存理论，我还不肯主张哪一个是正确的，并且我不肯提出新的理论。为了我们事实材料系统化和新实验设计的目的，目前我们利用着一些暂时的假定。

最后我转而说明我们的错误。在过去，我们犯了不少的错误，可是我们渐渐改正了，现在也改正着。现在先说明一个错误。这个错误是在这些讲义进行中各旧实验反复进行的时候所发现的，并且是已经改正的，我还说明另一个很像可能的、正在研究中的错误。

在第四讲内，我们关于消去性条件反射的恢复有过说明，这类恢复有 3 个相异的场合：一个即是在一定时间经过以后的自动的恢复，这是稳定的、但或快或慢地逐渐增强的恢复；而其次的两个场合却是加速的恢复，或者是利用食物强化的手续，就是说，应用特殊的无条件反射，或者是应用某种新异的反射。这最后的两种场合在第四讲内是当做本质不同的东西而记载的。在前者的场合，恢复不仅是迅速的，而且是稳定的。在后者利用新反射的场合，我们已经确定了，恢复虽然很快，但不过是一时性的，就是在新异反射停止及其后作用消失以后，恢复的效力就会很快地消失而又为制止过程所代替，于是继续到消去性反射通常所需要的时期为止，好像并不曾有任何新异反射被应用过。所以这个恢复获得一个特殊的名称——"解除制止"。并且在第四讲内指明过，既然消去性过程并不是条件反射的根本破坏，所以很难了解这个区别。最近我们关于条件刺激物与无条件刺激物的相互作用已经获得了新的资料，所以我们认为有把旧实验尽可能精确地再做的必要，并且果然确证了旧实验的错误（柏德可琶叶夫的新实验）。在应用特殊的无条件反射或任何其他新异反射的场合，消去性反射的恢复都不过是一时性的，就是说，在应用这两种反射以后的最近时间以内，消去的条件刺激物就具有阳性作用，但经过若干时间以后又会丧失这阳性作用，直到消去性反射的自然恢复为止。当条件反射是食物性反射而新异反射是酸反射的时候，就是说，当两个都是化学性反射的时候，一时性的反射恢复，即解除制止现象的发生，都是在时间经过的关系上完全一样的。对于两只狗做了这样实验，所得的结果完全相同。我现在详细地说明一只狗的实验。在拍节机条件性食物反射消去而达到零的场合，在条件刺激物最后一次不受强化处理以后，这零相继续了 20 分钟。以后该反射开始慢慢地自动地恢复，在 30 分钟的时候，达到消去过程以前原有初期条件效果量的 40%。但是在该消去性反射第一次零相出现的场合，条件刺激物即刻就受强化的手续，并在零相后过 20 分钟，再检查该条件刺激物，那么，条件效果依然是零的。在另一个实验里，在与上述相同的强化处理以后，只与消去性反射零相相隔 10 分钟即刻应用条件刺激物，效果却是阳性的。如果条件反射消去以后在同一时期内用酸注入狗口中以代替食物，并在同一时期内检查条件刺激物，实验的进行，也就与上述应用食物的实验完全相同。

现在当做例子，举出若干实验的实在数字。

在实验这一天第一次被应用的条件刺激物在 20 秒间给予了唾液 6 滴；在条件反射消去而成零相以后，该条件刺激物即刻受强化手续，从消去的最后起算，过 10 分钟再受检查，效力是 3 滴。

在另一天，条件刺激物被应用的最初 20 秒间的效力是 7 滴；在反射消去以后，即刻就应用强化手续，而在消去的零相以后经过 20 分钟，该条件刺激物再受检查，效力是零。

在实验这一天，条件刺激物第一次被应用的 20 秒间，效力是 5 滴；在条件反射消去而成零以后即刻用酸液注入于狗的口内，并且在零相最初的发现以后经过 10 分钟，就检查条件刺激物，效力是 2 滴。

在另一天，条件刺激物最初次被应用的 20 秒间，效力是 5 滴；在条件反射消去而成零以后，即刻用酸液注入于狗的口内，并在零相发现以后经过 20 分钟，条件刺激物再受检查，效力依然是零。

解除制止的最大值是在消去反射的零相发现后 10 分钟以前就出现。

很显然，以前的错误一部分是由于不精确的实验而起的。当时在应用特殊的无条件反射和其他新异反射的场合，最常用的新异反射是声音性的、光性的或其他的反射，而这些反射都只有短时间的后作用，而不曾应用过具有后作用时间较长的化学性反射，于是比较了消去性反射恢复时期的长短。以前错误另一部分的理由是，由于我们想法倾向于一个旧的结论，以为在条件刺激物消去以后而恢复的场合，与条件刺激物相结合的无条件刺激物必须对于条件刺激物具有特殊的关系。现在实验的结果对于如下的假定提供了一个充分的根据，就是制止过程是发生于神经细胞之内的，而不是发生于结合点内的，也不是发生于条件刺激物皮质细胞和特殊的无条件刺激物皮质细胞两者间的结合道路之内的。否则就难于想象，这两个刺激物的作用怎样会能够是完全相同的。

另一个错误现在正在暴露之中。虽然这对象的再研究还是正在开始，我认为现在可以谈及它：从一方面说，因为与这错误有关的一点具有特殊的重大性；从另一方面说，因为我们的研究范围具有一个共通的特色，就是在确定正确的事实关系的场合，充满了无比的困难。

在第二讲内，似乎形成条件反射的一切条件都被举出了，同时妨碍条件反射形成的一切事项也被举出了。第一个条件是，无关性动因与无条件刺激物在时间上是同时的。在这第一条件后，其次就是未来的条件刺激物必须以极短的时间先行于无条件刺激物之前。对于许多的狗，在无关性动因与无条件刺激物复合地重复应用很多次以后（甚至在300～400次以后），如果每次都先应用无条件刺激物而只在5～10秒钟以后才应用无关性动因，那么，条件反射就不会成立，但是对于相同的这些狗，如果按照普通的方法利用其他的一些动因，与无条件刺激物相结合，那么，在反复应用7～20次以后，条件反射就成立了。当然我们会这样想，强有力的无条件刺激物，被集中于大脑两半球的一定部位，由于外制止机制的关系，这就成为大脑两半球其他各部分制止过程发生的条件，于是向这些部分进行的刺激都成为无效。这是完全与我们自己知道的一种情形相同，就是当我们为某一件事情而非常忙的时候，我们不听见也不看见在我们周围所发生的事情。这样，从我们的观点和从日常生活的观点而言，这个事实是显然自明的。直到最近，这个见解使我们对于它不抱任何一点的怀疑。现在情形完全变了。当我们受了如下一个质问的时候：究竟怎样地条件刺激的早期强化手续，就是说，条件刺激物孤立作用的尽量地缩短，会妨碍大脑皮质内该刺激作用点制止状态的发生呢？于是我们做了变式的新实验，获得了出于我们意外的事实。结果是，无条件刺激物也制止已形成的条件刺激物。然而其时，各事实如下的对照当然引起我们的注意。或者已形成的条件刺激物是存在着的，或者这还是一个无关性的动因，而条件刺激物会由该动因而形成，可是无条件刺激物对于该动因的影响是相同的。同时，这影响的表现是这样的，就是在外方条件和时间条件有极小变动的场合，条件反射形成的情形就会成立，就是说，一个无关性动因会变成一个一定的条件刺激物。不能不承认，条件反射形成的机制与外制止的机制仿佛是互相接近的东西，或者甚至可能是相同的东西，换句话说，外制止过程产生一个基础，以形成细胞间的联系。这就使我们想起另一个事实，就是第二级条件反射形成及条件性制止过程发展的事实，在这个场合，也是在共通的外方条件之下，不过由于刺激时间的若干微小的区别，就或者发生兴奋过程，或者发生制止过程。如果这个见解是可靠的，那么，不能不期望着，即在我们所谓遮蔽（покрытие）现象的场合，即从一个无关性动因为无条件刺激物所遮蔽的最初时候起，在大脑皮质内这两点之间，起初就可能产生了联系，可能条件反射会成立，不过在以后这两个刺激物再三地被复合应用的场合，条件反射却被制止住了。与我们最初的方位判定有关的一些实验也昭示着这一可能性。已形成的各条件刺激物，如果完全地为无条件刺激物所遮蔽，不过慢慢地引起条件效力的减弱，而在弱条件反射的场合，该条件反射的效力比较快地减弱，甚至有时减弱至零，但在强条件反射的场合，不过使该条件反射效力慢慢地减弱，并且往往减弱得不很多。根据这一事实，我们在一个无条件刺激物与一个无关性动因作成新的结合的时候，即在无条件刺激物先被给予的时候，我们只应用这个结合不过数次，以防制止过程的发展。在许多实验的场合，我们实在获得了我们所期待的结果。在这样的复合刺激物的实验以后，单独地被检查的该无关性动因却发挥了与条件刺激物相同的作用（巴夫洛娃、克列勃斯、柏德可琶叶夫、库帕洛夫诸人实验）。当我们用这种眼光及这一动向的实验审视我们这一类的各个做过的实验的时候(克列斯托夫尼可夫实验),我们看见了如下的事实:第一,各旧实验中无关性动因条件作用的检查几乎都是在复合物很多次应用以后,而且是在无条件刺激物作用开始以后,无关性动因才与无条件刺激物相结合;第二,即在这样的场合,强有力的无关性动因,如果单独地受检查,也往往很长时间地显出唾液分泌的效力。可是与这阳性效力有关的解释总是把它当做偶然的新奇的,而不当做条件性效力看待,这因为我们有了一个偏见,以为如果这效力真正是条件性的,那么,它也许因重复应用回数的加多而会更强,不致像这些旧实验的情形,反而会减弱或消失。可能的情形是,在当时检查的场合,另一个现象,即明显的条件运动反应的缺乏,也由于这先入之见,不曾完全客观地加以完全的研究。在当时有一只狗的实验,必定应该承认有真正条件反射的成立,可是其时也把这个情形认为是由于一个新异条件的缘故,当然,当时这是有若干根据的,可是根据并不充足。这个主题的研究应该是多方面的、严格的,同时要利用有关本问题很多的准备知识,并且需要在这新研究范围上,我们的思想有更多的特殊的训练。在我们的解释被完全认为正当的场合,并且在我们现在指南性实验以后继续被证实的场合,大脑两半球生理学也许可以掌握一个适用于人类的很重要的论题,就是大脑皮质内新联系的形成,不仅发生于大脑内最优良的兴奋性的部位,而也发生于大脑内多少被制止的部位。

然而我在这最后的、也是事实材料的一章讲义内,我想对我们研究范围的工作,尽可能地报告最基本的印象。我以为,在以前全部讲义内所说明的多数事实充足地证明着,在这个研究范围内,严肃的自然科学性的研究、精确的事实资料的汇集是可能的。所以不会因为本讲内所引用的事实而担心损毁我们这个科学性研究事业的信誉。当然,承认危险的存在,总比把危险置之度外的态度更好些。此外,我想提醒将来从事这一领域的研究工作者,他们在该范围内是会遭遇无比的困难的。

一般地说,生理学这门新的学科,是真正富于魅力的,可以满足人类精神两个永远并行的倾向——一个是不断地向新而又新的真理的掌握的努力,一个是对于仿佛知识已经完美的一种僭越主张的反抗。显而易见,在今后的长久时期内,未知事实的大山仍然要无可比拟地高于既知事实的断片。

第二十三讲

·Lecture Twenty-Third·

动物实验资料对于人类的应用

诸位！如果从高等动物有关心脏、胃及其他器官的机能的实验所得的资料，虽然这是与人类的器官很相类似的，可是需要抱着谨慎小心的态度，不断地检验人类的和动物的这些器官活动上的相似性，上述资料才可以被应用于人类，那么，在把有关动物高级神经活动最初所获得的这些精确的自然科学性的资料转用于人类最高活动的时候，就必须具有极大的保留限度了。真的，正是这个高级活动才把人类与一系列的动物如此极明显地区别开来，把人类如此非常高高地，提到动物界的最高位置。大脑两半球生理学最初的这些步骤，不过在计划上是完全的，而在内容上却当然是不完全的，所以如果认为这些步骤就把有关人类特性最高机制的壮丽研究的任务已经多少解决了，这也许就是一个很大的浅见了。所以，如果现在把这问题有关的研究工作加以任何的限制束缚，这也许就证明思想上非常的浅薄狭窄。然而从另一方面说，在自然科学方面，一时地把这问题非常简单化的轻便办法，并不必受到恶意的反对，可惜这却也是常有的事情。本来，复杂的事情是部分地、断片地为科学所摄取的，可是它会逐渐增多地为科学所掌握。所以我们可以希望着和忍耐地期待着，有一天，我们的最高器官——大脑——有关的精确的、完全的知识会成为我们真正的资源，于是这就会成为人类坚固、幸福的重要基础。

根据以前全部讲义里所引证的资料，几乎不可能驳倒的是，属于大脑两半球高级神经活动的最共通的基础在人类和动物的两方面都是相同的，所以在人类和动物的正常时候和病态的场合，这高级神经活动的基本现象也必定是相同的。关于正常的情形，因为这是显然可知的，所以我不过引证了不很多的个别事例，简单地谈及过，现在我主要地要请你们注意于病态的场合。

显然，我们一切的培育、学习和训练，一切可能的习惯都是很长系列的条件反射。谁都知道，已知的一些条件，就是说，一定的刺激与我们的行动后天地所构成的联系，顽固地自动地会显现出来，甚至往往纵然受了我们故意的反对作用，这种联系依然会显现出来。关于某种行动的产生及关于某种行动的抑制，就是说，关于阳性的和阴性的条件反射，情形都是如此的。其次，周知的一个事实是，在游戏时及在各种艺术的动作时发生多余的运动的场合，又在行动的场合，有时很难于展开必要的制止过程。完全与此相同地，实际的经验老早教导了我们，艰难任务的实践只有利用逐渐的、小心的步骤，才能够达到目的。我们大家知道，临时的刺激可以制止和紊乱已经确立甚佳的日常活动，而秩序已确定的运动、行动及全生活习惯方面的变化却引起紊乱和困难。周知的是，单调的弱刺激会使人无力而瞌睡，而且能使若干人直接地陷于睡眠。同样地我们都知道，在通常睡眠的场合有种种不同的一部分觉醒状态的事例，譬如在有病小孩的旁边睡着的母亲就是如此。这一切都是我们在以前的讲义内动物实验的场合屡屡遭遇过的事实。

现在我着手讨论病态的事例。

现代医学区别着神经性疾病与精神性疾病，即是区别着神经病（неврозы）和精神病（психозы）。然而这个区别当然完全是条件性的。恐怕谁也不能在两种疾病之间划出一条分界线，因为实际上也不存在这条分界线。如果想象大脑组织在构造关系上或机能关系上不具有障碍而会出现精神性的紊乱，这是不可能的。神经性疾病与精神性疾病的区别是在神经性活动障碍的复杂性上或精微性上的区别。我们的动物实验也使我们倾向于这个结论。目前我们有关的实验动物，由于机能性各种不同的处理办法，或者由于生活条件的异常（请记起洪水有关的事例），或者最后地由于大脑两半球所受的轻微的手术，动物的神经活动就产生障碍，而我们对于这些障碍发生的机制，在神经生理学的专门名词上，是能够多少满意地加以解释的。然而我们一毁损了大脑两半球的巨大部分，或者疤痕性组织引起如此巨大的毁损，就总会使我们难于完全明了地想象此时神经活动障碍机制是如何的，于是我们就求助于一些假定，而这些假定是否与实际相符合，却是需要证明的。显然，在这场合或那场合，我们对于某个研究对象所采取的态度方面的区别，主要地是因为在后者的场合，有更复杂的障碍，并且因为今天生理学的分析对于这些障碍还是不充足的缘故。的确，许多医师和心理学者观察了各种动物实验，也许会说，前者是神经性疾病，后者是精神病。我们却不肯进入于想象的我们实验动物的内在界，而且我们同时也许要重复地说，在我们面前的大脑两半球活动的障碍，在前一个场合是比较微小的、简单的，而在第二个场合是更大的、更复杂的。

现在我们比较我们实验动物的和人类的各种神经性疾病。

在动物的场合，我们认识了引起机能性神经障碍的两个条件：一个是兴奋过程和制止过程的艰难的相遇，即这两过程的冲突；另一个是强有力的异于寻常的刺激。这两个条件也正是构成人类神经病和精神病通常的原因。使我们兴奋非常的生活情势，譬如受了刻薄的侮辱或深刻的悲哀，以及同时使我们必须抑制本身对这些刺激的自然反应等等，这就是往往引起神经性及精神性平衡陷于深刻的长时期障碍的条件。从另一方面说，我们如果遭遇异常的危险，或者我们本身受威胁，或者我们宝贵的亲友受到威胁，或者我们不过仅仅面临并不殃及我们本身或自己亲友的可怕事情，我们也往往会成为神经性或精神性的病人。并且通常地可以同时发现，同一的情形依然对于不具有发病倾向的人，就是说，对于神经系统较强的人，并不引起这类疾病的后果。完全同样的情形在我们实验狗身上也是观察到过的。从这些疾病的关系而言，在各个动物之间存在着很大的区别。我们的有些狗所受的处理方法是破坏神经性平衡最有效方法中的一个，就是对动物的某一定的皮肤部位，直接地应用阳性的机械性刺激代替制止性节奏的机械性刺激，可是虽然在很长时期以内每天反复地应用这个处理手续，但对于动物并不发生有害的影响。而在另一些狗的场合，这样实验办法在重复多次以后，神经障碍的症状就发生了。在第三类实验狗的场合，这个处理手续被应用一次以后，神经症状就已经发生了。完全与此相同的是以前提及过的事情，就是异常的洪水不过对于若干狗，即对于制止型狗引起了与人类外伤性休克（шок）相似的疾病。

其次，像以前曾经记载过的，刚才所提及的处理手续，对于神经系统类型相异的动物引起不同方式的疾病：或者对于神经系统比较坚强的狗引起兴奋过程占优势的疾病，或者对于神经系统比较薄弱的狗引起制止过程占优势的疾病。主要地根据日常的观察，我以为不妨作如下的判断，就是与动物神经活动的这两种障碍相当的是两个人类神经病的形式，即是神经衰弱与歇斯底里（неврастения и истерия），而前者的特征是兴奋过程的优势和制止过程的薄弱，相反地后者的特征是制止过程的优势和兴奋过程的薄弱。我们具有实际的根据，承认神经衰弱的病人，至少承认其中的一部分人是坚强的、甚至于承担了巨大工作量的人，而歇斯底里的病人却是完全不适合于生活的人、完全残废的人。同时，神经衰弱者具有无能力的时期（период бессилия），即一时性的不适于工作，这是自明的，因为神经衰弱者在其他的长期内是如此易于兴奋的、效能良好的，所以神经性的浪费必须有代偿的机会。也许可以说，在工作与休息的交替关系上，神经衰弱者具有比通常人更长的周期性。所以如果与通常具有良好平衡的人相比较，这些神经衰弱者的兴奋与制止过程的周期性是非常增大的。从另一面说，歇斯底里病人常常有兴奋的发作期，可是这并不意味着这类病人神经系统的有力。这样的兴奋是如此无目的、无结果的，也可以说，是粗陋地机械性的。在我们实验狗的材料方面，我以为有若干的参考资料可以说明这类兴奋的特征和起源。我们的一只实验狗（弗洛洛夫的记载）是非常制止型的，如果用日常的话说明，它就是非常胆怯而顺从的动物。这只狗被应用于胃分泌的实验，需要在实验架台上不息地站立许多小时。并且我们注意了如下的事实，就是它在实验的时候从来不曾睡着过，总是以觉醒的姿势非常安静地站着，差不多身体完全不动，不过间或很小心地将腿踏动而已。然而这并不是麻痹失神的状态（оцепенение）。叫它的名字时，它会有反应。可是在它从实验架台上被放下的瞬间，一开始解除对它的束缚，它就陷于一种几乎无法想象的兴奋状态：它吠叫起来，拼命地要横冲直撞地逃开，于是也可能将实验架台冲倒，并且，其兴奋状态是无法可以使之停止的，高声的叫喊和打击都不能奏效。这只狗完全成为一只不可了解的狗。可是这只狗在室外散步几分钟以后，就恢复以前的安静：它自己会走进实验室内，跳上实验架台，又站着不动。排尿与排粪的反射，在上述的事实方面，并没有什么重要的意义。与此相同的事实有时也在其他狗实验的场合观察过，但这样无比地强烈形式的表现是从来没有的。最简单的解释是，这是一种短时间的正性诱导，也就是长时间的、紧张的制止过程以后的兴奋发作。这可能就是说明歇斯底里病人兴奋发作原因中的一个。歇斯底里病人屡屡有深刻的制止性症状，可是同时可以突然有兴奋的发作。然而可能还有另一个原因的共同作用，这是由于另一只狗的供览实验而明了的（柏德可琶叶夫所记载的实验）。这只狗是一只宁静而保持平衡态度的动物，不十分好动，从来不自动地跳上实验架台，在实验架台上保持不动的姿势，可是绝不睡着，各阳性和阴性反射都是很恒常而精确的。在它身体的一侧，从后肢小腿经过躯体直到前肢的腕关节部（桡骨部），安置了一系列的皮肤机械性刺激的刺激器。后肢小腿的刺激形成了一个阳性食物条件性刺激物，其他一切部位的刺激都形成了阴性刺激物。各阴性刺激物的形成很快，形成后的反射量也是恒常的。这只狗在一切皮肤机械性刺激的时候总是保持宁静的状态，绝对不作任何受刺激部分的运动，甚至于在接受条件刺激的时候也几乎没有运动性食物反应的发生；它摄取食物也是从容不迫的。阴性反射的形成，从桡骨关节部开始，这是与阳性反射点相隔最远的一点。这种情形保持若干时间。以后突然地，桡骨部的刺激开始并有运动反应，其表现的形式是受刺激的一侧前下腿强烈的痉挛。有时这些痉挛与机械性刺激的节奏相一致。以后这些局部反应开始顺次地在各制止的部位上出现，越来越与阳性刺激的一个部位相接近，其时运动性反应也越来越广泛，四肢都不断地踏动。头与颈部依然不动，可以说对于身体后部所发生的事情并无什么表现，同时没有唾液的分泌。当最与阳性点相近部位即后上腿部位的刺激也变成阳性的时候，该部位的上述运动性反应也就消失了。在其他各部位的刺激变成阳性的时候，同样的情形也会发生。不过两个远隔的部位却是例外地在刺激的时候虽然显出完全的分泌效果，但是依然显出局部微弱的防御反应。上述现象展开的进程(并非从每个刺激物的实验开始时起，而是只从分化相形成以后起)，及该现象的局部特征给予一个做结论的根据，就是这样现象是些脊髓性反射，是因为大脑皮质皮肤分析器的机能性作用停闭而引起的，而且是因为一部分的机能性作用停闭而起的。我们也许可以假定，在歇斯底里病人若干事例的大脑皮质性制止过程的场合，也有同样情形的发生。

在我们实验材料之中，也有其他的一些症例，与人类神经系统多少既知的病态相当。请回忆立克曼(Рикман)的一只实验狗吧。这只狗陷于如下的一种状态，就是它不能忍受物理学地强有力的条件刺激物的作用而即刻会移行于制止状态。只在大脑接受弱刺激的时候，它的条件反射性活动才会发生而继续存在。如果我把这个实验例——当然只从这事例的机制而言，并不从全体范围而言——与人类多年间睡眠病人的症例同等地看待，这不一定是一个牵强附会的主张吧。这些病例是彼埃尔·珍妮(Pierre Janet)所记载的一个青年女子，和另一个在彼得堡精神病院所观察的成年男子。这些病例有关的病人似乎是陷于不断的睡眠。他们不做任何的运动，不说任何一句话，需要人工地喂养他们并保持他们的清洁。只在夜间，其时白天生活的各种强有力的各复杂的刺激都停止时，这样的病人才可能有若干活动的可能性。彼埃尔·珍妮的女病人在夜间有时自己进食，甚至写东西。对于彼得堡的这个男病人也有过记载，说他间或在夜间起床。当这个男病人过了将近20年睡眠的生活，达到老年(60岁)而开始脱离睡眠状态并能够说话的时候，他声明过，即在以前，他也往往听见和看见他周围所发生的事情，可是不曾有任何运动和说话的力气。在这两个病例，**显然有非常薄弱的神经系统，有尤其薄弱的大脑两半球，因此一旦受了强有力的外方刺激的影响，大脑两半球就迅速地移行于连续不断的制止状态，即是移行于睡眠**。

在这一只狗的实验里，我们已经认识了神经活动另一种病态的症候，据我们的意见，这也是在人类神经病理学判断时候并不稀有的一种病态。这只狗的大脑皮质声音性分析器具有狭隘地限于一部分的慢性机能性障碍，所以该障碍部位一旦受相当刺激的接触，就会引起大脑两半球全部实质的后继性制止的状态。人类疾病性神经状态各式各样的症例是这样多的，就是只在引起疾病的因素尚未接触以前，人类的正常活动才能多少地维持着，而引起疾病的因素可能是不很显著的，甚至是强有力而复杂的刺激物以口头暗示形式而表现的、从最初起就成为神经性疾病发生条件的因素。

最后，在此地需要回想到第十九讲里所引证的一只狗的周期性视觉性错觉的事例。很像是可能的，这错觉的起源是在于由外方进入大脑皮质的刺激与脑内增殖中的疤痕组织的作用两者复合的结果。人类在大脑皮质具有某种内在性刺激的场合，也有若干错觉症例的发生，这是可以同样地加以解释的。

以上是病理学范围的事情。在神经性障碍治疗的关系上，在我们人类和实验的动物之间，除药物作用的类似性以外，还有一个同一的类似性。正如以前已经记载过的，休息——一般地说，实验的中辍——往往有助于正常状态的恢复。并且我们观察了若干的详细情形。把其中的一个详情引证于此，我认为这不是多余的。我们实验狗中的一只，由于受了制止过程与兴奋过程互相冲突的处理手续而陷入于非常兴奋的状态（彼特洛娃实验）。各种内制止过程都破坏了，就是说，这只狗的一切阴性条件反射都变成阳性条件反射。在给予一切条件刺激物的场合，不论是原来的阳性刺激物或阴性刺激物，都会有呼吸促迫的现象，这就是强烈兴奋的一个通常的症候。阴性条件反射应用的停止，并不曾变更动物的一般情形。呼吸促迫的症候继续着，而各阳性条件反射依然比正常时很为增强。于是我们当时决定，从各阳性条件刺激物之中，只采用物理学地比较弱的刺激物，就是说，只应用光性和皮肤机械性的刺激物，至于在我们实验里通常认为物理学上较强的声音性刺激物却废而不用。良好的结果即刻就出现了：动物变得宁静了，呼吸促迫的症候也消失了，唾液分泌量也恢复了正常值。不久以后，也就可能慢慢地应用强有力的各条件刺激物而并不妨碍治疗的结果。不仅如此，再过几天以后，原有某部位的皮肤刺激的分化相，即比较弱的内制止过程也出现了，同时并不曾引起动物的兴奋。可惜由于实验者的缺乏时间，这个实验就此中辍了。这是一个有趣的事例，它昭示着，如果以条件性刺激的形式进入大脑两半球的外来的能量减少，就会减弱大脑两半球病态地增强的紧张度。当然，广泛地利用于人类的神经性疗法，是要用各种复杂的生活规则，以限制由外方向病态地兴奋的大脑两半球进行的各种刺激。

让我再详细举出一个例子，从治疗的观点说，我以为这是非常富于参考意义的例子。与此例有关的一只狗，对于皮肤机械性刺激具有完全稀有的、显然非正常的反应，带着大脑两半球某种强烈兴奋的特色。[泊洛洛可夫（Пророков）实验及观察]。在对动物后上腿应用我们寻常的皮肤机械性刺激的场合，狗就即刻向后转身，四肢踏动，头部奇怪地向上举起，同时大声吠唤，有时打着呵欠。在给予食物小盘的时候，这一反应就停止。出乎意料地，这特殊的反应并不妨碍皮肤刺激性条件反射的形成，而一般地，局部的运动性反射（受刺激侧的腿痉挛，皮下肌的局部性收缩等等）在其他实验狗的场合，屡屡妨碍条件反射的形成。在本实验案例里，相反地，反射的形成是迅速的，并且完全特异的是，对其皮肤机械性刺激的唾液分泌效果，在大多数的实验场合，比在使用最强有力的声音刺激物的场合，还是更大的。食物运动性反应也是这样。在每次孤立的皮肤机械性刺激时期的中途，普通与上述特别反应交替的食物性运动反应，非常增强，比使用其他种类刺激物的场合更强。动物通常在给予食物以后，继续若干时间的食物性兴奋，此时也是继续更长而更强有力的。此外，在应用皮肤机械性刺激的这些实验的场合，这只狗一般地变得很兴奋。实验者虽在门荫，而狗对这门所发出的最小杂音就反应，其反应是以上述特殊运动的复杂形式出现的。这些一切引起一个结论，就是皮肤机械性刺激对于这只狗引起了大脑两半球强烈的弥漫性兴奋。这是什么兴奋，依然是我们所不能了解的。因为动物不显出阴茎勃起的现象，所以这样特异反应不是性欲性的。我们考虑了一个假定，这不是与酥痒的现象相同吗？无论如何，这是稀有的异常现象，于是我们就从事于排除这反应的任务。为了这一目的，我们应用了内制止过程发生的手续，以引起局部皮肤刺激分化相的形成。对动物的肩部给予皮肤刺激的结果，起先也引起了特殊反应，并引起了由于条件刺激最初的泛化现象而发生的条件性反应。可是在这一刺激重复应用下去而并不并用食物强化的场合，基本的食物性运动反应和分泌性反应（在第八次的应用时候）迅速地消失了，其次，特殊的运动反应（在 40 次应用时候）也消失了。对于后上腿的皮肤机械性刺激，依然引起原有的特殊反应和食物性运动反应互相交替的状态。以后，对最靠近后上肢部的腹侧皮肤部位给予了皮肤刺激，这也是分化性的刺激。此时所发生的情形与肩部皮肤刺激时完全相同，而后上腿的特别反应依然存在，并不减弱。最后，在后下肢形成了分化相。这一次，后上腿的刺激所引起的特别运动反应才开始减弱，而且终于完全消失。这样，皮肤分析器大脑皮质里的终末部广泛性制止过程的发展，排除了特殊的、新异的皮肤反射，保存了并且正常化了（从扩大的）条件性皮肤食物反射。这个例子和若干其他的观察，使我们持一个见解，就是利用大脑两半球里制止过程的慢性发展，以达到大脑两半球里一般地平衡障碍的恢复。对于在第十八讲里曾经记载过的、具有声音分析器里极局限性病变点的一只狗，我们进行了试验。因为这一病变点与拍节机的摇摆声是特别相结合的，于是我们应用了对这分析器各健康部位具有作用的其他各声音性刺激，使制止性分化相能够成立，以为此分化相向拍节机病变点的扩展，可能发生良好的影响，使该点恢复正常的兴奋性和正常的活动。这一实验还在进行之中。对于人类，除使用温浴法及其他形式的各种镇静的办法以外，与上述办法相类似的处置是否能应用于神经性治疗，这是我所不知道的。

现在，请诸位注意于我们实验狗神经系统一部分正常的、一部分病态的状况。如果我们把这种状况转用于人类，也许必须将其称为“心理的状况”。这就是狗的催眠性时相（гипнотическиефазы），是位于觉醒与睡眠状态之间的阶段，也就是一种被动性防御反射（пассивнооборонительный рефлекс）。

在第十六讲里我们已经看见过，动物由觉醒向睡眠移行的原因是在于大脑皮质里制止过程的发展，即是在一定刺激的影响之下开始发展的睡眠状态各个时相中的种种的扩展度与强度。现在我们几乎不必怀疑，动物方面的这些事实相当充足地可以从生理学的观点解释人类的催眠术基本现象。

第一个问题是与引起催眠状态的条件有关的。如我们已知的，在动物的方面，在重复应用弱的或中等度的、单调而长时间的刺激的场合（这是我们通常实验所使用的刺激），催眠状态的发生是缓慢的；而在使用强刺激的场合，催眠状态的进展却是迅速的（在久知的动物催眠术的场合）。同时，直接发生作用的刺激物，不论强刺激与弱刺激，都可以由于对这些直接性刺激物具有条件性关系的其他的刺激而被信号化。请诸位回想在第六讲末尾所记载的弗尔保尔特（Фольборт）实验形成阴性条件反射的特别方法，就是与以前已经形成的制止性刺激物同时重复地应用无关性刺激物若干次，该无关性刺激物也就成为制止性刺激物。人类催眠术的方法完全能再演上述动物催眠的条件。催眠术的早期古典方法是所谓诱导按摩法（пассы），即像我们实验所应用的重复多次的、单调的弱皮肤刺激。现在经常使用的办法，就是重复地说些一定的言语（并且发音是中等度而单调的），而这些语言表现着睡眠状态生理学的进行阶段。当然，这些言语就是条件刺激物，与我们的任何人的睡眠状态都有压强的联系，因此能唤起睡眠。由于这个缘故，过去若干次曾与睡眠状态同时结合的一切东西，都可能引起催眠，事实上也引起催眠状态。这是链索性阴性反射（фольборт 实验），正是与链索性阳性条件反射相类似，就是说，与第三讲里所记载的各级条件反射相类似。末了，对于歇斯底里病人的催眠法，依照沙普卡（Шарко）的方式，应用强有力的、出乎意外的刺激物就可以达到目的，这正与动物催眠的旧法相同。当然，物理学地各种弱刺激物也可当做强刺激物的信号而发生效力，就是说，这些原来弱的刺激物，因为与强条件刺激物的同时应用，也成为条件刺激物了。既对于人类，也对于动物，大多数的催眠法的手段，使用的回数愈多，催眠也就愈快而愈确实。

催眠状态最初表现中的一个征候，就是人类随意运动的消失和僵直状态（каталепсия）的发生，就是说，身体一部位保持着由外来力量所给予的姿势。当然，这是运动分析器孤立性制止过程的结果（大脑皮质的运动领域），而这制止过程并不下降于大脑下位部的运动中心。此时，大脑两半球的其他部分还能正常地发挥其机能。被催眠的人可以懂得，我们对他说的是什么，他也可以知道，我们给他什么怪异的姿态，他会想变更这一异常的姿态，但是不能这样做。这些一切情形，在动物催眠状态的时候，也是可以观察的。在关于催眠状态的讲义里，我们已经提及，若干被催眠的狗保持着能动的姿势，但完全丧失了一切的条件反射。这就是全大脑实质的制止过程不移行于大脑两半球以下的事例！其他的一些实验狗，对于一切条件刺激物，都显出唾液腺活动的反应，但不摄取食物。这就是仅仅有运动分析器制止过程的事例。末了，由旧方法而被催眠的动物，其躯体和四肢都保持不动的状态，可是眼睛却往往注视着周围发生的事情，并且有时还能吃进给它们的食物。这就是一种更断片性的制止过程的事例，这也就是除大脑其他全部实质以外，连运动分析器本身也不曾完全被制止住。当然，在此分析器完全被制止的场合，不论人和动物，如果有适当的外来刺激，就有局部的紧张性反射（тонический местный рефлекс）的发生，这是完全可以理解的。

关于催眠状态比较更复杂的形式，显然难于发现人类与动物的完全平行，甚至现在也因为若干原因而简直不能达到这目的。可能的，我们还不曾捉摸到催眠状态的一切时相，特别在催眠强度上是这样的，而关于催眠的顺序和继承式（преемственность），的确，我们更毫无所知，这是以前曾经指明的。如我们观察动物，并不曾在动物个体的和社会的环境生活里，而是仅仅在实验室的狭窄环境里进行的，就是说，好像抽象地与动物全部行动相隔离，因此我们并不知道动物催眠状态的一切形式的表现。这就意味着，我们或者还不曾能够把一切必要方式的实验都做到，有时还不能正确地发现和理解与此有关的一切现象。但是在人类方面，我们在生活的各式各样的条件之下知悉了有关的一切现象，并且利用着壮丽的信号性的言语再复制这些条件而进行研究。当然，必须想到，在人类与动物两者行动的复杂性之间，存在着绝大的差异，因此可能在动物催眠的时候，完全没有这样多的催眠表现的形式。因此在以后必须应用动物催眠所得的资料的时候，这只能为人类催眠各种状态的生理学的尝试性解释而应用。

我们试举被催眠人的机械式动作症(автоматизм)做例子。被催眠者可以常相同地(стереотипно)重演催眠者在其面前所做的动作,或者可以沿着复杂的、紊乱的、艰难的路线而正确地运动(步行)。显然,这是我们已知的大脑两半球若干区域的一种被制止态(заторможенность)。它把新的刺激或者把该瞬间重新再不断地结合的旧刺激所引起的、正常的、多少复杂的活动能够排除。然而,这个被制止态可能不受复杂刺激的影响,反而把一定刺激与一定活动或与一定运动间老早已成立的坚强联系,可以使之成为可能或者更加改善。这样,在催眠的场合,模仿性反射(подражательный рефлекс)往往以极鲜明的方式而再表演出来。由于这模仿反射,我们每个人的个人性和社会性的复杂行动在小孩时代就养成起来。完全与此相同,具有种种特性的事物的变迁交替,从前曾经多次地引起了相当的活动与运动,以后就对于人类催眠一定阶段中的某些分析器能够加以刺激,因此就对于该被催眠者能够在这变迁交替之中加以正确的、相同的引导。在我们主要地从事于某一件工作或集中于某一个思想的时候,我们同时却能做一个极习惯的另一件事情,这不是常有的事情吗?这就是说,与我们所做另一件工作有关的大脑部位由于外制止的影响而在一定程度上被制止着,因为当时与该主要工作有关的大脑一点是非常兴奋的。不断地,由于我本身老年大脑反应力的衰弱(关于目前事情,记忆力逐渐减弱),我确信这个解释是与实际相符合的。我的年龄越老,在做一件事的时候,我越加丧失同时正确地做另一件事的能力。显然,在大脑两半球兴奋性一般地减弱的场合,集中于大脑某一点的刺激能诱导大脑两半球其他部分的制止过程,于是坚强地固定了的旧反射的条件刺激物,现在就处于兴奋阈(界线)(порог возбудимости)之下了。

被催眠者的上述状态也许可能与实验狗的一种催眠阶段即与所谓麻醉期相同地看待,其时强有力的旧反射继续存在,而薄弱的新近的反射却消失。

在人类催眠现象之中,当然有理由地引起特别注意的,是所谓暗示(внушение)的现象。从生理学的观点说,暗示应该如何解释呢?当然,言语对于人类是一种真实的条件刺激物,正如人类其他条件刺激物与动物是共通的,可是同时言语是如此范围广大的,不论从量与质的方面,在条件刺激的关系上,它都不是任何其他动物的条件刺激物所能比拟的。因为在一个成人直到被催眠以前的生活里,言语与进入大脑两半球的一切外来的和内在的刺激都是互相结合的,所以言语能把这些一切刺激都信号化,并且能够代替这些刺激,所以言语把这些刺激所决定的人体动作和反应都能够引起。这样,暗示是人类最简单化的、最典型的条件反射。催眠者开始对被催眠者所应用的言语,在大脑两半球皮质里制止过程进展到一定程度的场合,会按照一般的规律而集中兴奋于大脑皮质内某一个狭窄的一定部位,同时对于大脑实质全体其他各部分引起自然地深沉的外制止(正如刚才指明的我本身的例子),因此能排除各刺激的一切其他现存痕迹的及旧痕迹的任何竞争作用。在催眠的时候,甚至在被催眠以后,当做刺激物而被应用的暗示具有几乎不可克服的巨大力量,就是由此产生的。并且在催眠以后,言语也保持它的作用,依然不受其他刺激物的影响,因为言语是不为其他刺激物所侵犯的,正如在开始使用言语时候与其他刺激物没有关系的情形是同样的。言语的广大涵意性使我们能够理解,暗示会在被催眠人的身上引起对于人的外在界和内在界的如此极多的复杂作用。也许有人会反驳，暗示的这种力量，如果与做梦相比较，究竟从何而来。梦中所见的大部分都是被忘去的，只间或地具有若干生活上重要的意义。然而做梦是一种痕迹刺激（следовое раздражение），并且大都是陈旧痕迹的兴奋，而暗示却是现存的刺激。此外，和睡眠相比，催眠状态是一种低级的制止过程，所以暗示在刺激力量上是比梦加倍的。并且末了，当做刺激而作用的暗示是简短的、孤立的、完全的，因此也是强有力的；做梦通常地却是复杂的互相对立的痕迹刺激的链索。对于被催眠的人，可以暗示与现实相对立的一切事情，可以引起与现实刺激完全相对立的反应，譬如甜味会代替苦味，异常的视觉刺激会代替最通常所见等等，这是一个事实，可是这个事实是可以不牵强附会地当做神经系统状态中的一个反常时相而解释的，其时弱刺激却比强刺激具有更大的效力。我们必须想象，例如由于甜的物质的实在刺激直接进入有关的神经细胞里去，而"苦的"这个言语所引起的刺激却从有关声音的细胞向实在与苦味刺激有关的细胞传进去，如果两种刺激互相比较，甜的物质的刺激是强于"苦的"这个言语的刺激，因为第一级的条件刺激物总是比第二级条件刺激物更强的。这种反常时相可能现在也在病态的场合，比刚才所举示的意义，具有更广泛的意义。我们可以想象，有些正常的人从言语所受的影响，还大于从周围环境现实的事实所受的影响，而反常时相对于这一类的正常人却是具有影响的。

可能的，我们在将来某一个时期也学会使用暗示于动物催眠状态的方法。

人类催眠状态的一定时相具有多少安定性的事实，这在狗的方面也是相同的。在人与动物的两方面，在一定外方条件的场合，由于神经系统个性的如何，催眠状态会或快或慢地移行于完全睡眠。

与催眠状态具有一定关系的，是被动的防御性反射。正如以前说过的，可以有理由地把久知的动物催眠方式作为一种被动的防御性反射看待。而这类反射的成立就是在动物与异常的或强有力的外来刺激相遭遇的时候，因为骨骼运动系统制止过程（起先在大脑两半球皮质里发展）的关系，动物就展发多少不动的状态。这个反射在我们实验动物的场合多次被发现过，其强度是不同的，其形式也有若干差异，但是必定保持它的基本性制止过程的特性。这个被动的防御性反射所表现的种种差异，就是动物运动或多或少地受着限制，和动物各条件反射的减弱或消失。异常的和强有力的外来刺激通常都引起这种被动的防御性反射。然而外来刺激的异常性和强度当然也不过是一种完全相对的数量。刺激的异常性决定于动物以前生活的如何，而外来刺激作用的强度却系于神经系统状态的如何，就是系于神经系统的先天性特质的如何，系于神经系统的健康或病态，末了，关于健康生活各种不同的阶段。这些一切关系，我们在我们实验狗的方面都看见过了。以前在人数极多的听众前面多次出现过的一些实验狗，最后在听众之前就依然保持正常的状态；而第一次出现于听众前面的一些狗却陷入于很强的制止状态。

以前叙述过的特殊的那只被称为"聪明的女人"的狗，对于环境极小的摇动，与受了强有力的刺激一样，会陷入于非常的制止状态。若干实验狗受了异常洪水强有力的影响，显然已经陷于慢性的病态。它们现在一过任何强有力的条件刺激物就发生制止的状态，而这种制止作用是该条件刺激物以前所未有的。末了，若干实验狗只在催眠状态的某个阶段，才显出这样的制止状态。这个事例对于实验者引起了异常的印象。有一只狗，在我们实验环境之中，以前恒常地保持了觉醒状态，迅速地贪食在条件刺激物使用后所给予的食物。但是屡次接连使用弱条件刺激物的结果，在实验环境里，我们使该狗陷入于恒常催眠状态的一定阶段，于是狗的动作很少了。现在如下的奇怪情形发生了。我们应用了强力的条件强刺激物，这只狗不止一次地向给予食物的方面倾视，以后，它却剧烈地采取回避的姿势，并不触及食物。每个人看见这只狗的情形，必定会说，这只狗害怕着什么东西。以后再给予弱条件刺激物，狗即刻就走近食物盘，安然地吃食物。一解除狗的催眠状况，一切条件刺激物就都显出正常的效果。显然，在动物的特殊状态的时候，原有的、寻常的刺激物发挥了与极强刺激物相同的作用，引起了制止性反射。相反地，在我们极高度制止型的那只叫“聪明的女人”的狗的场合，如果我们应用若干处置而提高大脑两半球的兴奋紧张性，我们即刻就可以发现，这只狗的被动防御反射会显著地减弱，否则这种反射几乎一定发生。

在刚才所引用的全部症例，经常不能不注意的，是动物被动的防御性反射的特异姿势。当这些实验在我们面前进行的时候，我们不能不达到一个结论——这个结论至少在多数的场合是必须认为正确的——就是，心理学上所谓恐怖(страх)、怯懦(трусость)、不安心理(畏惧)(боязливость)等等，从生理学的本质而言，都是大脑两半球的制止状态，表现着被动的防御性反射的各种不同的程度。当然，这样说来，把胁迫狂(бред преследования)和恐怖症(фобия)都当做病态衰弱的神经系统一种自然制止的症候的看法，完全可以认为是适当的。

还有恐怖和怯懦的若干形式，譬如恐慌性逃走(паническое бегство)和特异的屈服性姿势(рабские позы)，似乎与上述的、以制止过程作为根据的结论是互相矛盾的。可是不能不假定，这些现象是从直接位于大脑两半球下部的中枢出发的一些无条件反射，并且只在大脑两半球的被制止态的时候才能够显现。此时无条件反射虽然存在，而条件反射却会消失，这就是一个证明。

关于前一讲末尾所记载的实验，还要说几句话。如果这些实验由于重复多次的和种种方式的执行而获得一个完全肯定的证实，那么，这些实验可以对于我们主观世界意识(сознательное)及无意识(бессознательное)两者间暧昧不明的现象，给予若干明确的提示。这些实验也许已经证明了一个事实，就是在某一瞬间强烈的兴奋过程占着优势的影响下，大脑两半球的某些部分虽然在若干程度上进入于制止过程之中，然而如此重要的一个大脑皮质性活动即综合化的活动(синтезирование)却能在该皮质被制止的部分发生。此时该综合性活动虽然并不是被意识着的，但是已经发生的——并且在一定顺利的条件之下，该综合性活动会以完成的方式显现于意识界，似乎是不知道怎样地突然发生的。

当做这些全部讲义的结论，我重复地说，我们一切的实验，正如其他研究者相同的实验，都是以高等神经活动纯粹生理学的分析为方向的。我以为这些实验是一个最初的尝试，可是我深信这是完全正当的尝试。我们有不可怀疑的权利而主张，异常复杂的这个对象的研究法，这样就走上了正确的道路，而研究的成功虽然不是在目前，但却是完全有希望的。从我们本身而言，可以说，现在在我们的面前，比以前有远远更多的问题。以前由于不得已的情形，我们把对象故意单纯化了、系统化了。现在虽然有了这个对象的共同基础的若干知识，但有极多的需要决定因果关系的特殊问题包围着我们——更正确地说，是压迫着我们。

巴甫洛夫父亲的卧室

巴甫洛夫母亲的卧室

巴甫洛夫故居的餐厅

巴甫洛夫故居的客厅

巴甫洛夫故居的厨房

1891年，奥登堡王子创立了实验医学研究所。巴甫洛夫在此规划了世界上第一个生理学实验室的外科部，任该生理研究室主任。首次有计划地进行了他的长期实验，而在此之前，没有人规范过动物的饲养。

▲ 实验医学研究所（Institute of Experimental Medicine）

▲ 奥登堡（A.P.Oldenburg Sky，1844—1932）

▲ “静塔”的楼梯一角

▲ 图中右侧红色的楼是著名的“静塔”（The Tower of Silence）（这座建筑的墙体特别厚，四周有深深的壕沟，使房屋不受外界震动的影响，便于进行研究狗的条件反射）

实验医学研究所楼前的人造喷泉，其上有狗的雕像 ▶

1897年出版的《消化腺机能讲义》是巴甫洛夫一生中重要的著作之一，成为生理学研究的指南。1901年巴甫洛夫被选为俄国科学院通讯院士，1904年荣获诺贝尔生理学或医学奖，他是世界上第一个获得诺贝尔奖的生理学家，也是第一个获得这项荣誉的俄国科学家。从1904年起，到他逝世前30余年间，巴甫洛夫转向大脑皮层的生理研究。从20世纪初开始到逝世前的30余年，巴甫洛夫的研究重点转到高级神经活动方面，建立了条件反射学说。

巴甫洛夫的书桌

巴甫洛夫的实验室

1895年，巴甫洛夫和他的同事们在实验医学研究所大楼前合影

巴甫洛夫在他的办公室

巴甫洛夫和他的同事们（左侧可见用于实验的狗）

关于为狗竖立雕像的画稿（在画稿的上部分，有巴甫洛夫的手迹，英文意为：“I prefer this project ... will discuss the details later.”）

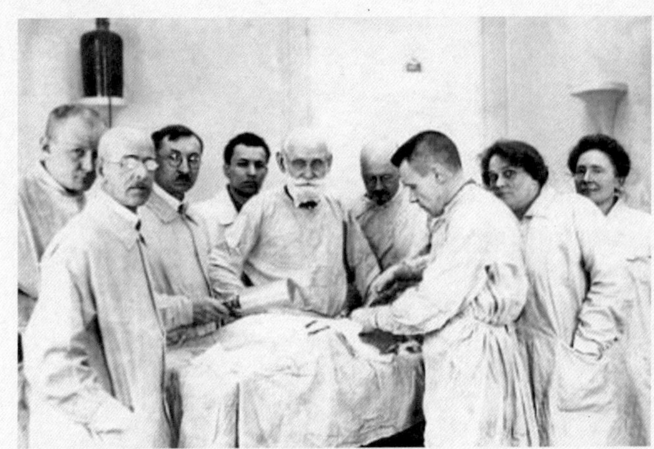

巴甫洛夫和助手们正在对狗进行手术

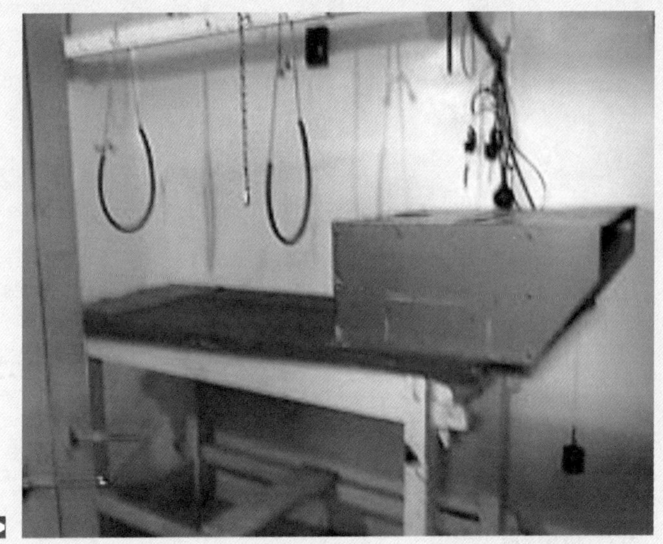

用于记录实验的照相机

十月革命后，苏维埃政府在圣彼得堡为巴甫洛夫建立了专门研究条件反射的实验站。1923年，他出版了《条件反射：动物高级神经活动》。

1924年，苏联科学院为他新建了一个以他的名字命名并由他担任所长的生理学研究所，即巴甫洛夫生理研究所（The Ivan Pavlov Department of Physiology）。

1927年，他出版了《大脑两半球机能讲义》。

1929年，苏联科学院又在圣彼得堡附近的科尔图什村（Coletouche）为他建立了一个世界上独一无二的生理学研究中心——巴甫洛夫村，巴甫洛夫称它为“条件反射的首都”。

科尔图什村的大楼

科尔图什村的工作人员

狗的条件反射实验

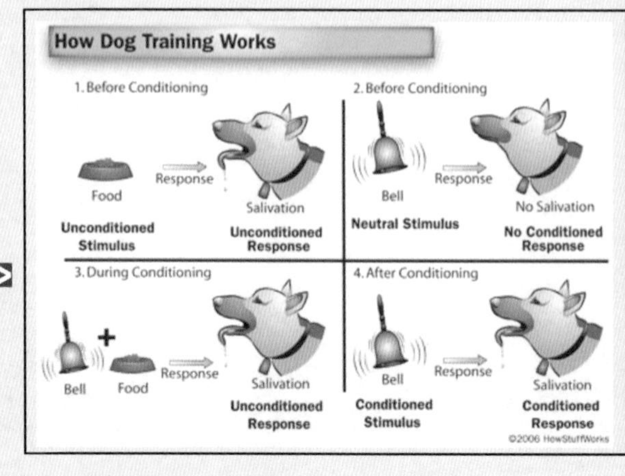

巴甫洛夫进行的狗的唾液条件反射实验示意图（从中可见，当一个刺激和另一个带有奖赏或惩罚的无条件刺激多次连接，可使个体学会在单独呈现该一刺激时，也能引发类似非条件反射的条件反射。）

条件反射的早期工作受到了众多的怀疑、劝阻和批评，它们不仅来自于巴甫洛夫的敌人，也来自于他的朋友。英国生理学家查尔斯·谢灵顿爵士在1912年对巴甫洛夫说，“条件反射学说在英格兰不会受到欢迎，因为它太唯物了”；而他已故的好朋友罗伯特·蒂格斯泰特则建议他“抛弃那种奇想，回到真正的生理学中来”。

巴甫洛夫和许多心理学家都有过争论和论战，如心理学家拉什里（Karl Spencer Lashley，1890—1958）和斯皮尔曼，研究灵长类智力的柯勒和耶克斯等。

1929年在美国举行的国际心理学会议上，美国心理学家拉什里提出，“条件反射，对心理学，对认识人的智慧活动来说，是一种‘阻碍’”。巴甫洛夫为此写了《一个生理学家对心理学家的答复》一文来反驳这些言论。

斯皮尔曼（Charles Edward Spearman，1863—1945），英国心理学家，智力研究的代表人物

查尔斯·谢灵顿爵士（Sir Charles Scott Sherrington，1857—1952）

耶克斯（R.M. Yerks，1876—1956）

柯勒（Wolgang Kohlor, 1887—1967），格式塔心理学的主要创始人之一。他用猩猩进行实验，研究灵长类智力

也有一些朋友始终支持巴甫洛夫。在巴甫洛夫逝世以后，坎农写了评价很高的唁电："后代人将把他的名字和消化过程及脑的最复杂机能方面的革命性发现连在一起。所有知道巴甫洛夫的人都称颂并热爱他。他，这位最有天才的人，将长久地留在人们的记忆之中"。

巴甫洛夫与美国神经外科医生库欣（Harvey Williams Cushing，1869—1939）（1929年，巴甫洛夫到美国参加第十三届国际生理学会议，会后他特地访问了库欣工作的医院并观摩了用电针做大脑手术。库欣将巴甫洛夫领到年轻患者跟前，巴甫洛夫向病人伸出手，做了自我介绍。库欣对病人说："你现在握着世界上最伟大的生理学家的手。"）

坎农（Walter B. Cannon，1871—1945），美国心理学家，著有《情绪的生理学》（巴甫洛夫曾到坎农在波士顿的家里做客；而1935年8月，第十五届国际生理学会议在圣彼得堡召开的时候，坎农也到苏联访问了一段时间。）

甘特（William Horsley Gantt，1892 —1980）跟随巴甫洛夫学习了七年（后来在美国的约翰·霍普金斯大学创建了一所以巴甫洛夫的名字命名的实验室。）

巴甫洛夫结婚时还和妻子约定，他不负责家庭事务，并承诺，不饮酒、不打牌、不应酬，每周工作7天，只有暑假陪妻子到乡下度假。直到70岁以后，巴甫洛夫每天仍乘电车去上班，有次电车尚未停稳，他就从车上跳下来，跌倒在地，路旁一位老妇人惊叫说："天啊！看这位天才科学家连电车都不会搭！"

巴甫洛夫故居中弟弟德米特里（Dmitry）的房间（早在巴甫洛夫和弟弟一起上学时，便是弟弟照顾他的生活起居。他后来从事化学方面的研究，是门捷列夫的助手。）

巴甫洛夫和他的妻子（婚后妻子把他们的生活安排得井然有序，巴甫洛夫不仅能安心工作，也能好好地休息。）

1935年6月28日，巴甫洛夫与加拿大著名医学家班廷（Frederick Grant Banting，1891—1941）在多伦多大学图书馆合影（巴甫洛夫最不同寻常的是他罕见的记忆力，即便某个实验是10年前做的，实验次序或结果的最细微之处，在需要的时候他也可以随时回忆起来。到75岁以后，他开始使用笔记本帮助记忆，即便是这样，他的记忆力也好得让任何一个只有他一半岁数的人羡慕。）

芬兰著名生理学家蒂格斯泰特（R. Tigerstedt, 1853—1923）（巴甫洛夫做事情干脆利落，他的左右手都非常熟练。蒂格斯泰特曾说："巴甫洛夫做一个简单的手术非常快，手术完成的时候，旁观者以为手术才刚刚开始。"）

英国生理学家威廉·贝利斯（Willian Bayliss，1860—1924）爵士（巴甫洛夫并不会因为自己的实验结果而骄傲自大，如果有不符合的地方，他从不会强求使事实与理论相符合。在这点上，他与贝利斯的看法一致。后者曾说过：“一个科学研究者伟大与否，不在于他有没有犯过错误，而在于当反面证据足够充分时，他是不是会承认他犯了错误。”）

1935年，巴甫洛夫在第十五届国际生理学大会上发言（他一直不愿意把自己当做一位心理学家，始终声称自己的研究是生理学领域。可到老年的时候，巴甫洛夫对心理学的态度有了松动，他认为，“只要心理学是为了探讨人的主观世界，就有理由存在下去”。尽管如此，鉴于他对心理学领域的重大贡献，人们还是将他归入了心理学家的行列，并由于他对行为主义学派的重大影响而视其为行为主义学派的先驱。）

巴甫洛夫是实验室的灵魂，他的个人特质很突出，在社交中很活跃，用强烈的研究兴趣鼓舞着合作者们。用德国物理化学家奥斯特瓦尔德（Friedrich Wilhelm Ostwald，1853—1932）的话说，他很浪漫。图为奥斯特瓦尔德（右）与荷兰化学家范托夫（van't Hoff，1852—1911）

1836年2月27日，巴甫洛夫去世，享年88岁（“巴甫洛夫很忙”，这话不是别人说的，而是巴甫洛夫在生命最后一刻自己说的。当时他一直密切注视着越来越糟糕的身体情况，不断地向坐在身边的助手口授生命衰变的感觉，为了留下更多的科研材料，对于前来探望的人，他只好不近人情地加以拒绝：“巴甫洛夫很忙……巴甫洛夫正在死亡。”）

附 录 一

各工作同人已发表论文的目录[①]

(1927 年以前)

·Appendix First·

安德列耶夫(Л. А. Андреев):中枢神经系统老年期机能性变化研究的资料(巴甫洛夫研究所论文集,二卷,1924)。

同上著者:从确定狗声音性分析器周围性终末机能的新资料的观点,论亥姆霍兹共鸣说(生物学汇报,巴甫洛夫庆贺号,1925)。

同上著者:狗耳蜗部一部分损伤以后声音分析器机能性紊乱症的特色(第二次全苏[联]生理学者大会论文集,1926)。

阿诺新(Анохин П. К.):解除制止的一个新刺激物的例子(俄罗斯生理学杂志,九卷,1926)。

同上著者:在应用无条件刺激的期间以内条件刺激物细胞与无条件刺激物细胞间的相互作用(巴甫洛夫研究所汇报,二卷,1927)。

同上著者:论内制止与外制止两者同一性的问题(全苏[联]生理学者第二次大会论文集,1926)。

安烈勃(Анреп Г. В.):条件性制止的扩展(俄罗斯生理学杂志,一卷,1917)。

同上著者:兴奋扩展的静止状态(生物学汇报,20 卷,1917)。

同上著者:狗的声音高度的判别(生理学杂志,53 卷,1920,英文)。

同上著者:各内制止过程的相互关系(生物学汇报,20 卷,1917)。

阿尔汉格里斯基(Архангельский В. М.):在皮肤分析器一部分被破坏的场合,皮肤机械性条件反射的特性(彼、俄、医师协会论文集,80 卷,1913)。

同上著者:皮肤分析器的生理学(生物学汇报,22 卷,1922)。

---

① 译者注:一、登载上述各论文的杂志,如非俄文而系英文或德文、法文,都经标明了。二、若干杂志名称只用略字方式记载,譬如:

i) 彼、俄、医师协会论文集=彼得堡、俄罗斯医师协会论文集。

ii) 俄、生理学杂志=俄罗斯生理学杂志。

iii) 彼得格勒、科学研究所通报=彼得格勒、来斯加夫特(Лесгафт)科学研究所通报。

同上著者:运动分析器的生理学补遗(生物学汇报,22 卷,1922)。

同上著者:各种不同种类内制止的相对强度(巴甫洛夫研究所论文集,一卷,1924)。

巴勃金(Бабкин Б. П.):狗复杂的神经性现象(精神现象)系统性研究的实验(学位论文,1904)。

同上著者:狗大脑两半球额叶生理学补遗(军医学院会报,1909,九、十月号)。

同上著者:论狗声音分析器的特性(彼、俄、医师协会论文集,77 卷,1910)。

同上著者:各条件刺激物相对强度的问题(彼、俄、医师协会论文集,78 卷,1911)。

同上著者:狗正常的及受伤害的声音分析器研究续报(彼、俄、医师协会论文集,第 78 卷,1911)。

同上著者:从复杂的神经性现象客观性分析的观点论所谓"精神聋"(俄、医师杂志,第 51 号,1911)。

同上著者:大脑两半球后头部摘除后,狗声音分析器活动的基本性特征(彼、俄、医师协会论文集,79 卷,1912)。

贝日波卡耶(Безбокая М. Я.):条件反射生理学的资料(彼、学位论文,1913)。

贝立兹(Белнц М. Ф.):论痕迹刺激性条件反射(学位论文,1917)。

贝略可夫(Беляков В. В.):外来刺激分化的生理学资料(学位论文,1911)。

贝尔曼(Бирман Б. Н.):催眠术问题的实验性研究(精神神经学会第二次大会报告,1924,一月)。

同上著者:实验性睡眠(苏联国家出版局,1925)。

包尔迪列夫(Болдырев В. Н.):人工的条件反射(精神性)的形成及其特性(彼、俄、医师协会论文集,72 卷,1905)。

同上著者:题目同上(第二报告,同上论文集,73 卷,1906)。

同上著者:条件反射及其增强与减弱的能力(哈里可夫医学杂志,六卷,1907)。

布尔马金(Бурмакнн В. А.):狗声音性条件反射的驯化过程(彼、学位论文,1909)。

贝可夫(Быков К. М.):大脑两半球成对性机能问题的实验;(生物学汇报,1925)。

同上著者:大脑皮质内兴奋过程与制止过程的关系(第 58 次,彼得格勒生理学会演讲,1925)。

同上著者:复合刺激物各个别成分的特性(巴甫洛夫研究所论文集,一卷,1926)。

同上著者:制止过程实用的一例(医师研究班杂志,第四号,1927)。

同上著者及**阿来格赛叶夫 · 拜尔克曼**(Алексеев-Беркман)**两人**:尿分泌条件反射的形成(第二次全苏[联]生理学大会论文集,1926)。

贝可夫及彼特洛娃(Петрова М. К.):条件反射的潜在期(巴甫洛夫研究所论文集,二卷,1927)。

贝可夫及斯皮朗斯基(Сперанский А. Д.):胼胝体切断的狗(巴甫洛夫研究所论文集,一卷,1924)。

同上著者:复合性(合成性)刺激物个别成分的特性(巴甫洛夫研究所论文集,一卷,1925)。

同上著者:胼胝体切断的狗的实验(德文,神经学及精神病学中央文摘,39 卷,1925)。

贝立那(Былина А. З.):条件反射单纯的制止过程(学位论文,1910)。

同上著者:条件反射单纯的制止过程(彼、俄、医师协会论文集,1911)。

华立可夫(Вальков А. В.):分化性内制止过程发展条件的一个贡献(英文,生理学摘要杂志,八卷,1923)。

同上著者:题目同上(列宁格勒农业经济研究所报告录,一卷,1924)。

同上著者:消去性制止过程扩展的一个特殊例(第60次生理学会演讲,1924)。

同上著者:甲状腺截除狗高等神经活动的研究(生物学汇报,1925)。

华西里耶夫(Васильев П. Н.):新异刺激物对于已形成的条件反射的影响(彼、俄、医师协会论文集,73卷,1906)。

同上著者:狗温度性刺激物的分化(学位论文,1912)。

伏斯可波意尼可娃·格朗斯突来姆(Воскобойникова-Гранстрем Е. Е.):当做唾液腺新人工条件刺激物的50摄氏度的应用(彼、俄、医师协会论文集,73卷,1906)。

伏斯克列先斯基及巴甫洛夫(Воскресенский Л. Н.):睡眠生理学的资料补遗(彼得格勒生物学学会报告,1915)。

加尼凯(Ганике Е. А.):关于声音隔断实验室建筑的问题(彼得格勒科学研究所通报,五卷,1922)。

同上著者:关于纯音获得的问题(生物学汇报,23卷,1924)。

高尔恩(Горн Э. Л.):条件反射内制止过程生理学的补遗资料(彼、俄、医师协会论文集,79卷,1912)。

同上著者:题目同上(学位论文,1912)。

格洛斯曼(Гроссман Ф. С.):条件痕迹反射生理学补遗(学位论文,1909)。

同上著者:题目同上(彼、俄、医师协会论文集,77卷,1910)。

古拜尔格立兹(Губергриц М. М.):外来刺激分化的一个比较有益的方法(学位论文,1917)。

同上著者及**巴甫洛夫**:自由冀求反射(俄、医师杂志,1918)。

德格第亚来娃(Дегтярева В. А.):内制止过程的生理学补遗(学位论文,1914)。

德米道夫(Демидов В. А.):大脑两半球前半部摘除后狗的条件反射(学位论文,1909)。

德略宾(Дерябин В. С.):时间当做唾液腺条件刺激物的研究补遗(学位论文,1916)。

道勃洛伏立斯基(Добровольский В. М.):论食物痕迹反射(学位论文,1911)。

叶果洛夫(Егоров Я. Е.):食物条件反射彼此间的影响(学位论文,1911)。

叶洛菲耶娃(Ерофеева М. Н.):诱导电流的皮肤刺激当做唾液条件刺激物(彼、俄、医师协会论文集,79卷,1912)。

同上著者:当做唾液腺机能条件刺激物的电气性皮肤刺激(学位论文,1912)。

同上著者:毁灭性条件反射生理学补遗(彼、俄、医师协会论文集,80卷,1913)。

同上著者:毁灭性条件反射有关的补充资料(彼得格勒科学研究所通报,三卷,1921)。

惹华德斯基(Завадский И. В.):条件反射方法应用于药物学的实验(俄、彼、医师会报,75 卷,1908)。

同上著者:条件反射制止过程及解除制止的现象(彼、俄、医师协会论文集,75 卷,1908)。

同上著者:条件反射的制止过程及解除制止有关的实验资料(学位论文,1908)。

同上著者:狗梨状回转与嗅觉(俄、彼、医师协会论文集,76 卷,1909)。

同上著者:题目同上(生物学汇报,15 卷,1910)。

泽廖尼(Зеленый Г. Я.):狗在声音领域内的方位判定(彼、俄、医师协会论文集,73 卷,1906)。

同上著者:狗对于声音刺激的反应的资料(学位论文,1907)。

同上著者:一个新条件反射(声音中止后)(哈里可夫医学杂志,1908)。

同上著者:一种特殊的条件反射(生物学汇报,14 卷,1909)。

同上著者:狗对于音刺激的反应(生理学中央文摘杂志,23 卷,1909)。

同上著者:狗神经系统对声音重复刺激量的判别力(彼、俄、医师协会论文集,77 卷,1910)。

同上著者:条件反射复合刺激物的分析(彼、俄、医师协会论文集,77 卷,1910)。

同上著者:无大脑两半球的狗(同上杂志,79 卷,1912)。

同上著者:题目同上,续报(同上杂志,79 卷,1912)。

席姆金(Зпмкин Н. В.):大脑两半球皮质兴奋与制止两者平衡的失常及在咖啡因或分化相影响下该正常平衡的恢复(俄、生理学杂志,九卷,1926)。

伊凡诺夫·斯莫连斯基(Иванов-Смоленский А. Г.):声音在大脑皮质内的射影(生物学汇报,1925)。

同上著者:狗声音性分析器内消去性制止的扩展(巴甫洛夫研究所论文集,一卷,1926)。

同上著者:后继性四项声音条件刺激物的分析(巴甫洛夫研究所论文集,二卷,1927)。

同上著者:复杂条件刺激物分化时的狗实验性神经症(同上论文集,二卷,1927)。

卡尔米可夫(Калмыков М. П.):在大脑皮质同一神经要素内所观察的相互诱导的正性时相(同上论文集,一卷,1926)。

卡谢里尼诺娃(Кашерининова Н. А.):唾液腺的一个新人工条件反射(彼、俄、医师协会论文集,73 卷,1906)。

同上著者:论机械性刺激当做唾液腺刺激物(彼、俄、医师协会论文集,73 卷,1906)。

同上著者:狗皮肤机械性刺激条件唾液反射研究的资料(学位论文,1908)。

高冈(Коган Б. А.):消去性制止的扩展及集中(学位论文,1914)。

克拉斯诺高尔斯基(Красногорский Н. И.):关于狗大脑两半球内皮肤分析器及运动分析器的部位及其制止过程(学位论文,1911)。

克列勃斯(Крепс Е. М.):关于分化相的后作用(彼得格勒第 36 次生理学会演讲,1923)。

同上著者:关于发情期(交尾期)对高级神经活动的影响(同上报告)。

同上著者：题目同上（生理学摘要杂志，八卷，1923，英文）。

同上著者：实验动物个性有关的研究（巴甫洛夫研究所论文集，一卷，1924）。

同上著者：大脑两半球皮质制止过程的阳性诱导及扩展（生物学汇报，1925）。

同上著者：关于条件刺激物延缓刺激时间对大脑两半球兴奋性的影响（生物学汇报，205卷，1925）。

克列斯托夫尼可夫（Крестовников А. Н.）：条件反射形成时最重要的条件（彼、俄、医师协会论文集，80卷，1913）。

同上著者：题目同上（彼得格勒科学研究所通报，三卷，1921）。

克雷柴诺夫斯基（Крыжановский И. И.）：狗颞颥部摘除后声音性条件反射（学位论文，1909）。

克尔瑞序可夫斯基（Кржышковский К. Н.）：条件性制止的生理学补遗（彼、俄、医师协会论文集，76卷，1909）。

同上著者：牝犬发情期高级神经系的机能变化（生理学中央文摘，24卷，1909）。

克雷洛夫（Крылов В. А.）：关于血液性刺激物（即自动性刺激物）条件反射形成的可能性（生物学汇报，1925）。

库得林（Кудрин А. Н.）：狗大脑两半球后半部摘除后的条件反射（学位论文，1910）。

库帕洛夫（Купалов П. С.）：皮肤条件刺激物初期的驯化及其后继性特殊化（生物学汇报，19卷，1915）。

同上著者：条件性唾液分泌速度的周期性动摇（生物学汇报，25卷，1926）。

同上著者：大脑皮质皮肤领域的机能性镶嵌细工式及其对于睡眠的限制性影响（俄、生理学杂志，九卷，1926）。

同上著者：从机能性镶嵌细工式论大脑两半球内制止点与阳性点间的相互作用的机制（俄、生理学杂志，九卷，1926）。

同上著者：与诱导及后继性制止有关的大脑皮质细胞兴奋性周期的变化（俄、生理学杂志，九卷，1926）。

同上著者：脑皮质诱导对大脑两半球机能性限制的意义（全苏联第二次生理学大会论文集，1926）。

同上著者：在大脑两半球两颞颥部摘除手术场合后期的声音性反射（学位论文，1912）。

来柏尔斯基（Лепорский Н. И.）：条件性制止生理学的资料（学位论文，1911）。

马可夫斯基（Маковский И. С.）：狗大脑两半球听觉领域的研究（彼、俄、医师协会论文集，75卷，1908）。

同上著者：狗大脑两半球颞颥部摘除场合的声音性反射（学位论文，1908）。

密仕托夫特（Миштовт Г. В.）：种种刺激物所引起的人工反射制止过程的实验（彼、俄、医师协会论文集，74卷，1907）。

同上著者：唾液腺人工条件反射的（声音性）制止过程的形成（学位论文，1907）。

内茨（Нейц Е. А.）：条件反射彼此间的影响（彼、俄、医师协会论文集，75卷，1908）。

同上著者：条件反射彼此间影响的问题（军医学院会报，1908）。

尼吉弗洛夫斯基(**Никнфоровский П. М.**):条件反射解除制止过程有趣的一例(彼、俄、医师协会论文集,77卷,1910)。

同上著者:当做条件反射研究法的药物学方法(学位论文,1910)。

尼可拉耶夫(**Николаев П. Н.**):条件性制止的生理(学位论文,1910)。

同上著者:复杂性条件反射的分析(生物学汇报,16卷,1911)。

奥尔倍利(**Орбелн Л. А.**):狗眼的条件反射(彼、俄、医师协会论文集,74卷,1907)。

同上著者:中枢神经系内条件反射局部位置的问题(彼、俄、医师协会论文集,75卷,1908)。

同上著者:狗眼的条件反射(学位论文,1908)。

同上著者:狗辨别颜色的能力("医学问题",1913)。

巴夫洛娃(**Павлова А. М.**):条件性制止的生理(学位论文,1915)。

巴夫洛娃(**Павлова В. И.**):关于痕迹条件反射(彼、俄、医师协会论文集,81卷,1914)。

琶拉定(**Палладин А. В.**):由刺激累积而形成的人工条件反射(彼、俄、医师协会论文集,73卷,1906)。

琶尔菲诺夫(**Парфенов Н. О.**):狗唾液腺机能的一个特殊例(彼、俄、医师协会论文集,73卷,1906)。

彼累里茨凡格(**Перельдвейг И. Я.**):大脑若干中枢间的相互关系(彼、俄、医师协会论文集,74卷,1907)。

同上著者:条件反射研究的材料(学位论文,1907)。

彼特洛娃(**Петрова М. К.**):论大脑两半球皮质兴奋的扩展(彼、俄、医师协会论文集,80卷,1913)。

同上著者:兴奋过程与制止过程的扩展的研究(学位论文,1914)。

同上著者:条件刺激物刺激的基本方法(生物学汇报,20卷,1916)。

同上著者:题目同上(彼得格勒生物研究室通报,16卷,1917)。

同上著者:非常困难的条件下的各种内制止(巴甫洛夫研究所论文集,一卷,1924)。

同上著者:睡眠的克服,兴奋过程与制止过程平衡化的困难(生物学汇报,1925)。

同上著者:兴奋过程与制止过程相冲突的病态(巴甫洛夫研究所论文集,一卷,1925)。

同上著者:狗实验性神经症的治疗(生物学汇报,25卷,1925)。

同上著者:在皮肤分析器一部分内病变的强烈限制(医师进修班杂志,1927)。

同上著者与**巴甫洛夫**:狗若干复杂反射的分析(季米略日夫庆祝文集,1916)。

皮末诺夫(**Пнменов П. Н.**):在人工条件刺激物较无条件刺激物先用或后用的场合,条件反射的形成(彼、俄、医师协会论文集,73卷,1906)。

同上著者:条件反射的一特殊群(学位论文,1907)。

柏德可琶叶夫(**Подкоцаев Н. А.**):制止过程扩展的开始(生理学摘要,八卷,1923,英文)。

同上著者:制止过程的进行(同上杂志,八卷,1923)。

同上著者：制止过程的进行（巴甫洛夫研究所论文集，一卷，1924）。

同上著者：由自动性刺激物而形成的条件反射（同上论文集，一卷，1926）。

同上著者：大脑两半球皮质制止过程发展有关的狗运动性反应的一特殊例（同上论文集，一卷，1906）。

同上著者：论制止过程扩展开始的时间（生物学汇报，1925）。

同上著者：由自动刺激而形成的条件反射的扩展（神经学及神经病学中央文摘，39卷，1925）。

同上著者：利用本身无条件刺激物而恢复的消去性条件反射（巴甫洛夫研究所论文集，二卷，1927）。

同上著者：阳性点及制止点两者间的距离与诱导阳性时相的关系（俄、生理学杂志，九卷，1926）。

同上著者：狗全部条件反射慢性发展的制止过程的一例及其治疗（全苏[联]第二次生理学大会论文集，1926）。

同上著者及**格里高洛维区（Григорович Л. С.）**：对称性阳性及阴性条件反射的形成（“医学工作”，1924）。

柏尼惹夫斯基（Понизовский Н. П.）：各种条件反射在分化相及条件制止物成立后的后继性制止（学位论文，1913）。

柏柏夫（Подов Н. А.）：狗方位判定反射的消去（俄、生理学杂志，三卷，1921）。

柏太新（Потехин С. И.）：各种内制止过程间的相互关系（彼、俄、医师协会论文集，78卷，1911）。

同上著者：条件反射内制止过程的生理（学位论文，1911）。

同上著者：条件反射的药物学（彼、俄、医师协会论文集，78 卷，1911）。

泊洛洛可夫（Пророков И. Р.）：狗的特殊运动反应及其抑制（巴甫洛夫研究所论文集，一卷，1926）。

拉仁可夫（Разенков И. П.）：狗一侧半球的冠状回转及外雪儿维氏回转摘除后兴奋过程与制止过程的关系（生物学汇报，24 卷，1924）。

同上著者：困难条件下狗大脑两半球皮质兴奋过程的变化（巴甫洛夫研究所论文集，一卷，1924）。

同上著者：狗两侧冠状回转及外雪儿维氏回转一部分损伤后兴奋过程与制止过程的关系（同上论文集，一卷，1926）。

雷特（Райт Р. Я.）：无条件反射对条件反射的影响（全苏[联]第二次生理学者大会论文集，1926）。

立克曼（Рикман В. В.）：大脑两半球皮质机能的局部性障碍（全苏[联]第二次生理学大会论文集，1926）。

洛长斯基（Рожанский Н. А.）：睡眠的生理（彼、俄、医师协会论文集，79 卷，1912）。

同上著者：睡眠生理的资料（学位论文，1913）。

洛仁他里（Розенталь И. С.）：饥饿对条件反射的影响（生物学汇报，21 卷，1922）。

同上著者：妊娠及授乳对条件反射的影响（俄、医学杂志，五卷，1922）。

同上著者:兴奋的恒常性扩展(生物学汇报,23 卷,1923)。

同上著者:内制止在方位判定反射消去场合向睡眠的移行(俄、医学杂志,七卷,1924)。

同上著者:条件反射特殊化的问题(生物学汇报,23 卷,1924)。

同上著者:兴奋过程与制止过程相互关系的资料;条件性皮肤机械性刺激物分化相的一个新种类(巴甫洛夫研究所论文集,一卷,1926)。

同上著者:负性诱导的材料(全苏[联]第二次生理学大会论文集,1926)。

同上著者:在弱阳性条件刺激物屡次应用场合大脑两半球正常机能的障碍(全苏[联]第二次生理学大会论文集,1926)。

洛惹娃(Розова Л. В.):条件反射各种外制止过程间的相互关系(学位论文,1914)。

沙维契(Савич А. А.):各食物性反射彼此间关系的研究续报(学位论文,1913)。

沙图尔诺夫(Сатурнов Н. М.):大脑两半球前半部摘除后狗条件唾液反射的研究(学位论文,1911)。

西略特斯基(Сирятский В. В.):镶嵌细工式问题的研究(俄、医学杂志,九卷,1926)。

同上著者:制止过程集中后残余制止作用发现的方法(俄、生理学杂志,七卷,1924)。

同上著者:大脑两半球镶嵌细工式的特性(第二次精神神经病学大会,1924)。

同上著者:兴奋过程与制止过程平衡维持困难时中枢神经机能的病态(俄、生理学杂志,八卷,1925)。

斯涅吉来夫(Снегнрев Ю. В.):巴甫洛夫条件反射学说的材料。狗声音性条件反射的特殊化("实际医学"专著,1911)。

叔惹诺娃(Созонова А.):条件反射研究的资料[老桑诺,太斯(These),1909]。

沙洛维易契克(Соловейчик Д. И.):无条件反射发挥作用时条件反射脑皮质各中枢兴奋性的状态(全苏[联]第二次生理学大会论文集,1926)。

同上著者:痕迹条件刺激物已成秩序变动时大脑两半球正常机能的障碍(全苏[联]第二次生理学大会论文集,1926)。

叔洛蒙诺夫(Соломонов О. С.):论温度性条件刺激物(彼、俄、医师协会论文集,78 卷,1911)。

同上著者:论狗皮肤的温度条件性及睡眠性反射(学位论文,1910)。

同上著者及**仕序洛(Шншло А. А.)**:睡眠反射(彼、俄、医师协会论文集,77 卷,1910)。

斯皮朗斯基(Сдеранский А. Д.):强刺激物对神经制止型狗的影响(巴甫洛夫研究所论文集,二卷,1927)。

同上著者:怯懦与制止过程(全苏[联]第二次生理学大会论文集,1926)。

斯特洛冈诺夫(Строганов В. В.):由合成性刺激物而形成的条件反射及分化相(生物学汇报,1925)。

同上著者:狗大脑两半球皮质相互诱导的阳性时相及阴性时相(巴甫洛夫研究所论文集,一卷,1926)。

司徒登绰夫(Студенцов Н. П.):白鼠驯养性的遗传(俄、生理学杂志,七卷,1924)。

司徒可娃(Стукова М. М.):时间作为唾液条件刺激物的生理(学位论文,1914)。

籐·卡德(Тен-Ќнте Я. Я.):消去性制止的扩展及集中的问题(彼得格勒科学研究所通报,三卷,1921)。

替霍密洛夫(Тихомиров Н. П.):狗大脑两半球机能严格客观性研究的实验(学位论文,1906)。

同上著者:当做特殊条件刺激物而被应用的刺激物强度(彼、俄、医师协会论文集,77卷,1910)。

道洛西诺夫(Tolochinoff I. F.):唾液腺生理学及心理学的研究(Forhandlingar vid Nord. Naturforskare-och Läkaremötet,1903)。

托洛柏夫(Торопов Н. Ќ.):狗大脑两半球后头叶摘除场合的光性反应(彼、俄、医师协会论文集,75卷,1908)。

同上著者:狗大脑两半球后头叶摘除后的光性反射(学位论文,1908)。

乌西耶维契(Усиевич М. А.):狗声音分析器的特征(彼、俄、医师协会论文集,78卷,1911)。

同上著者:狗听觉能力的生理学的研究(军医学院会报,1911—1912)。

菲耀道洛夫(Федоров Л. Н.):非常强有力的刺激物对神经系兴奋型狗的作用(巴甫洛夫研究所论文集,二卷,1927)。

同上著者:在神经系兴奋型狗兴奋过程与制止过程平衡障碍时溴化钙的作用(全苏[联]第二次生理学大会论文集,1926)。

同上著者:在狗实验性神经症场合若干药物制剂的作用(医师进修班杂志,1927)。

菲奥克列托娃(Феокритова Ю. П.):时间当做唾液腺条件刺激物(学位论文,1912)。

弗尔保尔特(Фольборт Ю. В.):条件反射生理的资料(彼、俄、医师协会论文集,75卷,1908)。

同上著者:阴性条件反射(同上论文集,77卷,1910)。

同上著者:制止性条件反射(学位论文,1912)。

弗立德曼(Фридеман С. С.):外来刺激分化的生理学资料(学位论文,1912)。

弗洛洛夫(Фролов Ю. П.):从条件反射生理的观点与本能有关学说的现况(军医学院会报,26卷,1913)。

同上著者:视觉生理的补遗。光度变化时神经系统的反应(彼得格勒自然科学协会论文集,49卷,1918)。

同上著者:食物成分激变对于动物若干复杂神经机能的影响(生物学汇报,21卷1922)。

同上著者:狗的发音条件反射(俄、生理学杂志,七卷,1924)。

同上著者:各本能的分析及各本能间的相互关系(全苏[联]第一次动物学、解剖学、组织学联合学会上的报告,1923)。

同上著者:淡水鱼的条件性运动反射(彼得格勒第50次生理学会报告,1923)。

同上著者:痕迹条件刺激物及痕迹条件制止物分化的实验(俄、生理学杂志,六卷,

1923)。

同上著者:同上题目(生物学杂志,24 卷,1924)。

同上著者:所谓“时间感觉”的生理(第一次精神神经病学大会报告,1924)。

同上著者:被动性防御反射及其后作用(生物学杂志,1925)。

同上著者:论痕迹条件刺激物及痕迹条件制止物移行于同时条件刺激物的问题(巴甫洛夫研究所论文集,一卷,1926)。

同上著者:在各种间歇期形成痕迹条件制止物关系上外来刺激物强度的意义(全苏[联]第二次生理学大会论文集,1926)。

同上著者及**文德尔邦德(Виндельбанд О. А.)**:人工条件反射消去的一个特殊例(生物学汇报,25 卷,1925)。

弗尔西柯夫(Фурсиков Д. С.):狗中枢神经系间歇性(断续性)声音刺激物的分化(科学研究所通报,二卷,1920)。

同上著者:兴奋过程与制止过程的关系(俄、生理学杂志,三卷,1921)。

同上著者:水当做唾液腺刺激物(同上杂志,1921)。

同上著者:妊娠对条件反射的影响(生物学汇报,1922)。

同上著者:条件制止物形成时及分化相形成时方位判定反应的影响(俄、生理学杂志,1921)。

同上著者:兴奋过程与制止过程间相互关系有关的研究资料(同上杂志,1921)。

同上著者:论链索状条件反射(同上杂志,1921)。

同上著者:外制止对于分化相形成时及条件制止物形成的影响(同上杂志,1921)。

同上著者:同上题目(生物学汇报,22 卷,1922)。

同上著者:制止过程的静力的扩展(俄、生理学杂志,四卷,1921)。

同上著者:同上题目(生物学杂志,23 卷,1923)。

同上著者:论大脑两半球相对诱导的现象(生理学摘要,八卷,1923,英文)。

同上著者:同上题目(生物学汇报,23 卷,1923)。

同上著者:兴奋过程与制止过程间的关系(巴甫洛夫研究所论文集,一卷,1924)。

同上著者:链索状反射及高级神经活动的病理(第二次精神神经学大会报告,1924)。

同上著者:水当做唾液腺刺激物(生物学汇报,1925)。

同上著者:狗大脑一侧半球皮质摘除后的结果(俄、生理学杂志,八卷,1925)。

同上著者:一侧大脑半球皮质摘除后的结果,第三次报告,论触觉性条件反射的泛化及形成(俄、生理学杂志,八卷,1925)。

同上著者及**尤尔曼(Юрман М. Н.)**:狗一侧大脑半球皮质摘除后的条件反射(生物学杂志,25 卷,1926)。

同上两著者:一侧大脑半球皮质摘除后的结果,第二次报告,在条件反射形成场合大脑皮质的意义(俄、生理学杂志,八卷,1925)。

哈仁(Хазен С. В.):无条件反射量及条件反射量两者间的关系(学位论文,1908)。

奇托维契(Цитович И. С.):自然性条件反射的起源及形成(学位论文,1911)。

御伯他来娃(Чеботарева О. М.):条件性制止的生理研究(学位论文,1912)。

同上著者:条件制止物的生理(彼、俄、医师协会论文集,80卷,1913)。

契求林(Чечулин С. И.):方位判定(探索)反射消去过程生理的新资料(生物学汇报,23卷,1923)。

仕格尔·克列斯托夫尼可娃(Шенгер-Крестовникова Н. Р.):关于狗光性刺激分化及光分析器分化限度的问题(彼得格勒科学研究所通报,三卷,1921)。

仕序洛(Шишло А. А.):论大脑两半球皮质的温度中枢(彼、俄、医师协会论文集,77卷,1910)。

同上著者:论大脑两半球皮质温度中枢并论睡眠反射(学位论文,1910)。

爱里亚松(Эльяссон М. И.):条件反射恢复的问题(彼、俄、医师协会论文集,74卷,1907)。

同上著者:在狗两侧脑皮质听觉中枢一部分摘除场合及正常条件下听力的研究(学位论文,1908)。

耶科夫来娃(Яковлева В. В.):长时期以同时复合刺激物的形式被应用以后又再分别应用的条件刺激物(巴甫洛夫研究所论文集,二卷,1927)。

同上著者:应用复合刺激物的实验(俄、生理学杂志,九卷,1926)。

同上著者:条件刺激物强度与条件刺激物延缓过程发展两者间的关系(巴甫洛夫研究所论文集,二卷,1927)。

注:本讲义中许多已经提及的实验结果是尚未发表的。

附 录 二

贝可夫院士后序

·Appendix Second·

（克·贝可夫）

为了纪念伟大的生理学者伊万·巴甫洛夫百年诞辰，他的《大脑两半球机能讲义》现在的第四版以“科学大师”文库中的一种书籍出版了。

这是我们时代的卓越的著作——天才巴甫洛夫对于生理学中最大问题20年间不断地思索的成果，也是他对于人类与动物最高级神经活动构造的机能，即对于精神活动物质性基体的大脑机能所做研究的成果。

1935年，巴甫洛夫在本书第三版的序文中写道：“这是关于我们实验事实最初基本的有系统的说明，从我们有关高级神经活动的研究方面来看，这本书包括了我们至今工作的四分之三。最近8年以来所汇集的其他全部材料，只有根据本书的系统，我们才可能透彻地理解、牢固地记忆。”

巴甫洛夫的第二本书《动物高级神经活动（行动）客观性研究实验20年》是他的演讲、报告、个别论文的集子。据他本人的意见，这第二本书使我们可能认识最新的（就是说，最后的八年间）事实和解释。在1935年，就是在他逝世前的一年，这位伟大的生理学者很想综合这两本书的内容，就是说“……用一本书的方式把我们所有的资料做一个有系统的新的说明”，但是这并未曾能够实现。1936年2月27日，这位伟大的科学家的生命忽然地停止了。对于未来的研究者，只剩下大脑两半球活动有关的第三版的有系统的完全的说明了。

巴甫洛夫的讲义在实质上说明着动物与人类高级神经活动的科学，并且同时以难以想象的力量和确实性用事实昭示着精神活动的唯物性的特色。这位伟大的生理学者践约了他自己专门科学的境界而突入于一个新的未知的范围，建立了唯物主义心理学的基础。关于精神过程严持唯心主义假定的研究人们主张着，人类与动物的这种最高机能的表现是一般地决不能说明的。“Ignoramus et Ignorabimus”（现在不知道，将来也不会知道）的这句话以前和现在在西方和美国反动的和抱着神秘情绪的科学家的声音里，都是有市场的。巴甫洛夫写过：“一部分的心理学者，用确信精神现象具有特殊性的口实做假面具，还抱着这个主张，而在这个主张之下，不论它科学上相当有理的口实，可以感觉有二元主义兼万物有灵说（灵魂说）的气息，这就是大多数肯思索的人们所赞同的意见，至于信仰这个见解的人是更不用说了。”

在这些讲义内所说明的巴甫洛夫条件反射的学说，不仅用新的无数的事实，丰富了直到现在未知的这些现象的科学，并且使未来的研究者掌握着一个方法，可以把巴甫洛夫和他的多数门人最初所创立的真正的生理学更有成果地加以扩大和深化。

巴甫洛夫在科学中所起的革命作用，固然对于生理学者和心理学者是有趣的、引起思索的，同时对于自然界最高创造物，即对于动物和人类大脑两半球皮质的生命现象和机能具有兴趣的任何人，这也是同样有兴趣的、引起思索的。

在巴甫洛夫先生百年诞辰之际，这本讲义的这次出版，是对于我们强大祖国的骄傲、对这位伟大的俄罗斯市民表示纪念的一个敬礼。

附　录　三

巴甫洛夫高级神经活动学说概要

·Appendix Third·

（克·贝可夫，1949年8月23日）

I

巴甫洛夫的生涯和创作是一个完全无可比拟的现象。任何熟悉巴甫洛夫在科学中的道路和勤劳的人，不仅为巴甫洛夫先生的天才力而惊异，而且也会因为他的研究范围的巨大而惊异。

谁都知道，过去有不少的真正的伟大科学家在一定的科学范围内的成绩，最多也不过是在他的生涯晚年，才能为社会所理解承认，或者通常在他的死后，由于后代的努力和宣传，才能得到理解和承认。巴甫洛夫的生涯却是幸福的命运。他自己本人就目击了对于他的创作果实普遍的承认。

在生理学的许多范围内巴甫洛夫都创造了，并且到处留下了不可磨灭的痕迹，以新的事实和观念，在医学、生物学、心理学等等的理论和实际方面，具有重要的作用。巴甫洛夫在研究动物个体与周围环境的关系上所发现的各规律性，在哲学上获得了最重要的意义，成为现代自然科学发展的基础。

当巴甫洛夫开始研究大脑正常活动的时候，他已经是享誉世界的生理学者，他与消化机能有关的研究在1904年获得了诺贝尔奖金，当时他55岁，已经是许多学科新方向的统领，高龄可尊的科学家才好像一切从头做起地，着手于生理学新范畴，即大脑生理学的研究。这样过了30年，在他逝世（87岁）以前，他的全部精力都集中于一个新学科范围内的新思想和研究，这就是研究人类本身的科学，特别是注意于人类精神病的科学。

巴甫洛夫创造了一个学派，这是甚至在实验科学中也远无前例的学派。几百名的科学界的后学者，巴甫洛夫学派人，几千名的追随者现在都做着研究，发展着巴甫洛夫的学说。这支新型的实验人员——苏联的反对科学中唯心主义和反繁琐哲学的——战士的队伍，正是这位伟大科学家壮丽的遗产。

1935年，全世界各国参加圣彼得堡国际生理学大会的1500名代表以医学和生物学界史无前例的称号——“全世界生理学元老”——授给我们这位国民天才者。这个称号不仅是对于巴甫洛夫个人的崇高荣誉,并且也是对于我国的历史性意义的估价,而巴甫洛夫就是以无比的尊严和伟大代表了这个国家。

巴甫洛夫在苏维埃生活系统的条件下度过了科学研究生活的18年。这个苏维埃的生活系统对于他和他的学派给予了在质的方面一种新的创造泉源和在自然科学方面从事革新的无限可能性。

巴甫洛夫在他的各研究室的发展上看见了和感觉到了国家对于他的工作所给予的不断的注意。他在梁赞地方同乡人的团体内是这样发表的他的严肃思想的:"……现在,我们全体的人民都尊敬科学。……这不是偶然的。我相信,我不是错误的,如果我说,这都是领导我国的政府的功勋。……"

俄罗斯科学思想的、尤其19世纪后叶的俄罗斯自然科学的历史性功勋是这样的,即科学思想观念的目标和实验的探求都是向着以唯物主义认识大自然的一方进行的。在这个发展动向方面最初的导师和指教者是19世纪40至60年代的俄罗斯伟大的革命家、民主主义者、当时思想界的统治者,如介尔陈(Герцен)、柏林斯基(Белинский)、车尔尼雪夫斯基(Чернышевский)、皮沙列夫(Писарев)诸人。他们厘定了唯物主义自然科学的任务。在这些人强有力的斗争性的影响之下,自然科学界的这些巨人,如孟德来夫(Менделев)、谢切诺夫(Сеченов)、米奇尼科夫(Мечников)、科华来夫斯基(Ковалевский)、包洛定(Бородин)、布特列洛夫(Бутлеров)以及当时青年的大学生巴甫洛夫和符魏得斯基(Введенский)等人日渐成熟起来。在精神现象科学性研究的对象和任务上,俄罗斯哲学界的这些大师确立了预言性的思想。

关于19世纪40年代出版的介尔陈的《研究自然的书简》,列宁写过:"介尔陈是一位思想家,即使在现在,还比无数的现代自然科学者、经验主义者要高明得许多。"

介尔陈确定地主张过,意识是物质性的过程,阐明这过程的方法是在于这些过程本质上物理化学的研究。

车尔尼雪夫斯基的研究是特别值得注意的。他在1860年出版了一本有名的书籍《哲学中的人类(现象)学的原则》。在这本书内,与他所发表的其他有关进化思想的若干卓越论题的同时,他抱定了一个思想,就是,人类意识的现象是在历史发展上与所谓动物界的精神现象互相联系的。证明了意识现象的物质性以后,车尔尼雪夫斯基提出一个建议,就是要从历史发展的观点研究这些现象的过程。

19世纪60年代,在俄罗斯出现了为达尔文主义而斗争的一群辉煌的宣传家。在达尔文的创作出版以后,在很短的时期以内,进化论的思想就即刻广布开来了。

1863年是生理学新时代的一年,是唯物主义自然科学光辉灿烂一篇出版的一年,这是与发表了有名的《脑的反射》(*Рефлексы Головного Мозга*)一书的俄罗斯生理学之父的名字——谢切诺夫(Иван Михайлович Сеченов)——有关的。

《脑的反射》是唯物主义思索方面的天才的飞翔。在这位生理学者关于中枢性制止规律的研究中,他总结了他的科学发现的报告,反对以唯心主义宇宙观处理精神活动的研究。这才第一次震响了一些公理,而这些公理的命运是到四五十年以后才为条件反射的学说所证明的。谢切诺夫确信地断定:"一切所谓精神的意识的作用是与各反射相同地为同一构造物所支配,就是说,从起源的关系而言,反射与精神性活动是彼此相同的。"

以真正革命科学家无比的勇气，俄罗斯生理学之父奠定了科学性心理学的基础。谢切诺夫描述了一个调和的假定学说，说明由极简单的各种反射到各种最复杂的思索活动——种种精神能力的演进。他明确了环境因素影响对于神经性过程的关系。他指出，环境及这环境的具体条件的影响是及于动物个体的，是决定动物行动各种特殊方式的。

对于谢切诺夫，这些结论绝不是室内研究者的抽象观念，绝不是与社会制度改造的问题无关的。虽然在质的方面，人类与环境的关系却是另一种的，可是人类也并不是一个例外。这位斗争不倦的科学界的唯物主义者要求了人类社会的平等，并且断定了，人民文化水准与可能的物质条件相配合时也会发展。

作为生理学者而同时又是前进的唯物主义者，谢切诺夫的主张颇具特色。他断言过："在欧罗巴社会里，黑人、拉勃兰德人、巴须吉尔人所受的欧罗巴式的教育，使他们在精神的内容方面与受过教育的欧罗巴人，非常难于区别。"

谢切诺夫不曾能够用实验的论证把他的假定证实，因为当时科学本身还不曾成熟到他前进思想的程度。为了充实这个勇敢的理论，必须在科学方面再有一连串的发现，用新的事实使这一理论更加丰富，确立重要规律的系统，而最重要的是需要发现研究动物个体的新方法。在谢切诺夫以后，必定是与谢切诺夫有同等天才的人，才能从事于这样壮丽伟大的工作。巴甫洛夫就是这位天才者。

Ⅱ

巴甫洛夫是这样一位历史性的人物，就是在他的本身上具体化了唯物主义的前进思想和进步的自然科学的探索，以求解决在人类思想上最决定性的、最古老的一个问题——大脑活动本质的问题。

巴甫洛夫大脑活动研究的道路和确立与条件反射学说规律性有关的道路，是由他的消化生理学的研究工作而起步的。胃肠消化作用与最复杂的精神现象之间有什么共通的关系吗？巴甫洛夫的这些研究道路的发现不是偶然的吗？如果研究巴甫洛夫的全部创作，就可以有确信地说，事情并不是这样。

远在他最初有关血液循环生理学的研究里，巴甫洛夫就对他自己提出了一个伟大的任务——"要为强有力的生理学实验范围获得完整的动物个体以代替不完全的动物各部分"。在其生命的晚期，巴甫洛夫曾经说过："这个任务的解决完全是我们俄罗斯人的辩驳不倒的对于世界科学的功勋。"

在消化机能研究方面，巴甫洛夫最初建立了他的科学上的功勋，就是创造了"完整生物个体"的正常生理学。在巴甫洛夫以前，消化过程的生理学研究是在活生物个体以外做的。从个体内所取得的食物和试验液都被放在试验管或试验瓶内。这是瞬间的静力的生理学，是没有动力的生理学。

认识消化机能正常经过的任务，就是在于解决这问题的方法。方法与原则的问题，即决定方法的选择和应用的问题，以前总是、现在依然是最重要的一个因素，而科学的成功与否就是最后地决定于这个因素。巴甫洛夫对于研究方法的一个估价是如下的："与方法学向前进一步并行地，我们好像就升高了一个阶段，同时就开拓一个更宽广的水平线，可以看见前所未见的对象。所以我们第一个课题就是方法的完成。”

巴甫洛夫开始应用了慢性试验的方法，根本地改造了生理学研究的原则。所谓急性的实验方法即是利用活体解剖法，在全身麻醉之下施行观察，解剖各脏器和各部分；而与此相代替地，现在有潜力的方法是观察完整的健康动物的方法。研究者把动物准备到每天能够这样地观察的情形，就是所研究的机能仿佛以其自然的过程而呈现于实验者面前。现在能够研究的不是静态，也不是机能活动孤立的瞬间，而是在进行中、发展中的活动本身——机能本身。

而由巴甫洛夫所完成的、以生理学实验为目的的令人惊异的各种手术方法产生了改造消化生理学的可能。这种手术法中的一个就是胃瘘管的方法，切断动物的食道，将两切口缝合于颈部，这样，巴甫洛夫就能做“假饲”(мнимое кормление)的实验，在眼前昭示着，在食物进入口内和胃内以前，胃腺开始胃液的分泌。

在以相当距离发挥作用的时候，食物引起胃腺的非常兴奋。这个兴奋是由感觉器官的媒介，即由外在感受器的媒介而实现的。这种现象以前被叫做一种“精神的过程”。

然而很重要的是，巴甫洛夫并不曾把这样与生理学相疏异的概念抛弃，相反地，却对此概念赋予了一个生理学的内容。还在 1897 年，在其《关于主要消化腺机能的讲义》的第四章内，巴甫洛夫定义化了精神与生理两者间的这个联系：“在吃的动作的场合，在假食的场合，胃腺神经的刺激物是获得生理学特性的精神因素。这就是说，与任何完全的生理学现象相同地，这精神的因素在一定条件之下成为必然的反复发生作用的因素。如果只从纯粹生理学的观点看一切的现象，可以说，这种精神的现象是一种复杂的反射。”从巴甫洛夫以后的条件反射学说而言，当时他已经直接地预告了他的思想：“引起食物性刺激的各器官是视觉、听觉、嗅觉、味觉……这种感觉器官的刺激是对于分泌神经的极重要而强有力的冲击。”

从确定环境变化和生物个体间的原因性联系而言，这是一个尝试。这位生理学者当时是很谨慎地对待精神现象范围的问题的。心理学的专有名词被译成“反射性反应”。

巴甫洛夫当时还不曾彻底放弃现象观察的主观性解释法和心理学检查法，所以在他的事实与理论观点之间，是有矛盾可以发现的。当时的这些实验帮助了并且促进了巴甫洛夫的志趣，以了解神经系作用在完成全生物个体最复杂机能上的关系。巴甫洛夫所探索的机能，是在支配消化器正常机能的关系上和在消化器与环境自然地相接触的关系上，究竟有些什么神经系的原则性事实和规律性。

我们必须阐明完整事物的机制，可是在多数的机制方面，不仅必须把握全体，也必须发现和了解在大小许多机制的自然统一性上原因性的联系。

Ⅲ

在 1895 年 5 月 4 日的彼得堡俄罗斯医师协会的学会上，巴甫洛夫报告了工作同人格林斯基医师(Глинский)有关唾液腺机能的实验，这就是第一个有关唾液腺排泄管向皮肤表面移植手术的报告。在这种实验的对象上才开始发现在食物与实验动物相隔离而刺激的时候唾液腺活动的明了的状况。这样，发现了唾液腺对于食物的外观和气味所构成的信号，可惊异地不变地具有机能上调和的顺应性。巴甫洛夫写说："只要该对象一靠近动物的口部，这些器官(注：唾液腺)已经预先适当地开始活动。"

在以后精细而深刻的研究里，当做与消化生理学有关的现象，唾液腺的"精神性兴奋"已经成为一座小桥。经过这座小桥，巴甫洛夫由唾液腺活动的研究而移行于大脑活动的研究。巴甫洛夫写道："出乎意料地……心理学与唾液腺生理学并行了……"

如巴甫洛夫本人所发表的意见，"琐小的唾液腺"对于一群新现象的发现发挥了决定性的作用，而这些新现象现在已经完全是与大脑生理学有关的。

1897 年，巴甫洛夫的名著《关于主要消化腺机能的讲义》出版了，这是 15 年间向一个目标进行研究的总结报告。于是一门新的科学的基础被奠定了。这门科学具有研究动物个体机能的新原则，还有当做完整的东西而研究的动物目标。在评定精神性因素和生理学现象间若干联系上，这门科学所阐明的矛盾已经在此地出现了，可正是在此地对于动物和人类行为的复杂现象的研究，发现了探求科学的处理方法的最初步骤。

1923 年，巴甫洛夫的《动物高级神经活动(行动)客观性研究实验 20 年》这本书出版了。这部集论文、报告、讲义、演说于一体的文集就是条件反射学说产生和发展的编年纪。

关于《大脑两半球机能讲义》这本书，巴甫洛夫赋予了完全另一种特征。这本书的讲义最初是在 1927 年发表的，在巴甫洛夫的生前再版过两次(1928，1935)。并且非常特异的是，这位著者在最后两版不曾附加任何的变动和增补。

在我们的面前，这本书是一门新科学的有系统的完全的说明。伟大的自然科学者对我们不是介绍了个别的草图，也不是介绍了这不朽创作的一部分，而是介绍了已完成的壮丽的建筑物，这构造的一切详细情形也有了，各部分排列的彻底的系统也有了。

这本讲义的开始是关于大脑科学的历史，记载了生理学者们最初要认识这复杂器官的尝试，说明了这些尝试研究在理论和实验方法立场上所受的限制。

"在说明高级动物行动的关系上，生理学者现在有关大脑机能的已知事实材料，究竟能对我们做什么解释？说明高级神经活动的一般性草案在于何处？这些高级神经活动的一般规律在于何处？"巴甫洛夫提出了这个质问，并且即刻就把他本人——这位伟大革新家——在开拓这条道路当时这方面知识的状态，给出了一个历史性的估价："对于这些最合理的质问，现代的生理学者是真正地束手茫然的。"

这就是在巴甫洛夫开始他的研究以前所接受的科学上的遗产。而总计他的这个研究工作，就有最丰富的资料，无数的事实，精确的科学性的结论，大脑两半球机能的规律和法则——这些都是他本人和他的工作同人集体所发现的。

这本讲义的第一版是在 1927 年印行的。这实在是科学史上不曾看见过的集体勤劳的果实，即同一目标下的 268 项研究成果。这些研究都是向着同一个目的迈进、受到同一个人指导的。这项共同事业的每个参与者都从这唯一的指导者接受了研究的题目和做实验的方法。

如巴甫洛夫本人所爱表明的，他本人用全部的眼力和手力直接地参加了任何工作同人的研究，他知道研究的详情，他本人说明各事实的特征，他把这些事实都安排在大脑机能有关的观念系统之内。

“高级神经活动的学说”，可以有完全理由地叫做“条件反射”的学说，就是说，“大脑皮质反射”的学说。从内容而言，这就是生物个体与周围环境相互关系的学说，就是说，这是与动物行动有关的学说。同时在这伟大的著作内还提出了一个任务，要认识高级神经机能的发展和遗传上后天性特征的传存。

条件反射的学说，它的教学法与方法学，超过了生理学的境界。条件反射的知识，对于医师、生物学者和哲学者是不可缺的需要。

确证生物个体与环境相接触的特性是反射的，这就是高级神经机能学说的基础。

这是巴甫洛夫本人口头上关于这个论题的说明：

> “我们将做两个简单的实验，这是人人都能做的。我们将某种酸度适当的溶液注入于狗嘴内。这溶液会引起动物的寻常的防御反应。由于动物口部的强烈运动，溶液会被吐出来，同时口内有大量唾液的分泌，使口中的酸溶液变成稀薄，并且涤除口腔黏膜上的酸溶液。
>
> “现在做另一个实验。我们用任何外来动因，譬如用一定的声音，对狗作用几次罢。每次声音的作用是刚刚在酸液注入之前。就会怎样呢？只要把这声音反复作用几次，狗就显现同样的反应：狗嘴会同样地运动，唾液会同样地流出。
>
> “这两个事实是相同的，也是恒常的。这两个事实都必须用一个相同的生理学名词‘反射’加以表示。”

这是起源性的一个事实。这事实的研究也就是巴甫洛夫研究的出发点。在上述的实验里，第一个反射是在刺激物对口腔黏膜感受器作用时即刻发生的。在第二个反射的实验里，需要一个预先的处置手续——就是需要声音刺激与酸刺激同时并用。在第一个场合，外来动因与生物个体应答性反应两者间的恒常性联系是显然的。在第二个场合，对于刺激和应答性反应的发生，却需要一定的条件。巴甫洛夫用两个简单的概念表示这两种反射：前者是无条件反射，后者是条件反射。

在1935年，巴甫洛夫写过：“注意了这两个事实，任何严格的思想都不会发现对于这个生理学结论的辩驳。这样的解释是最自然的。在前者反射的场合，神经联络道路是直接存在的，在后者反射的场合，必须有准备性开辟道路的工作，才能达到神经联系的目的。”

在中枢神经系统内有两种不同的中枢性设备的存在：一种是直接的神经通路的设备，一种是该通路结合（замыкание）和解开的设备（размыкание）。“因为外方环境是非常复杂而不断地动摇的，所以当做恒常的联系、无条件的联系是不充足的，必须有条件性的反射即一时性的联系做补充。”

他又说：“不必费力地想象而能即刻看见，简直有无数的条件反射不断地为人类最高的神经系统所实现着，这不仅在非常广大的一般自然界环境里，而也在特殊的社会环境里实现着。”巴甫洛夫估计条件反射一般生理学的意义而写过：“一时性的神经联系，这是动物界和人类最普遍的生理现象。”

引起生物个体反应的不仅是外界的实际动因，就是说，不仅是无条件刺激物，也是无数的仅仅使无条件刺激信号化的各种动因，换句话说，这是条件性的动因。巴甫洛夫以雄辩家的语调终结了他讲义的第一篇："大脑两半球的根本的、最一般的活动，即是一种信号性活动，而信号的数量是多得不可胜数的，信号作用是永远变动的。"

第二及第三讲说明条件反射形成的方法和条件反射发生的各种步骤。在第三讲内，巴甫洛夫着手于大脑皮质过程机制研究的各中心问题中的一个问题，这正是在大脑皮质内发生的、具有仅次于兴奋过程重要性的制止过程的问题。在这一讲内，巴甫洛夫不过说明在大脑皮质内发生的外制止过程。这种制止过程虽然也是神经系统的较低位所具有的，然而这种外制止过程在大脑皮质内的出现，却也与中枢神经系最低水平的各式各样的非常外来性刺激乃至内在性刺激有关。

第四、第五、第六各讲及第七讲的一部分充满着丰富的事实资料，说明所谓内制止过程的发生。

这是高级神经活动学说中非常重要的部分，因为内制止过程主要是大脑皮质细胞的特色。

外制止过程在皮质内的发生是由于条件反射与大脑其他新异刺激的一时性冲突而起的。与外制止过程不同地，只在一定条件之下，阳性刺激物本身变成制止性、阴性刺激物的时候，内制止过程才会发生。

在新异刺激物发挥作用的时候，外制止过程即刻发生，而内制止过程却是必定被形成的，并且很慢地才会形成。

在这几篇讲义内（第四至第六），在读者的面前成为非常明了的是一个有趣而富于吸引力的、完全新的图形——大脑过程进行的图形，兴奋过程变成阴性制止性过程的图形。在这几篇讲义内，兴奋过程与制止过程相冲突的事例也显现了，这是很重要而值得注意的。

在读者的面前展开了消去性反射、延缓性反射及大脑皮质复杂的动力性变化所表现的其他各种过程。

在第七讲里才第一次引进了神经系的分析力和综合力的新概念。

巴甫洛夫写着："神经系总是由一些分析性装置而成立的或大或小的复合物，也就是分析器。光的领域是为生物个体分析光波震动的，声音领域是分析声波——即空气——震动的。"其次，一切可能的传入性神经的末梢机构和神经本身及脑细胞性终末部都必须归纳于各有关的分析器。"因此而明了，这些一切的成分都参与着分析器的机能。……"动物所能有的最高分析作用是只由大脑两半球的帮助而才成立的。

在以前生理学研究的场合，感觉器官部分的研究也对于外来刺激的分析注意过，然而以前研究者所得的全部材料都带着以感觉为基础的主观性特色。从开始应用条件反射的方法以后，分析性器官机能的客观性研究才成为可能了。这样，生理学的两个范围——感觉器官和大脑皮质是互相接近了。在研究者的面前开拓了极广大的可能性，以达到人类各种感觉的生理学机制的认识。正确、客观地考虑与神经分析机能有关的我们所观察的现象，就使研究者掌握着一个可能性，以决定动物界各种代表性成员的类似现象鉴别的范围和限度，于是同时可以发现与大脑皮质构造有关的大脑皮质分析性机能发展的进程。

在分析器的机能方面，内制止过程的发展又具有重要的意义。在第八讲内所引证的实验，表示了在光性、声音性及其他各种刺激与动物感受器相接触的场合，狗分析器机能所具有的特征。实验者在此地遭遇着物理学方面的困难。甚至于现代的物理学也还不能完全满足孤立刺激作用的需要，譬如皮肤机械性刺激而没有声响，或者声音高度的变动而没有强度的变动，这些都还是不可能的。好像物理学与生理学互相竞争了。物理学器械的敏感性还不曾成熟到生理学器械敏感性的程度。从研究孤立的或完整的复合刺激物分化的限度而言，在以后的研究者的面前，有着巨大无比的远景。必须最精细地利用条件反射的方法研究每个分析器的终末部和中枢部。这种研究不仅对于医学，对于其他的知识范围也是必需的。

从第九讲起，巴甫洛夫开始记载与大脑两半球活动机制的认识问题有关的一些实验。在他的面前发生了一个问题：在两个基本性神经过程——兴奋过程和制止过程——的条件反射活动的场合，究竟在大脑皮质里有什么东西发生呢？在此处首先要非常郑重地指明，巴甫洛夫是第一个成功的人，用手拿着圆规和表，测定大脑皮质内这两个对立过程——兴奋过程与制止过程——的扩展。

在多数复杂的实验里证明了，在大脑皮质某一定点内所发生的兴奋与制止并不是停止于该部位的，而是向其他部位传布的、扩展的，并且以后又会向出发的部位集中。在研究者的面前展开了大脑两半球皮质内神经过程进行的复杂可惊的图形。虽然利用了符魏得斯基在大脑皮质方面所发现的诱导相的概念，并且这概念是在脊髓方面已经详细研究过的，巴甫洛夫却更远远地走在他的先辈们的前面了。大脑皮质的兴奋与制止的动力学是非常复杂的，可是巴甫洛夫居然能够研究在大脑正常活动场合这两种过程的相互关系。因此，兴奋与制止间，和正负性诱导间的各种完全新的关系都被阐明了(参看第十二讲)。

第十三讲使读者面临着大脑皮质过程动力学方面各种事实通则化的、可惊异的美丽和威力。巴甫洛夫用他对于大量事实所具有的可惊异的全部综合能力证明着，根据大脑皮质内诱导现象的特异性，关于大脑皮质复杂的力学的系统，应该从皮质的镶嵌细工式的学说出发才能了解。同时也发生一个问题，就是大脑皮质内兴奋的和制止的各细胞之维持暂时安静状态的这镶嵌细工式的起源，应该怎样地解释。当然需要证明，这个镶嵌细工式是怎样维持的，这镶嵌细工式的可动性及变异性是怎样保证的。多数的实验就产生了一个基础，可以向大脑皮质最复杂的细胞构造上最难解的特性的问题渐渐接近而加以解释了。巴甫洛夫透彻地了解大脑皮质细胞独有的性质和特色，因此这位伟大的自然科学者就能够从生理学的观点而理解大脑皮质细胞“最特殊的性质”——就是大脑皮质细胞在足够强力的刺激物的影响下或在长时间继续作用的弱刺激物影响下能够移行于制止状态的特征。

第十四讲是说明大脑皮质细胞在阳性条件刺激物的作用之下移行于制止状态的实验。可以说，以后的各篇讲义都是有关于如下的问题的，就是在什么条件下兴奋过程会移行于制止过程，在大脑皮质什么组织内发生这些现象，在表面对于动物的行动上是怎样表现。

因为能够客观地观察这一切的现象，巴甫洛夫创造了睡眠有关的及觉醒与睡眠间移行状态有关的神经机制的学说(参看第十五讲)。

因为研究了觉醒状态与睡眠间的各移行的时相，巴甫洛夫揭开了催眠术的秘密性质，并且确定了，催眠就是部分性的睡眠。在第十六讲里可以发现巴甫洛夫的指示，在动物场合所观察的各催眠时相，尽管不是与人类催眠现象完全相同，可是在基础上却是很近似的现象。

从第十七讲起至第二十一讲止，巴甫洛夫引用了由生理学向病理学移行的实验和观察。并且注意了，在相同的有害的条件影响之下，每个动物大脑两半球病态的表现是非常不相同的。这种差异的产生是与每个动物神经系统的差异有关的。于是产生了动物和人类的神经系统类型的学说，就是说，产生了生理学的气质学说。关于动物，这个学说以后在巴甫洛夫的研究所及其他的研究所内都有了精细的研究。在这位伟大生理学者的生前及死后，神经类型的问题，环境对于性格形成的影响的问题，以及生物学内与此有关的个体生涯中获得的特征向下一代遗传的问题，在高级神经活动实验遗传学研究所内受着无比的重视。

大脑皮质机能障碍的研究引起了实验性神经症及其治疗的学说的创造。根据神经病及精神病生理学的分析，研究了这些疾病的疗法。无疑地，神经学和精神病学，关于直到现在不能科学地认识的、复杂的神经病态的病因和治疗，走上一条新理解的道路了。在上述各讲内所有基本的实验资料都有了明了的、毫无遗漏的说明，这正是巴甫洛夫的无比的教育天才所特有的能力。

在第二十二讲内，这位伟大的自然科学家谈及大脑两半球机能研究任务无比的困难。实际上，这种研究工作需要非常紧张的创造过程，而最重要的是创造新的原则和方法，以研究生物个体每日活动中完整的个体。虽然不曾有人否认过巴甫洛夫的任何结论，他却写着：“我确信，在已经说明的资料内也有不少的缺点，甚至有些很大的缺点。然而，既然想领会这样的复杂性，也不必耻于错误。”这位卓越的研究者、无可比拟的实验者的这些话是多么带着自己批评的意义！

巴甫洛夫检讨了他自己的若干结论和假定，同时提出了需要解决的一些最重要的问题，并且从关于客观现象和主观心境两者间的最复杂的关系中获得了资料。

在这一个简单的概观里，要说明这位科学大师，以如此的文学技巧所说明的特异的新事实、新思想、新假定，这是不可能的。这本书具有永恒的意义。在大脑存在而不变的以前的生命长河内，由巴甫洛夫所树立的基本规律性可以当做一个基础，使我们对有关生物界最重要现象的知识能够继续地扩大而深化。

巴甫洛夫从来不曾停顿在已经取得的成功上。他以为，对于后代人的努力和勤劳的可能性已经开拓了一个广大的天地。在他的伟大创作的最后，他写过：“显而易见，在今后的长久时期内，未知事实的大山仍然要无可比拟地高于既知事实的断片。”

高级神经活动实验性遗传学的研究室

这是在梁赞地方的巴甫洛夫的家（这幢小房子是他诞生和成长的地方，现在被保存着，作为一个博物馆，收藏着与巴甫洛夫有关的事物）

附 录 四

译本附录 关于巴甫洛夫院士生理学学说问题的科学会议

开会辞(1950 年 6 月 28 日)

苏联科学院院长华维洛夫(С. И. Вавилов)院士

·Appendix Fourth·

同志们,在去年的 9 月,我国全国各地——从科学机关一直到集体农庄,都以非常的热忱庆祝了伊万·巴甫洛夫先生的诞辰。一个科学家的纪念日如此令人惊叹地大规模的会议,无疑是由于巴甫洛夫学说不仅对于生理学、科学,而且对于全部苏维埃的文化和生活所具有的完全特殊的意义而决定的。

过了几乎一年的时间,现在我们又在巴甫洛夫学说的旗帜下重新集合了,然而这一次的集合并不是为了纪念庆祝会,也不是为了历史性的展望和回忆,而是为了对在苏联国内巴甫洛夫遗产发展状态进行批评与自我批评性的检讨。

巴甫洛夫学说不仅简单地是一个宝物,不仅是科学的巨大成就和最重要的总结,巴甫洛夫为了生理学和心理学的新发达,为了整个生物学和自然科学的发达,开发了很辽阔的远景。在科学方面的方法和结果的关系上,巴甫洛夫发现了一条干线,并且在根本的问题上,为唯物主义的宇宙观而树立了强固无比的支柱。关于这个问题——物质的与精神的或唯心的两者间的相互关系,斯大林同志还在 1906 年就写过:

> “同一自然界的或社会的两个不同的形式是观念的一面与物质的一面。……物质一面的发展,即外在条件的发展,是比观念一侧的发展——即意识的发展——占先的:起初,外在条件——即物质的一面——发生变化,以后与此相当地,意识——即观念的一侧——才发生变化。”
>
> (斯大林文集,一卷,312—314 页)。

斯大林的这些论题,以最普遍的形式先决了高级神经活动有关的巴甫洛夫学说在其丰富性和复杂性上的最重要的论题。

仿佛是答复斯大林同志这个论题地,巴甫洛夫在多年的巨大研究工作以后(1930

年)，在他的《生理学者对心理学者的答复》论文里，这样地总括了他的研究的结论："人当然是一个体系(如果粗陋地说——是一个机器)，与自然界中其他任何体系相同地，为全体自然界的必然的共同的规律所支配。然而在我们现代科学的视力的水平上，这(指人)在最高的自己调整作用上是唯一的体系……而从我们的高级神经活动研究不断地留下的最重要的、最强大的印象，就是这种活动的非常的可塑性，也就是这活动的绝大可能性：只要实现了相当的条件，就什么东西也都不是不变动的、不听从的，而是一切都能够达得到的、都向着最好的一面而变化的。"

"似乎从最初的一眼看起来，一个体系(机器)和一个具有本身全部理想、志趣及成就的人，这两者是多么引起恐惧的、不调和的对照！然而真是这样吗？从成熟的观点说，人不是自然界的最高峰吗，不是自然界无限资源的最高体现吗，不是自然界强大的、还不曾研究的规律的实现吗！难不成这不能够维持人的尊严吗，难不成这不使人充满着最高的满意吗！而从意志自由的观念及其个人的、社会的和国家的责任说来，实际生活上的解释也是与此相同的。"(全集，三卷，454 页)

然而在他逝世的六年以前，巴甫洛夫所做的这个结论完全不曾划出一条界线。在实质上，巴甫洛夫这个结论是对生理科学前面所提出的一个巨大的计划。巴甫洛夫开拓了并且标明了科学中辽远将来的一条新的重要的道路。这就是他对于自己亲爱的社会主义国家和对于全部进步人类的永远不灭的功勋。

巴甫洛夫的继承人们，他的学生们，工作同人们，继续他的事业的人们，必须尽自己的力量，发展他们自己导师的天才的成就。这就是在科学的正确进展上有一个义务性的要求，尤其是从社会主义国家的科学而言。我们习惯了并且学习了，怎样做研究工作的计划。纵然我们不能预先推测门捷列夫(Менделев)和巴甫洛夫式天才的创作，可是从他们活动总结的高度看，就可以发现最广大的远景，以实现科学的合理计划。按照巴甫洛夫的道路前进，按照最重要的、确实可靠的、他所标明的道路前进，这就是我们的义务。在这个动向上完全显然可见的，是在理论和实践上具有巨大意义的新的远景。

还是在巴甫洛夫在世期间，苏维埃政府给予了他前所未曾有的便利的条件，以展开他的工作。由于列宁同志的提议，人民委员会会议制定了特殊的委员会，以保证巴甫洛夫工作的条件，发出了与此有关的特殊的政府指令。为了巴甫洛夫，政府设立了两个研究所，即科学院圣彼得堡的生理研究所和在科尔图什的生物学研究站，而这就是巴甫洛夫所谓"条件反射的首都"。在 1935 年，巴甫洛夫写过："我想长久地活着，因为我的研究室正是前所未有地隆盛着。为了我的科学工作，为了我的实验室的建设，苏维埃政府付出了几百万的经费。我相信，我却依然是一个生理学者，这个鼓励生理学工作者的办法，会达到目的，并且我的科学将在亲爱的基地上特别隆盛着。"(全集，一卷，31 页)

在这几行写好以后，已经 15 年过去了。巴甫洛夫已经不在人世了。但党与政府和斯大林同志本人对于祖国生理学发展事业的帮助依然越来越多地继续着。与上述的研究所并行地，又在莫斯科、圣彼得堡和其他的城市内组织了生理学研究所，建立了医学科学研究院，而这所医学科学研究院在理论部分主要是以生理学研究为基础的。在我们的时代，苏维埃的生理学获得了巨大规模的发展。

然而我们可以说，在巴甫洛夫去世以后的几年间，苏维埃生理学的发展，与所接受的遗产最重要的意义完全相配合地进行着吗？在这些若干年间，苏维埃生理学者们的科学产物是绝对无疑地很巨大的。在最近 14 年间，在生理范围内，已经出版了广大的苏维埃的书籍和杂志的文献，这就是一个极显然的证明。也不能怀疑，在这些研究之中有不少重要的、卓越的研究。可是巴甫洛夫的门人们沿着他所开拓的道路，如已经说过的，沿着他的无比地富于产物和成果的道路进行吗？从一个非生理学者所能判断的程度说，集中于最巨大的科学机关的苏维埃生理学者们的工作重点，已经显著地离开巴甫洛夫学说而偏移于侧面了。也有了一些事例——幸亏不太多的事例，把巴甫洛夫见解不正确地无根据地修正了。最常有的是，研究思想和工作并不沿着大道走，而沿着弯路和小路向旁边走。不管是多么令人吃惊，不管是多么奇怪，广阔的巴甫洛夫的道路显然在我们面前，而沿着这条道路彻底地系统地行进的人却是比较少数的。实际上，巴甫洛夫唯物主义道路的笔直前行不是一定能实现的，不是全部个人力量所能及的。往往有些人宁愿采取了自己的迂曲的、可是比较妥协主义的道路。

容易懂得，巴甫洛夫学说在资产阶级的国家里老早就已经碰到公然的或秘密的反对，主要因为这学说在本质上是深刻的唯物主义的。还在巴甫洛夫有生之年中，大约正在那一年，即是外国的生理学者们以名誉的称号“全世界生理学元老”送给他的那一年，英国生理学者首领中的一人谢灵顿写过：“严格地说，我们必须把智能与大脑的关系不仅当做变化无常的关系看待，而且甚至于应该当做无从着手的问题看待。”关于这一点，巴甫洛夫在他的门人们之中不能不说：“他（指谢灵顿）简直绝对明显地说，我们没有任何着手的办法，甚至没有极小的着手办法，以解决这个任务。这样也就能够懂得，人到了其生涯的最后就变成一个可恶的二元主义者、万物有灵主义者。”（巴甫洛夫星三会志，二卷，446 页）若干的美国生理学者跟着谢灵顿后面去了。譬如李德尔说：“巴甫洛夫条件反射的学说应该被束置于高阁，而唯一可以利用的是巴甫洛夫的方法、形成条件反射的技术。”这样的主张是很多数的，并且也许是本会参加者所熟知的。

从另一方面说，巴甫洛夫所提出的若干重要的新研究动向，首先是他的第二信号系统的学说，在我们这里获得了极小的发展。我只举一个却是很指标性的例子罢。如你们知道的，在最近几星期的真理报上，展开了有关唯物主义的语言学的讨论。在参加讨论的专家之中，甚至于不曾有一个人提及这一点，就是巴甫洛夫学说在语言学方面开拓着新的自然科学的道路，而这是巴甫洛夫本人当时曾经谈及过的。不曾有人提及这个最重要的问题，这是因为事实上在这个动向上几乎不曾有什么事情做出来。

在生理学的方面，首先在高级神经活动有关的学说的范围以内，有没有提出了比巴甫洛夫学说更强大的东西呢，或者至少可以说，有没有与巴甫洛夫学说相等的东西呢？如果是有的话，这也许可以作为与巴甫洛夫路线的一时性脱离的辩护。然而据非生理学者，尤其据我所知道的，不曾有过这样的东西，我们没有，外国也没有。

同志们，如果想象现在我们生理学的科学计划的总结上的这样情形，那么很显然，这是应该敲起警钟的时候了。从加里来阿（Галилей）时代起，自然科学的发展总是以其继承和连贯而强有力的。先驱者的科学遗产成为其次时期的阶梯和跳板，而且在理论和实践的意义上是沿着必需的和最有效的动向的。如果我们不充分地利用巴甫洛夫的遗产，我们的人民和全体进步的人类就不会宽恕我们。我们对最复杂的生命形式进一步理解的基础，和医学中的新的远景，就在于巴甫洛夫遗产的发展。

为未来的警惕，也鼓动了苏联科学院和苏联医学科学院，来召集现在的大会。我们希望着，在开幕辞和开会报告以后，本会的参加者勇敢地、批评与自我批评地发表在巴甫洛夫学说发展关系上苏联生理学今后道路有关的意见。

全部苏维埃科学社会人士，千百万的苏维埃知识分子为我们的伟大领袖和导师、天才的科学家和科学的朋友——斯大林同志不久以前关于语言学讨论的发表而深深感动了。斯大林在他的论文里提醒了我们："公认的是，没有意见的斗争、没有批评的自由，任何科学也不能发展而繁荣昌盛。"这些话对于我们应该是成为指导性的语句。同志们，我号召本会参加者为创造性的意见而斗争，为批评的自由而斗争，不管什么已确立的权威，不管什么长久的传统，不管什么人。

让我们的工作成为苏维埃生理学的转折点，而容易离开生理学发展道路上的阻碍罢。无疑地，回到真正巴甫洛夫道路上去，这就会使生理学成为对于人民最有效的最有益的东西，成为最配得上共产主义建设的斯大林时代的东西。

光荣归于巴甫洛夫的天才！

人民的领袖、伟大的科学家、我们一切重要事业的导师——斯大林同志万岁！

* * * * * * * * * * * * * * *

附　记

1950 年 6 月 28 日至 7 月 4 日，在莫斯科举行了苏联科学院和苏联医学科学院的联合大会，其目的是在于研究巴甫洛夫学说今后发展的问题。参加这大会的人，有苏联医学界、哲学界、心理学界各方面的代表人物。大会主席是苏联科学院院长华维洛夫院士。在华维洛夫院士致了开会辞以后，贝可夫院士做了一个很重要的报告"巴甫洛夫思想的发展"，关于今后研究的任务和远景，有了很详细的说明。以后几天内，在大会上展开了热烈的讨论。最后，大会议决了关于巴甫洛夫学说今后发展上的具体办法。这是一次历史性的大会。

华维洛夫院士在开会辞的开始部分断定地说，巴甫洛夫学说对于全部苏维埃的文化和生活具有完全特殊的意义。这实在是值得特别重视的见解。苏联科学院和苏联医学科学院的联合大会的召集，事实上是由伟大的斯大林同志所主持的。这位全世界劳动人民领袖在上月长逝以后，贝可夫院士写了一篇追悼文章（在 1953 年 3 月 10 日的苏联《医务工作者》周刊上），曾经提及斯大林同志为劳动人民健康的保持和巩固而发启了这个大会的召集。这是令人敬佩不已的事情。

1953 年 4 月 7 日　译者补记

巴甫洛夫的一组照片

附 录 五

译者后序

·Appendix Fifth·

伊万·巴甫洛夫先生这一本巨著《大脑两半球机能讲义》是自然科学最大的研究成绩之一，同时也是人类智慧最高的表现之一。谁都知道，大脑两半球的机能是复杂无比的东西，几乎是无从着手于实验研究的难题。两千余年以来，欧洲科学是逐渐进步的，但是关于大脑两半球机能的问题，在巴甫洛夫以前并没有什么基础巩固的科学性研究的成绩。巴甫洛夫先生自己也曾说过："从加里来阿的时代起，自然科学的进程是不可遏阻的，但是在大脑的最高部分的前面，或者一般地说，在动物对于外界具有最复杂关系的这个器官的前面，首先显然地停顿起来。并且似乎是，这是自然科学的真正紧急的关头，而且这也难怪，因为人类大脑是大脑的最高的形式，它创造了并且创造着自然科学，而大脑本身现在却成为这个自然科学研究的对象了。"(《巴甫洛夫全集》，三卷，95 页)巴甫洛夫先生因其消化器生理的研究告一段落而享受世界性的荣誉(1904 年接受诺贝尔奖金)以后，以他本人无比的智力、精力和坚忍不拔的毅力，领导着几百名优秀的门人，从事于科学难题中的这个难题的研究和解决，这样，30 余年间的集体工作的结果，终于把这难题的钥匙掌握住了。

与他的伟大研究的成绩有关的最系统化的说明，就是《大脑两半球机能讲义》的这本巨著。这本书是 1927 年出版的。很显然，这本书的内容是他最初 20 余年来的工作的总结。在本书出版以后，条件反射学说有关的新成绩是逐年增加的。在苏联研究这个学说的学者非常多，不止千人，当然与此并行地，有关的资料因此就更加丰富起来。在他逝世以前(1936 年)，他几次想把新的资料增补到这本书里来，但是因为需要很多的时间和精力，他未曾能够达到修订的目的。然而这本书虽然只基于巴甫洛夫先生实验材料的一大半而写成的，可是本书的意义并不因此而减弱，正如巴甫洛夫先生在本书第三版的序文所说"……只有根据本书的系统，我们才可能透彻地理解，牢固地记忆。"

我们由这本书才可以获得有关条件反射学说的全部基本事项的理解。条件反射学说的重要理论和事实，如大脑机能的基本机制(一时性联系的形成，兴奋与制止的相互作用，这两个过程的扩展与集中，正性诱导与负性诱导)、大脑皮质镶嵌细工式的构造、神经系统的类型、实验性神经症等，只由这本书我们才可以正确地领会。在本书最后的部分，巴甫洛夫先生批评了他自己初步的结论，并提示了做科学研究的方针，这正是伟大的巴甫洛夫先生探求真理的道路，对于科学工作者是一个很重要的启示。

这本书的真正价值，会与时俱进地为科学家所理解，这是绝对无疑的。苏联的大生理学家乌赫顿斯基（А. А. Ухтомский）先生关于条件反射学说的意义，曾经这样地说过："我想重复地再说一句历史性的话，就是'23 世纪会向着我们这里看。'"乌赫顿斯基的这句话是极正确的。条件反射学说的宏大意义和实用性，一定是逐年地更加光辉灿烂的。

巴甫洛夫先生的大弟子贝可夫（К. М. Быков）院士曾经说过："条件反射的知识对于医师、生物学者和哲学者是不可缺的需要。"事实上，教育学家、心理学者，如果不领会条件反射学说，恐怕是很难认清他们自己的任务的。

尤其重要的是条件反射学说在马克思主义、列宁主义哲学上所占的地位。马列主义的反映论应该是我们思想上的指南针。在苏联，许多哲学家都公认条件反射学说是反映论在自然科学方面所获得的重要证明。为了更好地学习反映论，条件反射学说的研究是很重要的。

译者从 1945 年起，即有志于这本书的翻译。自 1949 年至 1951 年春季止，译者在时代社出版的《苏联医学》上曾陆续地把《大脑两半球机能讲义》（当时的译名是《关于大脑两半球工作的讲义》）的一部分篇章译成中文，但是当时不曾能够完成完整的译本，这是很引为遗憾的。

巴甫洛夫先生的这部巨著，早有安烈勃的英文译本和林髞的日文译本，此外，在 30 年代还有德文译本，译者不详。安、林两个译本都与巴甫洛夫先生原著颇有出入。数年以来，这本书的重译成为译者本人的一个中心志愿，曾经重译三四次，因为原文不仅理论深奥，而且文笔优美、逻辑精确，同时俄文和中文语法大不相同，而专门名词大都是巴甫洛夫先生创造的东西，如何把原文其意忠实地表达出来，这实在不是一件简单的事情，这就在翻译工作进行中引起一些不可避免的困难。现在最后译稿告一段落，本人在自己的责任感上，才觉得多少轻松一些。

本书的译本是根据苏联科学院 1949 年版本翻译的。巴甫洛夫先生的弟子贝可夫院士肩负了该版印行的责任，并且他做了一篇很长的后序，叙述了原书的纲要。在翻译的时候，译者也参考了 1949 年苏联科学院出版的巴甫洛夫全集第四卷中的原文。

本书译文的最后，增加了若干的附录，这是为了参考条件反射学说发展方向的。

我们祖国伟大的解放战争已经是决定性地胜利并且进入第一个五年计划开始的时期。在毛主席号召之下，苏联先进科学技术的学习已经成为我们新中国科学工作者的中心任务。如果这个译本能够或多或少地成为学习苏联科学巨人伊万·巴甫洛夫学说的资料，因而有助于辩证唯物主义科学思想的发展，这就是译者在伟大的毛泽东时代的一个诚恳的希望。

1953 年 2 月　戈绍龙

附　录　六

戈绍龙学习笔记

·*Appendix Sixth*·

伊万·巴甫洛夫先生的这部巨著，包含着深奥的理论和复杂的实验，不是一读就懂的。译者为本人学习起见，参考了一些书籍，写了这些笔记。主要的目的是，关于本书内重要事项的发展，摘录了若干资料，同时为便于记忆起见，把若干章内的要点也记录下来。本来，巴甫洛夫先生在演讲的时候，必定同时进行实验，所以听讲者很容易了解。因此在这笔记内也添了一些插图（主要参照了外文各书籍），这样，就比较能够有助于理解和记忆。本笔记的资料，主要参照了如下的几本书籍。

一、《动物高级神经活动（行动）客观性研究实验 20 年》[Двадцатилетний Опыт Объективного Изучения Высшей Нервной Деятельности (Поведения) Животных（即伊万·巴甫洛夫全集第三卷）]。

二、有关生理学各部门的论文（即伊万·巴甫洛夫全集第五卷）。

三、巴甫洛夫星三会志（Павдовские Среды）三卷。

四、《俄罗斯生理学史概要》（Очерки По Истории Физиологии в России）[科绪托阳兹（Х. С. Коштоянц）教授著]。

五、《高级神经活动病理生理学概论》（Очерки Патофизиолотии Высшей Нервной Деятельности）[伊万诺夫·斯莫连斯基（А. Г. Иванов-смоленский）教授著]。

六、《巴甫洛夫院士条件反射学说及其学派》（Учение Академика Павлова Об Условных И Его Школа）[弗洛洛夫（Ю. П. Фролов）教授著]。

星三座谈会志是每周三以巴甫洛夫为中心而举行的有名的座谈会的记录，共三大册，其记录的几乎全部是巴甫洛夫本人的发言。《俄罗斯生理学史概要》及《高级神经活动病理生理学概论》都是先后获得斯大林奖金的著作。弗洛洛夫教授也是巴甫洛夫的高足弟子之一。他的《巴甫洛夫学说及其学派》一书，早已有英文译本和日文译本。参考这些书籍资料对于巴甫洛夫学说的发展是颇为有益的。

对于参考书的选择，也不是一件很容易的事情。例如巴甫洛夫的大弟子奥尔倍利所著的《高级神经活动的问题》一书，是一部 800 页的大作。其中关于第二信号系统的问题，即有三个演讲的记录。巴甫洛夫逝世后，奥尔倍利是巴甫洛夫各研究所事业的继承人。他在交感神经系统方面的研究成绩是闻名于全世界的。照道理,他有关第二信号系统的说明,应该是很可靠的。然而在1950年为巴甫洛夫院士学说的发展而在莫斯科举行的苏联科学院及苏联医学科学院的联合大会上,其有关第二信号系统的解释就受到了彻底的抨击。由此可见,对于巴甫洛夫学说的学习,并不是如此简单的事情。

这些笔记是本人学习时的参考资料的笔记,对于读者也许不无若干帮助,所以就付印了。巴甫洛夫自己说,这本书是他25年间"不断地思索的成果"。我们如果要深入了解这个学说,就必须多下工夫,多读多想才行。初读的时候,也许不免感觉不少的困难,但是越读越有兴趣,这是必然的。

1953年2月　戈绍龙记

第一讲

第一,高等动物的行动与大脑两半球的关系显然是极密切的。譬如动物中的狗,如果其大脑两半球被摘去,狗就会变成残废,如果没有旁人的帮助,狗就会死亡。同样地,人类的大脑两半球,如果因疾病或外伤而或多或少地发生障碍,他的行动就会受影响,甚至也会变成一个残废者,而必须接受照顾。

虽然如此,大脑两半球有关的研究却是很贫弱的。主要的原因是,大脑两半球机能的研究受了两种学问的支配——一个是生理学,另一个是心理学。而大脑两半球机能研究之所以不能进步,主要地就是由于唯心主义心理学实验方法本质上的缺点。美国的詹姆斯和德国的冯特虽然标榜了应用实验心理学的方法,以研究大脑机能,可是他们的方法,依然是主观、唯心的,所以并不能对于大脑机能的研究有重大的贡献。

法国的迪卡儿老早就提出了反射的概念,以说明精神机能,这是比较进步的,然而这也不过是一个推测,并不曾有什么实验性的证明。他把精神现象都归纳于松果体的作用是完全没有什么根据的。

第二,巴甫洛夫在本书中,特别地举出谢切诺夫《脑的反射》一书的意义。因为谢切诺夫(H. M. Сеченов,1829—1905)是开始主张用客观的生理学方法进行精神活动的研究的人,他的这本著作在世界自然科学史上是极为重要的。

谢切诺夫是世界伟大的生理学者中的一人。巴甫洛夫把谢切诺夫称为"俄罗斯生理学的父亲"。在谢切诺夫《脑的反射》的著作内,重要的研究是中枢性制止过程的现象(явления централного торможения)。他在1862年以实验的研究证明了如下的事实:如果把蛙的大脑与脊髓切离,对大脑一定部位横断面的刺激,会抑制脊髓性反射的出现。尤其在对视丘的横断面给予刺激的场合,抑制脊髓反射的效果是最强而最长的(图1)(蛙在上述的大脑手术处理以后,被悬挂起来。在蛙的下方有一个器皿,其中装有硫酸溶液。当蛙腿触及硫酸的时候,蛙腿会屈缩,这就是一种脊髓性反射。如果用食盐结晶刺激视丘横断面,蛙腿屈缩所需要的时间,就显著地增多。这就是说,脊髓反射被制止了。当然,在未刺激此视丘横断面以前,在蛙腿因接触硫酸溶液而收缩的场合,需要多少时间,这是预先测定的)。谢切诺夫由于多数的实验而达到一个结论,就是在蛙的视丘内,存在着一种神经机制,在这一部位兴奋的场合,能对脊髓反射加以制止。这就是中枢性制止过程的发现。

在谢切诺夫这个发现以前,生理学者们认为在中枢神经系统里,只有兴奋过程而没有制止过程。所以谢切诺夫这一中枢性制止过程现象的发现,是中枢神经系统生理学上的一个极大的进步。

谢切诺夫在1863年根据他的中枢性制止过程的实验资料,发表了"脑的反射"的著作。这本书在世界文化史上具有极重要的意义。

他在这本书中,提出了一个极重要的新观点:"有意识的生活上的一切动作,从其起源而言,都是反射。"根据这个论题,全部的精神生活,包括一切运动性的表现在内,都是由感觉器官从外方接受刺激的作用而成立的。

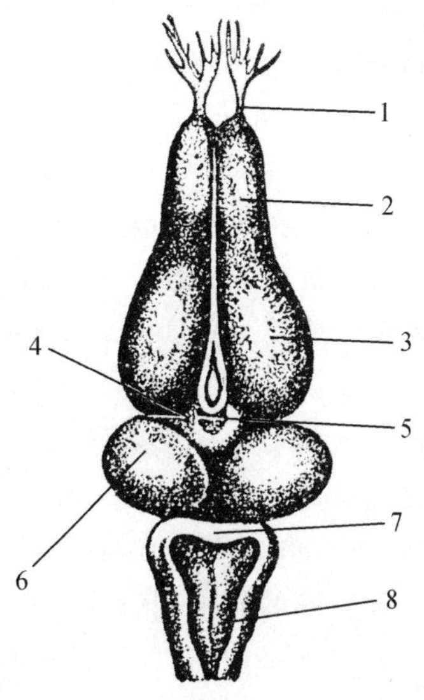

图 1

1. 嗅神经,2. 嗅叶,3. 大脑两半球,4. 视丘,5. 大脑切断线(食盐刺激面),6. 两叠体(视叶),7. 小脑,8. 髓体

谢切诺夫说明:"大脑活动无限的外在的表现,结果都可以归结于一个现象,即肌肉运动的现象。"巴甫洛夫在本章内指明着:"从谢切诺夫的观点说,思想是效力表现的(效验性的)终末组织受了制止作用的反射,而情绪是兴奋作用广泛地扩展的反射。"

谢切诺夫学说的另一个重要的结论是:"由反射方式而成立的一切精神活动必定全部地都适合于生理学的研究。"

上述的说明显示,所谓精神活动的全部都是反射,并且都能用客观的生理学的方法加以研究。这样,谢切诺夫所开辟的精神现象的问题,树立了唯物主义的观点,这对于最难解的精神现象研究动向的发展,具有巨大的意义。

谢切诺夫的这部唯物主义的巨著《脑的反射》的出版,经过了许多曲折。这本书本来是预定在当时有名的杂志《同时代人》(*Современник*)上发表的。《同时代人》是19世纪俄罗斯思想最前进的杂志。俄罗斯有名的进步诗人涅克拉索夫(Некрасов)是当代《同时代人》杂志负责编辑者之一,他负责接洽,并决定《脑的反射》在1863年第十号《同时代人》杂志上发表,但受了沙俄政府的检查而被禁止。其结果是,在经过长期的滞难以后,这部著作终于在1863年年末的医学通报上发表了。值得记住的是,在1866年7月,沙俄政府的法庭曾经因为这本著作的缘故而对谢切诺夫起诉。谢切诺夫因此终身受了沙俄警察的暗中监视。沙俄政府的临时检查委员会,内务部长华鲁耶夫在追究"沙皇暗杀案"的报告中,会举出皮沙列夫(Писарев)及谢切诺夫的著作。如众所周知的,皮沙列夫是19世纪俄罗斯大思想家之一。华鲁耶夫的报告是这样评说谢切诺夫这部著作的:"必须注意谢切诺夫(内外科学院教授,虚无主义者,最受大家欢迎的理论家)的'脑的反射'。这本著作以通俗的方式宣传极端的唯物主义。"

巴甫洛夫本人曾经指出过:《脑的反射》这本书对于他以后高级神经活动条件反射学说研究的发展,具有很重大的影响。

第三，巴甫洛夫在研究消化生理的阶段中，注意到了一个极常见的事实，就是实验动物的狗一看见食物，会有唾液的分泌。当时，巴甫洛夫把这个现象叫做精神性分泌(психическая секреция)。在19世纪90年代的后半期，巴甫洛夫已经重视这个现象，安排其门人乌尔弗松(С. Г. Вульфсон)医师进行有关的研究。结果是，狗一看见食物，狗的口腔黏膜和腮腺都会有唾液的分泌。当时乌医师的实验结果最令人惊异的是，由于狗所看见的食物的差异——狗所嗜好的(食物)或厌恶的(酸类)食物——唾液的性质和分量就都有差异。而且这是与狗口内摄取这些不同物质的结果互相一致的。

巴甫洛夫对于这个现象加以注意和深思，并决心用客观的生理学方法解决这个问题。这就是条件反射研究的开端。当他着手于这个纯粹客观性研究的时候，助手中也有坚持反对意见的人，此人就是斯那尔斯基(А. Т. Снарский)医师。斯氏在实验进行中，也获得了若干有趣的结果。斯氏用染成黑色的酸溶液数次注入于狗的口内，就有大量唾液的分泌；其次，斯氏对于该实验动物，注入黑色的溶液，同样地也引起了大量唾液的分泌，并且以后使狗看见黑色的水，也获得同样的结果。在当时，这是一个很重要的实验。

巴甫洛夫对于这些实验的解释是纯粹客观的，而斯那尔斯基却相反地用主观的看法解释动物的精神活动，与巴甫洛夫的意见常常冲突。结果是，斯氏不肯继续按照巴甫洛夫方针的客观性研究而辞别。巴甫洛夫在他的巨著《动物高级神经活动(行动)客观性研究实验20年》中，曾经这样追忆这一事件：

> “我开始和我的同人乌尔弗松及斯那尔斯基两医师研究唾液腺兴奋的问题。斯氏进行了这类兴奋现象的内在机制的分析，采取了主观的态度，就是说，用我们人类本身的解释，同样地想象狗的思想、感觉和愿望(我们的实验是用狗做的)。其时在我们实验室内发生了此前不曾有的事情。关于狗精神界现象的解释，我们的意见非常冲突，不能用任何方法获得同意的结论。……斯氏坚持主观性的解释，而我则对于当前的课题如此主观性态度的荒唐和无益，深感困难，开始探索另一条出路。在深刻地熟思本问题以后，在本人精神上深刻地斗争以后，终于下了决心，对于这所谓精神性兴奋的问题，保持纯粹实验者的态度，只注意于外显的现象及其关系。为了实现这决心，我就与一位新的同人托洛齐诺夫(И. Ф. Толочинов)着手于研究，于是以后继续20年间的研究工作，并且有了几十位工作同志参加工作。”

巴甫洛夫的这段回忆，说明在条件反射研究开始的当时，客观的方针与主观的见解两者间的斗争是多么深刻的。

第四，反射的概念。巴甫洛夫解释了反射的概念，说明了反射是原因与结果的关系，这是极为重要的一个观点。一切由外方而来的种种刺激(譬如任何一个声音或一个气味)，都会引起动物的应答性活动，所以这些外来的刺激都叫做外来动因(внешний агент)。在外来动因与因此而发生的动物活动之间，必定有一定规律存在着，就是说，这些反射现象是必受自然科学规律的支配的。

巴甫洛夫把精神现象叫做高级神经活动。条件反射的研究，也就是高级神经活动的研究，同时也就是精神活动的研究。从生理学的观点说，这个概念是必要的，因为“精神现象”是心理学的名词，在生理学的研究上是不十分适当的。巴甫洛夫把高级神经活动作为具有自然科学性的因果性的关系看待，这就是坚定的唯物主义立场的表现。从唯心主义的心理学的立场说，“精神现象”是为一种超自然力或神力所支配的，因此就没有因果关系可以发现。唯心主义的所谓活力主义、直观主义……等等，都是不能用因果关系加以解释的，这就是一种非科学性的理论。

巴甫洛夫为了说明反射的规律性，还利用了物理化学中的平衡现象，指出反射也是保持生物对周围环境的平衡关系的。这个说明是一个由浅入深的解释，是需要我们努力理解的。如果把这个保持平衡的关系当做机械性的平衡看待，就不免陷于机械唯心主义的错误了。

（一）各种反射。从反射的效果而言，反射有两种：一是阳性反射，一是阴性制止性反射。这些反射是按一定规律发生的。生理学的任务是在于彻底完全地阐明这些反射发生有关的规律，以便掌握生物的这类反射性的活动。

（二）本能的问题。在生理学的初期，有关反射的研究，主要的是个别器官的活动，而关于本能的问题，却因为本能具有巨大的复杂性，所以往往不曾把本能当做反射看待。

巴甫洛夫举出了若干的事例，来说明本能就是复杂的反射。他举出呕吐、动物做窠、马格努斯去脑猫的由高向下落而站立的实验、动物交尾期的种种事例，说明这些现象都是动物个体对外来动因的规律性的反应，因此他主张，在这些场合，都以应用反射的观念而说明为宜。

直到现在，所谓本能的现象，包括许多研究对象，譬如食物性本能、自卫本能、父母本能及社会性本能，都不曾有过彻底的研究。巴甫洛夫更举出自由冀求反射及探索反射等等，以证明反射范围内研究对象的需要认识和研究。

第五，在实验动物大脑皮质被摘除以后，在各种反射方面，发生了什么变化？

动物在大脑皮质被摘除以后，如果触及食物，依然会吃；如果皮质受电气或其他刺激，它会回避；如果有声响，它会竖起耳朵（探索反射）——这些现象就意味着，动物还保存着若干的反射。然而从动物维持生命而言，这是不够的。动物在大脑被摘除以后，对于不在口内而稍有距离的食物，就本能地接近，所以必须被喂养着，并且同时对于当前的危险，也不知回避，所以随时有受种种危险威胁的可能。这就是在大脑皮质被摘除以后，信号性的反射都消失的结果。[①]

巴甫洛夫在第一讲的最后说，大脑两半球基本的活动，即是信号性活动，并且信号是无数的，信号作用也是易于变动的。大脑两半球机能的复杂性即在于此。

第二讲

第一，在高级神经活动的反射之中，有生成的反射与后天获得的反射的两种。

---

① 15页15行：“上述已丧失的刺激物……是很显著的”。此句指在正常的时候，远隔性刺激物，如食物的外形、声响等等是存在的，但在大脑两半球除去以后，这些远隔性刺激物即丧失，同时其物理学上的机械性利益即丧失，而这类利益的丧失，与未受大脑手术的正常时相较，就会显著。

（一）生成的反射，这是比较少数的、近距离的、一般性的。譬如用食物的生成性反射做例子吧。如果把食物放进于实验狗的口中，就会引起唾液的分泌，这是生成的、近距离的、一般性的。同样的，如果用电流刺激皮肤，动物会采取回避运动式的反射，这也是生成的、近距离的和一般性的。这一类生成的反射是比较地不多的。

（二）后天获得的反射，就是信号性反射。在高级动物个体的生存上，信号性活动是必要的。譬如狗或其他驯养的动物，听到猛兽的吼声，看见猛兽的形态，嗅着猛兽的足迹等等，即能作回避的动作，而上述的"形态、吼声、足迹"等等都是信号性的刺激，这些都是可能相当远距离的、多种多样的。如上讲所述，大脑机能最重要的部分即在于此，客观性研究的目标也在于此。

这些信号性的刺激是后天获得的，证据是很多的。有些研究者做过如下的实验。

在莫斯科的动物园里，作成了一个小的、特殊的围场，让小动物在围场上游戏。在这围场上，很容易使幼羊与幼狮、小狐与小兔、小鼠与小猫等等相敌视的动物过着和平的生活。只要把小鼠和小猫共同地洗浴过一次，而水是温暖的，这互不相容的两种动物就会和平共处。因为在共浴的时候，幼鼠的身体会获得幼猫的气味。在幼鼠受了这样的处置以后，母猫甚至于肯把自己的奶喂给幼鼠吃。

同样地，在莫斯科的动物园里，有时可以看见为幼犬哺乳的母狗会把奶给幼狮吃。这都是经过特殊的处理以后而成立的事情。

在阳光照耀之下，可以看见幼熊、幼犬、幼羊及其他的小动物都在小围场上共同地嬉戏。然而与小动物的年龄逐渐增大的同时，这样的共同生活就对于若干动物会越来越危险了。如果母猫在幼猫的面前捕捉活的幼鼠而咬杀吞食，那么，幼猫嗅到了鼠血的气味并且尝过鼠肉的滋味，这幼猫对幼鼠的关系就会改变，以后幼猫一看见幼鼠，就会把幼鼠弄死。这些事实意味着，幼猫原有的反射（与幼鼠和平共处的关系）现在已经为一种新的反射所代替了。

第二，实验目标的动物器官是什么？是哪些反射？实验方法是如何？

（一）巴甫洛夫在本书中所记载的研究器官，主要的是大脑与唾液腺。这是由于巴甫洛夫研究条件反射的历史性发展而然的。

（二）在反射方面主要地是：i）食物性反射；ii）由动物口中有动物所厌恶的物质而引起的轻度防御反射；iii）强烈的防御反射，譬如由电流所引起的防御反射，不十分适于应用，只在极少数的必要场合，才加以应用。

在应用食物性反射的场合，观察反射现象的标准有二，即：

甲、唾液分泌的数量及速度，有时也注意于唾液的物理化学的性质；

乙、在必要时，也观察食物性反射的运动现象。

（三）唾液腺的手术法。通常将动物腮腺的导管，有时也将颌下腺的导管，用手术的方法由口内而移植于颜面的表面（图 2）。这样，在实验时候的唾液排出量，可由测量管的划度而计算，或由滴数而计算（图 3 测量管）。

关于唾液腺导管的手术法，最初是格林斯基（Д. Л. Глинский）在巴甫洛夫的指导下所完成的。他在 1895 年发表了"唾液腺机能的实验"一篇论文，即是有关动物唾液腺手术的方法。按照这个手术法，在狗的唾液腺上可以重复地进行实验数月乃至数年之久。

图 2

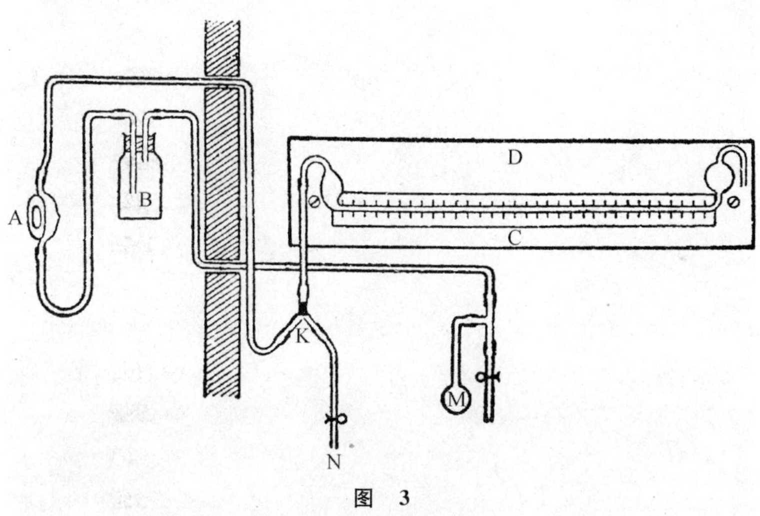

图 3

关于条件反射的实验方法，巴甫洛夫的门人柏德可琶叶夫(H. A. Подкопаев)教授编写了一本很详明的书籍《条件反射的研究方法》(Методика Изучения Условных Рефлексов)(初版 1926 年，再版 1935 年)。

条件反射的初期实验，都是用腮腺或颌下腺的导管所排泄的唾液作为测定的标准。预定的狗在接受了麻醉处置以后，将其颊部的黏膜向外方翻转，就可以看见，在其第一臼齿附近的黏膜部位有红色或暗黑色的乳头状小突起。如果压迫这个突起，有时就有少量唾液的排出。这就是腮腺导管的开口部。发现这开口部以后，用软的细探针插进去，很小心地用探针探索腮腺导管的通路，把探针插进到 5～10 厘米的深度；其次把开口部和导管的若干周围组织剥离，使之与颊部其他组织分离。在导管周围被剥离到 4～5 厘米的深度的时候，即在颊部开一切口，直达颊部皮肤的表面。颊部表面的该部分的毛，需要预先剃去，以便以后可以把一个承受唾液的漏斗接合上去。

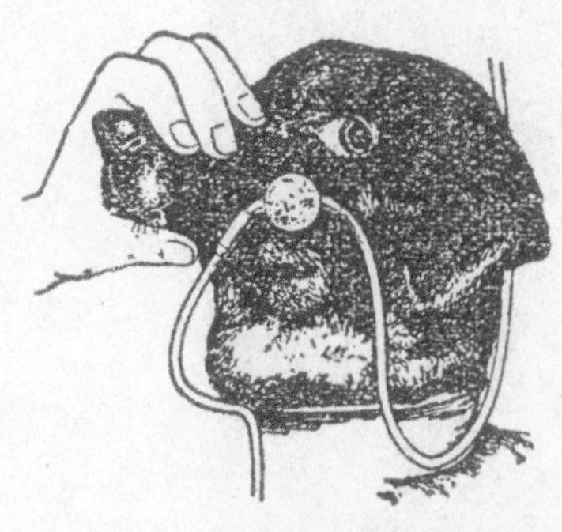

图 4

腮腺导管的开口部被移植于皮肤表面以后，需要与该切口部互相缝合。缝合时，应用细针和丝线很小心地进行缝合。当然，口腔内部切口也需要加以缝合，但可以不必特别紧密地缝合。

缝在颊部表面的腮腺导管开口部，从手术的当天起，涂上凡士林，轻轻地绑上绷带，以防外伤。过了几天，这导管开口部即与周围组织相愈合，唾液由此向皮肤表面排出。此时，把缝合线抽去，轻轻地将开口部清洁干净。同时使狗吃肉粉，唾液就会分泌。在手术部位完全收口以后，把金属制或玻璃制的漏斗装上，这样，就可以计算唾液滴数（图 4）。

（四）实验室的环境必须尽可能地避免一切不必要的刺激，否则实验的结果不会正确。在巴甫洛夫研究所里，有特殊构造的实验室（图 5～7）。在实验的时候，外来的各式各样的刺激，都可以避免。

图 5　静塔

第三，信号性活动的研究。

（一）信号性活动都是后天地获得的。甚至动物一见食物而流涎，这就是一种信号性活动。奇托维契的实验，证明了这个事实。

（二）无条件反射与条件反射。

i）无条件反射＝生来反射＝种族反射＝直通反射。

ii）条件反射＝获得反射＝个体反射＝中继反射。

巴甫洛夫断定地说："条件反射是最日常广泛的事实。在我们人类本身上，又在动物上，所谓训练、培育、习惯等等的不同名称，显然地这些行动都是条件反射。"因为巴甫洛

图 6

图 7

夫只从大脑生理学上记载这个问题，所以不过只用简单的数语谈及训练、培育就是条件反射的事实。从人类及动物的智能而言，这显然是一个很重要的说明，他明确地指出，在个体生活的经过之中，一定的外因与一定的应答性活动就是些复杂的条件反射(培育、习惯等等)。这就显然地意味着，人类乃至动物的智能是与一定外在的条件相配合而成立的反射。这就是从唯物主义观点，指出了精神活动的本质，是非常值得注意的。

(三) 条件反射成立的条件。

i) 引起无条件反射的无条件性动因必须与本来对该动物无关系的动因在时间上互相一致地加以应用，这是第一个条件。譬如食物或酸液一入动物的口内，就会无条件地绝对地引起动物的活动(唾液分泌及运动性反应)，所以在这场合，酸和食物是无条件性动因(引起动作的刺激即动因)。相反地,在本讲内所举的拍节机,这本来是与动物无关系的刺激(即无关性动因),但与无条件性动因共同地应用若干次以后,就会有条件反射的成立。

ii) 在形成条件反射的场合,无关性动因必须在无条件刺激物以前先被应用,否则条件反射不能成立。

巴甫洛夫举出克列斯托夫尼可夫的试验,当做这个条件的说明。如果先应用无条件刺激物而后用无关性动因,则虽重复应用几百次,条件反射也不能成立。但在本书的第二十二讲内,巴甫洛夫说明了另一种的情况(参看第二十二讲),与这个情形不相符合。不过可以确定地说,在一般的条件反射实验的场合,需要把无关性动因先应用,其次应用无条件刺激物,条件反射就容易成立。

iii) 在动物大脑两半球方面,必须有如下的条件:甲、大脑两半球保持着活动的状态,在瞌睡状态下条件反射不能成立;乙、在进行条件反射形成的实验时候,不能有其他的外来刺激;丙、动物必须具有正常的健康。

关于条件反射形成所需要的注意,有一位学者说:

> 如果我们从事于条件反射形成的实验,我们会看见,有时很容易成功,有时却发生一些什么困难。有时实验工作者非常吃力,可是条件反射不能形成,但其他的工作同人却能够把条件反射形成了。显然,不言而喻的是,构成条件反射的基础既然是无条件反射,无条件反射必须充分有力,才能够形成新的条件反射。
>
> 譬如以唾液腺的活动做例子吧。假如动物吃得过饱,而你把它即刻带到实验室里去,想利用小量的同一食物,形成条件反射。狗现在看见食物后,却把身子转过去,不加理会,因为它的胃饱满了,血液中正有已消化的产物循环着,动物是瞌睡的,它对食物连看也不看。因此条件反射的实验是不会成功的。这是我们每个做实验的人所犯过的错误。
>
> 所以第一个条件是,动物的状态必须是无条件反射很显著的。如果是食物性反射,动物就不可是饱食的,而是相当饥饿的,并且食欲兴奋性是相当强烈的。
>
> 把动物带进实验室里来,必须在唾液腺导管开口部装上唾液的漏斗,把它带上实验架台去,圈上颈索,以便着手于实验。这些手续必须是对动物神经系统没有什么影响的。但是这些手续可能是很粗暴的,因而食物性反射会被制止。这是在初做实验的时候容易发生的事情。譬如你用力把狗带进实验室里来,带它上实验台,用过热的遮莫斯卡(замазка)粘上漏斗(注:遮莫斯卡是黏着用的),引起灼伤,并且用绳把动物扎得很紧,动物不便于站立。这些因素都会引起疼痛。结果是,动物不肯吃食物,或者它虽然吃,但是无条件的唾液反射却被制止住了。”

上述的说明是对于初做条件反射实验者的一个重要的指示。

第 三 讲

第一,第一级以上的条件反射。在新异动因只与已成立的、坚定的条件刺激物互相结合而重复地被应用的场合，该新异动因也会成为条件刺激物，这就是第二级条件刺激物，这一反射叫做第二级条件反射。第二级条件反射成立的条件如下。

（一）不但在条件刺激物开始作用以前，新异动因的作用必须停止，而且停止的时间（即间隔时程）必须超过10秒以上。

在新异动因的生理学强度是中等的场合，间隔时程不得少于10秒。在新异动因的生理学强度是相当大的场合，这间隔时程会更加长。

（二）在弗洛洛夫的实验里（表2），第一级条件刺激物是拍节机和电铃（都是声音性刺激物），而第二级条件刺激物是黑四角形。要注意，第二级条件刺激物的反射量（2.5～3.0滴），远远小于第一级条件刺激物的反射量。

（三）如果无条件刺激物是食物，就只能形成第二级条件反射为止，不能形成第三级条件反射。但是如果无条件刺激物是强力的电流，则可形成第三级条件反射。

在弗尔西柯夫的实验内，无条件刺激物是电流。皮肤机械性刺激是第一级条件刺激物（图8），水泡音是第二级条件刺激物，音是第三级条件刺激物。

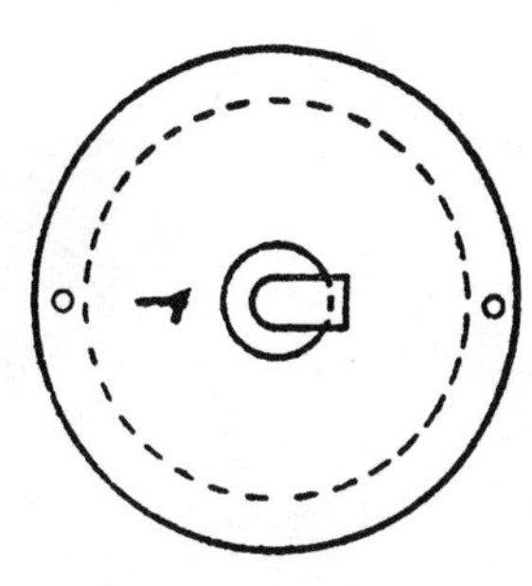

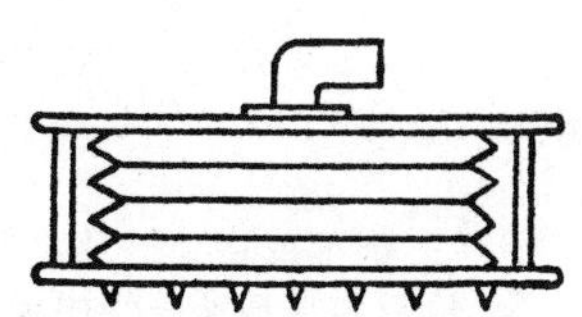

图8　对实验动物给予皮肤机械性刺激的刺激器，这在俄语中叫做卡沙尔卡（касалка）

在由第一级向第三级条件刺激物进行的场合，与此逐渐并行地，潜在刺激时间会逐渐加长，而防御性反应会逐渐减弱，这是值得注意的。

链索性反射：由无条件反射而形成第一级、第二级乃至第三级条件反射彼此间的关系是链索性的。

第二，条件反射建立的方法。

（一）以无条件反射为基础而形成条件反射。

（二）以确实的条件反射为基础而形成第二级乃至第三级的条件反射。

（三）用药品如阿卜吗啡或用吗啡注射以后，经过若干时间以后，也能形成条件反射。

巴甫洛夫在此处谈及摘除副甲状腺以后的狗，只在其吃过一次肉以后，就不肯再与肉相接触。他又举出受了爱克瘘管手术以后的狗，也会具有同样的情况。所谓爱克手术是由爱克（H. B. Экк）在1877年所创始的、使门静脉与下腔静脉互相勾通的实验方法，其目的是希望应用于肝硬化症兼腹水的病人。爱克做了8只狗的实验，手术虽然成功，7只狗在手术后一周以内都死亡，只有一只活了两个半月，以后逃走，结果不明。

巴甫洛夫本人以后为研究这类实验狗死亡的原因，曾经用60只动物做了同样的手术，在1892年提出了有关这实验的报告。手术后生存的狗约20只。动物在手术后往往有强烈的痉挛发作，甚至于因此而死亡。手术后幸而继续生存的动物，常常有些异常症状的出现。动物在笼中会不断地运动，有时要向笼壁上爬，呼吸频促，终于会发生痉挛。在这些症状与营养物之间存在着一定的关系。动物在手术后，一看见肉就会拼命贪食，但是以后会有多少强烈的神经症状的发作，有时就会死亡。而继续幸存的狗，以后就在很长的时期以内，不肯再与肉类食物相接触。如果一部分狗过了相当长时期以后再吃肉，神经症状又会发作。大多数的狗，情愿挨饿，不肯再吃肉，这就是巴甫洛夫在第三讲里当做爱克瘘管手术后对肉食的条件反射而举出的例子（参看巴甫洛夫全集，五卷，1～25页）。

第三，条件反射成立的过程（图9～12）。

根据巴甫洛夫的学说，无条件刺激物会形成无条件反射（图9）。

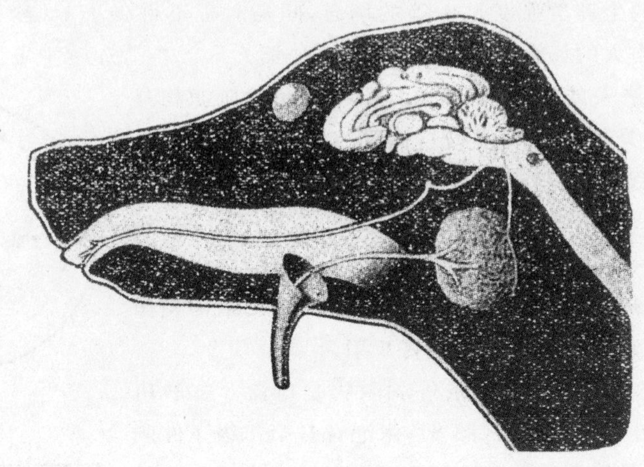

图9　无条件反射

酸液或食物触及舌的表面以后，由传入性神经（图中舌部内的神经）将兴奋向延髓传导（延髓内有唾液分泌中枢），再由传出性神经向唾液腺（图中杨梅形部分）传导，引起唾液的分泌，由唾液腺出口（图中漏斗形）排出。

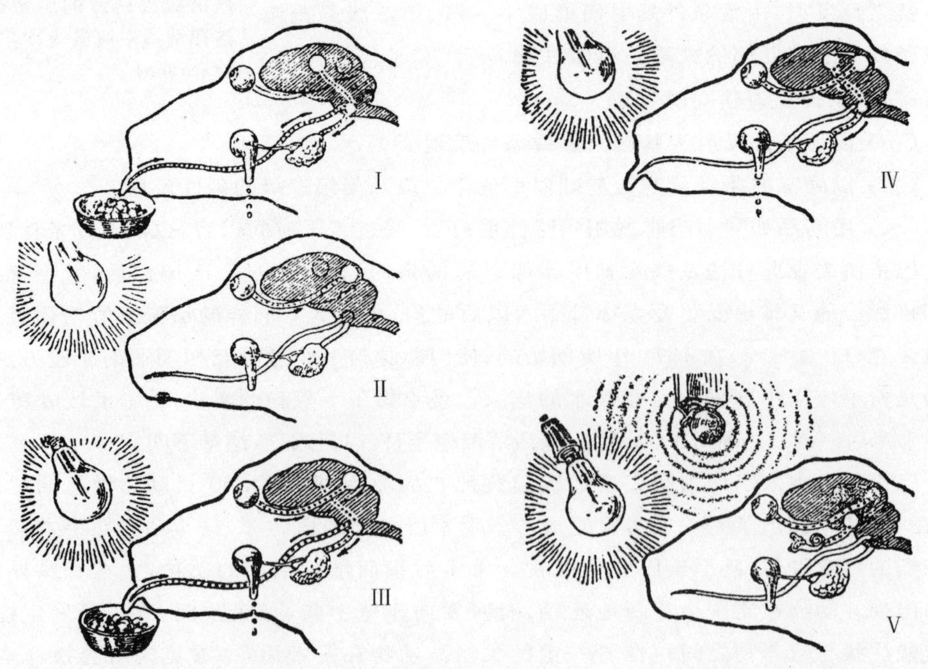

图　10

巴甫洛夫关于条件反射成立的过程，举出了一个可能性，就是假定无条件刺激物或确实形成的条件物在发挥作用的时候，大脑皮质的一定部分会进入于活动状态（这就是中心部），而同时也发生作用的新异动因（外来刺激）的刺激也会向活动中的无条件刺激物或确实形成的条件物有关的皮质活动部（中心）进行。在无条件刺激物（或确实形成的条件刺激物）与新异动因同时应用若干次以后，新异动因的刺激向无条件刺激物（或确实形成的条件刺激物）有关的大脑皮质中心部的道路就会拓通了。其结果就是，只应用该新异动因而不应用无条件刺激物，也会引起与应用无条件刺激物的效果相同的作用，这就是条件反射。

如图 10 中：Ⅰ所表示的是无条件反射（狗正在看着和吃着食物，引起无条件反射。横纹线表示无条件反射的道路）；Ⅱ表示无关性动因的电灯光线的刺激经过光线分析器末梢部（即眼）由传入性神经向大脑皮质进行，在大脑皮质光领城内引起兴奋的中心部位（小圈）；Ⅲ表示形成中的条件反射（无关性动因的电灯光线由于食物而强化，大脑皮质内有两个兴奋着的中心部位）；Ⅳ表示已形成的条件反射（动物一看见电灯光线而并不吃东西，唾液也会分泌，在大脑皮质内成立了两个兴奋中心部位间的一时性联系）；Ⅴ（参看以后与“外制止”有关的说明）表示电铃发出响声，大脑皮质内声音分析器发生兴奋，因而大脑皮质其他部位的兴奋被制止住。

图 11 表示接受外界刺激的器官是舌、皮肤、眼、耳、鼻。在吃食物的场合，食物的刺激经过大脑下位部的延髓而直接向唾液腺进行，此时传入刺激的器官，主要的是舌，其次

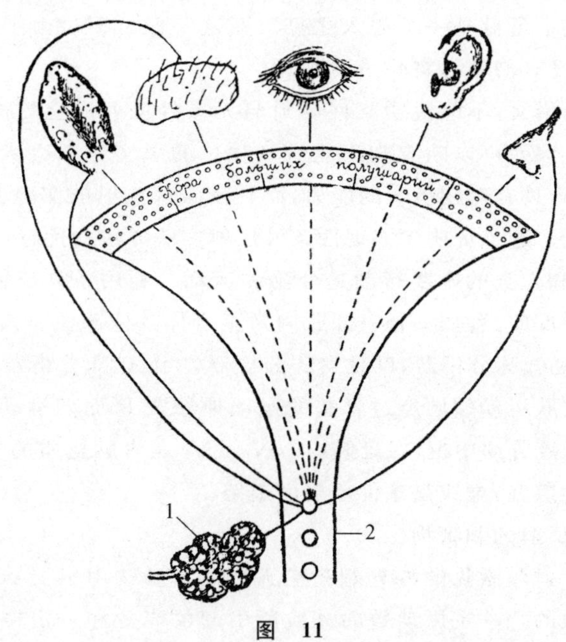

图 11

是鼻和皮肤。这样，唾液就会分泌，食物的无条件反射就成立了（无条件反射的刺激途径用实线即黑线表示）。这一无条件反射的途径，几乎是经常地开通着的。

第二条途径（用虚线表示）是条件反射的途径，这是在一定条件下与延髓中枢才会互相联系的途径。图的中部表示大脑的皮质；该部的多数小圈表示接受由各器官所传入的刺激的中心。由大脑皮质这些中心部与延髓唾液中枢的联系是用点线表示的，这就是中

继性的联系,也就是条件反射的联系。

图 11 是根据巴甫洛夫全集第三卷 74～77 页的论文原图而作成的一个图形。这篇论文原题是“从条件反射的研究而阐明的中枢神经系最高部位机制的共通点”,是在 1909 年发表的报告。这是世界上第一次用最简单的图形表现大脑一切最复杂活动的图案,是一个天才的杰作。

在这篇论文里,巴甫洛夫说:“……口腔、鼻及皮肤所接受的外来刺激直接向延髓进行(图中实线的方向),引起唾液腺的活动(图 11 中 1),这按照我们的命名,就是无条件反射。从这些感受器(指口腔、鼻及皮肤而言——译者)的各外来刺激及从耳与眼而来的外来刺激,首先向大脑两半球皮质的感受中枢进行,其次沿着虚线向延髓进行,成为另一种射的基础,这反射按照我们的命名是条件反射。在第一场合,兴奋道路是永远拓通的、确定的,是在正常生活的时候几乎常开放的。第二场合的兴奋道路,在一些条件之下是开放的,而在另一些条件之下却是关闭的。……在后者的场合,这就是一时性的中继,这就是中枢神经系最高部位活动的基本性质,这是这部分的第一个重要点。”

“似乎与这个公式相矛盾的一个事实,就是直到现在并不曾能够用光线的屈折(преломляемость световых лучей)而形成唾液腺的条件反射的事实,可是这应该是、并且有理由地是作另一种解释的。我们的实验事实既然是这样地被证实了,那么,这意味着,关于狗的通用的意见,以为狗对于光线的屈折能够发生反应,就是主观地说,以为狗有辨别颜色的能力——这个意见是一个先入之见。而这一偏见不过由于根据人类能力而成立的肤浅的推定,并没有彻底的实验的根据。”

巴甫洛夫的这篇论文,不但说明条件反射与无条件反射成立的机制,并且说明了利用条件反射实验的方法而可以断定狗不能辨别颜色的事实。虽然从主观的实验方法通行着一种意见,以为狗具有辨别色彩的能力,而利用条件反射的实验方法的结果,却能获得更确实可靠的结论。这又证明了客观性条件反射实验方法的优越性。

图 12 说明动物和人类的主要行动是分泌和运动。利用条件反射的实验方法,也可以发现种种的运动性反应,譬如动物口部肌肉乃至身体其他部位肌肉的运动。本图中的 A 是声音分析器,G 是气味分析器,D 是皮肤分析器,L 是口味分析器,M 是肌肉(即由运动分析器——大脑皮肤运动领域经过脊髓的运动神经核 R 而向运动性效果器——肌肉进行的道路),Q 是唾液分泌中枢(在延髓内),N_1—N_6 是大脑皮质的各种分析器。图中,实线是无条件反射的道路,虚线是条件反射的道路。

第四,形成条件反射的刺激物。

可以成为条件反射刺激物的外界刺激是无数的。动物由感受器官所接受的刺激种类,很显然,这是无限的。一定振动数的光波所引起的光觉和一定振动数的音波所引起的声觉,这已经是很简单的刺激,然而光的强度可能有种种的差异,音的强度也可能有种种的差异,因此对于大脑皮质的刺激也就会发生差异。再进一步说,自然界的刺激往往是复合性的,譬如巴甫洛夫所指明的,一人颜面与另一人颜面的区别,就由于颜面的形态、色彩、阴影及大小而发生种种的刺激。一个地点的认识,也需要考虑地点的形态、色彩、阴影及大小。

一般地说,可以成为条件刺激物的外界刺激,大体上,可以分为如下的几项。

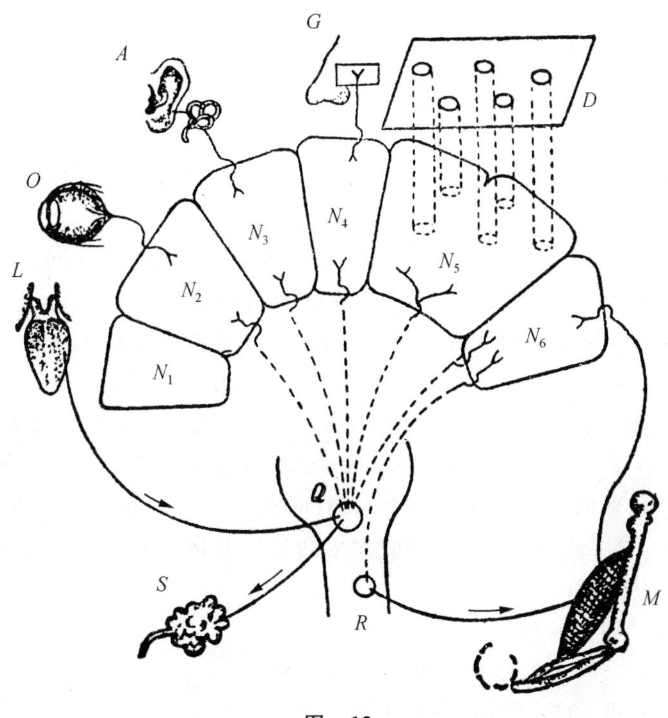

图 12

（一）现存的（наличный）刺激。譬如在食物性条件反射形成的场合与无条件刺激物（食物）共用的拍节机响声，就是现存的刺激。

（二）自然界现象的终止。

（三）自然界现象以一定速度的减弱，可能成为条件刺激物，但过慢地减弱，却不能成为条件刺激物。

（四）自然界现象的痕迹性刺激也可能成为条件刺激物。在自然界动因的刺激终止后，只经过 1 秒乃至数秒而利用于形成条件反射的场合，这是短时间痕迹反射；而在该动因的刺激终止后，经过 1 分钟以上的痕迹所形成的条件反射是长时间痕迹条件反射（表 3）。

（五）时间本身可能成为条件刺激物，就是说，刺激的后作用会成为条件刺激物（表 4）。

第五，兴奋过程与制止过程。兴奋过程是引起肌肉运动和唾液积极性（即阳性）活动的过程。制止性过程是与此相反的过程。属于前一类的条件反射是阳性反射，属于后一类的条件反射是制止性反射，也即是阴性反射。

制止性反射又可分为内制止与外制止的两种。

外制止过程是指在进行条件反射实验的时候，如果有任何新异动因的刺激同时发挥作用，该条件反射的阳性效力就会或多或少地减弱，甚至减弱到零，这就是外制止（图 10）。

（一）消去性制止物或一时性制止物。外制止过程的发生，普通是很快的，并且大都是一时性的，所以引起这类制止过程的新异动因，叫做消去性制止物或一时性制止物。

（二）有些刺激物，譬如食物，对于酸的条件反射，却具有恒常地引起外制止过程的作用。在这场合，食物是一个恒常性制止物。

第 四 讲

第一，外制止与内制止的区别。外制止发生很快；内制止的发生，不仅很慢，有时很困难。

第二，自然的反射与人工的反射。自然的反射是利用无条件反射的刺激物本身，譬如食物（无条件刺激物）放在若干距离的地位给动物看而引起的反射。人工的反射是不用无条件刺激物的本身，而用其他的外来动因经过一定的手续所形成的条件反射，譬如，表 5 中的拍节机的条件反射就是。

第三，条件反射的消去。在条件刺激物经过一定的手续（每次应用条件刺激物后，不应用无条件物），条件反射的阳性效力就会逐渐减弱，以至于零，这就是条件反射的消去。

（一）在条件反射消去性过程进行之中，有时有若干的动摇。如表 5 中所表示的，反射的消去虽然在全体上是显然的，但有时发生动摇。引起这个动摇的原因是：

i）外在环境的变化；

ii）神经过程的内在条件。

（二）与条件反射消去性过程速度有关的因素。

i）动物的个性，即动物神经系统的个性。

ii）条件反射的坚定度。

iii）形成条件反射的无条件反射的强度（表 6，表 8）。

iv）间隔时程的长短（表 7）。

v）条件反射消去性过程实验的次数。

（三）第二级消去性反射。

i）如果第一级反射消去的程度极强，第二级各反射消去的程度就不会有什么差异。

ii）如果第一级反射消去的程度是中等的，第二级消去性反射的消去程度就可能有种种的差异。

第二级条件反射消去的程度与第二级条件反射本身的相对的生理学强度有关。

与生理学的强度有关的条件是：甲、条件反射形成时期的长短，乙、强化工作的如何，丙、过去曾否受过反射消去的实验，丁、实验当天曾否预先接受强化手续。

iii）在一只动物具有几个条件刺激物的场合，如果其中第一级消去的反射的生理学强度是较大的，其他各条件刺激物的第二级消去就容易发生（表 9）。

iv）复合性条件刺激物。在复合刺激物本身消去的场合，它的各成分也就消去。在其一个成分的刺激物消去的场合，另一个成分之是否消去，则与已消去的成分的生理学强度有关。

v）生理学强度较弱的条件刺激物，在受了消去性实验而第一次达到零值以后，如果再继续地不受强化手续的处置，就会对于较强的条件刺激物也能引起第二级的消去过程。在表 10 内，温度刺激物（零摄氏度）消去而达于零以后，继续地不受强化处理数次，就对于皮肤机械性刺激物及复合刺激物本身都引起了第二级的消去（表 10）。

所以消去过程的深度，并不仅以第一次的零值为止。

（四）条件反射消去后的恢复效力的过程。

i）可能会自动地恢复作用。自动恢复原有条件作用所需的时间，可成为测定消去度深浅的标准。通常，这个恢复原有效力所需要的时间是几分钟乃至几小时（表 11，表 12）。

ii）条件反射消去后，也可借无条件反射的帮助而从速恢复原有的阳性作用。

iii）与条件反射消去后恢复原有作用有关的条件是：消去度的深浅，动物的个性，条件反射的强度及消去实验重复应用的次数。

（五）条件反射消去过程的本质。

i）不是条件反射的毁灭；

ii）不是唾液腺分泌机能本身的疲劳；

iii）也不是有关的神经成分的疲劳；

iv）而是制止过程的发展（参看表 10）。

（六）在条件反射的场合，有时会自动发生的动摇，这应该当做兴奋过程与制止过程两者互相斗争的现象看待。

（七）一个条件反射的消去，可能对于其他的同族条件反射、异族条件反射乃至无条件反射，引起第二级的消去，这是从大脑内某一个起源点的制止过程（第一级消去）向其他各部分扩展（第二级消去）的缘故。

（八）解除制止（化）（растормаживание）。在条件反射消去性过程的实验进行之中，阳性反射效力的减弱，在大体上，是正确地减弱的；但有时因为偶然的环境刺激，或者因为故意地应用的新异刺激，可能把正在进行中的制止过程突然解除，因而阳性效力会突然增强，这就是解除制止的现象（表 13，表 14）。

第四，条件反射的消去，在心理学上的应用。

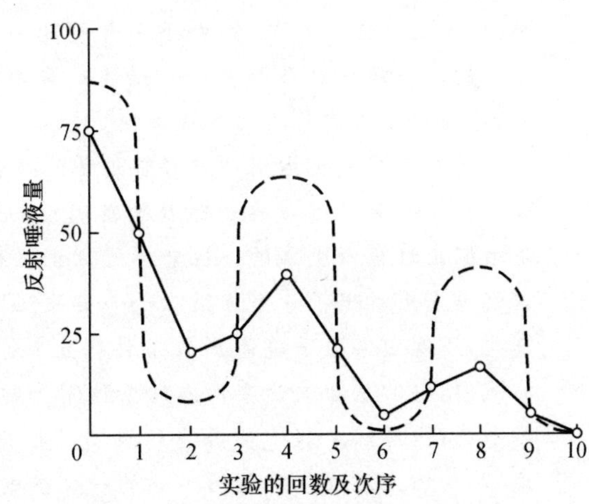

图 13　条件反射消去实验的曲线

如果把条件反射消去的过程画成曲线（图 13），很显然，这条曲线虽然最后会达到零，但在成为零相以前，唾液分泌的效力是相当摇动的，时而唾液量稍增多，时而又减少。如果把这条曲线与我们的记忆力相比较，这是不无兴趣的。在我们学习一种新事物的场合（譬如高等数学或外国语中的俄文），为了能够记忆起见，必须经过多次的诵读和思索，这就是与阳性条件反射形成的手续很相似的。在我们能够把一个新的事物记忆的时候，正与已形成的阳性条件反射相同。但是如果在把某一个事物记忆以后，不再加以温习，迟早就一定会忘却。这忘却的过程，又是与条件反射消去的过程很为相似，有时我们记得比较地清楚一些，有时候又比较地记忆得很不清楚，但是最后会完全忘却，这与条件反射消去的零相很相似的。

为了条件反射消去过程不发生的目的，必须常常接受强化处置。同样地，为了使我们保持对于某一个事物的记忆，我们必须常常温习。

记忆力良好与否，与温习的方法很有关。譬如学习俄文生词，即使起初暂时能够记住，不久又会忘记。在温习的时候，慢慢地、清楚地高声朗读，这是一个保持记忆力的条件。同时在诵读时，如果能够在脑中想象该有关事物的声音、形态、气味等等，所得的印象就会更鲜明，就会更难忘记。如果自己眼到、口到，甚至于如果自己听到而不曾心到（即是不肯在脑中想象），也还是比较易于忘却的。

人的年龄愈老，记忆力愈差，这也是由条件反射实验而能解释的。

巴甫洛夫关于老年健忘症和制止过程的衰弱（старическая забывчивости и ослабление тормозных процессов）（星三会志，一卷，69 页）发表了如下的见解。按照原书的记录简译为：

> 巴甫洛夫先生关于上星期介绍给他看的一些老年健忘症的病人再说明他的意见，就是这些病人疾病的根本原因是大脑反应性的减弱，于是病人们不能把长句或长的质问记忆住或结合起来，而对于由几个单词而成立的句子却能作正确的答复。巴甫洛夫先生说，因为他自己是一个老人，所以他想利用他自己的老年，尽可能地理解精神活动的老年性障碍。他发现他自己的大脑皮质反应力的减弱。这是这样表现的，就是当他从事于某件工作的时候，当时过眼的印象，以后就完全不能记忆。但是这并不妨碍巴甫洛夫先生的工作，因为他是这样矫正的，就是他把注意力集中于必须记忆的事情，尽力地把这件事与周围的环境联系起来。巴甫洛夫先生想起他自己一个同人——医师。这位医师是个聪明、博学的人，但是滥于喝酒，蒙受了老龄时代大脑皮质反应力减弱这样的不幸：他迁居到巴黎以后，虽然当地的医师竞争很厉害，可是他开业却顺利，然而不久却不能不放弃开业，因为他自己发觉了，他不能把病人的既往病历联系起来——接连地写录病历，可是关于在谈话最初的事情，他会忘记，会对病人作几次的同一询问。
>
> 巴甫洛夫先生指出："与兴奋过程的减弱同时，制止过程的减弱也具有同等的意义。我们社会性行动的分析力和精确性的精微工作，譬如钢琴的演奏等等，无疑地是由制止过程而成立的。在老年的制止过程衰弱的场合，这些能力都会有障碍。巴甫洛夫先生举出了一个证明。……安德列耶夫的一只实验狗，具有老年衰弱的明显征兆，不能由实验手续而形成条件制止物。沙洛维易契克的一只狗，在它接近老年的时候，它的从前的确实形成的条件制止物以及制止过程都衰弱了。老年人喜欢饶舌不已，这显然是制止性机能的衰弱。"根据这些事实，巴甫洛夫先生得出了一个结论，即是制止过程是大脑两半球的一种积极性活动，而不是非活动的状态。……

这一段谈话是很有意思的。巴甫洛夫指出：人类行动的精微工作（譬如钢琴的演奏）是一种由制止过程而成立的技能。这当然指分化性制止过程（见后）而言的。"内制止过程是大脑两半球的积极性活动"的一句话，是很值得注意的。

第 五 讲

条件性制止。一个确实成立的阳性条件刺激物与一个新的动因互相复合起来，就成为一个复合刺激物。如果这复合物不受强化手续的处理而重复地被应用下去（相隔几小时乃至几天施行这处置），该复合物就会渐渐失去阳性效力，这就是条件性制止。

但在这一形成条件性制止的处理手续进行之中，如果原有的阳性条件刺激物单独地继续不断地受着强化手续的处理，该条件刺激物，就依然保持原有的阳性效力。

第一，在形成条件性制止的时候，条件刺激物与新动因互相结合的时间关系，非常重要。

（一）新动因的作用，可能在条件刺激物以前（3～5 秒）开始，或与条件刺激物同时开始，或在条件刺激物以后开始，但新动因在这三个场合，都必须在条件刺激物被应用的期间以内共同地被应用着。

（二）如果条件刺激物一开始作用，新动因就停止，条件性制止就很难成立。

（三）如果新动因与条件刺激物两者间的间隔时程是两三秒，条件性制止就不能成立。

（四）如果新动因与条件刺激物两者的间隔时程，大于 10 秒钟，该新动因可能成为第二级条件反射。

（五）在新动因的强度很大的场合，新动因与条件刺激物的间隔时程，却可能超过 10 秒钟以上（参看表 15）。

（六）在较为稀有的场合，在条件性制止过程形成的经过之中，新动因可能成为第二级条件刺激物，并且以后可能有第二级条件反射和条件性制止的同时存在（卡谢里尼诺娃实验）。

第二，条件性制止过程发展中初期的动摇。

在受了形成条件性制止过程的手续的场合，在最后，阳性效力虽然会消失而成零，但在最初，却有许多的动摇，其表现的形式如下。

与条件刺激物的效力相较，复合物的效力是：

（一）减少或消失→恢复→零。

（二）或者：较强→减弱→零。

（三）或者：较弱→较强→零。

这种初期的动摇是与新动因所引起的新异反射强度有关的。如果新动因引起较强的新异反射，即探索反射，这就是外制止过程的发生，复合物的阳性效力会因此而减弱；相反地，如果新动因只引起较弱的探索反射，就会有解除制止性过程的发生，复合物的阳性效力就会增强。

第三，在条件性制止过程成立的场合，可能成为复合物中的新动因是如下的。

（一）自然界的一切可能的动因，都可以成为这样的新动因，但如果在自然界中存在着某些动因，而生物个体却并不具有与此相当的感受器的表面组织，当然这些动因就不能成为条件制止性复合物中的新动因。如周知的，我们接受音波的声音感受器的组织，只能接受一定的每秒钟若干振动数的音波；同样地，光感受器的感受力，也有相当的限度。所以，自然界的动因能否成为条件性制止复合物中的附加动因，当然与生物个体感受器组织的感受限度有关。

（二）附加动因的早期痕迹作用。

（三）如果条件性制止复合物达到完全形成的阶段，该有关的附加动因可能具有较长时间的后作用（间隔时程可能是 1 分钟）。

（四）时间本身（参看表 16）。

第四，与条件性制止形成的速度及条件性制止的作用量有关的条件如下：

（一）动物的个性，譬如兴奋型、平衡型、制止型等等；

（二）附加动因的强度（密序托夫特实验）；

（三）条件刺激物与附加动因两者强度的对比关系（弗氏实验，同页）；

（四）施行条件性制止的实验回数的多少。

第五，条件性制止是制止过程吗？

关于这个问题，必须根据如下的事实，才能获得正确的认识。

（一）在条件性制止过程完全形成以后，该制止性复合物中的附加动因，如与其他的条件刺激物结合而被应用，这些其他的条件刺激物（同族的或异族的）的效力，会非常减弱（表 17，表 18）。

（二）条件性制止对于由几个阳性条件刺激物而成立的复合物，发生制止性的影响，但这影响的大小，却与该阳性反射复合物的强度有关。如表 19 所揭示的，皮肤机械性刺激个别地已与各阳性条件刺激物的音、回转物、电灯形成了条件性制止，就是说，在与皮肤机械性刺激个别地互相复合的场合，这三个阳性条件刺激物的反射量都是零，但在这三个阳性条件刺激物一起与皮肤机械性刺激共同应用的场合，阳性效力依然相当地显著。

由于（一）与（二）的事实而可以了然，条件性制止复合物中的附加动因就是条件性制止物。

（三）条件性制止复合物的本身，也显现同样的制止作用，并且这制止性过程可能是后继性的制止过程，继续几分钟乃至几十分钟。

i）条件性制止可能对于该制止性复合物中的原有阳性条件刺激物发生后继性制止的作用（表 20 中的回转物在 3 点 58 分及 4 点 10 分时的阳性效果的减弱）。

ii）条件性制止可能对于异族的条件反射发生后继性制止的作用（表 21 中回转物在 12 点 48 分的阳性效果的减弱）。

iii）条件制止物也能单独地发挥后继性制止的作用。

iv）后继性制止的效力能汇积化（表 22），就是说，与时俱进地、后继性制止的作用会逐渐增强。

v）后继性制止的作用与时俱进地会缩短（表 23）。

由上述的一切事项而了然，条件性制止是一种制止性过程。

第六，故意地破坏条制性制止过程的方法。

（一）条件性制止复合物与有关的无条件刺激物共同地应用（表 24），会使条件性制止复合物丧失其制止作用。

（二）在条件性制止的复合物发挥制止性作用的时期以内，如果同时有中等强度的、外来的消去性制止物发生作用，该原有制止性复合物会即刻丧失其制止作用而显现阳性作用，但很快地又会恢复原有的制止性作用。这就是解除制止的现象（表 25，表 26）。

（三）条件性制止的复合物，如果与一个新异刺激相遭遇，后者在最初可能具有外制止的作用（表 27，1910 年 2 月 15 日实验中 12 点 14 分的拍节机的作用），但以后会具有解除制止的作用（表 28，拍节机与条件制止性复合物的共同应用及单独地与阳性条件刺激物共同应用的场合）。

（四）条件性制止复合物，如果与恒常性制止物相遭遇，也可以发生解除制止的现象（表 29，并参看第三讲的最后部分）。

第七，条件性制止与条件反射的消去，在本质上是大致相同的，而唯一的区别，不过是在消去性制止的场合，阳性条件刺激物会单独地丧失阳性效力，而在条件性制止的场合，阳性条件刺激物与一个新异动因复合以后，才丧失阳性效力。

第　六　讲

第一，在形成条件反射的场合，普通是条件刺激物先被应用，其次是无条件刺激物被应用。条件刺激物开始的瞬间与无条件刺激物开始的瞬间两者的间隔时程的长短，对于预定的条件反射形成的进展，具有重大的关系。由于间隔时程的长短不一，条件反射可以作如下的分类。

（一）同时性条件反射（或几乎同时性条件反射）。有关的间隔时程极短，可能是，几分之一秒或 1～5 秒，这样在预定的条件反射成立的场合，唾液分泌开始得很快，可能在条件刺激物开始的即刻以后。

（二）延缓性条件反射。有关的间隔时程很长，有时长至几分钟，这样，在预定的条件反射成立的场合，唾液分泌开始的时间很迟，有时迟缓至几分钟之久。这一类的条件反射，就是延缓性条件反射。

第二，延缓性条件反射的性质。

（一）形成延缓性反射的手续（表 30）。

i）最初以同时性反射开始实验。在这条件反射成立后，条件性反应（唾液分泌）发生得很快，不过在条件刺激物开始作用后过 2～3 秒钟；其次，再把间隔时程逐日延长，譬如每天延长 5 秒钟，这样，唾液反应开始出现的时间也就逐日迟缓。

ii）最初以同时性反射开始实验，但在这条件反射成立后，即刻把有关的间隔时程非常延长。这样，在很长的实验时期以内，条件性反应的唾液分泌并不出现（零时相），只在实验重复很多次以后，才有唾液的分泌，而这唾液分泌开始的时间是与无条件刺激物开始作用的瞬间很靠近的，但以后与实验回数的增多相并行地，唾液分泌开始的瞬间会渐渐与条件刺激物开始的瞬间相接近，最后会与条件刺激物的开始的瞬间有一定的间隔时程而不再变动。

必须注意，在第二式的实验手续的场合，延缓性反射大都不能成立，因为受实验的狗容易瞌睡。

在表 30 里，都在条件刺激物作用开始以后，经过了 1 分钟，唾液分泌才开始，这就是延缓性反射。

（二）延缓性反射发展的速度——与此有关的条件如下。

i）动物的个性，即动物神经系统的个性。

ii）条件刺激物的种类。譬如一般地说，光线刺激、皮肤的机械性刺激或温度性刺激，比音响的刺激更容易引起延缓性反射的发展（表 31 及表 32）。

iii）如果在很长的时期以内，短时间延缓性反射重复地被应用下去以后，再应用较长的间隔时程，显著的延缓性反射却不能成立。

iv）如果只应用一种的条件刺激物，那么，它的作用是间断性或连续性，这对于延缓性反射发展的速度会发生影响。

（三）延缓性反射的时相。

从延缓性反射的条件效果在时间关系上的表现而言，显然可以分为两个时相，即是在前位的不活动性时相和在后位的活动性时相。

不活动性时相成立的机制：

i）不是条件刺激作用的累积，也不是疲劳的现象，

ii）而是刺激（即兴奋过程）暂时被制止的现象。

理由：如果对于已成立的延缓性反射，给予一个无关的新异动因，有时不活动性时相就会消失而分泌性反应会即刻开始，同时运动性反应也会显现。这就是解除制止的现象，也就是说，不活动性时相的制止过程被解除了（表 33 中的拍节机及表 34 中的无杂音的回转物是无关的新异动因）。

（四）外制止动因对于延缓性反射的影响。

这影响是较为复杂的。有时外制止的新异动因，或者对于延缓性反射完全不发生影响，或者只引起不活动性时相的唾液分泌，或者同时地使不活动性时相变成活动而制止活动性时相，或者只制止活动性时相。

i）外制止动因对于延缓性反射的影响，与各外制止动因的相对性生理学强度有关。在巴甫洛夫的这些实验里，外制止动因可以分为四个系列，其对于延缓性反射的种种影响，都可以由实验而了然（参看表 35，表 36）。

ii）外制止动因对于延缓性反射的影响，从中枢神经系统的过程而言，使阳性过程变为阴性，使阴性过程变为阳性。

iii）外制止动因如果与延缓性反射多次重复地结合，前者对于后者活动性时相的制止作用会逐渐减弱，这是外制止的性质（参看表 37）。

iv）外制止动因对于延缓性反射的影响，也与动物神经系统的个性及过去生活有关。

（五）延缓性反射的制止过程，也由于其各条件刺激物生理学强度的对比关系，而引起不活动性时相与活动性时相两者间已确立的关系的紊乱（表 38）。无条件刺激物也具有相同的影响（表 39）。

（六）延缓性反射具有累积作用（表40）。

（七）在某一动因与某一无条件物互相结合的场合，只是该动因与无条件反射相一致的某一定的一个状况，多次重复，该动因才会成为条件刺激物。因为该动因在某一定时间以内继续作用的任何瞬间，对于实验动物，都成为一个特异的刺激物，所以只在一定的状况（时间的条件在内）之下，它才会成为条件刺激物。

根据这个解释，一个新异动因在某一场合能发挥制止作用，而在另一场合，却引起阳性作用，其理由是可以了然的。

（八）潜在刺激时期（略称潜在刺激期或潜在期）。

在延缓性反射的场合，很显然，所谓潜在刺激时期就是制止过程的干涉时期，也可以认为是预先的制止过程。因此，为了测定真正潜在刺激时的目的，必须使条件刺激物与无条件刺激物的间隔时程是极短的（1秒左右），并且应以运动性反应为标准。

第三，除上述的消去性反射、条件性制止和延缓性反射的三种场合以外，还有另一种方法可以使制止过程成立。方法如下。

先把一个新异动因变成无关性的动因，其次，把这无关的动因，或者与消去性条件反射，或者与制止性复合物（例如条件性制止复合物）互相复合，重复地应用多次，每次应用的时间不必很长，这样，这无关性动因本身会变成条件制止物。它如果与阳性条件刺激物相复合而加以检查，阳性条件刺激物的效力会减弱。

表41（1911年9月5日）。这类条件制止物是拍节机，它制止了阳性条件刺激物的作用。

表41（同年12月1日）。这类条件制止物依然显现了后继性制止的作用。

表41（同年12月18日）。这类条件制止物不显现后继性制止的作用。

表42。这类条件制止物对于同族的阳性条件反射（樟脑气味）发挥了制止作用。

这样的条件制止物证明了一个事实。在大脑皮质内已有制止过程发展的场合，另一无关性刺激如果进入大脑皮质之内，它就渐渐会获得制止性的作用。

第 七 讲

第一，神经系统的基本性机能有两种，即是分化性机能和综合性机能。

分化性机能是使生物个体能从复杂的环境辨别个别成分的机能。

综合性机能是使生物个体把环境内个别的成分联合起来成为某种复合物的机能。

第二，分化性机能。

（一）分化性机能是由分析器的装置而实现的。巴甫洛夫所说的分析器是指周围性（末梢性）感受器、各感受器有关的神经及分析器的脑终末部等三个成分而言的。

i）从分析器有关的研究方法而言，条件反射的研究方法，具有一个特征，就是它能够给予客观性的数值标准。过去有关感觉器官的研究，是以我们的感觉为标准的，因此就不免陷于主观性的观察，而不能成为真正客观的标准。

ii）方位制定反应，即探索反射，虽然往往具有极大的锐敏性，但不适于神经系统分析性机能的研究。尤其在若干微弱刺激的场合，探索反射的过程，迅速而易变，不能够受详细精微的观察，因此在实际上不适用于研究。

（二）条件刺激物的泛化（一般化）过程。

i）泛化作用。在条件刺激物成立的初期，与该条件刺激物相近似的动因，也会获得相同的条件作用，这就是泛化作用。

ii）普遍性泛化作用。在由远隔性痕迹（外方动因作用以后经过 1～3 分钟）而成立的条件刺激物的场合，属于其他一些分析器的动因，也可能获得条件性作用，这就是普遍性泛化作用。

表 43 中的皮肤机械性刺激是痕迹性条件性酸性刺激物。当它成为条件刺激物以后，随后被应用的、属于其他分析器的温度性刺激（零摄氏度）和音，也都获得了条件性作用。

这类泛化作用发生的机制，既不是由于实验者本身的刺激（甲），也不是由于条件性环境反射的作用（乙），而是由于综合性条件性环境反射和神经系统本身的特性。

（三）条件刺激物的特殊化即分化的方法。

i）对于预定的作为条件刺激物的某一个动因，继续不断地应用无条件刺激物而加以强化，这是一个办法。实际上，这个方法并不适用，因为预定的条件刺激物有时受了强化处置千次以上，也不能成为条件刺激物。

ii）对于预定的某个条件刺激物不断地用无条件刺激物加以强化，对于靠近条件刺激物的某一个近似的动因却不施行强化的处置，这样轮流交替地应用无条件刺激物以后，该预定的条件刺激物的特殊化就容易成立。

（四）条件刺激物与其邻近动因的区别，在初期是不明显的，这正与条件性制止复合物的初期情形相同[参看本笔记第六讲的第（一）、（二）项]。这样的动摇状态的发生，是与引起一时性方位判定反应的邻近动因有关的。

分化相的过程（процесс дифференцировки）与分化过程的意义相等，在本书中皆采取简单的译名“分化相”。

在完全的分化相形成以前，相近似的被分化的动因的作用，可能是：最初很弱→加强（强过条件刺激物）→减弱→零（表 44）；最初很弱→加强（接近条件刺激物）→减弱→零（表 45）；最初很弱→加强（不太强）→减弱→零（表 46）。

（五）分化相形成手续上的要点。从与预定的条件刺激物间隔较远的动因，开始分化的处理，等到分化相成立以后，才渐渐着手于邻近各动因的分化。这样做，精微的分化相就较易地成立，否则难于成立（参看古拜尔格立兹实验）。

（六）分化相的耐久性。这是与条件刺激物和被分化的动因两者间间隔时程的大小有关的。

完全的分化相（即完全的分化过程）。在进行分化过程实验之中，如果在某一天开始实验的场合，最先受检查的、被分化的动因显出零的效力，该动因的分化相就被认为是完全的。

（七）被分化的动因，不论是以阳性刺激物的性质或阴性刺激物的性质而被应用，所获得的分化程度，几乎相等。

以痕迹条件刺激物而被分化的动因，也与上述情形相同（参看表 47）。

（八）分化性制止的神经性机制。这是一种制止性过程。在表 48 内，分化音（1/8 的音）对于其次位的风琴管音（条件刺激物）发挥了制止作用，因此阳性条件刺激物的效果就变成 0.5，这就是后继性制止的现象，所以分化性制止也是一种内制止的过程。

分化性制止的作用，有如下的性质。

i）分化性制止的后继性制止作用会逐渐缩短，如果实验的重复回数越多。

ii）分化相的精微度越高，后继性制止就越显著（表 49）。

iii）除在后继性制止上的相似性以外，分化性制止也是与消去性制止、条件性制止及延缓性反射等完全相同的。

iv）分化性制止的作用也会与时俱进地汇积起来（表 50）。

v）分化性制止的强度与该分化性动因的强度有关，也与中枢神经系统一般的及局部的兴奋性变化有关。

在表 51 内，咖啡因提高了中枢神经系统的一般兴奋性，因此分化的背部刺激的反应紊乱了。

vi）分化性制止也能解除制止化[表 52：新异刺激物的乙酸戊酯和水泡音都对分化音（1/8 音）引起了解除制止出现象]。

vii）在分化性制止的后作用的时相，新异刺激物也可能引起解除制止的现象（表 53）。

viii）特殊的新异刺激物可能对于分化性动因引起长时间的解除制止的现象（表 54）。

第三，动物行动的训练和分化相精确度两者间的关系。

动物的分析性机能是可以由分化性制止的条件反射的实验而测定的。分化性制止性反射成立的难易，则由于实验方法的如何而决定（本讲笔记的第（二）、（三）项）。

但有时即使对动物利用了适当的实验方法，分化性制止却不容易成立。巴甫洛夫曾关于此点，认为训练具有重要的意义。

在星三会志一卷 165 页上，有如下的记载：

> 巴甫洛夫先生关于一只最兴奋型的狗做了说明给我们听。这只狗叫做白狗，在几年以来，都是受着库帕洛夫的支配；它总是攻击性的，咬了好几个人。在实验的场合，制止性过程不足的状态显现出来，这本来是兴奋型狗的特色。以后这只狗被交给彼特洛娃了。她采取了如下的步骤，以求分化相的形成：各条件刺激物的系统被简单化了，这样，就达到分化相暂时改善的结果；其次，在许多实验进行之中，轮流交替地应用阳性反射与分化相，这个节奏性的处置很有助于制止过程，可是这也是一时性的；与此平行地，彼特洛娃对这只狗进行训练，使狗变为很顺从的，于是它不再显出以前的攻击性和野蛮性。由于上述全部训练的结果，现在制止过程即在通常的（非简单化的）条件刺激物的系统内也是完全的。在人类的方面，也有这一种训练，从孩提时代就养成生活所必需的类型。……

在星三会志的一卷 169 页上，又有如下的记载：

> ……巴甫洛夫先生想起库帕洛夫的那一只“白狗”，这是兴奋型的。同时，发现

了这只狗制止性机能的缺陷：分化相也具有显著的阳性效力，消去性反射非常缓慢地形成（无强化处置手续35次以上）。最近这只狗接受了彼特洛娃的训练，变成很顺从了，不再显出攻击性的态度，并且同时这只狗的制止性机能也受到训练。由于这训练的结果，精确的分化相完成了；条件反射的消去也在无强化处置中重复地应用15次以后即能成立。……这样很显然，具有强烈兴奋型过程的特色的狗，在接受了训练的场合，就可能发展强烈的制止过程的能力。

这两段的记载都指明，在特别易于兴奋的狗的场合，分化性制止不容易形成。但经过训练和条件刺激物系统的简单化以后，分化性制止和消去性制止就都能成立。巴甫洛夫指出，在人类中也有易于兴奋的人。为了使这类人适于实际生活必要条件的缘故，训练也是有效的。这在教育和训练的方法上是一个重要的提示。

第 八 讲

第一，大脑分析性活动。

（一）光分析器。

i）狗对于光线强度的分析力是极精微的，没有可以测定该强度极限的方法（表55）（图14）。试看此图，最下方两种浓度较深的影纸是人眼所难于区别的，但狗却能够对于这两种浓度个别地形成条件反射。

ii）关于狗对形态的分析力，例如在分析正圆形与椭圆形的场合，可以确定该分析力的限度（图15）。

iii）关于许多形态或点的运动方向，狗也具有分析力。

（二）声音分析器。

i）对于声音强度，狗的分析力远远超过于人类；这不仅从强度的差异上，而也从时间的关系上，都是很显然的（表56）。

ii）对于音的高度，狗的分析力极强。狗能区别1/8的音，这是人类所不能的。

iii）对于声音高度的极限，狗的分析力也远远超过人类——它能听见人类所不能听见的声音。

iv）关于音色和声响的地位，狗的分析力的限度，仍未能够确定。

v）关于声音彼此间的间隔时程，狗的分析力极强——它能区别拍节机每分钟100次响声与每分钟96次响声的差异，这是人类所不能分析的。

（三）狗的皮肤机械性分析器。

关于刺激地位的局限性，及关于各种形式的机械性刺激，所做的分化性制止的实验都已经成立；但在精微度的关系上，尚未确定。

（四）皮肤温度性分析器。

各种温度性分化相的实验也顺利地做过。

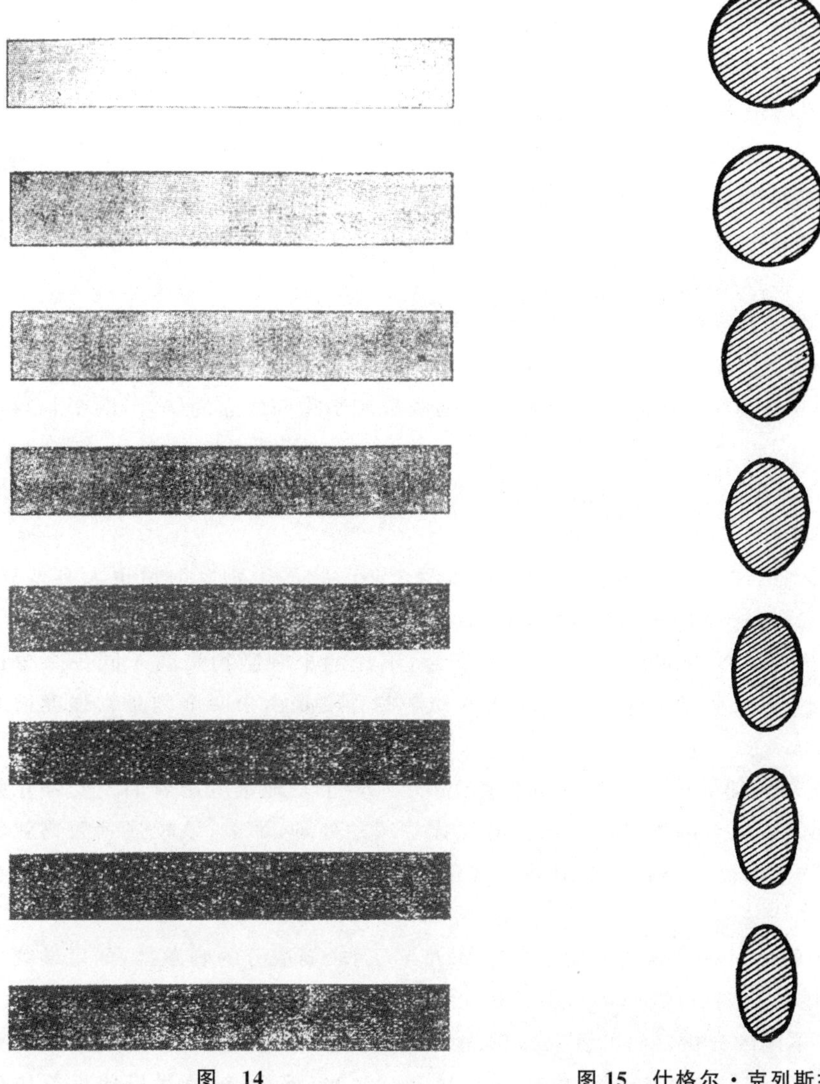

图 14

图 15 仕格尔·克列斯托夫尼可娃实验用的圆与椭圆图(正圆形下方的椭圆形半径为 8∶9)

（五）气味分析器。

关于若干种类的气味，虽然做了分化性制止的实验，但由于气味有关的主观性及客观性标准的缺乏，所以有关的实验还是很少的。

（六）口腔化学性分析器。

用动物的常用食物及所厌恶的物质个别地形成了条件反射(肉粉、面包粉、糖、干酪、酸液、苏打及其他)，再检验这些条件反射的相互的制止作用。

i）表 57 及表 58 在应用了荷兰干酪性条件刺激物的回转物以后，其次位的通常食物性条件刺激物的皮肤机械性刺激就蒙受了后继性制止的作用。

ii）在沙维契实验内，用糖和肉粉分别地形成了条件反射。在把动物的常用食物中的肉粉除去而增加糖量的场合，肉粉的条件反射增强，糖的条件反射几乎消失。

iii）哈仁实验则利用酸性反射而证明了，血液的化学构成上的差异是能为化学性分析器的脑终末部所区别的，其表现就是该终末部兴奋性的增强或减弱。

同样的结论也适用于食物性条件反射。

第二，大脑两半球综合性活动。

（一）同时性复合刺激物。

i）如果同时性复合刺激物是由两个各别的分析器的刺激物而成立的，那么，一个刺激物会掩蔽另一个刺激物的作用。

甲、琶拉定实验（表 59）。皮肤机械性刺激掩蔽皮肤温度性刺激。

乙、泽廖尼实验（表 60）。声音刺激掩蔽光线刺激。

ii）在同时性复合刺激物是由一个分析器内的两个刺激物而成立的场合，两个刺激物的相互关系如下。

甲、如果在这场合的两个刺激物的强度相等，两个刺激物的个别的反射量相等（泽廖尼实验）。

乙、如果两个刺激物的强度大有差异，那么，两个刺激物的个别反射量也大有差异，即是强刺激物掩蔽弱刺激物（泽廖尼实验）。

根据这些实验而了然，在同时性复合物的场合，不论两个刺激物是属于同一个分析器或不同的分析器，一个刺激物为另一刺激物所掩蔽的程度是由于两个刺激物强度彼此间的差异而决定的。

iii）在同时性复合刺激物中较强成分的刺激物单独地重复地被应用着而不受强化手续的场合，如果同时该复合刺激物不断地受着强化手续的处理，那么，该较强刺激物就失去作用而该复合物却保存着原有的作用。这就意味着，较弱成分的另一刺激物具有潜在的作用。

iv）第四讲内的彼累里茨凡格的实验（表 10）证明了，较弱成分的刺激物，如果继续地受条件反射消去的处置，就可能使较强刺激物及该复合物都显现第二级消去的现象。

v）如果属于不同的分析器内的各动因预先个别地受了一定的处理而各成为条件刺激物，其次，这些各动因又互相复合而成为一个复合刺激物，那么，纵然尽量地重复应用这复合物，也不会发生掩蔽的现象。

vi）如果同时性复合刺激物继续受强化处置而其各个别成分却不受强化处置，反复地被应用下去，那么，该复合物会保存着效力，而各个别成分却失去效力，会变成制止性刺激物。

（二）后继性复合刺激物。

i）后继性复合刺激物构成的方式。

甲、同一分析器内的一个刺激物，以一定的时间发挥作用若干次，各次间的间隔时程却有长短的差异。

乙、由同一分析器内采取 3～4 个不同的刺激物，构成一个复合物，而这些个别的刺激物却以一定的顺序互相衔接地发挥作用。作用时间是一定的，休息时间也是一定的。

丙、从不同的分析器内采取 3～4 个刺激物，构成一个复合物。各刺激物发挥作用的顺序、时间和休息，都是一定的。

对于上述三种方式的复合物，经过一定的手续处理以后，这些复合刺激物会成为阳性复合物，而各复合物内的个别成分也分别与其强度及种类相符合地具有阳性条件作用。

ii）后继性复合刺激物分化的方法。

甲、把上项甲类复合刺激物内个别刺激物之间的间隔时程作适当的变动。

乙、把上项乙类和丙类复合物内个别刺激物的排列顺序作适当的变动，或者做完全的变动，或者在复合物由 4 个刺激物而成立的场合，只将中间两个刺激物的位置变动。

改变了排列次序以后的复合物，以后在重复地被应用的时候，都不并用强化手续，于是该复合物就会变成制止性复合物，而原有顺序的复合物却依然接受强化处置，依然保持阳性作用。这样，复合物的分化现象就成立了。

实验案例一（表 61）。阳性复合物内（电、皮、水）各刺激物的排列次序有了变动以后（水、皮、电），经过一定的处理手续以后，次序已变动的复合物变成了完全的制止性复合物了。

实验案例二（表 62）。阳性复合物（嘘、高、低、电）的中间两个刺激物的次序更动以后（嘘、低、高、电），经过一定的处理手续以后，也就变成制止性复合物。

iii）后继性复合刺激物分化的机制。

一个复合刺激物中各个刺激物的排列次序及各刺激物间的间隔时程，必定是决定某一个复合物的最后结果的因素，并能决定该复合物作用的总和（可能也具有质变的能力），这主要是由于分析器中枢性终末部的特性及活动而成立的。

iv）实际的应用。

甲、利用复合刺激物的综合性机能有关的实验，证明了亥姆霍兹共鸣学说的正确性（表 63）。

乙、利用复合刺激物的综合性机能有关的实验而证明了，对于声音位置的分化，大脑两半球的协同作用是必需的（表 64）。

第三，由本讲及以前各讲所引证的事实而了然，所谓感觉生理学范围以内的一切问题，都可以利用动物条件反射的实验而获得解决。

譬如用优美的浮雕图做例子吧。对于浮雕图的感觉是这样成立的。我们先用手摸索浮雕图所表现的事物，其时我们手部的触觉（即对于皮肤机械性刺激）和运动，是最初的基本性刺激，而光线刺激是由浮雕本身或多或少地照明地位的浓淡而成立的信号性刺激。如果这些信号性刺激与上述皮肤机械性刺激及运动性刺激同时地互相复合，才会具有重要的意义，就是说，才会构成浮雕图的综合性感觉。

第 九 讲

大脑皮质内神经过程的扩展与集中

大脑皮质神经过程是怎样进行的，这是极重要的一个问题。从已有研究的发展而言，与内制止过程有关的研究，最占优势。

第一，分化性制止过程的扩展与集中。

实验案例。与内制止过程进行方式有关的实验，以克拉斯诺高尔斯基的研究为最重要。克氏为了这个实验的完成，在几年中克服了不少的困难，因为内制止过程的发展，有时常发生动摇而不适于这个目的，所以必须坚忍不拔地进行试验，方可以获得确实可靠的结论。

（一）制止过程的扩展。

如表 65（图 16）表示的，与阴性反射№0 部位相距较近的各部位（№1、№2），在第一次受检查的场合，效力都是零，在第二次试验的场合，效力很弱（№1 痕迹，№2 是 3 滴），而较远的各部位的效力（№3、№4），在第一次试验的场合，已经是阳性（6 滴、7 滴），在第二次试验的场合，阳性很显著（№4 5 滴）。这个事实意味着皮肤零部位的制止过程向邻近各部位扩展，而这内制止过程进行（即扩展）的程度，与距离的大小有关，即是较近的部位所受的扩展影响较强，较远的部位所受的扩展影响较弱，这就是皮肤机械性分析器周围部制止过程进行的情形。可以想象，在皮肤机械性分析器的大脑终末部内也必有与该分析器部（周围部）各点（№0…№4）相当的各点，而此处各点间的距离，也正与该分析器末梢部各点间的距离相当，正与射影的关系相同。因此根据本实验皮肤各点制止过程进行的情形，就可以断定，该分析器大脑终末部的制止过程也是与此相当的。

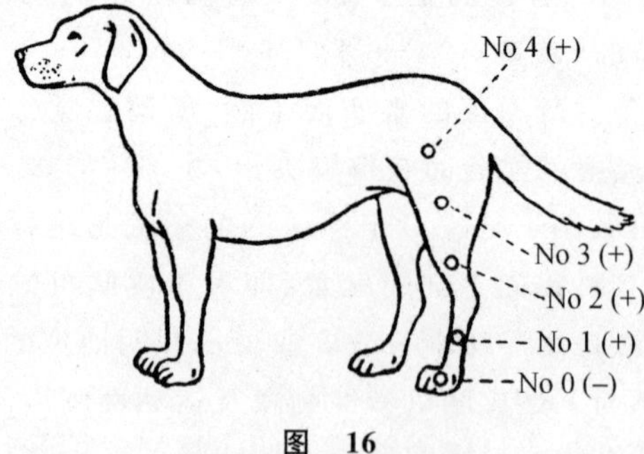

图 16

在表 66 中，№0 部位较强的制止过程，以很小的间隔时程（0.25 分钟）重复地被应用 4 次，结果是，最远部位（№4）的阳性效果显著地减弱（由原来的 6 滴而减为 3 滴），这就是№0 部位的制止过程向№4 扩展的现象。如与表 65 内相较，这制止过程的扩展是很显然的。

（二）制止过程的集中。

表 67 的实验昭示了一个事实，就是：

甲、各点由№0 部位的制止过程的扩展影响而成立的制止过程，都会陆续地解除，并且较远距离的制止过程的解除较早(№4 部位在 0.5 分钟以后、№2 部位在 5 分钟以后、№1 部位在 10 分钟以后,解除了制止过程)。

乙、还有一个重要的事实。在几天或几周以内,如果上述的实验重复应用的回数越多,远隔各点制止过程的解除就越快。

由于上述两个事实而必然会达到一个结论,就是上述的现象是制止过程的集中。为什么?推理是这样的。制止过程出发点的强度(即制止过程的坚定度)是与阴性刺激物重复地被应用的回数增多相并行地而逐渐增大的。我们从上方有关内制止过程的各讲(消去性制止、条件性制止等等)的实验资料,都可以达到这个结论。这就是说,在上述情形的场合,分化相(即制止性过程)的应用回数越多,它的制止性强度应该是越过越大的,即是该分化相的本身也是越过越坚定的。然而乙项的事实说明着,表 67 内的实验重复回数越多,远隔各点制止过程的解除也就越快。既然与这类实验回数的增多相并行地,在一方面,出发点(№0)的制止过程越过越强;而同时在另一方面,其他各点(№2、№3、№4)制止性过程的解除越快,这就不能不断定,其他各点的制止过程都向出发点集中了。制止过程的集中,就是这样解释的。

(三)一般地说,集中过程的进行很慢,而扩展过程却很快。

第二,消去性制止过程的扩展及集中。

(一)消去性制止过程是会扩展的。

按照高冈实验,这是很显然的。在表 68 内(图 17)左肩第一级消去点的制止过程对较近的胸左侧,显现了扩展性制止的作用,并且其数值是很大的——89,而对于较远的左后肢大腿,也同样地显现了扩展性制止的作用,不过其数值是较小的——12(第一只狗)。对于第二只狗的实验,意义相同的结果也获得了。

图 17

这个实验结果证明着,消去性制止具有扩展的性质;与第一级消去点相隔较远的部位,其制止过程也较弱。[①]

① 制止过程百分率的算法:

例如 10 Ⅺ 1913 的实验,第一号狗左肩第一次阳性效力是 9 滴,而胸左侧的阳性效力是 1 滴。计算如下:

$9:100=1:x \quad x=11.1$ (阳性效力)

$100-11.1=88.8\fallingdotseq 89$ (制止过程百分率)

同样地(11 Ⅺ 1913):

$9:100=8:x \quad x=88$ (阳性效力)

$100-88=12$ (制止过程百分率)

（二）消去性制止过程是会集中的。

在表69，这个集中现象很为明显。①

（三）第二级消去各点制止过程消去的速度，因狗而不同（同上表）。

（四）表70。在第一级消去点完全消去以后，即刻检查与发端点有种种距离的各点的制止过程的强度。与这只狗以前的实验结果相较，这次的结果显然不同。

（五）表71。在几乎相同的条件之下，消去性制止实验的结果是，一号狗的远隔点的阳性效力反而增强，可是三号狗的远隔点却显出显著的制止状态。

（六）在各只狗的制止过程扩展及集中的关系上，进行的速度虽各有不同，但扩展过程与集中过程在时间的比例上，后者比前者需要4～5倍的时间。

（七）在克拉斯诺高尔斯基及高冈的实验里，尤其在高冈一号狗实验的场合（1914年2月6日实验），有些特异的现象。这是在第十一讲里会说明的所谓"诱导"现象。

第三，条件性制止的进行。

由安烈勃实验（表72）（图18）可以了然，在皮肤一定点上形成了条件性制止的场合，其制止过程会向一个分析器的全范围扩展，但较远各点的制止过程也较弱。各点（№0点除外）的最大制止过程只在30秒钟以后才能成立，而零点的制止过程却即刻达到最大值。

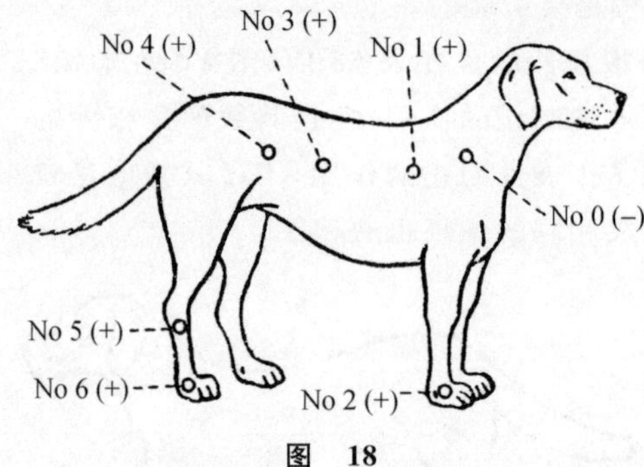

图 18

第四，从分化性制止、消去性制止及条件性制止的三种制止过程的进行状态而言，在分化性制止与消去性制止之间，存在着相当的类似性，不过也略有区别。但条件性制止过程的进行状态却独具特色，显有区别。

第五，声音分析器内制止过程的进行。

根据伊万诺夫·斯莫连斯基的实验（表73），可以想象，制止过程在声音分析器内也是具有运动性的。

第六，除皮肤分析器及声音分析器以外，其他分析器内制止过程的运动状态的如何，这由于技术上的理由而尚待继续研究。

---

① 本表21 Ⅺ 1913的实验，制止过程百分率，也许应该是56，与29 Ⅺ 1913的数字相同，而不是65。但原书两种都如此写，所以照记。

第 十 讲

第一，制止过程向大脑两半球的扩展与集中。

在一个分析器内发生的制止过程，不仅在该分析器内扩展，而也向其他的分析器扩展。

（一）分化性制止过程由一个分析器向其他分析器的扩展。

贝略可夫实验（表 74）证明了：

i）分化音的制止过程首先会在声音分析器内扩展；

ii）分化音的制止过程具有累积作用，就是在以较短的间隔时程而多次重复地被应用以后，就向另一个分析器（光分析器）扩展。

（二）消去性制止过程由一个分析器向其他分析器的扩展，及消去性制止过程的集中（为更了解集中过程起见，应该再分析这个实验）。

i）高尔恩实验（表 75）证明了，光分析器内的消去性制止过程会向另一个分析器（声音分析器）扩展。

要注意，此试验（表 75）虽然证明了，由光分析器出发的制止过程，会向声音分析器扩展，但会迅速地离开声音分析器（在本表第三实验里，在光的制止过程经过 3 分钟以后，音已经显出阳性作用），可是这并不与光细胞和声音细胞的特性有关。因为有些实验是这样的。在把音的条件反射消去以后，该消去性制止过程也会向光分析器进行，但也会迅速地离开光分析器。如果把这样实验结果与表 75 的实验结果互相比较，就可以断定，在光细胞与声音细胞之间，并不是由于细胞特性上的区别，而扩展过程会较早地脱离另一个分析器。

其次，我们可以再回味表 75 中扩展过程较早地脱离另一分析器的机制。其实是这样的。在表 75 内有两个值得重视的细节：一个事实是，在扩展性制止过程发端的光分析器的方面，如果间隔时程是一定的（在表 75 的第一、第二及第三个实验里，间隔时程大都是 3 分钟），而不并用无条件反射，以进行实验，光条件反射的消去度就会逐渐加深（在第四讲内也有同样的情形），这是值得注意的；另一个事实是，在这场合，虽然如果临时地故意把间隔时程很为加长（表 75 的第二实验：2 点 35 分～2 点 43 分的间隔时程是 9 分钟），光的条件反射也并不曾完全恢复阳性效果（在间隔时程 9 分钟的场合，光条件反射量是 4 滴，而原有的光条件反射量是 8 滴），而在这较长的间隔时程以后再继续地重复应用 3 分钟的间隔时程的场合，条件反射的消去度就显然地越过越深（2 点 52 分），于是在 2 点 52 分 30 秒被应用的音，就受了制止过程扩展的影响，由原来的阳性条件量的 10 滴（2 点 17 分）而变成 4 滴了；但是如果再看表 75 第三实验的记录，在间隔时程是 3 分钟的场合，音反射已经解除了光反射消去过程的制止性影响（1 点 52 分，12 滴）。如果综括这两个事实，就可以了然，在以相当的间隔时程进行实验的场合（3 分钟的间隔时程），那么，在一方面，发端的分析器（光分析器）内的条件反射消去度会逐渐加深；而在另一方面，另一分析器（声音分析器）内的扩展性制止过程会从该分析器离开——这就意味着制止过程的集中，也就是意味着另一分析器（声音分析器）里扩展性制止过程向发端的分析器的复归（向光分析器），这是很有理由的结论。同时我们可以想象，在另一个分析器内的第二级消去性的制止过程，是与由发端的分析器（光分析器）的扩展性制止过程的周围部相当的，也就是说，在某一点发生第一级消去的场合，该消去性制止过程会向该点的周围各点扩展，这是与皮肤分析器的某一点制止性过程向周围各点扩展的情形相同的。

ii）在同一分析器内两种反射中的一个反射受了消去处置而引起第一级消去的场合，如果同时观察另一个分析器内的其他反射所受的扩展性制止过程（第一级消去的扩展性制止过程）的影响，那么，可以发现如下的结果：

甲、另一分析器的反射首先解除了制止过程；

乙、同一分析器内第二级消去中的反射，稍迟地解除了制止过程；

丙、第一级的消去性反射，最后而最迟地解除了制止过程。

（三）条件性制止过程由一个分析器向另一个分析器的进行。

原书有关德格查来娃实验（表 76）的实验结果作了如下的说明。第一实验的制止性复合物是由条件刺激物的拍节机和条件制止物的回转物而成立的。在进行这个实验的场合，拍节机原有的阳性效力是 11 滴，但在这制止性复合物被应用了 5 次以后，经过 7 分钟，拍节机的阳性反射才完全恢复阳性作用（12 滴），这就是说，在较 8 分钟以前的几分钟内，拍节机的条件反射量受到了复合物制止过程的影响，是较 12 滴更少一些的。

第二实验的复合物是由条件刺激物的电灯和条件制止物的回转物而成立的。原书说："只经过 15 秒钟，拍节机的反射作用就几乎完全恢复了。"

这两个实验证明了如下的事实（并参考表上方的说明）。

i）条件性制止过程是能扩展的。

ii）制止性复合物中的一个成分（第一实验的拍节机）所接受的扩展性制止是较强的，并且该成分需要较长的时间，才能恢复原有阳性效力。

iii）不属于制止性复合物的另一个刺激物（第二实验的）拍节机，所受的扩展性制止是较弱的，并且容易恢复原有的阳性效力。

（四）延缓性反射制止过程由一个分析器向其他分析器的进行。

因为延缓性反射具有时相性的关系，所以制止过程的扩展现象也较为复杂。

i）高尔恩实验（表 77）的第一实验里，皮肤机械性刺激的原有阳性效力是 9 滴，但在 3 点 42 分时却减为 4 滴。这是因为（延缓 3 分钟）拍节机的不活动性时相的制止过程扩展于皮肤机械性刺激的缘故。这个实验证明了，延缓性反射的制止过程会由一个分析器（在本例是声音分析器）扩展于另一个分析器（在本例是皮肤分析器）。

同样地，本表第二实验证明了，声音分析器的延缓性制止过程向光分析器扩展了。

ii）在另一只实验狗的场合，结果却是相反的。虽然实验的条件与上相同，但是延缓性反射的活动性时相被放在间隔时程之内，这样，该延缓性反射的活动性时相正与另一个条件刺激物相复合，于是阳性效果就反而增大了。

（五）扩展性制止过程的若干事项。

i）在某一个分析器内已经形成的制止过程，经过若干时间以后，可能在该分析器内已经消失，而在其他的分析器内，虽然经过了很长的时间，却依然存在（克拉斯诺高尔斯基实验及彻伯他来娃实验)。可是必须注意,上述现象的发生,只限于其他分析器的条件反射是很新(即阳性效力是弱而无力的)的场合。

ii) 同一程度的制止过程,对强有力的各阳性刺激物不发生影响,而对于弱刺激物却有显著的影响(巴夫洛娃实验)。

第二,兴奋过程的进行。

在大脑皮质某一点内发生兴奋过程的场合,该兴奋过程从它本身的部位起,向最接近的各点扩展,但较远各点所受的影响也较弱。

(一) 彼特洛娃实验(表 78)。在 5 个刺激器最下方的一号,形成阳性反射,在其他各点上,形成阴性反射。在发动一号刺激器 15 秒以后,检查上方各刺激器 15 秒的作用。结果是,上方各部位的原有制止过程都多少减弱而显现阳性效力,较近部位(一号)的阳性效力较强,最远部位(五号)的阳性效力最弱(171 页译文中"上方的"指由"一号"向"二号","这三个"指由"一号"向"五号"而言)。

(二) 彼特洛娃实验(表 79)。较近的阴性部位(二号)对于阳性部位(一号)所发挥的后继性制止出强度(在 4 点 15 分是 4 滴)大于较远的部位(五号)的后继性制止的强度(在 4 点 40 分是 12 滴),并且经过 5 分钟以后,依然是很强的,而五号刺激器的制止过程在 5 分钟以后却几乎消失了。

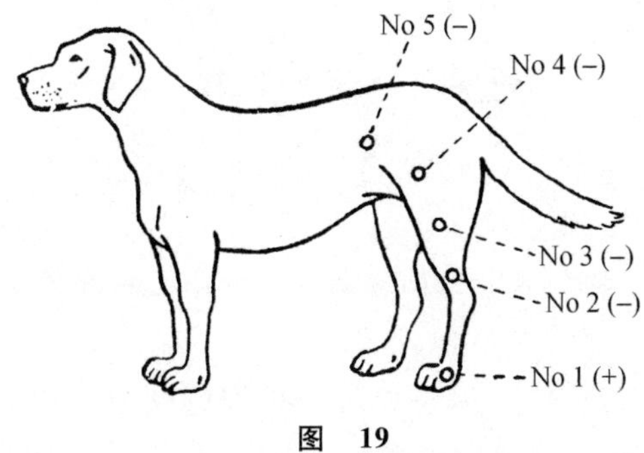

图 19

这个实验结果证明了一个事实,就是分化相越精细,制止过程越强。

(三) 柏德可琶叶夫实验。这个实验结果证明了,在某一个点的阳性刺激终止以后的瞬间,与该点最接近的一个阴性点上的原有制止过程被毁灭,而阳性效力出现了,但较远点上的阴性制止性过程却依然如旧。

(四) 兴奋过程扩展的其他实验。

i) 警戒反射(贝日波卡耶实验)。对于一只狗的实验结果是这样的:这只狗在目击生人动作的时候,就非常兴奋。该兴奋过程向大脑全部实质扩展,于是对生人采取攻击的态度,并且与进食有关的脑领域的兴奋性也非常增强,所以由于无条件性刺激物的食物而发生的反射是在运动成分的表现上(它用极度的肌肉紧张吃食物)很显著的。当外界刺激物减弱(生人静坐不动)而兴奋过程减弱和集中的时候,大脑的其他各部分的兴奋性也就比安静时更减弱,于是它的条件反射量也就减弱(唾液量很少,或者完全没有)。食物也具有与此相同的影响,就是它会引起攻击反射中枢兴奋性的增强。这只狗上述的这些现象说明了兴奋过程扩展的情形。

ii）泊洛洛可夫实验。对于实验狗，皮肤机械性刺激引起特殊的非常强烈的运动反应（性的反应？），可是该刺激却也成为条件刺激物，而其条件反射量却大于其他任何条件刺激物的反射量，就是说，甚至于声音性条件刺激物的反射量也不及这皮肤机械性条件刺激物的反射量之大。只有在该特殊反应被除去以后，声音性条件刺激物的反射量才成为最强。

ii）沙维契实验。这个实验可以成为如下假定说的一个根据。在各种不同的食物所形成的若干条件反射彼此互相作用的场合，化学分析器内的某一点由于所应用的某种食物的刺激而兴奋，于是发生扩展现象，这样，该分析器内与该点邻近的各点也就暂时有兴奋性的增强。只是在以后兴奋过程集中于最初兴奋点的时候，制止过程才会出现。

iv）华西里耶夫实验。由于实验而证明了，皮肤的寒冷性酸性条件反射可以变成食物性温暖性反射，并且食物性温暖性反射也可以变成寒冷性酸性反射。与此有关的大脑皮质终末部的构造也是可以想象的和曾经证实的。

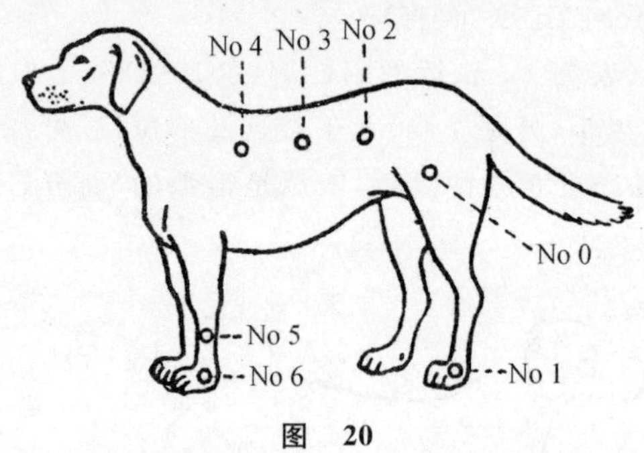

图 20

（五）兴奋过程的初期泛化过程。

安烈勃实验（表 80）。实验结果显而易见，在零号皮肤部位形成阳性条件反射的场合，与该点相隔的远近各点都同时显现或多或少的阳性效力，并且较近各点的阳性效力也较强，较远各点也较弱，这显然是兴奋性过程扩展的现象。在大脑皮质内与此有关的兴奋过程的扩展现象是有理由地可以想象的。

（六）普遍性泛化过程。巴甫洛夫说：在这个过程进行的场合，刺激性动因的很迟的痕迹形成了痕迹反射，而这一兴奋过程向大脑全部实质扩展，因此全部大脑实质的各点都可以与无条件刺激物的中心相结合而具有阳性效力。但在条件刺激物很早地与无条件刺激物相结合的场合，大脑皮质某兴奋过程的中心却把扩展的兴奋过程向它本身集中，所以兴奋过程的扩展就受了限制。

第十一讲

兴奋过程与制止过程的互相诱导。

第一，定义。在某点上的兴奋过程能引起该点及其周围各点制止性过程的加强，这叫做诱导的负性或阴性时相，或简称负性诱导；在某点上的制止过程能引起该点及其周围各点阳性过程的加强，这叫做正性或阳性时相，或简称正性诱导。

第二，正性（阳性）诱导。

（一）正性诱导的实验。

弗尔西柯夫实验一（表 81）。这个实验证明了，在后肢的制止点接受刺激以后，过 30 秒钟，前肢的阳性点的条件反射量显著地增强了。这就是阴性过程引起阳性过程增强的一例。可以想象，在大脑皮质的方面，与前肢皮肤阳性点及后肢制止性点相当地，也必定存在着两个不同过程的中心点，进行着这阳性诱导的过程。

弗尔西柯夫实验二（表 82）。这实验证明了如下的事实。在大脑同一个皮质点内（与拍节机响声相当的一点），由于响声回数的不同，发生了阳性过程（76 次响声）和制止性过程（186 次响声）。在制止过程被应用以后，过 30 秒，阳性过程反而增强了 30%。这就是在大脑皮质一个点内阳性诱导相发展的一例。

卡尔米可夫实验（表 83）。实验证明了，在大脑皮质内光性分析器内的一点上，由于光线强度的差异而形成了阳性和制止性过程（强光＋；弱光－），并且制止性过程引起了阳性过程的增强（阳性诱导）。

（二）正性诱导不是解除制止的现象。

在阴性过程以后阳性过程的突然增强，这与解除制止的现象的突然发生是颇相类似的，但在解除制止的场合，探索反射是一定的，就是说，动物会把身体向新奇事物的方向转动，并且竖起耳朵，这就是方位判定反应，但在阳性诱导的场合，运动性反应的表现，因条件刺激物的差异而不同，并不是方位判定反应。所以，解除制止与阳性诱导是互不相同的。

（三）诱导性作用的时间是几秒乃至 1 分钟。

（四）诱导相出现与否的若干条件。

i）制止过程的减弱会引起诱导相的消失。

卡尔米可夫实验（表 84）。分化相（拍节机响声 160 次）在本实验以前是完全的。但是在这个实验里，第一次分化相的应用结果是紊乱的，不是应有的零滴而是 4 滴（译者：按照本表，应为 8 滴，此处恐有误印，但两种原本都如此，故照录），这是由于生人在座而引起的解除制止的现象。其结果是，各次在分化相以后即刻被应用的阳性条件反射（拍节机 100 次响声）都不曾增强，即是不会有阳性诱导相的出现。

卡尔米可夫的另一实验。利用解除制止的另一种方法（把狗所厌恶的物质放进狗嘴里去），使分化性制止过程减弱。结果是，阳性诱导就不出现了。

由卡氏这两个实验显而易见，正性诱导的出现与否是与制止过程的一定强度有关的。

ii）甲、新的、更精微的分化相引起诱导相的增强和其潜在期的缩短；乙、旧的、较粗疏的分化相不能引起诱导相的出现。

甲项的结论由表 85 的实验结果而显然；乙项的结论由表 86 的实验结果而易见。

同时应该注意，旧的较粗疏的分化相对于其次位的阳性刺激物，能发挥后继性制止的作用（表 86，第二实验）。

iii）阳性诱导是一个暂时的时相性现象。

在表 87 中，弗洛洛夫证明了分化音（强音）引起了阳性诱导。

在表 88 中，弗洛洛夫证明了久经使用的分化音丧失了引起阳性诱导的作用。

在表 89 中，弗洛洛夫证明了新的较精微的分化相引起了阳性诱导。

iv）在皮肤机械性刺激的频度上，直到现在，阳性诱导有关的实验，不曾成功。

第三，负性（阴性）诱导。

（一）负性诱导的若干证明性实验如下。

i）克尔瑞序可夫斯基实验（表 90～92）结果证明了，为了使制止性复合物（音和皮肤机械性刺激）的制止性过程被破坏的目的，如果阳性刺激物（音）轮流地与该制止性复合物被应用下去，并且每次都用有关的无条件刺激物（酸）加以强化，那么，该复合物的制止过程不会破坏（表 90）；相反地，如果该制止性复合物单独地连续地被应用下去，并且每次并用强化手续，该复合物的制止过程就很快地破坏了（表 91，表 92）。

ii）斯特洛冈诺夫的实验，证明了分化相的破坏条件，也与 i）项相同。

iii）变式破坏法。

甲、在应用连续式的破坏法而分化性制止过程几乎消失的时候，只要再一次应用有关的阳性刺激物，该复合物就会或多或少地、甚至有时完全地恢复制止作用（表 93）。

乙、在一个实验的最初，先应用阳性刺激物接连 3 次。这样地做，其次被应用的连续式破坏法的收效就会很慢（表 94）。

丙、在利用交替式破坏法而分化相已经开始破坏的时候，如果以后接连地再使用阳性刺激物 4 次，分化刺激物已恢复的阳性作用就即刻会消失。

丁、阳性条件刺激物对于它的分化相，有时具有引起阴性诱导的作用，但同一分析器内的另一个条件刺激物，如果与该分化相是无关的，就没有诱导作用的发展（泊洛洛可夫实验）。

（二）外制止与负性诱导，很可能是同一过程，因此外制止也可能是一种内制止的过程。

巴甫洛夫所以达到这个结论，这是由于他的推理力的强大和发现复杂事实的共通点而加以通则化的巧妙使然的。他在说明里，举出了两个事实而推想外制止与阴性诱导的类似性。第一个事实是，在同一分析器（譬如声音分析器）内的防御性反射能引起条件性食物反射量的减弱，而这两种不同的条件反射如果各属于不同的分析器，却没有这个现象。这就是说，各分析器的固有机能是显然的，所以这应该是与大脑皮质有关的表现。因此在前一个场合的防御性反射以后食物性条件反射量的减少，应该当做一种阴性诱导相看待。可是同时这个现象又可以当做外制止的现象看待，因此阴性诱导与外制止可能是同一的神经过程。第二个事实是如巴甫洛夫所述的，在皮肤表面上，与防御性条件反应相距最近的食物性反射点的反射量是恒常减弱的（而相隔较远的食物性反射点却不减弱），这又是皮肤分析器脑终末部的分析作用的表现，所以应该作为阴性诱导看待，同时又可以作为外制止看待。因此阴性诱导可能与外制止是同一的神经过程。这个推理的结论是很正确的。

关于外制止与内制止（指阴性诱导）的类似性的问题，巴甫洛夫老早就想证明。本书是 1927 年出版，但在以后的若干年间，他依然注意于这个问题。

在 1931 年 3 月的星三座谈会上，巴甫洛夫又提及这个问题。马尧洛夫所观察的例子是这样的：在排尿反射（мочеиспукательный рефлекс）的影响之下，作为外制止的干涉现象，发生了超反常时相（参考有关睡眠的一讲——译者注）；同时在应用各种内制止过程的影响之下，超反常时相也被观察过。因此巴甫洛夫认为，这又是外制止与内制止相同的一个证据（星三会志，一卷，130 页）。这一段记载可在全书读完后再加以研究。

第四，无条件反射的解剖学的局限性的问题。

在本书以前第一次论及外止制的时候和在本讲论及外制止与内制止是互相类似的过程的时候，巴甫洛夫都提及无条件反射中心的问题。直到现在，条件反射与大脑皮质有关系，这是很易理解的。但与无条件反射有关的解剖学资料是怎样？

无条件反射的发生是与脑皮质的下位部分有关，这也是很易理解的，但究竟与什么部分有关，这却是一个难题。唾液分泌的无条件反射的中心存在于延髓之内，这是已知的，但其他无条件反射的、未知的解剖学局限性是很多的。

巴甫洛夫曾经指出过："这些或那些无条件反射的解剖学的局限性，是很难于确定的。我们不能利用手术的方法（摘除）以达到确定有关的解剖学的地位的目的，所以我们不能知道，应该把那些无条件反射归纳于脑皮质下位部的哪些部分"（星三会志，一卷，63 页）。

第五，诱导相的意义。

巴甫洛夫在做生理学的这些研究的时候，通常禁止心理学现象名词的应用，以防止思想上的混淆。但晚年在星三座谈会上，他有时引用这些生理学实验的资料，以说明心理学的现象。

在星三会志一卷 75 页上有如下的记载：

"……马尧洛夫对于一只实验狗，想用拍节机 60 次的响声而形成食物性条件反射，而这拍节机 60 次响声原来是由拍节机 160 次响声所形成的防御反射的分化相。……马尧洛夫为这个工作，费了很长的时期。同时，菲耀道洛夫却对于另一只狗很快地（不过做几次实验）把拍节机（100 次）酸性反射的分化相变成了阳性食物性反射。……"

"巴甫洛夫的说明是：马尧洛夫的这只实验狗在夏季实验中辍以前，不能解决它的任务（即由分化相变成食物性条件反射的任务——译者），但在休息以后（休息了 100 天），即刻就把这任务解决了。这是一个很值得重视的事实。这就意味着，在解决困难任务的场合，疲劳可能引起混淆的情形，因此积极性的效果就绝对不能达到。可是在休息以后，任务自然是已解决了。巴甫洛夫先生在与音乐家们谈话的时候，听音乐家们说，往往他们虽然非常努力，可是不能熟记很艰难的东西；可是在休息以后，这些艰难的东西却自然地已经是熟记了。"

这一段记录的题目是"在阴性诱导现象的场合，休息的意义"。记录的内容大概是应该这样解释的。在上述动物实验的场合，无条件刺激物即食物的应用，反而使阴性过程加深，并不能形成阳性食物性条件反射，这就是阴性诱导的现象，但在长期休息以后，阴性诱导的现象消除了，阳性食物性反射成立了（马氏的实验）。同样地，在音乐家们努力熟记很难的音乐作品的场合，越勤奋地学习，反而越不能熟记，这也可以当做阴性诱导的现象看待；但在休息以后，难的作品却自然地能够熟记。这一段记录，正是动物条件反射实验结果在实际生活上的应用。

第十二讲

神经过程进行的现象与相互诱导现象的复合。

第一,在分化性制止过程的场合——克列勃斯实验(表 95)(图 21)。

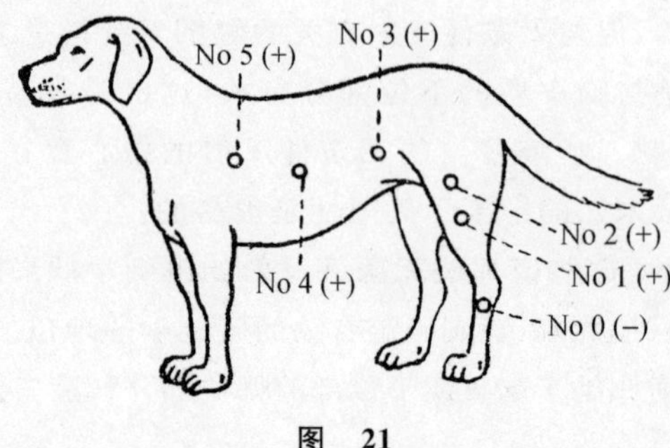

图 21

在实验狗的身上有阳性刺激点 5 个、阴性刺激点 1 个。按照书中的说明而进行实验,所得的结果如下。

(一) 制止性刺激的后作用的表现,起初是正性诱导,其次是制止过程的扩展,最后是阳性刺激正常效力的恢复(5 个月间实验的总结)。

(二) 在实验后期的结果是这样的。正性诱导量虽然增加,但后继性制止过程,在时间上是逐渐缩短的(以 2 分钟为限),并且在空间上是限于靠近出发点(零)的两点(最后 2 个月的实验成绩)。

第二,在消去性制止过程的场合——柏德可琶叶夫实验(表 96)(图 22)。

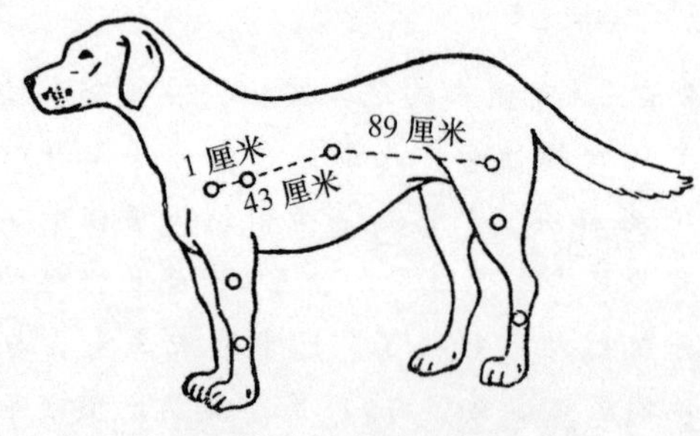

图 22 一次不强化

(一) 按照书中的说明,在这实验进行中的各时期的结果如下。

i) 实验的初期(丙表)。制止过程扩展到最远的一点,并且在 12 分钟以后,这制止过程的扩展,依然显著。

ii) 实验的中期(丁表)。制止过程的扩展在时间和空间上都受了限制(4 分钟左右及 43 厘米)。

iii) 实验的后期(戊表)。制止过程的后作用只限于第一次消去的部位。

(二) 由于上述实验的结果可以发现如下的事项:

i）大脑皮质的敏感性；

ii）大脑皮质机能的流动性、易变性；

iii）大脑两半球不同各点的状态，在时间上和空间上，都具有波状性。

第三，大脑机能波状性有关的事项。

（一）柏德可琶叶夫的另一实验（表 97）。在与消去点最近的一点上，大脑皮质神经过程的波状性，显然可见。但在最远的一点上，波状性不曾出现（原书的 7 分钟云云，大概是指远点 8～15 分钟的状态。在与此相同的时期，在近点上有波状性的出现）。

（二）安德列耶夫实验（表 98）（图 23）。在本实验的条件下，结果如下。

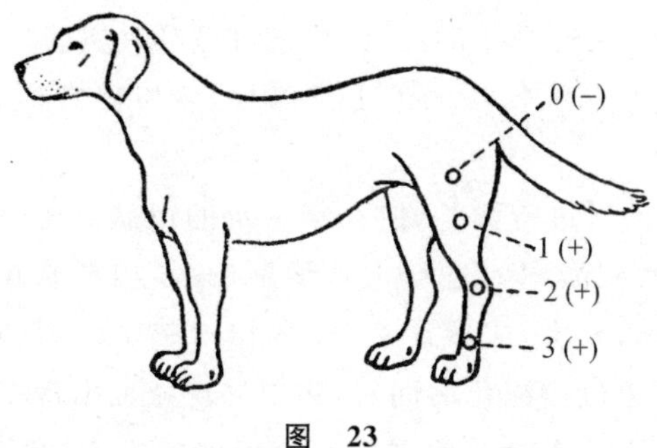

图 23

i）分化点受刺激以后，各阳性点迟早会达到制止过程后作用的一个最大值。

ii）同时在各部位，可以发现制止过程的两个最大值（第一个在制止性后第一分钟的最后，第二个在第五分钟的最后）。

各点间的差异如下。

iii）在制止性刺激以后，最近点显现正性诱导的现象，而其他两点则不然。

iv）在第一及第二点上，第二最大值大于第一最大值，在第三点上的第二最大值是很微弱的。

v）在第一及第二点上，波状性的表现很强烈而著明，但在第三点上的后继性制止的进程是很正规的。

vi）在第一及第二点上，达到实际上最大值的时间，或者与正常兴奋性恢复的时间相等，或者稍小，但在第三点则不然。

vii）后继性制止过程的总量在第三点上最强，在第一点上最弱。

根据上述的结果可以了然，制止过程与兴奋过程互相斗争最显著的部位，是在于与制止点最接近的一点上。因此在制止性刺激终止以后，即刻只在这最近点上有正性诱导的出现，这就是一个证据。

（三）柏德可琶叶夫另一实验（表 99）（图 24）。在本实验的条件下，结果如下。

i）在最近点及最远点上，正性诱导很强烈。

ii）在第二点上，正性诱导、制止性作用。及无变化的三种状态都有。

由于上述的结果而明了，大脑皮质的兴奋状态在空间上也是波状性的。

第四，在制止性刺激继续不断的背景上，大脑皮质各点（同一分析器的及不同分析器的）的动态。

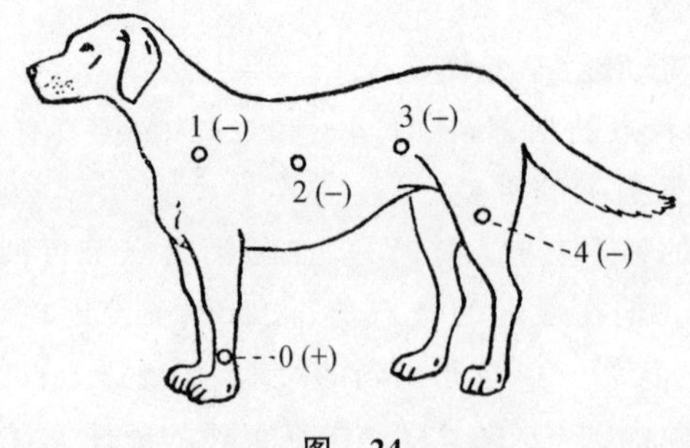

图　24

（一）在皮肤分析器消去性制止的场合（柏德可琶叶夫实验）。

i）在这个实验的条件下，除特殊的消去点以外，分析器其他各点都有兴奋性的增强和正性诱导的存在。

ii）在同一的实验条件下进行实验，但在某一定的皮肤点上达到三次零以后，才把其他各点的刺激与零相点的刺激同时进行。其结果是，零相点制止过程的深化，引起了其他各点更显著的正性诱导；其次，应该注意，在零相第三次以后，对消去点及其他点应用同时性刺激的结果，与制止过程深化的同时，集中的现象也出现了。

（二）柏德可琶叶夫另一实验。他在声音分析器的方面，也获得与（一）相同的实验结果。

（三）高洛文那实验。实验结果的意义与上相同。

（四）巴夫洛娃实验。阳性刺激与制止性刺激的同时应用，重复若干次。实验的结果是，这只狗的神经过程的集中，不很完全。

（三）与（四）的实验证明了，各只不同动物的神经系统的类型，会影响于兴奋过程与制止过程之间的相互作用。①

第十三讲

这一篇讲义是非常值得注意和仔细思索的。巴甫洛夫很直截了当地说：直到现在与所谓大脑皮质机能局限性有关的解剖学资料是只能姑且作为一部分可以接受的东西看待的。他根据自己及其门人的丰富的实验资料，作了与大脑机能有关的一个壮丽无比的新说明，这就是把大脑皮质当做一个联合的、复杂的力学系统的新观念。在大脑生理学上，这个新的解释，正是划时代的大进步。

第一，大脑皮质机能镶嵌细工性有关的事例及其最简单的成立方式。

（一）i）表100（图25）说明着，动物的两个皮肤点，在不同的条件之下（一个皮肤点受了强化处置，另一点未受强化处置），受了外界的刺激，于是在动物的皮肤表面上成立了两个区域：一个是以阳性条件反射点为中心的区域，一个是以阴性反射点为中心的区域。

① 195页乙表第一点末，原书是10，应为100。参看译本196页8—9行说明。

从皮肤各点向大脑皮质射影的关系说，在皮肤分析器大脑皮质的终末部内，必定也成立两点，即是兴奋点与制止点，并且在两点的周围都各形成了相当的区域。

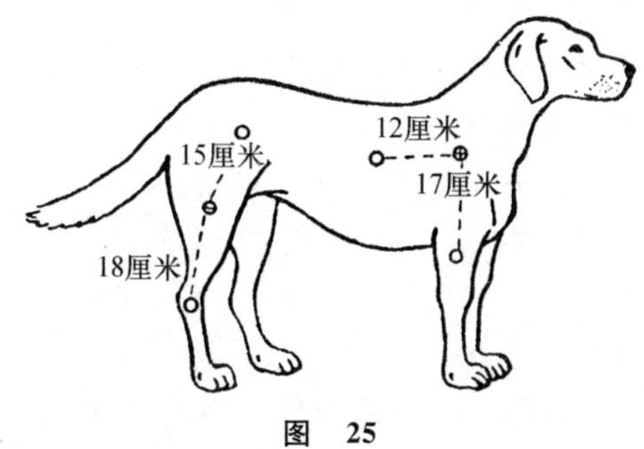

图 25

ii）西略特斯基实验（声音分析器）。

表 101 的实验结果证明着，各阳性条件音 do_1 至 do_5 与各阴性条件音 fa_1 至 fa_4 都能个别地独立地形成条件反射点（阳性或阴性的），这就是说，阳性点与阴性点是互相交替地存在的（读者可自画五线谱而加以想象）。

表 102（图 25）的实验结果证明着，在一个八度音程以内（从小八度音 fa 到第一个八度音程的 fa diēse 音即 $fa^{\#}$ 音）也形成阳性反射与阴性反射互相交替的各条件刺激物。

iii）库帕洛夫实验（皮肤分析器）。

表 103 的实验结果证明着，在皮肤分析器方面，同样地可以形成阳性反射与阴性反射互相交替的状态。

（二）新条件反射自动的成立。

在若干部位的阳性和阴性条件反射成立的场合，新反射会自动地成立，并且是新的阳性反射成立于旧的阴性反射区域以内，而新的阴性反射却成立于旧的阳性反射区域以内。这就是大脑皮质机械性镶嵌细工式构造的一个有力的证明。

在第一只狗（表 101）的声音分析器内，新的反射自动地成立了。在第三只狗（表 103）的皮肤分析器内，新的反射也自动地成立于相反过程的区域以内。

（三）在阳性刺激与阴性刺激正确地轮流地被应用的场合，各反射的精确度就会增强（表 104、表 105 的实验成绩）。

由（一）至（三）的实验成绩都证明了，大脑皮质的机能是镶嵌细工式的，是具有节奏性的。

我们知道，动物和人类的一切行动都是与大脑皮质的机能有关的。根据上述的实验成绩而显示，节奏性的活动是特别容易而有益的。譬如适当的劳动与适当的休息互相交替的生活，就是较为有利的。适当的劳动可以增加休息的愉快度，适当的休息可以增强工作的效率。这个众所周知的事实，也许可以根据上述实验而了然。

第二，兴奋过程区域与制止过程区域的测定，及存在于各活动点间的无关性中间区域的测定。

（一）在中间区域的各点的刺激引起唾液分泌的场合，这是很容易解释的，就是说，这具有阳性作用。

（二）在中间区域的各点的刺激引起零相的场合，就必须决定，这是无关性的零相，还是制止性的零相。

表 106 的事实是这样解释的。由 do 至 mi 之间，共有如下的五个音：do，do#，re，mi(低半音)，mi。在经过一定的实验手续而 do 音的阳性反射及 mi 音阴性反射成立以后，中间三音 do#、re、mi(低半音)的性质就需要决定了。do# 音具有阳性作用(本表第二实验)，所以它当然属于 do 音的阳性区域以内。mi(低半音)音具有制止性的后作用(本表第三实验)，所以它当然属于 mi 音的制止性区域以内。只有 re 音，既然是零，又不显出制止性后作用，因此可能是中性的零，也可能是极微弱地被制止住。

第三，皮质机能的镶嵌细工式，不仅是不断地充实化的，而且时时刻刻蒙受改造的作用。

(一) 由某一种无条件刺激物而成立的条件刺激物可能受改造的手续而成为另一种无条件刺激物的条件刺激物(弗立德曼实验)。

(二) 在某一种无条件反射具有分化相的场合，如果该条件反射变为另一种无条件反射的条件反射，那么，新的条件反射也具有相当的分化相。

第四，大脑皮质若干部分或若干点的异常坚固性。

(一) 制止过程的坚强性。

i) 表 107 的实验结果证明了，在声音分析器内成立的痕迹反射，可能是坚强的，不容易接受变动。

ii) 另一实验的结果也证明了条件制止物的制止过程的坚强性("分化相"的意义，应从紧张度的关系着想)。

(二) 阳性过程的耐久性——贝尔曼实验(图 26)。

图 26

第五，如果已经成立了若干条件反射，而我们把每个实验中顺次应用各反射的次序变动，那么，各条件反射的效力就会强烈地变动而倾向于减弱——表 108、表 109(沙洛维易契克实验)。

第六，常同型的问题。

常同型是在本书中已经屡见的名词，现在在本讲里它又出现了。关于常同型的定义，巴甫洛夫曾经作过如下的说明(星三会志，二卷，140—141 页，题目是"动力学的常同型")：

> 巴甫洛夫说："诸位当然就知道，什么是常同型。如果你们有着从不同强度的各刺激物而成立的条件反射的一个系统，而该系统内有若干阳性反射和若干阴性反射，并且你们在很长久的时期以内，按照条件刺激物的一定次序而继续地加以应用，那么，与这些刺激物以一定顺序而重复地被应用的外在常同型相当地，最后在大脑皮质内会构成动力学的常同型，就是说，在大脑皮质内开始会有兴奋过程与制止过程的混合交替的存在，而各反射的强度是与各刺激物的系统内的一定次序相当的，这就叫做常同型。

这个常同型的显现通常是这样的,就是在各实验日中的某一天不应用通常的某条件刺激物而应用某一个较弱的刺激物。于是这唯一的刺激物在其效力上会引起与该系统内原有某刺激物完全相当的效力,就是说,在原有强有力的刺激物的地位上,这新刺激物会显出较大的效力,而在原有弱刺激物的地位上,它会显出较弱的效力,并且在原有的制止性刺激物的地位上,它会显出更小的、几乎是零的效力。

意思是自明的:既然我们的神经系统以一定的次序接受一定强度的兴奋,那么,在神经系统内就会形成兴奋过程与制止过程的适当的系统。由于应用这个系统的时期的长久度,这个常同型会具有非常顽固性的特色。彼特洛夫有了这样的事例。这是有7个不同强度的阳性刺激物和一个阴性刺激物。常同型的实验继续了一年半,于是在大脑两半球皮质内获得极顽固的动力性的常同型,这是由于一个弱条件刺激物的应用而被证实的。所以,如果一个正常的刺激物很长久地重复被应用着,该刺激物最后就会成为仿佛具有惰性的东西。

我现在把图表给你们看。

当在一个实验里重复地应用一个较弱刺激物的时候,那么,在全体上,同一的兴奋过程的进展状态会重演出来。在分化相的部位,这刺激物的效力最小,而在其他的各部位,这刺激物与该系统的原有各刺激部位相当地,也显出相同的效力。

特别有趣的是,在分化相部位被应用的刺激物显出了最小的效力,并且其次的刺激物显然受了后继性制止的影响而显出较弱的效力。

这就是动力学的常同型的显著的例子。……”

巴甫洛夫关于大脑皮质动力学的常同型又做过如下的说明(星三会志,一卷,142页):

斯吉平在一年有半之中对于他的实验狗应用了常同型的条件刺激物,这常同型是由若干强力刺激物、若干弱刺激物及一个分化相而成立的。以后他做了这样一个实验,就是在该常同型的实验系统内的原有各位置上都只应用电灯的开亮,重复地应用下去。这个实验所得的数字与原有常同型的数字完全相符合,就是这光线的条件反射在原有各强力刺激物的部位上给予大的反射值,而在原有各弱刺激物的部位上给予小的反射值,在分化相的部位上给予了最小的唾液分泌。在10天之内,斯吉平对于这只狗重复地只应用这光线刺激,于是在这期间旧常同型的影响才消失,而一个实验的条件反射才与真实的刺激相吻合地而成为等价的反射。……

巴甫洛夫先生指出,常同型的顽固性是老年人的薄弱的神经系统所特有的。某一位机关的职员称职地从事自己的工作到70岁,可是当其辞职而损坏了他的生活上的常同型以后,他的身体就等于破产,不久他就死去了。

第七,兴奋与制止的三种紧张程度。

在本讲内有“过程紧张”的名词。巴甫洛夫关于神经过程紧张度的说明(星三会志,一卷,275页)如下:

巴甫洛夫先生看出了,兴奋过程与制止过程在扩展与集中两者在强度的关系上是互相类似的。以前已经发现了兴奋过程的三种程度,即弱度的、中等度的与强度的三种。如果引起弱度的方位判定反射,那么,它就即刻引起解除制止的作用,这是在惹华德斯基的延缓性反射的实验内曾经观察过的，因此而显然，弱刺激即刻会扩展而除去制止过程。在中等强度刺激的场合，就没有任何解除制止的现象，这是在立克曼(B. B. Рикман)的实验里很显然的，并且这也证明中等强度兴奋的集中。在贝日包卡耶的实验狗的场合，巴甫洛夫先生观察了过强的兴奋过程的扩展。对于它自己的实验人，这只狗具有显著的警戒反射。巴甫洛夫先生代替了它的实验人的位置以后，就引起了这只狗的极强烈的攻击性反射，并且因为扩展的缘故，食物性反射也非常增强。……如果巴甫洛夫先生在狗的面前寂然不动，对于狗不显出任何威胁的状态，那么，狗的攻击性也就减弱，并且条件性食物性刺激物的反射也因为原有兴奋过程扩展作用的集中而会减弱。

巴甫洛夫先生同样地区别了三种程度的制止过程。刚才形成的、尚未完全的分化相会引起最大的后继性制止，这证明着弱刺激过程的扩展。在确实地形成的分化相的场合，不仅没有制止过程的扩展，而且相反地，阳性诱导会发生，这证明着制止过程的良好的集中。在耶可夫来娃(B. B. Яковлева)的一只实验狗的场合，确实形成的分化相具有制止过程的完全集中，但在该分化相延长至5分钟的场合，就发现了制止过程的扩展和全部阳性反射的减弱，这是由于中等度制止过程向强度制止过程的进行而起的。

第十四讲

在条件刺激物的影响之下，大脑皮质细胞会移行于制止的状态。

第一，假定刚成立的条件刺激物孤立的刺激时间是30秒，潜在期是5秒，那么，在该刺激物反复被应用的场合，潜在期会逐渐加大，最后会在条件刺激物孤立的刺激时间30秒以内，唾液分泌不发生。为了矫正这个状态的目的，可将无条件刺激物的结合时间，推迟5～10秒，唾液又会开始分泌，可是如果以后再恢复原有的结合时间(30秒)，唾液分泌依然不发生，并且其次即使把无条件刺激物的结合时间，再推迟5～10秒，也不会发生效力，因此不得不更加推迟。但是最后，这个推迟无条件刺激物结合时间的方法，会终于无效。这就是条件刺激物虽然不断地受着无条件刺激物的强化手续，大脑皮质细胞也还会移行于制止状态的情形。

条件刺激物移行于上述状态所需要的时间，是几天乃至几年。其有关的条件如下。

(一) 动物的个性。

(二) 条件刺激物的种类。按照这现象发生的速度，可作如下的排列。

i) 较快地发生的条件刺激物：皮肤温度性刺激物。

ii) 较慢地发生的条件刺激物：皮肤机械性刺激物及大多数光性刺激物。

iii) 最慢地发生的条件刺激物：声音性刺激物。

实验案例：仕序洛实验。

第二，上述现象与延缓性反射是不同的。在上述现象的场合，潜在刺激的时期会逐渐加长，但在延缓性反射已经确立的场合，潜在刺激时期在一定的相当长久的时期以内，不会变动。

彼特洛娃实验(表 110 及表 111)。孤立条件刺激时间 10 秒的条件刺激物(拍节机)具有几乎恒常的反射量;但在孤立的条件刺激时间突然地(相隔 1 天)加长到 30 秒的场合,上述的制止现象就发生了。

应该想起,在形成延缓性反射的场合,有一个必要的条件,就是从较短的孤立性条件刺激时间慢慢地移行于较长的孤立性条件刺激,延缓性反射才会成立,这是在第六讲内早经有过说明的。

第三,从实验的目的而言,条件反射量一定值的维持是必要的。为了与条件刺激物移行于制止过程的倾向相斗争的目的,可采取如下的办法。

(一) 在上述现象开始发生的时候,把孤立的条件刺激时间非常缩短。

(二) 在个别的一个实验里,条件刺激物的应用回数,尽可能地减少,或者只是一次。

(三) 暂时把实验中辍,或者仅仅中辍几天。

(四) 或者把新的强有力的动因增加到原有各条件刺激物之中,或者一般地把条件刺激物的数目增多,或者利用正性诱导等等的方法。

(五) 把旧的原有的各条件刺激物抛弃而不用,应用新的动因而作成新的条件刺激物,这是最有效的办法。

实验案例:柏德可琶叶夫实验(表 112～115)。

第四,条件刺激物在应用强化手续与不应用强化手续的场合都会或早或慢地向制止过程进行,不过一般地在前者的场合,制止过程的发生较慢,而在后者的场合较快。这就是两个场合间的区别,但以外却无区别。

如果对于已经形成的条件刺激物,重复地应用无条件刺激物的遮蔽,该无条件刺激物的刺激会使皮质细胞的活动状态停止,即是使皮质细胞不能接受条件刺激。在沙洛维易契克实验(表 116)里,嘘音被遮蔽多次(54 次)以后,其阳性效力就非常减弱了。

第五,有没有一种孤立的条件刺激的最短时间可以不致引起皮质细胞制止状态的逐渐增强呢?

对于已形成的延缓性反射,有时把条件刺激物与无条件刺激物的结合时间,改为一两秒,即是使该条件反射变为同时性的,这样,兴奋过程就会占优势。

克列勃斯的实验。以前成立的、长久不应用的延缓性反射(拍节机响声 132 次)具有条件制止物(电灯开亮)。现在利用上述处置,把该条件反射改为同时性条件反射(孤立性条件刺激 1 秒钟以后,即刻应用无条件刺激物的食物),于是制止性复合物并不能恢复制止性作用,就是说,条件制止物的制止作用由于上述的处置而受了障碍,也就是说,兴奋过程占着优势。但在再形成延缓性反射的场合(间隔时程 30 秒),条件制止物就很快地、完全地恢复了制止作用,制止过程又占着优势。同样的情形,在分化相的方面也被证实了(表 117)。

第六,与大脑皮质细胞的机能性损坏并行地,皮质细胞的恢复过程也推行着,因此已发展的制止过程在若干场合会消失。

斯皮朗斯基的实验也证明了这个恢复过程。

第七,在大脑皮质细胞屡受刺激的场合,就会引起大脑皮质细胞的机能性消耗,迟早会移行于完全的制止状态。可是在制止状态开始的时候,会有些动摇,这就是兴奋过程与制止过程互相斗争的现象。

第十五讲

内制止与睡眠在物理化学基础上是同一的过程。

第一,大脑皮质细胞的所以容易移行于制止过程,这是因为它具有高速的机能毁坏性和极迅速的疲劳性的缘故。制止过程一发生,大脑皮质细胞就可以不做任何工作而恢复正常的成分。所以制止过程具有保护皮质细胞的作用,可以预防皮质细胞不断的、过度危险的消耗。

如果大脑皮质全部细胞都移行于制止状态,这就成为睡眠状态。根据上述巴甫洛夫的理论,睡眠就是一种保护全部大脑皮质细胞的过程,这是自明的道理。因此,从这个观点,睡眠疗法的意义也自然明显了。

第二,睡眠与内制止是同一的过程。

睡眠与内制止过程两者的出现和发展的基本条件完全相同。

(一)在消去性反射、分化相的形成、延缓性反射、条件性制止各种实验的场合,瞌睡和睡眠很容易发生,这是已知的事情(图 27～28)。

图 27　睡眠的初期,眼还睁开着

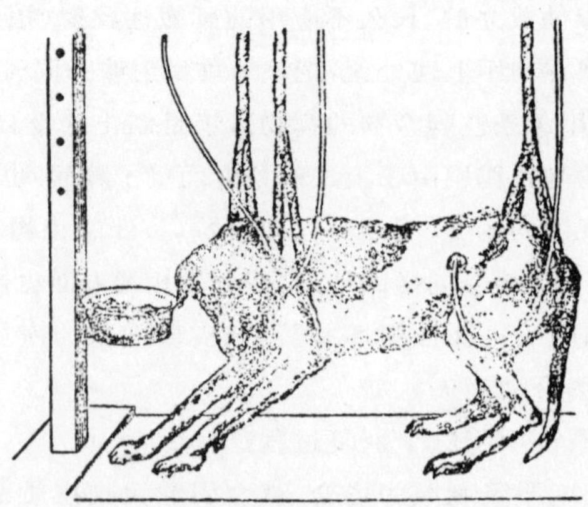

图 28　睡眠很深

狗的身体完全被动地悬挂在绳上(食物在面前,或发动阳性刺激物,它也不吃)

（二）在一定的条件之下，几乎任何一种刺激物都会受内制止和睡眠的影响。甚至强有力的电流刺激也可能引起制止过程或睡眠。

（三）当做条件刺激物的各种外来动因，在内制止发展速度的关系上，都与在睡眠发展速度的次序上相同。在温度性条件反射的场合，内制止和睡眠都最容易发展，而在声音性条件反射的场合，两者的发展都最难。

（四）孤立的条件刺激时间对于制止过程和睡眠的发展，具有决定性的意义。孤立的条件刺激是 10～15 秒的延缓性反射，如果延缓至 30 秒以上，睡眠和瞌睡就容易发生。

（五）条件反射在长时期内虽然并用无条件反射的场合，制止过程也容易发生，而克服这类制止过程发展的一切处置，也适用于睡眠过程的克服。

从这些项目看来，睡眠与内制止两者出现和消失的情形都是相同。

巴甫洛夫说，在觉醒状态的内制止过程是一种微细地碎分的睡眠，是个别皮质细胞群的睡眠，而睡眠却是散布于全部脑实质与脑下位部分的一种扩展性的内制止。

第三，睡眠的预防处置。

（一）在消去性反射成立的场合，需要系统地应用无条件反射，并且重复地应用消去性反射的回数不可太多。

（二）在分化相成立的场合，分化刺激物与阳性刺激物应该轮流交替地应用，并且应用阳性条件刺激的回数愈多愈好。

（三）在延缓性反射与条件性制止的场合，预防睡眠发生的方法与（一）、（二）相同。

（四）对于广泛地扩展的制止过程，可以把阳性条件刺激物的种类增多，以防止制止过程从发端点向附近各部分的扩展（彼特洛娃实验）。

（五）对于若干狗，尤其对于有瞌睡和内制止过释的倾向的狗应该把狗放在地面上，比较自由地进行实验。

第四，探索反射。在大脑两半球现存的场合，大脑两半球也参与探索反射的成立。

探索反射的消失，与条件反射消去的机制相同，都是由于制止过程发展的缘故。

（一）如果在同一个实验里安置较大的间隔时程，已消失的探索反射就又会发生。

（二）探索反射也可能解除制止化。

（三）在兴奋剂（咖啡因）影响之下，已消失的探索反射会恢复。

（四）探索反射比条件反射的制止过程更容易引起瞌睡与睡眠——契求林实验（表 118～121）。

（五）大脑皮质细胞容易移行于制止状态，大脑下位部却在同一条件之下具有较大的忍耐性（泽廖尼实验）。

第五，大脑分析器的外科性损伤与制止过程及睡眠的关系。

在大脑某分析器受了外科手术处置而蒙受损伤的场合，该分析器有关的原有阳性刺激物会迅速地变成阴性制止性刺激物（克拉斯诺高尔斯基等人的实验），并且睡眠容易发生。

第六，制止过程与睡眠两者彼此间移行的各种方式。

（一）由制止过程向睡眠移行，这是最常见的，已有不少的实验案例了。

（二）由睡眠向制止过程的移行。

i）由睡眠向制止过程移行（实验案例）。

ii）制止过程为纯粹的睡眠所代替（实验案例）。在延缓性反射的场合，不活动性时相通常没有条件反射的阳性作用，这就是制止过程。在本实验例，这不活动性时相的制止过程为睡眠所代替了。

（三）两个刺激物的同时应用也可能引起瞌睡（弗尔西柯夫实验）。制止过程与睡眠的移行方式值得注意。

第七，制止过程与睡眠两者的其他共同点。

（一）制止过程会向大脑两半球实质进行，这是以前许多实验曾经证明过的。一个分析器的内制止过程会扩展于另一个分析器，这就是一个证明。而这类制止过程的扩展大都是很慢的，有几分钟之久。同样，睡眠也是较慢的运动性的过程。

（二）制止过程和睡眠都同样地由于实习（即应用）的回数的加多而更容易成立。

（三）制止过程能诱导兴奋过程的发生。同样，在动物实验性睡眠和小孩睡眠的场合，也往往先有一种兴奋的状态，以后才睡眠，这也与诱导性兴奋相似。

以上是本讲的轮廓。此外，关于睡眠的问题，巴甫洛夫还作过一些如下的说明。

第八，觉醒与睡眠的互相交替是相互诱导的结果（星三会志，二卷，461 页）：

巴甫洛夫说："我们可以稍稍谈及与循环性有关的问题。意思是简单的。假定说，大脑皮质没有力量做连续的、激烈的工作，于是大脑皮质就节奏地做工作。强有力的人能够均匀地工作。对于正常人，通常的昼夜循环性就是足够的：白天工作，制止过程发生了，那么就睡觉，一切就都恢复正常，于是一天又重新开始。可是对于虚弱的人，这个时期是远远地延长的。"

"在该实验狗的场合，两昼夜的循环性代替着一昼夜的循环性：这只狗在两昼夜内能做正常的工作，休息也是两昼夜。循环性的意义是完全显然可见的。在对外界环境的关系上，当然这是动物的一种内在力量的适应法。这也是一种休息，不过周期性是不同。"

"最简单地可以把这个周期性当做相互诱导的现象看待。在白天之内，我们的制止过程渐渐地加强，于是最后慢慢地成为完全的制止过程，这就是睡眠。以后制止过程很深化了，就引起阳性诱导，于是就发生觉醒状态。这也是可以当做相互诱导看待的。我们知道许多这样的很显明的实验室事例！对于衰弱的、工作能力很坏的狗，只要一发生任何制止过程，它就很快地能够暂时地工作得很好。"

第九，人类正常睡眠的各式各样的形态（星三会志，三卷，335 页）：

巴甫洛夫说："现在我对于本人有着很有趣的经验，这是与睡眠有关的。"

"我们知道狗催眠状态很多的方式，而关于人类，这是不必说的，——事情很显然，人类也有睡眠的各种不同的方式：无梦的睡眠，有梦的睡眠，有噩梦的睡眠及其他等等。现在我在自己身上经验着特殊形态的睡眠。"

"我的习惯是这样的：在饭后我睡觉，以前睡得很好。虽然只睡 1 小时，以后可以工作 4 小时，能够读书或写作到夜间的两点钟。"

"不久以前，我发觉了如下的特殊事实。"

"每星期三，我是很兴奋的。对于我，星期三是很繁重的日子。我在这里讲话 2

小时，不断地集中着注意力，而以后在临床部更会疲劳。我在那里 3 小时，并且很紧张地听着说话……一个字也不肯放过。……因而，我使自己老了的神经系统过度紧张。与平常相同地，饭后我躺下去睡。这样就有了奇怪的事情。当然是睡眠的，可是，这是从前我完全不曾察觉过的睡眠。譬如说，我在七点钟躺下来睡，我不能即刻睡着，我听见七点半的钟声，以后听见八点半的钟声，到了九点钟我又不能睡。什么时候敲了八点钟，我不曾听见。我不知道，我有没有睡着，我不能觉查出睡眠前的和睡眠后的状态。……我起来，可是不能说，有没有睡着。"

有人即刻说："这是很常有的事情。"

巴甫洛夫："我第一次才有这样的经验。"

柏德可琶叶夫："好多人主张'我不会睡着'，可是事实上他睡着了。"

巴甫洛夫："那么，这是一个已知的事实，而我在自己的 86 岁的现在才知道它。……这意味着，平常的睡眠也具有各种不同的形态：有梦的睡眠，无梦的睡眠，有噩梦的睡眠，安静的睡眠，最后是完全的熟睡。……"

由这一段记载而可以了然，巴甫洛夫是每天多么长时间工作的，同时可以知道，睡眠的种种形态是相当复杂的。一般地说，在饱食或过度紧张以后，往往睡眠多梦，或者有巴甫洛夫所说的特别情形。

几十年间，巴甫洛夫都是在饭后一定睡眠的。从睡眠是保护性制止过程而言，巴甫洛夫如此辛苦地工作而能长寿，或者与这样的休息不无关系。

第十六讲

第一，睡眠是一种连续性的、向全部大脑皮质渐渐扩展的制止过程，所以由制止过程向睡眠进行的程度必定是种种不同的，就是说，在完全睡眠以前，必定有种种的移行阶段。

在动物实验的场合往往遭遇的强直状态，乃至伏斯克列先斯基实验中狗的症状，都是完全睡眠以前的移行阶段的现象。而在伏氏的事例的场合，睡眠状态发展中的这个阶段是由于无关性动因对于大脑两半球长时间作用的影响而发生的。在多次利用阴性或阳性条件刺激物的场合，睡眠前的移行阶段的现象也会发生。

（一）在多次利用阴性刺激物的场合。

贝尔曼实验（表 123）：从 4 点 0 分起，应用分化音，狗就开始睡眠；以后瞌睡状态继续着，直到 4 点 10 分。在 4 点 13 分应用阳性刺激物的时候，阳性效力减弱了（9 滴），制止过程依然占着优势（不吃食物）。

（二）在多次利用阳性刺激物的场合。

新加的一个条件反射（灰色影纸）多次被应用以后，动物的制止过程发展了，于是在各条件刺激物被应用以后，都不吃食物（表 124）；但如不应用条件刺激物，制止过程就被解除而动物贪食。

（三）在强有力的、异于寻常的刺激物的场合。与此有关的偶然的观察例的事实与动物性催眠的阶段性状态，是应该同样解释的。

第二，各种不同的动因的相对性强度对于弥漫性制止过程的影响。

从大脑皮质一个制止点出发的制止过程如春水泛滥地、尽量地扩展，直到全大脑的皮质，于是引起全大脑皮质的制止状态，就成为睡眠状态。对于这弥漫性的制止过程（即睡眠）的发展，各种不同的动因的相对性强度具有重大的意义。如果故意地改变各刺激物这类相对性的强度而进行实验，就同时可以证明所谓掩蔽现象成立的机制（第八讲内的掩蔽现象）。

立克曼实验结果证明了，弱化了的声音性刺激的条件性作用，比皮肤机械性刺激、光性刺激或温度性刺激的条件作用更小。在普通实验的场合，声音性刺激物的生理学强度是正常的，并不受特别弱化的处置，于是在实验的结果上，它的阳性作用是比较地最强的。立克曼实验说明了强刺激物掩蔽弱刺激物的理由。就是，各种不同分析器的各条件刺激物的效力大小，是由于这些刺激物的强度而决定的，而与各分析器的细胞性质并没有关系。这一点在研究弥漫性制止时应该注意。

第三，在神经机能性病态的场合，弥漫性制止过程的各个阶段。

在动物实验性的神经机能性病态的场合，可以发现由觉醒状态移行于弥漫性制止过程的各个阶段。

拉仁可夫实验的结果证明了如下的事项（图29）。

图29　睡眠与觉醒的移行

Ⅰ.反常时相，Ⅱ.均等时相，Ⅲ.移行时相，Ⅳ.正常时相

（一）表125。实验用的各条件刺激物的阳性效力的顺序如下：哨笛音，拍节机响声，

皮肤机械性刺激,电灯开亮。这个顺序是与正常的顺序相当的。

(二) 表 126。在受了一定的实验处置以后(参考下一讲),睡眠的反常时相出现了。过了 14 天以后又移行于如下的时相。

(三) 均等时相(表 127)。

均等时相出现后过 14 天,各刺激物的反射量才恢复彼此间的正常比例。

第四,在正常时候,弥漫性制止过程也具有各种移行阶段么?

贝尔曼实验(表 128~129)。实验证明了,在正常的场合,睡眠的反常时相及均等时相也是存在的,不过只有几分钟之久。

第五,咖啡因的利用,使半睡状态(打盹状态)各条件反射量的异常比例恢复正常值——席姆金实验(表 130~131)。

第六,超反常时相。这是在正常时和病态时可以发现的一种时相,其时阳性刺激物的作用会丧失或极减弱,而阴性刺激物显出阳性作用——仕序洛实验(表 132)。

第七,在条件性制止有关的唯一实验例里,反常时相也是在后继性制止的影响下而会发生的(贝可夫实验)。

第八,外制止是否即系负性诱导的问题。

在上述的内制止过程(睡眠)的场合,我们看见了若干的移行性的时相。如果外制止与内制止是相同的神经过程,那么,在外制止过程发展之中,移行性时相也应该是、并且实在是存在的。

泊洛洛可夫实验(表 133)。由于苏打水的注入而引起外制止的结果,原来较电铃声为弱的皮肤机械性刺激的条件效果现在大于电铃声的条件效果了。这是反常时相。

阿诺新实验(表 134)。在这实验的结果方面,均等时相出现了。

第九,由催眠剂而引起的睡眠,在其制止过程发展之中,具有所谓麻醉时相,就是说,一切反射都渐渐减弱,而微弱的各刺激物就更快地失去作用——列白丁斯卡亚实验(表 135)。

第十,在日常生活的条件下,对于每个动物,上述弥漫性制止过程的各种时相会出现多少呢?

斯皮朗斯基实验(表 136)。

(一) 除超反常时相以外,弥漫性制止的一切移行性时相都出现了。

(二) 在弥漫性制止过程的各时相的关系上:无条件刺激物的早期结合、完全的分化相(当做阳性诱导或集中制止过程的动因)、社会性刺激物等等的应用,可以使各移行时相互相交换。

表 137:应用分化相的结果,完全的制止时相(9 点 37 分以前)就先移行于反常时相(至 10 点 18 分),其次移行于正常时相。

表 138:利用社会性刺激物的结果,正常时相即刻恢复了。

第十一,巴甫洛夫在本讲中提及了符魏得斯基的名字。符氏(1852—1922)是谢切诺夫的继承人、世界知名的生理学者。他在研究神经生理学的时候,创立了"反常时相"的这个名词。巴甫洛夫有关于这个问题的意见如下(星三会志,二卷,91 页):

巴甫洛夫说:"真的,有名的生理学者符魏得斯基有过关于反常时相的说明;以后我们对于这反常时相又添加了一个新的超反常时相。大家知道,反常时相与均等时相是这样的,就是神经系统在艰难的条件之下,譬如在疲劳以后,或在受了任何有害的影响以后,会开始显现与平常相反的情形。据我们通常所见,刺激越强,效力也就越大,而在反常时相的时候,情形却是相反:刺激越弱,效力就越强;刺激越强,效力就越弱。在用蛤蟆做实验的场合,它通常是因感应电流而兴奋的。可是会发生这一种状态,就是很强的、频繁的电流刺激并不产生效力,而较弱的或频度较小的刺激,反会显出作用。……其次,在已受了一切其他有害影响的神经部位进行研究的场合,他检查了神经的传导性,也发现了反常时相和均等时相。根据这些实验,他达到一个结论,就是,制止过程是兴奋过程的若干的、特殊的状态,也就是某种蓄积着的兴奋过程。这就是他的有关反常时相的理论。符魏得斯基的这些事实是很宝贵的资料,是对于生理学的一个巨大贡献,……可是关于他的说明,……这是可能有各式各样的意见的。符魏得斯基把他的事实主要地建立于神经纤维之上。我们却在中枢神经系统的方面发现了这些事实。……我们还添了一个超反常的时相。似乎是,当神经系统在困难的条件下而受了伤害或者衰弱的时候,那么,不仅是弱刺激物开始具有比强力刺激物更好的作用、显现更好的效力,而且,甚至于制止性反射、制止性刺激物也会成为阳性。……"

"……其次,问题是,这个事实的机制应该怎样解释。我们所想象的机制是这样的,就是当皮质细胞在某些引起疾病的原因的影响之下而疲劳衰惫的时候,那么,该细胞的工作能力就非常降低,于是我们的条件刺激物不仅是不引起阳性效力,而相反地使该细胞进入于制止的状态。这意味着,在该细胞一受巨大工作的任何时候,就是说,在该细胞不能忍受的时候,于是它的另一种工作就即刻会发展,这就是制止过程。制止过程就使该细胞停止工作。……这样,就把有害而非力量所及的工作排除了。"

"其次,在我们面前还发生一个问题,就是同一个拍节机,因为响声次数的不同,而引起不同的作用,这应该怎样解释呢?……为了这个解释,必须想象在一个皮质细胞内或两个皮质细胞内有两个孤立的单位,正是这两个过程(阳性及阴性过程)发挥作用的地位。这一切是我们不能看见的,可是可以用一定的符号而加以标记。我假定着,当阳性刺激物克服了它的有关的一半部分,该部分就陷于制止状态,那么,按照不可反驳的、不断地显现出来的诱导相规律,该半部必定引起另一半部内的兴奋状态。于是对于这另一半部,刺激物不会遭遇到制止过程的基础,这样,就引起阳性的效果。……"

巴甫洛夫又说:"符魏得斯基观察了,当他应用强力的电流而刺激神经的时候,他在电话机里听见了一点节奏。与神经开始衰弱和疲劳的同时,节奏当然就开始紊乱而为杂音所代替,最后完全消失。从我们的观点,这些一切的事实是容易解释的。这就是与最良度、最劣度及反常时相相当的。现在有一个兴奋过程,与皮质细胞的能力相符合地,引起一定的工作。在某一个瞬间,由于某个原因而这个工作变成困难。于是另一个过程会显现,这就是最劣度。如果你应用弱刺激物,并不需要这小器械(指皮质细胞——译者)的过度紧张,……那么,就可以在某一定皮质细胞内引起兴奋。这就是对于符魏得斯基的全部事实的说明。……”

巴甫洛夫非常重视符魏得斯基所发现的事实，同时却给予了另一个有趣的说明。

第十七讲

第一，在做动物实验的时候，如果使动物接受大脑机能性的任务，在一定的条件下，有时会引起动物大脑机能性的慢性障碍，而这障碍的表现，或者是偏于兴奋过程的方面，或者是偏于制止过程的方面。并且在同一的实验条件之下，有些动物能够比较地长期地不发生大脑两半球神经的机能性病变，而另一些狗则不然。上述的这些差异发生的原因，主要是在于动物个性的差异，也即是在于动物神经系统类型的差异。

第二，动物神经系统的类型。

这是与古代分类的所谓气质类型相仿佛的。动物神经系统的类型构成着一个很长的系列。这个系列的两个极端的类型，就是多血质和忧郁质。这两种极端的神经系统类型是不适于生存的，因为多血质需要不断地变化着的环境，而忧郁质却需要绝对不变的环境。从现实而言，这两个需要都是不可能的。

关于睡眠与内制止过程的类似性，在前面已经有了适当而妥切的证明。但是为什么兴奋型的动物反而容易发展弥漫性制止过程（即睡眠）呢？巴甫洛夫关于这一点的解释是有趣而正确的。

在上述两个极端类型之间，存在着许多移行性的类型。分别起来，就是这些中间的类型比较适合于实际的生活。其中应该注意的是兴奋型的胆液质和制止型的黏液质。

第三，大脑两半球的机能性病态。

有关的实验如下。

（一）叶洛菲耶娃实验。这是一个发端性的实验案例。

（二）仕格尔·克列斯托夫尼可娃实验（表 139）。

由于这一个实验的结果而显然，在一定条件之下，兴奋过程与制止过程互相遭遇，会使两者通常的平衡发生障碍，并且在或长或短的时期以内，或多或少地构成神经系统的异常状态，这就是病态的发生。

（三）彼特洛娃实验。这个实验证明了，在延缓性反射实验相当长期地进行之中，制止型的狗比较容易地克服延缓过程的困难，而兴奋型的狗却在孤立性条件刺激时间延长的时候发生异常状态（在延缓到 2 分钟的时候，狗就兴奋；在延缓到 3 分钟的时候，它就陷于狂暴状态）。以后对于这只兴奋型狗的异常状态所采取的办法也证明了，过度的制止过程（延缓时间很长）与过度的兴奋过程（阳性反射很多）两者的互相遭遇是引起病态的原因。因为按照这个治疗方法，把孤立刺激时间缩短（改用间隔时程 5 秒钟，以后慢慢地加长）及条件刺激种类的减少（先应用一个条件刺激，以后陆续增加），就缓和了两个对立过程的冲突，于是神经系统的正常平衡状态就能维持了。

（四）电流刺激所引起的神经系统慢性病态。

i) 在兴奋型狗发生神经系统机能性慢性病态的场合，制止过程非常减弱，甚至于消失。

表 140。在电流形成条件反射以前，各条件反射（阳性及阴性）的效力是相当正常的。

表 141。这只兴奋型的狗在该年 4 月里形成电流反射。在该年 8 月里，电流非常加强，于是延缓过程才开始紊乱，并且条件性制止也变成不完全了（4 点 12 分）。这是值得注意的。在形成制止性复合物的场合，一般地说，条件制止物与条件刺激物间的间隔时程，如果不超过 10 秒钟以上，该复合物就能够保持着制止过程，但是在本实验的场合，间隔时程不过是 5 秒，而条件制止物的嘘音却变成第二级条件刺激物了。

ii) 在制止型狗发生神经系统机能性慢性病态的场合。

表 142：在用电流形成条件反射以前，各阳性和阴性条件反射的效力是相当正常的。

表 143：在电流条件反射长期重复地被应用以后，阳性反射就迅速地开始减弱，最后就消失。

表 144：在动物实验中辍了相当长久时期以后，将原来延缓 3 分钟的反射改为延缓 30 秒钟，可是这个处置并不曾能够把动物的病态改善。

第四，大脑两半球机能性病态的治疗。

（一）对于兴奋型狗的这类病态应用了溴剂。在若干天以后（本例是 10 天），全部的条件反射都恢复正常（表 145）。

使用溴素剂的结果，各阳性反射不但不减弱，而且保持着很大的恒常值。这样，可以断定地说，溴素剂不是降低神经兴奋性的，而是调整神经兴奋性的。

（二）制止型狗的这类病态，不受溴素剂及其他疗法的影响。但在相当长期休息（不做实验）以后，它的这个病态自然地消失了。……

第五，巴甫洛夫动物神经系统类型学说以后的发展。在本书中，巴甫洛夫已经把高等动物的神经系统的类型作了一个很重要的分类。但是本书印行（1927 年）以后，关于这个问题的研究资料更加丰富起来，因此他在 1935 年发表了一篇更详细的论文。关于类型（或型式）的问题，巴甫洛夫在这篇论文里的解释是这样的（《巴甫洛夫全集》，三卷，517 页，1949 年版）：

> 因为我们人类的和高等动物的一般行动在正常时候（指健康的生物个体而言）都是受着中枢神经系统的高位部分——即大脑两半球及其最近的下位部——的支配的，所以在正常条件之下利用条件反射的方法而进行这类高级神经活动的研究，就必定会达到高级神经活动真正类型的认识，也即是达到人类和高等动物行动的基本型式的认识。
>
> 在转而讨论我们的事实材料以前，必须先谈及一个很重要的、与决定神经类型有关的、目前几乎不可克服的困难。人类和动物的行动方式，不仅是决定于神经系统先天的性质，而也是决定于生物个体生存中个体所遭遇过的及不断地遭遇着的影响，就是说，与最广义的、经常的培育及训练有关。这是因为这个缘故的，就是与上述神经系统的性质并行地，不断地也显现着神经系统一个最重要的性质，即最高度的可塑性。所以，如果论及神经系统自然的类型的问题，就不能不考虑该生物个体在其出生后所受过的及现在正受到的一切影响。……

根据巴甫洛夫的这个说明，神经系统高级神经活动的类型是生来的特征和在个体生存及发展中由环境的影响而后天地获得的变异两者的铸合物，而后天获得的变异是由高级神经活动的最高度的可塑性而成立的。巴甫洛夫的这个说明正意味着生物个体与外界环境间的统一性，这是一个极重要的论题。

关于高级神经活动类型性质的决定，巴甫洛夫在上述论文内举出了三个原则：

> ……所以第一个最重要的力量（即强度——译者注）原则被强调了。……胆液质者由于其放肆不拘的性质，就是说，由于其不能节制自己的力量于适当的限度以内而从强型的一组被分离开来，换句话说——这是兴奋过程优于制止过程的。因此就树立了相对立过程间的平衡原则。末了，由于黏液质者和多血质者的对比，成立了神经过程的变动性（即易变性——译者注）的原则。
>
> 还剩着一个问题：人类和动物一般行动的基本的变异方式的数目真正是限于古典的四个分类吗？我们对于狗的多年观察和多数研究，使我们目前承认，这个数字是与现实相当的，同时我们承认着，在神经系统里这些基本性类型之中，还存在着若干微小的变式，尤其是在弱型之中为然。……

第六，药品治疗的问题。

（一）在本讲内，巴甫洛夫关于溴素剂的作用，认为是在于兴奋过程的调整，而并不是在于兴奋过程的减弱。这是与从来有关溴素剂作用的见解相反的，是远远更增加了溴素剂应用范围的新结论。

根据巴甫洛夫的理论，伊凡诺夫·斯莫连斯基在他的《高级神经活动病理生理学概论》内说：

> ……这些研究完全鲜明地证明了，溴素剂的作用不是在于兴奋性的降低，……而是在于制止过程的增强，尤其是在于各种内制止过程（即主动性制止过程）的增强。溴素剂协助着内制止过程的集中，并且其次因为阳性诱导现象的缘故，溴素剂能促进兴奋过程的增强和同时地集中，这样，在大脑皮质内就树立神经性兴奋与制止间的正确的平衡。
>
> 以后又被证明了，应用溴素剂而没有积极性的效力，这不一定证实溴素剂的用量不足和用量的需要增大，而是相反地在多数症例能够由于用量的减少，获得良好的治疗效果。如实验性神经症治疗的经验所证明的（对于本来健康的或对于去势的狗所做的实验），由于神经系统特性的不同，溴素剂的最良度的每次用量是由1～2毫克乃至几克。
>
> 在长期对强型和弱型动物应用溴素剂的场合，弱型动物的溴素中毒及全身中毒现象是比强型动物远远更早发的。……
>
> 因此就获得一个结论，就是溴素剂的正确用量，必须以动物高级神经活动的特性为根据，也就是正确的用量方法，必须与神经系统的类型相适合（对于强型动物的每次用量是2.0～3.0，并且有时达到5.0以上；对于弱型动物的用量是0.001～0.005乃至几个分克）。巴甫洛夫说："神经类型越薄弱，有关的神经状态越薄弱，溴素剂的用量就必须越小。"

由巴甫洛夫所指导的多数研究，获得了如上的结论。在治疗人类神经症状的场合，溴素剂的应用，也是应该斟酌人类神经系统的类型的。

（二）咖啡因对于神经症的应用。

伊凡诺夫·斯莫连斯基在他的书中说：

> 然而在采取特别严重经过的症例，尤其在若干极长期的、顽固的、局限性的障碍（与孤立性疾病点有关的障碍）的场合，溴素剂和休息都不能给予所希冀的效果，于是就不得不寻觅新的治疗方法（参看十八讲有关分析器孤立性病变的正文）。
>
> ……能够确定了咖啡因的最良用量（0.03～0.05 一次量）。这个用量能使兴奋过程增强，然而并不致引起衰弱的征候。并且被察觉了，这兴奋过程最良度的增强，由于负性诱导的缘故，能够有助于分化相（就是内制止过程）的巩固化。所以就发生一个观念，就是咖啡因对于兴奋过程的作用，正与溴素剂对兴奋过程的作用相同。
>
> 全体地估计着这个方法的价值，巴甫洛夫说："应该想象，在绝大多数的场合，神经系统的疾病是兴奋与制止过程间正当关系的障碍，这是在我们实验性疾病处置的场合显然可见的。现在我们既然以药剂的形式，就好像掌握着两个杠杆，即是掌握着两个主要器械——神经活动两种过程的联动机，有时发动这一个杠杆，有时发动那一个杠杆，相应地变动杠杆的力量，于是我们就有了一个机会，可以把已障碍的过程安排到原有的地位上去，即是安排到正确的关系上去。"

咖啡因与溴素剂共同应用而有效的机制，由于这个说明而显然。

第七，睡眠疗法的发展。

根据巴甫洛夫的"制止过程的发生，……是具有皮质细胞保护者的作用"（本书第十五讲）的概念，弥漫性制止过程的睡眠状态当然更具有保护作用。

在巴甫洛夫逝世以后，他的弟子们根据他的保护性制止过程的概念，进行了药物睡眠疗法的实验，起先是在动物身上进行的。

伊凡诺夫·斯莫连斯基的书中（《高级神经活动病理生理学概论》，169 页）与此有关的记载，现在意译如下：

> 巴甫洛夫关于保护性制止的概念，是把超限界性制止及睡眠都认为具有保护作用的。彼特洛娃写道："……在巴甫洛夫逝世以后，我们研究了维洛那尔（веронал）的催眠性睡眠对于类型不同的神经病者，即对于不同年龄的狗的高级神经活动的影响。"
>
> 睡眠继续 6 至 13 昼夜，可是通常以 6 昼夜为限，有时对于一只动物把这样的睡眠重复地应用两三次，间隔时程是两三周。维洛那尔在一昼夜间被应用两次，早晨及夜间各一次，每次 1～2 克。可是对于一只老衰的、在神经关系上很疲弱的狗，为了获得深沉的、连续的睡眠的目的，在 6 昼夜内，每昼夜一次 0.5 克的维洛那尔的应用就足够了。在全部应用这方法的实验场合，睡眠疗法（сонная терапия）都帮助了狗神经性活动的恢复。不论狗神经类型、年龄及疲惫的如何，这麻醉性催眠（наркотический сон）对于全部的这些狗显现了极高度的、本质上的效益（彼特洛娃）。这类睡眠的影响对于皮肤的营养性失调症是特别显著的：溃疡，湿疹，乳头状瘤和脱

毛症。全部受了麻醉性睡眠处置的狗，以后对于各式各样的神经性创伤，比以前更显著地能抵抗了。

与进行长时间的麻醉性睡眠的实验同时，在另一些实验的场合，彼特洛娃应用了微弱的、单调的刺激物，譬如不断地消去性反射、慢慢地闪亮的蓝色光线和微弱的皮肤机械性刺激物（即皮肤刺激器）等等，她就获得了狗发展很深的睡眠（按照她的说法，这是催眠性睡眠）。她把这样的睡眠也利用于治疗的目的，有时并用小量的симпатомиметин（药名，尤其用在实验性恐怖症的场合）。在沉重的神经状态的场合，由于皮质细胞消耗的缘故，狗显出超限界性、保护性制止的过程，容易移行于睡眠。根据这一点，彼特洛娃给狗有 2.5～3 小时的附加的睡眠，继续 3 周～3 个月，这样就使神经症的狗获得高级神经活动优良的恢复。

……目前我们只能够说，在动物高级神经活动机能性障碍的时候，特别有效的结果，主要地可以发现于如下几种办法之影响的场合：甲、在应用溴素剂的场合（溴化钠、溴化钙及溴化钾），同时应该斟酌神经类型的特色；乙、在并用溴素剂与咖啡因的场合；丙、在促进保护性制止的场合（长时间麻醉性睡眠，催眠性睡眠和延长的、天然的睡眠）。

如我们以前说过的，在伟大的卫国战争时期内，阿斯拉羌（Acратян）在狗脊髓的和大脑的实验性创伤的场合，很成功地应用了麻醉性睡眠。在阿氏的这个研究里，也在彼特洛娃的研究里，巴甫洛夫关于保护性治疗性制止的概念是当做基础而被接受的。

上述的资料就说明了，睡眠疗法的初期是由动物实验而证实的。以后在 1950 年，菲・安德列耶夫（Ф. А. Андреев）教授由于应用睡眠疗法于人类疾病的成绩，获得了斯大林奖金。关于这类睡眠疗法，已经有不少的论文，这不是本笔记所能尽举的。此处只译记安氏在 1950 年发表的有关睡眠疗法的意见。他这样说过：

"已经确定了，大多数不容易地或者完全不可能由寻常的疗法而奏效的内科疾病，譬如早期高血压病、胃溃疡、支气管喘息、皮肤的许多疾病、神经性及其他的疾病，都可以利用长时间的睡眠而治愈。我在 1943 年开始应用这个方法。在这 7 年间，经过我的手治疗的病人大约 700 名，并且对于这些病人能够进行了治疗结果的远期性观察。在大多数的场合，效果是顺利而稳定的。……"

"百年以来，在医学方面，存在着关于人类的双重见解，即是人工地把人类生活分成精神的与肉体的两种生活。……德国的科学家魏尔绍（Virchow）也抱了这个观点。他把疾病当做个别器官的障碍，而不当做全身的障碍。医学只医治有病的器官，而不医治全身。在医治内脏疾病的场合，理论医学上这个错误的原则产生了几乎不可克服的失败。……"

"事实上，在巴甫洛夫以前，关于精神机能，医学的科学并不曾上升到唯物主义科学的水平。由于巴甫洛夫的研究，大脑是生物个体的最高调整者的事实才被阐明了。……克・贝可夫院士有关大脑与内脏之联系的研究具有特别的意义。大脑对于内脏疾病的关系也成为显然了。……"

"为什么，需要长时间的睡眠呢？因为神经细胞只能很慢慢地、很困难地恢复正常的状态。时间较短的睡眠也许不能像较长时间睡眠效力之大。……”

“在原则上，这个方法的新事情是什么？这个方法确证了，疾病并不是生物个体生活中偶然的事情，而是深入于人的以往精神的和肉体的生活之中的。……”

睡眠疗法的发展又证明了巴甫洛夫条件反射学说的真理性。

第十八讲

第一，大脑两半球如果受了机能性的损伤，就会有大脑两半球病态的发生，这是以前已经说明过的事情。

机能性的侵害意味着兴奋过程与制止过程的冲突，也就是意味着，这两个对立过程很困难地互相遭遇。

在上述皮肤机械性阳性条件刺激物（30 秒中 24 次接触）与其分化相（30 秒中 12 次接触）的场合，如果应用分化相以后，即刻不停地就应用该阳性刺激，这正是两个对立过程的很艰难地遭遇，就会引起大脑病态的发生。

第二，大脑两半球慢性病态发生的经过。

如立克曼实验所证明的，有种种的阶段。

（一）首先各条件刺激物的效力是正常的，各条件刺激物效力的大小，也各与其生理学强度相当（表 146）。

（二）为了试验制止过程坚强性的目的，对阴性刺激物，应用无条件刺激物而加以强化。但制止过程被排除的进程很慢，在受强化手续 27 次的时候，才显示出相当的阳性效力（表 147）。

（三）分化相虽然继续地受着强化的手续，但已恢复的阳性效力又开始减弱，并且在其次被应用的其他阳性条件刺激物的效力都变成零，这就意味着，分化相的后继性制止过程发挥了作用（表 148）。

（四）在一个实验里，如果除去这阴性刺激物（分化相），其他阳性刺激物就多少恢复作用（表 149）。

（五）同时原来阳性刺激物的拍节机的应用（响声 120 次），也对于各阳性反射，引起异常的现象。

表 150。均等时相，麻醉时相，反常时相，完全制止的时相及不用拍节机时的比较正常的阳性效力。

（六）各条件刺激物都以同时性反射而被应用，并停止拍节机的应用而添加新条件刺激物（水泡音），于是阳性反射几乎正常化了，但一应用拍节机，就又引起异常的反射（表 151）。

（七）以后经过若干变式的实验法，各反射就又有一定的异常的表现（表 152～155）。

根据这些实验结果显而易见，声音分析器的一个制止点（拍节机）变成非正常状态，一遇适当的刺激，就使全大脑皮质变成病态，即是使制止过程向全大脑皮质扩展。

第三，对于大脑两半球皮质细胞发挥制止性作用的刺激物有三种：单调、重复地应用的弱刺激物,非常强有力的刺激物,及新现象所构成的或旧现象所构成的新联系——即异常刺激物。

(一) 单调地重复地应用的弱刺激物,譬如在相当长时间以内,听着单调的声音,或接受单调的皮肤机械性刺激,就容易引起瞌睡或睡眠,这就是制止过程发生了。

(二) 强有力的刺激物及其后作用。譬如列宁格勒某次洪水以后,实验动物的条件反射发生异常了。

i) 斯皮朗斯基实验。

由于洪水本身所引起的异常,或由于旧现象或新现象所构成的新联系——表 157(但表 156 表示这只实验狗的各条件反射已恢复正常)。

ii) 立克曼实验。

此例条件反射的异常化,也与斯皮朗斯基的例子的意义相同(表 158~160),不过异常的表现是制止式的。

在这斯氏和立氏的两例内,如何使已成异常的条件反射再恢复正常的办法,值得注意。

(三) 兴奋性薄弱(魏绪聂夫斯基例)。本来很适于条件反射实验的一只狗,现在对于环境极小的动摇,他的反应都是方位判定反应,其次是制止它自已的运动,甚至拒绝食物,或者睡眠。在给予食物的时候,孤立的条件刺激与其次无条件刺激物(即食物)的间隔时程如果超过 5 秒以上,狗又陷于弥漫性制止的状态(睡眠)。这就是所谓兴奋性薄弱,在临床上很有意义。

第四,兴奋性薄弱在病理学上的意义。

上项虽然说明了兴奋性薄弱的资料,但这个病态在病理学上具有重大的意义,不能不引用若干具体的事例而加以说明。

巴甫洛夫说过(星三会志,三卷,133 页):

> "现在谈谈关于神经系统治疗的问题。你们记得'忙蒲斯'这只狗吗?它几乎病了 7 年。你们记得,我把它给你们看了多少次吗?它有恒常的超反常时相。在多年之间,阳性的拍节机反射虽然总是受了强化处置,然而并没有条件性唾液的分泌。以后出现了一个新的、非常重要的症候——这就是兴奋性的薄弱,就是说,全部的刺激物即刻都发生急速的效力,运动性的和分泌性的效力都是这样。在条件刺激物继续作用的场合,在延缓时间将到终末的时候,唾液性反射很快地中止。这只狗不肯吃东西。这是典型的兴奋性薄弱。
>
> 这个典型的兴奋性薄弱最初显现的条件刺激物,是在于一个实验里第二个制止性的、通常地解除制止化了的刺激物之后的。解除制止化的刺激物的本身具有爆发性的特色,狗很快地跳起来,发生反应。以后,这个爆发性(即爆发式的反应——译者)传播到其次的阳性条件刺激物。最后,全部的刺激物都成为爆发性的。从我们的观点看,这只狗很长久地保持着这种绝望的状态,不会有任何治疗的方法达到目的。
>
> 大约一年以前,彼特洛娃首先应用溴素与咖啡因的复合疗法。只是这复合疗法把情形改善到了这样程度,就是阳性刺激物开始发生阳性效力,而制止性刺激物丧

失了阳性诱导的作用。爆发式反应完全消去了。很显然，这些情形是彼此相联系的。

发生了一个问题：这个治疗的程度是根本的吗？由于应用若干医疗的附加办法的缘故，可以期待根本的治疗作用了。附加办法就是对于成为这个疾病起源的阳性刺激物施行遮蔽法（перекрытье）（就是说，与该刺激物作用开始的同时，或在其以前的3～4秒，施行强化手续）。

在重复地应用遮蔽法的场合，同时应用的溴素剂与咖啡因的有效作用维持了恰恰2个月。只在快到两个月的末尾的时候，这个办法成为不充足了，病症又开始发生。然而应用0.5克的溴素和咖啡因2分克，就足够地使全部条件反射成为正常。

这样，在这个场合，兴奋性薄弱的根本治愈的希望出现了。

在另一只也是神经症者的狗的身上，有了同样的情形。在两三个月的经过之间，这只狗关于强力条件刺激物对神经系的力量受了考验。这只狗受得住这个考验。然而有一次，奇怪的事实发生了。这只狗开始显现极巨大的唾液性条件反射，可是并不吃食物。

往后情形是这样进行的，有时吃食物，有时不吃，有时显现微小的反射。这只狗变成一个真正的、不可医治的神经症者。不管我们尝试什么办法，都没有任何结果。于是我们应用了溴素与咖啡因。有点帮助了，可是很微弱。

最后，我们应用了全部的、在上述一只狗的场合证实有效的办法，就是说，复合地有节奏地应用了阳性与阴性刺激物，和阳性刺激物的遮蔽法。现在这只狗完全治愈了。

如各实验所证明的，在这个复合的医疗方法之中，遮蔽法显出特别有利的作用，可是怎样才能把这个方法实现于人类的诊疗方面呢？让临床家去想罢，这是他们的事情。”

上述理论是巴甫洛夫在1935年3月阐述的。以后应用这个理论于临床方面病态的说明的趋向，也就发展开来。譬如，许多临床家以前把结核病当做局部的疾病看待，可是现在知道，结核病是全身性的疾病。兴奋性薄弱也是结核病人的一个症候。现在引用一篇论文的资料：

“在肺或其他器官结核病的显著病型的场合，尤其在进行性重症结核病的场合，在中枢神经系统内及周围性神经系统内，会发生炎症性、退行性的变化。还在1885年，俄罗斯的泡特金（С. П. Боткин）医师就昭示了，在肺结核病的场合，纵隔障的神经发生变化。马那舍因（В. А. Манассеин）的工作同人在肺结核病死亡者的身上发现了上下肢神经干及迷走神经干的炎症性、退行性病变。其他许多专家在成人和小孩因原发性或续发性的结核病而死亡的病人身上，发现了心脏神经、喉神经、植物性神经节、脊髓神经各部分的构造上的变化。由于这个缘故，在肺结核病人的身上，会有中枢神经系统的各种不同的机能性障碍及身体的周围性神经及植物系统神经的症候。如临床、生理学研究所证明的，在局限性浸润性肺结核病的场合，往往发现大脑皮质方面的兴奋过程的增强及制止过程的低弱。在若干病例进行性病理过程的场合，出现着兴奋性的薄弱。按照巴甫洛夫的观察，兴奋性薄弱的特色在于各兴奋过程的异常反应性及敏感性。……被发现的中枢神经系统高级部分的机能性障碍也会在其他传染性疾病及身体疾病的时候出现，或者可能由实验而加以证明”[拉布金(A. E. Рабухин)教授，“苏联医学”杂志，1952 年 9 月号]。这就是“兴奋性薄弱”在临床上的利用。

第十九讲

第一，大脑两半球机能性实验的一般性(图 30～31)。

(一) 巴甫洛夫在这一讲的最初，先叙述了进行大脑两半球机能实验性研究的困难。在最初的实验阶段，虽然不妨把大脑当做一个受实验处置的器械看待，但是所得的实验结果当然还是不能满意的。因此必须努力探求一切新的方法，并且新方法必须与所研究的对象器械(即大脑)的精密性不能相距过远。

(二) 在研究大脑两半球机能的场合，需要考虑如下的各点：

i) 手术后疤痕的影响；

ii) 神经系统的代偿性机能。

(三) 在除去大脑两半球一部分以后，应该注意的各点如下。

i) 条件反射的消失与恢复及与此有关的条件和事态。

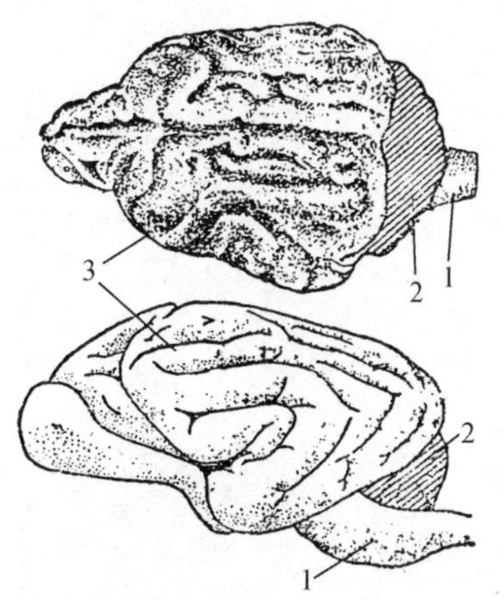

图 30 狗的脑部

1. 脊髓，2. 小脑，3. 大脑

甲、一般地说，在大脑两半球的手术以后，主要的是人工的条件反射会消失，而在条件反射恢复的时候，却是自然条件反射先恢复。与反射消失时间多少有关的因素是手术的部位、手术范围的大小、手术损伤的程度等等，但也不能一概而论。

乙、刺激物的强度、分析器的种类等，也与反射的恢复情形有关。

丙、在各条件反射终于恢复的时候，反射不仅能够达到正常的强度，并且有时超过正常值，但制止过程却减弱。

丁、在手术以后会发生制止过程的惰性，即制止过程的不动性，这在病理学上具有重要的意义。

ii) 疤痕组织和痉挛发作。分化相的消失，往往是痉挛发作的前驱症状。痉挛往往或迟或早地成为实验动物死亡的原因。

iii) 手术后特殊的现象。

甲、极端的感觉过敏性(一只狗实验的结果)。实验动物一受触摸或一作任何运动，就叫唤起来。

巴甫洛夫在此地举出“损伤感受器细胞”的一个名词来，他并且加了注解，这就是感痛性的细胞。他在进行与大脑两半球机能有关的实验的几十年间，极力避免主观性名词的使用，这又是一个例子。

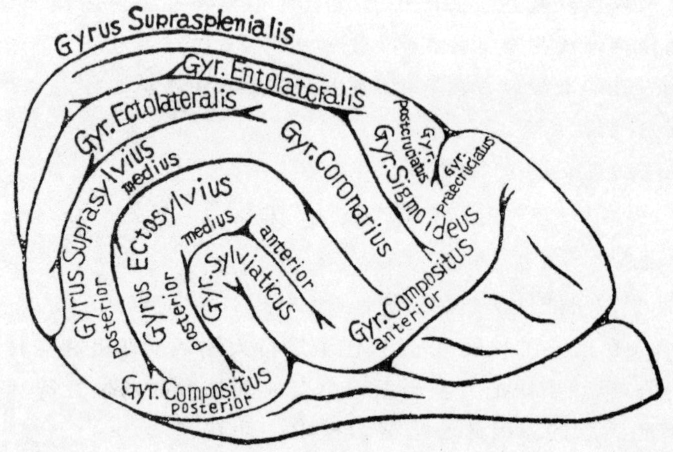

图 31

1. Gyrus sylviaticus 雪儿维氏回转；2. Gyrus ectosylvius(medius, anterior, posterior)外雪儿维氏回转(外雪儿维氏中回转,外雪儿维氏前回转,外雪儿维氏后回转)；3. Gyrus suprasylvius(medius, posterior)上雪儿维氏回转(上雪儿维氏中回转,上雪儿维氏后回转)；4. Gyrus coronarius 冠状回转；5. Gyrus ectolateralis 外侧回转；6. Gyrus entolateralis 内侧回转；7. Gyrus supralateralis 上膨大回转；8. Gyrus sigmoideus S 状回转；9. Gyrus praecruciatus 前十字回转；10. Gyrus postcruciatus 后十字回转；11. Gyrus compositas(anterior, posterior)连接回转(连接前回转,连接后回转)。

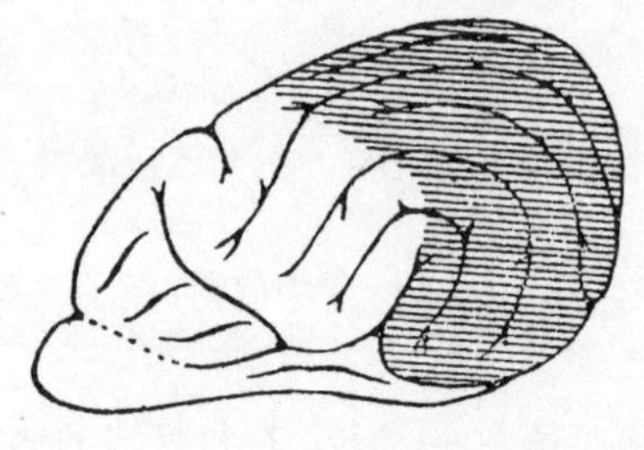

图 32

乙、光分析器的异常现象(一个实验动物例)。癫痫的同等症状由此可以说明。

iv) 条件性水反射。

第二,声音性分析器有关的实验研究。

(一) i) 库得林实验。对两只实验动物的大脑皮质一定部位施行摘除的手术(分两次做),以后全聋症发生了(图 32)。

ii) 马可夫斯基实验。在预定的手术完成以后,经过 1.5 个月,突然发生了全聋症。

(二) 在两侧颞颥叶被摘除以后,探索反射已经恢复而其他分析器各动因的条件反射已经出现的时候,声音性反射可能在几天乃至几周以内不恢复。这是怎样建立的?

克雷柴诺夫斯基实验(图 33)。其结果意味着,在大脑颞颥叶手术以前已形成的条件制止物,在手术后 12 天以前不显出良好的制止性作用,但在 12 天以后却显出良好的制止性作用。这个事实是似乎与上述手术后声音分析器初期时相的状态有关的;其次,为检查第二个假定的目的,也进行了实验,于是证明了,在有关的手术以后过 10 天,手术前的皮肤机械性刺激的痕迹反射恢复了。

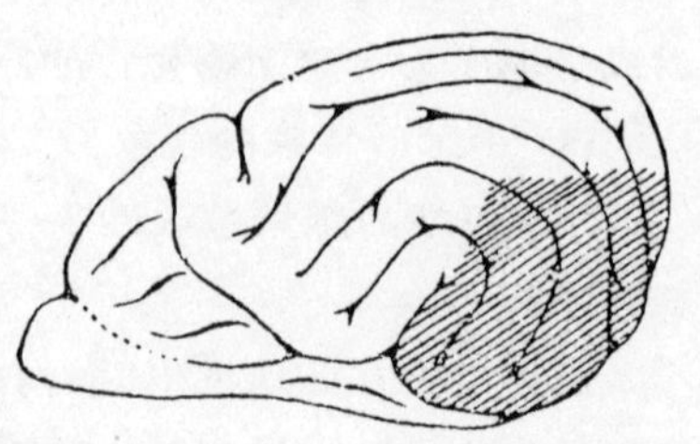

图 33

巴勃金实验(表 161)(图 34)证明了如下的事实。在除去大脑两侧颞颥叶以后的第八天,原有的阳性刺激物(下行音列)现在依然具有阳性作用,而现存的其他音(低音、玻璃瓶的敲音等)刺激也具有阳性效力,并且这些新异声音(低音等等)如果不受强化处理而效力减弱,其次位的原有阳性刺激物的阳性效力也就减弱。这些事实意味着,该条件刺激物的作用是泛化的,声音分析器的分析机能是不完全的。

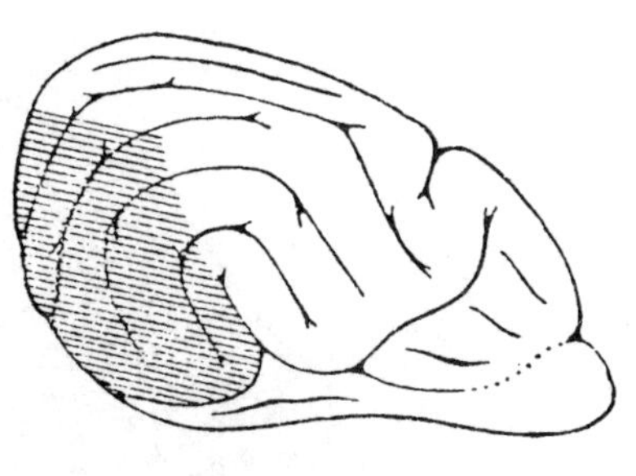

图 34

根据上述的资料显而易见,如果利用条件反射的客观性实验,就可以获得一些客观的数字而能理解分析器机能显现的种种阶段,这是远远优于心理学检查方法的一点。例如蒙克的所谓精神性聋,就是一个漠然的概念,在科学上并不能有什么积极的意义。

(三) 在颞颥叶除去以后,与复合性声音刺激有关的分析力还存在吗?

i) 巴勃金的另一实验。在上述手术以后,手术以前已成立的个别音的分化相,虽然迟早会恢复,但复合刺激音的分化相却不能恢复。5 只狗的实验结果相同。其中的一只尤其值得注意。

这是接受了库得林研究以后而生存 3 年的一只狗,在手术以后,复合音的分化相不能成立,而个别的单音的分化相却能成立(表 162),这只狗在手术后生存的 3 年间,对于叫它的名字的声音,并无反应。如果把这个现象当做一种对复合性声音刺激的分析力的丧失看待,这就容易解释了。

ii) 爱里亚松实验。实验的结果应该解释如下:这只狗的手术是限于大脑两侧颞颥叶前半部的摘除,所以手术后声音性反射的一部分消失(sol_4 音及其邻近各音丧失了效力)及复合音反射的能够恢复(手术后第五天)等等的事实,是与假定的所谓蒙克听觉区有关的。如果蒙克区完全被除去,那么,各声音刺激的高级综合力与分析力也就必定会丧失了。

iii) 在大脑两侧颥颞叶被除去的场合,声音条件反射可能继续存在,甚至还能够形成简单的分化相。而在大脑两半球皮质全部被除去的场合,声音条件反射会永远消失。因此可以得一个结论,除声音分析器这特殊部分以外,必定在大脑两半球很巨大的范围内,甚至可能在大脑全部实质之内,还有这一声音分析器成分的散在。在构造上,这些成分已经不能具有复杂的综合力,而仅仅能够作比较简单的综合与分析。①

第 二 十 讲

第一,根据直到现在的实验资料,光分析器的中心是存在于大脑两侧后头叶(枕叶)之内的,就是说,光性刺激最高的综合及分析,是在于后头叶内,然而这并不是光性分析器的全部。这一分析器是远远广布的,是可能广布到大脑全部实质(皮质)之中的(图 35~36)。

应用条件反射的方法,可以证明,在大脑两半球前半部存在着具有显著机能的光分析器,因为摘除大脑后头叶的全部狗依然能对光线形成条件反射,并且对于光线强度的差异也能形成分化相。这又比精神性盲(蒙克)的漠然的病名更有科学性的精确性了。

① 308 页 8 行"所研究的器械非常的精密性……"中的器械,指大脑而言。

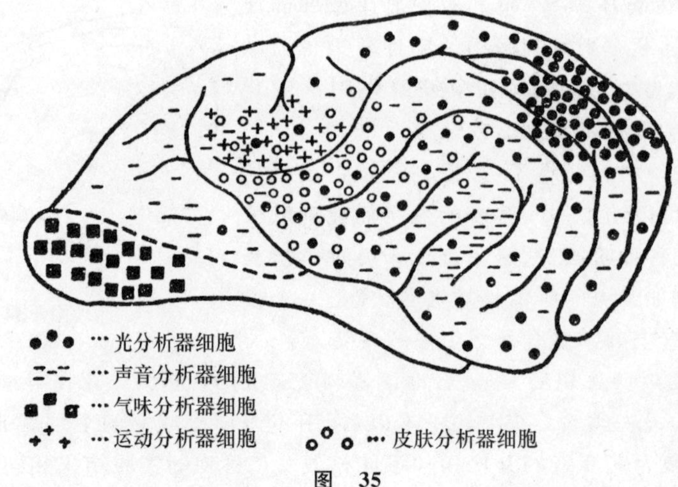

图 35

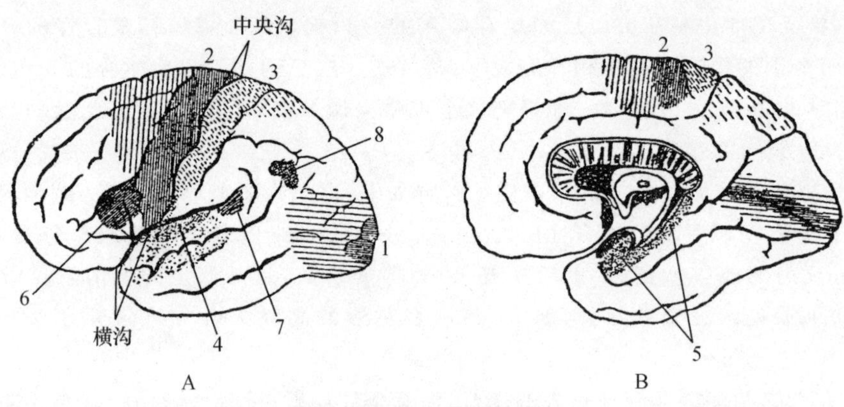

图 36　若干分析器的部位

1. 视觉性，2. 运动性，3. 皮肤感觉性，4. 听觉性，5. 味觉性与嗅觉性，6. 言语运动性，7. 言语听觉性，8. 言语视觉性

实验案例(表 163)。根据这些实验案例及与声音性条件反射有关的实验，很显然，光分析器和声音分析器的已损害的机能各阶段是彼此相当的。光分析器高度障碍的表现是对光性刺激物的综合力与分析力的丧失。而声音分析器的高度障碍是声音复合物辨别力的丧失，也就是声音性刺激最高综合力及分析力的丧失。

第二，皮肤机械性分析器。

(一) 在大脑皮质方面，运动性领域是与皮肤机械性分析器的特殊领域多少地互相隔离的，但大脑皮质的皮肤机械性分析器领域的一定部位是与皮肤各个别部位相一致的(克拉斯诺高尔斯基实验)。

在除去狗的冠状回转及外雪儿维氏回转的场合(在有关实验内，手术在左侧)，其有关的受损伤体侧部(右侧)的皮肤机械性条件反射会消失(在一定的部位)，只在手术后经过很多时日以后才能恢复。

这些皮肤条件反射消失的部位，不仅丧失阳性作用，而且同时显出强烈的制止性作用。这制止性作用的表现是，它能制止其他皮肤部位的阳性反射或其他分析器的阳性反射,并且有时(如果应用制止性刺激的时间很长)引起瞌睡或睡眠(拉仁可夫等实验)。

i) 如果把孤立的条件刺激时间缩短数次,以后再应用较长时间的孤立条件性刺激,这样,阳性作用就会暂时出现(表 164)。

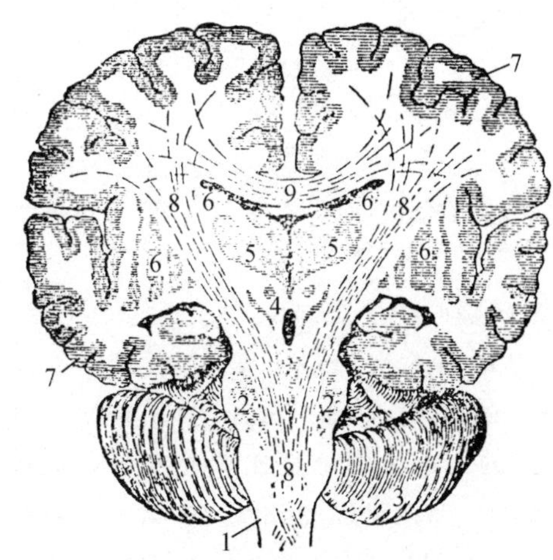

图 37　脑的横断

1. 延髓,2. 脑桥,3. 小脑,4. 中脑,5. 视丘,6. 纹状体,7. 大脑皮质,8. 由大脑皮质出发的远心性道路(下方交叉),9. 胼胝体

此外,如果利用正性诱导、解除制止法及咖啡因溶液等等,也可以获得同上的阳性作用。所以这意味着兴奋性薄弱的存在。

ii) 上述不发生效力的(即成为阴性的)皮肤部位,迟早会恢复原有的机能。这一机能的恢复,是怎样地,与什么东西有关而发生呢?

甲、没有直接通路可以帮助该机能的恢复(弗尔西柯夫、贝可夫等实验)。

乙、大脑受了手术损伤的部位的活动为远在的神经成分所代替(尤尔曼实验)。

(二) 两侧皮肤分析器彼此间的关系。

在胼胝体切断以后,两侧的条件性皮肤机械性反射就成为完全彼此无关了(表 165,贝可夫实验)(图 37)。

(三) 大脑两半球额叶与各分析器的关系。

按照巴勃金实验的结果,在两侧额叶被摘除以后,眼的和耳的条件反射都或迟或早地恢复或形成了,但是最显著的机能障碍,只发生于皮肤分析器及运动分析器。

第三,皮肤温度性分析器。

在大脑皮质内,皮肤温度性分析器与皮肤机械性分析器两者的部位,似乎并不一致,这是由条件反射实验的结果而证明的。

第四,气味性分析器。

惹华德斯基实验(图 38——从下方看大脑两半球)。

在梨子状回转和海马角除去以后,恰恰出现最早的是气味性反射。尤其人工性气味性反射在手术后做第一次检查的时候已经出现,所以这是原有反射的恢复,而不是新反射的形成。

第五,大脑皮质运动领域的问题。

(一) 克拉斯诺高尔斯基实验(表 166)。这实验的结论有两个:第一,仅仅运动性的动作而无皮肤刺激成分的参与,就可能成为条件刺激物;第二,运动性动作的刺激与皮肤机械性刺激,在大脑皮质内各有不同的作用部位。

(二) 皮质运动领域的所在部位(表 167~168)(图 39)。

右侧 S 状回转被除去以后,动物左侧前肢与后肢的运动总是紊乱的(A 图:S 状回转被摘去)。左侧 S 状回转的手术损伤不大,

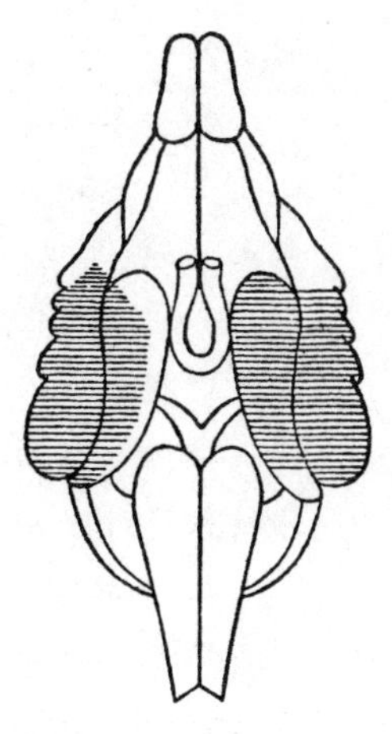

图 38　大脑的下方

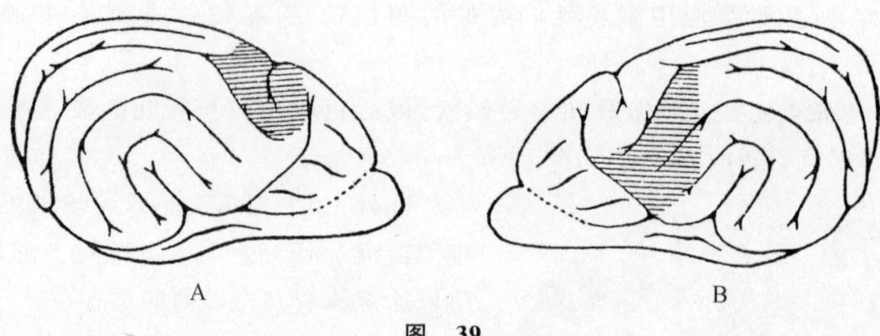

图 39

手术后的右侧前后两肢运动机能的障碍几乎缺如(B 图:冠状回转及外雪儿维氏回转被摘去)。

所以 S 状回转是从骨骼运动性器官出发的刺激所趋向的皮质部位。

第六,由于应用条件反射实验性研究的方法,巴甫洛夫得到一个结论,就是在一方面,高级分析性和综合性机能在大脑皮质内占着一定的区域,而另一方面,与比较初级的机能有关的神经细胞成分是在大脑皮质内比较散在的。这个结论是比从前的学说远远更进步的。为了对于这个问题获得更明确的概念起见,现在将巴甫洛夫 1934 年 3 月所发表的见解简译如下(星三会志,二卷,279～282 页;题目是"大脑两半球内个别机能机构的双重分配"——高级分析和综合机能由皮质一定区域而实现,比较地粗浅的机能由散在于全部皮质的细胞成分而实现):

> 巴甫洛夫说:"其次还有一个很富于兴味的问题——这就是有关皮质运动性领域的问题。全部现代生理学都主张着,皮质的运动性领域是完全地受着一定的限制的。这样部位的限制是由电气兴奋性而决定的。于是成为这样的结论,就是运动性的分析只发生于这些电气兴奋性的各点。于是产生一个误解:现在,假定你使狗学习某种简单方式的运动,那么,很奇怪地在有关的运动性中枢损坏以后,已形成的机械式的运动依然是残存着的。为什么这个机能的恢复会发生呢?我们可以想象另一侧的关系。于是把另一侧的中枢也除去,可是运动依然存在。大家想象,中枢不是迁移于某个附近的部位吗?再做一个新的手术,可是运动依然存在。这意味着什么?
>
> 我老早就主张着,这个看法是不正确的。……
>
> 关于运动分析器,就是说,关于皮质内肌肉运动机能所在地的问题,是应该这样想象的,就是这有两个方式。一个是,存在着特殊的部位,实现着高级的分析和综合,此外应该想象该分析器个别成分很可能散在于全部大脑的实质。后者的成分不能作这样广大而精深的分析和综合,这只是中枢性部位——即皮质分析器的核心部所能做的。利用条件反射的帮助,我们能够把皮质性活动与皮质下位部分的活动精确地区别开来,这是已经完全证明的。……
>
> 从前我们不能区别皮质的和皮质下位部分的活动,现在已经明了,什么是皮质性活动。很奇怪,直到现在,这样重要的事实不曾为全部生理学者所了解。我不曾看见,这个论题当做无疑的论题而在教科书内被提出来。我不知道,这是谁的过失,我在讲义内曾经详细地说明过这一点。我很多次地强调过,在生物个体内,不仅存

在着化学的不可侵犯性，而且存在着机械性的不可侵犯性，就是说，生物个体为了自己的保存，对于机械性的障碍，非比寻常地发展了对抗的步骤。很显然，运动性分析器机能的机制也是应该这样地理解的，就是说，除大脑皮质特殊的运动性领域以外，在大脑两半球其他的全部各点内一定有一些运动的机构点。所以，我们切除了运动性分析器，可是条件反射和比较地简单的运动性机能却依然存在——这是在运动性分析器特殊核心部以外的、其他部分的机能。

在这关系上，还有另一个很美丽的实验。在除去大脑两半球的前部以后，发生了非常有趣的事情。在骨骼肌肉运动的意义上，在保持平衡的意义上，这只狗比除去全部大脑两半球的狗是更无办法的。无大脑两半球的狗可以用四只脚站住，这只狗却不能。这样就很显然，这只狗没有运动性肌肉的综合力。它在运动的时候显现了由许多个别地运动而成的结合性的、不可想象的运动，这是你们通常不曾看见的情形。……

很有趣的是，阿布拉者（Абуладце）对于一只摘除一侧全大脑半球的狗进行了研究。这只狗当然不仅没有运动性分析器，而且也没有其他部分的散在性成分，于是这只狗决不能在有病的一侧形成条件反射。所以不仅需要核心部，而且也需要散在性成分，这个结论就这样被证实了。”

巴甫洛夫的这个意见是极富于兴味的。

其次，还有一段记录也值得今后的注意（星三会志，一卷，229页，1932年6月谈话）：

“与各分析器散在性范围的问题，在生理学的和形态学的各事实之间存在着一些矛盾。关于这一点，巴甫洛夫指出，他承认，虽然高级分析性机能存在于大脑皮质之内，直到现在归纳于各分析器的散在性范围的初级性分析可能是由皮质下位部而实现的。在除去全部大脑皮质的场合，皮质下位部也受损伤，所以初级性分析也会消失。”

第二十一讲

为理解动物的行动与大脑两半球间互相联系的关系起见，我们应该在一切的场合利用条件反射的实验方法，发现动物行动的变化和大脑两半球机能某些障碍间的关系。

第一，奥尔倍利实验。把狗的大脑两半球上半部在雪儿维氏回转的高度切除，两侧的手术分两次做。在手术后的4个月以内，动物的行动显现了一定的异常的状态，并且这些异常状态都是与已切除的大脑两半球的部位有关系的。彻底受到手术影响的不过是运动性分析器，而气味性、声音性、光性各分析器却不曾受什么障碍，只是在皮肤分析器的方面，还有若干不明了的情形。但从全体说，大脑两半球手术后的动物行动的异常，可以归纳于大脑两半球的机能障碍。

第二，大脑两半球后半部被摘除的实验。接受了这类手术的狗都丧失了声音性和光性刺激的高级综合力及分析力，这是因为声音性和光性分析器已经被除去的缘故。但是这些狗保存着各种声音的分析力和光线的强度及形态的分析力，这是由于巴甫洛夫有关这两个分析器散在放大脑皮质内的成分的说明而可以解释的。同样，气味性分析器和皮肤分析器的联合作用，以及皮肤机械性分析器与运动性分析器的联合作用，也与大脑两半球这些残存部位的机能相吻合。这些狗在生活上的被动性和容易睡眠的倾向也与远隔性分析器(光线的和声音的)作用的缺乏互相吻合。这样，这些狗在手术后的行动异常也可以归结于大脑两半球某些一定机能的变化了。

第三，大脑两半球前半部被摘除的实验。

德米道夫实验(表 169～172)。接受这个实验的狗在手术后的行为是与正常很相乖离的，而这种行为的分析是极富于兴味的。关于手术后的行为异常，所记载的现象虽然很是复杂，但由于巴甫洛夫关于动物这些行为异常情形的说明都又证实了，这些行为异常也可以归结于大脑两半球某些一定机能的变化。

第四，沙图尔诺夫及库拉耶夫实验。实验只是把后十字回转摘除了。可是动物死后解剖的结果发现了，手术后疤痕增殖的影响几乎遍及于大脑的全后半部，而只不过轻轻地涉及前半部。因此书中记载的这只狗在手术后的行为异常，大体上也与大脑两半球机能性障碍相当，不过还有一两点，依然需要继续研究。

在这一讲内最需要重视的，是巴甫洛夫有关大脑两半球机能的一个结论。根据第十九至二十一讲的资料，在大脑两半球内存在着一个最高神经机能特殊区域的见解，是不能成立的。

第五，大脑两半球不同部位损伤后的大脑机能的全体性和局部性障碍。

从本书十九讲至本讲(二十一讲)，巴甫洛夫都叙述了大脑两半球各部分在手术损伤后会发生机能障碍。现在把这些实验结果作一个综合性的概观，并不是无意义的。伊凡诺夫・斯莫连斯基在其著作中(《高级神经活动病理生理学概要》，第 39—55 页)作了如下的说明：

> 基本的结论是这样的，就是，在完全除去大脑皮质的场合，不仅中继性机能会不可恢复地丧失，就是说，新的、一时性的联系，即条件性联系会成为不可能，而高级动物在其生涯中所获得的经验，即以极复杂的条件性联系的形式而铭印于大脑皮质中的经验，会不可恢复地丧失。剩下的不过是无条件性活动，最多也不过是这类活动最复杂形式的本能(食物的、保护自己的、性的)。
>
> ……几乎全部的这些实验都明了地、确定地证明了，在这个或那个分析器核心部受了一部分损伤的场合，首先或多或少地(由于损伤的部位和大小而不同)发生障碍的是分析器复杂形式的分析性和综合性活动。可是所引起的缺陷会与时并进地倾向于消失而达到原有机能的恢复。在分析器的两侧核心部被除去的场合，最基本形式的皮质性分析和综合(分析器周围部分的)或者会恢复，甚至于会形成；而复杂的、高级的分析和综合，通常是既不能恢复，也不能以任何变式再形成的。
>
> 必须强调，皮质性的综合与分析仿佛总是手携手地同时并行的，总是彼此密切地相结合的，绝对不会个别地、完全孤立地、彼此无关地出现。
>
> 所以若干精神病专家，把人类高级神经活动各种复杂的障碍只认为是机能性崩坏现象(дезинтеграция)，即认为是综合性机体的崩坏现象，这是完全不正确的，并且他们不曾察出，这类的障碍通常是与分析性活动的障碍，……密切地相结合的。

将在一切上述各种不同部位及范围的皮质摘除场合所得的实验性障碍进行比较,我们依然能够确定这些障碍间的若干类似性。

第一,这些一切的场合都有知觉的障碍,和皮质内的外在性或内在性刺激的(本体感受的及内部感受的)铭印的障碍。巴甫洛夫有关生物个体内在界的皮质性分析器所述的见解,尤其贝可夫及其门人们的宝贵研究……使我们不能不想着,在大脑皮质内各种不同部位有病的场合(皮质一部分的损伤或大部分的摘除),不仅是皮质性知觉和内在的关节、肌肉性刺激的分析力,而且也是内脏性刺激的分析力会发生障碍。

第二,在巴甫洛夫学派所记载的全部摘除手术的场合,不管手术在大脑的部位如何,中继性机能的障碍总是存在的。……

第三,知觉、中继性机能、综合与分析等等的障碍,在全部实验的事例上,都与生物个体活动的感觉种类有关地发生障碍。当然,在这些或那些刺激的感觉成为不可能的场合,有关的条件性反应就会消失而不能发生。所以,感觉的障碍(同时外在性与内在性刺激的分析和综合能力的障碍),会引起效应性活动的(运动的和分泌的)障碍。

大脑两半球各种部位的摘除,通常也并有皮质和皮质下位部之间的、大脑与脑干之间的动力学相互关系的障碍,其表现就是无条件反射活动的各种紊乱和与此有关的植物性神经系统机能的紊乱。

第六,巴甫洛夫逝世后,实验性大脑损伤与高级神经活动有关的研究。

为了解在巴甫洛夫逝世后这一研究的动向起见,摘译伊凡诺夫·斯莫连斯基的记载如下:

阿斯拉羌和他的同人,不仅在狗的身上,而也在鸟类和其他动物的身上进行了这类的实验。他对于把40只狗全部去除大脑皮质后的结果,进行了研究。大脑摘除术是分两次施行的:先除去一侧大脑半球的皮质;经过若干时期以后,摘除另一侧的大脑皮质。

第一个引起阿斯拉羌注意的现象是心脏血管系统和呼吸系统调整机能的特殊障碍,这是在第二次手术以后第7～13天以内可以观察的现象。这些狗的极微小的肌肉工作就会引起很显著的长时间的气喘、心脏运动节奏的频数改变和大量的唾液分泌。这些现象使阿斯拉羌不能不想到,与大脑皮质参与体躯性机能的调整作用相同地,大脑皮质也参与心脏血管系统及呼吸系统神经中枢性装置的机能的调整。并且也发现其他植物性神经系统机能的变化:譬如温度调节机能的显著障碍,胃肠活动的障碍,对各种病原性因素的抵抗力的降低(譬如对于传染),新陈代谢的障碍,皮肤层的营养障碍等等皆是。

大脑皮质的完全摘除也引起觉醒与睡眠互相交替的正常节奏的障碍,这个交替的节奏会更加频繁。

阿斯拉羌的研究,在大脑皮质对生物个体受伤后适应力发展的关系上是宝贵的。动物所受的手术是一只腿或两只腿的截除,脊髓后半部或侧部的截断,脊髓纵断面一部分的切离,脊髓颈段或腰段部后根的切断,其他各神经的十字交叉形的缝扎，通路的毁损等等。

这样地发生障碍的和已丧失的机能，由于长时间的训练和学习，会有各种代偿性适应力的形成，在这以后，施行大脑皮质的完全摘除。

结果如下：在大脑皮质摘除以前所形成的各种适应现象，不管动物在手术后活得怎样长久，甚至若干狗活了三年，都消失而不能恢复了。

对于另一组的狗，进行了次序相反的实验，就是说，先去除大脑或其皮质，其次施行上述的手术（截断、脊髓部的手术等等）。这些实验证明了，在这些条件之下，没有任何适应性现象的发展。……

这些实验确定地证明着，对于受到了伤害的生物个体的适应性现象的形成，高等动物大脑皮质的活动具有巨大的意义。……

阿斯拉羌和他的同人们进行的多数实验，其目的在于研究睡眠疗法对于神经系统各种人工性损伤（脊髓一部分的或完全的截断，脑挫伤和脑震荡及脑手术等）所引起的机能障碍有什么影响。主要是利用溴素剂、海东那尔（гедонал）和乌拉坦（уретан），阿斯拉羌获得了良好的治疗效果，以后就开始把睡眠疗法应用于神经系统的创伤。……

贝可夫和他的同人们，关于大脑皮质全部的或部分的摘除对内脏机能影响如何的问题，进行了研究：在鸽子大脑两半球完全摘除的场合，条件性温度调整性反射会消失而不能恢复；在蝙蝠受了同样手术的场合，对于时间的条件反射不可恢复地消失了。在狗运动领域前部的两侧摘除的场合，受检验的各内脏的条件反射（胆汁分泌、胃运动、温度调节等等）是保存着的，然而大脑皮质对于内脏活动的影响方式却多少变化了（主要的是这些反应的发生和经过的加速或延缓）。对于变化着的外界条件，丧失了迅速而充足的适应力。

安得列耶夫（Л. А. Андреев）是在巴甫洛夫生前开始的研究，主要是利用人工的循环障碍而引起大脑皮质的实验性障碍。结扎了动物两侧颈总动脉和脊椎动脉而引起大脑皮质的贫血，他这样地研究了狗高级神经活动的变化及其代偿的过程：在手术后2周以内，全部的一切条件反射完全消失。在条件性联系恢复的场合，察出了内制止过程一时的、强烈的减弱，在长时期以内，延缓性条件反射和精微的分化相都一般地不能恢复。虽然如此，这些实验证明了，大脑皮质沉重的机能障碍会由于侧方循环而很能被排除。

乌西叶维契（М. А. Усиевич）不久以前的实验无疑地也是令人感兴趣的（1948年）。他利用条件反射的方法研究了额叶切除术（额叶白质的切除）以前及以后的运动性和分泌性反应：在一侧额叶切除的场合，除一系列的运动性紊乱以外，动物对条件刺激物的关系发生强烈的变化；动物从来不曾有过的对于实验者的攻击性反应现在发生了。

在两侧额叶切除术的场合，刚才所述的全部现象都表现得更加强烈。条件性反应显现了制止过程强烈的减弱和皮质性过程易变性（不稳定性）（лабильность）的降低。

第二十二讲

巴甫洛夫在这一篇的开始说明了研究动物现象的三条路线，即是：第一，从物理化学的观念进行研究；其次，从活物质进化的观点，进行活物质基本形态的研究；第三，掌握动物生活的一切条件，而在发现严密规律的方针下进行研究。巴甫洛夫及其学派所采取的研究路线就是这最后的第三条路线。

巴甫洛夫指出，本研究的具体任务就是在于对大脑皮质活动个别表现的记录和描写，要确定这些现象发生时候的正确条件，要系统化这些表现。而所谓大脑皮质的个别表现，从最基本的现象说，就是兴奋过程与制止过程的两种。一把握住这两个过程，我们在测定和解释大脑的活动上，就获得一个强有力的武器。

然而即使根据这个方针而进行研究，困难依然是很多的。困难的原因是这样的：大脑两半球本身具有极高度的反应性，时时刻刻因外来的刺激而发生变动，而同时由外方向大脑两半球进行的刺激却是无量数的。因此，大脑两半球的活动，异乎寻常地受着客观条件的限制，这就是高度的条件制约性，也就是大脑两半球活动现象的流动易变而难于捉摸的起源。同时，我们也就可以发现利用条件反射以进行研究的利益。因为我们如果不把握这客观性的准绳而以主观的测定方法从事于大脑两半球活动的研究，就不可避免地会陷于一条绝路。这是很显然的。大脑两半球本身既然因外在条件而时时刻刻地显现种种的反应，如果从事这些反应的研究的尺度是主观的，那么，所研究的结果就会是浮动而不可解了。如果我们从这一个观点看，以条件反射为基础而进行研究的优越性，也就自然明白了。

然而即使在这个方针下进行研究的场合，困难还是不能没有的。巴甫洛夫指明了两个困难，一个是观念的常同性，另一个是偏见。我们的观念常常是刻版式的，永久是常同而不变的，同时我们的偏见总是占着优势的，这就是思想上的两个显著的缺点阻碍着我们接受新观点的勇气，妨碍了科学研究的进步。巴甫洛夫更指出了这两个缺点所引起的结果，就是“在已经说明的资料内也有不少的缺点，……然而，既然想领会这样的复杂性，也不必耻于错误”，这就是说，不必耻于认错。事实上，用条件反射研究大脑两半球的机能，这是初次开拓的一条新道路。在研究的进展之中，适于这项研究目的的道路，并不是一举手而能发现的，一定是先绕了许多弯路，才能走上平坦的大道，这是必然的。巴甫洛夫很谦逊地说，他很长久地迟疑着，不曾着手做有关这项研究的系统性的说明。然而事实上，在本讲义中所叙述的资料，已经是足够完整的，正如一个巨大的建筑物，已经有了坚固的骨干结构，这是毫无疑问的。

第一，为了证明大脑两半球所受的条件的限制和与大脑活动有关的其他因素，巴甫洛夫举出了如下的若干事例。

（一）与大脑两半球活动的反应性有关的事例。

i）表 174。在本表的第一个实验里，在各条件刺激时间是 10 秒的时候，各阳性反射与阴性反射都与应有的情形相当；但在第二个实验里，各条件刺激的时间不过增加了 5

秒，可是反常时相出现了，制止过程占着优势了。

ii）表 175～176。与上一个实验相像地，孤立的条件刺激时间每次的加多，都引起该实验狗大脑皮质兴奋过程一时的增强。

（二）大脑皮质活动的表现，即各条件反射效力的数字，与各动因对大脑皮质发挥作用的能量，有本质上的关系。

（三）动物的个性，即动物神经系统的一般特性，是与大脑两半球反应性有关的一个重要因素。

第二，大脑两半球活动研究方面的困难从根据直到现在的资料而确立的理论说，柏氏及魏氏两人的实验结果依然不能够获得充分的解释。这就证明了，大脑两半球机能的研究是如此困难的。巴甫洛夫在这一段说明的最后曾经说过“我们将继续检查这个原因，并且不能不相信，我们是会发现它的。……必定还有被我们所忽视的某个条件的存在。”这是意义深长的一个暗示。

第三，与大脑两半球机能有关的研究所经验的错误。

巴甫洛夫在这一节内指明了长时间研究的困难和不可避免的错误。如何发现这些错误，正是对于科学研究工作者的一个启示。

（一）消去性制止的恢复作用和解除制止的两个现象，在研究的初期及这讲义的最初几讲内，似乎是两个根本不同的现象。但是由于柏德可琶叶夫的实验可见，这两个现象的客观性结果是彼此相同的。

（二）在第二讲内举出了一个条件反射形成的必要条件，就是预定成为条件刺激物的一个新的动因，必须以极短的时间先行于无条件刺激物之前。但是以后经过更详细周到的实验，才知道，在无条件刺激物先行于该预定的条件刺激物的场合，单独地被检查的无关性动因却发挥了与条件刺激物相同的作用（巴夫洛娃……诸人的实验）。这个实验结果证明了，条件反射的研究是极微妙的工作，需要极其高度的观察力，这又是对于科学研究工作者一个很重要的提示。

第四，神经过程的种类。

巴甫洛夫在这一讲内论及消去性制止恢复作用与解除制止两者在实验结果上的类似性，这是一个很重要的事实。他老早就想象了，解除制止也许是与内制止相当的过程。由于这个实验而证明，消去性制止的过程在客观的实验结果上，与解除制止并无不同之处，因而把制止过程的理论更推进一步了。

在《大脑两半球机能讲义》内，巴甫洛夫把大脑的神经过程已经说明得很详细，但是在此讲义出版以后过了 5 年，即在 1932 年 9 月 2 日，在罗马举行的国际生理学第 14 次大会上，他把这些神经过程做了一个更有系统的分类，这些过程的名称也多少有了些更改。在理解条件反射学说发展的关系上，对于这些名词必须加以注意，因为现在苏联的医学书籍和杂志都采用这个新的名词系统。

他的这个报告中的节数如下[《动物高级神经活动（行动）客观性研究实验 20 年》，全集，三卷，480—491 页]：

> 关于大脑两半球，我们可以这样说，就是如下的事情是断定的：在相当的刺激之下，既在兴奋过程而且也在制止过程的微弱的紧张态的场合，过程从出发点的扩展、

漫流(растекание)会发生;在兴奋过程中等度的紧张态(напряжение)的场合,在兴奋过程作用点内(пункт приложения раздражения)会有该过程的集中化,而在非常强有力的紧张态的场合,兴奋过程的扩展又会发生。

……除此以外,在大脑两半球内,兴奋过程的扩展会即刻地暂时地把制止性、阴性各点的制止过程除去而洗清(смывать),使这些点暂时成为阳性作用点。我们把这个现象叫做解除制止。

在制止过程扩展的场合,可以观察各阳性点作用的减弱或完全消失和制止性各点作用的增强。

当阳性和阴性过程被集中的时候,这些过程就会诱导对立过程的发生(既在这作用的期间以内会在周围部发生诱导相,而且也在这作用终止以后,在这作用的部位有这诱导相),……这就是相互诱导相的规律。

在兴奋过程集中的场合,在中枢神经系统的全部,我们会遭遇制止过程的现象。兴奋过程的集中点在或大或小的长度上会为制止过程所包围,这就是阴性诱导相。这个现象在一切反射的场合都会显现,即刻会完全地发生,在兴奋停止后还继续若干时间,既在各小点间、也在大脑的各巨大部分间存在着。我们把它叫做外现的、被动的、无条件性的制止过程(внешнее,пассивное,безусловное торможение)。……

在大脑两半球内,除此以外,还有其他种类或场合的制止过程,并且这些过程似乎具有同样的物理化学的本体。首先,这是一种制止过程,就是因此而条件反射会被改正。这类制止过程是上文已经提及过的,是这样发生的,就是条件刺激物在上述条件之下不并用有关的无条件刺激物的时候所发生的。这类制止过程会渐渐发展而增强,并且可以受训练而完美化;并且这些一切现象正是由于大脑皮质细胞完全无比的反应性而出现的,而且正因为这个缘故,皮质细胞内的这类制止过程就具有特殊的不安定性(пабильность)。我们把这类制止过程叫做内在的、自动的、条件性的制止过程(внутреннее,активное,условное торможение)。

在大脑两半球的作用点内,这样地变成制止状态的发端的各刺激物,叫做阴性、制止性刺激物。如果在大脑两半球的制止状态下重复地应用无关性动因,这一类的制止性刺激物也是可能获得的。……

在大脑两半球内,还有一个场合的制止过程。通常,在一切其他条件相等的场合,条件性刺激的效力是与刺激物物理学的力量相平行地被维持着的,可是能在一定的界限以内向着上方(可能也向下方)被维持着的。超过这上方的界限以后,效力就不再增加,于是或者效力不变,或者减弱。这个事实我们是这样解释的:大脑皮质细胞具有工作能力的一定界限。如果超过这个界限,就为了预防过度的机能性消耗的缘故,制止过程会出现。工作能力的界限并不是恒常的数量,而是在衰惫的场合,在催眠的场合,在疾病的场合,在老年的场合,都可能迅速地或缓慢地变化的。这个制止过程可以叫做超越限度的制止过程(запредельное торможение),有时即刻会发生,有时只在超极限的刺激重复多次的场合才会发生。……

绝对无疑,制止过程扩展开来,加深起来,就会形成催眠状态各种不同的阶段,并且在制止过程从大脑两半球向下方扩展到脑的全部的场合,就会引起正常的睡眠。值得特别注意的是，甚至在我们实验狗的身上，也可以发现各式各样的多数的催眠阶段……均等时相、反常时相、超反常时相。……

由于这个说明，我们可以了然，各种内制止过程是可以渐渐修正而成为完美的，所以这叫做自动性或能动性的过程，这是完全有充足理由的。

现在按照伊凡诺夫·斯莫连斯基的说明，列表如下（《高级神经活动病理生理学概要》，第25—26页）：

无条件性或被动性制止	属于这一类的： 第一是通常发生于神经性兴奋过程的周围的，好像围绕着兴奋部位的周围，并且在兴奋以后就对兴奋的部位取而代之；这一类的制止过程获得了同时性及后继性阴性诱导的名称（одновременная и последовательная отрицательная индукция）。 第二是在两个或两个以上的刺激物的竞争的条件之下而发生的，并且在本质上，这是阴性诱导相的一个特殊的场合；这类制止过程以前叫做外制止。 第三是在过程的、非常长时间的、其他有害的条件性的及无条件性刺激发挥超过神经细胞工作能力地作用的场合发生于神经细胞内的制止过程，这就是超越限度的制止过程。主要地在病理条件下的、与此相类似的现象，巴甫洛夫也往往把它叫做保护性制止过程（охранительное торможение）。

条件性或自动性制止	分化性制止 延缓性制止 消去性制止 条件性制止（狭义的）	以前都叫做内制止。这是在生物个体全部生涯里所获得的制止过程。

第二十三讲

这一讲的内容主要是对于动物条件反射的实验资料应用于人类生活的问题，作了简单的说明。

第一，在人类正常生活方面，如何应用条件反射的理论，关于这一点，巴甫洛夫只作了一些极简单的说明，然而其含义却是非常重大的。

他在此处提出了一个很重要的命题："显然，我们一切的培育、学习和训练，一切可能的习惯都是很长的系列的条件反射。"这寥寥的几句话，不就是包括了人类生活的几乎全部吗？培育、学习和训练，一切可能的习惯等等，已经把人类从幼儿时代、学生时代、服务时代——人类生活的全部行为都包括进去了。人类的行为是如此复杂的，大脑与人类行动的联系是如此微妙的，是直到巴甫洛夫条件反射学说成立以前没有被确实证明的。天才的巴甫洛夫以条件反射的实验方法，把握了大脑活动的规律，这样，与人类行为有关的唯物主义的解释才获得坚固的基础，这就是巴甫洛夫在科学上最伟大的功勋。

巴甫洛夫在这一讲内只以比较不多的几行文字指明了大脑皮质与人类行动的关系，并未曾作详细的说明。他所以这样做，并不是因为条件反射学说与人类行动关系的难于说明，而是因为这是一个太明显的事实，不需要作更多说明的缘故。

巴甫洛夫条件反射学说既然这样充实而周到地证实了人类行为与大脑两半球的关系，成为"反映论"在自然科学方面的一个重要证明，这就成为一切科学工作者必需的学习资料。哲学家、心理学专家,乃至教育工作者、一般的生物科学工作者都有学习条件反射学说的必要,而医务工作者之必须加强学习,这是无疑的。

然而,彻底地学习和领会条件反射学说的唯物主义的理论基础,当然并不是件简单的事情。苏联的权威心理学家之一的捷勃洛夫(Б. М. Теплов),其心理学教科书在苏联有了相当广泛的读者,并且有了中文的译本。他在 1950 年 6 月 29 日苏联科学院及苏联医学科学院的联合大会上作了一个自我批评的检讨,其中有如下的坦白的话:“我要详细地谈及我的中学心理学教科书,这是很广泛地被采用的。苏联的多数青年都是从这本书学习心理学的。……在有关技能(навык)这一篇内,我写了如下的几句话:‘条件反射的机制构成动物技能在生理学上的基础,而人类技能在生理学上的基础是远远更为复杂的。条件反射形成的机制在人类技能形成上具有重大的意义,然而更高级的大脑机制具有更大的意义。’这更高级的大脑机制究竟是什么东西?”①当捷氏这样地反问他自己的时候,在会议场内响起了笑声。以后,捷氏这本书在 1951 年改版时,已经根据巴甫洛夫学说而做了订正。

巴甫洛夫在这一讲最初的简单数语内,已经包括心理学和教育学的很大范围,这是应该充分领会的。

第二,从条件反射学说的观点看所谓神经病与精神病的区别。

神经病与精神病的区别,这是一个古老的分类。过去有些人以为这两种疾病有本质上的区别,两者间有一条不可逾越的鸿沟。巴甫洛夫利用条件反射的学说而指明了,在神经病的场合,大脑两半球活动的障碍是比较微小的、简单的;而在精神病的场合,该活动的障碍是更大的、更复杂的。这是一个具有决定性意义的说明。

他断定地说,两个条件是构成人类神经病和精神病通常的原因,即是兴奋过程与制止过程的冲突,及强有力的、异乎寻常的刺激。他利用条件反射在动物身上的实验,事实上已经证明了这两个条件是构成神经活动障碍的原因,同时,从临床方面也不能不达到同一的结论。

动物神经系统类型的如何,在神经病或精神病成立的机制上具有重大的意义,这也是由条件反射而已证明的事实,是需要临床家特别注意的。本书对于神经衰弱和歇斯底里症及特殊的长期睡眠的发生机制,给出了极富于兴趣的说明。

第三,神经性障碍的治疗问题。

在神经性障碍的治疗关系上,巴甫洛夫指出,在我们人类的这类疾病和动物的这类实验性疾病之间,不仅从药物治疗的观点看起来有一个类似性,而且从休息的意义说,在这两个场合存在着同一的效力。所谓药物的治疗,当然是指溴素剂的应用而言的。

休息对于神经性障碍之有效,在以前的讲义内已经有过说明。在本讲中,彼特洛娃的一只实验狗由于实验性兴奋过程与制止过程的冲突,发生了神经性障碍,但是以后由于应用弱刺激物的结果,该神经症状就消失了。

巴甫洛夫再举出一个例子,说明利用大脑两半球制止过程的慢性发展,以达到大脑两半球神经过程一般地平衡障碍的恢复。他认为在人类的这类疾病的场合,也可以应用

① 苏联科学院及苏联医学科学院联合举行的巴甫洛夫院士生理学学说有关的科学常会报告集中的捷氏报告(1950 年,154 页)。

这个治疗的原则。

第四,动物实验性催眠的意义。

(一)催眠的条件。巴甫洛夫利用动物实验性催眠的条件,说明了人类催眠方法的条件。

(二)动物催眠与人类催眠在表现上的类似性。

催眠状态的种种时相,由于动物实验的结果已经是清楚的了。人类催眠状态中的若干状态,譬如僵直状态,也因此而即刻就可以获得适当的解释。不过催眠状态各时相移行次序的关系,依然需要今后的继续研究(图 40)。

图 40　鸟类的正常睡眠(站着)与催眠状态(仰卧着)

关于催眠状态机械式动作症的现象,巴甫洛夫用大脑两半球若干领域的被制止态而做了说明。他的说明是令人感兴趣的。在催眠状态中,新的刺激(环境中的种种刺激)可以引起正常的复杂的活动;同样,大脑皮质中的一切旧刺激的痕迹也能形成种种的结合而引起多少复杂的活动。然而由于被制止态的发展,这些新旧刺激所可能引起的各种动作就被排除,就能依照催眠者的动作而行动,这就是一种模仿性反射。

在这一节中,巴甫洛夫所说的"由于模仿反射,我们人的个人性和社会性的复杂行为在孩提时代就构筑起来"一个命题,值得郑重的注意。这一说明也同时意味着,人类的行为是与环境的条件不可分离的。

(三)催眠中暗示的意义。言语是人类社会生活的一个最高级的产物。我们每个人的言语,正是我们全生活的内容的信号。一个受着催眠术处置的成人,直到被催眠的当时以前,言语与进入大脑两半球的一切外来的和内在的刺激都是互相适合的,这是不言自明的道理。所以作为条件刺激物的暗示具有强大的力量,这也是不言自明的。

从暗示与做梦的区别而言,巴甫洛夫举出了三点。第一,催眠术的刺激是现在存在的刺激,而做梦的刺激是痕迹刺激。第二,催眠状态是一种制止过程,但又是比较弱的制止过程,所以暗示的力量很强。第三,做梦是复杂的、互相对立的各痕迹刺激的链索。

在催眠状态中的被催眠者可以由现存的刺激而引起相反的反应。现存的实在刺激是甜味,被催眠者会由暗示而感觉苦味;现存的刺激是温暖的刺激,被催眠者可以由暗示而感觉寒冷。从正常的关系而言,现存的刺激是第一级条件刺激物,常常强于第二级条件刺激物，这是由以前各讲的实验资料而显然的。但是在催眠状态的场合，反常时相是会出现的，因此第二级的条件刺激物的效力（苦味、寒冷）就会大于第一级条件刺激物的效力了（甜味、温暖）。

巴甫洛夫的说明常常是简单而深刻的。他在这一节内说："我们可以想象，有些正常的人从言语所受到的影响，还大于从周围环境现实的事实所受的影响；而反常时相对于这一类的正常人却是具有影响的。"这几句话深刻地表现了人类社会的复杂性。

（四）被动性防御反射的意义。

根据动物条件反射的实验，巴甫洛夫得出一个重要的结论："刺激的异常性，决定于动物以前的生活如何，而外来刺激作用的强度，却系于神经系统状态的如何，……系于神经系统的健康或病态，末了，系于健康生活各种不同的阶段。……心理学上所谓恐怖、怯懦、不安心理等等，从生理学的本质而言，是大脑两半球的制止状态，表现着被动的防御性反射的各种不同的程度。"巴甫洛夫的这个结论，可以认为是身心医学的一个重要的原则，这是客观性条件反射研究的丰富的成绩。

（五）关于我们主观界意识的及无意识的两者间暧昧不明的现象，巴甫洛夫举出第二十二讲最后实验的资料（即无条件刺激物遮蔽条件刺激物的实验），而认为这是一个解决问题的前提。无意识界与意识界的联系是很复杂的事情。如果从弗洛伊德的玄学的精神分析法说，一切都是性的关系的表现。这个见解显然地是主观的神秘的空想，并没有客观性实验的证明，根本上是不能成立的。巴甫洛夫在此处关于"意识"问题的断言是值得非常重视的。

第五，条件反射学说与心理学的关系。

在本讲笔记第一项内，已经关于这个问题有了一些说明。巴甫洛夫在 1935 年（即《大脑两半球机能讲义》出版后七年）更具体地论及精神现象与条件反射学说的关系。现在，摘译若干这类重要的说明（巴甫洛夫全集，三卷，568 页）如下：

"……把上方记载的动物头脑高级部分（即大脑）生理学的机能，与我们主观界现象，在主观界的若干点上，作成天然的、直接的联系，这是容易的事情。

如上所述的条件性联系显然就是我们所谓同时性的联想。条件性联系的泛化作用是与所谓类似性联想相当的。条件反射性的综合与分析（联想）实质上就是我们智力工作的基本性过程。在集中于思索的场合，在热心于某件事情的场合，我们不看见、不听见在我们周围发生的事情——这是显然的阴性诱导。关于无条件的、复杂的反射（本能），谁能把生理学的身体方面的现象与精神的现象，就是说，与强有力的、情绪上的体验，譬如饥饿、性的恋慕、愤怒等等的体验互相分离呢。我们的愉快和不愉快、容易和艰难、快乐和苦痛、胜利和绝望等等的感觉，或者与最强烈的本能及其刺激物向着相当的效验外现性动作的转变有关，或者与这些本能及刺激物的制止有关，并且具有一切可能的方式，有时是在大脑皮质内神经过程轻易地进行，有时是艰难地进行。这是由于狗能解决或不能解决各种不同程度困难课题的事实而能明了的。我们对比性的体验当然就是相互诱导的现象。在扩展性兴奋的时候，我们所说所做的是在心平气和的时候所不能允许自己做的。很显然，兴奋的波浪把皮质若干点的制止过程变成阳性过程了。有关对现在事情的记忆力的薄弱——正常老龄时的通常现象——这就是特殊的兴奋过程变动性在年龄上的降低，也就是这类兴奋过程的惰性。以及其他等等，都可以这样类推。”

在这篇论文中，巴甫洛夫所举的资料虽然是有限的，但却是非常重要的。它已经把生理学条件反射研究的成绩和心理学现象的解释联合起来，使我们可以获得一个概括性的观念，因此心理学应该以条件反射学说为基础的理由也自然明了了。

所以巴甫洛夫本人自始至终地坚持着唯物主义的立场，来理解精神现象而反对任何唯心主义式的解释。试举两三事例如下。

譬如关于意识的问题，柏克森(Bergson)的直观说就是绝对唯心主义的、似是而非的见解。在星三会志二卷227页上就有一个事例，说明直观说的不能成立：

巴甫洛夫说："我再谈及这个事实，还因为我本人的自己观察与这个事实有关。必须对你们说，我在自己的脑子里总是采取因果决定说的方针，努力尽可能地了解自己的一切行为，努力确定因果关系地发现自己的欲望、决心和思想。

一个事例是与实验中的时间条件有关的。……阿斯拉羌很悲伤地告知我，实验中的制止过程消去了。于是我想说'那么，明天您会只获得阳性刺激物的零值'，可是我不曾说。过了一天我又到实验室去。他告知我，零值实在出现了。当时我对他说明了自己的假定，然而我对自己提出了一个问题：必须想一下，这是很重要的事情。的确，我首先自己也不会知道，我的正确的假定是从何处来的。别人也许会说，这是直观，自己猜着了，可是不懂得什么缘故。可是当回到家里开始思索的时候，于是想出这个道理来了。这是很简单的，常常有这样的情形——这就是一种自己诱导(самоиндукция)。在实验里这个位置上，阳性反射非常地增强了，以后就必定会发生阴性诱导，而阴性诱导是与强化手续的不曾应用有关的，这个说明是正确的。

现在，究竟我的直观是怎样成立的呢？是这样成立的，就是我记忆着结果，可是忘记了动机的过程。如果我们倾向于非因果决定说，那么，我们很长久地会莫名其妙；如果我们肯分析，那么很显然，我记得结果，可是忘记了思想的前一段的道路。这就是为什么缘故，这似乎是一种直观。我看出，一切的直观都是应该如此解释的。……”

巴甫洛夫的这一段说明，使柏克森直观说的反动的唯心主义的本质完全暴露出来了。

巴甫洛夫为了表达对条件反射学说的拥护，在他的生涯中，不断地与唯心主义学派斗争着。英国的生理学派是以二元主义的谢灵顿为首的。在星三会志三卷25页上，记载了巴甫洛夫斥击谢灵顿二元主义的意见：

巴甫洛夫说："如你们所知道的，……我们的条件反射学说受到被二元主义所浸润的人们的妨碍。……

英国人谢灵顿对于条件反射学说的态度也是不相信的。当我在1912年和他谈话的时候，他说道：'不，您的实验在英国不会通行，因为这些实验是唯物主义的。'这就是全部的原因所在。谢灵顿去年的讲义也谈及这个，他以二元主义者的态度而演讲说：人类是两种实体的复合物，即是高级的灵魂和有罪的肉体。不管这对于今天的一个生理学者是多么可怪的事情，他居然宣称，在智力与大脑之间的联系，可能是有的，也可能是没有的。

于是我们应该懂得，从这个观点，条件反射在生理学界里占领着一个无比的地位，就是许多人因为二元主义宇宙观的缘故而厌恶条件反射的学说，这是完全明白的。条件反射开拓着自己的道路。条件反射总是与这必然不肯投降的二元主义斗争着。……”

巴甫洛夫在另一次座谈会上（星三会志，三卷，72 页）说过：

“……当我的高级神经机能讲义德文版出版的时候，在英国的‘自然界’杂志上出现了有特征的短评。这是谢灵顿的一个学生所写的。首先是种种的恭维话，而之后却说道：‘然而有理由地怀疑，这样壮丽的、巨大的资料的如此说明是否正确。’继续下去：‘所以有些人认为可疑，巴甫洛夫的专门名词能不能帮助明了正确的思索。可能的是，在我们今天的知识情况下，用心理学的专门名词解释这些发现，毋宁是更适当的：譬如用联想、不注意、兴趣、意识、注意、记忆等等。’

这样的批评是万物有灵论的。在谢灵顿那里，有万物有灵论的巢窟。他疑惑智力与神经系统的关系，这就是一个证明。……

我了解教师对于学生的影响，可是，难不成如果教师是万物有灵论者，所有的学生就都应该是万物有灵论者吗？难不成在英国的环境里有这样的智力奴隶身份的存在吗？

我认为谢灵顿的立场是有害的，他养成这样的一些门人。本人随便怎样想都行，为什么把旁人也弄糊涂呢。……”

巴甫洛夫对于美国心理学者刘绪理（Лешли）和海斯（Гесс）的概念，也给予过批评（星三会志，一卷，130 页）：

巴甫洛夫先生说，他现在正从事于一篇论文的写作，要批评海斯和刘绪理两人所发表的对条件反射科学的反驳。巴甫洛夫先生顺便地说，这些美国的心理学者们（刘绪理稍稍懂得生理学）竭力提出最复杂的事实，想昭示生理学者没有力量说明这些事实。这些人所举的不能奏效的事例之一，就是猴子选择长棒子打倒高高悬挂的果实的事实。巴甫洛夫先生简单地说明这个事实：就是由于食物的强化而对长棒子形成了阳性条件反射，对于不用食物强化的短棒子却形成了分化相。

对于美国桑代克学派以及完形派心理学，巴甫洛夫作了更为精辟的批评。很可惜，这个批评占很大的篇幅（星三会志，三卷，561—589 页），如果全译，也许有三四万字之多。现在只摘译几句如下：

巴甫洛夫说：“今天我们继续上星三谈话的对象，因为这还是不曾完结的。这是有价值的、适宜的主题，因为我们现在认真地把心理学的事情与生理学的事情联合起来了。

这是伍德沃斯（Вудворс）有关完形派心理学（гештальтистская психология）的记载：

‘从艾宾浩斯的时代以来，现代心理学学说的趋向是在机械式地解释‘学习’的动向上进行的。’

往后，他继续地说：‘从一方面说，巴甫洛夫的和他的学派的研究，以及接受条件反射观念的心理学者们的热情，都加强了有关‘学习’的旧的、联想的学说，以为这能够阐明刺激与应答(стимул и ответ)间的联系。’

‘完形派心理学现在是联想说的主要反对者，不相信这些初级的联系。包括与生俱来的和获得的联系。不是因为完形派心理学不喜欢大脑机械论或动力论，而是因为它相信，……’

他主张，与感觉、运动性应答以及这两者间的联系相并行地，还有力学性机构的存在。……

除感觉以外，除应答以外和除联系以外，还有力学性机构吗？这个是一种联系。如果这不是一种联系，那么，就是想到灵魂，这就意味着一点不可捉摸的东西，……我说，他们的全部都相信这个不可捉摸性——这个灵魂。”

巴甫洛夫拥护他自己的条件反射学说而反对完形派学说，反对直观说，这也就是坚持他自己辩证唯物主义的立场而反对西欧及英美的反动的唯心主义的学说。这是一场原则性的斗争！

在学习巴甫洛夫学说的时候，我们从最初起就必须认清这一学说的辩证唯物主义立场，否则就会陷于糊涂和错误。在1950年苏联科学院和苏联医学科学院的联合大会上，苏联科学院哲学研究所的亚历山德洛夫(Г. Ф. Александров)做了一个很精辟的报告，强调了巴甫洛夫学说唯物主义的立场(该大会会议录，282页)。他写道：

> ……这些见解都会陷于柏克森和其赞成者的、臭名昭彰的、主观唯心主义的、直观主义的哲学的泥沼里面去。一切这些柏克森学派人、杜威学派人、罗素学派人都是唯心主义的、布尔乔亚的黑暗势力——他们恰恰号召着：要限于事物流转中的某些神奇的、秘密的内觉力的应用，来代替逻辑，来代替向自然规律内的合理深入。大家知道，巴甫洛夫是多么抨斥柏克森的。巴甫洛夫讥笑柏克森的哲学，曾经说过，这是“奇怪的哲学”，就是说，柏克森的哲学是蠢人的哲学。
>
> 巴甫洛夫是不能够、也不曾站在不可知论的立场上的。……他的全部学说都是面向着人类与环境间的规律性联系的认识的。他的全部生涯是忘我地为科学服务的模范，是以科学成就为苏维埃社会的人们服务作为志向的模范。
>
> 我想请诸位注意一个事实，就是巴甫洛夫在科学上的活动，对于布尔乔亚的英美社会学者和生物学者的现代种族优劣的理论和马尔萨斯理论，给予了强有力的打击。
>
> 巴甫洛夫以他自己的条件反射学说——动物和人类高级神经活动的学说，显示了他是我们现代最大人道主义者中的一人，是全世界各民族、各种族在社会上和生物学上具有完全尊严和平等权利的拥护者。”

亚历山德洛夫的这个意见是很正确的，是值得我们参考的。

第六，第一信号系统与第二信号系统。

巴甫洛夫在此讲内论及语言的重要性。巴甫洛夫在观察病人的时候，很注意病人的过去生活的情形，譬如病人个人从孩提时代的发展、社会及家庭的关系、身体过去的疾病、精神性的创伤、神经系统的类型等等的问题。正是由于在神经精神病诊疗部分与病人的接触，巴甫洛夫发展了第一信号系统和第二信号系统的理论。在大脑两半球机能讲义出版了8年之后，巴甫洛夫把这两个系统的特色表现出来(巴甫洛夫全集，三卷，508页)：

“在发展中的动物界的人类阶段上，对于神经活动的机制，产生了异乎寻常的附加物。在动物方面，现实是几乎只由生物个体中的大脑里视觉、听觉及其他感受器细胞里直接发生的刺激和其痕迹而信号化的。这正是我们人类在自己本身上从一般自然界的及社会的周围环境所获得的印象、感觉和观念，不过可见的和可听的语言不在此列。这就是我们人类与动物共有的、现实的第一信号系统。然而语言却构成我们特有的、现实的第二信号系统，这是第一信号系统信号的信号。从一方面说，多数的语言性刺激使我们与现实相乖离，所以必须不断地记忆着这一点，以防歪曲我们与现实间的关系；从另一方面说，正是语言才使我们成为人类，这当然是不需要详细说的事情。然而绝对无疑的是，关于第一信号系统机能所确立的规律必定也支配第二信号系统，因为这是同一个神经系统的机能。”

在1933年1月，巴甫洛夫曾经指出三个反射系统的相互关系(星三会志，一卷，272页)：

巴甫洛夫提到我们神经系统高位部分的三个系统：“与具体形象有关的皮质下位系统，第一信号系统(动物所具有的)及与语言抽象性概念有关的第二信号系统(纯粹地为人类独有的)。在正常的、具有健全意识的人的场合，这三个系统是保持平衡状态的。……”

关于信号系统的病态，巴甫洛夫发表了如下的见解(星三会志，三卷，8—10页)：

巴甫洛夫说：“诸位，现在是如下的问题。当我们在神经诊疗部讨论各种神经性病人的时候，我得出一个结论，就是有两种特殊的人类神经症——歇斯底里和神经衰弱。其时我把这个与一点联系起来，就是人类有两种高级神经的类型：一个是艺术家的类型，这正是与动物类型比较地接近的，这是只用直接的感受器感受全部的外界而构成印象的；另一个类型是思想家的类型，这是智力的类型，其工作在于第二信号系统。

这样，人类的头脑是由动物的脑部和语言形式的人的脑部而构成的。在人类方面，这个第二信号系统开始占着优势。可以这样想，在若干不利的条件之下，在神经系统薄弱的场合，头脑的这个生物系统发达史上的区别又会发生，于是就发生一个可能性，即是一些人主要地运用第一信号系统，而另一些人却主要地运用第二信号系统。这就把人分成艺术性的人和纯粹智力的、抽象力的人。

当这个乖离在不同的不利条件之下而达到很大程度的时候，就会显现人类神经活动上很复杂的病态症候，就是说，歪曲化的艺术家和歪曲化的思想家(病理的)。我想把前者归纳于歇斯底里病人的一组，把后者归纳于神经衰弱者的一组。……

我对自己提出一个问题，这在动物方面是怎样？在动物方面，神经衰弱者是不可能有的，因为它们没有第二信号系统。另有一个问题：在它们之中，有没有歇斯底里者？的确，它们有第一信号系统。归根到底，人类的复杂关系都转移到第二信号系统去。我们人类形成了语言的和不具体的思想。在生活关系上，最恒常的、最长久的调整者是这第二信号系统。动物没有这个东西。……人类的第二信号系统对第一信号系统和皮质下位部，以两个方式发挥作用：第一是制止过程，这是在第一信号系统方面如此发达而在皮质下位部分是缺乏或几乎缺乏的；第一信号系统也由于积极性活动——即由于诱导的规律而发挥作用。如果我们的活动集中于语言的部分——即第二信号系统，那么，诱导过程就会对第一信号系统和皮质下位系统发挥作用。

在动物方面，这样的关系是不可能有的。……然而这种关系可能在动物方面这样地表现的，就是第一信号系统的（动物的第一信号系统位于皮质下位部分之上）制止过程的薄弱……那么，就可能发生与歇斯底里病人相类似的情形。……

一只实验狗使我持有了这种见解。……这只狗是没有节制性的。……我们很久地不能获得它的勉强过得去的条件反射。它的条件反射与刺激物的强度没有关系，没有任何完全的分化相，简直接连发生的是超反常时相。在延缓性反射的延缓期间，就是说，在条件刺激物的孤立性作用的期间，它的条件反射的进程是有趣的：在最初的5秒间，条件性唾液分泌是大量的；但在其次的5秒间，唾液分泌是零。我准备要说，这就是歇斯底里病人，它的调整神经系统和皮质下位部分的第一信号系统是完全无力的。在此处，信号系统的作用与皮质下位部的情绪基源两者间的适应关系是缺乏的。这是可以这样证明的：如果我们利用溴素剂而加强第一信号系统的制止过程，适应于各种关系的秩序就会确立起来。在用6克的大量药品的场合，我们就把这条件反射的混沌状态调整了。”

巴甫洛夫把第一信号系统与第二信号系统的关系这样地应用于神经活动的病理生理学了。尤其令人感兴趣的是，上述狗条件反射的反常时相应用于对歇斯底里病人的说明的事实。

第二信号的语言，如果被应用于催眠术的暗示，就可能变动内脏的机能和新陈代谢的过程（勃拉托洛夫实验）。在完全觉醒状态之下，语言也可能成为人类的条件刺激物而引起心脏节奏的加速或缓慢、血压的增高、瞳孔的缩小和扩大等等的条件反射，并且这不仅在实验者使用语言的时候，而且在受试验者自己说话的时候也是如此的（伊凡诺夫·斯莫连斯基研究室诸人的研究）。这些事实更说明了第二信号系统在神经精神病理生理学上的重要性。

在大脑两半球机能讲义出版以后，由于临床观察资料的增多，巴甫洛夫关于神经衰弱和歇斯底里的分类及说明也多少更改了他初期的见解。而第一信号系统与第二信号系统在神经精神病理生理学上的重要性也逐渐增大了。关于这个问题的研究，正是今后的一个具有远大远景的范畴。

* * *

学习笔记在此处暂告一段落。

关于本书的学习方法，译者在此处大胆地再贡献一点意见如下。

第一，为了初步地了解条件反射学说，这本书至少要细读三四遍。第一遍阅读的目的是在于了解条件反射学说的轮廓；第二遍阅读的目的是在于记忆个别实验的意义；第三至第四遍阅读的目的，是在于了解反射学说与哲学、生物学、心理学乃至其他社会科学及自然科学的联系。譬如要想了解条件反射学说与哲学的联系，就不能不学习列宁的天才著作《唯物主义与经验批判主义》；如果要想了解条件反射学说与一般生物学的联系，就不能不对于米丘林、李森科、勒柏辛斯卡耶的学说系统有或多或少的理解。

第二，为比较容易地领会本书的大意起见，必须循序渐进地把每讲的正文和每讲的实验材料有联系地记忆住。如果少读一讲，甚至于少读一讲中的一节，就绝不能达到了解的目的。本书是一个有机的、完整的理论体系，不是只读一遍而能领会的。

巴甫洛夫先生在他的生涯之中，他自己执笔所写的著作，可以算是极少的。他的最著名的演讲笔记有两个：一个是有关消化作用生理的笔记，也就是他获得国际奖金的研究；另一个就是本书。这本书的最初稿也是其演讲的速记，但是因为速记稿不能使他满意，他就花费了一年半的时光，从事于改写的工作，由此可见他对于本书所下的工夫了。

本来大脑两半球机能的问题是自然科学研究中难题的难题，这本书就是天才的巴甫洛夫本人和他所指导的多数门人二三十年间集体工作的成果——二百余篇研究论文的总结。所以这本书无疑是自然科学研究历史上最大成绩的一个记录，因此，我们必须以最严谨的态度从事于本书的学习。

1953 年 5 月　戈绍龙　补记

附 录 七

译者的话

·Appendix Seventh·

在翻译本书的经过之中，最感觉困难的是人名的译音和专门术语翻译的问题。三四年以来，这个问题每每引起译者再三的思索。本书已经译成，本来想做一个词汇表，附在本书的最后，可是在时间上这是不能允许的。因此，只关于译语的方针，在此处做一个简单的说明。至于比较完全的词汇列表，等到将来再做补充。

一、人名译音的问题

本书中人名很多。如周知的，俄文的人名，大都是很长的。用方块字把这些人名译成中国音，实在是既不正确、又不恰当。譬如巴夫洛夫（译者采用这个译音是在 1946 年）这个名词①，就有若干的译音，如巴甫洛夫、巴物洛夫等等。“巴甫洛夫”现在是很通用的。甫字用注音字母的表现是“ㄨ”，是仄声，与府音相同。事实上，把俄文这个人名读成“巴甫洛夫”，反而似乎不很恰当，因为念起来，甫字音很重，根本上与原音相去甚远，反而不如巴夫洛夫的近似。有人说，甫字照南方音读是“万ㄨ”，与原音比较地接近。这个解释也不尽然。所以在本书中，本人仍采用“巴夫洛夫”的译音。但是其他的、音节很多的俄文人名，译成方块字的声音，这实在是很不方便的，并且非常难于记忆，写起来也很费时间。现在和将来，人名、地名乃至若干特殊的专门名词的译音，也许最好应用注音字母或拉丁字母，那么，译音既可统一，记忆也就比较地方便。像现在用方块字翻译人名和地名的办法，就有难写、难记、难于恰当等等的困难，这是不必要的。

在本书内共有俄文人名，将近一百，其中音节很多的姓，占大多数，这些人名，如果用俄文字母记忆，比较地不很困难；相反，如果想用方块字的译音熟记，就很不容易。很显然，同音异形的方块字太多，所以译成方块字的这些人名是极难记得住的。

同音异义和同音异字，是我们文字上一个很大的困难。事实上，这是一个今后语文

---

① 考虑到现在约定俗成的译法，本书仍采用“巴甫洛夫”——编辑注。

上最需要注意的问题。在伟大的十月社会主义革命以后，苏联为解除文字上的困难和加速文化的推广，把若干旧的、不必要的异形同音的字母废除，这也是促进人民文化水平一个极为有益的、聪明的、合乎科学原则的办法。例如 хорошiй 的 i 既然与 и 音完全相同、ариеметка 的 е 与 ф 相同，那么，采用新的 хороший 和 арифметка，这是既合理而又便于记忆的，而且从条件反射学说的观点说，这也是很正确的(参看第十七讲)。

巴甫洛夫在他逝世前数年，才提出“第二信号系统”的理论，把语言和文字都归纳到这第二信号系统里去。甚至于在大脑皮质的解剖学的关系上，第二信号系统的部位如何的问题，巴甫洛夫曾经发表如下的意见(星三会志，二卷，471 页)：“……从前我想过，第二信号系统主要是与额叶相联系的，而第二信号系统的其他部分却是与大脑两半球的其他一些部分相联系的。这个想法不曾成功。许多人反对这个见解。于是我就注意于另一个概念，这就是精神病专家和神经病专家关于各种失语症所采取的概念。与此有关的皮质区域是涉及额叶的一部分、视觉叶的一部分和听觉叶的一部分。……所以，运动性言语区域必定是与皮质运动性领域相联系的，并且很可能地是与额叶相联系的，而书写性言语区域当然地一定与皮质视觉性领域相联系的，听觉性言语区域是与颞颥叶相联系的。”

利用条件反射学说现有的资料，做第二信号系统有关的问题的分析，这在目前当然还是很艰巨的。高等动物对于声音的反射与人类第二信号系统中音节性言语的反射两者之间，存在着质的区别。因为第二信号系统中的言语，是人类所特有的多音节性言语(членораздельнаяречь)。虽然如此，第一信号系统和第二信号系统既然都是条件反射，那么，用条件反射的原理进行第二信号系统的初步分析，这在一定的限度以内依然是很可能的。巴甫洛夫说过：“……然而绝对无疑的是，关于第一信号系统机能所确立的规律，必定也支配第二信号系统，因为这是同一个神经系统的机能”(巴甫洛夫全集，三卷，508 页)。

从条件反射学说的观点说，中国人每天使用的语言，事实上也是多音节性的语言，这是与欧洲的拼音文字相同的。中国人第二信号系统发展的特色，在于语言性条件反射与文字性条件反射彼此间的几乎完全互相脱离关系的独立性，这是与用拼音文字表现语言的第二信号系统的发展完全相异的。

在拼音文字的场合，假定对于每一个字母形成一个条件反射，那么，对于欧洲文字的基本字母的条件反射，不过 20 余个；拼音文字的单词(名词、动词……)虽然极多，但是构成每个单词的各音节的基本单位是有限的；因此对于音节的条件反射，在数量上也是有限的。

与此相反地，在非拼音的中国方块字的场合，就必须对于每一个方块字形成一个特殊的条件反射，就是说，如果我们想利用几千或几万个形状不同的方块字，就需要形成几千或几万个条件反射。这显然是非常不便的，对于学习是有妨碍的。

在同音异字同音异义的场合，事情就复杂化了。极大多数的中国方块字，往往是发音一个而有几十个乃至一百以上的字形，就是说，对于同一个音却有几十个乃至一百以上的条件反射，这对于声音分析器是一个极困难的神经过程，这是从本书的第八讲和第十七讲中已明确的道理。同样是显然自明的，这也是对于光分析器的一个极艰难的过程

(对于运动分析器的影响,姑且不加以讨论)。

从这个观点看,用注音字母或拉丁字母翻译外国的人名或地名,也许是最妥当的办法。因为用方块字翻译人名、地名,根本上不仅没有必要,而且也不容易记忆,即使勉强记住,也要为这类复杂的条件反射而浪费大脑皮质的能量,这实在是很可惜的。

问题是,注音字母或拉丁字母是否最适合这个目的,可否创造更简便的国音字母,这当然是今后应该慎重研究的问题。

二、专门术语翻译的问题

在翻译巴甫洛夫条件反射学说专门术语的时候,有若干需要注意的重点:第一,必须理解巴甫洛夫的思想;第二,本学说专门术语的特异性;第三,一般地由外国文译成中文的原则上的注意。下文分别加以说明。

第一,对于巴甫洛夫思想的理解,是很重要的一个问题。我们必须知道,巴甫洛夫的大脑高级神经活动的学说完全是建立于唯物主义观点上的学说,他本人是一个具有坚强斗争性的唯物主义者。他把我们通常所谓精神现象的东西叫做高级神经活动,这是一个在科学上很重要的里程碑,划分着唯心主义与唯物主义的分界线。当做高级神经活动学说——即条件反射学说的专门术语,都与心理学的术语完全不同,这是巴甫洛夫的一个重要的、基本的方针。为了解这一点起见,我们应该研究巴甫洛夫思想发展的进程。

巴甫洛夫最初获得国际荣誉的研究,是关于消化腺生理的实验成绩,这是众所周知的事实。起初,他发现了实验的狗一看见食物,就会有流出口水的现象。他把这个现象叫做精神性唾液分泌。这就是说,动物想吃,所以流出口水。这个"想吃"的解释,就是心理学的见解?在19世纪末期,即在1890年以后的时代,巴甫洛夫虽然已经发现上述的唾液分泌现象,应该用客观的生理学方法加以研究,但是他还承认精神性的因素具有重要的意义,所以他所用的说明,还不曾放弃心理学的术语。在1899年,他发表了一篇论文,就依然用了这种心理学的名词;但是在1903年的马德里特国际医学大会上,他发表了《动物的实验心理学和精神病理学》的报告,其时他已经采取了绝对唯物主义的研究立场。在这一次的报告里,他已经决定用无条件反射和条件反射说明高级神经活动的现象(即所谓精神现象),这是他若干年间彷徨于思索疑难中的最后决断。在1900年左右,乌尔弗松(Вульфсон)的博士论文《唾液腺的机能》行将出版以前,巴甫洛夫把这篇论文中的心理学名词已经尽量地加以修正或删除(修改稿现在保存于巴甫洛夫博物院内)。在1903年以后,他就避免使用心理学的名词,对于他的门人们绝对禁用心理学的想法和表现。如译者在学习笔记中所记载的,他和他的门人斯那尔斯基(Снарский)的分手,就起源于斯那尔斯基固执的心理学的解释。巴甫洛夫认为,在高级神经活动各种现象的解释上和称呼上,如果采用心理学的态度,这就不免有二元主义、唯心主义的嫌疑。所以他在写作的时候,都是采取纯粹客观的生理学的术语。只在晚年,他才有时采用心理学的名词,我们在星三会志上就会遭遇这样的情形。

在《大脑两半球机能讲义》内,巴甫洛夫所用的术语都是经过他的仔细斟酌的。譬如在全书之中，关于各种分析器的记载，他只使用光分析器、声音分析器、气味分析器、口味分析器、皮肤分析器等等的名词，而绝不用视觉、听觉等等的主观性表现。当然，只在极少数的场合，即在援用已固定的成语的场合，他才使用听觉或视觉等字，譬如蒙克听觉区的名称就是。根据这个原则，“диффренцировочное тормохение”这个术语，不得不译为“分化性制止”，而不宜译为“鉴别性制止”，因为鉴别二字已经多少有主观性的色彩。

以上是在翻译时候的第一个值得注意的原则上的问题。

第二，本讲义中专门术语的特异性。除上述唯物主义性表现的原则以外，原书中所用的专门术语大都是纯粹俄文的表现。除解剖学名称的拉丁文以外，巴甫洛夫完全使用了他所创造的俄文术语。本来高级神经活动的研究是巴甫洛夫及其学派所创立的学问，所以非俄文字的应用，当然是不必要的。同时值得注意的，巴甫洛夫本人就不很爱用非俄文字，例如与器官的“机能”相当的拉丁语原为“функция”，他几乎在原书中不曾应用过，而只用俄文的“работа”。很有可能，他尽量地采用在俄文上更生动的表现。因此译者也尽量地对于这一点加以注意，譬如“разлитое торможение”，在本书中就想译为泛滥性制止，这是根据俄文的原字也许可以认为是比较地更恰当的。当然这个词如果译成弥漫性制止，也许是比较常见的。其他，有许多不容易译得很恰当的字，就只好尽量地采取直译的办法。譬如“внутренний мир”，在俄文的字面上是内在界的意思，但在一般的解释上，这有表现精神现象界的意义。但是巴甫洛夫本人所以特别故意地采用这个名词，其理由当然是由于他希望避免心理学名词“精神界”的缘故。译者在这一方面，也尽量地作了适当的考虑。

第三，在翻译时一般地最感困难的是中国语文的特异性。在翻译本书的时候，译者认为最要注意的有两点。

首先，中文的名词、动词、形容词等等往往互相类似而混淆，因此在科学精确的表现上，往往也引起涵义不清的感觉。为了避免从来这样的刻版方式，本书作了一个尝试，就是把动词性的和名词性的专门术语，都加了一定的语尾，试举若干译例如下：

торможение	制止（过程）
растормаживание	解除制止（过程）
растормаживать	解除制止化
растормаживаться	被解除制止
растормаживатель	解除制止物
дифференцировочное торможение	分化性制止
дифференцировка	分化相
суммировать	累积化
индукция	诱导相
интеграция	完整化
напряжение	紧张或紧张态
заторможенность	被制止态

这些译词的语尾如“相”、“态”，请读者把它们当做纯粹的名词语尾看待，不必在字面上计较其意义。这样的专门术语有若干的便利。譬如我们要用“诱导的事例”的表现，此时“诱

导的”一词可能具有形容词、动词、名词的三种意义，但如果应用“诱导相的事例”，这就很显然地表示了巴甫洛夫所指的诱导过程的一个特异现象而不致有模糊不清的印象了。

尽管如此，困难依然还是存在的。譬如巴甫洛夫只在第十三讲应用了“интеграция”（完整化）这一个字，这是从拉丁文 integratio 所诱导的名词，而与此相当的动词是“интегрировать”（完整化）（拉丁文动词是 integrare），形容词是“интегративный”（完整的），形动词是“интегрирующий”（完整化的）等词。这些动词、形容词是在条件反射学说有关的其他文献内有时也会遭遇的。譬如从外界进入大脑皮质内的刺激种类是很多的，而大脑皮质却与此相当地具有完整化的作用。这样译成中文的“完整化”这已经使原文的名词与动词的意义都不能区别，因此这依然还是不完美的。其次，甚至于巴甫洛夫也采用了这拉丁语根的俄文字 интеграция，而不曾利用俄文字的表现，这也是值得注意的。主要的是因为俄文中也没有与此相当的表现。由拉丁语根而产生的这个俄文字，如果我们想用一两个中国方块字去完美地表现它，这当然是不可能的。因此，从科学专门术语的翻译方针而言，有时也许采用注音字母或拉丁字母的音译，是一个比较地更合理的办法。在科学名词的全体上，这一类的文字极多，如何适当地翻译出来，是一个极重大的、值得今后慎重研究的问题。

其次，还有一个翻译上很重要的问题，就是我们一般地利用单音节的一个或两个方块字以完成复杂表现的倾向。譬如把 тропизм 译成趋性或向性、бром 译成溴、половая железа 译成性腺。由于方块字笔画之多，采取这种单音节的“趋”、“向”、“溴”或“性”等字，以完成一个科学专门术语的表现，这从节约书写时间起见并不是完全没有理由的。然而同时也就有一个不可避免的矛盾现象会发生。这样的表现，比较难于记忆，同时在谈话或听讲的时候，这样的字是比较地模糊而不容易了解的。譬如我们说“溴是臭的”、“氢是轻的”，听的人就绝不能了解这两句话的意思。因为这是由同一个音而形成两个条件反射，是很难于分化的条件反射(参看第八讲)。如果说“臭素是臭的”、“氢气是轻的”，这就使听的人即刻得一个很正确的概念(假定其已经学过这个化学名词的话)，这因为“臭素”和“臭的”、“氢气”和“轻的”，都是容易分化的条件反射的缘故。本来 бром 是从希腊文 bromos(臭的气味)所诱导的化学名词，如果把它译成两个音节以上的中国名词，譬如臭素或其他的适当字眼，就必定容易懂、容易记、容易看了。其他的化学名词，如氢、氧……等等的情形也是与此相同的。

科学尤其是属于劳动人民大众的。巴甫洛夫在 1935 年 8 月访问他的故乡——梁赞地方受到集体农庄员的热烈欢迎而致答辞的时候，他就充分地表示了他对于苏联政府的最大敬意。他说：“……现在，我们全体的人民都尊重科学。今天早晨在火车站的见面，在集体农场的见面，以及到了此地的时候，我都看见这种情形。这不是偶然的。我相信，我不是错误的，如果我说，这都是领导我国的政府的功勋。以前，科学是与生活隔开的，是与人民分离的，但是现在我看见另一个样子：全国人民都尊重科学、重视科学。现在我举起酒杯，为世界上唯一的政府，为这样重视科学、支持科学的政府——为我们国家的政府干杯。”在以伟大的列宁和斯大林为首的苏联共产党和苏联政府的领导之下，苏联劳动人民的科学水准是提得极高的。由工人或初级医务工作者而成为权威的工程师、工科教授、优秀的医师和医科教授的事情，在苏联是极为常见的。这是由于科学在苏联受到极大的奖励和方便的缘故，同时，苏联科学文字的明了方便、容易学、容易记忆的事实，这当然是一个很重要的因素。

新中国伟大的建设事业现在已经蓬勃地发展开来，而利用注音字母以学习文字的运动，正是一项极伟大的建设事业，是中国劳动人民的一个很大的幸福。在不久的将来，科学也必定为中国劳动人民所爱好和掌握，正和在苏联一样，这是绝对无疑的。从这个观点看来，中国科学名词的审定应该采取工人农民容易学习的方针，因此科学名词的改造和研究是刻不容缓的一个问题。单音节的科学术语也许是应该竭力避免的。

在本书中，译者尽可能地避免单音节的出现。譬如，тропизм 就译为趋向性，而不采用趋性或向性；gyri 就译为回转而不译为回；бром 就译为溴素（也许译为臭素，或者更为恰当）。然而有些术语，依然不容易翻译，像性腺就是。

一般地说，中国文字有了几千年的历史，而其发展是沿着一条特殊的道路进行的。因为我们的文字不采取拼音而采取因义造字的办法，所以自然地不能不因为避免书写麻烦的缘故而尽量地创造单音的方块字。因此语言与文字的隔阂越过越远，于是文字不代表语言而成为一个独立的系统，非常难于学习。如本文前部所述的，这就是第二信号系统内言语性条件反射与文字性条件反射的彼此脱节，也就是对于大脑皮质神经过程的一个极艰难的冲突，因此就难于学习。

应该注意，在中国自然科学范围以内现存的新字，譬如在化学、解剖学以内，就为数极多。同时，在这些学科的范围以内，由单音方块字而成立的复杂表现，譬如趋性、向性、性腺，等等，也有很多。很显然，仅仅生物的种类和有机化合物的种类都各有几十万之多，如果想把有关的这些名词都以字形的条件反射作为基础而创造新字或复杂的表现，那么，这会成为对于大脑皮质一个过重的负担，很容易引起皮质的机能性消耗，这是几乎可以断定无疑的。换一句话说，这是不适于劳动人民大众学习的。

巴甫洛夫在本书内已经断定地指示过：训练、学习和培育都是条件反射的形成。第二信号系统的语言和文字既然是最复杂的条件反射，我们就应该按照条件反射学说的原理，研究中国文字整理的方法，也就是说，有关大脑皮质机能的第二信号的部分，我们应该从唯物主义的巴甫洛夫生理学的观点进行研究，才是最确当的。

故苏联科学院院长华维洛夫院士也强调地说过："巴甫洛夫学说在语言学方面开拓着新的自然科学的道路，而这是巴甫洛夫本人当时曾经谈及过的。"贝可夫院士在 1950 年 7 月苏联科学院和苏联医学科学院的联合大会上，作了一个重要的报告《巴甫洛夫思想的发展》。在这报告里，他强调了教育科学院应负第二信号系统研究的责任（该大会会议录）。这些有科学根据的主张是值得我们参考的。

多年以来，汉字改革的问题已经成为注意的焦点。当然，这是一个极为复杂的问题，很不容易即刻解决。在最近的将来，国语拼音化的问题恐怕是不会解决的。从爱祖国语文的感情说，几千年以来存在着的、与祖国文化有最密切关系的方块字的拼音化，是不容易着手的。从事实方面说，中国方言复杂，比世界上的大多数国家都更为复杂，方块字虽然有种种的不便，但在目前却依然是一个维持思想交流的实用的工具，所以在整理中国文字的过渡期中，这一点是不能不考虑的。在此过渡期中，根据条件反射学说的理论，先利用方块字进行多音节单词的创造，也许是最合理的办法吧。很明显，这一文字整理的准备阶段是相当长时期的，可是必要的。

在此处应该特别注意的是，在中国社会科学的范围以内，譬如哲学、教育学、心理学等等，新造的方块字是几乎没有的，而且实质上是多音节的表现占着优势的。相反地，在自然科学方面，不仅在上述的生物学、解剖学、化学内，有极多新造的方块字，并且在工业方面，这个倾向也在发展着的。所以从中国文字整理的观点说，自然科学范围以内方块字的整理，应该是一个重点。而在这个问题的解决上，巴甫洛夫条件反射学说的应用是必要的。

巴甫洛夫条件反射学说在这本讲义中的专门术语，译者尽可能地不用难字，也不用难懂的表现，目的就在于此。当然，这不过是一个初步的尝试，还需要科学界工作同人的研究和指教。

以上所写，是对本书中人名和专门术语翻译的方针所作的说明。原书的最后，并未设专门术语的词汇，这多少是不便的。现在只在本书中译语以后，都附有俄文原词，以便读者参考。同时，有若干译语需要较详的说明，附记如下。

i）внутренний мир：如上所述，俄文这个表现有人类精神界的意思，但从字面上说，应该译为“内在界”，才可以适合于生理学纯客观的表现。但在本书中，巴甫洛夫也曾经在个别的文句内，把这个表现作为与外界环境相对立的“内在环境”而应用过了，这是需要注意的。

ii）внутренняя среда：在本书内，这个术语译做“内在环境”了，这是不得已的。外在环境或外界，这是易于了解的。但俄文的这个内在环境常常是与外在环境同时并用的。内在环境，有时表示内部的意思。譬如所谓“内部（内界环境）组织的系统，система тканей внутренней среды”，是包括血液、淋巴液、脂肪细胞、网状组织细胞、软骨、骨乃至神经细胞而言的。为了避免与上述“内在界”的混淆起见，所以在此处利用了“内在环境”的这个译名，这也许还需要斟酌。

iii）замыкательный рефлекс：замыкание：中继性反射，本来是技术上的一个名词，可能译为锁系作用或联系作用，但为与直通性反射相对立的目的，把有关的形容词译成中继性了。

iv）маскировать 掩蔽，和 покрывать，покрытие 遮蔽：这两个术语，在巴甫洛夫的本书中，表示条件不同的两个现象，译成中文以后，意义却几乎相同了。本来想把前者译成“隐蔽”，但也不十分明确，所以依然采取了“掩蔽”的译语。

v）мозаика：这个字虽然译为“镶嵌细工式”，也许以音译为宜。但用方块字译，不免不便的。这个字是从希腊文 mousaikos、意大利文 mosaico 起源的（巴甫洛夫也采取了声音表现的方法）。

vi）энергия：这个字是从希腊文 energia 起源的，在本书中的个别部分各译为“能”、“力能”、“精力”了。“精力”多少带着主观的气味，而“能量”是最常见的译语，但也颇为费解。也许用音译或双音节“力能”的译语为较妥。

vii）запястье：此字应译为腕部。但在狗的场合，这字译成手腕部，很不恰当，所以宜译为桡骨关节部，并加注（腕）。

viii）анимизм：此字从拉丁文 anima 起源的，有灵魂的意思。但巴甫洛夫所用的这个字，是指一切有生物和无生物具有灵魂的假定而言的，也是他常用的讽刺唯心主义的术语，所以在本书中译为万物有灵论。

附　录　八

中译本第二版译者补记

·Appendix Eighth·

本书的第二版现已付印。除若干误植字及费解句在本版中已经改订以外，但是术语词汇表尚未完成，这是译者不能不认为遗憾的。条件反射学说专门术语的翻译，有两个要求：一个是译语应与原文恰当，另一个是应将纯粹客观性的原文意思能够充分地、忠实地表现出来，这都是很不容易的事情。所以译者在译本的第一版的“译者的话”中曾经诚恳地表明过本人的希望，请求科学界工作同人的研究和指教。伊万·巴甫洛夫先生曾经说过：“在我的研究室内，禁止使用了这些心理学表现的语句（甚至于对违反者加以处罚。译者注：少数的罚金），譬如‘狗猜想了’、‘想起了’、‘愿望了’等等就是”（参看《巴甫洛夫全集》第三卷内“生理学与心理学”的一篇）。在巴甫洛夫的研究所内，经过多年的注意和练习，条件反射的专门术语才能够获得纯粹客观性表现的成绩，这是值得我们今后郑重学习的。

1953 年 12 月　戈绍龙

*　*　*

附记

一、рефлекс свободы 原译为“自由希冀反射”，现在拟改译为“为自由的反射”，略称为“自由反射”。

二、ориентировочный рефлекс 原译为“方位判定反射”，现在拟改译为“朝方向的反射”，略称为“朝向反射”。